山东省“十一五”科技攻关计划项目

黄河三角洲国土防护与生态修复技术研究

李殿魁　杨玉珍　程义吉　杨作升　王厚杰
刘高焕　杨晓阳　庄会江　黄　翀　等编著

黄河水利出版社

内容提要

本书是山东省"十一五"科技攻关计划项目的研究成果，主要是在已完成的国家"八五"科技攻关计划增列专题《延长黄河口清水沟流路行水年限的研究》和省"十五"科技攻关计划项目《巧用海动力输沙建设黄河口双道堤工程技术研究》的基础上，持续对黄河三角洲的国土淤蚀、生态演进、海况变迁、海岸防护等进行监测研究。前两个成果是研究如何在黄河河口前沿强化海动力、提高河口输沙能力、保证河口长期稳定；本成果则是研究如何在海岸带弱化海动力，促进泥沙沉降、维持岸线稳定、防治国土蚀退和恢复湿地生态，同时对利用渤海湾和莱州湾两大潮流系统的结合部强力输送黄河泥沙等进行了探索分析。

本书将为"黄河三角洲高效生态经济区"和"山东半岛蓝色经济区"两大国家战略的实施提供重大治理工程决策依据，亦可作为科研部门及大专院校师生的参考用书。

图书在版编目（CIP）数据

黄河三角洲国土防护与生态修复技术研究 / 李殿魁等编著.—郑州：黄河水利出版社，2013.1
ISBN 978-7-5509-0420-0

Ⅰ.①黄… Ⅱ.①李… Ⅲ. ①黄河-三角洲-国土资源-资源管理-研究 ②黄河-三角洲-生态恢复-研究
Ⅳ. ①F129.9 ②X321.252

中国版本图书馆CIP数据核字（2013）第015566号

组稿编辑：王路平　电话：0371-66022212　E-mail:hhslwlp@163.com

出 版 社：黄河水利出版社　　网址：www.yrcp.com
地址：河南省郑州市顺河路黄委会综合楼14层　邮编：450003
发行单位：黄河水利出版社
发行部电话：0371－66026940、66020550、66028024、66022620(传真)
E-mail：hhslcbs@126.com
承印单位：河南省瑞光印务股份有限公司
开本：787 mm×1 092 mm　1 / 16
印张：24　　插页：2
字数：570千字　　印数：1—1 100
版次：2013年1月第1版　　印次：2013年1月第1次印刷

定价：120.00元

2010年9月11日黄河口TM遥感影像

2009年12月29日，山东省科技厅组织召开“黄河三角洲国土防护和生态修复技术研究科研项目鉴定会”。

山东省副省长贾万志（前中），省政协副主席赵玉兰（前右4），中国科学院院士、鉴定委员会主任胡敦欣（前左4），山东师范大学校长、鉴定委员会副主任赵彦修（前左3），清华大学教授、鉴定委员会副主任张红武（中排左5），省政协原副主席、项目组负责人李殿魁（前右3），省有关部门与东营市领导、全体专家、项目组部分研究人员合影。

项目承担单位与人员

项目名称　黄河三角洲国土防护与生态修复技术研究

承担单位　东营市黄河口泥沙研究所

黄河水利委员会黄河河口研究院

中国海洋大学河口海岸带研究所

中国科学院地理科学与资源研究所

项目总负责人　李殿魁

项目总论撰写　李殿魁

课题研究人员

第一课题　杨玉珍　庄会江　李宝文　于利涛　盖振宇

第二课题　程义吉　杨晓阳　陈声建　刘文斌

第三课题　杨作升　王厚杰　毕乃双　李志冰

第四课题　刘高焕　黄　翀　刘庆生

目 录

第二课题 黄河三角洲海岸带变迁、国土进蚀状况的研究

第三课题 巧用海动力输沙、建造新型海岸带工程技术研究

第四课题 海岸防护工程对黄河三角洲海岸带生态系统演变的影响

总 论

项目组总负责人　李殿魁

自1993年在东营市立项开展《根治黄河口的理论研究与工程实践》系列课题研究以来，至今已历时20年，计开展了在国家和省科技部门立项的三大课题的研究。第一是在1994～2001年期间，开展了国家“八五”科技攻关计划增列专题《延长黄河口清水沟流路行水年限的研究》；第二是在2002～2006年期间，开展了山东省科技攻关计划项目《巧用海动力输沙建设黄河口双导堤工程技术研究》；第三就是本课题《黄河三角洲国土防护与生态修复技术研究》，起始于2007年，结束于2011年，也是山东省科技攻关计划项目，主要是在前两个重要研究成果的基础上，持续对黄河三角洲生态演进、国土淤蚀、环境变迁、海岸防护及为适应黄河三角洲高效生态经济区、山东半岛蓝色经济区发展建设应采取的工程措施等进行攻关研究。前两大课题是研究如何在黄河口前沿强化海动力，提高河口疏沙能力，保证河口长期稳定；本课题则是弱化海动力，促进泥沙沉降，维持海岸线稳定，防治国土蚀退流失，促进淤滩造陆，同时对利用渤海湾、莱州湾两大潮流系统的结合部强力输送黄河泥沙等问题进行探索分析。以上系列创新成果将为黄河三角洲百年历史发展提供顶层研究框架，为“黄”、“蓝”经济区建设的重大决策提供科学依据。

一、项目立项背景、目的及意义

列入“国家战略”的黄河三角洲高效生态经济区陆地总面积2.6万 km^2，海岸线长度745 km，最大陆域纵深159 km，属于典型的河口海岸带沉积平原，因此从宏观意义上讲，黄河三角洲这一高效生态经济区属于一种海岸带经济。海岸带防护的内容应当包括：黄河口及黄河入海流路治理；为防护海岸蚀退、风暴潮侵蚀等自然灾害而建设的防潮坝体系；为保护和恢复湿地功能而实施的生态建设工程及工程后生态环境的优化、监测与评价等。

（一）黄河入海流路由大摆动到长期稳定是黄河历史的最终选择

黄河和黄河三角洲历史发展的全过程，大体经历了古代黄河、近代黄河、现代黄河三个历史发展时期，相应形成了古代黄河三角洲、近代黄河三角洲和现代黄河三角洲。古代黄河三角洲以河南省巩义为顶点，北到天津，南到江苏射阳县，基本覆盖了整个黄淮海平原，总面积25万 km^2；近代黄河三角洲以垦利县宁海为顶点，北到套尔河河口、南到小清河河口，共计5 400 km^2；现代黄河三角洲以垦利县渔洼为顶点，北到刁口河河口，南到支脉河河口，国土面积3 000 km^2。古代、近代、现代黄河三角洲的发展，反映出一个总的规律，新的黄河三角洲的形成，意味着原黄河摆动点的下移，原来的三角洲摆脱了黄河改道的干扰，就获得了社会经济发展的基础条件，发展速度自然加快。伴随近代黄河三角洲摆动点由宁海下移至渔洼，形成现代黄河三角洲，也为近代黄河三角洲经济社会发展创造了条件，发展速度显著加快。其社会经济发展加快的共同原因是摆脱了黄河在黄河三角洲上频繁改道的干扰、促进了生产要素的有效组合。伴随黄河摆动点的下移，摆动范围越来越小，展示出黄河口长期稳定的发展前景。能否让黄河沿着这个正确的方向发展，达到黄河口入海路的长期稳定，为整个黄河三角洲可持续发展创造条件呢？我们治理稳定黄河口的实践和黄河三角洲的系列研究的理论成果圆满、深入、肯定地回答了这个问题。黄河三角洲前方的海域存在着输沙能力最强的M2分潮点，也称无潮区，这是黄河流路可以长期稳定的自然基本条件。只要我们正确认识和充分利用海动力输沙，让黄河口靠近海动力最强的渤海M2无潮区入海，并指向东北方向，黄河口就可以长期稳定。1988年人工治理稳定黄河口试验工程，我们采取了“截支强干，工程导流，疏浚破门，巧用潮汐，定向入海”的工程措施，达到河口畅、下游顺、全局稳的效果，实现了黄河口的初步稳定，并从黄河口和黄河口现行流路长期稳定出发，提出了“一主一副，双流定河，高位分洪，导堤入海”的黄河口流路科学安排，为黄河的长期稳定选定了正确的地点,指明了向东北发展的正确方向和切实有效的工程保障措施。

这一河口流路的科学安排是建立在黄河古代三角洲、近代三角洲和现代三角洲发展规律之上的。黄河的发展史表明，黄河天津流路、沧州流路、千乘（利津）以北的所有流路，均没有稳住；1228年宋末金兵南侵，开封留守杜充扒黄河御金兵，黄河南迁夺淮，从江苏注入黄海，黄淮合流，加重了皖苏水灾；黄河口距长江口近，长江口泥沙向北扩散，增加河口淤积，进一步加剧了治黄的困难。在明代黄河困境中孕育出一位伟大的治黄专家潘季驯，他提出了以淮治黄、蓄清刷黄、坚堤束水、以水攻沙、卑堤分洪等一系列开创性的治黄措施，并努力付诸实践，有效延长了黄河在徐淮流路的行水年限。但终因这条流路违背黄河的自然规律和社会规律，治理难度越来越大，至清乾隆年间，黄河水灾矛盾已十分尖锐，名臣孙家淦上书，建议黄河重回山东流路，明确指出：“山东北有大清之畅，南有泰山之固，天造地设，无有善于此者。”但清庭不做决策，黄河遂于1855年自行改道山东，破运、夺大清河于利津铁门关入海。显然，山东千乘以南的流路也没有稳定。

黄河山东千乘流路是汉代王景早在公元69年就选定的流路，至今是历史上行水时间最长的流路。史书载：“王景治黄，千年无河患，为隋唐盛世的出现奠定了基础。”现代科技治黄的先行者李仪祉先生给予高度评价：“王景治黄，必有大规划。”我们黄河三角洲的系列研究，最终揭示了黄河千乘流路过去行水时间长、当代更可以长期稳定的根本原因。

近代和现代黄河三角洲发展的历史，更加清楚地展示出黄河必然由摆动走向长期稳定的规律，近代黄河三角洲自然摆动范围北到套尔河河口，南到小清河河口，在144年间大扇面往复摆动10次；而在宁海向东北方向的延长线上，刁口河流路和清水沟流路不到45° 的夹角中行水6次，占整个行水时间的73.68%，清楚地反映河口发展的总趋势是逐步稳定在现行清水沟流路海域。

现代海动力研究的成果表明，黄河三角洲的前沿存在着渤海湾潮流和莱州湾的分潮区，即无潮区。其机理在于来自大连附近老铁山水道逆时针旋转的渤海湾北潮流与来自登州水道顺时针旋转的南潮流在黄河三角洲前沿相会，因时相异步、此起彼伏，相互抵消了潮位而成为潮差小、流速大的强力输沙区，让黄河口在该区入海并向东北方向发展，是利用渤海湾、莱州湾两大海流交汇区形成的巨大海动力多向强能输沙的基本条件。从1988年选定这一河口入海方向以来的实践证明，只要采取必要的辅助措施，完全可以利用海动力冲刷掉黄河口的泥沙，保持河口的长期稳定。1996年进一步优化黄河口流路从清8改汊点指向东北方向，使渤海湾、莱洲湾协调分输黄河口泥沙，并使渤海东北方向的风暴潮和风暴激流发挥最大的输沙作用，有效阻止了黄河口流路的延长，黄河西河口至口门的长度一直在58 km左右，延伸与蚀退交替进行，清楚地展示出现行黄河口长期稳定的美好前景。可以预见，只要把《巧用海动力建设黄河口双导堤工程技术研究》课题成果落到实处，建起黄河口双导堤至4 m水深以外海域，一定可以实现黄河口长期稳定的目标。

传统治黄观点认为，黄河泥沙多，决定了河口淤积、延伸、摆动、改道的“规律”。其实不然，是因为传统治黄不能正确认识和充分利用海动力输沙，在河口不治的情况下，河口入海地点不当，发展方向错误，才导致了河口和流路的反复摆动。因为长期的统计和调水调沙的试验，都证明即使在丰水期黄河水沙量大、造陆速率快的条件下，只要让黄河稳定在东北方向而且落实导流、疏浚等配套工程措施，仍然可以实现黄河入海流路的长期稳定。

黄河流路自1855年改道山东的实践和黄河三角洲系列课题的深入研究，清楚地说明，这次大改道带来了黄河的科技回归，现代科学技术的运用将使黄河的频繁摆动、洪灾遍地成为历史，将使黄河口稳定安澜、利国利民成为常态，因而可以说这是黄河发展历史的最后一次大改道。对此，政治上腐败、经济和科技落后的清末和民国不认识是当然的；新中国成立初期，治水尚无经验的情况下不认识是可以理解的。但在新中国成立60多年后，在黄河口的科学研究成果已取得重大突破并已得到工程治理验证，已得到李鹏、朱镕基、温家宝三届总理的肯定，得到陈俊生、田纪云、姜春云、温家宝四任防总的肯定和支持，并且得到钱正英、杨振怀、纽茂生三届水利部部长的肯定和支持；在黄委已得到亢崇仁、綦连安两届主任和总工的支持；在国际上也得到广泛的理解和支持，1994年联合国开发计划署住北京首席代表亚瑟·贺尔康来东营考察，明确指出“利用海动力把黄河口稳住，对世界大河的治理都有重大示范意义！”在这一背景下，仍对运用科技治黄、长期稳定黄河入海流路的可行性和重大意义不认识，则是违背“与时俱进”的时代潮流、滞碍正确决策之举了！

（二）在20世纪80年代取得固定黄河口、长期稳定黄河现行流路的科技突破，适应了现代生产力迅速发展和根治黄河的时代需要

自1978年党的十一届三中全会推动改革开放以来，现代生产力石油工业的代表胜利油田活跃起来，响亮地提出了“建设第二个大庆，献给开国四十周年”的口号，引起了党中央的重视，山东省为了加强对胜利油田的支援，于1983年10月成立东营市，胜利油田的发展和东营建市都与黄河口的摆动发生了尖锐的矛盾。那时水利部、黄河水利委员会对黄河口的指导思想仍是黄河口摆动论，认为黄河口十年一摆动是不可改变的“规律”。黄河口在1976年由刁口河流路改为清水沟流路，至1986年已经十年，

黄河口已到了改道的“周期”时段，黄河自1985年连续出现水灾，特别是1987年一年两灾，夏季发生1 700 m^3/s洪灾，冬季发生230 m^3/s凌灾。每次水灾都造成河口油田大面积停产，都要请济南军区动用空军直升机抢救石油工人。黄河口摆动对胜利油田的生产造成严重干扰。从东营讲，新成立的东营市急需确定建市的地点，但黄河主管部门认为东营市所提出的建市地点都是黄河未来预备流路的预留区，使东营市各级领导班子长期蜗居在胜利宾馆里。在这种情况下，稳定黄河入海流路成为胜利油田和东营市的共同要求。

这时黄河口的形势越来越严峻，又赶上气象部门预测1988年是丰水年。在这种情况下，水利部、石油部、黄委形成共识，下达红头文件，要求黄河口1988年改道走北汊，当时的黄委副主任杨庆安专程来东营落实。这个文件遭到胜利油田的坚决抵制，因为按文件要求黄河口改道北汊，将冲毁国家投资18亿元刚刚建成的年产500万t的孤东油田，严重危害年产300万t的孤岛油田的安全，并直冲黄河海港，即后来的东营港。在这种情况下，我说服黄委杨庆安副主任，请求通过人工治理，继续稳定使用清水沟流路。杨庆安深入实际，作风民主，从善如流，倾听基层的正确意见，并支持我们以海动力治理河口的创新观点，于是东营市政府于1988年开始了黄河三角洲国土开发试验和黄河口人工治理试验两项工程。这两项工程的成功，为国家最终批复《黄河三角洲高效生态经济区发展规划》奠定了基础。2008年国家发改委常务副主任杜鹰同志来山东考查时，明确指出:“山东解决了黄河口稳定问题，为国家解决了一个天大的难题。”

（三）黄河三角洲系列研究形成了黄河治理“三约束”理论的基本框架,为科技治黄提供了宏观理论依据

我们在研究稳定黄河口的过程中，逐步发现黄河的运动受到三大因素的制约，河道及两岸大堤是硬约束，河滩植被是软约束，即生物约束，以及海动力、地转流克氏力的牵引性约束。这三大约束在河口的表现最为清楚完整。当黄河在河口失去堤防约束时，河道进入滩区很容易散乱；当黄河漫滩、在河滩植被的约束下，洪水流速明显减慢，而沉沙明显加快，产生淤滩刷槽的效果；当河流向东流入大海后，立刻受到海流和克氏力的双重影响，逐步向南偏移。显然,这三大要素决定黄河口的流势、流向和整体状态。由此我们引进能量平衡理论，概括治黄的本质，就是优化、强化“三约束”，使黄河在任何时空条件下，约束能量都大于黄河洪水的能量，黄河就处于安全状态。否则，黄河洪水就会在其薄弱环节的区段冲破约束而发生水灾。

黄河的能量是由流量、比降、流速、河道宽度、河道的曲率状况五大因素决定的，而流量是由每个河段的汇水面积、瞬时暴雨强度和地势决定的。在漫长的历史过程中，黄河下游选择了上宽下窄的整体结构，符合黄河下游的实际，但个别卡口太窄，像艾山卡口，只有273 m，应按泺口466 m、利津460 m卡口的宽度优化，使黄河下游三卡口大体平衡；有的河段河道大堤转向急，应按适当半径内切圆的方式，实现平顺转向。整个黄河下游堤防体系应根据中常水窄河行水、坚堤束水、宽滩滞洪、娄堤护滩、格堤制横的原则优化河道和堤防体系。

据以上理论，我国根治黄河的全过程，要经过“稳定流路、优化河势、增水复

航”三大阶段。在山东省委、省政府的支持下，在水利部、黄委的关心指导下，东营市于1988年开始人工治理、稳定黄河口取得成功，从理论与实践的结合上创造了“固住河口”的山东经验，为根治黄河，推进“优化河势、增水复航”的进程创造了条件。因此，彻底抛弃黄河口摆动论、黄河口改道、黄河悬河不可逾越论，沿着“三约束”理论和根治黄河三步走的正确方向发展，根治黄河的任务一定会在本世纪中期即新中国建国百年大庆时完成。

二、主要做法及项目完成情况

黄河三角洲系列研究的第一个项目《延长黄河口清水沟流路行水年限的研究》，从理论上解决了黄河口稳定的关键在于正确认识和充分利用海动力输沙的问题；第二个项目《巧用海动力建设黄河口双导堤工程技术研究》，解决了建设长期稳定黄河口双导堤保障工程的有关技术问题；本项目要解决黄河口在长期稳定的条件下，黄河三角洲今后百年发展的总趋势及其建造生态海岸应该建设的工程保障体系问题。项目分为以下四个课题。

（一）典型河口海岸带防护与生态修复工程技术研究

我国海岸带特别是黄河三角洲海岸带的研究、开发虽已取得多方面的成就，但开发总体程度还很低，研究的系统集成水准不高，与发达国家相比差距很大，因此科学考察研究当今世界典型性海岸带的治理和开发经验，对于黄河三角洲海岸带的国土防护和生态修复，乃至对于我国漫长海岸带的开发与管理，都具有重要的借鉴和指导意义。

（1）阐述了海岸带的概念、特征，解释了海岸带开发历程与研究理念的更新，介绍了世界主要国家海岸带开发研究概况，从而为全面系统汲取发达国家海岸带管理的主要经验做了基础性研究。

（2）鉴于河口海岸带在整个海岸带系统中所占据的重要地位，分别选取美国的密西西比河河口海岸带、德法两国的主要河口海岸带作为美洲和欧洲海岸带的典型，对其防洪管理做了深入研究。考虑到荷兰在世界著名河口与海岸带治理中取得的显著成效，又从其河口海岸带管理、综合防洪计划以及三角洲工程三个方面进行了研究探讨，为黄河三角洲海岸保护与治理提供借鉴。

（3）对海岸带的侵蚀防护与管理进行了研究。课题分析了我国海岸带侵蚀状况及原因，接着分别以我国台湾省以及地中海、波罗的海、北海及墨西哥湾为例，介绍了世界各地在侵蚀防护与管理方面所采取的措施及取得的成效。海岸带的淤积侵蚀和过度开发利用最终将导致生态系统的退化，课题对世界各地海岸带生态系统研究现状进行了梳理，并对生态系统退化机制进行了分析。重点研究了典型河口海岸带开发治理对黄河三角洲生态海岸带建设的示范意义，提出了实现河口海岸带生态环境协调有序发展的有效途径，为今后黄河三角洲的“生态海岸”建设提出了基本构想。

（二）黄河三角洲海岸线变迁、国土变化状况的研究

黄河河口是黄河来水来沙的承泄区域，自然状态下为弱潮、多沙和堆积性河口,尾闾摆动频繁。自1976年黄河人工改道清水沟以来，流路单一，沙嘴突出东北方向，植被生态良性发展，而长期未行河的刁口河等流路，已是海岸蚀退、植被稀疏。

课题首先介绍了黄河三角洲地理位置、地形地貌、河道水系、沉积模式、动植物分布等特征，并对与黄河入海泥沙输移扩散密切相关黄河三角洲海域的潮汐、潮流、余流、波浪、风暴潮等海洋动力条件进行了特性分析，研究了其对入海泥沙输移的影响。海洋动力本身是一个统一体，无法将各种动力分离开来。泥沙的输送运移是各种海洋动力综合作用的结果。

课题通过对卫星遥感资料、海域流场调查资料、水沙资料、海域地形资料等的信息提取、对比分析，运用ENVI、SURFER等软件技术进行演算，分析清水沟流路拦门沙的发育演变过程、黄河三角洲海岸线的淤蚀变化、滨海区海底地形的冲淤变化、不同等深线演变特点等，寻求黄河入海水沙与海岸线演变之间的关系。

课题根据黄河三角洲口门海岸线的冲淤性质对海岸线进行分类，并对海岸类型的转换进行了研究。把黄河三角洲沿岸岸线进行划分，分别对刁口河流路行水期间和停水后的河道及口门附近岸线、黄河改走清水沟流路后入海口门附近岸线及广利河附近岸线的演变过程进行了分析，得出黄河入海泥沙的沉积、输移、扩散受黄河入海水沙、海洋动力因子、海岸带地形及人类活动等多种因素共同作用，表现为滩海剖面、海域地形及海域海底质的变化，是一个比较复杂的过程。

课题最后利用不等时距的灰色系统模型，对刁口河岸线变化进行预测分析；利用海滩剖面塑造的中立线理论来确定现行黄河入海泥沙扩散的动态边界。

（三）巧用海动力输沙、建设生态海岸带工程技术研究

黄河为我国第二大河，是世界知名的高含沙量河流，以水少沙多、水沙异源、时空分布不均匀等特征而著称。1855年黄河入海流路由黄海改道渤海，大量泥沙在渤海沉积，三角洲快速向海淤进。然而，近几十年来，受流域人类活动的影响，黄河入海泥沙锐减，由过去的10亿t/a减低至1.5亿t/a，入海泥沙供应不足，导致三角洲整体向陆蚀退。而1976年黄河尾闾河道改道清水沟后，刁口三角洲叶瓣由向海淤进迅速逆转为向陆蚀退，海岸侵蚀对三角洲国土资源防护和生态环境保护提出了重大的挑战。

本课题在前期针对黄河清水沟流路稳定和海动力输沙的研究工作基础上，进一步阐明了黄河三角洲海域泥沙沉积动力过程的时空分布特征，不仅与每年的来沙量有关，而更重要的是与黄河入海点的选择和发展方向有关，选择从M2无潮点南侧入海并向东北方向发展，输沙效果最好，可以实现黄河口的长期稳定。这是因为M2无潮点海平面最低，渤海湾、莱州湾潮位的变化有利于河口泥沙的多向扩散；向东北方向发展，河口迎着多发的东北风，从大海吹向河口的海水无泥沙，而返回的海水多泥沙，加大了河口的疏沙能力。因此,选择清水沟流路从M2无潮点南侧入海，向东北方向发展是正确的。1996年把清水沟流路发展方向从清8调整至东北方向后，至今河口流路单一、顺直，河道稳定，充分证明以上分析是正确的。

本课题对近年来黄河入海水沙发生重大变化情况下的河口沉积动力过程和地貌演变进行了全面分析；在此基础上，选择海岸蚀退典型的刁口三角洲叶瓣区，采用三维水动力泥沙输运模型，研究不同海岸防护措施对海域泥沙输运过程和海底冲淤分布格局的影响。

研究结果表明，数值模拟结果能够反映该区域水动力场和悬浮泥沙浓度分布特

证，研究发现刁口河三角洲区域存在着由东营港向西延伸的沿岸带状冲刷区，这与该区域的强潮流场以及强风浪作用相对应，得到卫星遥感资料和历年实测冲淤结果的印证。在设置离岸防护丁坝后，局部流场有明显变化，并引起悬浮泥沙浓度的变化，丁坝附近的冲淤分布在空间上不均匀，形成堤头冲刷、内侧淤积的分布形态；丁坝的防护区形成淤积并减弱海岸侵蚀。当缩短丁坝长度、加大坝头宽度后，丁坝对海岸侵蚀的防护效应增强，丁坝防护区的淤积区和淤积厚度增大，防护效果明显增强。

两种工程方案防护效果的对比表明，不同几何参数的丁坝作用下区域的冲淤分布有显著的差异，在通过工程措施进行三角洲国土防护时，需要综合考虑防护效果和工程造价，优化工程设计和方案，并对不同方案的防护效果进行评估。

根据大量卫星遥感数据和站位实测数据，莱州湾潮流系统和渤海湾潮流系统相融汇的海域已形成黄河口外流场中最强的输沙带。据两套数据的融合判读，环流系统与卫片有很好的对应关系。夏季渤海南部存在5个主要漩涡系统，三山岛附近两个；黄河口南北两个；黄河口东面开阔水域一个，这是莱州湾中最重要的一个，向辽东半岛延伸的高浓度泥沙带由它引起，它从渤海海峡流来，到黄河口前面转向北，将口门前高浓度泥沙带向5号桩海区，到5号桩附近与渤海东向余流相遇，然后继续向东北向流去，形成带走高浓度泥沙的水体。这一研究成果，将为黄河入海泥沙找到一条稳定的运移通道。这对于真正实现黄河口的长期稳定具有非常重大的意义。但尚需布局大量的实地数据采集和试验观察工作予以进一步验证。至于莱州湾与渤海湾之间的强流带同过去专家论证的5号桩以外的无潮区和强流带属何种关系，是否因现黄河口沙嘴向东北方向的延伸越来越超过5号桩前突的位置，从而引起渤海湾、莱州湾两大潮流系统相交汇的挟沙区亦从5号桩以东向现黄河口以外海域转移，并合成一个强潮流输沙带；这一形势变化是否亦导致无潮点位置的南移，这些均应在下一步通过更深入的试验与研究予以确认。

（四）海岸防护工程对黄河三角洲海岸带生态系统演变的影响

由于河口海岸带脆弱的生态系统本底，海岸防护工程实施对区域生态环境演化的影响复杂而深远，必须加强对海岸防护工程实施前后区域景观及生态变化的监测与预测，为海岸带防护工程实施的生态效益评估奠定基础，并进一步为海岸带综合管理提供技术支撑。本研究集成地面采样调查、遥感（RS）、地理信息系统（GIS）、景观信息分析等技术对黄河三角洲海岸带景观生态演变的时空特征、道路及堤坝工程的生态影响进行综合模拟与预测。取得以下主要成果：

（1）以景观生态学原理为基础，在RS和GIS技术支持下，分析了1986～2006年间黄河三角洲海岸带湿地的景观格局变化，获得了不同海岸湿地类型的演化规律，结合近20年来黄河三角洲自然环境及社会经济的发展特点对海岸带演化进行了驱动力分析。

（2）通过对不同道路堤坝类型、不同缓冲区范围和不同景观类别的动态演变特征分析表明，道路堤坝边际景观的演变规律受道路发展过程、道路功能差异和区域发展背景的影响。人类对道路边际景观的开发利用短期内降低了景观的多样性，增加了景观的破碎化，造成了自然湿地景观的减少，使景观边界形状趋于规则化发展。提出了基于波尔兹曼热力学的道路边际景观稳定性评价方法，结果表明人类对道路边际持续的负熵输入是决定非自然景观稳定性的主要原因，负熵输入的强度主要受道路功能和分布区域的影响。水盐生态过程、流通过程、破碎化过程以及接近效应和效益梯度场的存在是影响道路堤坝边际景观分布格局和演变的主要原因。

（3）从植被群落变化入手，采用统计分析和梯度分析相结合的方法，从时间和空间上对比分析堤坝修建前后和有无堤坝区的景观格局演化规律，揭示堤坝工程对海岸带生态系统演化的水盐过程机制。研究表明：①堤坝干扰加剧了景观格局的破碎化。②堤坝干扰加速了自然植被群落景观的正向演替。③有堤区的全氮、速效钾和全盐在距海远近梯度上的变化趋势受堤坝干扰的影响较大，堤坝所在区域和堤坝建成时间不同，堤坝对土壤属性的影响程度存在差异。④堤坝干扰下全氮呈线性递增，速效钾和全盐均呈线性递减，且北部的变化率高于南部。随着堤坝建成时间的增长，三者的梯度变化趋于缓慢，变化率降低，堤坝建成约25年后，全氮的变化趋势几乎达到稳定。这进一步解释了有堤区在距海远近梯度上自然植被景观异质的原因。这对于黄河三角洲高效生态经济区大开发背景下通过人工措施修复退化湿地、维持黄河三角洲生态系统良性循环具有重要的指导意义。

课题结论清楚地说明，固定河口、稳定黄河现行流路是优化黄河三角洲生态的基础条件；建设黄河大堤、科学设计灌排结合的引黄灌溉水系、建设环海运河，实现以黄固堤、以黄治黄，可以形成黄河发展与黄河三角洲发育的良性循环；建设防潮大堤、丁字坝、潜坝以及三坝之间的巧妙结合，可以形成弱化海动力、防止国土流失，黄河三角洲高效生态经济区与蓝色经济区的良性发展循环；建设黄河口湿地增水工程可以保证其稳定发展。

三、成果推广应用的设计方案与建议

鉴于世界典型海岸带防护与建设的经验教训，以及21世纪以来人类对海洋与陆地交汇区域特殊性认识的不断升华与完善，项目明确提出了建造黄河三角洲生态海岸的长期主体目标。建造黄河三角洲生态海岸的含义是：将人类活动及人居环境纳入到海岸带生态系统之中进行考察、思索与规划。即破除系统内单一或部分因子的畸形发展所导致的失衡性灾变诱因，从而实现系统中生态要素之间的良性循环、生态物质能量的高效转化、人与自然在生态层次上的高度融合与和谐发展。

（一）科学设计黄河防洪保障体系

黄河水资源的正确利用是保障生态海岸建设的关键，因此保证黄河口长期稳定行水是重中之重。要把“截支强干，工程导流，疏浚破门，巧用潮汐，定向入海，达到河口畅，下游顺，全局稳”的黄河口治理方法和“一主一副，双流定河，高位分洪，导堤入海”的河口流路安排落到实处，建设引黄固堤、以黄治黄的堤防体系；应用固定河口的科研成果，推广打渔张工程的设计经验；建设双导堤，设计临堤总渠，建设引、蓄、灌、排紧密结合的工程保障体系。

黄河下游防洪大堤是新中国成立以来人民治黄取得的最伟大的治黄工程成就，为长期稳定黄河山东现行流路奠定了坚实基础。沿着这个方向发展，充分发挥M2无潮区的输沙作用，建设完整的黄河下游堤防体系，科学设计建设双导堤入海，配备适当的河口疏浚装备，保持一定的疏浚强度，就可确保黄河防洪安全和黄河口流路长期稳定；小浪底水库建成后，与黄河各支流调蓄水库联合运用，确保黄河防洪安全，力求最大的调水调沙效果；通过设计建设完整的黄河防洪堤防体系，形成引黄沉沙、自动加固大堤、逐步提高黄河三角洲地面高程。实现现代黄河发展与现代黄河三角洲发育和谐统一的目标。然后，把现代黄河三角洲的堤防、水系经验推广到古代黄河三角洲区域，改造灌排水系，形成黄河发展与古代黄河三角洲发育和谐统一的目标。

（二）建设完整的防潮堤防体系

固定黄河口，稳定海岸线，防止国土流失，保持生态平衡；弱化除黄河口以外海域的海动力，促进泥沙沉积造陆，优化近岸海域养殖环境，形成黄河三角洲高效生态经济区与蓝色经济区发展相互促进、和谐发展的局面。在黄河口流路稳定的基础上，开辟和发展黄河河口航道，发展河口旅游，推动“优化河势、增水复航”根治黄河的进程。

（1）建设沿海防潮大堤，堤址选在原高潮线，保住现代黄河三角洲已形成过的国土，并依此建设沿海公路，为优化黄河三角洲环渤海湾交通做出贡献。

（2）建设丁字坝，切断岸边流，弱化海动力，保证防潮大坝的稳定，促进泥沙淤积造陆。

（3）建设环海潜坝，坝址原则选在历次黄河流路改道前陆地前沿包络线上。在保证现行黄河清水沟流路长期稳定和向东北方向发展的前提下，为黄河三角洲的良性发育和人工造陆创造条件、指明方向。清水沟流路双导堤一期工程前沿应放在–5 m水深，以形成3 000 t河口海港。

（三）继续实施黄河口导流工程

充分利用渤海湾和莱州湾两大潮流系统结合部的强大海动力输送黄河泥沙，更长期地稳定黄河现行流路。由于多年来坚持了工程导流，黄河沙嘴持续向东北方向延伸，加上黄河来沙量的减少，现黄河口沙嘴延伸速率大为降低，或已基本实现河口淤蚀量的动态平衡。据卫星图片和实测分析，现沙嘴向东北突出的岬角位置已超过5号桩无潮点的经度线，逐渐成为渤海湾和莱州湾两大潮流系统的分界点，从而带来高速流场位置的南移，使现河口正进入最强动力输沙的理想境域。事实已充分证明，我们长期以来坚持的利用海动力输沙的治河方向是完全正确的，坚持这一系统工程方向不动摇，黄河口的长期稳定必将成为现实！

（四）建设黄河三角洲湿地自然保护区增水工程

由于黄河长期低水位运行，使黄河口湿地自然保护区因长期得不到淡水滋润而萎缩；刁口河湿地自然保护区则因刁口河断流而严重衰退。根据以上问题，设计建设黄河口湿地自然保护区增水工程是十分必要的。

该工程由黄河南北两大工程组成，黄河口以北，以刁口河流路恢复通水为契机，保护刁口河流路与优化河口湿地自然保护条件统一起来，在西河口、刁口河河口两侧黄河大堤外分别建两大水库，引水口设在王庄闸，在黄河大堤内侧，建引水渠。王庄闸至西河口40 km，与西河口落差4 m，每年在调水调沙期间蓄满清水；40 km的引渠沉沙加固大堤；根据刁口河湿地自然保护区的需要，除调水调沙期间通过刁口河直接向河口供水外，其余时间根据自然保护区的需要及时由水库向河口供水。

现行黄河清水沟流路以南黄河口湿地自然保护区的供水，除继续发挥现行提水灌溉外，实施改造垦东水库工程，使其在调水调沙期间存蓄黄河水，以备平时及时向黄河口湿地自然保护区核心区供水。设计原理与黄河北刁口河湿地自然保护区系统相同。以上工程的实施应大力推广应用水利插板创新技术。

通过设计建设以上黄河三角洲人工工程，努力达到以下目标：黄河的发展和黄河三角洲发育和谐统一；黄河三角洲高效生态经济区建设和山东半岛蓝色经济区发展和谐统一；黄河三角洲国土防护和黄河口湿地保护区的稳定发展和谐统一。

四、实行跨部门、跨学科研究人员的联合攻关

条条专政、部门分割，门户之见、收入至上种种弊端严重影响水利科技的发展。新中国成立后，黄河历来是黄委管理黄河，而国家海洋局管理海洋。科学院的海洋研究又主要在-10 m等深线外，结果关系到黄河口稳定最关键的海动力与黄河稳定的关系成了科学研究的空白。这是海动力这一稳定黄河的关键长期未能列入国家科研计划的直接原因。

1991年11月1日李鹏总理肯定了治理稳定黄河口的山东经验后，国家科委副主任邓楠同志来山东考察，把加深研究治理稳定黄河口的山东经验列为“八五”国家重点科技攻关项目增列专题，在与水利部协调后，确定专题名称为《延长黄河口清水沟流路行水年限的研究》，并明确要求，该项目由我负责，吸收跨行业的有关科研单位参加。于是我组成了由东营市黄河泥沙研究所、黄河口研究院、中科院海洋研究所、中国海洋大学、山东黄河河务局、黄科院、中国水利水电科学研究院、中科院资源与环境国家重点实验室等组成的黄河三角洲系列研究平台，紧紧结合治理黄河口和开发黄河三角洲的要求，坚持进行了相互联系、不断深化的三大课题研究，取得了一系列符合黄河口实际的突破性科研成果，为国家决策实施黄河三角洲高效生态经济区发展战略提供了重要依据，也为水利战线深化科研改革提供了借鉴。

第一课题 典型河口海岸带防护与生态修复工程技术研究

我国海岸带的研究、开发虽已取得多方面的辉煌成就，但开发总体程度还很低，研究的系统集成水准不高，与国际接轨尚有一定差距，因此科学考察研究当今世界典型性海岸的治理和开发经验，对于黄河三角洲海岸的国土防护和生态修复，乃至对于我国漫长海岸带的开发与管理，都具有重要的借鉴和指导意义。

第1章 海岸带的概念、特征及研究理念的更新

海岸带的研究涉及地学、生物学、海洋学等多门学科。国家科学界前辈已有大量研究成果，如曾承奎研究海带南移、马延英研究珊瑚分类、陈述彭研究海岸带遥感都是享誉国际的经典之作。

1.1 海岸带的概念与特征

1.1.1 海岸带概念

联合国经济与社会理事会（1988）认为，海岸带的一般定义是陆地与海洋相互作用的地带。因此，它包括向陆部分、大陆架被淹没的土地及其上覆水域。这个定义对海岸带向陆一侧的范围界线是模糊的和不明确的，向海一侧范围可扩展到大陆架和专属经济区。海岸带是世界上发展最快，也是城市化最快的地区。从全球遥感夜光图（见图1-1）可以看出，暗夜中的光明区域（即经济发达和人类聚居的区域）都镶嵌在海岸带上。但海岸带又是灾害频发的地区，全球气候变暖、海平面上升、海潮飓风侵袭、河海交汇发生洪水以及盐渍化侵害等，都对海岸带具有极大的侵蚀和破坏作用。海岸带是人口聚集、经济发达的地区，也是地质作用最为活跃和敏感的地区。中国拥有18 000 km的大陆海岸线和14 000 km的岛屿海岸线，其中，大陆沿海11个省（市、区）的面积占全国总面积的13.6%，但人口占全国的41%，国民生产总值占全国的60%，集中了60%以上

图1-1 全球遥感夜光图（引自陈述彭）

的社会总财富，分布着56座沿海城市，超过100万人口的特大城市15座，城市人口占全国城市人口的60.5%。根据中国的经济发展战略，城市化进程还将进一步加速。科学认识海岸带地质环境的形成与演化规律及人类活动对海岸带环境的影响，是实现人地协调、持续发展的基础和前提。

1.1.2 海岸带地质特征

1.1.2.1 海岸带形成与演化

广义的海岸带包括从沿海低地到陆架坡折带的广大地域，是水圈、岩石圈、生物圈和大气圈相互作用的交汇地带。海岸带地区地质环境的形成和演化主要来自三个方面的动力。一是地球深部的内动力，主要表现为地壳的升降运动和水平运动；二是地球外动力作用过程，如气候变化（冰期、间冰期）所导致的海平面的变化，光、水、风等风化作用，侵蚀、搬运、沉积等重力作用，风暴、海浪等动力作用，主要表现在削高填低和海岸带侵蚀与淤积变化；三是人类活动，已经成为影响和改造海岸带环境地质条件的重要地质营力。在上述三方面地球动力系统的作用下，海岸带环境地质演化集中体现在海岸线的往复变迁，这一变迁是海平面的升降运动，地壳的升降运动，泥沙的输送、沉积与海浪（海流）侵蚀等地质作用过程与人类工程经济活动影响的共同作用结果。海岸线的变迁往往伴随着地下水流系统的改变，咸淡水界面随之迁移。

海岸带变迁是各种地质应力综合作用的结果，是各种作用结果的集中体现，但影响海岸线变迁的因素和海岸线变化所产生的影响却远远超出海陆交互空间。如海平面的变化受全球气候变化的影响，是一个全球性的问题。一次风暴潮的影响可深达陆地数十千米甚至上百千米。

1.1.2.2 我国海岸带地质特征

我国的海岸带处于全球最大陆地（欧亚大陆）和最大海洋（太平洋）相互交汇的过坡地带，南北纬距跨度大，地形地貌复杂，地质条件差异较大。

大陆岸线北起鸭绿江口，南至北仑河口，全长18 000多km，穿越辽宁、河北、天津、山东、江苏、上海、浙江、福建、广东、广西、海南11个省、市、自治区。我国大陆所滨临的海洋，由北至南分为黄海、东海和南海3个海区，渤海为我国的内海。这些海区是太平洋西部与我国大陆相邦接的边缘海，其中除南海具有大洋海盆特征、深度较深外，其余大部分属浅海大陆架。

我国海岸带地形的总形势，大体以杭州湾为分界线，向北的海岸线分别穿过两个沉降带（黄海—苏北平原盆地；辽河平原和华北平原，其中包括渤海）和两个隆起带（燕山山地向东延伸的辽西、冀东海岸；山东半岛和辽东半岛）。这样，由于地质构造上的差异，形成上升的山地丘陵海岸与下降的平原海岸交错分布。杭州湾以南的海岸，基本上全是隆起的山地丘陵海岸，岸线走向呈朝东南凸向海洋的圆弧状。此外，我国海岸还具有突出的海岬和深入的海湾，主要分布在辽东半岛和山东半岛，以及杭州湾以南的浙江、福建和广东沿岸。

与海岸带构造演化和总体地势相一致，在杭州湾以北的沉降带内沉积巨厚的第四系松散沉积物，相应的缓变性地质环境问题如地面沉降、地裂缝、海水入侵、海岸带淤积等较为突出；而在杭州湾以南则由于地壳的上升，崩塌、滑坡、泥石流等重力地质作用与突发性地质环境问题较为突出。

1.1.2.3 影响我国海岸带的主要地质作用过程

（1）地壳升降运动。东部沿海地区现代地壳运动基本上继承了新生代以来的隆起和沉陷过程，与其形成的区域隆起带（山地、丘陵）及沉降带（平原、三角洲）地貌单元基本一致。大致以杭州湾为界分为南、北两部分，北部的海岸以下降为主，间有上升，南部海岸则以上升为主。北部的长江三角洲、华北平原、下辽河平原等为主要沉降区（－1～－5 mm/a），其中渤海湾因局部地面沉降，达－5～－50 mm/a。其内部又存在辽东山地、山海关隆起、山东半岛的相对上升区（+1～+4 mm/a）。南部的福建、广东、广西海岸总体上呈上升（+2~+4 mm/a）状态，其间珠江三角洲和汕头局部下降（－1~－2 mm/a）（赵希涛、刘玉海等）。中部的浙江沿海地壳垂直运动较弱而平稳，升降变化较小，构造活动相对较弱。

（2）海平面升降运动。第四纪以来，地球上经历了多次冰期与间冰期的交替，气候的冷暖更迭，引起海平面的频繁升降。例如，末次冰期在距今约2 000年开始进入最盛期，海平面下降130 m左右，黄渤海陆架全部出露成陆，总面积达457 000 km^2，东海地区仅冲绳海槽仍为海水所覆，面积350 000 km^2，仅及现代东海总面积的1/2，岸线东移的最大距离达1 000 km以上。南海在末次冰期最盛期时，面积较现代海面缩小了1/5，岸线外推100~200 km（汪品先，1995）。

近50年来中国沿海海平面总体呈上升趋势（2003年中国海平面公报），平均上升速率为2.5 mm/a（东海3.1 mm/a，黄海2.6 mm/a，南海2.3 mm/a和渤海2.1 mm/a），大于全球海平面上升速率的1.5 mm/a。

预计未来数年，中国沿海海平面总体上将继续保持上升趋势。2006年和2013年中国沿海海平面将比2000年平均海平面分别高10 mm和28 mm。而经济发达又十分敏感的珠江三角洲、长江三角洲和天津地区海平面相对上升幅度将要大得多。

（3）岸线淤进蚀退与物质平衡。岸线淤进蚀退变化受海岸带泥沙输运与物质平衡的影响最为直接。中国大陆东西地形的巨大差异，使中国西部高原和山地成为世界上最大的陆源碎屑供应地，通过河流水系，源源不断地向东输运，哺育着东部平原的形成和成长。我国主要河流年平均入海输沙量为201 374.84万 t，这一泥沙量维持着我国海岸带的稳定和平衡。改革开放以来，我国在西部实施了一系列大型的工程项目，如三峡枢纽工程、黄河上游水库建设、西部大面积退耕还林、西气东输工程、西部交通建设和基础设施建设，以及已经开始的南水北调工程。这些工程对于我国经济和社会的可持续发展具有战略意义，是完全必要的。但它们基本上都有一个共同效果，就是改变由西向东的泥沙输运过程，减少河流入海的泥沙量，从而打破现有的海岸带物质平衡。据统计，20世纪60年代前，我国除个别废弃河口三角洲被侵蚀后退外，绝大多数海岸呈缓慢淤进稳定状态。而目前全国约70%的海岸侵蚀后退，严重岸段后退速度达5~20 m/a，而且岸滩侵蚀的范围日益扩大，侵蚀速度日渐增强。

（4）海水和地下水之间的动态平衡。这种平衡，可能由于人为或者自然的原因而被打破，咸、淡水相互作用的过渡带就要向内陆移动，以建立新的平衡，因此造成海水入侵。

（5）自然因素。在地表水补给不足的旱季，海水相对于内陆地表水和地下水的强势状态将加强，并增大潮水沿河口的上溯距离（如在没有挡潮闸的长江口，海水向上游的上溯距离可达170 km）（刘杜娟）。从长远看，全球气候变暖、相对海平面上升，也使得海水相对于内陆地表水和地下水更加处于强势状态。

1.2 海岸带的开发历程与研究观念的转变

海岸带是民族文化的重要发祥地，是海洋文化的滥觞，是海上交通与工业发展的依傍。世界上许多著名的大都市，其古代的源头只是当做农产品聚散的河港，工业革命后，海运发达，海港成为实现内外辐射的枢纽，成为促进全球化经济与区域资源重组的基地。清代五口通商的宁波北仑港、上海洋山港，都成为世界最大型的集装箱转运中心。我国的许多重大工业布局项目，如大亚湾秦山核电站、珠海高栏岛炼油厂、曹妃甸新型工业区等都部署在海岸带地区。

随着各国工业的加速发展，海岸带成为当今最严重的污染地，渤海纳污量已远远超过其自净能力，过去陆上污染物排放以海洋为归宿几为天经地义，使得海洋生物多样性遭受严重威胁。因此，必须在新形势下更新海岸带开发的理念，如美国国家航空航天局（NASA）、英国海洋研究中心等都在投巨资开展海岸生态圈层互动系统研究，我国海岸带发生的物种入侵、大米草泛长、珊瑚礁红树林消亡、海岸剧烈蚀退等都已为害甚巨，以全新理念开展海岸带演变与防护的研究，实现海岸带的科学开发已是当务之急。

海岸带蕴藏着丰富的海洋生物资源和能源资源，种类多，数量大，开发利用海洋资源成为各个海岸国家发展经济的主要手段，与此相关的资源开发利用的科学研究与技术开发成为海岸带研究中的重点。但是，随着资源的大规模开发利用，特别是不合理和过度的资源开发已经产生了许多严重的后果，资源枯竭、环境恶化、灾害频仍等严重影响着海岸带的经济社会可持续发展。因此，国际上主要海岸国家在开发利用资源的同时已开始高度关注海岸带的可持续发展，开发的同时加强了保护，如在滨海旅游业的发展中更强调自然风光的观赏或生态环境体验等旅游新观念，以增强人们对海岸带的保护意识；更强调了开发利用潮汐能、太阳能、风能、波浪能等海洋新能源及其综合利用。以上开发利用海岸带资源观念体现在各个国家的发展战略中和相关的国际、区域和国家研究开发计划之中。而与之相关的科学研究也转向海岸带的可持续发展研究，关注海岸带生态系统的健康发展研究，关注海岸带海洋新能源的综合开发利用研究，关注人类活动对海岸带环境、经济和社会的可持续发展影响研究。就全球来看，海岸带利用与研究的理念更新主要体现在几个转变上。

一是从海岸带单一灾害研究转向海岸带综合灾害预警系统建设。自从2004 年印度洋海啸灾害的发生给印度尼西亚等海岸国家造成严重损失后，各国开始将海岸带灾害的防治从单一灾害的防治转向综合海岸灾害预警系统的建设上，通过全球海洋监测系统的建设和灾害预报能力的提高而达到对海岸灾害的预警。NASA 在其《地球科学2030年展望》报告中（NASA，2004），将涉及地球科学领域的各种灾害，如地震等的预报能力的提高作为其2030 年的目标之一，这就为海岸灾害的预警系统建设提供了科学基础。目前，对单一海岸灾害，如飓风、地震、赤潮、有害藻类的发生发展机制研究等达到了较高水平，对部分灾害如厄尔尼诺现象的认知也达到了一定水平，但对多种灾害同时发生，以及其间的链式反应等还处于探索阶段。

二是从单一学科研究转向生态系统多学科交叉研究。近海科学的跨学科性和多学科性，将自然科学和社会科学密切结合起来开展研究的趋势越来越明显。为了解决许多沿海地区和区域海环境与开发的复杂问题，需要跨学科的合作，以揭示自然现象和人类活动之间的联系，并为新的科学方法规划蓝图。从长远来看，海岸带管理问题只能利用综合方式来解决，将不同的学科——包括自然科学和社会科学结合起来。海岸带环境管理不是管理“自然”，而是管理人及其行动，因此社会经济研究已经成为海岸科学研究的一个重要的有机组成部分。美国国家研究委员会发布的一项报告《全球海洋科学：迈向综合研究》指出，取得大时空尺度上海洋过程研究的突破和发现，没有各领域专家在主要问题上的共同努力是不可能有希望的（NRC，1999）。美国国家大气海洋局（NOAA）在其《NOAA2005—2025年科学研究远景》中，把海岸生态系统研究以及海岸生态系统的综合管理作为发展目标之一，手段是综合多学科的力量，通过学科的交叉和综合研究整个海岸生态系统的变化（NOAA，2004）。

三是从海岸带生态系统的自然变化影响研究转向自然与人为综合影响研究。海岸带生态系统是承受着巨大压力的生态系统，既有来自沿海系统的不断变化，也有人类活动的巨大影响。不断变化中的波浪和海流体系、气候、地形变化过程以及来自陆地、大气及海洋通量引起的沿海系统的自然变迁，对这种变迁目前我们还了解得不透彻，尚需通过观测手段的进一步提高和理论上的创新加强认识和理解。随着技术能力的增强，人类正在进一步影响这一已经高度变异的生态系统，虽然大部分影响仍然是区域性的，但是世界沿海地带的发展速度正在加快，以至于它已经成为一个全球性的问题。自20世纪80年代兴起的全球变化科学研究，极大地推动了对海岸生态系统变化的研究，特别是对海岸带生态系统的自然变化进行了深入的研究。全球环境变化的人文因素计划（IHDP）的实施，更加强调了人类社会发展中的诸多因素对环境变化的影响，特别是法规制度因素在环境变化中的作用（IDGEC）。人类活动对海岸带生态系统可持续发展的影响越来越显现出关键的作用，研究人类活动与海岸带生态系统变化的相互作用已成为今后一段时期的重点任务。

四是从分学科分区域的分散观测转向综合的全球观测系统的发展。随着观测技术的发展以及地球系统科学概念的深入应用，在海岸带研究中综合多学科的要素观测已经或正在取代各个学科以往分散的、各自为政的观测。这种趋势在全球海洋观测系统和分布式全球对地观测系统中得到了极大体现。从2003年起，连续3届的国际对地观测峰会，正在把世界各国以加入全球对地观测系统的形式空前广泛和紧密地连接起来。2005年2月16日，近60个国家在第三次对地观测峰会上通过了分布式全球对地观测系统（GEOSS）（冯筠等，2005），这就以合约的形式从空间上为把各个区域、各个国家分散的观测进行有机联系打下了基础。在学科上，多学科的交叉综合研究向综合观测提出了前所未有的高要求；在技术上，新技术的发展如卫星遥感、遥控潜水器（ROV）、自治式无人潜水器（AUV）等的发展为综合的全球观测系统建立提供了可能，同时以单个学科为主发展的观测仪器也得到了多学科的共享。

五是从单纯科学研究转向注重结合海岸带综合管理研究。从20世纪90年代开始，海洋与海岸带综合管理在国际上越来越受到重视。1992年联合国环境发展大会通过的《21世纪议程》要求沿海国家实施综合海岸带管理，并以国际法律文件的形式确认了海洋与海岸带管理是达到可持续发展的重要途径（范晓婷等，2005）。未来海岸带管理的一个主要问题是公众、政治家、管理者以及科学家对海岸带的认识。因此，必须将科学研究和海岸带的综合管理有机结合起来，并使各个利益相关者参与其中。海岸带的许多灾难有些时候并非科学技术的无能为力，而恰恰是已经具备了科学技术预防能力，而缺乏有效的海岸带管理造成的，如2004年印度洋海啸的发生。综合海岸带管理要求综合海岸带管理科学知识的发展和应用，在科学研究提供新知识、新概念的基础上，有效地促进海岸带科学管理和政府决策将是未来海岸带综合管理研究的重要内容。科学研究成为有效管理海岸带的重要手段。

1.3 世界主要国家海岸带开发概况与研究

1.3.1 美国海岸带开发研究的总体特点

美国海岸线长度比较长，75%的美国人口集中居住在离岸约80 km以内的区域，海岸带地区的社会、经济、自然环境也容易遭受自然灾害的侵扰，因此美国开展海岸带综合研究较早，并在国际海岸带研究领域处于领先地位。美国的海岸带研究力量主要分布在高等院校、国家大气海洋局（NOAA）和地质调查局（USGS）等部门，其海岸带研究力量处于绝对的优势，发文量处于国家之首，13 个机构处于发文最多的前20 强中。

1.3.1.1 美国海岸带研究的特点

——对海岸带研究有较高的投入。美国国家科研基金会（NSF）投入海洋科学研究的经费约占NSF当年总预算的6.3%（不包括极地项目），多年来在地球科学各个学科研究经费份额中处于前列。其中，有较高的投入支持海岸带科学研究。

——以国际研究计划的形式促进研究与合作。通过一流的海洋科学家提出一些新的研究方向与问题，开展一系列研讨会等明确计划的框架和内容，形成新的研究计划（通常为期5~10年），吸引各个国家的广泛参与，并注重落实相应的国家计划。美国在这些计划中起着重要的作用，主要学术思想和拟解决的问题大都由美国的科学家提出。

——海岸调查资料共享。资料的共享已作为一种制度被采用，大大地方便了科学家的科学研究工作。

——重视海岸带的综合管理和学科管理，使海岸带研究工作紧密结合经济社会可持续发展的需要。

——强化海岸观测系统的功能，充分利用遥感技术和水下机器人监测海岸环境与生物群落。

——强化遥感技术手段在监测、预报和生态环境评价中的应用，开展长时序监测项目，提高灾害的预报功能。

——重视海岸带调查。考察海岸生物资源的分布、生态特征，掌握海岸资源的潜在价值。

——海洋生物研究集中在微生物基因顺序测定，揭示生物多样性的奥秘，寻找满足国家能源需求和为社会创造效益的新方案。

——加强沿海岸带资源的保护与恢复，扩大国际合作，支持基于生态系统的海岸带管理。

1.3.1.2 美国海岸带研究重点领域

美国海岸带研究的重点领域包括生态系统变化预测、珊瑚礁、气候变化、土地利用影响、有害藻华、区域生态系统研究等。其主要研究方向包括海洋和海岸地质体系研究、海岸带管理科学、海岸带调查与管理、人类活动对海岸生态系统的影响研究、自然灾害对海岸带生态系统的影响研究。

1.3.2 日本海岸带开发概况和特点

日本国由北海道、本州、四国、九州4个大岛和3 900多个小岛组成，海岸线长达3.5万km。海岸带的环境、资源保护与开发涉及日本生存与发展的重大问题，因此日本对海岸带的研究极为重视，国家在组织海岸带发展规划和研究计划方面发挥着重要的主导作用。从20世纪60年代开始，日本就开始制定海洋发展规划，是较早制定海洋规划的国家之一。21世纪以来，日本制定的主要海洋规划有2000年提出的《综合大洋钻探计划》、《21世纪海洋发展战略》和《21世纪海洋开发计划》（国家海洋信息中心，2002）。

1.3.2.1 《21 世纪海洋发展战略》

日本在制定海洋各领域的发展计划时，充分发挥了国家的主导作用，并组织各界联合制定战略规划，各省厅都相应地制定了自己的海洋政策。如，通商产业省制定了海洋各领域未来的基本政策；科学技术厅制定了海洋科技的基本计划和措施；环境厅提出了海洋环境保护的基本框架和各种措施；国土厅制定了海岸带综合管理计划；外务省与国际机构及相关国家进行协调，以利于日本的海洋开发和利用；文部省倡导大学研究的主体性和自主性，积极支持社会需要的海洋研究活动等。

国土厅历来都把包括海岸线的陆地区域和海域作为一体的国土空间，也称为沿岸域，它是水圈、气圈、地圈相交汇的自然平衡的人类财产。为此，日本政府于2000年2月23日制定了《为制定沿岸域综合管理计划的指南》。该指南的要点如下：设定海岸带的范围；对于沿岸海域环境的修复、确保安全性、多方面利用的调解等，规定了基本的方向；力图推进政府、居民、企业等多种利益相关者参加制定综合计划。国土厅制定的《海岸带综合管理计划》是在对沿岸域的现状进行必要的调查，充分掌握自然、灾害、社会经济、历史文化等地区特征的基础上，再制定出以下事项：海岸带的范围等要用地图明示；计划时间为10年；基本方针政策；设定研究课题以及综合措施的基本方向；推进总体状况的掌握和评价等。

1.3.2.2 《21世纪海洋开发计划》

《21世纪海洋开发计划》之下有：海洋生物资源开发实施计划，主要针对海岸渔业的发展；海洋矿物资源开发实施计划，调查海岸带内的矿藏储存情况以及对石油天然气的调查；调查研究日本周边大陆架海底沙砾储存状况；海洋能利用实施计划；波能利用研究开发；海洋空间利用计划；加强东京湾、大阪湾及伊势湾等都市周围海岸综合利用与保护的研究工作，制定海岸保护利用指南，研究海洋构造物，促进海洋综合利用，加大临海地区开发力度，提高临海地区土地及填海造地等土地利用率。

1.3.2.3 日本研究力量及重点和方向

日本海岸带研究机构主要集中在高校，其中最有名的是东京大学海洋研究所国际海岸研究中心、东海大学海洋研究所、千叶大学海洋生物研究所等，这与日本文部省一直倡导大学研究的主体性和自主性，并以此为基础积极支持社会需要的研究活动有关。此外，日本还成立了许多有关海洋的学会，如日本水产学会、日本海流学会、日本海洋调查技术学会、日本鱼类学会、日本浮游生物学会等。

综观目前日本各研究机构的研究情况，可看出日本海岸带的研究重点主要集中在海岸海洋生态系统、海洋污染、海洋哺乳动物学、鲑鱼生理学研究、物理海洋、海岸带的管理等方面。其方向集中在：海洋生物资源的开发利用及保护；海洋与人类共存；通过对海洋资源的研究，解决粮食问题；通过研究气候变化和地震发生机制的研究，提出防止灾害的对策；开发海洋新能源；通过对海洋生物种群的研究，开发海洋新药。

1.3.3 英国海岸带开发研究概况和特点

英国为大西洋、北海和英吉利海峡所环绕，海岸线总长超过了1.9万km，1/3的英国人口生活在海岸线10 km的范围内。英国的海岸带管理与研究在欧盟的统一指导原则下进行，并将海岸带的管理充分融合到地方的政策与各项计划中，建立了覆盖全面的海岸带管理、研究体系。各地方政府在制定本地的海岸带战略时，充分利用当地的海岸带社团、公众与论坛的力量，进行战略咨询、集思广益，制定出符合当地社会、经济与环境的海岸带战略，这些社团成为英国海岸带管理与研究不可或缺的部分。

20世纪60年代以来，英国开始开发北海油气田，很快形成了英国海洋经济的一个新的增长点。与此同时，滨海旅游业及海洋设备材料工业也迅速崛起。2000年，英国主要海洋产业产值约达970亿美元。2000年，英国自然环境研究委员会（NERC）和海洋科学技术委员会（USTB）提出今后5～10年海洋科技发展战略，包括海洋资源可持续利用和海洋环境预报两方面的科技计划。2000年9月，欧洲委员会发布了欧洲执行综合海岸带管理的推荐建议（Recommendation on Implementing Integrated Coastal Zone Management，ICZM），要求欧盟各成员国政府对影响国家海岸带的法律、制度、利益相关者等进行全面的分析。在此背景下，英国政府于 2004年3月形成了《英国的综合海岸带管理：终期报告》，并于2006年3月由英国环境食品及农林事务部（Defra）正式提交欧盟。

（1）英国从国家到地方政府执行综合海岸带管理的战略。包括：①保卫领海：海洋环境的保护与可持续发展战略（Defra，2002）。此项战略由Defra联合英国政府以及相关行政部门于2002年5月发布，战略中涉及海洋生物多样性保护、综合海岸带管理，海洋污染与垃圾、海运与港口、滨海活动与可再生能源、可持续渔业、气候变化以及海洋科学等内容。②北爱尔兰：走向一个综合海岸带管理战略（Northern Ireland: towards astrategy on ICZM）。由北爱尔兰环境局负责制定北爱尔兰综合海岸带管理战略，在政策的制定过程中，综合考虑了ICZM的原则及可持续发展的社会、经济、环境等各方面的要求。③威尔士：综合海岸带管理战略咨询（ICZM strategy consultation）。此项战略由威尔士议会政府为威尔士的综合海岸带管理而制定，它将综合海岸带管理的原则融合在威尔士本地的相关政策与各项计划当中。④苏格兰：海洋和海岸战略（Scotland: Marine and Coastal Strategy）。2005年9月苏格兰正式发布“海洋机遇—苏格兰海岸与海洋长期可持续性战略”（Scottish Executive，2005）。⑤苏格兰：苏格兰海岸与近岸水战略（Scottland: Strategy for Scotland’s Coasts and Inshore Water）。此战略由苏格兰海岸论坛（Scottish Coastal Forum）所做并将报告提呈给苏格兰部长，于2005年发布。⑥英格兰：面向战略的综合海岸带管理（England:towards a strategy on ICZM）。

（2）研究重点。

海岸带管理方面：海岸与海洋水、海洋环境保护、海岸生态系统管理与规划、生物多样性保护、海洋可再生能源发展等。

学科方向：海岸带黏着性与非黏着性沉积物的输运、盐沼、高低潮间滩涂与海滩的稳定性与演化、滨海沙丘的行为研究、海岸波浪与涌流下海底边界层结构与特性的调查以及海底边界层能量与物质的传输、海岸地理信息系统等。

1.3.4 澳大利亚海岸带研究概况和特点

澳大利亚位于太平洋的西南部和印度洋之间，由大陆和岛屿组成，有1 000 多个河口和大约长为3.7 万km的海岸线，澳大利亚海岸带承受着来自人口、灾害和气候变化的巨大压力，这将影响海岸资源可持续利用以及经济、社会和环境发展。

澳大利亚自然遗产管理局所组织实行的海岸和海洋方面的保护计划主要有海岸和海洋清洁计划、澳大利亚海洋政策、海洋物种保护计划、渔业行动计划、海岸保护计划等。2003 年5 月，澳大利亚地球科学局（Geoscience Australia）的国家研究优先领域执行计划（National Research Priorities Implementation Plan）中，其优先目标之一“澳大利亚生物多样性可持续利用”的海洋和海岸环境地球科学项目，每年获资助790 万美元，同时还间接地通过空间信息项目资助此目标260 万美元。

澳大利亚自然资源管理部长委员会（Natural Resource Management Ministerial Council，NRMMC）于2006 年发布了《综合海岸带管理国家协作途径—框架与执行计划》（NRMMC，2006），综合分析了澳大利亚海岸带所面临的压力与问题，并在此基础上研究制定国家海岸优先发展的领域，进一步对国家实施这些优先领域制定了系列的执行措施与目标，对澳大利亚今后的海岸带发展起到了指导作用。在执行计划中，确定了海岸研究的6 个优先领域：①流域—海岸—海洋综合交叉联合统一体；②基于陆地和海洋的海洋污染源；③气候变化；④有害动植物；⑤人口变动计划编制；⑥能力建设。

澳大利亚海岸的主要学科研究领域：主要城市集水区研究（莫来顿湾（Moreton Bay））、主要工业区及码头水质与污染监测、模拟及海岸生态系统的研究；主要农业集水区研究、重要的海岸浅水栖息地的研究、对国家土地与水资源的审核以及全国范围的河道的评估；海岸可持续发展项目（包括达尔文河河港计划、生物标志物、海港水动力学模拟等）、大堡礁世界遗产区水质问题、生物多样性评估、环境的变化与影响、生物活性分子的发现、生物创新（Bio-innovation）等。

重点方向为：①流域—海岸—海洋交叉集成研究；②基于陆地和海洋的海洋污染源研究；③海岸带与气候变化研究；④海岸带有害动植物研究；⑤人口变化与海岸带研究；⑥海岸带环境与经济长期监测。

1.3.5 印度海岸带开发及研究特点

印度位于南亚次大陆，南端嵌入印度洋，东临孟加拉湾，西邻阿拉伯海。印度大陆和岛屿海岸线长7 500 km，岛屿1 256 个。海洋对印度的气候、环境等具有十分重要的影响。印度海岸带研究仍处在发展阶段，但印度对海岸带研究的投入逐年增加，涉足海岸带研究的机构以及关注的研究领域也较多（李景光，2005）。

1.3.5.1 主要研究计划

——海洋生物资源计划：评估渔业资源年际、十年和长期的波动变化。

——海洋药品计划：该计划进行海洋药品研究试验，目前为探索和生产发展阶段。

——海岸海洋监测和预测系统（COMAPS）：设立了82个地点对25个参数进行监测，这25 个参数都是和海水与沉积物物理化学及生物特征相关。通过该计划，获取原始数据，识别出焦点区域，采取相应的措施阻止和控制污染。

——海岸带和海洋区域的综合管理：该计划分为两个部分，一是海洋容量建设，二是研发的基础设施发展。该计划包括四项活动：基于印度海岸和海洋区域的11 个临界区的GIS 发展、印度沿海岸带区域的河口废物吸收容量的确定；环境影响评价的指导方针的改进；海岸带和海洋区域综合管理计划模型的预备。

——海洋观测和信息服务：该计划是为了获得长时间序列数据，以研究和预测气候变化及理解气候变率。

——海啸和暴风巨浪预报系统：该计划的目标是对由海啸和暴风巨浪造成的海洋灾害建立预报系统。

1.3.5.2 海岸带研究主要领域和方向

主要研究领域包括：海岸带地形和海平面变化研究、海岸带生态学研究、海岸带各种参数变化过程的动力机制研究、海岸带地球动力学研究、海岸带古环境及古生态研究、海岸带矿产研究、海岸带管理、海岸带环境评价、海岸带开发技术等。另外，鱼类和海藻等生物资源的最佳利用、碳氢化合物和重砂矿等非生物资源的开发、利用波浪/温差/潮汐/盐度梯度等可再生资源发电也是海洋开发的重点。

重点方向包括：近海环境监测和预报；海平面监测与模拟；岛屿开发；海洋卫星及卫星信息服务；海洋观测与信息服务；海洋药物研究等。

1.3.6 加拿大海岸带开发及研究概况和特点

加拿大三面环海，被大西洋、太平洋、北极包围着，拥有世界上最长的海岸线，大约23%的加拿大人生活在沿海社区。加拿大海岸带研究以尊重原住民、保护原生生态系统、保护相应的动植物种类和生态环境等为特征。

1.3.6.1 国家战略

1997 年，加拿大政府颁布并实施了《海洋法》。《海洋法》授权加拿大渔业和海洋部负责组织领导并督促《加拿大海洋战略》的制定工作。据此，联邦政府组织制定了针对加拿大三个沿海地区的管理计划，包括北冰洋波弗特海综合管理规范计划、大西洋东斯科舍陆架综合管理计划和太平洋不列颠哥伦比亚省中部海岸计划（DFO，2006a）。2002 年7 月，《加拿大海洋战略》制定完成。

2004 年加拿大政府承诺：通过使海洋技术的使用和发展的最大化来推动海洋行动计划，建立一个海洋保护区网络，执行综合海岸带管理计划，加强海洋和渔业管理规则的执行。加拿大海洋行动计划的出台是基于以下四个内在联系的部分的考虑：①国际领导地位，主权和安全；②可持续发展的海洋综合管理；③海洋健康；④海洋科学和技术。

海洋行动计划分阶段实行。第一阶段的主要内容有：①国际海洋管理；②北极海洋战略计划制定一个框架，与八个北极国家和土著民族来解决污染、生物多样性、生态系统的完整性和人类健康使用海洋的问题；③解决大西洋西北海岸的过度捕鱼问题；④海洋的综合管理。2005 年6 月8 日，加拿大海洋与渔业部和环境部联合发布了《联邦海洋保护区战略（Federal Marine Protected Areas Strategy）》。这是继《加拿大海洋战略》和《加拿大海洋行动计划》发布后联邦政府的又一重大举措。《联邦海洋保护区战略》将由加拿大渔业与海洋部、环境部和公园局共同组织实施（DFO，2006）。联邦海洋保护区战略中指出加拿大海岸带生态系统的健康持续下滑，引发这种下滑的原因是多种多样的，包括土地、海洋的污染源排放，比如说污水的排放和石油的倾销；生物环境的退化、不可持续的渔业，还有对海洋资源需求的持续增加；入侵物种和较大规模的全球气候变化的影响等。

加拿大联邦海洋保护区网络主要包括三个核心项目：①海洋保护区的海洋法；②海洋野生动植物区；③国家海洋保护区。

1.3.6.2 加拿大海岸带（CZC）年会

加拿大海岸带（CZC）（Coastal Zone Canada ）年会（CZC，2000）的长期目标是使其成为改善管理海岸带人类活动方式的一种论坛，以达到进一步理解、引导和约束人类的活动。

CZC 年会每两年召开一次：CZC1994 年年会的目标是在海岸带方面的合作；1996 年年会的目标是综合管理和海岸带的可持续发展；1998 年年会：海岸带的挑战，共享我们的经验，发展我们的知识；2000 年年会：海岸带工作的经验教训和前景；2002 年年会：管理共用水资源：建设可持续的跨越边界线的海岸生态系统；2004 年年会：一个统一的海洋：海岸—海洋管理可持续发展的协作；2006 年年会：提高认识——提高北极圈居民在面对快速变化的北极圈生态系统时有着独特的挑战的认识。

1.3.6.3 加拿大海岸带研究的主要领域

海岸带研究的主要领域包括：①渔业综合管理；②生物多样性与生态系统保护；③海岸带污染研究；④物种入侵研究；⑤海岸带土著文化保护；⑥海岸带灾害预测与预防研究。

1.3.7 荷兰海岸带开发及研究概况和特点

荷兰位于欧洲西部，西、北两面濒北海。根据自然环境，荷兰海岸带大致可分成3 段：南部为三角洲型海岸，中部为沙丘型海岸，北部为障壁岛型海岸。荷兰海岸主要是沙质海岸，大量沙质沉积物来自大海。海岸沙丘与海滩长达290 km，其中有60 km的沿海地区修建了人工堤坝，它们一起构成了抵御海水入侵的屏障。海岸沙丘主要由末次冰期的风沙沉积组成，它的宽度变化于几十米到几千米之间，大多已由人工植草加以固定；但在现代海洋动力的作用下仍有局部岸段向海移动或向内陆后退。在荷兰的西部和北部，许多区域低于海平面，其面积约占全荷兰总面积的1/4，最低点位于鹿特丹附近，低于海平面6.7 m。由于荷兰常常受到海岸侵蚀的威胁，因此荷兰很注重海洋的地质调查，特别是针对海洋地质灾害所做的调查，从而有助于正确判断地质灾害未来的发展趋势。其关于海岸带的研究也就主要集中于沉积学、地貌动力学、水体动力学，以及在防止海岸侵蚀的过程中进行海岸监测，并研究如何对海岸带进行保护。

1.3.7.1 国家战略

荷兰政府非常重视海岸带的研究。国际地球生物圈计划（IGBP）核心计划海岸带海陆相互作用计划（LOICZ）国际项目办公室最初就设在荷兰，并得到荷兰政府的资助开展日常工作，而且荷兰政府还拨出专项资金配合LOICZ 研究。LOICZ 资助下的荷兰研究工作集中在发展用于河流系统和海岸地区的数值模式，同时选取荷兰的Biesbosch-Haringvliet 三角洲作为特别区域进行研究。

荷兰与印尼合作的东加里曼丹计划（2006 ~ 2010）的研究目标是解决东加里曼丹海岸带地区共同的科学或社会问题，至少包括下面三个研究领域的两个方面：生态动力学和/或生物多样性；沉积系统学、地貌动力学和/或气候（包括厄尔尼诺）；社会科学（例如，管理学、管理经济学）。该研究计划主要受到荷兰热带研究进展基金（WOTRO）的资助。

1.3.7.2 研究重点和方向

综观目前荷兰各研究机构的研究情况，可看出荷兰海岸带的研究重点主要集中在以下方面：

（1）近岸水域地区海岸沉积过程与形态变化的战略研究；

（2）海床和岩床，有障壁海岸，潮汐汊道和河口，沙石、泥土和水动力学；

（3）海岸保护和海岸监测；

（4）海岸带的社会经济（海岸带管理、工业、渔业、旅游）研究。

参考文献

[1] 何起祥，刘守全，周永青，等.中国海岸带的地质特征与综合治理. 地质消息[J]，2007：25-27.

[2] 文冬光，吴登定，张二勇. 中国海岸带主要环境地质问题[D]. 北京：中国地质调查局，2007.

[3] Hoffman J S，Wells J B，Titus J G. Future Global Warming and Sea Level Rise：in Iceland Coastal and River Symposium. 1986：245-266.

[4] Inman D L. Beach and Nearshare Processes along the Southern California Coast[J]. Calif. Div. Mines Bull. 1954，170：29-34.

[5] Prior D B，Bert van der valk，Pickrill R A，Shalke H J W G，Reedman A L. Some Marine Gesscience Contributions to Integrated Coastal Zone Management[M]. CCOP COASTPCAN publication，Bangkok. 1997.

第2章 河口海岸带的淤蚀及洪水管理

河口三角洲地区通常比其他地区更为年轻，自然状态上更加动态和易变，现代工业发展与人口增长带来的基础设施与财产的价值急剧增长，使极易发生的洪水危害的风险也急剧扩大，因此洪水的防护是一项重大议题。

2.1 美洲典型海岸带——新奥尔良区域的飓风灾害与基线重建计划

路易斯安那海岸图见图2-1。

图2-1 路易斯安那海岸图

新奥尔良是路易斯安那州的一个重要港口城市，其80%的土地位于海平面以下，地面平均高程为海平面以下1.8 m。自从1718年建市以来，就一直面临着复杂的洪水管理问题。新奥尔良市的地形像一个碗形，市中心位于碗底，低于海平面3 m。飓风引起的风暴潮和庞恰特雷恩湖的风浪从北部威胁着城市，密西西比河洪水从南边影响着城市的安全。近年来，土地的快速沉降使防洪形势更为严峻。因此，有效牢固的洪水防御以及灾后重建体系尤为重要。本节重点介绍新奥尔良市的洪水防御体系以及其灾后在诸如人口、住房、交通、基础设施、经济、社区服务等方面的重建工作。

2.1.1 飓风影响及灾后重建计划

2005年8月29日9时38分，威力强劲的“卡特里娜”飓风袭击了美国墨西哥湾沿岸各州，受灾面积达到23.3万 km^2，大致相当于整个英国的国土面积。受灾最严重的新奥尔良市有80%的面积被洪水淹没，受灾人数达到1 500万，80万居民流离失所。飓风共造成1 300多人死亡，直接经济损失高达1 000亿美元左右。

为加强灾后恢复重建工作，2005年11月16日，美国联邦应急管理局成立了墨西哥湾沿岸重建办公室，并在路易斯安那州和密西西比州沿海地区设立了地方办公室。该办公室与当地政府一起确定重建优先考虑的领域，为总统和其他高层领导制定综合有效的国家战略提出建设性意见。其主要职责包括：恢复墨西哥湾沿岸长期的安全和安定；创造新的经济增长点，重振墨西哥湾沿岸经济；社区重建。

2.1.1.1 恢复墨西哥湾沿岸安全和安定

为恢复墨西哥湾沿岸长期的安全和安定，墨西哥湾沿岸重建办公室开始按世界最高标准，重建当地水管理系统，包括新的监管机制（如对防洪堤和涵洞进行数量和质量两方面的控制等）；改善应急预案，如应急第一响应预案和新的疏散预案等；恢复和保护环境，实现新城市建设和湿地恢复的均衡发展；重建司法体系，恢复警察署、法院、地区律师体系和监狱等；通过私立和公共医院与诊所网络重建医疗体系。

墨西哥湾沿岸重建办公室通过税收减免等激励措施促进当地商业投资；通过重灾贷款和优惠政策促进小企业发展；修复重要公共基础设施如公路、桥梁、给水和排水系统以及公共建筑等；通过激励措施和工作培训计划，创造新的就业岗位。

在社区重建方面，墨西哥湾沿岸重建办公室主要开展了以下几方面的工作：通过长期投资建造更安全的房屋；支持当地城区和社区建设计划；重建和改善教育体系；恢复当地社区网络和社会服务体系。

截至2007年8月29日，美国联邦政府共下拨救灾款物1 140亿美元，减免各种税收127亿美元，用于灾民安置、房屋租赁、基础设施维修、洪灾保险赔付、教育、医疗以及灾后废墟和瓦砾的清理等。

2.1.1.2 加快住房与基础设施建设

在家庭和社区重建方面，经国会同意，美国住房和城市发展部下拨167亿美元社区发展基金用于住房和基础设施建设。截至2007年8月29日，住宅和城市发展部向灾区居民提供住房78 035套，临时性过渡住房40 000套，修复房屋3 523所，下发灾难租房津贴28 000份。考虑到当地居民对临时性过渡住房的需要，原定于两年内结束的临时性过渡住房政策向后延期了18个月，推迟到2009年3月1日。

为加强飓风防护工作，美国国会下拨150亿美元，授权美国陆军工程兵团对飓风防护体系进行了持续的改善。所采取的主要防护措施有：加固防洪墙及其与防洪堤之间的连接处，用更加坚固的T形防洪墙代替原来的I形防洪墙，对泵站进行维修和升级改造，分别在3个涵洞出口装设防洪闸门以防止洪水暴涨等。现配有泄洪泵59台，泄洪能力达到45 000 m^3/s。截至2006年6月1日，美国陆军工程兵团已修复防洪墙和防洪堤354 km。2007年8月，由150名专家组成的评估工作组对新奥尔良地区灾后恢复的防洪体系进行了评估，认为该体系能够达到布什总统先前承诺的100年不垮塌的目标。

据统计，飓风导致墨西哥湾沿岸1 100所学校关闭，37万名学生无学可上。为恢复和改善当地教育体系，美国教育部紧急拨款20亿美元用于校园开课和转移学生的教学。其中向受影响的学院和大学拨款2亿美元，另有3 000万美元专项资金用于教师的聘用。美国联邦应急管理局向路易斯安那州和密西西比州分别提供12亿和2.7亿美元的资金用于学校建筑的重建。灾后重建第二年，新奥尔良市新建公立学校比第一年多出80所，吸纳学生33 000名，比第一年多6 000多人。此外，美国教育部还与当地政府一起对新奥尔良市的公立教育体系进行了改革，投入4 500多万美元加强当地特许公立学校体系的建设。实践证明，这种改革相当成功。新奥尔良市特许公立学校学生在州举行的各年级测试中成绩都高于传统公立学校的学生。一些学生的成绩较飓风灾难前有很大的提高。

2.1.2 海岸2050计划

按照立法授权描述，海岸2050计划（路易斯安那湿地保护和重建特遣部队和湿地保护和重建政府，1998）是以公众、政府和国家联邦部合作的关系发展起来的。基于水文盆地将路易斯安那分成4个区域（见图2–2）的计划，表达了一个巨大的想法，路易斯安那民众觉得这个想法应该以重建和保护路易斯安那为目的。在CWPPRA的第303（b）（2）章节提到的计划的目的是“形成一个全面的重建和保护路易斯安那州退化海岸湿地的方法。这个方案将协调和融入海岸带湿地重建规划，将确保路易斯安那海岸湿地长期保护”。

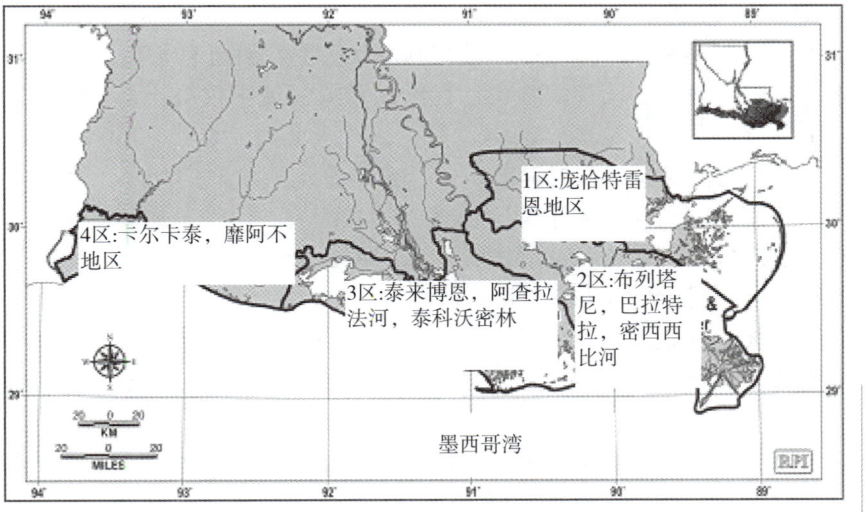

图2–2 海岸2050计划中划分的四个地区

海岸2050计划包含所有区域的3个战略目标：①确保垂直积累（碎屑状沉积物和有机物）稳定；②维持河口盐度梯度的多样性；③维持交互和界面以获得系统联系（路易斯安那海岸湿地保护和重建特遣部队和湿地保护和恢复局，1998）。获得这些目标的详细策略包括所有4个沿海区域。此外，在海岸2050的首创计划过程中，发展标题战略是为了提高被授权的重建方案的执行效率、未来重建工作的效率，协调现存环境能量和其他方面可能有益于沿海湿地的一些方案。

在海岸2050执行计划发展时，路易斯安那州深岸地区（LCA）全面研究方案草稿是下一个进程。路易斯安那州深岸地区全面研究方案草稿的目的是提供一个“全面的维持和保护路易斯安那南部的环境、经济和文化的计划来重建持续的路易斯安那海岸生态系统”（美国陆军工程兵团，2003）。回顾了LCA全面研究之后，美国管理和预算办公室要求一个更明确和有限的工作范围。路易斯安那政府同意这个狭窄的范围但坚持主张需要一个长期的计划。最近，路易斯安那政府和美国陆军工程兵团正在执行初步的近期目标，这个据称致力于国家的高级优先需求。这个近期的计划在LCA研究中被设想和期望用于建立具有科技型的基础设施，需要更多全面的方法。

2.2　典型欧洲国家海岸带防洪管理：以德法两国为例

德国、法国两国位于欧洲中西部，地理上相邻。两国面积共约90.37万 km^2，人口约1.35亿。长期以来，这两个国家均非常重视防洪减灾和环境治理，积累了丰富的治水经验。研究学习这些国家的先进洪水治理方法和思想，对于我国海岸带洪水防护与治理有着重要的借鉴意义。德国、法国等国的洪水防护与治理对策主要分为工程和非工程两大类。工程类主要包括加固堤防、整治河道、修建水库和挡潮闸；非工程类包括提高人民防洪意识和责任感、制定洪水保险政策、洪泛区分区开发、制定防洪计划和安置洪水警报系统等。

2.2.1　主要河流水系

德国国土面积356 760 km^2，人口约7 000万。主要河流有莱茵河、多瑙河、威悉河、易北河、奥得河等。莱茵河在中、西欧的重要河流中仅次于多瑙河，发源于瑞士阿尔卑斯山，流经瑞士、德国、法国、荷兰，注入北海，全长1 360 km，在德国境内长867 km。莱茵河流域总面积224 400 km^2，多年平均流量2 270 m^3/s，在德国境内流域面积102 100 km^2。多瑙河发源于德国黑林山的东南坡，流经奥地利、捷克、匈牙利、罗马尼亚、南斯拉夫、保加利亚等国，注入黑海，全长2 850 km，总流域面积80.64万 km^2，在德国境内的流域面积5 370 km^2。

法国位于欧洲西部，地势东南高西北低，国土面积547 030 km^2，人口约5 000万。主要河流有卢瓦尔河、罗讷河、塞纳河、莱茵河和加龙河。卢瓦尔河发源于法国中部，注入大西洋，长1 009 km，流域面积117 500 km^2，多年平均流量900 m^3/s。罗讷河发源于瑞士阿尔卑斯山，流经法国注入地中海，流域面积95 500 km^2，河长812 km，在法国境内长522 km，多年平均流量1 900 m^3/s，水流主要来自夏季融雪。塞纳河发源于法国东部，流经巴黎，注入英吉利海峡，流域面积78 000 km^2，河长776 km，多年平均流量500 m^3/s。

2.2.2　降水和洪涝灾害

与我国相比，德国、法国两国的洪涝（风暴潮）灾害显得量级轻、频次少。两国自然条件优越，海拔一般不高，气候温和，年降水量适中，且时空分配较均匀。

德国多年平均降水量约800 mm，降雨主要发生在夏季；冬季有大量降雪，山区积雪期长达3～6个月；在大雨或冰雪融化之后，经常出现洪水。1961年1～7月，在阿勒尔河及其支流莱讷河和奥克河接连出现洪水，有5.8万km^2农田和草场受淹，许多村庄和公路被毁坏。由于排水不畅，农田和草场长时间浸泡在水中，阿勒尔河下游有的地方淹没历时长达200多天。1997年夏天，德国奥得河（位于德国和波兰边界）出现100年一遇的大洪水，高水位持续了4个星期，出动抢险兵力（消防队、警察、部队）达1万多人次，抢险用掉沙袋850万个。

法国多年平均降水量为700～1 000 mm。引起降水的主要原因：一是来自西边大西洋的水汽，时间较长，洪水历时也长；二是来自南部的地中海，时间短，洪水涨落快。在中部地区有时这两股气流互相遭遇，产生大范围强降雨，形成大洪水。例如1910年塞纳河、马思河同时发生超50年一遇的大洪水，巴黎市区25%的地方被淹，国会大厦受浸，经济损失严重。

2.2.3 防洪减灾的主要做法和经验

2.2.3.1 从环境水利角度出发重视防洪治水

德国、法国两国在治水思路上，曾经较长时间沿袭单一目标进行治理。随着社会和经济的发展，人们物质生活水平的提高，两国对水环境提出了更高要求，在治水观念上由过去单一修建防洪工程来达到防灾减灾的目的，转变为以保护水环境为重点的多目标综合治理。他们认为，单一目标治理，虽然取得了很大成效，但往往破坏了自然环境，给生态环境带来长时期的不利影响，从而又严重威胁到人类自身的利益和安全。因此，对江河宜采取综合治理的办法，修建防洪工程应从生态保护和环境治理的全局考虑，把工程措施与水环境、社会环境结合起来。两国特别重视对环境的影响，将河流的整治和居住点的保护，纳入环境强制系统。他们认为洪水是自然现象，不可能不发生，也不可能人为完全控制住；对自然进行太多的干扰，人为改变洪水的自然条件，会加重洪水灾害。德国巴伐利亚州有意识地将原来规则的堤防断面改为不规则的断面，将原来直线河道改为弯曲河道，让河流保持自然状态，就是一个非常典型的例子。

他们认为，河流运动有其自然摆动的范围，在治水中必须要给洪水保留足够的通道。采取防洪措施，首先应以保护人的生命为主，其次是保护好可能给周围环境造成污染的企业工厂，其他设施，该淹的让它淹，不要为保护某块土地花太多的人力和物力。他们防洪抢险的主要任务是救人，只要人能安全撤离，可能造成污染的企业能得到保护就行了。如德国科隆市防洪标准为100年一遇，但在发生10年、50年或100年一遇洪水时，允许一些地区受淹。

这两个国家都将水利工程规划建设与建造更加优美的环境紧密结合起来，普遍采取了还河道以原态的措施。经过多年的有效治理，两国的水环境有了很大改善，避免或减轻了洪水灾害。所到之处不见裸露的土地，森林、花木、草地，郁郁葱葱，空气清新，视野开阔，河流沿岸更是水碧草绿，景色如画，风光无限。

这些观念的形成，与两国地多人少、生产过剩、气候地理条件优越紧密相关，也是经过长期的防洪治水形成的。这也是当今欧洲经济发达国家治水的基本要求和主要特征。

2.2.3.2 大投入高质量建设防洪减灾工程

德国、法国两国都修建了许多防洪工程和设施，已建成由坝、闸、堤防、堰、渠道和泵站组成的庞大的防洪网络。在工程建设施工方面，两国有先进的机械设备和性能优良的建筑材料；土工织物运用比较广泛；在堤身的填筑、地基的处理、水下施工等方面手段先进。德国已开始运用活动堤坝技术；法国在卢瓦尔河、德国北威州在莱茵河，修建堤防时均运用了大坝的建造技术；他们对一些工程的构思、设计和建造都十分独特。

两国的防洪工程建设都实行业主负责制、招标投标制、施工监理制，并规定在50年内堤防如果出现质量问题，设计、施工单位要承担法律责任。在防洪工程建设和管理上，两国通过税收，保证了稳定的经费来源。工程运行管理，除了有官方机构管理外，在受益地区还有民间协会组织，公民对工程的建设和管理，通过“协会”来实施监督。如德国北威州民间的“堤防协会”等。

他们重视工程设施建设，舍得投入并高度注重工程质量，能够按照社会发展的不同阶段对水环境安全的具体要求，做到工程设施的建设与社会经济的发展相适应。

2.2.3.3 非工程措施作用大

两国重视防洪非工程措施的建设，非工程措施投入一般为工程措施的1/10。非工程措施比较完善，在防洪减灾中发挥了重要作用。德国各个州有洪水预报中心；法国全国有52个洪水预报中心；洪水预报中心与各个水文站、雨量站实行计算机联网，水情、雨情信息收集分析处理都用计算机进行。两国有较完善的雷达测雨站点，快速的洪水自动测报设施，先进的通信传输设备和布局较广的数据网络。防洪设施的运用和管理均采用自动控制。

他们对洪泛区的管理有具体明确的措施。法国在防洪政策主要文件中规定：保护洪水流经区域和扩展区域；禁止在洪水严重区域建设任何新工程与居民区；保护与水相关的景点和环境。两国都将城市较低的地区或河道两岸滩地，开辟成公园、绿地、球场、停车场、道路等，平时为娱乐场所，当有洪水时作为调蓄洪水场所。他们对蓄滞洪区内的土地管理非常严格，不准开发建设就坚决做到不开发建设，决不含糊，所有的蓄滞洪区都能正常运用。

他们重视提高公众的防灾意识，在中小学开展灾害预防教育。德国把洪水预警分为四级，并广泛宣传，告知居民风险程度和预防措施，洪水到来时，居民可自行判断危险程度，合理安排工作和生活。两国的一些重要工程，周边环境和内部环境优美，已被当做旅游景点供游客参观访问，在休闲娱乐中接受防洪减灾知识教育。

2.2.3.4 机构精简效率高

德国、法国两国十分重视水资源的统一管理，注重将水量和水质纳入统一的管理体系，两国都由环境部管理全国的水利，水管理采取统一管理与分级管理相结合的体制。

德国是一个联邦制国家，下面有16个联邦州政府和3个州级市。防洪规划、项目建设、抗洪抢险等，由州政府决定。州政府下设环境部和内政部等机构，环境部归口管理水利业务，内政部负责抢险救灾。出现洪水灾害时，首先是消防队员和警察参加抢险，力量不足时，可请示国家内政部，经总统批准后调动军队参加抢险。军队到位后由州政府内政部长统一指挥，抢险救灾总指挥长由内政部长担任，涉及几个州，则由几个州的内政部长协调。涉及国际河流，有国际河流工作委员会，该委员会下设一个小组专管洪水方面的事务。法国在防洪抢险方面，由省长、市长调动消防队和警察，宪兵由省长请示总统调派。发生洪水时，市长、镇长要对辖区内的公共安全负责。

2.2.3.5 法律法规完善

德国、法国两国虽没有单独的“防洪法”，但防洪工程规划建设、防洪管理、洪水预警预报、抗洪抢险组织，以及灾后救济等，都有相应的法律规定及相关执行部门。各部门依法行事，各司其责。

德国联邦政府有关于水的法律法规，各州政府还有自己的水利法，但各州政府有责任、有义务贯彻联邦政府的法律。

法国在1807年就有了关于水的法律法规，从20世纪30年代至60年代陆续颁布了关于在洪泛区修建防洪工程的法律、关于各有关方面在防洪工作中的职责的法令、关于一般防洪行政管理的法令等。由省长、市长对防洪负责任，如属人为失职，法官按照法律追究市长、省长的责任。

2.2.3.6 救灾复产社会负责

德国、法国两国的洪水灾害和其他自然灾害的救灾经费及有关救灾工作，主要由保险公司、红十字会、教会和慈善机构承担。中央政府或联邦政府承担的救灾任务非常有限。法国于1982年和1984年分别颁布执行《赔偿自然灾害损失法》和《农业灾害保险法》，实行义务保险。由于经济基础雄厚，社会保障体系比较健全，他们的防灾抗灾能力强，灾后恢复生产、重建家园速度快。

2.3 典型海岸带成功治理的案例——荷兰莱茵河口海岸带管理

荷兰位于欧洲大陆西部，西、北部濒临北海，东接德国，南邻比利时，国土面积37 290 km^2，人口约1 500 万 人。荷兰地处莱茵河、马斯河和斯海尔德河下游入海口的三角洲，海岸线很长，受海浪和河流流态的影响很大。荷兰境内大部分为平原，属温带海洋性气候。莱茵河是荷兰地表水的主要来源，由德国流入荷兰。马斯河由比利时进入荷兰，是荷兰东南部，包括高地部分地表水的主要来源。在1995年的莱茵河洪水之后，荷兰在沿莱茵河区域均实施了大规模的堤防建设和堤防加固工程，也取得了一定的成效。虽然传统的大堤加高及加固措施在防洪方面是有效的，但是随着将来的社会发展，相对于洪水安全，人们对空间功能的需求越来越多，例如景观、环境、生态、居住、工业等。因为这些因素，传统的大堤加固方式无法满足人们对于海岸开发管理的需求，这就要求在洪水风险管理方面需要策略上的转变，即综合河流管理和海岸区域空间规划。本节从这两方面介绍莱茵河三角洲区域洪水风险管理的成功经验。

荷兰的主要水利工程，例如阿夫斯勒特坝、三角洲工程等，都由交通公共工程水管理部属下的公共工程及水资源管理总局统一管理和调度。此外，水利管理委员会是荷兰水管理系统所特有的机构。全国60多个水管会，一个水管会管理一个或几个圩区，建设和维修堤坝，监督用水和水质保护，协调土地和水的关系。水管会领导机构的成员由土地所有者中选出的代表和政府代表组成，每个水管会都有自己的章程、任务和权利。

2.3.1 荷兰治水的背景

1953年的海暴潮是荷兰历史上最大的自然灾害之一，死亡人数1 853 人，是荷兰历史上一个史无前例的数字，令人警醒、牢记。在此次海暴潮中发生在Hoek van Holland的洪水水位是目前三角洲北部的标准防洪水位，高于平均海平面3.85 m是曾经出现过的最高水位，比历史记载中1894年的最高水位3.28 m还高出0.57 m。

灾难发生之后，荷兰开始了大规模的堤防建设，其中的三角洲工程将沿海所有的出海口进行封闭，而且沿着海岸及河流下游区域所有防洪工程均进行了史无前例的加固，使得该区域的防洪水平第一次达到了设计标准。在荷兰地中心区防洪工程达到了抵御10 000年一遇风暴的防御标准。

随后在1993年和1995年，莱茵河水位暴涨，荷兰经历了一段惊魂未定的时期，河水流量在Lobith达到了12 000 m^3/s，在记载中只有在1926年（12 600 m^3/s）莱茵河水超过了此流量。在洪水期间，由于大堤稳定无法得到保障，超过240 000 人被迫从多个圩田撤离，幸运的是大堤没有决口。

此后，从1995年开始实施工程性措施，一项被称做“三角洲大河计划”的紧急法案获得议会通过，该法案要求所有沿河大堤的加固必须在2 000年前完成。基于此，所有沿河大堤很快按照1 250年一遇的防洪标准进行了加固。目前，沿河地区可以在河水流量在Lobith达到15 000 m^3/s时得到有效保护。

1995年的莱茵河洪水之后，联系到将来天气变化的因素，在荷兰关于洪水控制策略的讨论愈加广泛和激烈。近期对莱茵河未来洪水流量的估测显示，设计流量预计将从20世纪90年代的15 000 m^3/s增大到2100年的16 800（最小）~18 000 m^3/s（最大）。另外，在下游三角洲区域，海平面上升可能对洪水下泄产生阻碍，预计到2100年海平面将上升0.2~1.1 m。另外在三角洲及冲积平原由于泥炭土层的压缩和氧化将最终导致大面积的地面沉降，在荷兰过去1 000 年的排水过程中地面沉降过程一直保持持续和加快。

总之，由于洪峰流量的增大和海平面的上升河流设计水位可能会升高，然而在被保护区域由于人口增加和经济发展其脆弱性也在增大，而且土地下沉会使形势更加恶化。这就要求在洪水风险管理方面需要策略上的转变，即采取综合性河流管理和海岸区域空间规划。

2.3.2 荷兰洪水风险成因分析

2.3.2.1 莱茵河水流量增大

由于全球气候变暖，莱茵河流域的降水方式也将会发生改变。预计莱茵河将从目前的以雨水和冰雪融水为水源逐渐转变为以雨水为主的河流，冬季流量大而夏季流量小。由于冬季降雨量的增加将导致莱茵河冬季流量的增大，而夏季流量则由于冰雪融水量的减少和蒸发量的显著增加而减小，在夏季水蒸发量的增加会超过平均降雨量的微弱增长对河流流量的影响。

图2–3显示在所有天气变化预测方案中（低、中、高降水，干旱），相对于目前的流量，预期冬季河水流量将增加，而夏季流量将减小。

在荷兰《防洪法》中设计流量被作为法定安全标准的基础，代表所能防御的最大流量。在莱茵河/马斯河地区，设计流量是基于一个流量值，其平均每1 250年出现一次。在法律条款中，它是在不发生洪水的情况下河流所必须能排泄的最大流量值，大堤、滩区、主河槽以及相关因素均由该流量确定。随着在1993年和1995年莱茵河/马斯河出现的高水位，莱茵河的设计流量从15 000 m^3/s调整到16 000 m^3/s。这次调整的直接原因就是当前的形势无法满足法定的安全标准。

根据气候变化的预测方案，在2050年莱茵河和马斯河的设计流量都将增大（见图2-4）：莱茵河增长3 %~10 %，马斯河增长5 %~20 %。这就意味着如果要确保达到法定的安全标准，采取一些其他辅助措施是很有必要的。

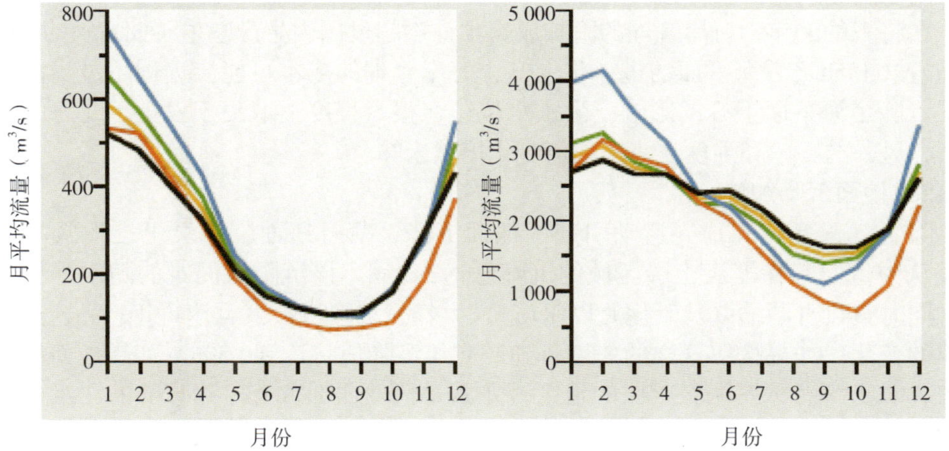

（a）马斯河2100年预期流量　　（b）莱茵河2100年预期流量

图2-3　四种预测天气变化的河流预期流量

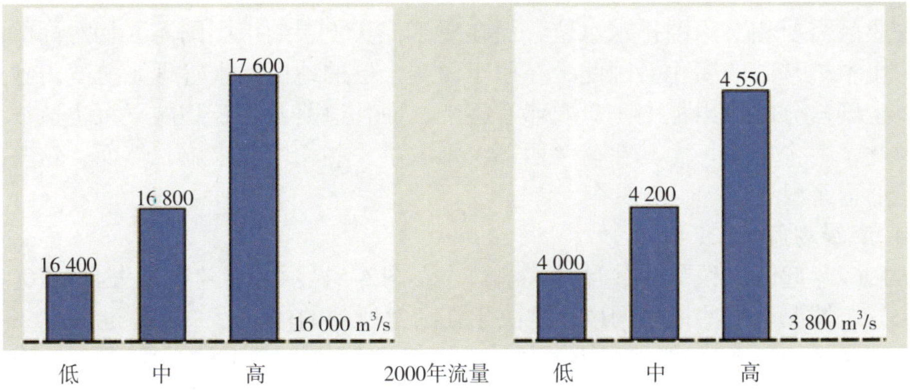

（a）莱茵河　　（b）马斯河

图2-4　2050年设计流量预测值

2.3.2.2 海平面上升

预期到2100年，在荷兰沿海因气候变化将导致海平面相对于目前地面高程上升20~110 cm。该预测是基于地面沉降值为每百年10 cm，并且同时考虑上个冰川纪对地面沉降的后续影响（荷兰标准海平面高程也受其影响）以及由于泥炭和黏土层沉积造成的地面下沉平均值。然而，在不同地区可能发生明显不同的地面沉降。要知道在海水温度变暖和气温升高之间有一个相当大的时间滞后期，这就意味着如果由于废气排放的减少导致大气平均温度的升高受到限制，则海平面的上升只能是几个世纪以后的结果。

预期海平面上升的后果之一就是需要向海岸滩地增加大量的沙以补充目前正在发生的沙的流失，以保持当前的安全标准。对海岸系统来说，沙的补充可以确保海岸、河口及Wadden海与海平面上升保持同步。在将来，需要更宽、更坚固的大堤来抵消因海平面上升造成的海水压力的增加。

在将来的50年，海岸管理的附加成本预计不超过国内生产总值（GDP）的0.13 %，但随着2050年之后海平面的进一步上升，海岸管理的成本可能会远远超过当前的费用水平。除了海平面上升的影响，洪水水位还在很大程度上取决于发生于北海的风暴，然而，风暴的频率和强度在将来如何变化依然未知。

2.3.2.3 地面沉降加快

除了气候变化和地壳运动引起的地面沉降，荷兰还面临泥炭土层地区的沉降问题，从中世纪起在泥炭土层区域的沉降已达2~3 m。该沉降与泥炭的随水外排密切相关，同时其自身萎缩以及氧化并以CO_2进入大气，沉降值最大可达每年1 cm，这依赖于水位的变化。如果按照这样的速度，到2050年沉降值将达到0.5 m。如果地面沉降持续下去，对于含有深厚泥炭土层的地区，尤其是荷兰西部含有厚达12 m的泥炭土层，从长期来看，洪水影响、地表水盐化问题会加剧，水管理的难度也会加大。在其他几个地区（如在荷兰东北部Slochteren附近）油气开采也会引起地面沉降，预计在此地区会产生额外60 cm的沉降。温度的上升、夏季变长、干湿状况的巨大差别很可能会导致泥炭土层氧化的加快，反过来会加速地面的沉降。

由于泥炭土层的变化和水管理的差异，地面沉降的速率在各地是不一样的。例如，农业区需要相对深的排水水位，而在属于泥炭土层的市区则需要相对高的地下水位以防止木桩基础的腐化。因此，在属于泥炭土层的地区，水管理系统变得愈加难以统一，土壤盐分的渗出加剧（对农业有害），而且道路及建筑物的下沉也造成诸多破坏。因此，各个省份（尤其在荷兰西部）采取了一些相应的措施，然而，这些地区只占泥炭土总面积的4%。

2.3.2.4 海暴潮危害

从1962年起海洋风暴的数量在逐渐减小，图2-5显示了荷兰在过去41年700次大型风暴的分布情况。这些风暴的风速取决于在荷兰所处的位置，一般超过11~16 m/s，按蒲福氏风级这相当于6~7级的风力。另外，即使只考虑300或500次巨型风暴，分布图也没有变化：风暴的数量依然在减少。至于数量的减少与温度上升之间在多大程度上存在关联依然无法确定。

在荷兰，天气变化对风暴形式影响的不确定性意味着对风暴型洪水的可能性变化还没有足够的认识。当前，通过大型的模型研究显示“超级风暴”发生的概率依然存在，其可能的风速会远远超过荷兰在20世纪所经历的风暴。因此，为了认识其潜在的过程，有必要通过更精确的模型进行进一步研究。

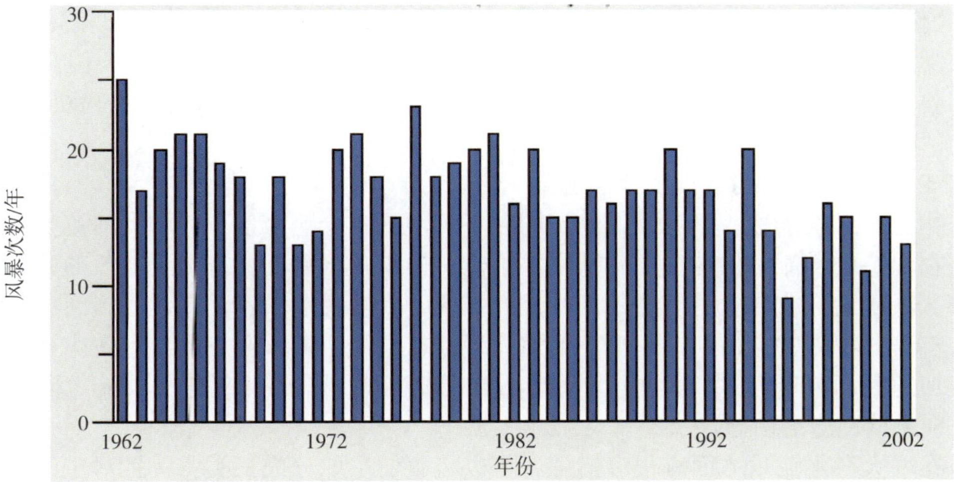

图2-5 荷兰700次大型风暴分布图（1962～2002）

2.3.3 荷兰防洪管理措施

2.3.3.1 还河流更大空间

沿莱茵河分支河流采取滞洪措施。滞洪就是削减一段洪峰并将削减的水量暂时储存于一片被大堤围成的区域，一旦险情过去就将蓄存的水量再次排除，这样，滞洪区就限制了排向莱茵河下游分支（一个或多个）河流的洪峰流量。这也就意味着如果要充分发挥滞洪区的功能，滞洪区就应该尽可能位于上游区域，对荷兰来说就是应该尽可能在Lobith（莱茵河流入荷兰的第一个小镇）附近。

滞洪区的概念也可以这样理解：目前的设计流量15 000 m^3/s与预期设计流量16 000 m^3/s之间的差值为1 000 m^3/s，如果通过滞洪的方法来避免进一步加高大堤，那么这1 000 m^3/s的水量就必须引入滞洪区（见图2-6），所需要的总蓄水量由洪峰水位与设计水位之间的差值来确定（特别是洪峰的持续时间）。通过这种方法就可以计算究竟有多少水量需要暂时蓄存于一个还是多个被大堤围成的区域。

对于上面所提及的1 000 m^3/s的流量，如果洪峰以均值持续几天，那么需要蓄存1.7

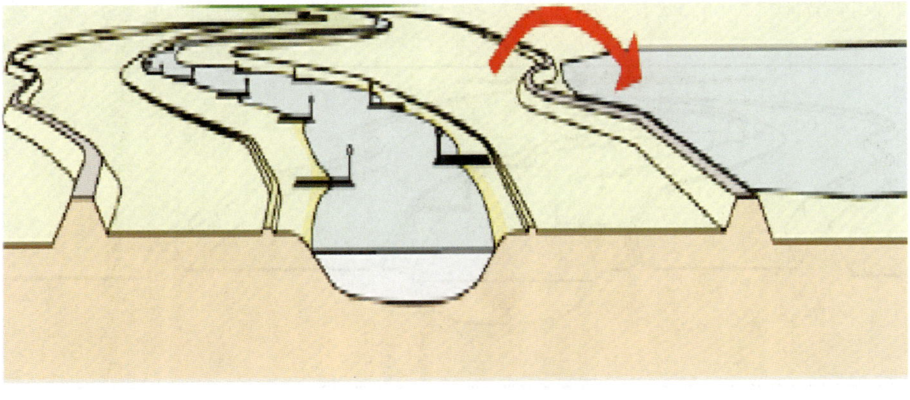

图2-6 引水入滞洪区

亿～2亿m^3的水量。如果以平均5 m的水深，则需要3 500～4 000 hm^2的土地面积，这样的水深在Boven–Rijn 和Waal 河段是可以达到的，但是沿着Neder–Rijn 和Ljseel 河段实际水深要相对更浅。滞洪区域所处位置愈高，则蓄水深度就愈浅，所需的蓄水面积也就愈大。

2.3.3.2 增大莱茵河分支河流泄洪流量

相比于滞洪措施，两者最大的不同在于滞洪是减少泄水量，而增大河流泄洪容量则是在保持同样流量的情况下降低洪水水位。如果蓄水能够保持尽可能长的时间，对滞洪区下游地区或在上游较短的区域是有益的，而增大泄洪容量则对实施河段的上游地区有益，原因就是由河道缩窄、河道障碍或较大河道糙率造成的壅水效应被大大减小或河道断面被增大。增大河流泄水容量的措施必须首先在下游进行实施，随后在上游方向采取相应的措施。

在增大泄水流量方面有很多措施，可以将它们主要分成三类：①针对主河槽（小流量河槽）采取的措施；②针对滩区采取的措施；③在大堤以外采取的措施（如大堤后移）。

在每类措施当中都有如下一些具体的方法和措施：

（1）降低主槽河床。通过计算显示采用疏浚降低河床可以在50 km范围内降低20～30 cm的水位（见图2–7）。

（2）降低丁坝。通过降低丁坝高度可以使更大水流通过丁坝而使主槽流量减小，这样能减少或推迟水流对主槽的侵蚀（见图2–8）。丁坝降低对减少一些对主槽不利的侵蚀是一项比较可取的措施。

（3）滩区开挖。滩区开挖可以应对因沉积而造成的滩区的逐年抬高（见图2–9），该措施可以与近年大堤加固中的黏土采挖相结合或者与自然环境的改善相结合。

（4）消除水力瓶颈。首先要基于三条莱茵河分支河流的水位坡度线来确定何处为水力瓶颈，通过这种方法共发现了254处。然后，借助地形图确定它们的具体地点和类型，如坝内禁淹区、桥墩、渡口坡道等。某些水力瓶颈包含大面积的地表区域，如禁淹区（工厂），而像桥墩、渡口坡道或夏季坝（主槽小坝）则要小得多（见图2–10）。

不同的措施对降低水位的作用和效果差异明显，基于这点，确定了两项标准来选择60项具体措施（包括18个小规模的大堤移位），这些标准仍需进一步的研究：①水

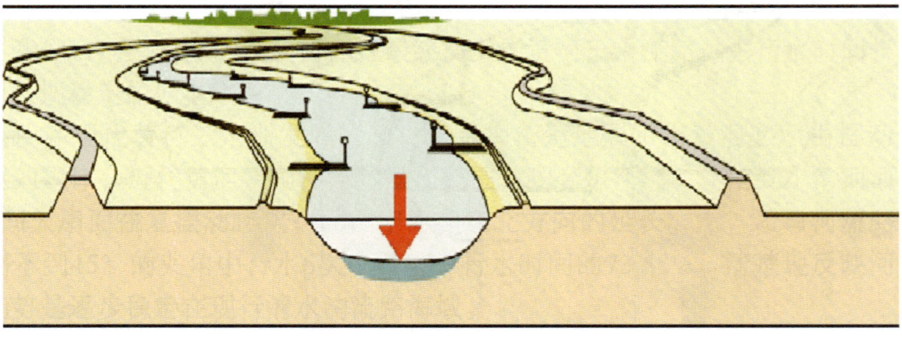

图2–7 降低主槽河床

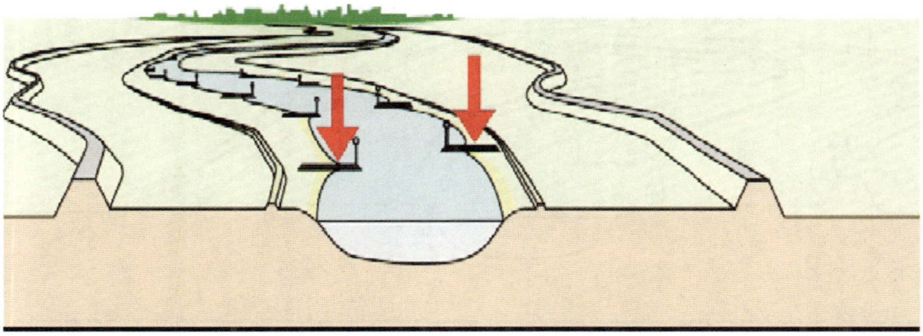

图2-8 降低丁坝

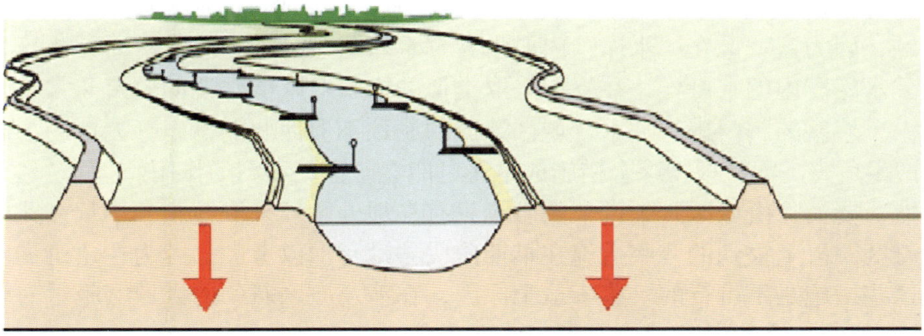

图2-9 滩区开挖

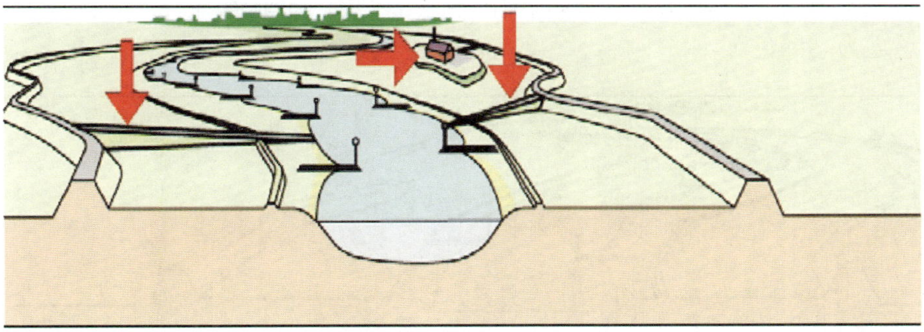

图2-10 消除水力瓶颈

位降低效果至少1 cm（否则就不值得实施）；②水位降低效率为每百万欧元至少2 mm（否则过于昂贵）。

（5）大规模大堤后移。大堤后移措施相当昂贵，但是却非常有效。通常工程成本从400 万～5 000 万欧元不等，但是大堤后移的效果均超过每百万欧元降低2 mm水位的水平。单纯大堤后移所获得的降低水位效果可以达到几十厘米，而此类其他措施只能降低几厘米，同时该措施也满足消除水力瓶颈所确定的标准（见图2-11）。

在滩区缩窄而引起上游长距离壅水的情况下，大堤后移的效果尤其明显。这就是大堤后移会对上游长距离降低水位产生作用的原因。每项措施通常都能实现降低当地水位10～20 cm，在沿Waal河和Neder-Rijn/Lek河段，所有大堤后移措施可以最大降低水位60 cm。

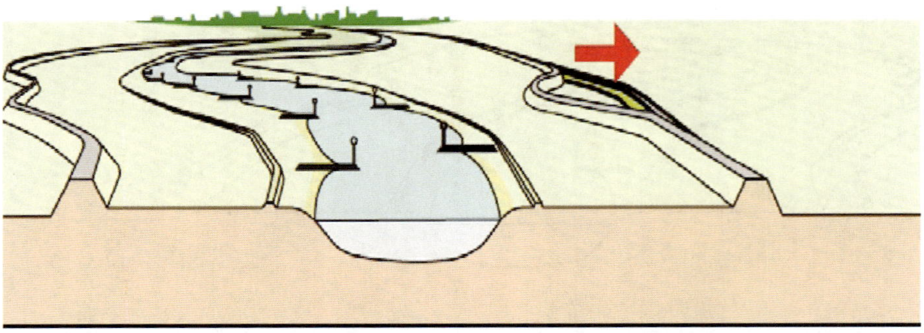

图2-11　大规模大堤后移

（6）针对城区瓶颈的“绿色河流”措施。对上游窄河段的加宽或挖深并不能完全解决问题，因为这就像在“水库”内或沿着“水库”进行加宽或挖深而无法打开出水口排出“水库”内的水一样。在下游采取类似的措施对降低水位的效果非常小，这就好比用一个堵塞的阀门进行抽水。城区造成的瓶颈不但使此类措施毫无帮助，对其他措施也产生危害，而且根据综合措施成本还可能会产生更不利的作用。

显然，要消除由城区瓶颈带来的影响只有在坝外区域采取措施，毕竟在此区域几乎没有滩区。以上提到的一些措施在早期阶段并没有加以考虑，因为在建筑稠密的地区实施这些措施是不可行的。鉴于这个原因，在涉及城区瓶颈的区域实施了“绿色河流”的措施。

绿色河流实际上是在两个导流堤之间的滩区（见图2-12），当河流流量小时没有水流通过，只有在发生洪水时才发挥作用，它可以用做农业或者设计为自然、休闲娱乐区，总之为“绿色”。

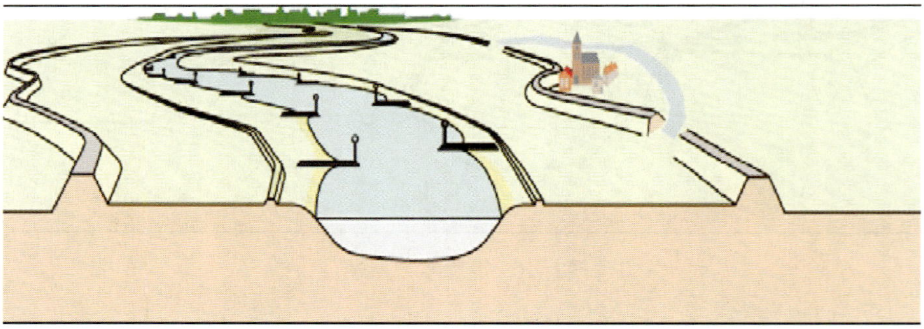

图2-12　绿色河流

2.4　荷兰海岸带综合防洪——ComCoast计划

2.4.1　概念及目标

随着预期气候的变化，全球沿海地区的防洪设施将承受越来越大的压力。一直以来荷兰通过传统的加高大堤的方法来防御日益增长的洪水威胁。然而，随着海平面的持续上升，越来越多的证据表明抵御洪水不能只简单依靠加高大堤而应该寻找其他更具创造性的策略。ComCoast计划就是这样一种创新性的洪水风险管理策略，它通过在海、陆之间的逐渐过渡来建立一道综合的洪水防御区域，它同时具有广泛的环境功能，如休闲、渔业、旅游业和自然景观。

沿海区域综合性防洪策略的目标就是通过在海陆之间的逐渐过渡来创造多功能的洪水管理方法，在提供更多经济发展机会的同时，使广大的沿海社区及环境受益。ComCoast计划的目标如下：

（1）在沿北海区域，为沿岸防洪策略探索在目前或将来能发挥空间潜能的地点或区域；

（2）从经济和社会角度创造与实施新的方法对多功能防洪区域进行评价；

（3）结合环境、人口以及在确保所需安全水平的情况下创造和发展新的防洪技术措施；

（4）以公众参与为重点改善和实施利益共享者合作策略；

（5）在ComCoast试验区实施多功能防洪管理最佳方案；

（6）在环北海区域共享技术成果。

2.4.2 功能及组成

ComCoast计划是通过利用多条防洪线来探索海岸防洪的解决方案。相比于单一的防洪线，海岸防洪区包含一系列拥有各自功能的防洪屏障，其功能和组成引用ComCoast的主要方案表述如下：

（1）挡水 。主要临水大堤负责抵御高海水位、海浪爬坡直至设计水位。大堤外坡（背水坡）铺设防漫顶护坡以允许较大的漫顶流量。

（2）蓄水。在主坝背后的过渡区能储存一定量的漫溢海水，辅坝或高地环绕过渡区，利用沟渠或泵站进行排水。

（3）洪水控制。在遭遇风暴或在正常天气情况下海岸防洪区在需要的情况下应该能进行排水，必要的排水系统有利于过渡区的水量控制，对于较大的水量可以设置泵站通过排水系统排出。如果需要，可以增加一个涵洞来增强潮汐对过渡区的影响，而且它还可以在风暴后排除多余的海水。

（4）削减海浪。坝前的各种设施都可以起到削减海浪的作用。首先，浅滩可以在坝前产生较温和的海浪气候，另外早前建造的低坝、防波堤、夏季坝（辅坝）均可起到削减海浪的作用。

（5）多功能区。过渡区可以用做多种用途，如水上运动、休闲，改善水上区域提高环境价值等，这些功能只有在经常发生规律性的洪水时才能发挥作用，当然也可以通过合理规划、布置来获得。

2.4.3 具体措施

根据以上沿海综合性防洪策略的功能和组成，具体有以下几项主要措施（见图2-13、图2-14）。

2.4.3.1 陆向措施

（1）规律性的潮汐交换：通过结构工程，如闸门、潮汐口或管道等实现坝后区域规律性的海水交换，从而创造海水或淡盐水生物栖息地。

（2）大堤重置：相对于现有堤防进行陆向的重新规划或布置，这包括部分或完全移除现有的堤防。

（3）抗溢流坝：去除大堤顶部，允许海水漫顶，并在背水坡设置护坡以抵抗溢流海水的冲刷。漫溢的海水通过蓄或排进行有效处理。

2.4.3.2 海向措施

（1）前滩防护：进行滩前开发，保留或增加滩前高地或在坝前某些区域增设小堤，在遭遇风暴时可以起到防波堤的作用。

（2）前滩补给：在现有沿海堤防前补充材料，包括岸线恢复和向前推移。

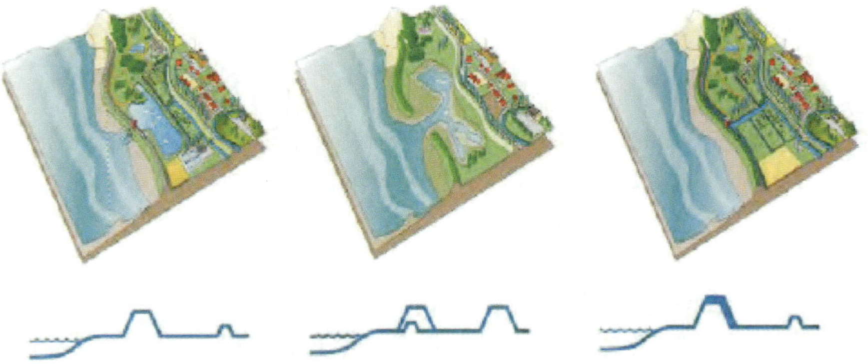

（a）规律性潮汐洪水　（b）大堤重置　（c）抗溢流坝

图2-13　陆向措施

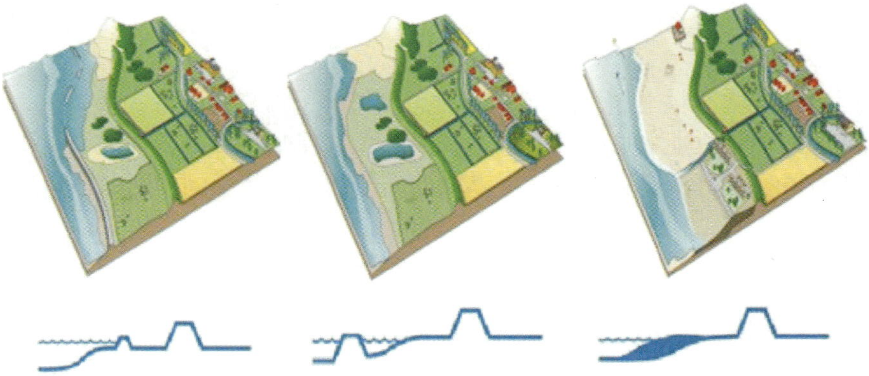

（a）前滩保护　（b）前滩恢复　（c）前滩推进

图2-14　海向措施

2.4.3.3 人工土丘（或筑台）

居住在人工土丘上是中世纪荷兰人最传统的抵御洪水的方法，这些人工土丘的高度足以在遭遇洪水时保持干燥。鹿特丹就是这样一个很好的例子，鹿特丹是世界上最大的港口，而荷兰及比利时沿Westscheldt海岸又被认为是世界第二大港口，所以此地区的投资非常大。但是，对于工业资产来说他们根本不能接受任何一点的洪水风险。炼油厂、储油区、核电站、化工厂、集装箱码头必须确保绝对的安全。如果发生最坏的事情，或者巨大的风暴超过大堤的安全标准（鹿特丹附近为10 000 年一遇，其他地区为4 000 年一遇），甚至大堤决口，那么坝后的地区将被几米深的洪水淹没。洪水造成的破坏将需要几个月的时间进行恢复而且损失将是惊人的巨大。然而，位于人工土丘（或筑台）上的工业设施（见图2-15）在遭遇同样恶劣的情况下只是在几小时的高潮位时遭遇深度几厘米的洪水。

2.4.3.4 减少洪水损失

人们通常喜欢依水而居，但是这也牺牲了一些原本被用做洪水调蓄的一些区域。尽可能依水而居当然最好，但是前提是要考虑目前和将来洪水安全以及洪水调蓄的需要。随着人口的增加以及社会经济的发展，工业、住宅和休闲娱乐对土地及空间的需求越来越多。虽然堤防系统保持着很高的安全水平，但是在相对高洪水风险的区域仍然需要做好发生洪水的准备，居民也应采取一些特殊措施以应对洪水的发生（见图2-16）。

图2-15 鹿特丹位于人工筑台上的炼油厂

图2-16 减少洪水损失的措施

在高洪水风险区居住的居民应采取一些预防措施保护家园和财产以避免造成巨大的损失。另外，除各级政府的努力外，居民自己在房屋设计时要考虑逐渐提高的洪水风险以保护自己的财产，例如以下一些具体措施：

（1）提高房屋底层地面标高：根据当地防洪管理部门的建议，将房屋建在桩上或抬高的地基上；

（2）尽可能将室内的加热、发电或通信系统安装的高一点；

（3）使用防水的建筑材料；

（4）采用防水地下室。

2.5　三角洲工程——荷兰综合防洪治理典型工程

2.5.1　工程简介

荷兰三角洲工程（Delta Project）亦称三角洲工程（Delta Works）（见图2-17），荷兰语作Deltawerken。三角洲工程是迄今为止世界上最大的防潮工程。工程建设地点是荷兰西南部的韦斯特思尔德的新水道口上。

图2-17　荷兰三角洲工程（一）

1953年，荷兰特大洪水后，堤坝被毁，海水倒灌，致使约20 万hm^2土地被淹，死亡1 800 人，经济损失重大。洪水过后，大片土地已不适宜耕作。灾后，政府通过了《三角洲法案》，从而为三角洲工程奠定了基础。整个工程包括12个大项目，1954年开始设计，1956年动工，1986年宣布竣工并正式启用，共耗资120亿荷兰盾。一些海湾的入口被大坝封闭，使得海岸线缩短了700 km。三角洲工程方位图见图2-18。

荷兰在实施这一工程时，运用了其在水利建设方面取得的新的科研和技术成果。为保护该地区的一些海生动、植物不受工程影响而消失，在兴建东斯海尔德（Oosterschelde）海湾8 km长的大坝时，采用了非完全封闭式大坝的设计方案，共修建了65个高度为30 ~ 40 m、重18 000 t的坝墩，安装了62个巨型活动钢板闸门。

三角洲工程（Delta Works）是世界上最令人印象深刻的建筑物之一，因此还曾获得“世界第八大奇迹”的声誉。这个水利工程系统保护荷兰不受风暴巨浪的袭击，改善了当地的水平衡。该项工程不但技术复杂，而且施工难度也很大。有人将其比做“登月行动”。三角洲工程使荷兰西南部地区摆脱了水患的困扰，改善了鹿特丹至比利时安特卫普的交通，促进了该地区乃至全荷兰的经济发展。

图2-18 工程方位图

2.5.2 三角洲工程主要目的

（1）建筑33 km共5道拦海大坝，彻底根治海水倒灌。

（2）拦海大坝上建高速公路，改善后开发的泽兰省与鹿特丹市的交通连接，作为泽兰经济开发的先行和鹿特丹集聚过度的人口与产业向南扩散的轴线。

（3）封闭狭长海湾，通过海水淡化，为工业带提供新的工业和生活水源。

（4）把一部分滩涂改造成为工业和民用住房发展用地。

（5）开辟旅游度假区、水上运动区。

（6）发展淡水渔业和养殖业。

图2-19 荷兰三角洲工程（二）

图2-20 荷兰三角洲工程（三）

2.5.3 三角洲工程主要工程

（1）第一项工程 。第一项防波堤工程在靠近Krimpen的Hollandseijssel河，建设于1958年。这缓解了荷兰西部Randstad地区中心的危险。Veerse Gat与Zandkreek的筑坝工程完工于1961年，创造出了Veerse Meer湖。

（2）Haringvliet水闸 。三角洲工程包括众多水坝与堤防；将大量水排入莱茵河也同样需要水闸。因此，在Haringvliet建造了排水闸。这些水闸于1971年开始运作，共有17个开口，每个宽约56.5 m。Brouwershaven Gat的Brouwers水坝于1972年完工。

（3）Oosterschelde防波堤。为了防止在荷兰产生过多淡水区，防波堤水闸通常保持开放状态，只有在极高的风暴潮中才会关闭。这是全世界最大的建筑物之一，建造花费了55亿荷兰盾，于1986年10月4日开放。

（4）尼尔杰水世界（Neeltje Jans）。在一个与水如此亲密接触的国家中，发现水世界也就不足为奇了，其中的两座建筑物为这个基本元素的所有方面提供互动式展示。在这里，由NOX建筑师设计的“H_2O”是一种流动建筑，由14个椭圆形空间的变形而构成，延伸出65 m的长度，似乎提供着抵御外力的能力。

一旁与它密切相连的是Kas Oosterhuis厅，是对废弃的集装箱进行雕塑创作，较低的部分在海平面以下0.5 m处。

图2-21　荷兰三角洲工程（四）

图2-22　荷兰三角洲工程（五）

2.5.4 防洪方案

（1）东斯海尔德（Eastern Scheldt）闸坝。该闸坝横跨东斯海尔德河，是一座挡潮坝。河口被小岛分为3个口门，宽度分别为180 m、1 200 m和2 500 m，最大深度45 m，大坝全长9 km。三个挡潮闸共长2 800 m，共设63 孔，每孔宽45 m，于1986年竣工。

（2）费尔瑟（Veerse）挡潮闸。该闸位于东斯海尔德闸坝之南，东面有赞德克列克（Zandkreek）闸坝。两闸坝之间形成一个22 km^2的淡水湖。赞德克列克闸坝设有泄水闸排泄洪水。两座闸坝分别于1961年和1969年竣工。

（3）布劳沃斯（Brouwers）挡潮闸。该闸位于赫雷弗灵恩河口。上游有赫雷弗灵恩（Grevelingen）闸坝。两闸坝之间形成110 km^2的封闭水域。这两座闸坝分别于1978年和1983年竣工。

（4）哈林水道（Haringvliet）挡潮闸坝。该闸坝位于哈林水道河口，口门宽

4.5 km，坝长3.5 km，闸长1 km，共设17 孔，每孔宽56 m，于1971年竣工。

（5）荷兰斯艾瑟（HollandseIjssel）挡潮闸。该闸位于鹿特丹新水道的支流荷兰斯艾瑟河口，为单孔闸，跨度为80 m，装有垂直提升平面闸门。另外还设有一座船闸，以维持关闸挡潮时通航。该挡潮闸于1958年竣工。三角洲水道上的其他3座闸坝是沃尔克拉克（Volkerak）闸坝，由一座4孔节制闸和3座22 m × 300 m的船闸组成，1970年竣工；菲利浦（Philips）闸坝，1986年建成；牡蛎（Oester）闸坝，1986年建成，也设有船闸。

本工程使防潮堤线缩短了700 多km，提高了防潮安全保障和标准；可有效控制和管理三角洲水道，防止咸水入侵，改善了水质和减少了泥沙淤积，能更合理地利用水资源，更好地保护生态环境。在闸坝施工中，采取了现代化技术。如东斯海尔德闸的闸墩，净重18 000 t，用特制运输船浮运至现场水面，然后沉放就位。地基预先经过特殊处理，挖除10 多m厚淤泥换清沙石，振实整平铺上两层反滤垫。宽56 m的哈林费莱特闸，在闸墩上设有倒三角形预应力梁，使海、河两侧的压力传至三角形大梁后再传到闸墩。菲利浦闸中设有利用咸淡水密度差设计而成的咸淡水分隔系统，防止船闸运用时咸水入侵和淡水流失。

参考文献

[1] C.韦斯滕，刘明. 荷兰海岸工程及洪水风险研究[J].水利水电快报，2007（6）：6-8.

[2] 钟瑚穗. 防洪与环保紧密结合的荷兰三角洲工程[J].水利水电科技进展，1998（1）：20-23.

[3] 邓坚，富曾慈，邱瑞田，等. 关于我国防洪问题的几点思考——从德、法、荷三国防洪减灾看我国防洪工作[J]. 中国水利，2000（4）：27-29.

[4] Committee on the Review of the Louisiana Coastal Protection and Restoration （LACPR） Program；Final Report from the NRC Committee on the Review of the Louisiana Coastal Protection and Restoration （LACPR） Program Research Council. 2009.

[5] Water Science and Technology Board，Marine Board，National Research Council. Managing Coastal Erosion Committee on Coastal Erosion Zone Management.

[6] Committee on the Restoration and Protection of Coastal Louisiana，National Research Council. Drawing Louisiana' s New Map: Addressing Land Loss in Coastal Louisiana.2006.

第3章　海岸带的侵蚀防护与管理

海岸侵蚀是指岸坡在波浪冲蚀作用下演化成海滩的过程，已成为当今全球海岸带普遍存在的灾害现象，世界上有70% 的淤泥质海岸遭受侵蚀。近几十年来，由于人类的各种海岸开发活动以及全球变暖现象，各国的海岸侵蚀出现加剧的趋势。因此，研究海岸侵蚀的原因及其管理防护具有重要而深远的意义。

3.1　我国海岸侵蚀状况及原因分析

海岸线通常指多年平均高潮线。我国1978年全国海岸带与海涂资源综合调查确定海岸线为平均高潮线，海岸带为海岸线向陆10 km，向海至水深20 m。美国1978年夏威夷州确定“海岸线”的定义为“非风暴潮和地震波浪情况下，一年中波浪所能作用的最上限，通常有明显的植被生长或留有波浪作用后的碎屑物的一条界线”。与我国海岸线概念基本一致。海岸线是现代海洋作用的上限，是随着海岸演变动态变化的。

我国近30 000 km多的海岸线上存在着不同程度的海岸侵蚀问题，海岸侵蚀是当今全球海岸带普遍存在的灾害现象。近几十年来，各国的海岸侵蚀出现加剧的趋势。20世纪上半叶，我国沿海大部分侵蚀海岸范围尚不突出，但自20世纪50年代以来，我国海岸侵蚀日渐明显，至70年代末期除了原有的岸段侵蚀后退外，不断出现新的侵蚀岸段，总的侵蚀正在不断增加，侵蚀程度加剧。海岸侵蚀最直接的危害是破坏沿岸建筑物，造成道路坍塌中断，尤其是岸滩后退造成河口低洼地的淹没，增大海岸洪涝概率和土地的盐渍化程度，乃至干扰海岸生态系统，因此迫切需要对海岸侵蚀进行管理研究。

我国海岸侵蚀岸线所占比例较大，侵蚀海岸分布广泛，侵蚀程度存在差异。据统计，有70%的沙质海滩和大部分开阔水域的泥质潮滩受到侵蚀，侵蚀岸线长度占全国大陆岸线总长度的1/3，在渤海沿岸为46%，黄海沿岸为49%，东海沿岸（包括台湾岛）为44%，南海沿岸（包括海南岛）为21%。虽然海岸线侵蚀分布十分广泛，但侵蚀程度、原因各地有所差别，以杭州湾长江口为界，以北更为严重，不仅遭受侵蚀的岸段十分普遍，而且侵蚀速率也较大。

海岸基线则是为了完成海岸动态防护政策确立的技术参照标准，是一条确定的界线。例如，荷兰为了制止海岸线的进一步后退，规定1990年1月1日的海岸线位置为不可超越的参照标准。海岸基线位置的确定以某一时间为参考，对于具有宽阔海滨的海岸，基线位置则被向陆推移；在海岸线遭受侵蚀的地方，基线位置则向海推移。所以，实际海岸线和确定的海岸基线并不重合，而是有交叉的。

每年对海岸线的位置都需要进行测量并参照基线进行比较评价，以检查海岸基线有没有被超越或是否有可能被超越，必要时采取补救性的措施。禁止对靠近岸线的某种利用，如海岸退缩线向海一侧不允许有任何建筑物，以避免海水侵蚀和破坏，保护生态功能和海岸景观。海岸退缩距离可以为等距离，或根据海岸侵蚀动力、岸线季节和长期变化、海岸带内交通要求等具体情况确定后退范围。后退线实际成为预测持久侵蚀、风暴效应和海平面上升的后退线。世界各国制定的退缩线的距离从8 m 至3 km不等，美国根据海岸带管理法案，规定有些县从海岸基线向陆后退6 ~ 12 m。我国可参考沿海地区不同程度海平面上升后海岸线的位置来确定海岸退缩线，王颖教授等研究并给出了海平面上升50 cm后我国重要海滨旅游度假区海滩岸线后退距离。海岸建设的适当后退对滨海旅游区尤其重要，旅游区为了最大程度地利用“3S”资源，各种旅游设施、海滨度假村等过分靠近海岸线，潜在隐患令人担忧。海南岛亚龙湾有些建筑物未按规划要求，因靠海太近而被拆除，永久性建筑物应该建在海岸建设控制线以外。

按气候变化专门委员会（IPCC）对海平面上升的估计，未来50年内海岸线自然后退就可能达到相当的程度，按此水平以上地区的海岸线退缩大致应该在25 ~ 50 m，而在相对海平面上升幅度更大的渤海西岸地区则退缩线远远大于这个数值。海岸建设控制线为了兼顾海岸开发的巨大经济效益与潜在风险之间的平衡，允许在不同范围内进行不同强度的开发，以减轻海岸侵蚀、风暴潮破坏带来的巨大损失。海岸建设控制线一般从平均高水位线向陆数米到数十米不等。该线向海一侧的建筑标准要提高到一定程度，如能抵抗百年一遇的风暴潮，较强的防风能力等，海岸线上的填土、护坡墙、海堤、护岸墙、板桩、丁坝突堤、海上防波堤等线上建筑物修建时，须评价它们可能造成的对岸线侵蚀的影响。

将海岸作为一个系统来看，稳定状态下，物质和能量的输入输出处于平衡。海岸系统的物质基础是泥沙的运移，能量因素是海岸波浪、流场、潮汐的作用。造成海岸侵蚀的物质能量机制是海岸泥沙供给减少或由于海岸海洋动力自然加强致使泥沙从海岸系统中丢失。

3.1.1 海岸沿岸泥沙亏损引起的岸线侵蚀

3.1.1.1 河流输沙的减少

河流输沙是海滩沙的主要来源，我国沿海入海河流的泥沙输出量巨大，泥沙量对海岸线的后退淤进有举足轻重的作用。沿海地区构造升降的不同及其引起的入海河流沉积物的分配不均也是产生海岸线淤侵的主要原因。河流改道引起泥沙来源断绝，使原来淤进的岸线迅速转变为侵蚀后退，最典型的例子就是废黄河口的岸线后退。1855年黄河北归入渤海后，废黄河口海岸一直遭受侵蚀，侵蚀最强烈的地区是废黄河口附近，向南至三角洲边缘部分，侵蚀速度逐渐减小。根据南京大学海岸与海岛实验室的研究，1930 ~ 1980年废黄河口岸段海岸线平均后退20 ~ 30 m/a，北段后退15 m/a，南段20 ~ 30 m /a，滩面蚀低0.5 ~ 1.0 m/a。

河流入海径流和入海输沙量的逐步减少也会引起河口海岸线的后退。如引滦入津工程引起入海水沙变化，对现代滦河三角洲岸线演变有明显的影响，工程前，多年平均入海水量为41.9 亿m^3，入海沙量2.22 亿t，工程后（1980 ~ 1984年），入海水量3.55 亿m^3，入海沙量1.03 亿t；工程前，海岸线向海延伸，最大延伸速率达81.8 m/a；工程后，岸线普遍侵蚀后退，后退速率以13门最大，为300 m/a。

3.1.1.2 沿岸挖沙

沙质海滩特大高潮线以上多为长草的沙丘或沿岸沙堤，不经常受到海浪冲刷，可视为天然屏障。由于人工水下采沙，破坏了海滩水下海浪动力与泥沙供应间的动态平衡，海洋动力必然要再从岸滩系统中获取一定的沙源补充，以形成新的动态平衡，即导致上部海滩遭受冲刷破坏，地面形态上表现为岸线的后退或海岸线下侧滩面侵蚀。全国海岸每年挖沙总量尚无法精确统计，但局部地区挖沙现象难以遏制。我国辽宁、山东、福建等沙质海岸的优质建筑工业沙均遭不同程度的采挖，据不完全统计，山东沿海有采沙点76个，1999年采沙6.0 亿t。据水文资料，山东半岛入海河流向海输沙为8.01 亿t，这些入海泥沙仅有20%～30% 留在海滩上参加海岸过程，其余皆以悬移质形式输往海区。

3.1.1.3 不合理的海岸工程

不合理的海岸建筑物引起海岸侵蚀，在沿海有漂沙情况下，突堤式构筑物在其上游一侧往往因存在入射角填充作用，而形成泥沙堆积，相反在其下游一侧形成侵蚀冲刷。建于1971年长1 500 m的山东岚山港佛手湾突堤，北侧明显淤积，南侧发生侵蚀，1974年测图同1970年测图相比，北侧淤积1.78 亿m^3，而南侧蚀去泥沙1.3 亿m^3，高潮线海滩被吞食，形成大片基岩新滩，低潮线向岸逼近100 m。

3.1.2 海洋水动力增强造成海岸侵蚀

从中长期看，海平面上升是引起大范围岸线内移的重要因素，在局部地区与构造升降运动、地面沉降叠加使相对海平面上升速度增加，引起海岸线加速后退。在过去百年中，全球海平面以1～2 mm/a的平均速率上升，预计21世纪绝对海平面可能加速上升，政府间气候委员会（IPCC-wGl，1990年）估计到2050年全球海平面上升30～50 cm，至2100年海平面可能上升1 m。国家海洋局1990年公布了据44个站位的验潮资料分析的结果，1959～1989年我国沿海海平面平均上升速率为1.4 mm/a。国家测绘局于1992年7月发布根据9个观测站的资料分析结果：过去100 年中，中国东海与南海沿岸海平面分别上升19 cm与20 cm，中国海平面年上升率为2～3 mm，未来仍呈上升趋势。同时由于区域性的地面沉降、构造升降运动加剧了相对海平面上升值。天津地区受地壳升降、沉积物压实和抽取地下水的多重影响，下沉速度十分惊人，1989～1991年间塘沽和汉沽平均下沉率为29 mm/a和64 mm/a，加上区域内绝对海平面上升，1956～1985年相对上升为24.5 mm/a，1983～1988年为50 mm/a，超过中国沿海任何一个地方。

3.1.3 海滩植被和天然防护林的破坏

生物海岸的珊瑚礁具有明显的防波护岸的作用，红树林不仅能护岸防潮抗浪，还能阻滞悬浮泥沙，促进泥滩淤长； 基岩海岸的岩礁、沙砾质海岸的沙砾堤都具有良好的护岸作用。珊瑚礁、红树林、芦苇、岩礁、沙砾等的随意挖采破坏，造成了向岸波动能不受阻拦地直接击岸，岸滩遭受直接侵蚀，引起岸线迅速后退。上海和江苏沿海20世纪50年代以来围垦的土地基本上都是有植被的潮滩，大面积的围垦造成大米草滩植被的破坏，海滩失去了防风消浪的作用。又如近20多年来，海南岛80%的海岸珊瑚礁遭受不同程度的破坏，有的地区岸礁资源已面临枯竭，文昌县每年建房烧石灰水泥挖礁，1976～1982年间海岸后退了150～180 m，平均蚀退速率15～20 m/a，岸礁破坏已成为海南岛侵蚀的主要原因。

3.2 亚洲海岸侵蚀与管理：以我国台湾省为例

台湾海岸近年来普遍发生侵蚀，实测数据分析显示，台湾大部分海岸发生侵蚀，张和黄（1998）所分析的台湾海岸侵淤空间分布见图3-1。从图中可以看出，台湾大部分海岸呈现侵蚀的趋势，往昔“沧海桑田”的景象已经不复存在。台湾沿海地区在几处侵蚀严重的地方，居民住家门外就是汪洋大海，长年饱受海浪威胁，台风气候，波浪越过海堤堤顶，更直接侵袭房舍，高雄县梓官乡的蚵子寮海岸为一典型的海岸侵蚀例子，照片3-1为蚵子寮海岸紧邻住家的情况。

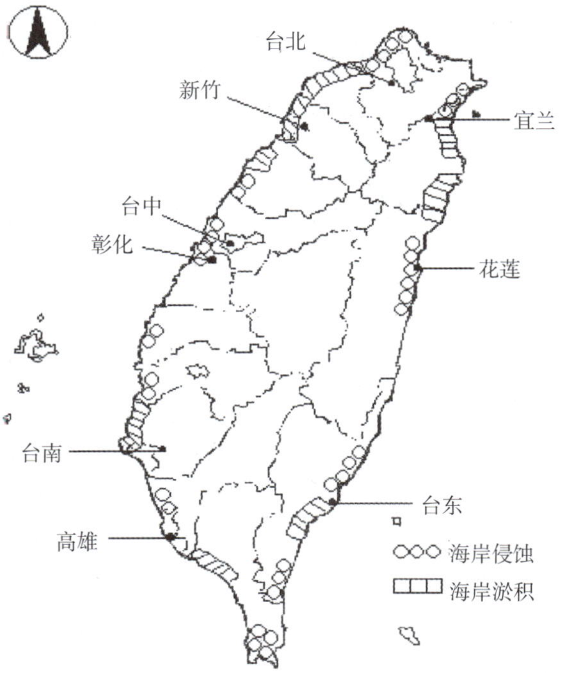

图3-1 台湾海岸侵蚀空间分布图

照片3-1 高雄县蚵子寮海岸侵蚀

3.2.1 台湾海岸侵蚀类型及原因

台湾地区海岸侵蚀依其形态可分类如下。

3.2.1.1 海崖侵蚀

软质泥岩或堆积岩的基部因受波浪长期作用及上部荷重，使陆岸崩陷而形成海崖侵蚀。日本的 Byobugaura 海岸及台湾高雄县的赤崁海岸均为典型海崖侵蚀的例子。Byobugaura 海岸面向太平洋，海岸地质的平面组成分布示于图 3-2，断面组成分布的最上层为土壤，而基础则为沙、砾石及泥岩。海岸的悬崖高度介于10 ~ 60 m，海崖的基脚由崩落的沙石所覆盖。在波浪、潮汐作用下，基脚被淘蚀而造成海崖滑落。现场实测结果显示（见图3-3），悬崖断面侵蚀速度为每年0.9 m。

赤崁海岸位于高雄县梓官乡，其海崖高度在6 ~ 10 m，未构筑离岸堤保护海岸前，本段海岸由于波浪、潮汐侵袭而有明显的侵蚀现象，其侵蚀海崖断面如照片3-2 所示。

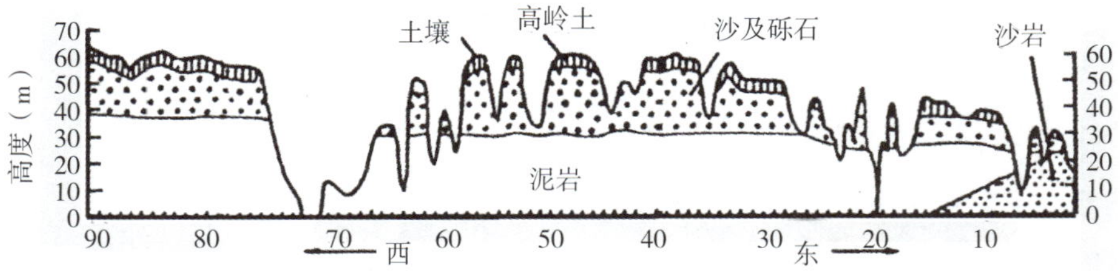

图3-2 Byobugaura 海岸地质平面组成分布（水平坐标为断面编号）（Horikawa，1978）

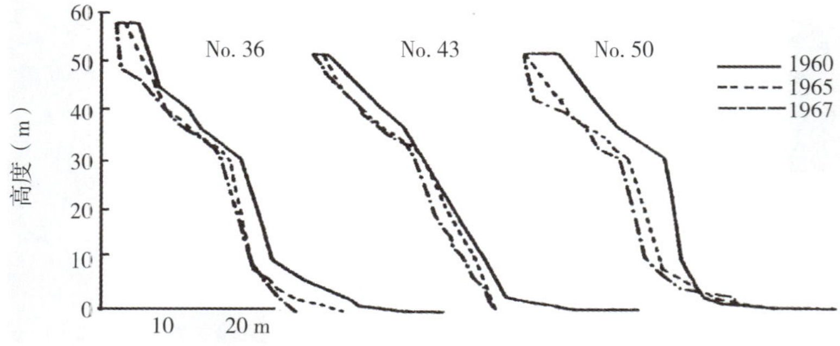

图3-3 Byobugaura 海岸断崖侵蚀（Horikawa，1978）

（a）远看

（b）近看

照片3-2 高雄县梓官乡赤崁海岸海崖侵蚀

3.2.1.2 海岸侵蚀

就大部分海岸而言，河川输出泥沙为海岸漂沙的最主要来源。河川输沙量自上游山岳地带汇集大量土石流，随滚滚洪水挟带到河口，因水流流速及输沙能力急速降低而沉积于出海口及近岸，被潮流、沿岸流及波浪等搬运形成沿岸漂沙。如河川供应之输沙甚为充沛，输沙量远胜过波浪的输沙作用，则在出海口形成河口三角洲而于沿岸形成堆积海岸。

近年来河川输沙量逐渐减少，其原因为：①经济成长稳定，从早期拓荒步入稳定生产期，平原农地均已成熟，土壤流失较少。②工程建设成长迅速，大量采取河川沙石作为水泥原料，致挟带至下游的泥沙减少。③水库与拦沙坝兴建，拦截沙石。另山坡地水土保持，减少了土石流失。④河川整治，减少了河岸冲刷。这些因素使河口沙源大量减少，于是河川堆积作用弱于波浪侵蚀作用而发生海岸侵蚀。

台湾部分海岸近年来发生海岸侵蚀现象与河川输沙减少有密切的关系。台北县八里海岸位于淡水河口附近，1958年以后至1987年，由于淡水河抽沙及水库兴建等因素影响，呈现迅速侵蚀。1987年以后淡水河管制抽沙，减缓八里海岸侵蚀速度，图3-4为八里海岸海岸线之变化情形，从图中可以看出，1958年至1986年滩线明显后退，以后海岸仍继续侵蚀，但速度减缓。

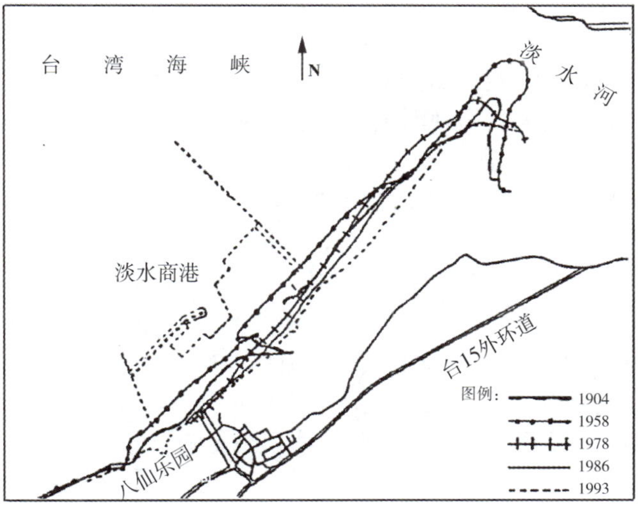

图3-4 台北县八里海岸海岸线变迁

宜兰海岸为由兰阳溪所供应的沙源所形成的独立弧形海岸，过去河口排沙丰富造成海岸堆积而形成沙丘，但近年来宜兰海岸沿岸沙丘受海潮侵蚀情况颇为严重，滩线内移数十米不等。水利处实测海滩断面数据分析结果显示，兰阳溪沙石超采为海岸侵蚀的重要原因之一，由于沙石大量开采，造成河川下游输沙量不足，使海滩在风力和海潮作用下，滩线不断向内陆移动（许和温，1997）。宜兰海岸明显的侵蚀区域如澳仔角、港边里、利泽、过岭、大福、竹安河口南侧等侵蚀现象较为严重。照片3-3及照片3-4分别为港边里及大福海岸在台风侵袭后的沙丘侵蚀情形。

照片 3-3　宜兰县港边里海岸的沙丘侵蚀

照片 3-4　宜兰县大福海岸的沙丘侵蚀

3.2.1.3　海岸侵蚀

防波堤、突堤与离岸堤等海岸结构物不仅阻挡水流，也使波浪产生绕射与反射现象，导致遮蔽区的波浪变小，水流流速降低而使泥沙沉淀，反射区波浪则变大且流速增加而加速泥沙移动。沿岸流被结构物阻挡，沿岸漂沙沉淀于结构物上游侧，部分泥沙被沿结构物平行向外海方向流动离岸流带向外海方向。如结构物较短则离岸流可能折向结构物下游方向，将漂沙带往下游，部分沿岸漂沙可继续流向下游侧海岸。如果堤长太长则将沿岸漂沙完全阻挡，下游无法获得沙源。因此，防波堤、突堤及离岸堤下游侧会侵蚀、上游侧堆积，绕射区内泥沙堆积，堤越长此种现象越强烈。

花莲海岸由于花莲港东防波堤于1986年延长，邻近海岸地形变化也因重新调整而受到影响。如图 3-5所示，原来北滨段海岸呈现相当程度的淤积，而南滨段海岸则原有宽广的海滩已经加速消失，呈现严重的侵蚀现象（Hsu等，2000）。Hsu等（2000）的研究指出，东防波堤扩建前，沿岸流带动北滨段的漂沙向南滨方向移动，在南滨海岸淤积成宽广的海滩，而北滨海岸呈现侵蚀现象。图3-6为东防波堤扩建前，在东北偏东（ENE）季节风波作用下近岸流场分布，其流动方向主要为由北往南。东防波堤扩建之后，从图3-7可以看出，堤体的遮蔽效应使北滨海岸波高变小，反向之辐射应力梯度改变原来沿岸流的分布形态，并于南滨海岸产生一对逆向环流，环流系统中顺时针方向沿岸流使部分漂沙沉积于美仑溪口，而南滨海岸则因流场分离且无沙源补充，故侵蚀现象明显。东防波堤扩建使美仑溪口至自由街排水口海滩由早期侵蚀变为淤积，而使南滨海岸前滩发生严重侵蚀，并威胁南滨公园安全。

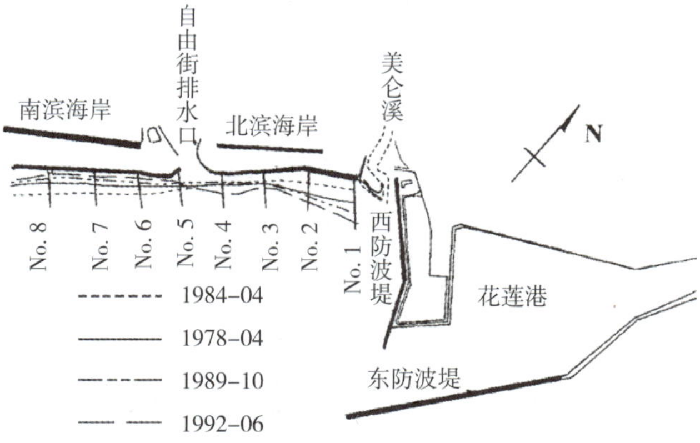

图3-5　花莲港东防波堤延长前后南滨海岸滩线变化

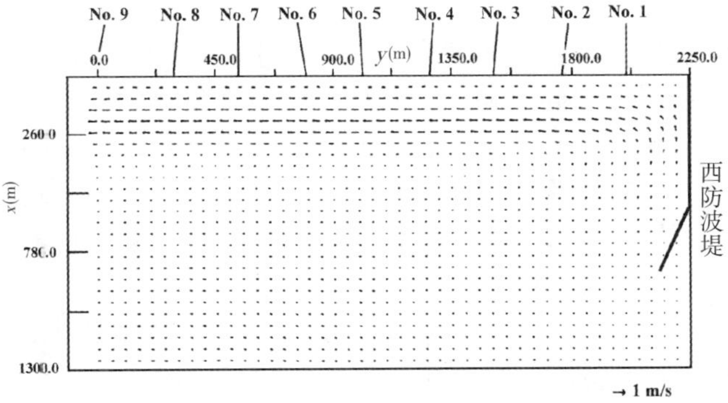

图3-6　花莲港东防波堤扩建前近岸流流场分布

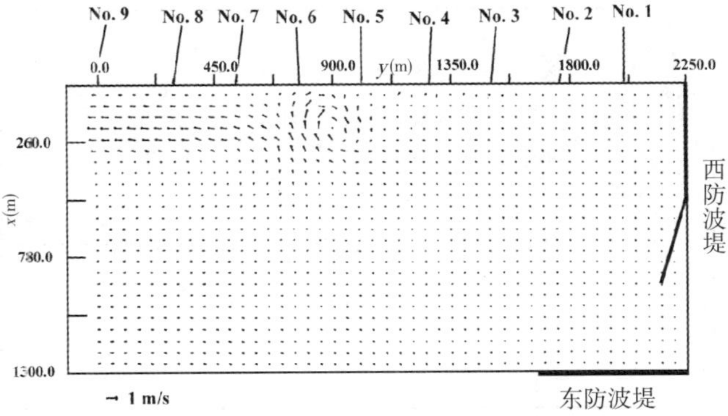

图3-7　花莲港东防波堤扩建后近岸流流场分布

图3-8为台中港海域1940～1996年滩线变化图。台中港于1939年兴建3 330 m长的北防波堤，拦截大部分向南运移之沿岸漂沙，漂沙淤积于防波堤北岸，1940～1957年滩线前进幅度约350 m，每年约增加20 m。1957～1996年间，有1976年的北防沙堤兴建，1989年的回淤抽沙，滩线前进150 m，每年平均增加幅度约为4 m。由于海岸漂沙受到北防波堤的阻绝，南向沙源短缺造成离防波堤1 500 m之南侧海岸侵蚀，海岸滩线已逐渐消失，目前已兴建海堤保护，而堤前海床仍持续刷深。

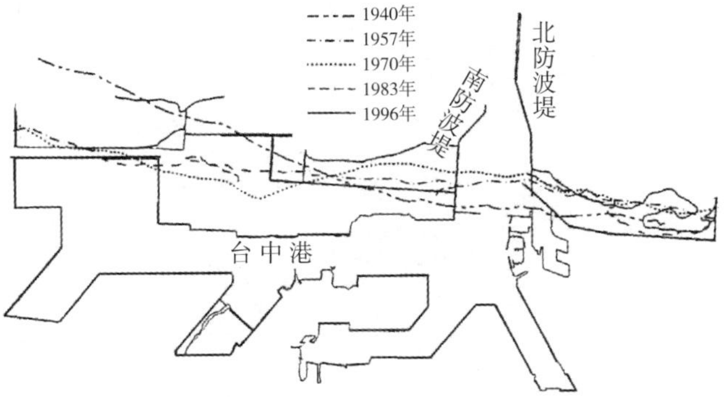

图3-8　台中港附近由于北防波堤延长海岸滩线变化

3.2.1.4 地盘下陷

结构物重量的沉压、土壤性质的变化及地下水位降低等均将造成地盘下陷，其中又以地下水位的降低所引起的影响最为严重。台湾有将近1 057 km^2土地受地盘下陷所影响，即可知此一问题的严重性。地盘下陷不但造成地下水盐化、感潮河段延长、海水倒灌及波浪越波等灾害，更将引起海岸的侵蚀问题。其原因是地盘下陷将使海岸地带的水深变大，波高增加且波能变大，而其淘蚀能力也增强，同时碎波带内移而更加剧沙滩的冲蚀，故海岸因而遭致侵蚀，海岸线向内陆移动。

屏东县塭丰海岸，1971年后由于过分超抽地下水，引起地盘严重下陷，而发生海岸侵蚀。图3-9为地下水超抽前后滩线变化的比较，由图中可以明显看出，由于地盘下陷，使滩线呈现明显后退，1972～1983年，平均后退量约80 m（欧和许，1985），1983年的滩线已退至现有海堤堤址位置，海岸侵蚀使现有海堤高度不断加高。

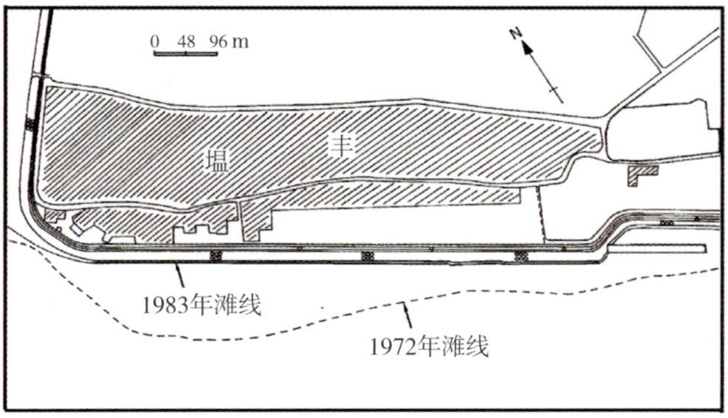

图3-9 塭丰海岸由于地层下陷的滩线变化

3.2.1.5 地形阻隔

海底深谷常延伸至浅水区河口附近，致使河川流出的泥沙流入河口海沟而无法形成沿岸漂沙输送至邻近海岸。此种地形阻隔将使河口输沙量被沿岸流带往下游海岸的机会变小，因沿岸漂沙量减少而导致海岸侵蚀。图3-10和图3-11为高屏溪附近的海底地形，有海沟伸向小琉球方向，水深达百米以上，成为高屏溪输沙的陷阱，使两侧海岸无法获得充分沿岸漂沙的沙源。水利处的实测海岸地形数据显示，高屏溪口附近海岸呈现侵蚀现象。

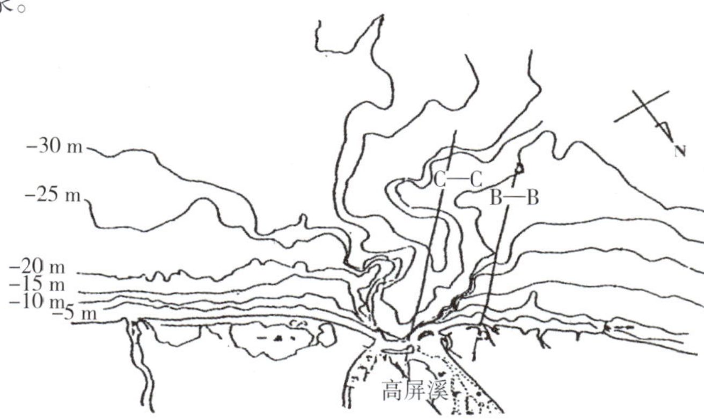

图3-10 高屏溪附近的海底地形（平面变化）

3.2.1.6 海水面上升

海水面除每日两次的天文潮的升降外，亦有季节性的变化，乃至海风推升、河川流量、水温及海流变动都会引起海水面升降。海水面的升降不仅使海岸线位置向内陆内移或向外海移动，亦能因水深变化使波浪改变，影响漂沙运动而产生不同的海岸过程。Eornitz 和 Lebedeff（1987）从长期性海面数据分析发现，平均海水面每年以稳定状态长期上升中，1880～1982年间海面的上升率为（1.0±0.1）mm/a。Wigly 和 Raper（1987）由模式推估海水面的上升率为2.0～6.0 mm/a，其原因是近百年间气温上升使海水温度随之上升，其中一半为海水的热膨胀，另一半则为气温上升使冰河及冰床溶解所导致。图 3-12所示说明长时间海水面变化与时间的关系，从图中可知，1万年前的海水面与现今海水面相差30～40 m。

Bruun（1962）的研究模式指出，滩线后退量为海水面上升量除以坡度，即海水面上升50 cm，则前滩坡度1/20的海滩将后退10 m；1/30的海滩将后退15 m；1/50的海滩则后退25 m。对台湾海岸而言，水位上升将使离岸沙洲或平缓海滩淹没，波浪越过沙滩而使能量增强，灾害位能增大，海岸保护设施的机能及安全性降低。

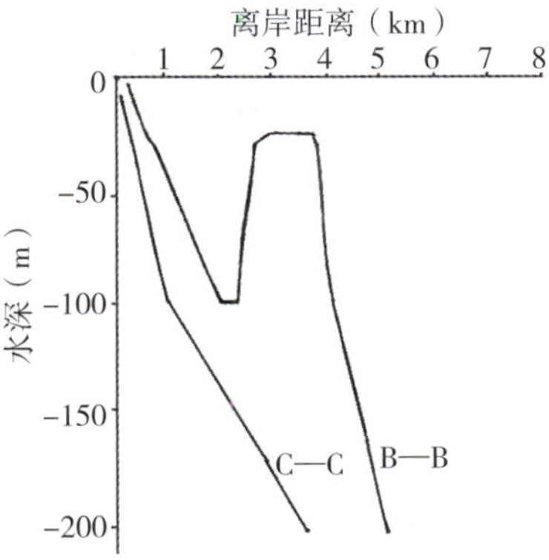

图3-11 高屏溪附近的海底地形（断面变化）

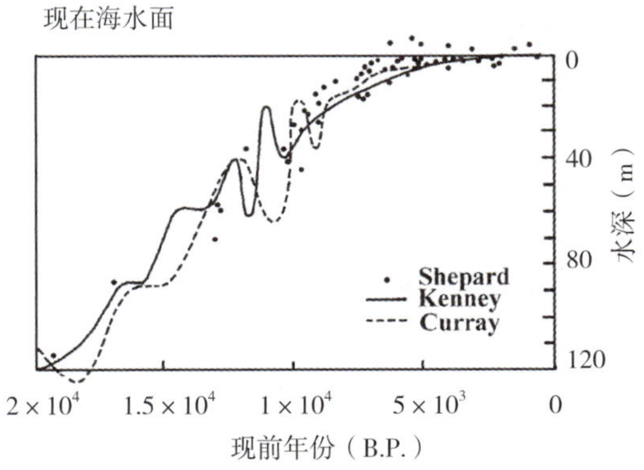

图3-12 平面海水面随时间的变化（Horikawa，1988）

3.2.1.7 波浪与潮流作用

波浪与潮汐产生的水流为海岸输沙的原动力。垂直海岸入射的波浪，波浪产生的波扬使碎波带产生回流（return flow），再加上重力的作用而使底质向外海移动。波浪尖锐度较大或前滩坡度较陡则回流流速随之增加，容易使海滩侵蚀。反之如波浪尖锐度小且底质孔隙大或坡度较缓，则回流流速较溯升速度慢，海滩较容易堆积。前者通常为台风波浪作用下的海滩，漂沙以向海方向为优势，称为暴风海滩或沙洲海滩，后者一般为季节风浪或涌浪作用下的海滩，漂沙向岸堆积，称为正常海滩或夏季海滩。

台湾东部海岸坡陡水深，且台风侵袭次数较多，暴风波浪具有侵蚀作用，且重力向外海的成分较大，由于前滩容易冲刷而无沙源补充，形成侵蚀性海滩。台湾南部海岸则因西南气流产生波形较为尖锐的侵蚀性波浪，将前滩的细底质带往深海堆积，涌浪向海岸方向搬回的漂沙较原先向海移运者少，所以形成侵蚀性海滩。波浪斜向入射则碎波产生沿岸流，漂沙由沿岸流搬运流向下游方向。一般认为碎波角时，沿岸流流速最强且沿岸漂沙量最大，如无上游沙源补充则极易形成海滩侵蚀。台湾中西部海岸如新竹、台中及彰化的海滩坡度平坦，季节风浪碎波后形成沿岸流搬运河口排沙至下游海岸，故形成前滩堆积的海埔新生地。

3.2.2 防护对策及工程

台湾海岸侵蚀防护观念比较先进，重视建立保护对策的先后顺序，能够自然保护的海滩，尽可能不通过建设海岸结构物而破坏其平衡。一般采取的防治海岸侵蚀对策有下列数类。

3.2.2.1 海堤与护岸

海堤与护岸是为保护生命财产及陆地被波浪冲蚀，大约平行于海岸而在海陆交接处兴建的结构物。海堤（seawall）为防止海水侵入陆地阻挡暴潮及波浪的结构物，堤体高出地表常设立于滩线附近，如结构物背后即为陆地而堤高仅略高于陆地者称为护岸（revetment）。海堤与护岸的结构断面与部位名称分别示于图3-13与图3-14。海堤与护岸广泛应用于防止侵蚀的海岸工法，其原因可能是海堤与护岸在直接感觉上较有安全感，并可遏阻滩线后退，同时因施工方便且工程费用较其他海岸防御工法低廉。

海堤与护岸如依断面形状、结构及使用材料分类可分为直立堤、倾斜堤与合成堤。直立堤多依赖重力保持安定，堤防用地节省且用于堤身的土沙量较小，除沉箱外亦有方块，以中、大水深处采用较为适宜，对施工经验及技术要求较高。倾斜堤能将载重分布于较广面积，对基础土壤的要求不高，施工也较容易，并易于扩建加高维

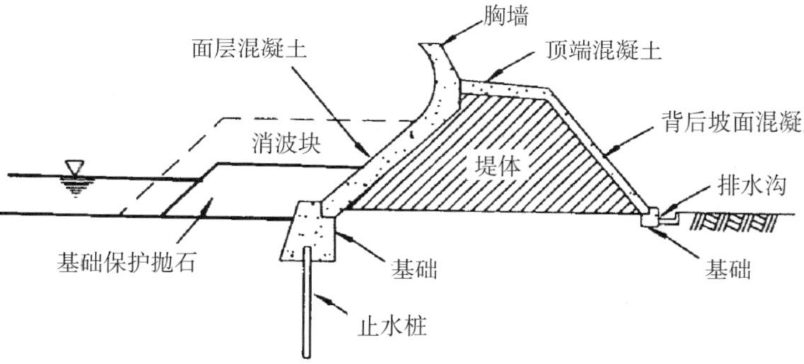

图3-13 海堤断面与各部位名称

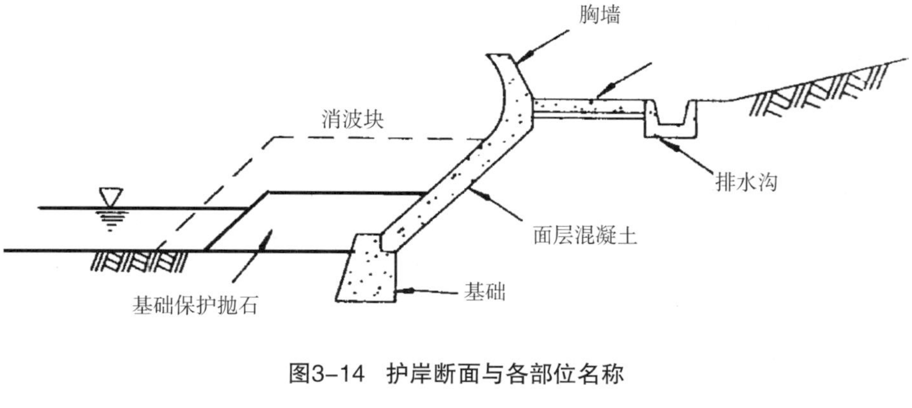

图3-14 护岸断面与各部位名称

护。合成堤则具有倾斜堤与直立堤的优点与缺点，但若能将两者适当配合则可获得最佳配置。

欲使海堤或护岸兼具防灾及保护海滩的作用，基本上其堤面坡度应平缓方能降低反射率，使波能尽量降低而防止冲刷并降低溯升及越波。从波浪溯升特性而言，堤面坡度能放缓到1/6~1/10最为理想，图3–15为缓坡型海堤断面一例。海堤、护岸与防波堤属于较传统的海岸保护工法。

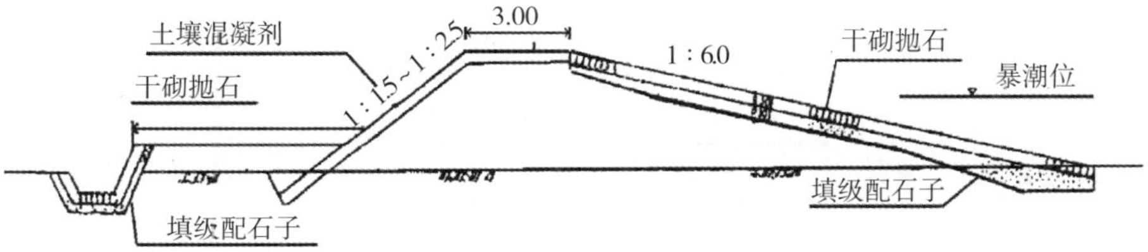

图3–15　缓坡型海堤断面

3.2.2.2　突堤

突堤（groins）为垂直于海岸线或与海岸线形成某一夹角，由沙滩向海兴建且突出海岸的结构物，用以拦截沿岸漂沙、控制海滩地形、改变海岸线方向、阻挡沿岸流或压迫潮流方向，进而减小保护区域的海岸侵蚀。

突堤依其机能不同分为三类：①不透过堤与透过堤；②高堤与低堤；③固定式与调节式。透过堤的优点为：①反射波小、消波效果好；②沿岸波能量小；③堤趾冲刷小；④维护容易；⑤漂沙可输送至下游侧，可获沙源补给而减少侵蚀。高堤能完全拦截漂沙，低堤则在下游侧可获沙源，减少侵蚀发生。调节式突堤较具弹性，视水位高低或拦沙量调整所需高度。突堤使用材料有抛石、消波块、板桩等。

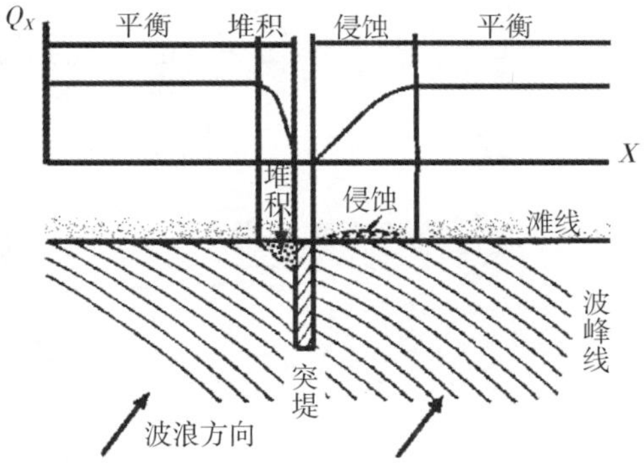

图3–16　突堤设置后的沿岸漂沙量变化

突堤兴建后将改变海岸原有漂沙特性而引起邻近海岸地形变迁。图3–16说明突堤设置后，沿岸漂沙量的变化与海岸线的变迁。由于突堤的拦截，上游侧漂沙量在沿岸方向渐减，而下游侧则渐增，因此从图3–16可以看出，漂沙在上游侧形成堆积，而下游侧发生侵蚀。图3–17则为突堤群兴建后的海岸地形变化。

突堤的平面形式包括突堤型、T 型、L 型与 Z 型，如图3–18所示。T型突堤为在突堤型突堤之前端加一横堤，此种功能类似离岸堤，两横堤的中央位置能发挥堆沙效果。倾斜型突堤为突堤在陆侧配置曲折构造，于下游侧之基础加强，L 型与 Z 型突堤横堤的作用与 T 型突堤相同。图3–19中入射波在横堤堤端产生绕射现象，实线为波峰线，虚线则为等波高线，堤内漂沙往突堤内部集中。图3–20说明突堤型突堤与 T 型突堤在不同季节风浪作用，所产生的堆沙情况。图3–21为 L 型、Z 型及倾斜型突堤面的堆沙情况。

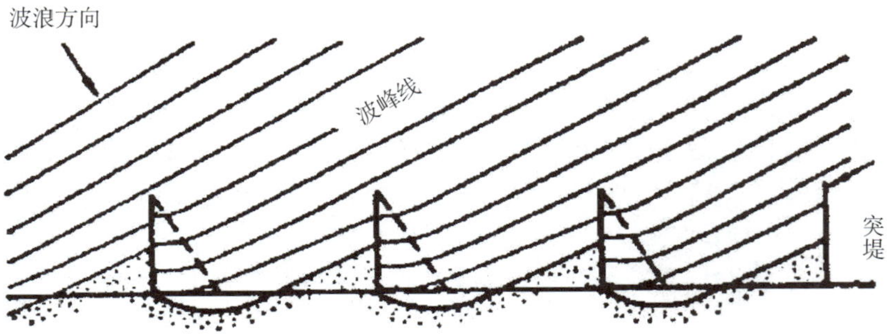

图3-17 突堤兴建后的海岸地形变化

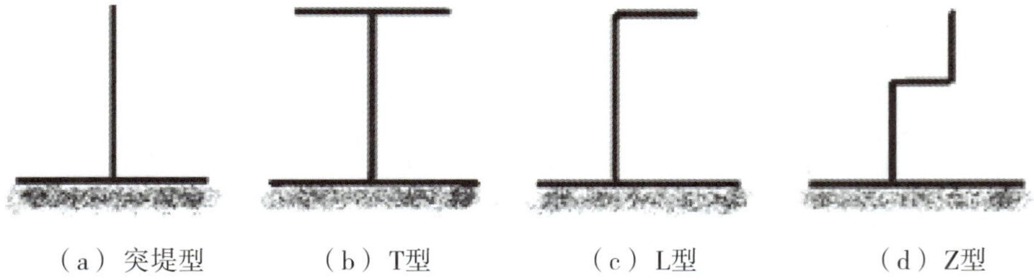

图3-18 突堤的平面形式

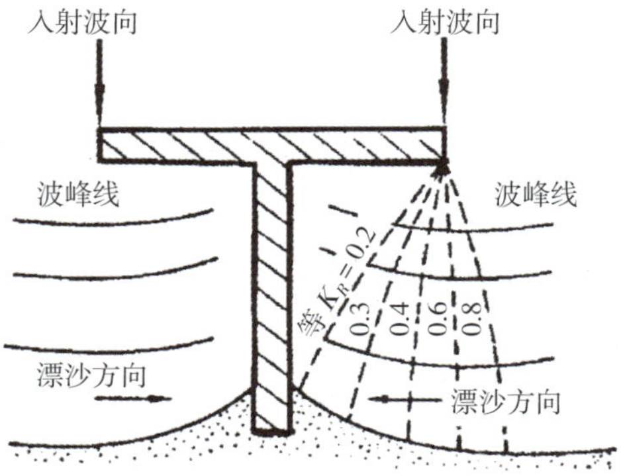

图3-19 T型突堤的波浪绕射现象

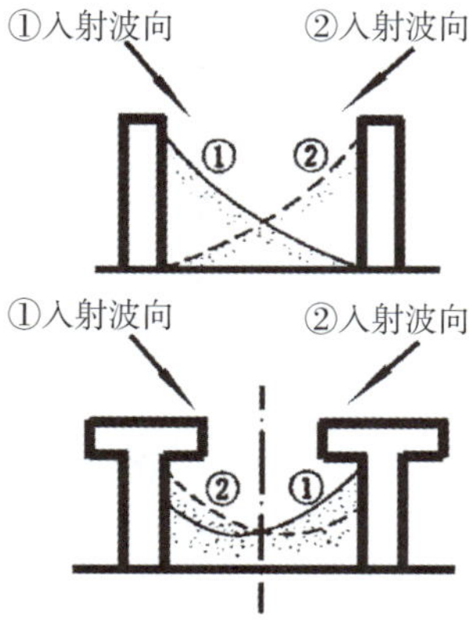

图3-20 突堤型与T型突堤的滩线变化比较

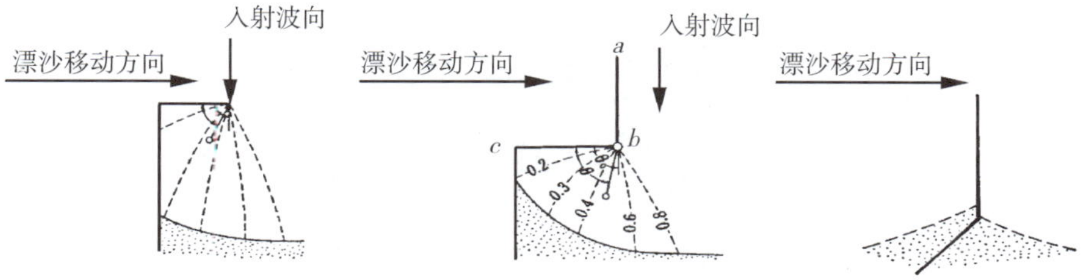

（a）L型突堤 （b）Z型突堤 （c）倾斜型突堤

图3-21 L型、Z型突堤与倾斜型突堤的堆沙情况

3.2.2.3 离岸堤

离岸堤（detached breakwater）为一离开陆地且约平行海岸线的堤防，能使波浪在堤前减衰，漂沙在堤后堆积，间接发挥安定海滩的功能。一般而言，离岸堤工程费高，施工不易，维护费可观，以往海岸保护甚少采用离岸堤。

近年来，各先进国家使用离岸堤案例已日渐增多，究其原因如下：①以往设置离岸堤地区，大部分能发挥防护功能。②过去对侵蚀海岸的防护措施以海堤为主，最多再补以突堤，但效果未臻理想，故考虑较新工法。③海岸地带因经济繁荣，大幅开发利用，不宜在该地带设置防护措施，故设置离岸堤达到安定海滩和土地开发利用的目的。④沿海地区相继加速开发，人口集中，足以负担较高工程费，且近年施工技术进步，海中施工已非难事。照片3-5及照片3-6为西班牙海岸离岸堤构筑后，形成堤背后沙舌及系岸沙洲。

照片3-5 离岸堤背后沙舌（西班牙）

照片3-6 离岸堤背后系岸沙洲（西班牙）

离岸堤由于其背后波浪绕射形成遮蔽区，区内波高变小，堤后水位梯度的变化产生堤后环流，使沿岸漂沙淤积堤后，形成突出于原海岸地形的沙舌（salient），如设计得当则可形成系岸沙洲（tombolo）。图3-22为离岸堤设置后，在正向波浪作用下，许等人（1997）以数值模拟堤后波、流场分布及滩线变化。图3-22中（a）为波场分布，（b）为流场分布，（c）则为堤后形成沙舌之滩线变化。

3.2.2.4 人工岬湾

在大比例尺的地图或航拍图上，沿着海洋与陆地的交界，有许多近乎平直的海岸和凹凸弯曲的海湾。一般而言，安定的海湾比平直的海岸更有诗情画意，也更美。虽然海湾的大小不同，形状各异，它的一端或两端大多是比较坚硬的天然礁块，或大或小，突显耸立于海中或紧靠于海边；其间的海岸可能有着沙滩的存在。这些湾是由大

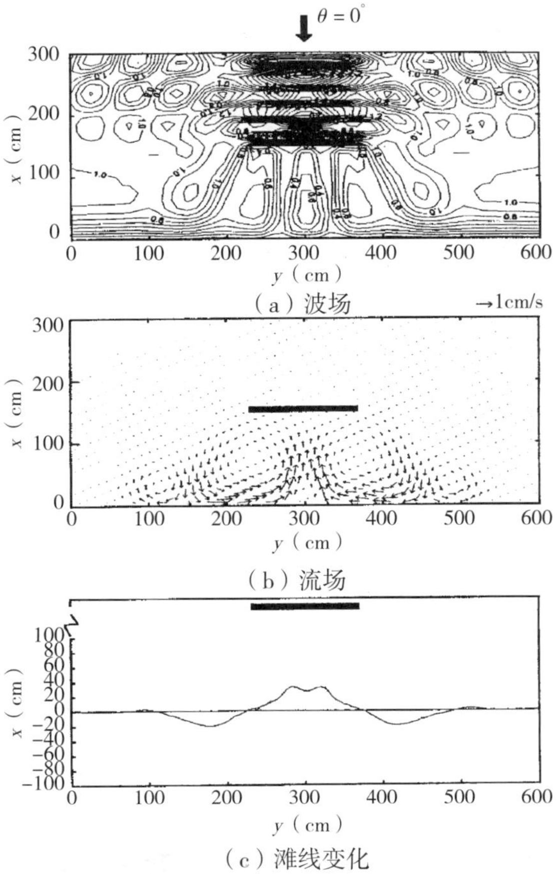

图3-22　离岸堤堤后波场、流场与滩线变化（许等人，1997）

自然力量综合作用的结果，尤其是波浪、潮汐和海岸地质的相互作用之下，经年累月地冲击而成的。在斜向入射的波浪作用下，海湾内的沙岸要比平直的海岸更为安定。

在大自然所形成的海湾中，可以观察到波浪经由折射和上游端岬头的绕射，在岬头之间的海岸就是经由波浪的折射和绕射所形成的。照片3-7为宜兰县苏澳的天然岬湾。以现代工程人员的智能及工程技术的发展，配合大自然稳定海湾的模拟，我们可以规划人工岬湾（headland），用以保护和安定因上游漂沙源断绝而被侵蚀的海岸。

岬湾的特征最早由美国的一位地理学家 Yasso（1965）利用数学统计的回归手法，认为安定的海滩形状可以用对数螺旋线（logarithmic spiral）来代表。应用人工岬湾的构想，可以稳定已经受到侵蚀的海岸，使向岸方向的波浪能几乎垂直地到达湾岸内各处的海岸线，从而把沿岸漂沙量降到最低，甚至完全防止它的形成，这种工法，叫做岬头控制（headland control）。在测知某海岸的常年向岸波浪的方向之后，在两个人工岬头之间，可用漂沙自然的堆积法，或配合人工养滩的方法，迅速地形成一个新的海湾。人工岬头的设计，应考虑到岬头的种类、形状、长度、离岸距离、方向、间隔、堤体的保护和岬头群的施工顺序（见图3-23）。岬头的间隔大小，影响到湾的大小与弯入率。

人工岬湾可以在平直的海岸，以侵蚀和堆积相平衡的方式来造湾，如图3-24所示；或以不影响到原来的海岸线的方式来造湾，如图3-25所示；或是在一个正受侵蚀的大海湾内，加筑几个小湾，以稳定大湾，如图3-26所示；亦可在凸出的狭长的沙洲外围，以人工岬湾来保护沙洲，如图3-27所示，使该沙洲不再因缺乏漂沙源而被侵蚀后退。

照片3-7 宜兰县苏澳海岸天然岬湾形状

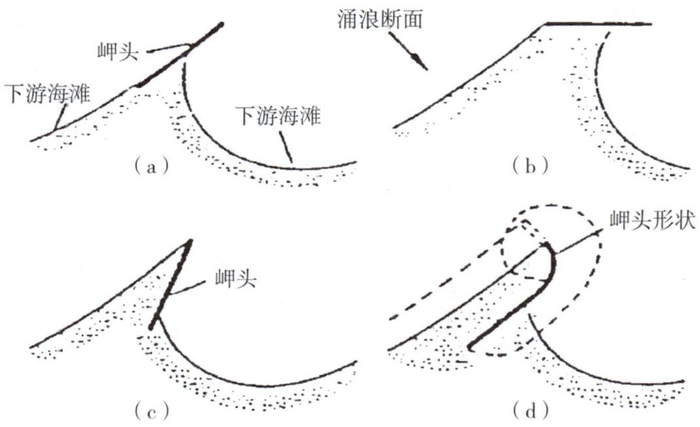

图3-23 岬头的形状与设置方向（Hsu等，1989）

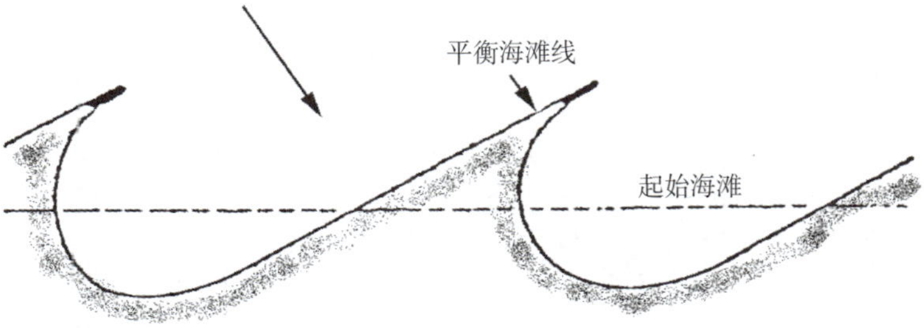

图3-24 以侵蚀和堆积相平衡的方式在平直的海岸做人工岬湾（Hsu等，1989）

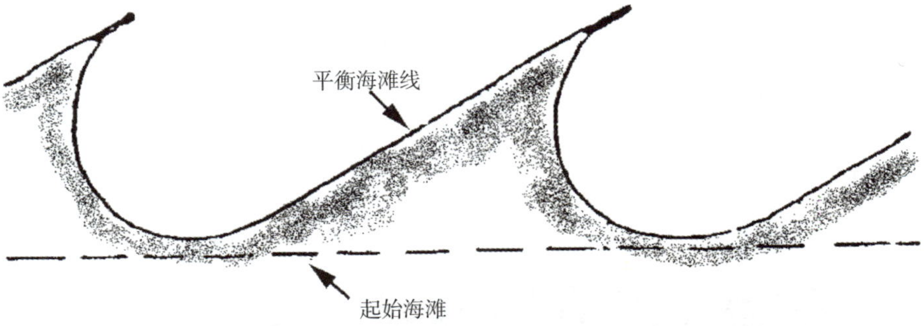

图3-25　以不影响到原来的海岸线在一平直的海岸做人工岬湾
（Hsu等，1989）

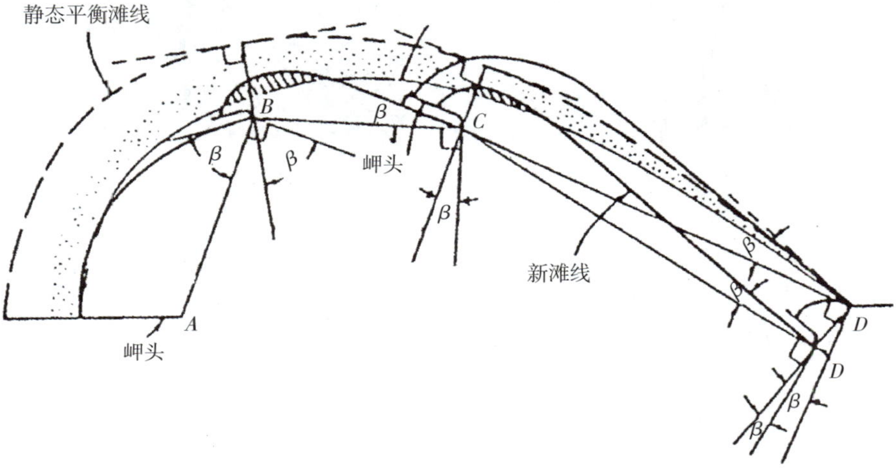

图3-26　在一个不安定的大湾（实线者）内加造三个安定的小湾
（Hsu和Evans，1989）

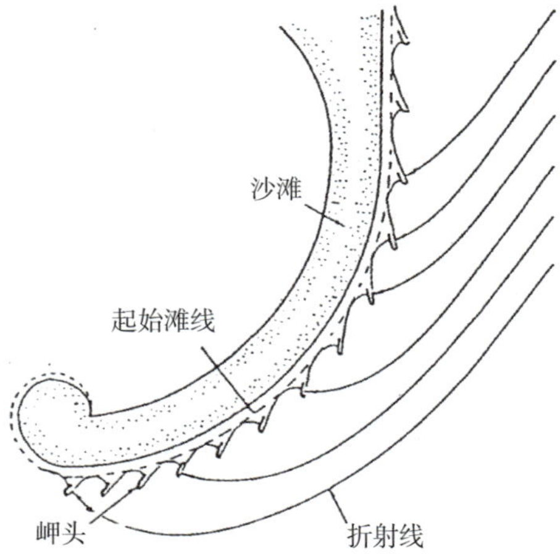

图3-27　以人工岬湾工法安定和保护凸出的长沙洲
（Hsu等，1989）

3.2.2.5 鱼尾形防波堤

海岸保护工法中，突堤与人工岬湾的主要差别为后者利用所设计的大型结构物来削减下游海岸的侵蚀而利于海滩的形成，然而，二者却无离岸堤利用较少的结构将波浪阻挡产生绕射来保护海滩的优点。故Fleming（1990）揉合上述几种保护工法的优点，发展出鱼尾形防波堤（fishtailed breakwater）作为海岸保全工法，其形式如图3-28所示。

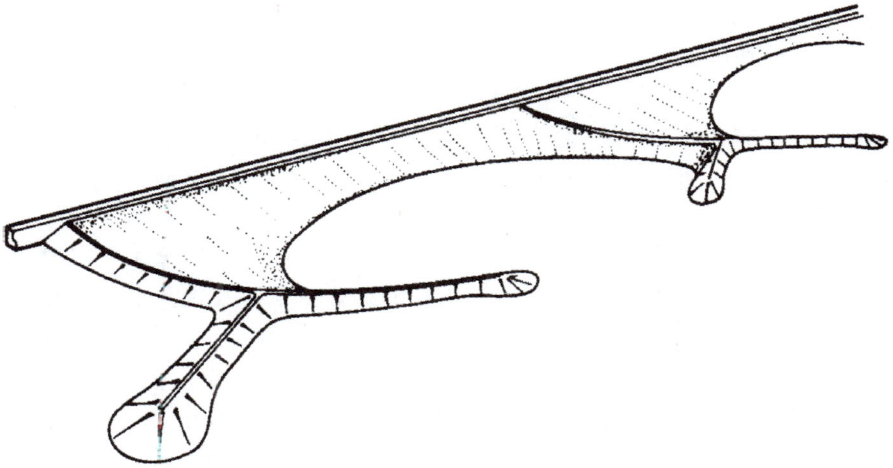

图3-28 鱼尾形防波堤基本形状图（Fleming，1990）

鱼尾形防波堤保护沙滩机制如图3-29所示，防波堤*OA*及*OB*主要用来削减波浪能量，而*AOC*防波堤则用来阻碍沿岸漂沙。所以，上游海滩形成主要利用类似突堤形式的*AOC*防波堤正常堆积而来，下游之海滩主要利用离岸堤的原理，即*AO*及*OB*防波堤来

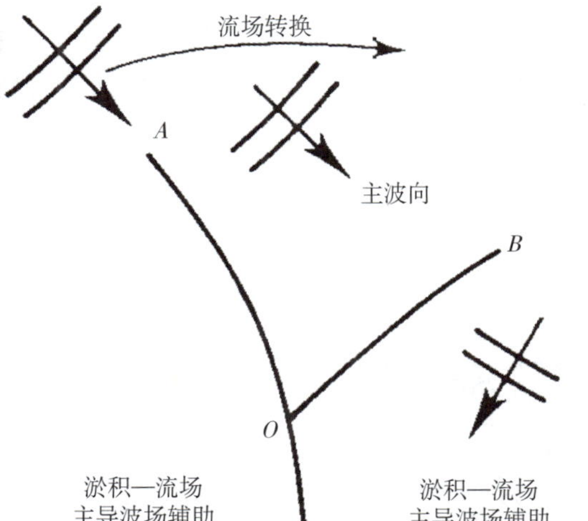

图3-29 鱼尾形防波堤保护海滩示意图

形成海滩。*AC*段可阻绝及改变沿岸、离岸及潮流的方向以降低海岸侵蚀至最低程度，*AC*段设计成弯曲线且在*C*点处与海岸线垂直。*COA*弯曲的大小以减少波浪反射率来设计，如此可减缓堤趾的冲刷。鱼尾形防波堤*OA*段坡面需放置多孔物（porous structure）来促使波浪将漂沙带于*COA*与海岸线之间。*OB*段一般垂直于大波浪作用的方向。

整个鱼尾形防波堤的尺寸是相互有关的，且应参考外界的波高、波向、周期、潮差与地形，*A*点之离岸堤距离一般需大于三倍的波长，且小于漂沙活动宽度的一半。

*A*点及*B*点堤头之缓坡度主要提供堤头下列两个功能：

（1）有效地利用波浪绕射作用来降低波浪能量，帮助海滩堆积。

（2）提供底床及防波堤之渐变区，降低波浪反射，防止因流的堤址冲刷。鱼尾形防波堤主要应用在较缓坡之海滩，藉由防波堤来减低水流，使海滩成半月形（crenulate bay）而达到海滩保护的功效。

3.2.2.6 人工潜礁

传统的海岸工法虽可防止波浪越波，遏阻海水入侵及陆地流失，却往往因波浪反射增强使得堤脚冲刷加剧，最后遭致海滩加速流失。这些工法通常以混凝土消波块加高堤高或作为被护层保护，不仅妨碍观海视线，更因凌乱消波块破坏海岸景观，同时压迫感使人的亲水意愿降低。柔性工法中，人工潜礁（artificial reef）或潜堤（submerged breakwater）为沉没海岸的结构物，能消散部分波能，降低水流流速使漂沙沉积于堤后，可控制海滩侵蚀达到保护海岸的目的，其功能类似离岸堤但其阻挡的水流断面积较离岸堤少，对海水循环妨碍较小，对生态环境影响相对减轻，而结构物不露出水面对景观破坏较少，此种工法较能符合环保的需求。

潜堤的形式大致分为单列式与系列式潜堤。单列式潜堤仅有一道潜堤，属于“线” 防御。图3-30为单列式潜堤配合人工养滩的例子，波浪经潜堤碎波后波能降低，水流流速减缓有助于海滩稳定。

系列式潜堤可利用堤与堤间的空间使波浪产生布拉格共振（Bragg resonance），藉此控制波浪通过系列潜堤的水域而使达到海岸的波高衰减，如布置得当则可改变传统的高而宽的潜堤形式，以数道较低的堤顶及较狭的堤宽作适当配置亦能达到抑制波浪的目的。

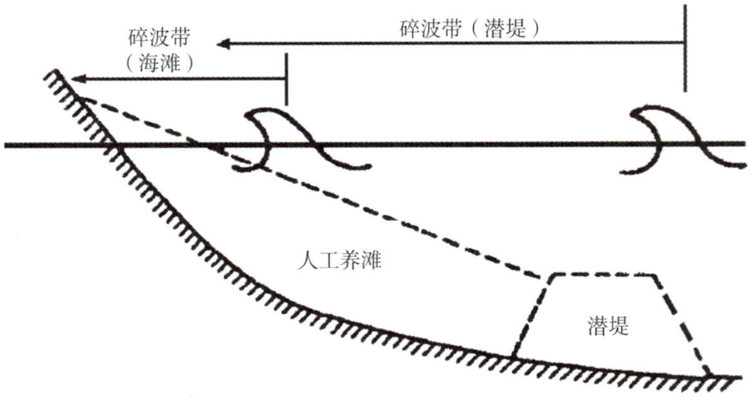

图3-30　单列式潜堤配合人工养滩

3.2.2.7 人工养滩

养滩为能有效消减波能且不破坏环境的海岸保全工法。海岸侵蚀起因于沙源供应之减少，故养滩可遏阻海滩侵蚀、获得海岸安定且保护海岸的效果。在侵蚀海岸堆放并定期补充滩料的工法称为人工养滩。海滩特性因波浪而异，从平衡海滩断面的安定特性而言，波浪、海滩坡度及粒径间的关系为侵蚀堆积的重要因素，故可藉波浪及粒径的改变改善海岸的侵蚀。

照片3-8 日本海岸的人工养滩

近年来，海岸工程师逐步发展出以缓坡堤、防沙突堤、离岸堤和养滩等方式交互使用的整合性海岸保护工法，企图以“面”的保护方式控制漂沙，保养海滩进而抑制侵蚀。藉由柔性工法创造出的海滩，发挥自然吸收并抑制波能的功效，来避免海滩的破坏与侵蚀，并兼顾海岸景观的维护。有关整合性的海岸保护工法及其适用海岸见表3-1。

表3-1 整合性的海岸保护工法及其适用海岸

整治模式	适用海岸
高潮、海啸防波堤+堤防、护岸	湾状海岸
离岸堤+堤防、护岸	侵蚀趋势很强的海岸
潜堤+堤防、护岸	寻求与周围环境调和的海岸
浮防波堤+堤防、护岸	水深及潮差大的海岸
堤防、护岸+养滩	海洋游憩需求高的海岸
离岸堤+堤防、护岸+养滩	海洋游憩需求高的海岸
潜堤+堤防、护岸+养滩	海洋游憩需求高的海岸
人工潜礁+堤防、护岸+养滩	寻求与周围环境调和的海岸
复断面堤防、护岸及缓坡斜坡堤护岸+养滩	水域有设施限制的海岸
人工岬湾+堤防、护岸+养滩	海洋游憩需求高的海岸

3.3　地中海海岸侵蚀与管理

在地中海地区，海岸侵蚀问题已经成为诸如尼罗河三角洲、波河三角洲以及阿尔巴尼亚三角洲等三角洲附近的由来已久的大规模问题。本节着重分析造成海岸侵蚀的自然因素和人为因素以及适合受侵蚀海岸的防护与治理工作。借鉴地中海地区三角洲海岸侵蚀问题的原因分析及其防护措施与治理方法，对于黄河三角洲海岸侵蚀问题的防护与管理将起到很大的帮助作用。

在地中海，围绕三角州区域，如尼罗河和波河三角洲及一些像阿尔巴尼亚河流小的三角洲，海岸侵蚀持续时间长，规模大。海岸侵蚀已经成为一个小范围的严重的问题，尤其在相对高密度发展的北部海岸沿线的市政或旅游度假海滨，人口从内陆地区不断地迁移到旅游业繁荣的海岸地区。欧盟在1990年完成的COEINE计划中，发现在法国、意大利、西班牙已经有超过40%的海滨面临侵蚀。根据意大利海岸的地图集（Fierro and Ivaldi，2001），占据构成总的意大利海岸线61%的意大利海滨，有27%正在萎缩，70%处于平衡，仅3%是在增长的。

3.3.1　海岸侵蚀造成的危害

海岸侵蚀造成的危害主要体现在以下几个方面：

（1）人类生活：对生活在近海和海洋的低陆地（海岸线以下）的人们，是一个严重的问题，如荷兰。但对地中海地区来说还不是非常严重的问题。

（2）财产和相关的经济损失：大量重要土地的流失（娱乐和观光海滨）和城市经济设施的破坏对地中海国家是一个重要的问题。

（3）生态价值：一些甲鱼营巢地海岸，如Kazanli海滨（土耳其）和Zakynthos海滨（希腊）是这种破坏的例证。这些海岸由于人类活动而使甲鱼失去了栖息地。

（4）文化价值：存在大量的例子，沿着地中海海岸的这种受侵蚀地方，有很多自古定居的人们已消失，如黎巴嫩的腓尼基人（Özhan，1993）。

3.3.2　海岸侵蚀的原因

在地形测量学和时间尺度上，引起变化侵蚀和增加变化的因素总结见表3-2。一些因素（如波浪、沿岸流、激流、回头浪、冲刷），在风暴潮中通常重塑海洋底部形状，引起侵蚀和增长的方式，引起全面的岸沙流失和增长。另外，破浪状态变化（大规模、短周期、小坡度）有季节性（周期）的影响。由于这些因素，变化类型没有必要表明变化的长期的种类，但是它们有利于作出说明。因素之间是相互联系的。

造成地中海海岸侵蚀的自然的和人为的原因，与其他地区没有显著不同。概括起来，长期海岸侵蚀的自然原因主要有以下几个方面：

（1）海平面上升（Pranzini & Rossi，1995； Khalil，1997）；

（2）由于构造事件引发的海岸沉降（Khalil，1997）；

（3）气候变化（风暴潮强度的变化，影响近波浪角的主要风暴潮风向的改变，降雨量的变化及污染物河水排放）（Medina & Lopez，1997）；

（4）由于气候变化，增加的植物覆盖了河流的分水线（使海岸带造成的土壤侵蚀

表3-2 直接作用海岸长期行为的因素，引起河床地貌和一年或者更长作用影响的时间尺度变化

因素	影响	时间尺度	注释
沉积物的补给（来源和沉没）	侵蚀/增长	10年至1 000年	来自内陆和海岸表面的自然供应与沙洲内源影响着海岸线的稳定或增长
海平面上升	侵蚀	100年至1 000年	相对海平面上升
异常暴风潮 暴风潮溢流	侵蚀	数小时至数天	非常重大的侵蚀
巨型高度的波浪	侵蚀	数小时至数月	单个暴风雨或季节影响
短周期波浪	侵蚀	数小时至数月	单个暴风雨或季节影响
小坡度的波浪	增长	数小时至数月	夏季条件
沿岸流	增长，不变化或者侵蚀	数小时至1 000年	间断性地（上升流或下降流）和结点
激流	侵蚀	数小时至数月	在沿海暴风潮过程中，狭窄的近底部的向海流可以运送大量的沉积物
下溢流	侵蚀	数小时至数天	在沿海暴风潮过程中，近底部的向海流可以运送大量的沉积物
小湾	网蚀，高度不稳定	数年至数世纪	由于起伏和迁移，使得邻近海岸线的小海湾有不稳定趋势；由于潮水沙洲沙子的贮存，使小湾受到侵蚀的效应
冲刷	侵蚀的	数小时至数天	巨大的潮汐波浪引起沿岸沙滩的沙子输运
风	侵蚀的	数小时至数世纪	沙子从海岸吹向内陆
下沉，压紧	侵蚀	数年至1 000年	自然和人类导致亚表面流的撤回
构造事件	侵蚀/增长	瞬间发生的，数世纪至1 000年	地震，板块的上升和下降

和沉积降低）；

（5）沉积物沉降（近海峡谷的存在，急剧速度的深度运动，风向内陆区域运输沙子）（Golik & Rosen，1999）；

（6）三角洲河道和河口的变化（PAP/RAC，2000； Berriolo，Fierro & Gamboni，2001）。

造成长期的海岸侵蚀的人为原因，都大体与自然原因相对应，主要表现为以下几个方面：

（1）由河流向海岸地貌，提供的不断减少的沉积物（堰塞的河流、河床两岸的沙子、采矿砾石，削弱了泥沙的水运，由于增加了淡水的使用或者河流作业，如建堤坝、河床侵蚀控制，而被废弃的低速水流，造成沉积物输运不断减少）（Simeoni etal.，

1997；Eronat，1999；Loizidou和Iacovou，1999；PAP/RAC，2000）；

（2）沿海或沿河水域的侵蚀控制工程及造林（Eronat，1999）；

（3）地形单位上不断减少的泥沙量（来自滨海和沙丘的采矿沙，近海沙洲的采矿沙）（Özhan，1993；Loizidou & Iacovou，1999）；

（4）由于人造海岸建筑物和城市发展离海岸线太近，改变了近岸流和相关联的沿海岸线泥沙运输的通常方式（Silva et al.，1993；Loizidou & Iacovou，1999；Fatallah & Gueddari，M.，2001；Rakha & Abul-Azm，2001）；

（5）人为活动改变了三角洲的河道和河口（PAP/RAC，2000；Berriolo，Fierro & Gamboni，2001）；

（6）入口河道和河口小湾挖掘的维护；

（7）人为活动引起的地面下降（Preti，Carboni & Albertazzi，1997；Fierro & Ivaldi，2001）。

以塞浦路斯为例，堤坝的建设、采矿沙、沿海建筑物及城市的发展太靠近海岸线，成为触发和加速海岸侵蚀的例证因素（Loizidou & Iacovou，1999）。作为最重要的加剧侵蚀的原因，Eronat（1999）列出了建设堤坝、分水岭的侵蚀控制、沿河床的采矿砾石、非法的近海岸采矿、房地产业主的近海建筑物的建设，在土耳其爱琴海北部邻近Madra海湾的河口经常可以看到。沿着伊米莉亚·罗摩地区的海岸（Adriatic Sea，Italy），从河床中带来沙砾、围海建筑、地下水过度开采引起的地面沉降、临海建筑等，是海岸侵蚀最主要的原因（Preti，Carboni & Albertazzi，1997）。爱琴海附近的威尼斯港湾，据说侵蚀最重要的原因是河流沉积物输入的减少和威尼斯潟湖三个小湾码头的建设（Silva et al.，1993）。

一方面，由人为活动引起的（1）、（2）、（5）和（6），往往造成网蚀地貌。例如，出现了所有海岸线的退化；另一方面，原因（3）和（4）导致当地规模的海岸线侵蚀。这个通常和其他地方增长相关联。以原因（3）情况为例，沿着老河口的海岸很快被侵蚀，而新河口海岸增加。对（4）来说，海岸侵蚀发生在临海建筑海岸下方（在网状的沿岸土沙输运的一边），而在临海建筑的海岸上方侧有相同的增长速率。

有几个原因可以降低由河流向海岸的沉积物的容量。最重要的原因是沿河的堤坝和工程活动建设。堤坝可以拦截大部分上升流的沉积物。进而，通过改变水流量（使它更统一），堤坝下降流的沉积物输运也被改变，降低了水沙输运效能。

除河流建堤坝外，受娱乐和工程作业造成的水量改变，排水速率和方式的改变，也是造成向海泥沙负荷减少的原因，这是爱琴海海岸侵蚀的重要原因（Simeoni et al.，1997）。由于转向和上升流的使用，Darci河据观察发现已经失去了它大部分排水速率。这就是邻近河口的海岸线以每年1～2 m的速度衰退的主要原因。除非海岸线和近岸地形改变，否则侵蚀将继续平衡它的形状，这个在近岸方向不再产生网状土沙流送的速率。

向海泥沙输入减少的另一个重要原因和侵蚀的结果是，采石厂沙砾堆放在活跃的河床附近。这个行为在海滨是不允许的，河床重要的采矿常受到监管。例如，砾石的河床开采，在阿尔巴尼亚是一个重要的经济活动（PAP/RAC，2000），在土耳其还是一项合法的事业。

海岸非法的采石活动，以及沙子和砾石直接移除，可能是造成海岸侵蚀和海岸线萎缩的重要原因。如黎巴嫩北部的Tyre镇以南的海岸线在20年内后退了100 多m，原因就是沿岸和滨海地区的商业沙石的开采（Özhan，1993）。

当暂借的区域不是离海岸带足够远和没有足够的水深，由海滨近岸砂矿的开采导致的海床斜面地形的变化，被认为会加速海岸侵蚀。

河道和三角洲海岸河口位置的变化是一个非常自然的现象。Simeni 等（1997）提到爱琴河（如Ishmi，Shkumbini，Semani，and Vjose）已经经历着这些改变。如较早提到的一样，这些变化伴随着当地旧河口的侵蚀和新河口的增加。

对于小型的海湾，被风吹向内陆的沙子（不会再吹向岸）造成一个重要的沉降。为了美学目的，对具有娱乐功能海滨已经死亡的地中海海草进行机械式清理，可能会引起系统重要的泥沙流失。在一些意大利海湾，发现以特殊的机械方式去除的物质可能包含高达30%比例的沙子（Pranzini，2002）。

3.3.3 海岸侵蚀探测

历史海岸的侵蚀情况和速率可以用以下方法进行评估：

（1）历史航空图片和海岸地形地图（Preti，Carboni & Albertazzi，1997；Golik and Rosen，1999； Suzen & Özhan，2000； Berriolo，Fierro & Gamboni，2001； Bowman & Pranzini，2001；Fatallah & Gueddari，M.，2001）。这些资料提供了过去海岸线的位置和海岸线衰退的速率。

（2）旧的海测地图。对照一些连续的海洋测量的地图，可以提供一些关于侵蚀和增长区域及它们平均速率的信息（Golik and Rosen，1999）。

（3）从历史时间系列的波浪数据，用数值模型计算输沙速率，及导致的形态变化（Golik and Rosen，1999； Rakha & Abul-Azm，2001）。

Golik 和Rosen（1999）采用了以上三种方法研究了以色列沙资源的管理。

对于海岸侵蚀现在的和未来的趋势，可以通过下面的方案进行监测：

（1）利用侵蚀记录器直接观测法（侵蚀的位置及一些情况下海岸线退化的速率）（PAP/RAC，2000）。

（2）海岸线实地调查（海岸线退化和增大的位置与速率）（Micallef，2001）。

（3）地形和海测调查（侵蚀和增长的区域及它们的速率）（Bowman & Pranzini，2001； Certain，et al.，2001； Delbono，et al.，2001）。

（4）采用航空数字地图和卫星影像（海岸线退化和增大的位置与速率）（Eronat，1999； Suzen & Özhan，2000）。

沿岸的文化特征（例如爱琴海沿岸的地堡）可以为评估侵蚀面积和某些情况下的侵蚀速率提供对照物（PAC/RAC，2000）。尽管近年来卫星影像的分辨率变得清晰，可以获得50 cm精确度的海岸线图片，然而，这个数据分析时，在海岸侵蚀研究中的应用仍然存在内在不准确性。遇到的最重要的问题是在图片中确定海岸线准确的位置，尤其是在风暴潮期间（此时，由于破浪激起，海岸是湿的）（Golik & Rosen，1999）。航空数字影像为沿长直的海岸，监测海岸线的位置提供了一个快速的、相当准确的工具（Edwards，et al.，1996； Curr et al.，1997； Eronat，1999）。

对未来侵蚀的预测，一般都采取数学模型的方法。

数学模型已经发展成为一种强大的工具，以预测海床地形和海岸线位置过去的、现在的和未来的变化。数字模型所做的历史变化的预测有助于理解规模和造成海岸侵蚀的因素。在不同情景和策略下，可能发生的现在和未来侵蚀方式及速率知识有助于形成一个重要的、合理的发展管理计划。

地中海区域的海岸模型一般由四部分组成：

（1）波浪的预测和转变；

（2）波浪的破坏和水文带的破坏；

（3）海岸沉积物的转移；

（4）海床的形态变化。

（2）和（3）是四个中最复杂的。由于波浪的破碎，破碎带高度不规则的湍流水体和相关的输沙模型，多年来受到很多方面的挑战（Özhan，1982，1983，1987）。

已经发展了许多复杂水平下的沉积模型。应用这些模型最大的困难在于没有足够的可获得的模型中要求的参数信息（尤其全面的模型）。

（1）现有最简单的，也可能是最流行的模型，是所谓的海岸线进化的一元线性模型（Hanson，1993； Rakha & Abul-Azm，2001）。这种模型猜想海床形状，以相同斜率的率面。海床移动的方向（向陆或者向海），取决于近岸和跨岸输沙速率，而不是进入和留下的。因此，一元线性模型仅预测了退化海岸线的一个方向。

（2）三维数字模型，是较全面地模拟海床地貌进化的工具（Aminti，et al.，2001）。它是个更复杂的模型，要求工作人员输入大量的信息。

（3）数学地貌模型已经应用于很多方面。包括海岸带对被提议的方案的反馈（沿海建筑、食物或两者），海滨营养物的质量和周期，长期的海岸线进化，尤其在三角洲海岸（Jimenez et al.，1995），海岸对表面事件的反应，如海平面上升或者泥沙供应速率的降低。建立在实验室基础上的物理地貌模型，也已经被应用到滨海和海底地貌研究拟订方案（结构或营养物）的影响（Özhan，et al.，1987；Özhan，1988； Özhan，1991；Corsini & Guiducci，1993； Ruol，et al.，1997）。

3.3.4 海岸侵蚀的响应机制

1995年代尔夫特水力学研究院为塞浦路斯（荷兰）的三个沿海区域编制了海岸线管理总体规划（Loizidou & Iacovou，1999）。在准备这些规划大纲时所运用到的主要观念或多或少涉及海岸线管理的现代基本原理。这些观念如下：

（1）主要研究海岸环境的自然动力学特性而不是抵抗海洋自身的力量；

（2）在适用的海岸选择使用“软”科学技术的方法，如海滩养护工程措施；

（3）建造更多环境友好型的“硬”科学技术设计，如防波堤工程（例如减少长度，降低坝顶高程，使其恰好能够被淹没）；

（4）采用“退却”的管理理念；

（5）采用选择“什么也不做”的理念；

（6）提出详细的监测计划，用以观察在建筑物附近海岸线的变化情况。

在应对海岸侵蚀时有三种类型的管理方式（Van der Weide，de Veroeg & Sanyang，2001）。它们主要是：①退却；②顺应现有政策；③保护。

“退却”政策指出海岸线侵蚀是一个历经长时间的现象，在一个合理的时间范围内海岸侵蚀继续向内陆地区发展运动是十分遥远的事情。此项政策对那些人烟稀少的且尚未遭受严重海岸侵蚀的未开发（农村）海岸具有特殊的意义。

当一个重要的基础设施（如高速公路）有部分正或多或少经受侵蚀的海岸线的冲击，而通过运用合理的预算对它进行改进，便可延长它的使用时间，此时，“顺应现有政策”可能是一种理性的选择。此政策融合了“退却”政策。“保护”的政策在对待正被侵蚀的城市海岸来说是最无可争议的。它表明利用一个或多个结构性或非结构性的各类措施来维持城市那些正在被侵蚀的海岸。“保护”政策或许也受益于改进了的流域管理办法。海岸线管理办法应该对全球气候变化和预期的海平面上升给予应有的重视。在东地中海，据说在过去的8～9年中，海平面正在以平均1 cm/a的水平而增加（Rosen，2002）。

3.3.5 海岸侵蚀防御措施

海岸侵蚀的防御措施可采用所谓的“硬”或“软”的防御措施，或者将二者相结合。

“硬”措施是使用传统海岸结构的总名称。有很多种类的结构已经被应用于稳固正在被侵蚀的海岸，最常用的类型有交叉拱（Bartoletti et al.，1995）、离岸堤（Özhan & Vefai，1991； Hassan & Baset，1997）、护岸和海堤。过去在意大利，碎石堆积的离岸堤被广泛应用，但现在已不再流行（Bowman & Pranzini，2001）。

这些结构的基本功能是为它们所保护的海岸线提供庇护。现存的海防结构几乎总是伴随着加速海岸侵蚀。因此，海防结构无法使海岸侵蚀停止，只会使这个问题转移到其他位置的海岸。在一些应用中，在加速侵蚀的海岸通过海滩养护措施进行补偿（Rakha & Abul-Azm，2001）。除了保护部分已被侵蚀的海岸，硬质的海防结构通常不会引起海滩使用者的注意或者被他们认为是对沿海水质有消极影响的。

所谓的“软”沿海防御措施包括：①海滩养护工程；②生成砾石滩；③低冠（淹没）结构（防波堤，丁坝）；④其他（前滨脱水以减少沙滩的水土流失，在海底种植海草）。

海滩养护是过去几十年中最重要的软防御措施，它是指用从其他地方运来的材料定期地填补已被侵蚀的海滩的方法，可以人为地增加海滩面积进而容纳大量沙滩用户，或者通过填补大量的沙子来补充海滩侵蚀损失的沙子。

在美国，从使用沿海防御的硬质结构转变为海滩养护这一重大转变发生在20世纪60年代末。在20世纪70年代中期由联邦机构（美国海军，工程兵团）制定的预算中约80%的预算应用于对保护堤岸工程中的海滩养护，只有20%的预算用于建设海岸建筑物（Basco，1999）。对于这一变化的原因，据说是兼顾了生态和经济的双重效益。

20世纪80年代初，海滩养护在地中海成为广为流行的做法。在法国、意大利和西班牙的许多城市和用于观光旅游的海滩分别通过增加海滩面积或者修复被侵蚀的海滩来进行海滩养护。周期性的海滩养护可能是唯一的沿海防御措施。然而在许多情况下，海岸建筑物与海滩养护共同使用用来防止海滩所需沙量的减少，或者增加海滩养护所填补的沙子的停留时间（Özhan and Vefai，1991； Liberatore et al.，1993； Silva，et al.，1993；Bartoletti et al.，1995； Pacini et al.，1997； Ruol et al.，1997； Cipriani，et al.，1999）。

海洋和陆地的沙源已被用来作为在海滩养护中的填补材料，但是用来自于海洋中的沙子作为海滩养护的材料在地中海北部国家更为常见。海洋采沙区的界定是一个非常关键的问题。在作出决定之前有些问题必须要考虑清楚。一个关系到经济的问题就是养护地点距离的远近是增加工程成本的关键因素。在早期的海滩养护中，主要选择采沙地点深度为15 m左右的沙子。现在，一般的采集深度至少在30 ~ 40 m深处的沙子（Van der Salm & Unal，2001； Lupino and Ricardi，2001）。到更远的海滩去采沙主要有两个原因：一个原因是为了长期稳固海底地形，第二个原因是这会涉及被保护地中海海草（posidonia oceanica）的草地毁灭问题。此外，该区域应重点避免受到渔业的影响。目前，挖沙的极限水深约100 m（Lupino & Ricardi，2001）。

在一些地中海国家，那些涉及数额巨大的海洋采沙项目都由环境影响评估组织所审批。要成为潜在海洋采沙区域主要看该区域材料的粒度分布及其质量。如果沙子中含有大量有机物质或者是有毒物质，则不能作为海滩养护所用的沙子。作为一般规则，养护所用的沙子的质地最好应略高于当地的沙子。使用优良材料的比例应同时考虑其填充的稳定性及海滩的水质（因为它会影响浊度的变化）。当沙矿床作为合适的海滩养护的时候，其上会被一层厚厚的且更为精细的材料（淤泥和黏土）所覆盖，沙开采可能在经济上是可行的（Golik & Rosen，1999； Lupino & Ricardi，2001），也可能会处在环境所允许的悬浮泥沙量的范围之内（Golik & Rosen，1999； Lupino & Ricardi，2001）。

海滩养护所用沙子的成本通常较高，而且在地中海国家中是因地而异的。在埃及这笔费用大约要每立方米2美元，在以色列要每立方米5美元（Rosen，2002），而在意大利要每立方米12美元（Cipriani et al.，1999）。对于意大利而言（匡迪马萨，利古里亚海），人为地扩大一平方米海滩需要花费大约24美元。从海滩所得年收入的提高为依据进行估计，其收入或多或少可以平衡海滩养护的总成本（Cipriani et al.，1999）。意大利的另外两个海滩养护项目（Nettuno & Anzio，Regionale Lazio），其填充的材料来源于Anzio港航道的疏浚。Nettuno项目每立方米的沙子成本为6.5美元，而Anzio项目每立方米沙子的成本为7.4美元。这两个项目的投资回收期估计分别为3年和15年（Van der Salm & Unal，2001）。

利用砾石替代沙子作为海滩养护工程的填充材料，在地中海是比较新的实践。使用“砾石滩”从而建成更能够抵抗侵蚀的海滩，这样即使在更具有冲击力的海岸也可不再需要沿海建筑物的保护（Pacini et al.，1997）。

在防御措施中使用低冠（淹没）结构，在地中海地区得到越来越广泛的使用。现在在实际应用中已经有使用内置潜堤和丁坝的例子。这些结构可以单独使用，也可以与海滩养护相组合使用。在最近几年，传统的堆石建设材料已被新的材料所取代，如沙囊（Preti，Carboni & Albertazzi，1997； Preti，Lamberti & Martinelli，1997）。

3.3.6 环境和社会影响

海岸防护建筑如丁坝和离岸堤能普遍增强裂流。保护用于休闲海滩的沿海海滩结构，增强裂流可能是一个重要的安全问题，要为溺水的案件负责。使用多孔的或是淹没的离岸堤对裂流的影响并不明显。这种结构增加了这些地方与来自于保护区域的水体之间的交换，从而对沿海水质产生积极的影响。Frihy（2001）回顾了沿埃及地中海海岸地区的各种海岸工程，并确定了它们对埃及地中海沿岸地区的影响。这些影响包指：改变了原有海岸结构的沉积水动力学机制，引起邻近海滩的侵蚀，沉积在潟湖河口和港口通道，破坏其水质，并增加了其财产损失和遭受破坏的可能性。

海滩养护同样具有重要的环境影响和社会影响。其中一个重大问题就是在挖泥或者海滩养护过程中出现的水体污染主要取决于悬浮微粒的大小，而这些颗粒物的大小又取决于挖出的或者填充的物质中废弃物或者杂质的含量。在厄尔巴岛（意大利），海滩养护已成为一个法律问题，因为用于海滩养护的沙子中含有大量的铁粉，正在改变着海滩的质地和海水的颜色。养护海龟产卵的海滩就是一个很微妙的实践。不用说，海滩养护应该避免在海龟产卵的季节（地中海的5~9月）。在海龟产卵的海滩，当用做海滩养护的沙子的颜色较原生海滩沙子的颜色深（浅）时，海龟产卵的生物学特性可能会受到沙子温度升高（降低）的影响。

有人做了一个有趣的问卷调查，从而了解加泰罗尼亚、西班牙公众对海滩养护的接受程度（Villares et al.，1999）。对于不同的项目，对新的海滩养护措施感到满意的民众介于60%~80%。结果发现，民众主要关注的是以下几个问题，如海滩养护所使用填充材料的特性（颜色、纹理），海滩和海底的植物群与动物群的损失，以及海滩养护所造成的景观格局的改变。

3.3.7 地中海海岸侵蚀综合管理

无论是对海岸侵蚀所采取的补救措施还是海滩养护都是有代价的干预措施。因此，它们只有在海岸线的稳定社会经济收益远远超过其所涉及的费用时才被使用。例如，海滩养护在地中海北部的旅游海滩已广泛开展，主要是由于旅游业带来的收入（这是一个增加了海滩空间容量的海滩）能够抵消海滩养护的成本。建造海滩防护结构和运用海滩养护普遍适用于市政海滩，因为在这些地方的海岸侵蚀可能损害到城市基础设施（道路、长廊等），还有民众的公共及私人财产。

总之，只要存在着重要的社会和经济原因，防治海岸侵蚀就是值得的。荒野中的一个海滩侵蚀不会引起任何人的注意。即使它引起了人们的注意，讲明所有可能出现的情况，也很难说服当局拨出资金来保护这样的海滩。

这里的关键问题是被侵蚀了的海滩的土地面积未来的发展趋势。在临近海岸线的区域不可以进行任何开发行为（建筑物、道路等），这是一个非常重要的政策。如果土地使用计划没有留出足够广阔的缓冲地带，任由其开发建设，那么在不久的将来，当局一定会为保护该区域的建筑防止其受到海岸侵蚀的影响而投入巨大的资金。

未被开发利用的海滩是一个国家极其宝贵的资源。由于各种各样的经济行业的压力这些地区将面临被开发（例如旅游，激烈的机械化农业，水产养殖/海水养殖，工业，交通，城市化）。因此，人类在这种未开发的沿海区域进行活动之前应该进行合理的规划及管理。

海岸侵蚀不仅造成宝贵的土地损失，它必然要求政府部门制定详细的海岸保护计划来保护几年前已经被开发的海岸。要想避免这种情况，首先要知道海岸线未来的演变趋势；其次，按照沿海政策，遵循沿海土地利用计划中所规定的“不发展”易受侵蚀的缓冲地带区域的政策。这里的关键问题是，事实证明在地中海沿岸的几个部分由于人为活动干扰必将受到侵蚀的影响，这些人类的这些活动在靠近内陆的地区已经发生（建筑水坝、河流改道、耗水量等）。侵蚀过程将继续发展下去直到海岸线形成新的均衡形状或者近岸地形由于沉积物沉积减少（或完全停止）而形成。在地中海国家的立法中，通常有沿海区域建造带约束的最小宽度。这个宽度（通常是100 m）明显不够一个区域经历重大的侵蚀所需要的宽度。

在对人类自身行为进行的较早的讨论中，就不难发现是由于人类对海岸及内河流域不合理的开发利用及管理导致了海岸侵蚀的发生。海岸侵蚀发生与人类活动密切相关，尤其是在临近海岸的区域所从事的各种活动（修建水坝、河流改道、绿化工程以及从河床开采沙子和沙砾等）。因此，河流及其流域的妥善管理对海岸稳定有着直接且强烈的影响。另外，现存的重大海岸侵蚀现象应该引起各部门对海岸管理的工作，不仅要在短期内制定和实施防御计划，更要从长远角度来讨论海岸侵蚀发生的过程中可能出现的各种问题，包括海岸侵蚀中要承担的各种各样的风险，哪些行为会起到促进海岸侵蚀的进程，谁将受到海岸侵蚀的影响等。

要提高海岸侵蚀防护能力就要求流域范围内的协作，主要有以下几方面：

（1）运用数学模拟的方法预测海底形态和海岸线位置的长期变化；

（2）海平面上升对未来海岸侵蚀的影响及其他的影响；

（3）土壤侵蚀监测方法，包括遥感；

（4）软方法海岸防治措施，包括合理利用海岸结构；

（5）优化的海滩养护工程；

（6）海岸侵蚀的生态学研究；

（7）海岸侵蚀的社会经济问题研究。

3.4 波罗的海地区海岸侵蚀治理

波罗的海的半咸水和浅的海岸区起源于冰河时期及冰河时期后的冰川融化。波罗的海的海面与九个国家相邻，这九个国家分别是瑞典、波兰、芬兰、俄罗斯、爱沙尼亚、拉脱维亚、立陶宛、德国和丹麦。

大约有1 600 万人口生活在波罗的海海岸，在整个波罗的海流域地区大约有8 000万人口。波罗的海的面积有415 266 km^2，而波罗的海流域面积是波罗的海面积的4倍。波罗的海的海岸线长度从立陶宛的100 km到芬兰的46 000 km不等（如表3–3所示）。

表3–3 波罗的海区域国家的海岸线长度

国家名称	丹麦	爱沙尼亚	芬兰	德国	拉脱维亚
长度（km）	7 300	3 800	46 000	1 100*	2 000
国家名称	立陶宛	波兰	俄罗斯	瑞典	
长度（km）	100	850	850	7 600	

* 符号表示海岸线的直线长度，不包括岛屿和压痕。

整个波罗的海的平均水深大约为50 m。最深的地方在瑞典东南海岸与哥得兰岛之间，水深超过459 m。

因为德国、波兰、丹麦和瑞典南部的易侵蚀海岸都位于这里，波罗的海的西海岸受到了广泛的关注。大陆的抬高，导致瑞典其余海岸和芬兰海岸的侵蚀问题变得日益严重。因此，波罗的海东部海岸由大风暴潮引起的侵蚀问题也引起了人们的广泛关注。在原有侵蚀治理的基础上，又采取了多种不同的舒缓措施，如海堤、护坡、交叉拱等。其中，只有海林吉柏格地区建设了与海岸相离的防波堤。同时，在软措施方面，基本上所有的治理过程中都一定程度地使用植被技术。在过去的10年里，瑞典治理海岸主要是采用硬件设施。在立陶宛、里加、塔林和罗斯托克等国主要是通过植被来稳定峭壁。

波罗的海实质上是一个封闭的水体。丹麦地区附近有一个波罗的海与海洋连接的唯一出口。因此，波罗的海海水与大西洋水体的交换过程发生得很缓慢，事实上，所有波罗的海的海水被大西洋海水更新一次大约需要35年的时间。

3.4.1 波罗的海地区海岸分类

沉积海岸：在波罗的海地区以下的沉积海岸类型是现存的，如沙质海滩和沙丘、无潮汐的盐沼、粗砾海滩、狭窄的植物海滨、三角洲（尽管在一个很小的范围上）和人工海岸线。由于缺乏潮汐的影响，不存在潮间带的栖息地和河口。无潮汐的盐沼在西南地区像在南部地区一样发展起来了。波罗的海地区不存在大的三角洲；在小尺度上，波罗的海的一些地方由于河流的沉积物排放海岸形成（例如位于里加海湾的道加瓦河）。

坚硬的岩石质海岸：坚硬的岩石质海岸主要位于波罗的海的北部地区（包括芬兰、瑞典和爱沙尼亚）。

软的岩石质海岸：在波罗的海的西南地区（包括爱沙尼亚、拉脱维亚和立陶宛），发现沙砾和沙质海滩与软的岩石质海岸相间。在波罗的海的南部地区（包括德国、波兰和丹麦）主要由沙质海滩和沙丘与软的岩石质海岸相间构成。

3.4.2 物理过程

波罗的海几乎是一个没有潮汐的海洋；潮差最多能够达到大约10 cm。因此，物理过程最重要的驱动力是风和波浪。波罗的海的波浪是适中的；通常最高的波浪高达2～3 m。依靠取得数据和海岸的方位，在一些地区可以获得4～5 m的浪高。在波罗的海地区盛行风和由此决定的波浪的方向介于北到西南范围之间。西北暴风是最强烈的。因此，在风暴时所获得的浪高最高可到达波罗的海东部（波罗的海诸国）和南部海岸（包括德国和波兰）。而且，在风暴潮时，风可以提高或者降低水面至少1 m。用这种方法，水面可以获得相当大的高度。在波罗的海，海面的差别会引起潮流，然而，由于这些水面不同造成的流速不会超过0.3 m/s。

波罗的海的沿岸地区一年中有2～6个月不等的时间覆盖着冰。在海岸，冰的漂流和堆起时常发生，包括冰推进效应。它可使冰延伸至海岸上几十米高，这个效应涉及石子和岩石的运输与沉积。

波罗的海主要的沉积物资源起源于沿岸的运输、悬岩的侵蚀（主要是易侵蚀的松软的悬岩）和某些地区的河流排放物。河流排放物具有重要性的例子有波兰的奥得河、里加海湾的道加瓦河和立陶宛的尼曼河。软的悬岩和沉积海滩相间随处可见。在一些地区，软的悬岩具有很高的侵蚀率，以这种方式，输送给下游的沉积海滩（含沙的海滩或者沙砾海滩）。如果软的悬岩能够免受侵蚀，在一些地区可以观察到下游海滩的撤退。德国的罗斯托克是软的悬岩和沙滩相间的例子，在这里海滩是由于上游软的悬岩侵蚀沉积而存在的。

另一个在波罗的海地区重要的过程是由气候引起的相对海平面上升（缩写为RSLR）。因为潮差是可以忽略不计的，与其他地区相比，相对海平面上升的影响来说是比较高的。尤其是在南部地区地面沉降很小（这些地区包括丹麦、德国和波兰），相对的海平面上升将会显著地增加。在西南地区，陆地稍有抬升，相对的海平面上升将会稍小，而在北方地区，相对的海平面上升将完全被陆地的提高速度所抵消。在本地，相对的海平面上升可能会更高。以拉脱维亚的里加海湾为例，由于与高河量的结合，当地在最近的50年相对海平面上升可达到4 mm/a。

在最近这个世纪，全世界海平面上升为1 ~ 2 mm/a，但是根据预测海平面上升的速率将会显著增加。在下个一百年海平面上升最有可能的值在40 ~ 50 cm（Warrick et al., 1963），因此海平面上升的速度就是4 ~ 5 mm/a。

除海平面上升外，气候的变化也有可能会导致暴风雨频度和强度的增加。在波罗的海的西南地区，包括爱沙尼亚、拉脱维亚和立陶宛，最近几十年频繁出现强烈的暴风雨。

3.4.3 波罗的海地区海岸侵蚀状况

波罗的海海岸的侵蚀可能是结构性的，也可能是剧变性的，或者是两者的结合。侵蚀的一个重要参数是净沿岸输沙。在波罗的海净沿岸输沙量是不断变化的，它依赖于波候、沉积物类型和海岸定位。

一些地区如科格湾免受了波浪的冲击，因此在这些地方没有净沿岸输沙。其他的一些被保护且具有少的净沿岸输沙量的地方包括里加海湾（海湾形式）和日瓦尔（芬兰的海湾）。卡特加特海峡同样是受到合理保护的，净沿岸输沙量可达3 万m^3/a。在波罗的海易侵蚀的（软的）海岸，具有更高的沿岸输沙量；沿着瑞典、德国、波兰、立陶宛和拉脱维亚海岸净的沿岸输沙量平均可达200 m^3/a ~ 30 万m^3/a。在本地，最大的净沿岸输沙量可达100 万m^3/a。海平面的上升（像前面所述的那样，主要发生在波罗的海的南部地区，包括波兰、德国、丹麦和南瑞典）被认为是近几十年发生结构上侵蚀的主要原因之一。快速的侵蚀同样在增长，尤其是近几十年出现一些强烈的暴风雨的波罗的海海域。

3.4.3.1 坚硬的岩石质海岸

浪蚀海岸和岩石质海岸出现在起伏小和大的地区，在这些地区地质上的结构相对来说对海洋、雨和风的侵蚀是有抵抗力的。因此，在坚硬的岩石质陡岸主要由波浪冲击引起的侵蚀速度一般来说是很小的。举个例子来说，在日瓦尔，岩石质陡岸现在的侵蚀速度是0.1 m/a。

3.4.3.2 软的岩石质海岸

在波罗的海地区软的陡岸主要是被波浪的冲击所侵蚀。这些软的陡岸的侵蚀速度比岩石质陡岸要高，因为它们对侵蚀的抵抗力要低于岩石质陡岸。侵蚀速度同样依赖于悬崖的高度。对于波罗的海的软的陡岸来说，最普遍的结构上的侵蚀速度在0.5 ~ 1.5 m/a。然而，在一些地区2 ~ 3 m/a这种极端的侵蚀速度可能发生。

3.4.3.3 沉积海岸

波罗的海区域的沙丘主要被暴风雨所侵蚀。而且在一些情况下，由于风力发生了沙丘的侵蚀。在波罗的海地区一些驱动力使沙质的和砾石的沉积海滩成形。

在沿岸输沙过程中由于空间梯度产生的结构上的侵蚀（这种结构上的侵蚀也可以是由自然过程所引起的，例如，在海湾由波浪和/或人类的干扰所引起的沉积物运输梯度，在构建丁坝的过程中会干扰由波浪引起的净沿岸输沙）：

（1）由于加速的海平面上升所引起的结构上的侵蚀；

（2）由暴风雨事件引起的快速的侵蚀。

沉积海滩结构侵蚀的速度从0.5 ~ 1.5 m/a不等，然而在暴风雨事件发生时可以立刻侵蚀几十米（快速侵蚀）。

3.4.3.4 淤泥质海岸

海平面决定了海岸湿地的水平。海平面的上升将会引起湿地的丧失。当沼泽向陆的边界被限定在一个更大的向陆变化之中，海岸挤压过程将会发生。在这里潮差是个关键因素。通常来说，潮差越小，对于海平面的上升就越敏感。因为在波罗的海潮差是微不足道的，所以说这里的沼泽非常易受海平面上升的影响。在海岸系统中，海岸湿地发挥着两个重要的功能：

（1）栖息地和保护：供养专门的植物、重要的孵化鱼卵的区域、为鸟类提供食物和栖息繁殖地。

（2）海洋的防御工事：盐沼是波能的有效耗散器，尤其在暴风雨的情况下，是防御潮汐和波浪的第一道防线。因此，它们减少了固定的海洋防御工事的花费。

3.4.3.5 在海岸带地区由于人类干扰引起的侵蚀

除了以上描述的引起侵蚀的自然原因外，如（可能增加的）暴风雨事件、（加速的）海平面上升和沿岸输沙的梯度，人类的干扰会显著地增加侵蚀。这里有很多在波罗的海海岸人类干扰的例子。

（1）港口、港口的延伸和防洪堤。在20世纪，尤其是在港口、港口的延伸（里加六的港口都市包括：克莱佩达港、于斯塔德、罗斯托克和日瓦尔）和防洪堤（罗斯托克、波兰和克莱佩达港）对沿岸输沙产生了很大的干扰，并且因此干扰了现存的平衡。像上面所提及的那样，由防浪堤对沿岸输沙产生的干扰可能会引起建筑物背风面巨大的侵蚀。

（2）当地的已执行的（非专业的）海岸保护措施。人类干扰的其他例子就是当地海岸保护措施，这些措施被规划者实施，但是却带来了反面效果。石头的倾倒可能有着负面影响，它会通过扰动的增加来增加侵蚀（例如瑞典的于斯塔德和丹麦的许灵厄山）。坚硬的护岸可能会解决他们的眼前问题但是可能会引起更远的下游的问题，这一点经常没有被意识到或者说没有考虑到它的重要性。

（3）河流的筑坝。自从1930年以来，在道加瓦河上建设水坝瀑布和为了建设的目的从拉脱维亚下游的支流清除沙子本质上减少了到达里加海湾河流沉积物的数量。这些干扰引起了沉积物向沉积海岸前滩和海滩输入的不足。在20世纪末期，这些不足反过来增强了毗邻道加瓦河河口地区海岸线的撤退。

（4）疏浚。在克莱佩达港的希捷，底部沉积物的定期疏浚毁坏了向北方向的沿岸沉积物的漂移。这个向北方向的沉积物的漂移在几个世纪以来一直利用侵蚀的赛边（sambian）海角输送的沙供应立陶宛大陆海岸。而且，在克莱佩达港，由于在1982年11月案例研究区域的失事油轮灾难性的原油的泄露，50 万m^3被污染的沙子从案例研究区域的沉积海岸（海滩）被取走。疏浚会引起克莱佩达港大陆前滩和海滩沉积物的不足并且会显著地增加侵蚀。

（5）岩石钓。另一个人类干扰会引起侵蚀的例子就是岩石钓。在丹麦的许灵厄山软的岩石质悬岩的前面观测到了石头的移动。软的岩石质悬岩的自然保护因此被去除并且它还会增加侵蚀。

3.5 北海海岸侵蚀管理

北海坐落于挪威、丹麦、德国、荷兰、比利时和英国之间，经由英吉利海峡，北海在北部和西南部与大西洋连接了起来，在东部与波罗的海连接了起来。卡特加特海峡被认为是北海和波罗的海之间的互换区域。包括河口和海湾，北海总的表面积大约有75 万km^2，它的总体积大约是9.4 万km^3。北海的排水面积覆盖了大约85 万km^2，在这里居住了18 400万人口。

与北海接壤国家的海岸线长度见表3–4。

表3–4 与北海接壤国家的海岸线长度

国家名称	挪威	丹麦	德国	荷兰	比利时	英国
长度（km）	22 000	7 300	2 400	450	65	12 400

北海的海岸从海湾分割的海岸线，经由卵石的陡岸和海滩到具有山谷的低的陡岩到具有沙丘的沙质海滩和具有泥滩和盐沼的河口。北海的平均深度大约为95 m，尽管沿着荷兰和比利时的大陆架北海相对来说是比较浅的（平均深度大约是20 m）。北海朝向大西洋方向的深度大约是200 m。北海最深的地方坐落于挪威附近（深度可达700 m）。

北海的江河水的输入来自于河道流量的直接输入和波罗的海。一年一次的江河水的输入大约有300 km^3，而经由波罗的海的输入大约有470 km^3。

北海是个易受伤害的生态系统，也就是说，它受到来自于人类强烈活动的压力，如捕鱼、沙和碎石的排出、航运、油和天然气的开发、旅游业和工业。人口稠密、高度工业化的国家包围着整个北海。

3.5.1 地质和海岸分类

3.5.1.1 地质分类

在更新世，地球气候的全面降温产生了一系列的冰期，产生了巨大的冰川，这些冰川遍布欧洲地区并且形成了现在的海岸线。这些冰川来自于斯堪的纳维亚半岛，遍布芬兰、俄罗斯的北部和西部、德国的北部、荷兰的北部和不列颠群岛。更新世的冰川作用是不连续的，由一些冰川的前进所构成，这些冰川前进被冰撤退和比较温和的气候占优势时期的间冰期所中断。很可能，至少四个主要的冰河时期发生，最后一个冰河时期结束时大概是11 000年前。

冰川使得受到冰川作用的地区地势发生了重大的改变，如把多坡的地段变平、改变平原、侵蚀洼地然后变成湖泊、迫使河流填满以前的河床来开辟新的河道，这些改变都是通过侵蚀和沉积物漂移实现的。漂流物是由黏土、碎石、沙和岩石混合而成的沉积物，它具有冰河时期典型的沉积物特征。欧洲大陆的大部分地区被这些漂流物所覆盖。

在冰川作用之后，在相对比较暖和的全新世，由于巨重冰的去除和这些冰川的撤退出现了地球外壳的弹性复原。同时，由于来自于冰川融化的可获得的水量越来越多，引起了全球范围内的海侵（海平面的上升）。当今，北海是个相当浅的半封闭的大陆架海水流域，表面积大约为57.5 万km^2（1 000 km长和640 km宽）。北海的深度从东南的平均30 m到西北的平均200 m不等，沿着北海海岸所能测得的最大深度为660 m。北海包含几个浅滩，最大的浅滩就是位于英格兰和丹麦之间的多格滩。

沿着北海大多数的海岸线，来自更新世时期、更早的第三纪时期和中生代时期的冰川沉积的残存物暂时搁置下来。离岸的海床覆盖着沙的沉积、沙和泥的沉积或者小的碎石沉积。这些沉积物的大部分在全新世的海侵和偶尔的海洋衰退期间沿着海岸线被运输和转换为形态学动力浅滩系统。在北海区域内沉积物的特征在一个很宽的范围内变化，在案例研究时可获得关于沉积物特征的准确信息。

在一些区域，如沿着荷兰、德国北部海岸线和丹麦西部海岸线的瓦登海岛屿，在水下的残余冰川沉积的核心形成了重做冰河时代沙的沉积物的基础。障壁岛是由海浪、潮流和潮汐之间的相互作用而形成的。在其他一些区域，冰川沉积物与现存的陡岸相对在冰川退缩（英国的东部、霍尔德内斯和东安格利亚）而陡岸海岸线向海延伸的时期被搁置起来。现在，海洋正在有规律地侵蚀这些陡岸，使海岸线退回最初的位置。然而，海侵在最近几年减少了。当代北海海岸线的大幅度的侵蚀仍然存在，然而在局部地区，河流、现在气候的改变和人类的干扰作用开始增强。

3.5.1.2 海岸分类

（1）坚硬的和软的岩石质海岸。尽管英国东北海岸的大部分是岩石质海岸，但是被选作案例分析在北海附近的地方主要是沉积海岸。仅能在霍尔德内斯和艾赛克斯当地发现软的岩石陡岸。

（2）沉积海岸。沿着北海典型的海岸是由沙质海滩和沙丘、粗砾沙滩、盐沼、河口形成的。沿着河口和海岸线，建造了堤坝和护岸，这样会产生人工的海岸线。

在北海的周围有不同的国家，这些国家海岸的区别如下：

英国的东南海岸：河口、粗砾海滩和盐沼；

比利时：沙质海滩和沙丘；

荷兰：河口、沙质海滩、沙丘和人工海岸线；

德国的瓦登海海岸：河口、沙质海岸和人工海岸线；

丹麦的西部海岸：沙质海岸、沙丘和人工海岸线。

丹麦南部海岸和德国石荷州海岸是北海仅有的小潮汐海岸，这些沉积海岸与沙丘和沙质海滩在一起。

3.5.2 物理过程

在北海海岸可以观察到潮差的变化，从丹麦附近的0.5 m到英吉利海峡的6 m不等。因此，小潮汐与大潮汐情况一样可以在北海海岸观测到。在英国的东海岸，潮流在南部可泛滥，在北部可衰退，然而这个现象是与北海东面接壤的国家相反的。潮流的流速范围为1 ~ 2 m/s。

北海东部的盛行风和浪向为西北风到西南风，离岸每年平均波浪高度为1 ~ 2 m，最高波浪高度可达10 m。在英国的东海岸盛行风和波向是东北风向。风向和浪向的结果使得英国东南海岸相对来说免受强风的袭击。据报道，尽管这个海岸受到严重的向东风暴的影响，但是平均的浪高大约为0.5 m。在向北风向时，风暴潮可能会发生。因为北海在北面与大西洋相连，这些风向可以引起强风，最高可达3 m。气候的改变可能会增强风暴。

在过去40年北海海平面的上升速度大约为2 mm/a。据预测，到下个世纪时海平面上升的速度在0.5 ~ 9 mm/a变化，这个预测考虑了地面下沉的影响。

3.5.3 侵蚀状况

沿着北海海岸可以观察到很多类型的侵蚀。无论侵蚀类型是结构性的还是剧变性的，在很大程度上侵蚀的主要类型依赖于海岸的类型。而且，在同样的海岸延伸可以观察到不同的侵蚀类型。例如，霍尔德内斯海岸有海滩在前面的软的岩石质海岸。在正常条件下，由于向南的离岸沉积物运输，可以在海滩上观察到结构上的侵蚀。陡岸侵蚀在这种条件下是受限制的。然而，很多苛刻的条件可能会引起快速的陡岸侵蚀，侵蚀速度可达20 m/a。沉积物的运输依赖于很多种因素，例如海岸类型、风向和高度、海岸的组成（沙、泥和陡岸）。沿着比利时海岸、荷兰海岸和德国海岸，向北方的、东北方的或者是东方的离岸沉积物运输依赖于海岸线的方向。可以观测到沉积物运输速度的平均值在15万 ~ 40 万m^3/a变化。主要的西风波几乎垂直地袭击夕尔特岛和日德兰半岛。因此，夕尔特岛的南部净的沉积物运输是往南的，这个岛屿的北部净的沉积物运输是往北的。然而，夕尔特岛和日德兰半岛在受到（向西北方向）风暴的大波浪袭击时，它们向南的离岸沉积物运输速度从50万 ~ 100 万m^3/a变化。由于英国的东海岸很少暴露在风浪中，因此尤其是在北海南部的河口中，潮汐扮演了相对重要的角色。

在北海海岸引起侵蚀的主要原因如下：

（1）河口海平面的上升；

（2）沉积海岸离岸沉积运输的梯度；

（3）陡岸和沙丘海岸的风暴潮；

（4）由驱动力引起的不同海岸类型的侵蚀；

（5）坚硬的岩石质海岸；

（6）没有可获得的感兴趣的信息。

3.5.3.1 软的岩石质海岸

沿着北海在霍尔德内斯和艾赛克斯可以看到软的岩石质海岸。软的岩石质海岸在现在基本上是局部的，经常和沉积海岸（沉积海岸的组成包括沙或者粗砾海滩或者河口海岸）一并出现。在强烈的风暴后可以观察到软的岩石的直接侵蚀作用。由于一系列的塌方，海岸后退。这些塌方曾经一次性地去除了软的岩石质陡岸的顶部。据观测，一次风暴可以使侵蚀速度高达20 m/a。然而，像这样土地滑坡后，在很长的一段时间内没有陡岸侵蚀发生。据观察，由于暴风所引起的每年一次的侵蚀速度从艾赛克斯的0.5 m/a到霍尔德内斯的2 m/a不等。

受侵蚀的软岩石陡岸可以作为在陡岸前面的海滩和整个海岸系统的沉积物资源，在陡岸前面的海滩对波浪的袭击形成了保护作用。因此，从长期来看，在陡岸前面的海滩的结构侵蚀间接威胁着陡岸的稳定性。

3.5.3.2 沉积海岸

在北海东南部沿着微潮汐沉积海岸可以观察到沙质海滩和沙丘，一些时候会发现潟湖在其后，例如丹麦的日德兰半岛。这些海岸的侵蚀既是剧变性的又是结构性的。在严重的波浪袭击之后沙丘的快速侵蚀发生。由于这些区域在暴风时被暴露在狂浪之中，所以侵蚀速度很高。沿着沙质海岸由于发散的离岸沉积物运输会导致海滩的结构侵蚀。在发生风暴时，不仅仅是离岸沉积物运输的速度增大了，同样侵蚀速度也在增加。侵蚀速度为2 ~ 4 m/a不等，最大的侵蚀速度可达10 ~ 12 m/a。

除了由波浪引起的侵蚀外，当地的侵蚀和由于沙丘的冲毁导致的入潮口的迁移会产生日德兰半岛不受控制的侵蚀，侵蚀速度可达每年几十米。

微潮汐的沉积海岸可以被划分为不同类型的海岸。依赖于地点的位置和主导的过程（波浪或者是潮汐），发现的最重要的类型就是具有沙丘的沙质海滩和具有盐沼的河口。

海平面上升被认为是引起英国海岸和荷兰海岸的河口和盐沼侵蚀的主要自然诱因。对于一个遵循成比例的海平面上升的河口来说，河口需要通过加积作用和不同部位的侵蚀来回应海平面的上升和向陆地的扩展。因此，它需要输入沉积物。河口对于上升的海平面的适应能力是不确定的。对于被发现的亨伯河来说，河口所包含的水的总量在过去的150年粗略地计算几乎是不变的，这意味着沉积物的供应能够满足这个时期海平面上升的需要。在许多情况下，侵蚀被自然地物所限制，例如当地的地质情况或者防御工事的存在情况。在这些防御工事前的盐沼可能通过称为海岸挤压的过程受到侵蚀。

在亨伯河河口内，上升的海平面将会导致浪高的相对增加，这会威胁现存的洪水防御二事。海平面上升会导致高低潮线的上升。在不发达的河口内，将会引起河口附近海水泛滥低洼地和潮间带的泥滩与盐沼逐渐向内陆迁移。然而，在亨伯河河口内，现存的洪水防御工事和渐渐渗入的泥滩新的发展使现存的高潮位在合适的地方。因此，随着海平面的上升，潮间带的宽度将被减少，这将会引起潮间带栖息地的重大损失。这个被称为海岸挤压的现象会通过现存的潮间带的泥滩和盐沼减少承担洪水防御工事的缓冲保护，这将会导致侵蚀和结构的底蚀。

沿着沙质海滩和沙丘，侵蚀通常是离岸和横跨海岸运输过程的结合。这个尤其是与在海岸附近潮汐通道的出现有关。我们可以拿比利时泽布吕赫西部举个例子。在风暴时、沉积物在横跨海岸方向上被运输，最后到了潮汐通道“Appelzak”。与海滩形成对照，在更浅的前滩风平浪静时沉积物不是运输回海岸，而是在离岸方向上运输。大体上，这个过程与陡岸侵蚀过程类似，在风暴时横跨海岸的沉积物运输发生和离岸沉积物运输会很多。

3.5.3.3 在海岸地区由于人类干扰所引起的侵蚀

沿着北海海岸线，人类的干扰显著地影响着沉积物运输的自然过程和由此产生的侵蚀与沉淀。这些所采用的行为和措施的影响效果不可能总是被预测。

3.5.4 海岸侵蚀防护措施

北海地区普遍采用了一些措施来减少侵蚀。在过去，为了这个目的一些主要的坚固结构被修筑。这些措施主要的缺点就是它们是不可逆的并且是不灵活的。另一个可能的缺点就是这些硬结构在防止侵蚀时不总是有效的。从长期来看，很多的硬结构将会失效，并且需要养护物去保护它们。在各种各样的地点，硬结构被用来保护海岸。拿霍尔德内斯举例来说，在各种地点，私人的建筑物被修建去保护当地的财产。当这些建筑物为财产提供了短期的直接保护时，它们的一般性和设计具有重要的意义。私人的防御结构经常和公共资金的工程标准不同，它们将会引起安全问题，并且因为这个将会威胁海滩的使用者。当海滩水位降低时，这些硬结构同样易被破坏。

3.5.4.1 港口和防波堤的建设

沿着北海海岸，建设港口会导致各个地点侵蚀率的增加。为了确保到港口的安全航行和防止航道的淤积，相对长的防波堤是需要的。但是在大的港口，这些防波堤可能会阻塞离岸沉积物运输，这将会导致防护设施的侵蚀。例如，在泽布吕赫的东部海岸，1970年防波堤的建设和延伸将会导致海岸的严重侵蚀。沿着艾赛克斯海岸的侵蚀部分是由海岸区域沉积物输入的减少所引起的，而海岸区域沉积物输入的减少是由哈里奇海港的出现所引起的。类似的影响可以在荷兰海岸、艾默伊登海岸和日德兰海岸半岛观察到。在这些地方，建造防波堤以防止入口通道的淤积。

3.5.4.2 采沙和疏浚

尽管海滩的养护物对于海岸侵蚀可能产生积极的影响，但在当地采沙从而挖掘沉积物会引起近海海岸侵蚀，并且从长期来看这可能会导致海滩和沙丘系统的侵蚀。当地海床挖深可能会改变波型并造成沉积物运输的梯度，这都会引起当地的侵蚀。

为了保持可航运的深度，在河口和航道挖沙疏浚是很有必要的。荷兰斯凯尔特河的西部是北海和安特卫普码头之间的连接处。1970～1990年佛兰德政府加深和拓宽到安特卫普的航道。结果，每年的清淤量从1970年的400万m^3、1995年的800万～1 000 万m^3增加到2002年的1 400 万m^3。除了这些疏浚外，斯凯尔特河河口的西部还进行了重新分配沉积物和挖沙。1995年以来，大约有9 000 万m^3的沉积物被挖掘。清淤的一个副作用就是它会增加河口的潮汐量，因此可能会增加水平面和潮流流速。

3.6 美国墨西哥湾地区海岸侵蚀管理

美国墨西哥湾沿岸的大部分地区，海岸侵蚀严重。沿海地区人口增长和发展对海岸带来的压力也越来越大。佛罗里达州、亚拉巴马州、密西西比州、路易斯安那州和得克萨斯州都位于此（见图3-31）。在过去的几十年中，联邦政府和各州政府一直努力通过政策与行动来制定合适的对策。预防和保护是每一个州的基本政策与方法，如建设防波堤、护坡、交叉拱等防护措施。而在佛罗里达州、路易斯安那州和亚拉巴马州则又另外采取恢复措施。通过预防与治理相结合，使海岸处于一个相对稳定的状态之中。

3.6.1 海岸管理法案

美国重视通过法案来加强海岸侵蚀的防护与管理。

美国1972年出台海洋区域管理法案（简称为CZMA），使其成为鼓励和扶持各州发展与执行海岸管理项目的国家政策。大多数州现存有机构管理海岸活动的各个方面，但通过国家法案，可使其转化为更紧密、更有效的联合体。对于这些州来说，首要的

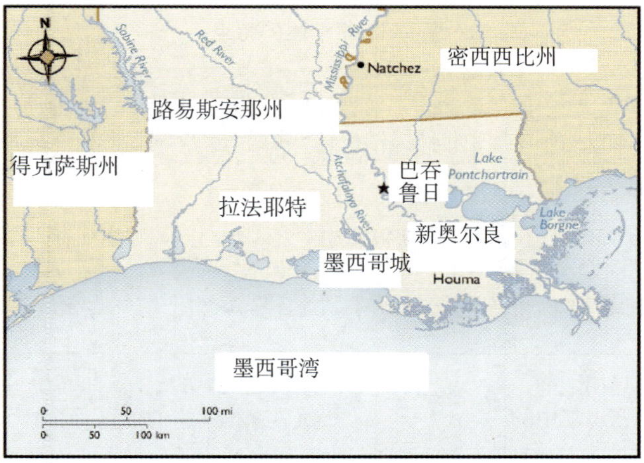

图3–31 墨西哥湾周边示意图

激励政策就是为发展和执行这些项目的州提供津贴和联邦一致的规定。这个项目有望有着这样的规定，即“在海岸区域保护国家资源，这些资源包括湿地、泛滥平原、河口、沙滩、沙丘、障壁岛等”。联邦同意的项目的需求是“有计划地评估海岸线侵蚀的影响、研究和评估控制海岸线侵蚀的方式或者是减少海岸线侵蚀的影响和恢复受海岸线侵蚀不利影响的区域”。

1990年的水资源发展法案（简称WRDA）包括鼓励沿海的州去建立“海滩管理项目”的一些规定（309条款）。海滩管理项目通过具体的规定管理着侵蚀海岸线、保护海岸线或者营养海岸线的行动。这些规定包括：①30年侵蚀后移界的新发展临海位置的限制；②限制新建工程或者50%的再建坚固的海岸线稳定工程；③建筑物的重新布置；④大众对于联邦支持海滩项目的获取途径。主要的动机是持续的联邦参与海滩的稳定和营养项目。1968年国家洪水保险法案为易受洪水危害的海岸地产提供由联邦政府资助的保险。联邦应急管理机构采取和实施为合格设定条件，如为了最小化洪水和暴风的危害而为结构建筑物设定最小高度标准的条例。

到1998年为止，所有与墨西哥湾接壤的州包括佛罗里达州、阿拉巴马州、密西西比州、路易斯安那州和得克萨斯州都制定了适当的海岸管理规划，每个州的特点见表3–5。

3.6.2 各州海岸防护管理概述

3.6.2.1 佛罗里达州

1）综述

佛罗里达州海湾的砂质堰洲岛和大陆绵延600 英里（1英里（mi）=1.61km）（100英里分布着红树林沼泽地和草原，大沼泽地及佛罗里达群岛不在本研究的范围之内）。在1981年，大约1/4的佛罗里达州的海岸线被国家相关部门划定为已经遭受严重侵蚀的海岸线（其防护结构已遭受严重的威胁）；其余40%为非严重侵蚀的海岸线。10年后，1/3的海岸线被国家划定为已遭受严重侵蚀和正在被侵蚀的海岸线。旅游是该州的主导产业，与旅游相关的企业和住宅结构主宰着现有及新开发的海岸线的发展前景。

1978年的佛罗里达海岸管理规章制度涵盖了现有的许多法规和规则。这使得美国佛罗里达州海岸管理方案在1981年通过审核并被批准。1985年通过的海滩和海岸保护

表3–5 每个州的特点

海湾州特点的概述					
种类	佛罗里达州	阿拉巴马州	密西西比州	路易斯安那州	得克萨斯州
总的预算，美元（操作/津贴）	4 800 万 400 万/3 700 万	150 万 10.1 万/ 0.49 万	不可获得	1 000 万	< 100 万
主要的机构	环境保护部门	环境管理部门	海洋资源部门	自然资源部门	一般土地政府机关
方法	最初是网上的，然后变得集中的	集中的	最初是网上的，然后变得集中的	集中的	网络的
1A － 目标明确	是的	不是	不是	是的	是的
1B － 解决标准	听证会，向政府的请愿和法庭	允许使用详细说明的差异，允许上诉	听证会，提供优化	使用分开的黑白状态和当地关心的事，听证会	为了一致性的国务院评价的局部诉讼
2–A 合理的理论	是的	是的	是的	是的	是的
2–B 定义渴求的改变	是的	是的	不是	是的	是的
3 权力工具/奖励	相当大的	足够的	最低的	相当大的	最低的
4 监控项目	响应	活动 响应	响应	活动 势力 响应	活动 势力 响应
理念	海滩不费钱，它们一直不变	通过保护海滩来保护海滩的发展	用政策保护湿地，用钱来保持海滩	恢复湿地，对沉积物的控制	确定海滩的使用权，保护沙丘
响应	防护	适应，辅以防护	适应	防护然后发展	允许防护或者力量撤退

法（BSPA）及1985年通过的海岸带保护法（CZPA）主要研究的方向是海岸的活跃性及其发生过程。最初，海岸区域管理部门隶属于环境规划局（DER），而自然资源管理局（DNR）执行海滩和海岸保护法及海岸带保护法。1994年通过的佛罗里达州的环境重组法案，将环境规划局和自然资源管理局合并，并使其统一隶属于环境保护局。环境保护局主要负责海滩和海岸保护法的第一和第二部分的实施；社区事务局则主要负责海滩和海岸保护法第三部分的实施。下一步的打算是将畜牧和淡水渔业委员会整合进自然保护局，这部分的相关内容已经提交了议案（Fitch，1997）。

2）防护措施

考虑到不谨慎的海岸工程建设对海滩—沙丘系统是有害的，而且会威胁到它们自身的保护功能，加速海岸侵蚀，减小其对高地结构的保护能力，危及濒临海边的建筑物，还会妨碍公众使用海滩。疏浚河段导致天然沙绕过过程的中断，造成下游海岸线的侵蚀。在基于30年海岸线变化的范围内，确定一条海岸侵蚀控制线（ECL）。在此范围内，拆除所有在50英寸平均高水位线内的建筑物，除码头、管道和海岸保护结构外（如果是建造在主要沙丘的后面并且其实体是靠近陆地的单户住宅是被允许的）。规范通过允许所有的施工，包括保护海岸的建筑物，要修建在建筑物控制线以内。设置在沿海地带建立当地的建筑物规范的最低国家标准。发展本地的海滩管理规划，同时鼓励地区想办法在降低成本的同时，使其最大限度地发挥其性能和效率。如建设码头减轻不利影响，使用维护性疏浚海滩养护的优质沙子，禁止车辆在沙丘上行驶。

在向海那一边的侵蚀控制线内制定活动限制权限。违法可能导致每天的罚款高达10 000美元；可控告其第一或第二等级轻罪，并对损害的海滩和海滩沙丘系统负责任，包括损害生活在其中的动物、植物及水生生物。桥梁截留资金主要是用于建设到达堰洲岛的堤道，而这些资金尚未到位。

地方规划与基础设施支出需要一致起来。需要提供3亿美元用于海滩保护、海滩修复、海滩的二次养护，以及减轻暴风雨和飓风对海滩造成的破坏的影响。对护岸结构进行调整是允许的。政府要求的共享的海滩保护结构目前为50%，但是在修复受损的海滩和沙丘的工程结束之后可以减少到只有25%。主要采取持续的基础预防措施从而减少天然或人为造成的不良后果或者紧急事故，进而将毁灭性侵蚀对公共财物和社会安全可能造成的危害减少到最小。

该州规定所有的海岸防护管理措施要经过公众听证会，并通过司法审查才能付诸实施。所有受影响的人都有机会出席公众听证会，并且这些人可以在布置建筑物控制线（CCL）之前，对此提出书面意见。安置的海岸控制线主要是预测100年内的浪涌/洪水高程。那些受到影响的人如果对执行决议有异议的话，可以在开庭前向法官提交参与听证的申请。刚性结构的建筑物可以被允许用以保护易受风暴破坏的大型私人机构。地方政府可以批准建造临时的、应急的刚性结构的建筑物。受国家资助的、有资格的项目应按照规定的标准进行排名。

政府对佛罗里达州现有的发展给予了极大的投资（投入了1 500亿美元），并且佛罗里达州海滨价值暴涨，因此该地区的主要响应机制是采用防御措施就不让人觉得奇怪了。这个海滩被视为是在冲击的海水与建筑物控制线后面成排建起的建筑物之间的防波堤。对于大多数海滨州来说，当首轮非紧急飓风过境后，会积攒起由飓风带来的沙子并重新组建出新的沙丘——因为一个很合理的原因。估计政府收入中直接来自于佛罗里达的海滩上的销售和使用税在1996年就超过了5亿美元，粗略估计的话大约是1千万美元每英里每年。当“……私有建筑或公共基础设施（原文如此）容易受到频繁的沿海风暴的损害”（财经事务，第161章，85页）时，海滩养护是首选方法，但是使用刚性结构的建筑也是被特许的（在获得批准之后）。在佛罗里达州，沙滩被看做是基础设施，其地位不低于道路或者下水道，其养护费用是一种社会投资，这种社会投资通过其自身所产生的收入、对公共财产起到的保护作用，及提供给市民和游客们的相应的生活质量来偿还。

3.6.2.2 亚拉巴马州

1）简介

亚拉巴马州是五个海湾州中拥有最短的海岸线的州。40英里长绵延在三个沙丘上。多芬岛和快乐岛被莫比尔湾的入口所隔开，莫比尔湾是全国最大的进潮口之一。珀迪多基的西半部及从珀迪多山口到佛罗里达的边界线的区域都属于亚拉巴马州。广泛的海湾和河口系统占据了内陆海岸线的另外450英里。这一小段的海岸线无论是处于可以登陆的状态还是处于危险之中，没有明确的界定。在近代历史上，东面经常有一些最具破坏性的飓风登陆，如卡米尔、弗雷德里克、埃琳娜、奥伯尔和乔治。伴随着单户住宅和公寓的混合发展，珀迪多基、快乐岛和多芬岛东半部处于中等发达的状态。多芬岛西部的近一半是未开发的。比较讽刺的是，弗雷德里克的大部分开发建设都是在飓风之后，由低利率刺激了的贷款和在全国范围内做宣传的广告，来介绍亚拉巴马州存在风景优美的“未发现”海岸线及其可用性。

虽然立法机关宣称亚拉巴马州湾海岸线在1979年有90%受到侵蚀，但是快乐岛、珀迪多基和多芬岛的西半部往往在侵蚀发生后可以发生自修复，并且在最近几年表现相对稳定。多芬岛东部受周期性的侵蚀和冲积的经验，通过控制相邻及其动态低潮潮汐滩涂，以及在较小程度上进行维护性疏浚活动。东部顶端装有保护装置并且被丁坝所保护（Douglass，1994）。1986年从珀迪多基挖掘出了66 万m^3沙子转移到下游海滩上面。在1989年，国家工程技术组织将从Mobile Pass维护性疏浚工程中挖掘出的沙子，用在多芬艾兰的浅水近海区域建设的一个新型的“接驳护堤”当中（McGehee et al.，1994）。

2）防护措施管理

亚拉巴马州沿海地区局于1976年通过了亚拉巴马州沿海区法，制定了阿拉巴马州沿海区管理计划（ACAMP）。亚拉巴马州的计划于1979年获得联邦组织的批准。亚拉巴马州环境管理委员会于1982年制定了亚拉巴马州环境管理法，并创建了亚拉巴马环境管理局（ADEM），它兼并了一些负责执行环境法的相关部门及其项目和工作人员。亚拉巴马环境管理局通过移动并现场办公来负责执行亚拉巴马州环境管理法。

该州法案的主要目的是保护、开发海岸，并且如果可能的话，恢复国家沿海地区的资源，并鼓励州和地方政府参与到沿海地区发展的管理计划当中。鼓励本地（一致的）的管理计划对沿海地区有直接和重大影响的活动进行规范管理，该范围从沿海平面扩展至连续10英尺的海拔等高线范围。若要新修建建筑物或者改进现有建筑物，要求申请人考虑其他选址或设计，进而减少或消除影响。鼓励民众使用非结构性的方案来保护海岸。

在阿拉巴马州，私人财产延伸到平均高潮线，因此适应侵蚀是业主的责任。国家的作用，是保护作为沙滩和暴风雨缓冲区及娱乐资源的主沙丘。复合家庭项目是一个很大的项目建议，数值模型来估算运行30～50年的情况下的潜在侵蚀，和居住的结构被适当的定位。当然，一个可以改变的新的数据/方法模型，变得可用。例如，在东部的多芬岛，CCL将可能在应对乔治飓风重绘一些重大破坏结构及一些未开发的地段，并将成为新线向海，要求与今后任何结构有所差异。但是，这项政策是一个完整的敦促地方政府制订管理计划和海滩的筹资机制。到目前为止，国家并没有提供养护海滩资金，但亚拉巴马环境保护局正在抽调美国工程兵团与当地政府共同重建因台风“乔治”而被侵蚀的海滩，修复用的沙石来自帕迪多（Perdido）疏浚。

3.6.2.3 密西西比州

1）综述

密西西比州的80 英里的海岸线，在沿岸海湾地区是独一无二的，因为它面对的是部分受保护水域：东边是密西西比海峡，西边是尚德卢尔海峡。这些海峡由广泛分布的屏障岛屿组成，它们远离近海，没有桥梁建成，仍保留在未开发状态。美国90号高速公路（10号州际公路完成前的沿海主要通道），沿海岸中段并行有26 英里。早自1950年，超过1 000 万立方米的沙子被放置在该段沙滩，州征收的汽油税中包括“海堤税”，用以资助这一持续的计划。另有200 万立方米被铺放在该州的东部和西部海滩。

2）海岸防护措施和管理

在沿海湿地建设时，某些活动增加了湿地和水生资源损失，包括：疏浚，开挖，灌装，伤害植被，及对大潮低潮有重大影响的架设结构。对这些活动进行监管，将减少或消除其影响。该州关于海岸防护关键的法律是1973年的滨海湿地保护法，它主要管理沿海湿地内或附近的某些活动。1980年，密西西比河沿岸计划（MCP）技术获得了联邦政府的批准。用自己的首要条款，为当地提供了特殊的管理领域，包括海滩区通行区域。在其国家机构和地方政府中，密西西比河最初已经高度网络化，在野生动物、渔业和公园的海洋资源起主导作用。按照集中化的趋势，密西西比河立法机关在1994年成立了单独的管理机构——海洋资源局（DMR），加强和保护国家的海洋利益。DMR的管理职责包括湿地、邻近的高地及海滨地区的公众信任。他们能够确保这些资源的商业、娱乐、教育及经济功能，同环境问题和社会变化相平衡。

凭借其无法接近的屏障岛屿和有限的可开发的私人海滨，密西西比州仅有较少的关于侵蚀管理的政策。在海湾各州中，它的行政许可事项是最少的，对于海滩仅保留有限权限。

3.6.2.4 路易斯安那州

1）概述

路易斯安那州有两个休闲海滩，长度共计不到50 英里。从分形几何意义上说，它的总湿地岸线是不可测量长的，估计在15 000 英里。湿地在提供生物资源、自然水体净化和休闲场所的生态环境的意义是普遍被接受的。被指定的路易斯安那州和滩海岸带，9.5 万英亩（1英亩=4 046.86 m^2）沼泽及低洼地，占美国大陆沿海/河口湿地的40%（威廉姆斯等，1997），使其关系到国家利益。它对路易斯安那州的经济价值，如产生和养育作为商业和钓鱼运动业的土地，每年就超过1 亿美元。

使其复杂的是，另外两个需要共享这个沿海资源的经济巨头——石油和天然气工业，以及密西西比河的航行利益。在一个有限的空间内平衡这些相互竞争的需求，将是相当困难的，尤其当该有限空间每年以35平方英里的速度被侵蚀掉的时候，管理的决策就变得重要及紧迫。

2）海岸防护措施和管理

1978年，州和当地海岸资源管理法（SLCRMA）提出了路易斯安那州沿海资源开发计划，计划于1980年获联邦政府的批准。路易斯安那州自然资源局牵头负责通过给予海岸使用许可程序对所有影响海岸线地区的行动进行管理。拥有州政府批准的项目的地方政府可被授予权限为某些海滩用途颁发许可。1989年立法通过的法案6，在自然资源管理局下成立了海岸修复与管理办公室，通过其下设的海岸管理处以及海岸修复处对工程项目进行管理。海岸管理处的主要职责是对路易斯安那州海岸使用进行管理，尤其是那些有可能对海岸水域产生直接和重要影响的使用；海岸修复处的职责是管理海岸保护和修复项目。

联邦法律中对路易斯安那州来说作用较大的是1990年的海岸湿地规划、保护与修复法案。该法案在该州和5个联邦部门之间建立了一种合作机制，以共同资助一项综合、长期的湿地修复项目。两者共同的资助金额20年内预计将达到2.27亿美元。这还不算过去40年在海滩修复项目上投入的5 400 万美元。

在沿海地带，沿海水域有直接和重大影响的活动，需要允许的，列举在DNR法规中，包括：堤防，线性设施（公用线路），疏通并填充，海岸线修改（海岸防护，码头，防波堤等），表面改建（工业发展，道路等）和水文/输沙修改。虽然没有明确列出的政策，DNR出版物（洛杉矶，1997年国家）列出可能造成侵蚀的主要因素：局部当地地质变化（沉陷，堤坝，运河），该国其他地区因素（因为航海和防洪基础设施造成密西西比河泥沙流失），全球因素（全球海平面上升）。

与其他州相比，路易斯安那州在对待上游地区私产拥有者的开发限制要少一些。海岸线的主体是沼泽和湿地，相关项目开展的主要目的是为那些下游低地居民提供保护。因此，前滩侵蚀威胁相对较小，这样的话，一些用于判断侵蚀程度的模型在该州就不太适用。

路易斯安那州明智地认识到对他们的侵蚀影响的主要原因是法规的限制性，路易斯安那州已经开始与联邦政府合作进行积极的努力，重建失去的湿地。自1990年以来，每年花费约4 400 万美元。正在进行的项目，包括沼泽的含沙水和疏浚物的转移，海岸线植被恢复，恢复屏障岛屿。未来20年恢复湿地的投入将超过佛罗里达州的墨西哥海滩恢复在过去40年花费的资金。

3.6.2.5 得克萨斯州

1）概述

得克萨斯州墨西哥湾沿岸绵延370 英里，大多为沙质屏障的岛屿。近1/4的海岸是国家海滨或州公园。海岸旅游是佛罗里达州的经济发展动力而不是得克萨斯州的，但它仍为得克萨斯州带来每年600 万美元的收入。近几十年，得克萨斯州海岸发生了显著增长和发展，但结果就是损害了沙丘群。大概60%的海湾海岸线以1~50 英尺不等的速度侵蚀（麦肯纳等，1993）。在过去的20年，联邦与州共投入2 400 万美元用于沙滩养护，这只比阿拉巴马州多。目前，仍没有任何用于修复项目的州资金投入。

沙子容易聚合，且沙滩相对宽阔、坡降小等特点的结合，使得克萨斯州的海岸线相对不同于其他州：沙滩能够轻易地支持交通。这一与轮胎相亲的特点，尽管看起来不是很重要，且有些巧合，但的确对德克萨斯州的海岸线政策产生了重要的影响。历史上，得克萨斯州人就曾经在陆地交通开发前利用海滩通行。这一公共地役权的收益就是促进了该州最早的一部海岸政策法案的通过，也就是1959年的德克萨斯开放海岸法案。

2）海岸防护措施和管理

得克萨斯州海岸面临的压力来自于发展和对资源的竞争。尽管已成立足够多的州和联邦管理机构对这些资源进行管理，但它们都是针对单独问题而成立，这些会影响到海岸防护的效率与效果。

得克萨斯州公开海滩法案TOBA保证公众对干的海滩到植物线的地役权的使用权；

1973年的沙丘保护管理局制定允许这些国家法（DPA）的“沙丘的保护线”。1991年，参议院法案1053扩展当局的监管权利到离植物线超过1 000 英尺的领域或者第一条用于到达沙滩的跟沙滩平行的公路，以及高达1 000 英尺平均高潮沙丘区以保护关键沙丘地区；1054参议院法案需要对公共的湿地类似的保护。

根据海岸地区管理法案，得克萨斯州的海岸管理项目是递交给联邦政府的最后一个州计划；得克萨斯州以及格鲁吉亚和俄亥俄州的管理项目于1998年获得联邦政府的批准。该计划基于1991年通过并在1995年修订的沿海协调法（CCA），创建了一个连接所有州和地方的法规的网络项目。它明确了潜在的负面使用和活动，并通过统一的政策加以解决。得克萨斯州土地办公室（TGLO）是实施该方案的主要领导机构。

得克萨斯海岸管理项目（TCMP）定义了一个从沿海地带延伸到离岸10.3 英里海岸设施的指定线——原来划定边界的沿海石油泄漏的潜在影响区——20 ~ 40 英里的内陆。在这个沿海地带的沿海自然资源领域，包括（相对于侵蚀过程）根据潮汐影响的水域，水下和湿地，海草和滩涂地区，牡蛎，硬基板珊瑚礁，沿海屏障，海湾沙滩和关键沙丘地区，水土流失和关键领域。上述说明的范围内或邻近这些地区都需要许可证。

总体来说，得克萨斯州海岸侵蚀防护政策有如下特点（TGLO，1996）：

（1）避免水土流失，整治，保护公共和规划访问，使用和享受；

（2）更青睐“软”方法；

（3）沙丘受到保护；

（4）在海湾沿岸的结构必须不会加剧水土流失；

（5）有益利用疏浚物；

（6）海湾海岸线更严格的建筑标准（在200 英尺的植被线没有硬结构），以减少侵蚀相关的使用干扰。

与其他州相比，得克萨斯州计划有一些更有趣的两分法。这是因为其管辖范围非常广泛，管辖权的地理区域巨大，甚至延伸出了联邦管辖范围内的大陆架。公共海湾沙滩开始在其他州的开始处——平均高潮线，并一直延伸到1 000 英尺的内陆。强制执行的21类政策涵盖所有可能影响沿海地带的重要活动。禁止在海滩上使用控制侵蚀的硬结构物。仪器监测网络适时地对所有活动进行监控，并及时将分析结果传给公众，协调良好的信息共享机制争取到公众的支持。另一方面，州政府没有集中许可事项，地方政府具体执行这些政策。这些规则没有明确禁止在海湾区域的沙滩或岸洲进行开发，或是禁止不可避免的沙丘损坏，也没有设立一条海岸建设规划线。得克萨斯土地办公室（TGLO）可以对使用申请进行评议，但没有否决权，甚至也不能推迟。

得克萨斯州海岸管理有一段很长，有时甚至是很坎坷的历史。它的第一个为期六年价值600 万美元的计划在1981年结束时，当时的州长克莱门茨拒绝向前联邦政府递交最终计划。有趣的是，海岸侵蚀作为新一代环保主义者和开发商的共同敌人（柯利，1990）。当然，更多的时间专门讨论和辩论的努力，再加上有机会观察和学习其他州的经验，给得克萨斯州提供了一个机会，使其发展了国家艺术的海岸管理项目。最终的结构是松散的控制，并为当地和州的政治势力取得对得克萨斯州政策最终控制权留出了余地。但是，其最早的法案，TOBA，结果证明自从有国家淹没土地所有权的概念以来是目前最有影响力的决策。

对大多数的海湾地区海岸来说，侵蚀问题是生活的一个事实，就像腐蚀和老化一样，海岸人口增长和开发也同样如此。在过去的几十年里，美国联邦和海湾各州政府都努力探索应对的策略，制定了不同的政策，采取了各种措施。

从上面的分析来看，从某种程度上来说，海岸防御几乎是每个州都采取的一条措施。防护或保护是各个州明确指出的政策，佛罗里达州、路易斯安那州和阿拉巴马州额外采取了海岸修复措施。各州在通过立法制定防御政策时，都不同程度地强调了海岸所带来的收益，包括提供居住地，提供防护，以及带动经济增长。从上面的分析来看，尽管各州的出发点不同，但其对政策制定的合法性的重视，应该是一条共性的特点，尽管其采取的措施的有效性还不尽相同。

参考文献

[1] Panel on River Basin and Coastal Systems Planning，Committee to Assess the U.S. Army Corps of Engineers Methods of Analysis and Peer Review for Water Resources Project Planning，National Research Council. River Basins and Coastal Systems Planning Within the U.S. Army Corps of Engineers.2004

[2] Aukland Regional Council. Coastal Erosion Management Manul. 2003.

[3] Committee on Coastal Erosion Water Science and Technology，National Research Council. Managing Coastal Erosion.1990.

[4] The U. S. Army Corps of Engineers. Low Cost Shore Protection—a Guide for Engineers and Contractors. 2000.

[5] National Institute for Coastal and Marine Management of the Netherlands （RIKZ）. Living with coastal erosion in Europe: Sediment and Space for Sustainability.

[6] Cambers，G..Coping with Beach Erosion. With Case Studies from the Caribbean. Coastal Management Sourcebooks.UNESCO Publishing，Paris.1998.

[7] Coastal Stablization Inc. Stabeach: the Cost – Effective，Long–Term Solution for Stabilizing America's Beaches. Brochure CS 2/89 009 2M. Coastal Stabilization Inc.，Tampa，Florida. 1989.

[8] 阮成江，谢庆良，徐进.中国海岸侵蚀及防治对策.水土保持学报，2000，14（1）：44–47.

第4章 河口海岸带生态系统的保护与修复

河口海岸地处陆海交界的过渡地带，是四大圈层相互作用和各类界面的汇聚处。在这里蕴藏着丰富的土地、航运、生物、能量、旅游和环境等资源。为解决陆地上人口膨胀、资源匮乏和环境恶化三大难题，海洋尤其是连接大陆的河口海岸地区已成为许多沿海国家政府部门首先关注的热点区域。同时，该地区物理、化学、生物、地质等多类过程复杂，生态环境脆弱，灾害频繁，加上全球变化与人类活动致使该地区的多种现象更为复杂。因此，河口海岸地区也是沿海国家和科学家高度关注的研究区域。

4.1 河口海岸带生态系统现状研究

自然过程和人类对河口海岸带的开发利用是改变河口海岸带生态系统的内在因素。入海河流挟带着丰富的有机物和营养元素，为河口海岸带生物提供了食物来源。河口海岸带泥沙沉积，形成三角洲或水下淤泥底质，为许多底埋生物提供了良好的栖息环境。但是，由于人为的不合理开发利用致使盐沼淡化，河口海岸带生态环境退化，诸多生物的栖息环境丧失。同时，自然界的灾变事件，如飓风、洪水、干旱等对河口海岸带环境的改变也有着深远的影响。河口海岸带的生物多样性因河口海岸的衰亡而急剧下降。海岸带是陆海交互作用的地带，其地貌是在波、潮汐和海流等作用下形成的。现代海岸带一般包括海岸、海滩和水下岸坡三部分。它的发育过程受多种因素的影响，海陆交互作用十分剧烈，故海岸态也错综复杂。中国的海岸带一般可分为河口、基岩岸、沙砾质岸、淤泥质岸、珊瑚礁岸和红树林等6种基本类型。

海岸带的资源与环境是沿海地区经济和社会发展的基础。20世纪70年代末以来，中国海岸带地区已成为改革开放的前沿。时至今日，在约占全国13%的陆地国土面积上，集中了全国70%以上的大城市、50%左右的人口和55%左右的国民收入。包括渤海经济区、长江三角洲经济区和珠江三角洲经济区在内的海岸带，在我国的经济、政治和军事等方面都具有举足轻重的作用。我国自北向南2 000 km的狭长海岸线，已是中国经济活力最为充沛的黄金海岸。同时，海岸带各种资源由于过度利用而严重退化，急剧增长的人口和经济压力已成为海岸带经济和社会可持续发展的重要制约因素。国家环保局发布的1996年《中国环境公报》显示，我国4大海域污染仍主要发生在近岸海域，主要污染参数为无机氮、无机磷和石油类，各海区近岸海域无机氮超过一类海水水质标准的超标率依次为东海83%、渤海60%、黄海60%、南海52%；无机磷超过一类海水水质标准的超标率依次为东海77%、渤海49%、黄海47%、南海20%；石油类超过一类海水水质标准的超标率依次为渤海64%、黄海53%、南海33%、东海18%。部分区域重金属含量超过一类海水标准，渤海一带底泥的重金属含量超标2 000倍。资料显示，近年来，近岸海域污染有逐渐加重的趋势。

目前，我国海岸带的主要生态环境问题有以下几个方面。

4.1.1 赤潮灾害

据报道，1997年底，继福建厦门西海域和广东铫平海域发生大面积赤潮后，1998年2月底至3月底，在广东珠江海域、汕尾海域和南海海域再次发生大面积赤潮，近3 000 km 的海域赤潮翻涌，给沿海养殖业以致命打击。1998年下半年，渤海海域又发生了大面积的赤潮，由8月持续至11月底，波及5 000 km 的海域，直接经济损失约为5亿元人民币 。

赤潮原本是水生植物群落演替过程中发生的一种自然现象，赤潮生物的暴发性繁殖和死亡会引起水质的严重退化与生态平衡破坏，但人类大规模的工农业生产所带来的环境污染加剧了这一现象发生的次数和危害的程度。我国最近几年发生的赤潮，间隔时间越来越短，殃及的海域面积越来越广大，造成的经济损失也是越来越惨重。

虽然赤潮发生的机理还远未弄清，但目前有一点是公认的，那就是赤潮的发生与海岸带水体的富营养化程度有关，而海域的富营养化在很大程度上源自于排入海域的工业和生活废水中的氮、磷及有机污染物。近年研究还认为，农田施用的化肥的大量流失也是海域富营养化的重要来源。因此，目前预防和减轻赤潮危害的方法除了持续地观测海域的营养、温度等海水理化指标的变化，以便及早发现赤潮发生的征兆而提前加以预防外，严格控制废水排放便成为减少赤潮发生的重要途径。

4.1.2 红树林破坏

红树林是生长在热带、亚热带海岸的潮间带的木本植物，在我国主要分布在福建、两广及海南等地区。红树林生长区内有丰富的物种多样性，生物资源丰富，对全球碳、氮等物质循环有重要意义，同时又能有效防止海岸侵蚀。目前，我国红树林已遭严重破坏，据报道，20世纪80年代初期，我国尚有红树林约40 000 km，20世纪90年代初仅剩下约15 000 km，而且多变为低矮的次生群落，渐失其经济价值和生态价值。红树林的破坏，不但损害了海洋生物资源，而且带来了海岸侵蚀等人为灾害 。据悉，福建省近年已经大力开展已有红树林物种的保护和扩大种植面积等工作，这无疑是防止海岸带持续退化的有效措施之一。

4.1.3 渔业资源下降

渔业资源和海洋生物多样性的下降可归因于河口等上游的毁林、工业污染及水坝的构建所造成的局部海域生物栖息地退化和破坏，但过度捕捞是造成海洋生物产量下降的主要原因，目前在渤海作业的船只是十几年前的5倍，而每只船的产量仅是十几年前的1/5，特有鱼种棘头鱼已几年不见踪影。

我国目前捕捞业总体是捕捞船只越来越多，而网眼、鱼龄和单船渔获量却越来越小，我们在不可持续的最大捕获量以上的捕捞，已造成重要渔业资源的严重衰退，甚至破坏。

我们对某些经济物种的过度捕捞，将损害该物种的再生产能力和缩短食物链的传递，从而影响整个海域的生物恢复和多样化分布，由此渔业将不再是取之不竭的资源。

海洋保护被认为是对过度捕捞和生物多样性下降的一种非常有效的挽救措施，人们对海洋保护将造成产量降低的担心是没有根据的，事实证明，这项措施可以持续地、最大限度地利用海洋生物资源。

4.2 河口海岸带生态系统退化机制分析

除了不可抗逆的飓风，洪水、干旱和多方面原因的侵蚀外，河口海岸带生态系统退化的主要原因是人类活动。主要包括植被破坏引起的环境变异、修建水库引起的环境变异、跨流域调水引起的环境变异、地下水超采引起的环境变异以及污染引起的环境变异等。同时，海岸侵蚀也是导致河口海岸带生态系统退化的重要原因。河口海岸带生态系统的退化涉及很多原因。因此，在恢复与重建河口海岸带生态系统时，应结合其实际情况，充分考虑到各种可能的原因，综合分析，全面高效地完成工作。

4.2.1 海水增养殖

海岸带海水养殖是对海洋海产量的重要补充，是我国海洋经济的支柱产业之一。我们现在已经实现了海带的南移，对虾、扇贝和牡蛎的大面积推广养殖，经济效益十分显著。但是这种高密集度的养殖方式有可能导致增养殖海区水质污染和生态系统失衡，进而产生各种危害增养殖生物的病害，反过来使增养殖业遭受巨大损失。前几年全国范围内虾病的暴发和大连、山东地区鲍鱼死亡量的增多，都是增养殖与环境间矛盾恶化的具体表现。

养殖过程中过剩的饵料、鱼虾排泄的废物和病菌将溶入海水，改变海岸带局部海域的水质状况和生态平衡，许多物种，包括植物和动物将难以继续生存，海水的自净能力从而严重下降。而且大规模的海水养殖，将使水体和底泥中的营养物质含量升高，在闷热、无风等情况下还有可能引发“人为赤潮”。海水养殖很大的副作用包括其排泄的废物将破坏滩涂的生物栖息地环境，而生物栖息地环境的改变将危及海岸带原先的地貌特征，例如，对虾养殖将导致附近红树林的退化和消失。

4.2.2 海洋生物疾病

我国对海洋疾病的研究大多集中在海岸带有经济意义和重要价值的养殖物种的疾病防治上，而作为一个新兴的研究领域，海洋疾病正受到越来越多的科学家的重视。

据我国15个省的不完全统计，1993年发生渔业污染事故485起，造成经济损失5.2亿元。很多难降解的有机污染物，如有机氯有破坏免疫的特性，将改变噬毒细胞的行为，降低生物体的抵抗力。由于人类活动和全球气候变暖的影响，很多病原体不断地从陆地生物宿主转移到海洋生物身上，作为流行性疾病传播障碍的陆海界限已经不再有效。气候变暖使一些海洋生物的抗病能力变得更为脆弱，栖息地退化和污染物的输入，加速了疾病的传播和暴发。

由于海岸带有大量复杂的人类污染物输入，而且目前缺乏有效的培养和分离技术，因此很难对海洋疾病的病原体进行确认及确定一种海洋疾病的单一致病因子。淤泥已被认为是导致珊瑚虫死亡的病因，但却难以确定淤泥中准确的致病成分。

全球变暖和人类活动正不断改变着疾病的传播途径和生物的抵抗力，由于许多目前我们所未知的海洋疾病的猖獗，许多物种或许正在消失，而海岸带的生物群落的结构也悄然进行着不可逆转的变化。因此，海洋疾病的研究将有助于我们更为有效地遏止海岸带栖息地的退化。

4.2.3 农田化肥、农药流失

我国农田每年施用数以亿吨计的化肥，据推算，约有1/2以上属于浪费，而这些化肥却随着径流进入海洋，造成海岸带海水营养盐水平骤然上升。我国沿海七市，农田所施用的农药量大约1.2 万t/a，化肥量达54 万t/a。由于PCBS（多氯联苯）、有机磷等农药在自然环境中降解缓慢，而对生物体的危害性又很大，目前研究较多。相应地，由于非点源污染分布区域广大，难以集中处理，而且受种植作物及化肥、农药种类、季节、大气输送和降雨量等多种因素的影响与制约，难以定量地研究区域中农业活动对氮、磷积累和对海岸带整体污染的贡献。

4.2.4 工业和生活污水

国家海洋局监测资料表明，渤海正在成为一个藏污纳垢的巨大垃圾场，全国主要陆源排放口排海污水总量中，渤海就占了1/3。1995年渤海沿岸217个排污口排污9.8亿 t。而珠江和港澳地区每年就有18 亿t污水排入不到2 000 km^2的珠江口海域，大大超过了珠江口海区的环境容量，目前珠江口已成为中国污染最为严重的海区之一。工业污水将大量高强度的有机和无机废水排入海洋，如印染废水、重金属废水和强酸性废水等将给海洋生物带来灾难，而低浓度的有害成分将在有机体内存留，引起基因变异和生活习性改变，并通过食物链积累和放大，间接地损害了人类的健康。而大量使用含磷洗涤剂导致生活污水含磷量升高，这已被认为是海域富营养化的重要因素之一。工业污水的排放是许多发展中国家的最大污染来源，而合成有毒有机化学物被认为是一系列海洋生态毒理改变的致因，并将最终危及人类的健康。如今，合成有机物已经广布于海洋的每一个角落，尤其是在海岸带地区。

4.2.5 海岸工程建设、围海造田和海水入侵

据不完全统计，至20世纪80年代末期，全国围海造地约12 480 km^2，围海造地的确缓解了部分地区耕地缺乏的困难，但是，围海造地不当，也给海洋经济可持续发展带来了众多的危害。广东湛江港所在的斜麻湾，填海造地已使湾内纳潮量减少了1/4，航道水域缩小，湛江湾内的几个军港发生不同程度的淤积。福建厦门湾受九龙江输沙影响，三角洲陆地以每年150 mm的速度向海延伸，目前其东湾已缩小40%，湾内纳潮量减少38%，海湾环境发生了巨大的变化。

另外，由于超采地下水、海岸沙砾和不合理的海岸建设，已引起海岸带的海水入侵、海岸侵蚀和海岸线后退。因过量开采地下水，秦皇岛枣园水源地和海港区已形成了数处低于海平面的地下水降落漏斗，为海水入侵提供了动力条件。由于近几十年来滦河上游建成潘家口和大黑汀水库，启用后（1980～1992年），滦河入海量已由32.0亿m^3减少到9.1亿m^3，海岸侵蚀加剧。

一些来自陆源的海岸带威胁如农业、林业、海岸建设和旅游等，原先没有得到人们很好的重视，而这些往往也是海域营养盐、有机物、农药和油类污染的重要来源。与滨海旅游相应的开发和建设常带来人口压力及物理变化，那些最为吸引人的景观和胜地的生态环境最为脆弱，旅游量常常超过环境的最大容量，使栖息地生物难以完全吸收人类活动的影响，而不能持续地提供给人们一个舒适的欣赏环境。而我们从海

岸带栖息地所得到的好处一般是间接的，栖息地分布的多种多样的生物将过滤、吸附和截留过量的营养盐、沉积物及降解有毒物质，并提供防海水侵蚀和风暴潮的天然屏障；海岸湿地和珊瑚礁还是一些珍贵海洋动物的产卵或孵化区。另外，河口上游不合理的水坝建设、毁林及分流都将对海岸带河口区的生物栖息地生物群落构成产生重大的不可逆转的影响，我们的既得利益将被更高昂的生态系统恢复费用所抵消。

港口发展建设和海岸沙石开采也会毁坏海岸带一些生物的重要栖息地，引起海岸侵蚀和栖息地退化。1995年作为世界最大工程项目之一的香港航空港建设，已经对海岸带造成了深远的生态影响，严重改变了当地的渔业、海草、珊瑚、海洋哺乳动物环境和水质。

4.2.6 石油污染

胜利油田排污水量为700 万t/a，排油量为2 200 t/a，在山东的重要海港中，其压舱水排油现已处理回收，石油入海量主要来自事故溢油。1994年9月，巴西籍“加翠”号油轮在青岛港触礁，溢油757 t，污染海岸线长达104 km。由于海岸带初级生产力高，生物种类密集，而且海岸带附近的水域缺少高强度的海风和海流的强大扩散作用，因此海岸带附近的石油污染将导致比大洋溢油事故更为严重的危害。

4.2.7 塑料等固体垃圾

滨海旅游和陆源固废流失等人类活动将使塑料垃圾进入海洋，目前已被认为是海岸带固体废弃物的主要成分。其带来的环境影响很多，包括：通过缠绕、堵塞、降低再生产能力等途径降低海洋野生动物的生存能力；其上附着的菌类可传播海洋疾病等，同时海滩的塑料废弃物的堆积将使滨海降低其美学价值，也将对旅游资源的可持续利用造成一定的损害。

4.3 河口海岸带生态系统的恢复与重建

河口湿地对自然灾害和污染起到防御及控制作用。但由于滩涂开垦养殖、围海筑堤、海港建设、沿海大通道建设和排汛，以及外来物种入侵等人为活动的影响和生态环境的变化，使生态系统和生态平衡变得极为脆弱。采用人工方法恢复和重建河口湿地是海岸带生态恢复的重要措施。在美国路易斯安那萨宾自然保护区和得克萨斯海岸带地区，利用“梯状湿地”技术，在浅海区域修建缓坡状湿地，湿地建好后在上面种植互花米草及其他湿地植被，修建梯状湿地可以减弱海浪冲击、促使泥沙沉积、保护海滩，同时也可以为海洋生物提供栖息地。

海岸带是陆地与海洋相互作用的交接地区，是人类社会繁荣发展最具潜力和活力的地区。海岸带既具有重大的生态效益，又具有重大的经济效益，但由于人口不断地向海岸带地区集聚，使海岸带面临的压力越来越大，资源和环境问题越来越严重。目前，世界各国对海岸带采取了多种保护措施，早在1972年10月27日，美国颁布了《海岸带管理法》（CZMA），随之韩国、日本、新加坡、英国等国也先后制定了海岸带管理法律、法规。同时为了减少资源破坏和避免生态进一步恶化，利用人工措施对已受到破坏和退化的海岸带进行生态恢复，由于人类对海岸带生态系统复杂性认识的局限性，目前对海岸带生态恢复主要集中在单个的生态因子上，对海岸带生态系统的综合系统的恢复技术仍处在探索研究阶段。

4.3.1 国外海岸带恢复技术

4.3.1.1 人工河流水系的重新设计

随着对淡水需求的日益增长，使得淡水资源量以及泥沙等沉积物锐减，引起海岸带沉陷、海水入侵，海岸带湿地大量消失。对人工河流水系的重新设计，是海岸带生态恢复的基础。美国是世界上最早进行海岸带生态修复研究实践的国家之一。海岸带恢复计划措施主要是，重新设计河口水系，拆除海岸线和入海河流上一些障碍物，重新恢复泥沙自然沉积和自然的水力平衡，从而起到控制海水入侵、防止海岸沉陷、保护海岸带湿地的目的；在美国佛罗里达为了恢复佛罗里达湾（Florida Bay）原始的生态环境，1995 年实施了佛罗里达湾和泰勒沼泽（Taylor Slough）计划，从而改善和恢复了佛罗里达湾海岸带生态环境。

4.3.1.2 人工鱼礁生物恢复和护滩

渔民很早就发现沉船周围水域中渔获量较高，于是想到将结构物用石块加重沉到水下，来提高捕获量，这就是人工鱼礁的方法。20 世纪70年代，日本提出建造新型人工鱼礁保护水生动物以提高海岸带生物量。20 世纪90 年代，人们利用“矿物增长”（mineral accretion）技术建造新型鱼礁，即是在人工鱼礁上通入低压直流电，利用引起海水电解析出的碳酸钙和氢氧化镁等矿物附着在人工鱼礁上，形成类似于天然珊瑚礁的生长过程，在鱼礁不断增长的同时促进周围生物量的增长，达到海岸带生物种群恢复和海岸带保护的目的。此方法在马尔代夫和塞舌尔等国家得到了成功应用。

4.3.1.3 海岸带湿地的生物恢复

采用人工方法恢复和重建湿地是海岸带生态恢复的重要措施。在美国得克萨斯州加尔维斯顿海湾（Galveston Bay），利用工程弃土填升逐渐消失的滨海湿地，当海岸带抬升到一定高度，就可以种植一些先锋植物来恢复沼泽植被。在路易斯安娜萨宾自然保护区和得克萨斯海岸带地区，利用“梯状湿地”技术（marsh terracing technique），在浅海区域修建缓坡状湿地，湿地建好后在上面种植互花米草及其他湿地植被，修建梯状湿地可以减弱海浪冲击、促使泥沙沉积、保护海滩，同时也可以为海洋生物提供栖息地。

4.3.2 国内海岸带恢复技术概况

我国是世界上海岸带生态系统退化最严重的国家之一，也是较早开始海岸带保护的国家之一。在20世纪50年代和90年代共开展了3次大规模海岸带、滩涂和海岛资源综合调查，为随后海岸带保护和修复工作奠定了基础。20世纪90年代以来，先后建立了昌黎黄金海岸、山口红树林、三亚珊瑚礁、南麂列岛、江苏盐城丹顶鹤等海岸带湿地自然保护区，20世纪90年代末在南海、东海、黄海、渤海等海域实施了伏季休渔制度，开展第二次全国海洋污染情况调查；制定和实施了海洋环境保护法、海域使用管理法等法律法规。

虽然我国在海岸带保护工作方面取得了巨大进步，但在海岸带生态修复技术研究和应用方面工作很少，还基本处于起步阶段。

海洋生物人工放流增殖技术在我国应用较早，20世纪80年代以来，我国先后在渤海、黄海、东海放养了以中国对虾为代表的近海海洋资源，目前规模化放流和试验放流种类已扩大到日本对虾、三疣梭子蟹、海蜇、虾夷扇贝、魁蚶、海参、鲍，以及梭鱼、真鲷、黑鲷、牙鲆等10多个品种，对近海海洋生物恢复起到了积极作用。

人工鱼礁技术在我国南方海区近年来开始大规模试验。2000年，广东省在阳江近海海面沉放了两艘百余吨级的水泥拖网渔船，以改善近海渔场生态环境。2001年，我国首次在珠海东澳进行人工鱼礁试验。随后的2002年和2003年，先后在广东汕头南澳、福建三都澳官井洋斗帽岛、浙江舟山群岛、江苏连云港市赣榆秦山岛及海南三亚等海域开展了大规模的人工鱼礁试验。2000年在山东东营市开展的黄河三角洲湿地生态恢复工程是我国近年来较为成功的海岸带生态恢复项目，此工程通过引灌黄河水、沿海修筑围堤、增加湿地淡水存量，强化生态系统自身调节能力。目前，淡水湿地面积明显增大，植被生长旺盛，许多候鸟纷纷在保护区内筑巢产卵。

2003年由中国环境科学院、天津环境保护科学研究院、天津大学、中国海洋大学、国家海洋局第一海洋研究所等众多科研单位共同实施的“渤海典型海岸带生境修复”，旨在利用生物技术和工程技术，在渤海海河大沽河口地区建立人工群落和植被系统，修复遭到严重破坏的海岸带生态系统。该工程的建成将为整个渤海湾地区的海岸带生境修复提供范例。

4.3.3 湿地生态恢复研究——以黄河三角洲为例

黄河三角洲是典型的滨海河口湿地，总面积4 500 km^2，其中自然湿地占70%以上，以浅海湿地和滩涂湿地为主。生物资源、湿地资源和景观资源十分丰富，生态类型独特，是我国暖温带最完整、最广阔、最年轻的湿地生态系统。随着黄河三角洲地区人口的不断增多及经济的迅速发展，人类活动对其影响也越来越大。围垦、石油开采、污染物大量排放、过度捕捞等已经对湿地生态系统造成了严重的破坏，伴随着水资源不足、黄河断流、风暴潮等各种自然因素的作用，三角洲湿地环境遭到了严重的干扰和破坏，生态系统受到严重威胁，已成为人们普遍关注的热点。据有关研究统计，2001年黄河三角洲的湿地面积比20世纪70年代减少了近一半，湿地的鱼类种群数目比20世纪70年代减少了40%，鸟类减少了30%。目前，黄河三角洲面临的主要生态问题是湿地生态系统和河口海域的污染。1993～2003年对黄河三角洲内的19条河流进行的污染监测表明：黄河三角洲19条河流中有7条受到严重污染，5条属重污染，5条属中污染，1条为轻污染，仅有黄河水质属尚清洁，且污染有加重趋势。主要污染物为DO、COD_{Cr}、BOD_5、NH_3-N、挥发性酚、石油类和SS。黄河断流加剧了污染程度，使河流自净能力降低。加之半封闭海湾渤海的自净能力也很差，致使近海海域污染加重，赤潮发生概率增大。

湿地本身具有一定的自我修复能力，但由于人类活动的剧烈影响，超过了其承受能力，从而导致湿地的退化。海湾湿地的修复除了要严格控制围海造地等海岸工程建设外，还要严格控制污染源，并对受污染的湿地和水质进行修复。

4.3.3.1 生物修复

湿地修复技术包括物理（焚烧、换土）、化学（萃取、化学氧化）及生物修复技术。其中生物修复对人和环境的影响最小，不易引起二次污染，并且工程简单，处理费用低。生物修复技术是指利用微生物、植物及其他生物，降解或去除环境中的污染物的过程。利用生物修复技术治理受污染的海岸湿地，对于保护海岸湿地生态环境、发展沿海经济具有重要意义。目前，湿地植物修复和微生物修复的应用比较广泛：①植物具有很强的纳污、治污生态功能，它与其根际微生物共同作用，通过对污染物的固定、吸收、转化、转移等方式修复受损的环境。植物修复可以用于处理多种复合型污染物，尤其适于大面积低浓度的污染物处理。合理地运用植物修复海岸湿地的水土污染的同时，还可起到美化水域环境、提高生物多样性及创造经济价值的作用。②微生物修复技术是在人为强化的条件下，用自然环境中的土著微生物或人为投加外源微生物的代谢活动，对环境中的污染物进行转化、降解与去除的方法。微生物在治理环境有机污染物方面发挥着巨大的作用。如海洋石油污染及石油污染的土壤都可利用微生物修复。微生物中的食烷菌属和解环菌属细菌分别能够降解石油中的烷烃和芳香烃化合物，在海洋环境的石油污染净化过程中担当重要角色。

4.3.3.2 人工湿地控制污染

湿地具有控制污染的能力，能滞留和降解污染物，具有很强的自净能力，被认为是“天然的污水净化器”。然而，湿地是一个极为脆弱的生态系统，容易受到人类活动的干扰，一旦污染物超过其自净能力，则会引起湿地生态系统的退化。人工湿地是由人工建造和控制的一种工程化的沼泽地，主要是通过基质—微生物—植物复合生态系统的物理、化学和生物三重协同作用进行污水的净化，将污染物转化为对环境无害或危害小的物质释放到环境中，同时污水中的营养物质也能被湿地植物和微生物所利用，从而促进其生长繁殖。人工湿地在污水处理、污染物控制和改善环境等方面比自然湿地具有更大的优势，对氮、磷有机物和重金属有很好的去除能力。可应用于处理城市生活污水、农业及城市污染治理和水体的富营养化治理。据研究，2 hm^2湿地能净化200 hm^2农田径流中过剩的氮和磷。湿地中的许多水生植物组织中富集的重金属浓度比周围水中的浓度高出10万倍以上。芦苇人工湿地是应用比较广泛的人工湿地生态系统。芦苇在两湾及黄河三角洲湿地都有广泛分布，它的耐污去污能力很强，对污水中的有机物、营养物质、重金属和有毒物质具有很高的去除率。同时，芦苇具有较强的抗盐碱性，可用来进行两湾湿地的污染控制，改善和恢复两湾湿地生态环境。芦苇湿地主要利用发育良好的根系及其根际大量增殖的微生物，使污水水质得到快速的净化。①芦苇对重金属的吸附和富集作用。据悉，芦苇体内的重金属浓度可达到污水中重金属浓度的几十、几百甚至几千倍。其体内富集的污染物质通过收割最终从系统中去除。②根际微生物对有机物和氮、磷的吸收与降解作用。芦苇的根茎发达，根际具有较高的氧化还原电势，有利于微生物生长附着，有机污染物通过微生物的吸收、同化及异化作用而被去除，也有利于硝化反硝化的脱氮过程和磷的去除。芦苇用途广泛，可应用于造纸业、农业和建筑业中，且易于收割和开发利用。污水为芦苇的生长提供营养物质，促进其生长发育，不仅能控制污染，收割后还可产生经济效益。同时，芦苇人工湿地还可为其他动植物和微生物提供生境，并具有生态景观价值，对两湾的污染控制和景观美化也都有很好的作用。

4.3.4 海岸带生态恢复中存在的主要问题

海岸带是世界上最复杂和最不稳定的生态系统，目前虽然对生态系统退化总体原医已有所认识，但是对海岸带生态系统各部分之间以及其与海洋生态系统和陆地生态系统之间的关系与相互作用机制了解仍不够深入。

对海岸带生态系统健康状况的功能性指标，缺乏研究，从而导致在恢复重建技术方法应用上的盲目性和不确定性。

海岸带生态系统修复和试验示范研究还停留在一些小的、局部的区域范围内，或集中于某一单一的生物群落或植被类型，缺乏从海岸带整体系统水平出发的区域尺度综合研究与示范。

海岸带恢复目标主要集中在生态学过程的恢复，没有与海岸带管理法律、法规以及海岸带社会经济发展和居民的福利有机结合起来，生态修复往往难以达到最初的目标。

参考文献

[1] 李红柳，李小宁，侯晓珉，等.海岸带生态恢复技术研究及存在问题[J].城市环境与城市生态，2003(6):36–37.

[2] 姚丽娜.我国海岸综合管理与可持续发展[J].哈尔滨商业大学学报，2003, 70 (3) :98.

[3] 约翰R. 克拉克.海岸带管理手册[M].北京：海洋出版社，2000.

[4] 丁东，尹延鸿.黄河三角洲海岸防护工程研究[J].海洋地质动态，2000(2):5–8.

[5] 叶功富，罗美娟，卢昌义.海岸带退化生态系统的恢复与海岸带综合管理[J].世界林业研究，2006, 19(4):5–10.

第5章 典型河口海岸开发治理对黄河三角洲生态海岸建设的启示

5.1 海岸带环境变异对海岸资源可持续利用的影响

讨论河口海岸问题，需要从陆源物质入海作为出发点，而陆源物质入海则需从全流域的角度考虑。入海水沙通量往往又和陆架分布联系起来。Nittourer (1994) 在研究热带海岸系统时，注意到高泥沙通量的大河均与宽阔陆架相适应。亚马孙河的泥沙入海量每年达12 亿t，陆架宽广。扎伊尔河年输沙仅4 300 万t，河口之外即进入水下峡谷。再和全球变化、海面升降联系起来，海岸带需与第四纪时淹没和出露范围相适应。

所以，河口海岸研究也需要从边缘海的角度进行考虑。中国入海河流众多，河流挟带泥沙每年达20 亿t，占全世界入海泥沙的10%，所以中国河流对于世界大洋的贡献率是较高的。入海泥沙量和流域的地质构造、岩石组分、地面结构以及流域最大高程密切相关。黄河流经黄土高原，流域产沙年均1 400 t/km^{2}以上，为亚马孙河的7.14 倍，而黄土高原小流域产沙更大，每年可达1 万～2 万t/km^2。黄河过去年输沙11亿～12 亿t，素以多沙著称于世。长江源远流长，上游来沙丰富，侵蚀模数较高，全流域平均为250 t/a，入海泥沙近5 亿t。这两条河流的供给塑造了中国东部大平原，新老三角洲的物质基础也与宽达600 km以上的东中国海陆架的形成有密切关系。应予指出，太平洋中的一些山岭高耸的岛屿比降大，风化侵蚀强，产沙率很高。新几内亚的奥尔河(Aure) 侵蚀模数达到11 000 t/a，流域面积仅76 000 km^{2}的弗莱河入海沙量每年达1 115 亿t。台湾岛亦然，新构造运动强烈，河流短促而比降大，降水多，河流输沙高，年侵蚀模数: 浊水溪20 243 t/km^2，淡水溪4 201 t/km^2，曾文溪则为26 346 t/km^2，冈山溪更高达37 424 t/km^2，它们塑造了台湾西部平原。

首先，植被被坏、水土流失影响了流域来水来沙。在2 000～2 500年前的大范围耕植和森林破坏以前，泥沙和径流可能不到现代的一半。事实上，中国远在2 500年前，有些地方就已“牛山濯濯”(孟子语)。

近50年来，由于人口增加过快，从1952 年的5.75亿增加到1998 年的12.5亿，增加达217%。因而向山林开荒种田，植被迅速破坏。1957 年全国森林覆盖率为22%，1989 年下降到13%，水土流失严重。这些泥沙有的堆积在河床和湖泊之中，有的被搬运到河口和口外海滨堆积，加速河口海岸淤积。

其次，人类对淡水资源的开发也能影响流域来水来沙。近50 年来，我国共修建了8万多座大中小型水库和许多水利设施，可控制和利用的水资源从1 000 亿m^{3}增加到5 650 亿m^3。我国高坝占世界的一半，筑坝技术在很多方面处于世界领先水平。全国水资源开发利用率1997 年为19%，这个数字并不高，但地区不平衡，黄河、淮河、海河都超过了50%，其中海河已近90%，超过了国际公认40%的合理限度。因此，河北诸河基本成为无尾河。黄河从1972 年起出现断流现象，1997 年利津站断流226天，河口330

天无水入海。淮河1959 年也曾断流107天，此后断流几乎年年发生。上游建闸而河流下游虽然不断流，但入海泥沙大量减少，入海水量在时间调配上也发生变化，都将对河口海岸发生一系列深刻的影响。正在建设中的长江三峡工程在来水来沙年内分配情况改变以后，长江盐水入侵、拦门沙淤积部位、口外鱼类洄游路线以及将产生的一系列生态环境等已为世人所关注。

人类对于河口海岸来水来沙条件的另一种影响则是跨流域调水。美国阿帕拉契东麓于20 世纪40年代将桑地河调水至考伯河，曾导致卡莱斯登港的航道发生严重淤积，1980 年终于废弃了这项工程。

滦河1984 年引滦工程影响水量12.87 亿m^3，使入海泥沙减至103 万t，比工程前减少95%，从而使河口三角洲岸线年蚀退率平均为1.714%，而下游河口盐度从2.713‰上升至3.216‰。滦河调水相对而言是一个不太大的工程，而酝酿多年的南水北调将是一个超大型工程。计划中的从长江由东、中、西线分别调水210 亿m^3、130 亿m^3、150 亿m^3至华北，数百亿立方米水从长江调出，将会对长江口产生怎样的影响是一个需要深入研究的问题，应尽可能减少长江河口负面影响。

人类对水资源开发在河口海岸地区产生的又一种影响是地下水超采产生的负面效应。它主要表现在以下两个方面: 其一，地面沉降，长江三角洲前缘一些超采地下水导致地面沉降，范围甚广。苏、锡、常、沪漏斗几乎相连。上海采用地下水历史较长，1921 年至1965 年市区地面平均沉降1.76 m，最大沉降量2.63 m。天津、塘沽、汉沽沉降也很显著。天津市区累计最大沉降量1959 ~ 1992年达2.7 m。沉降量大于1.15 m的面积由1978年的3 km^2至1992 年扩大为133 km^2。地面沉降增加了防汛排涝的难度，并使暴雨积水面积扩大，给居民生产和交通带来困难。其二，由于降水不足，采用地下水用于农田灌溉和生活用水。从20 世纪70 年代中期开始，华北基岩海岸和沙质海岸陆续发生地下水入侵内陆地下淡水层现象，面积达143.316 km^2，其中以烟台、大连最严重，面积分别达到495 km^2和433 km^2。海水入侵距离一般为5 ~ 8 km，最大达11 km。由于海水入侵上述地区，每年减少开采地下水113 亿m^3，工业产值每年减少316 亿元以上，生活给水困难。因此，地下水海水入侵机制研究和防治对策将是该地区持续发展的重要问题。

5.1.1 环境变异与河口海岸的相互影响

前述的滦河三角洲蚀退，调水工程是其主要因素。而调水工程中，潘家口水库和大黑汀水库的建设对下泄泥沙的阻拦却起着重要作用。潘家口水库总库容29.3 亿m^3，大黑汀水库总库容3.37 亿m^3。工程建成后，滦河上游来沙淤积在水库内，输沙量骤减。三角洲海岸泥沙补给不足，在海的作用下，岸线受蚀后退，这是陆海相互作用下的正常结果。

流域泥沙通过河流在海洋推展它的河口三角洲，海洋通过它的波浪、海流、潮汐修改海岸轮廓，海岸总是处在无休止的运动之中，向夷平方向发展。世界上有半数以上的海岸正在遭受侵蚀，它们出现在海洋动力作用下岸线调整的地方，侵蚀下来的泥沙在沿岸流作用下，搬到某一个地方沉积，有些也被搬运离岸而去，在泥沙负平衡的地方海岸便侵蚀后退。

出现负平衡最明显的海岸就是输送泥沙来源的河流或者沿岸漂沙来源不足甚至

被截断的岸段。入海河流改道，三角洲岸线后蚀是常见现象，黄河三角洲的变化就是典型例子。黄河自1128 年由江苏夺淮入海，巨量泥沙使海岸淤进90 km，形成面积7 160 km^2的废黄河三角洲，它的南面范公堤以东先后淤进40 km，面积达57 000 km^2。可是，1855 年黄河北徙山东入海，原来的三角洲截断了泥沙来源，凸出的海岸在海洋能量辐集作用下受到强烈侵蚀。

“凡遇一二日狂风巨浪，废黄河口区海岸由淤长变为侵蚀，海岸必剥蚀丈余，计一岁中至少需剥去三四十丈，而涝年尤甚”(阜宁县志)。1912年河口退至六洪子，1934年坍至六合庄，至1970年，河口又蚀至大淤尖，河口岸线百余年来后退20 km。从小丁港至双洋河口，整个三角洲海岸蚀去土地1 200 km。现在的黄河三角洲河口尾闾摆荡，1976年黄河由清水沟入海，原来由刁口入海的河口沙嘴迅速后蚀，研究者云:“厉害的时候，一年后退1 km多”(陈樟榕，2000)。渤海湾海岸侵蚀很普遍，沧州地区从赵家堡至大口河由于泥沙补给不足普遍后蚀，而狼坨子附近岸段尤为严重，50年来海岸后退500 m，20世纪50年代笔者所见的狼坨子，在80年代后期基本已为海水占据。近40余年来，北戴河海岸平均后退100 m，蚀退速率为2 ~ 3 m/a。究其原因，主要是入海泥沙减少所致。山东半岛的平直海岸每年后退2 m左右。福建海岸，如长乐、樟浦海岸年受蚀速度为1 ~ 3 m。海南文登海岸后退也颇显著。

海岸变化还需与全球变化联系起来。第四纪以来海面几度大幅度变动。末次冰期最盛时，东海陆架全部暴露在空气介质之中，此后气候回暖，至6 000年前海面还有小的周期性脉动。近年来，温室效应、全球变暖众所关注。IPCC(1995)对过去100年的海平面评估认为上升了18 cm，对全球海平面变化的预测认为2050 年时上升20 cm，2100年时上升49 cm。根据近40多年的验潮资料分析，中国沿海海平面上升速率为114 ~ 210 mm/a，与全球上升速率一致。世界海平面上升对低海岸带来严重的威胁，大洋里建立在珊瑚礁上的岛国都有灭顶之灾的恐惧感，我国沿海平原海岸城市群密集的地带威胁也很大。一方面地面沉降已受困扰； 另一方面，叠加了的全球海平面上升更增加了城乡基本建设和防洪排涝的难度。1994年中国科学院院士咨询报告《海平面上升对中国三角洲地区的影响及对策》已经做了先导工作。对于这方面的问题仍需努力做进一步工作，这项工作是多学科的基础性研究。毫米级的自然环境变异在河口海岸过程中还不是那么敏感，往往要从几十年乃至世纪性来考虑它的危害性。然而，短周期的环境变异近年来受到重视的是厄尔尼诺(ElN ino)，或者加上南方涛动而戓的EN SO。厄尔尼诺所带来的气候异常，在流域旱涝规律和成因中已受到重视。据叶笃正、黄荣辉(1996) 对EN SO 不同发展阶段对我国旱涝影响的研究，笔者发现1949年、1954年、1983年都出现在EN SO 发展后期的减弱阶段，而这几年都与长江大水年相吻合。特别是1954年大洪水在长江河口造成世纪性的变化。而1998年大洪水由于长江河口经过50年的人为因素影响，没有出现如1870年、1949年那样的巨变。EN SO与台风频度和强度可能也有密切关系。20世纪80 ~ 90年代台风在浙江、广东、海南等省多次登陆，损失惨重，如“9411”号台风毁坏温州等地海塘530 km，因灾死亡1 200多人，直接经济损失124 亿元，“9711”号台风损毁台州、宁波等地海塘776 km，直接经济损失198 亿元，灾情严重。

台风对河口海岸的破坏作用受到研究者所重视。摧毁海堤、破坏民居都有报道。但是，对于厄尔尼诺对海岸的影响还缺乏深入研究。Komar 在研究尼罗河1909年以来河口蚀退问题时特别指出，固然阿斯旺修坝以来，河口来沙锐减导致河口沙嘴后退，但必须注意到气候变化的因素。1902年修建低坝可与海岸侵蚀有关，但低坝并不能拦蓄大量洪水，影响不能与高坝相同，必然另有原因，那就是1900年以后，尼罗河上游雨量骤减的缘故。Komar 还对美国太平洋西北海岸在1982 ~ 1983年和1997 ~ 1998年两次ElN ino事件造成破坏性的海岸侵蚀现象进行了分析。我国是季风气候，热带气旋频发，EN SO增强了河口海岸的气候影响，海岸的气候灾变是我们在维护海岸时需要研究的问题。

河口在涨落潮流路变异时所带来的冲淤变异往往导致较大的灾害。钱塘江盐官—青山岸段沙坎松软，在强潮作用下，大冲大淤，江岸大涨大坍，一日之间有坍岸245 m的记录。河口泥沙回淤在许多河口都有研究，如天津海河的大沽沙等。河口自然变异，已受人们关注，并已进行了一定深度的研究，但进一步研究其演变机制和演变的数值预报，更加有效地治理河口则是我们下一步的研究方向。

5.1.2 河口海岸带资源的可持续利用

河口海岸是天富之区，自古即有鱼盐之利，及至人口繁衍，为有效开发资源，保护生命财产，遂有堤塘兴建。中国防海工程历史悠久，全国约有10 万km^2土地都是退海围海之地，而这些土地都是当前改革开放的前沿，人口、财富最为密集。沿海11省市，加上河北省地圈内的北京，人口占全国的40.165%，而国内生产总值(GDP) 却占全国的60%。

土地资源是河口海岸开发中的主要资源之一。近50年来，全国共围涂造地12 000 km^2，以10 000 km海堤保护沿海城乡人民工农业生产，为千万人争取了生存空间。随着经济发展的需要和围海造地科学技术的进步，中国的海堤工程由防海到围海，并发展到填海。开始是海堤远离海岸，建在一般海水所不能及的地方，逐渐发展到濒临海岸，也就是平均高潮位附近。近20 ~ 30年来，进而到中、低潮滩，甚至水下滩，达到0 m线，甚至0 m线以下。先促淤再围涂，使得天然海岸向人工海岸转化，于是出现了人工海湾、人工潟湖、人工半岛、人工海滩等。围了的土地，用于养殖、种植、工业生产和城镇建设，取得巨大的社会效益。中国在围涂造地方面技术是先进的，成绩是显著的。

面对前50年土地资源开发的成绩，未来50年海岸土地资源开发应该向怎样的方向发展，也有许多需要研究的问题: 第一，我国围海造陆的速率和自然成陆的速率是否相适应。据研究，我国海岸自然成陆的速率约为100 km^2/a； 但是近50年来我国围海造陆的速度达到240 km^2/a，超过了自然增长速率。也就是说，有相当一部分高滩被围去了，但也有相当一部分是通过围堰促淤、生物促淤以及抛石促淤取得的。第二，未来的围海造地，在长江以南主要是低滩围涂，需要围堰促淤，促淤速度是否与需要围涂的速度相适应，这个问题要因地而异，与供沙来源有关。在流域来沙或海域来沙丰富的海岸区段，促淤效果显著，否则，需时较长。广东西江口的促淤显著，但无序围垦产生负面影响。长江口2000年南汇东滩围堰直到0 m线，仅半年时间，普淤50 ~ 70 cm。它拦截了–2 m以上部分沿岸高浓度的泥沙流。第三，促淤造地与湿地保护是否相适应，这个问题是当前讨论的焦点，要解决这个问题需对围堰后沼泽演化，围堰外面的潮滩剖面塑造，泥沙运动、开发利用形式及其结构，以及多形式的生态工程等进行系统研究，促淤围涂与环境保护试验区的建设是需要的。

河口及其邻近岸段是促淤造地的重要地区，同时促淤造地也是河口治理的一个重要方面。有的河口治理是治江与围涂相结合，有的河口整治疏浚和围垦相结合，也是因河口而异。以航运资源开发为目的的瓯江河口、闽江河口都得到有效的治理。钱塘江河口治理是在河口理论研究的基础上进行的，科学地制定规划，减少进潮量是其治理原则，治江和围垦结合是其手段，既取得了土地，也治理了江槽，更维护了涌潮天下奇景的环境，使钱塘江河口成为人工河口的典范。长江河口正在进行与三峡工程意义相当的深水航道工程。长江北槽两侧共长100 km双导堤，通航水深12.5 m，正在建设之中，第1期8.5 m水深航道已经完成，长江河口治理也将向人工河口发展。为实现这样的目标，“围垦明沙、稳定阴沙、减少活动沙”是其治理原则。珠江河口10 m航道已经使用，现正计划进行13 m深槽治理的规划，河口治理中一系列基础问题需要研究。就方向而言，人工河口和生态河口如何结合是一个问题，是维持进潮量还是减少进潮量，则是另一个问题，珠江口治理希望保持进潮量，保持潮滩已经提了出来。河口三角洲网河的研究已经做了许多工作，其中珠江三角洲网河系的治理在岛屿型三角洲网治研究和治理中有颇多借鉴之处。

河口海岸资源开发是多方面的，无论上述土地资源或水运资源(港口航道) 的开发，还是其他资源的开发，如淡水资源、水产资源、旅游资源等，以及其他基础设施，对天然海岸都要进行不同程度的工程措施和人为干扰。为使工程取得效果和尽可能地减少负面影响，有必要对有关具体海岸区段和河口进行自然适应与泥沙运动规律的基础研究。具体海岸区段和具体河口都是与它们的边界条件及动力特征相适应的。只有充分认识它们的自然形成机制，在这样的机制指导下进行人工改造，才有可能顺应自然，取得较佳效果。在这个问题上长江河口的自然适应和人工控制是一个典例。泥沙是河口海岸自然调整中的关键问题，河口泥沙虽然有了一些成果，如长江河口泥沙扩散、渤海湾的泥沙运动问题等，但河口海岸的海沙研究基本理论问题较之河流泥沙研究还有相当差距。加强这方面的研究，对于居于国际前沿的中国泥沙研究而言是有优势的。

5.1.3 河口海岸生态环境与生物多样性

人口增长、资源开发和环境保护是当前世界上众所关注的问题，特别是环境问题对人类生存与发展的威胁使人们已经认识到解决环境问题的紧迫性了。据报道，“海洋环境恶化的总趋势至今仍未得到有效遏制”（国家海洋局，20世纪末中国海洋环境质量公报）。就陆地水而言，我国的水质污染非常严重。全国河流长度有70.16% 受污染。城镇污水排放量达584 亿m^3/a。农田面源污染也很严重，大量污水排海，遂使近海水质恶化。报道称“沿大部分滨海地区，水质劣于一类海水水质标准的区域扩展至距岸10 ~ 30 km，而江苏、上海、浙江以及辽东湾沿岸，已扩展至距岸120 ~ 200 km处”。长江口水质标准不到Ⅱ级，SS 严重超标。由于水质恶化，沿海赤潮频发。1998年9月18日至10月15日，渤海发生大面积赤潮，遍及辽东湾、渤海湾、莱州湾和渤海中部，面积达5 000多km^2，经济损失5 亿元。1999年7月，渤海赤潮面积达6 300 km^2。2000年春夏之交，杭州湾邻近海域也发生几千平方千米的大面积赤潮。1998年3月中旬至4月初珠江口一次赤潮使粤港两地养殖业蒙受3.5 亿元的重大损失。

近海水质污染主要来源于陆地水，陆地水主要通过河口排入近海。这其间有两个问题需要进行研究。其一，近海水污染往往与河口混合水密切有关。在河口地区从径流淡水到河口混合水，再到海洋盐水。目前海洋和河流存在着不同的水质标准。河流所采用的是地表水监测标准，这个标准与海洋监测标准很不相同。比如长江河口水质，按陆地水标准为Ⅱ～Ⅲ级，但按海水标准则不到Ⅱ级。因此，作为河口水和海水会合所形成的河口混合水应遵循什么标准，这是一个需要研究的问题。其二，河口过程是一个复杂的过程。如前所述，在河水与河口混合水之间存在着一个界面，河口混合水与海水之间存在着另一个界面。与前一个界面有关的最大浑浊带也是河口的跃变带，或者是不连续带，正是这个跃变带使河口成为过滤器，对于河口化学来说，它是一个屏障带。河流带来的悬浮颗粒，在盐淡水相遇所产生的物化过程中，水体中的化学元素和有机物的含量明显升高。这种跃变现象在水质上将是怎样的表现呢? 再则，在河口混合水与海水界面上，形成另一个滤层，这与河口锋，随之延伸次级锋、海岸锋相比，它们与赤潮的发生是否存在着关系则是另一个需要研究的问题。

海洋环境质量公报反映出: 滨海湿地丧失约50%，红树林丧失70% 以上，近岸珊瑚礁80% 遭到不同程度的破坏。湿地是水圈和地圈界面上的特殊生态系统，是人类宝贵的自然资源，它具有多种功能，能降减污染；它是多种野生动植物，特别是许多濒危水禽赖以生存和繁衍的场所。保护和合理利用湿地资源对于保护生物多样性、维持生态平衡、促进社会经济发展具有重要意义。中国的湿地面积（包括沼泽、湖泊和海滨湿地）大约2 500 万 hm^2，占中国国土面积的21.6%，其中海岸湿地约为500 hm^2。历史的经验和教训使人类认识到破坏湿地就是破坏自己的生存环境，保护湿地就是保护人类自己。保护湿地越来越受到国际社会的重视，并专门签署了湿地保护公约。1992 年我国加入了国际湿地缔约国，一方面在原有基础上加强滨海湿地自然保护区的建设，另一方面也加强了湿地的研究。目前，我国已经建立了各类自然保护区73个，其中国家级的18个，在保护生物多样性和生物资源方面发挥了重要作用。

在湿地保护方面有下列问题需要进行讨论: 其一，我国海岸地带变化情况差异甚大，有的是淤进海岸，有的是蚀退海岸，有的相对平衡。而淤进海岸有快有慢。对于不同的海岸动态，湿地保护是否有所差别。对于淤进的海岸，淤进的速率如何，在淤进的同时，湿地毗连陆地部分由于距海较远，沼泽发生退化。沼泽退化的速度如何，需进行研究。因此，有的湿地采用动态保护，如江苏丹顶鹤保护区。对于蚀退地区是否需要工程保护也是需要研究的问题。其二，国际上有些对海岸栖息地进行修复的工作，改善海岸生态系统具有的特殊功能和恢复生物的多样性。这种恢复工作也是因地而异。如美国河口修复组织制定2010年100 万英亩修复目标，其中也包括种草和群众教育等工作。我国沿海省市实际上已经做了一些湿地修复工作，如大米草种植以及多种形态的生态工程。问题是今后在修复研究方面如何有效组织和深化研究。

5.2 黄河三角洲海岸带的生态演化与侵蚀防护

海岸带是自然灾害与社会经济发达区相互重叠的特殊环境地带。我国海岸带环境灾害的基本特征是种类繁多，频次高，破坏性强，与社会经济发展耦合，易形成复杂灾害链等。减灾的对策关键在于合理规范人类对环境的行为和态度，保护和改善本已十分脆弱的海岸带生态环境，使人与自然界和谐相处；对于全球气候和环境变化诱发的灾害，则力求基于科学认识与预测，建立一个数字化的区域经济发展模拟系统，在海岸带开发中合理规划建设，做到未雨绸缪，走海岸带社会经济可持续发展的道路。实现海岸带地区和谐，社会经济可持续发展。

5.2.1 黄河三角洲海岸带生态地质环境演化

水环境污染状况。研究区内的环境污染问题随着工农业特别是油气开采、炼化业的发展而加重，也逐渐被油田、地方的决策者所重视。近几年，油田和地方都投入了大量人力、物力进行监测、评价和治理，取得了一定效果，但仍未从根本上解决污染问题，环境的污染现象依然存在。

土地盐渍化。盐碱土指土壤中同时含有过量的可溶性盐类和过量交换性钠的土壤，这样的土壤含盐量过高，会使农作物低产或不生长。区内盐碱土的分布与地形地貌有较密切的关系:即以现代黄河三角洲顶部为顶点，呈扇形递变，自内陆向沿海，盐碱化程度逐渐加大。对比1997年土壤盐碱化分布可知，10年内黄河三角洲盐碱化加剧，重盐碱化区范围明显增大。黄河北部的非盐碱化区范围逐年缩减，边界线向黄河靠拢。南部重盐碱化区范围也不断扩大，现仅有下镇乡附近分布少量轻微盐碱化土和中等盐碱土。

湿地环境演化。黄河三角洲处于海陆交错地带，受河海淡咸水双重影响，加之地貌、人为作用，发育了多种多样的湿地生态系统。总体上可分为自然湿地和人工湿地两大类，其中自然湿地占主要地位，比例可达73.5%，包括浅海滩涂、河流、河口、沼泽、草甸、疏林灌丛等；人工湿地主要包括水库与水工建筑、水田、盐田、虾池等。由于自然环境的变化以及人类对湿地自然资源不合理的利用，现代黄河三角洲湿地生态系统结构在发生变化，其功能逐渐衰退、生物多样性减少、生物生产力下降、湿地资源逐渐丧失。黄河三角洲海岸带湿地类型和面积的变化主要表现为：天然湿地不断减少，人工湿地逐年增加，滨海湿地总面积处在不断扩大之中。人类开发活动、黄河断流以及水资源短缺等原因造成了湿地类型及面积的变化。综合考虑影响湿地产生、发展和存在的各种因素，可以预测本区在未来一段时间内，总湿地面积的增长速度将趋缓，湿地结构中人工湿地面积将不断增加，自然湿地将逐渐减少和退化。这种变化趋势将使本区湿地景观的天然性降低，对生物多样性的持续存在造成越来越大的威胁。

海岸冲淤变化。对1976年以来黄河三角洲海岸线的淤进蚀退变化进行了对比，并对不同岸段1976～2004年海岸线的变化动态进行监测分析。发现1976年黄河改道清水沟后，海岸线变迁的总体趋势为:北部刁口地区岸线不断侵蚀后退，东北部黄河港地区基本稳定，南部新黄河口地区不断向海淤积扩张。自1976年黄河改道清水沟流路以来，刁口地区的沙嘴及附近海岸线一直处于蚀退状态。

黄河改道清水沟流路初期造陆速率大，尤其是1981～1984年，沙嘴明显向东淤积扩张，口门淤积速度达5 km/a。改道后期造陆速率有逐年减小的趋势，由1992年的12 km^2/a逐渐减为1996年的9. 25 km^2/a。1996年人工改汊后，北汊造陆速率加快，迅速淤出一个小沙嘴，2000年以来由于黄河断流及来水来沙量减少，北汊沙嘴淤进与蚀退交替，变化不大。自北汊改道以来，南部大沙嘴持续侵蚀，新黄河口区陆地面积开始出现负增长。整个岸线变化存在短期幅度大、长期幅度小的规律。

5.2.2 主要灾害威胁因素

5.2.2.1 黄河断流及来水来沙量减少

根据统计资料，1994年以前黄河入海平均水量404 亿m^3，沙量12 亿t。近年来，黄河下游来水来沙量大幅度减少，1997～1999年，三年平均来水量63.6 亿m^3，平均来沙量1.96亿t。淡水径流与泥沙输送量骤减，造成三角洲地区自然环境天然动态平衡被打破，使得径流作用降低，破坏了水盐平衡，导致三角洲水土系统环境恶化；淡水中断使河口三角洲区的苇田、潮滩等湿地生态环境变化；改变了河口地区水动力条件，加快了黄河三角洲海岸蚀退速度。

5.2.2.2 相对海平面上升

由于全球气候变暖，黄河三角洲地区地壳下降，研究区相对海平面有所上升，根据1986年和1997年两次水准测量资料分析，11年间黄河三角洲相对海平面上升在33.25～44.25 cm。这使得潮流顶托作用增强，引起河口海水倒灌，咸潮入侵，地表和地下淡水水源被咸化，土壤盐碱化程度加剧；天然滨海湿地面积减少，生态系统结构、过程发生改变，环境不断恶化；海岸线后退，岸坡遭受侵蚀刷深。

5.2.2.3 风暴潮灾

风暴潮期间，海水漫溢，淹没大片土地，大量的可溶性盐类被带至陆地，破坏土壤物质结构，形成大面积盐碱化土地；盐类物质侵入地下，形成高矿化度地下水及轻重不同的盐碱土壤。风暴潮使植被遭受冲刷，根部裸露，严重的可使地表植被全部毁坏死亡。

5.2.2.4 油田开发

油气开采是一种大规模的生产活动，在勘探、开发、输运、加工等整个生产过程中，不可避免地会对生态地质环境造成各种影响。

5.2.2.5 滩涂开发与围海

黄河三角洲的滩涂开发主要是人工养殖与盐业生产，产业废水的产生、排放也成为直接污染滩涂及近岸环境的重要来源。

黄河三角洲海岸带生态地质环境演变是一个复杂的过程，各个影响因素不是孤立存在的，自然过程和人为作用也不可能截然分开，二者相互影响、相互渗透，导致生态地质环境的不断变化。

5.2.3 黄河三角洲海岸侵蚀及防护

20世纪80年代以前，黄河平均每年有10 亿多t泥沙入海，年均造陆面积25 km^2左右。近20年来，黄河来水、来沙明显减少。尤其是最近7年共来水487.8 亿m^3，共来沙11.2 亿t，仅相当于20世纪50～60年代一年的水沙量。随着黄河中下游对黄河水资源的开发利用，黄河下游的水沙条件进一步发生更大变化，黄河连续多年出现断流现象，使泥沙来源减少。

由于黄河三角洲是典型的河控三角洲，其形成和演变明显地受黄河来水来沙量的制约。当入海泥沙减少不能维持海岸平衡时，必然引起三角洲海岸蚀退。根据近年来的海岸蚀积状况，现代黄河三角洲海岸可分为弱侵蚀和强侵蚀海岸。弱蚀型海岸主要分布在挑河湾以西；强蚀型海岸主要分布在挑河湾以东的刁口河、神仙沟和孤东岸段（见图5-1）。强蚀型海岸从挑河湾到孤东临海堤北端，全长约66 km。自1964～1976年，平均蚀退约28 km，蚀退速率达225 m/a 。尤其1976 年黄河从刁口河改走清水沟入海后至今，刁口河不断出现断流断沙，海岸持续侵蚀后退（见图5-2）。从此，导致河口的沙嘴及附近海岸线不断受到海水侵蚀，蚀退速率为沙嘴> 岸线> 岸坡；在1976～1986年间，刁口河沙嘴蚀退约6 km，蚀退面积约100 km^2。1986～2002年沙嘴蚀退1 km左右，蚀退面积为37 km^{2}左右；岸坡在-10 m水深以外，蚀退速率显著减小；到达-15 m水深，基本处于稳定。

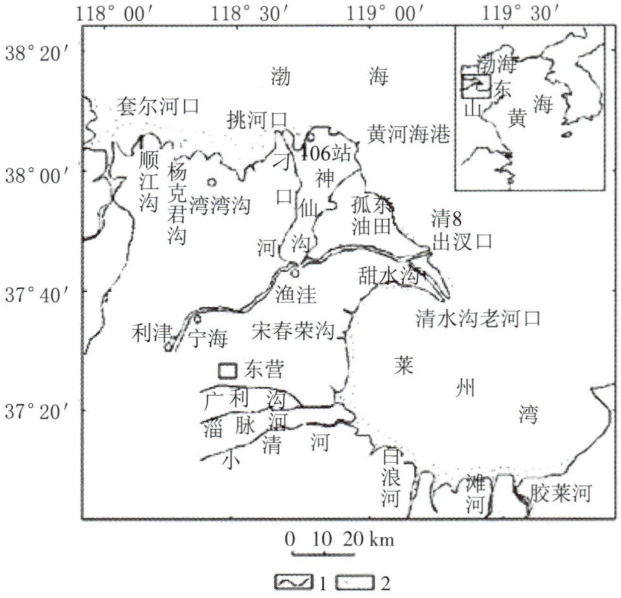

图5-1 黄河三角洲现状示意图

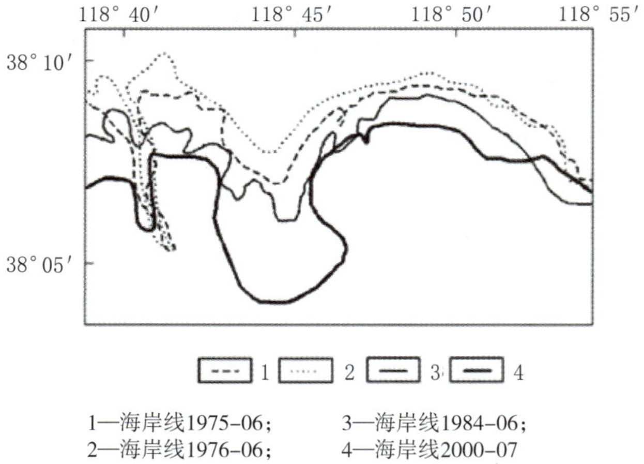

图5-2 黄河三角洲东岸段飞雁滩海岸蚀退情况

三角洲海岸侵蚀原因分析。将海岸作为一个系统来看，在稳定状态下，物质和能量的输入输出处于平衡。海岸系统的物质基础是泥沙的运移，能量是海岸波浪、流场、潮汐的作用。如飞雁滩海岸自刁口河流废弃后，泥沙物质来源断绝。而海洋动力因素的影响则依旧，造成海洋动力自然加强致使泥沙从海岸系统中流失，导致强烈侵蚀河流泥沙输移量的减少。河流输沙是海滩沙的主要来源。我国沿海入海河流的泥沙输出量巨大。黄河1976～1995年年均输沙量为6.59 亿t，因此泥沙量对海岸线的后退淤进有举足轻重的作用。黄河改道使原来的泥沙来源断绝，致使原来淤进的岸线迅速转变为侵蚀后退。根据南京大学海岸与海岛实验室研究，1930～1980年废黄河口岸段海岸线平均后退20～30 m/a，北段后退15 m/a，南段20～30 m/a，滩面蚀低0.5～1.0 m/a。引起河流泥沙量减少的原因很多，其中最主要的原因是上游的水利工程建设截断了下游的泥沙及内陆地区成功地采取了土壤保持措施。例如自20世纪50年代以来，长江流域各水库累计库容呈指数增长趋势，大通站入海泥沙量在20世纪60年代由增加转为下降趋势。长江口水下三角洲的整体淤涨速率已明显下降，局部出现冲刷。

5.2.3.1 水动力因素的作用

水动力条件(包括河流和海洋) 是塑造河口形态、地貌的重要因素，其中海洋动力作用对海岸侵蚀起着更重要的影响。短时间内海平面上升不会引起海岸侵蚀；但长期变化，则会诱发或加速海岸的侵蚀。海平面相对上升，导致近岸水深增加，使到达岸边的波浪作用增强而侵蚀海岸。同时将侵蚀下来的物质带向海底。据Bruun (1962) 研究，海平面每上升1 m将使高潮线后退50～100 m。我国国家测绘局通过统计分析，我国海平面上升率为2～3 mm/a，而且至今仍处于上升趋势。

造成海岸侵蚀的动力主要包括潮流、波浪、风暴潮等。长江三角洲海区是中、强潮流区。实测最大潮流速2 m/s以上，潮流作用成为海岸动态变化的主要动力。潮流的强烈作用及其逐月逐日的波动变化，使海滩沉积物经常处于十分活跃的冲刷、堆积状态。近岸潮流，除都是半日潮往复流的运动形式外，还具有落潮流速较大和落潮历时较长的共同特点。它决定了沿岸泥沙的离岸移动方向，并成为海岸侵蚀的重要原因之一。波浪作用是决定海岸侵蚀季节变化的主要原因。其侵蚀作用主要表现为起动泥沙，搬运泥沙，波、流结合输沙。黄河三角洲岸线侵蚀一般是受到潮流和波浪的共同作用引起的，即波浪作用下底床泥沙产生移动的临界水深，在强潮水流作用下，波浪掀沙和潮流输沙二者结合，增强了海岸的侵蚀作用。

近代气候的变异和海平面上升将会引起风暴潮灾害频率增加和强度加大。无疑，风暴潮等海洋动力增强将使海岸被侵蚀的机会大大增加。据J.R.Gorntiz 研究，如果海平面上升15 cm，暴风浪将增加1倍左右。风暴潮对海岸的侵蚀作用具有突发性和局部性，其危害程度极为严重。中国风暴潮可分为台风暴潮和温带风暴潮两类，前者对全国海岸均有影响，以影响山东半岛以南的海岸为多，后者主要发生在渤海西南岸。

5.2.3.2 人为因素的影响

人为因素主要包括沿岸挖沙和水利(海岸) 工程。由于海岸沙分选性好，是一种优良的建筑材料。人为地到处不合理的挖沙，降低了海滩滩面，使海岸遭受更强的波浪袭击，从而进一步加强海岸侵蚀。例如，泗礁岛五龙沙滩、大衡山万良吞沙滩、象山沙滩等沙质海岸均因人工挖沙遭破坏。

水利或海岸工程主要通过拦截上游输给三角洲海岸或潮滩的泥沙来源，减少了三角洲泥沙的供应量，特别是不合理的海岸工程，在沿海有漂沙情况下，突堤式构筑物在其上游一侧往往因存在入射角填充作用，而形成泥沙堆积，相反在其下游一侧形成侵蚀冲刷。例如建于1971 年的山东岚山港佛手湾突堤，就出现了北侧明显淤积，南侧发生侵蚀，四年内北侧淤积1.78×10^5 m^3，而南侧蚀去泥沙1.3×10^5 m^3，高潮线海滩被吞食，形成大片基岩新滩，低潮线向岸逼近100 m。

5.2.3.3 黄河三角洲海岸防护现状及实效

造成海岸侵蚀的动力有波浪、潮流、风暴潮等。在近岸水浅处，波浪可直接强烈地作用于底部，引起岸滩的冲淤变化。沿岸的防护工程措施应该是增加底部摩擦，或者在岸外建造消浪工程设施，大大损耗波浪作用的部分能量，从而削弱波浪动力对岸滩的侵蚀作用。同时，利用人造工程抵挡顶冲主流线，或者改变、挑离主流线，促使泥沙落淤，减缓海岸的侵蚀强度，使海岸线稳定。

目前，黄河三角洲绝大部分海岸段因河流泥沙供应不足，造成海岸强烈侵蚀。在局部海岸段，通过工程措施可改变近岸泥沙的运移格局，使泥沙堆积下来。如何使进入近海岸带的泥沙量增加，输出的泥沙量减少，是海岸防护的一个主要途径，也是急需加强研究的方面。

1）海堤

海堤又称海岸堤防、海塘，是在河口海岸地区为了防止潮、浪侵袭在沿岸地面上修建的一种垄状挡水建筑物。通常是筑于平原海岸段的高潮线附近。是一种比较古老的护岸措施。一些海岸修筑海堤的目的，是既防洪又防止海岸侵蚀后退。例如修建于20世纪60年代的长江口的崇明岛南岸的海堤；近几年上海市已完成沿江50年一遇的防洪、抗浪达标海堤更显实效。黄河三角洲胜利油田北侧的孤东海堤工程，对阻挡海潮入侵起到了重要的作用。

2）丁坝

丁坝是当前我国海岸防护采用较多的一种保滩促淤工程。它不仅能拦流截沙，起到挑离主流线的功效，同时也能消耗正面入射波的能量，使其到达岸边的波浪减弱。丁坝的促淤效果取决于丁坝的方向、高度、长度及其间距。其长度约为当地破波带平均宽度的0.14～0.16 倍。一般丁坝轴线与主波向线交角以100°～120° 最佳。为了保护一定长度的海岸线，丁坝通常成群出现，构成丁坝群。其间距为丁坝长度的1～3倍。被丁坝群拦截的沿岸输沙将沉积在丁坝群的上游侧以及2座丁坝间的滩面上，从而使该段海岸不再被侵蚀。例如，长江口的南支南边崇明、长兴、横沙3岛分布数百条丁坝，主要起着护滩保堤的作用。

3）离岸堤

离岸堤是一种距水边线有一定距离而又平行于岸线的露出水面(或在水下的潜坝)的防护建筑物，通常成组出现。它的主要功能是使海浪受堤阻拦而发生绕射，消耗入射波能，在堤后形成波影区，促使泥沙在堤后及受到保护的岸段淤积，因此它可以有效地保护该段海滩免遭海浪的侵蚀。例如，吕泗港、杭州湾北岸和黄河三角洲飞雁滩等地海岸防护采用的就是这种形式，效果良好。

4）人工海滩补沙(即填沙护滩)

对于海滩侵蚀最自然的对策，是从海中或陆上采集合适的沙补充到被侵蚀的岸滩上。海滩补沙或填沙护滩已被证明是一种经济有效的措施，而且它对下游岸滩的影响也比其他防护设施为小。这项措施已经在长江河口的一些岸滩得到了应用。由于人工填补到海滩上的沙，在各种海洋环境条件，特别是海浪的作用下，均将被冲刷，因此补给周期要和被侵蚀泥沙自然耗损的速率一致。

5）生物护岸措施

生物护岸措施是依靠在潮滩或水下栽种或培育某种植物，以达到消能并防止侵蚀的作用。上海市水利部门经常在潮滩上种植芦苇。当其发展成为群落后，能有效地降低到达岸边的波浪。自20世纪60年代以来，南京大学的仲崇信教授等在江苏等淤泥质海岸引种的互花米草有效地减轻了滩面的侵蚀，收到良好的效果；黄河三角洲胜利油田的桩104、桩12、桩303海域试验性种植互花米草，目前最高处已淤高约0.15 m，总淤积面积近10 万m^2，且该淤积部分经过1997 年风暴潮的袭击，其损失最小。

具体到某个海岸要根据其特点具体选择，也可以采用组合形式的护岸措施。陈沈良等根据黄河三角洲飞雁滩海岸的侵蚀特点，提出现有的防潮堤能减缓岸线蚀退，不能抵御强烈的侵蚀。若在高频波浪带外侧建造离岸堤，则可起到消浪、挡沙的双重功效，它可成为飞雁滩海岸有效的防护工程体系。

5.3 实现河口海岸带生态环境协调有序发展的有效途径

5.3.1 建立一体化的海岸带综合管理体制

海岸带综合管理(ICZM)是世界上所有沿海国家实现可持续发展的有效途径，综合和协调是ICZM 的重要机制，而海岸带地区的发展模式也将由“人类中心论”转变为今天的“生态中心论”，其基本框架中倡导的如制定有权威的ICZM 地方法规、编制区域一体化的海岸带功能区划与开发规划、推进公众参与和国际合作等管理措施，与过去相互独立的海岸带行业管理相比，都有着巨大的优越性。海岸带是一个统一的生态系统，人类排放的污染物作为外来物质和能量打破了这一和谐的平衡，而恶化的环境最终将危及人类自身的发展与生存。

海岸带陆海相互作用研究(LOICZ)也是全球变化研究的重要组成部分。许多海洋环境问题的最根本解决办法在于将海洋环境资源的各种利用进行一体化的科学信息管理，以保证这些利用是可持续的。

《21世纪议程》的第17章为各国的海洋及海岸带综合管理和保护提供了一个综合的框架。对此章程实施情况的评价可衡量一个国家综合管理海洋、海岸带和相关资源的水平。近年，基于公众教育和社区水平的海岸带综合管理在一些国家是行之有效的。

5.3.2 应用“数字地球”技术，优化海岸带的管理与规划

实现海岸带可持续发展的关键在于监测海岸区域的资源、环境的动态变化，协调海岸带经济、社会发展的不平衡。充分运用遥感(RS)、全球定位系统(GPS)和地理信息系统(GIS)、卫星对地观测等数字地球技术和全球通信网(如Internet)获取海岸带的资源、环境、经济与社会动态变化数据，实现数据获取、数据处理、存储和数据交换与共享，可将区域资源、环境、经济、社会数据组织起来，避免对数据的重复采集和分析决策的滞后，综合和压缩信息，动态模拟海岸带环境的变迁趋势，提高快速预测、预报和评估的能力，为海岸带可持续发展的决策系统提供最为强有力的技术支持。

5.3.3 建立海岸带环境、资源的有偿使用制度

为了确保海岸带资源与环境的可持续发展，必须在海岸带实行资源与环境的有偿

使用制度，要根据价值规律和市场供求关系来调整海岸带环境与资源的使用价格。可先选择一些重要的河口海湾作为试点，进行海域环境、资源的评估定价，而后根据市场供求关系，将海岸带的环境与资源价格推向市场，解决海岸带环境与资源在公平竞争基础上的合理分配，与完善的地方法律、法规和标准体系相结合，实现资源与环境的有偿使用制度和可持续发展。

5.3.4 控制入海的陆源和海上污染

对人口密集的海岸带而言，污染物质的零排放和停止发展是不可行的。我们不仅需要去预测人类行为可能产生的环境后果，而且同样重要的是去预测这些后果发生的可能性。虽然海平面上升、厄尔尼诺现象等全球变化无时无刻不在修饰和改变着海岸带的地貌特征，并恶化着人类的生存环境，但毫无疑问，海岸带陆源的人类活动将继续成为影响海岸带水域和资源最为重要的因素，进入21世纪尤其如此。由此，包括中国在内的世界各国的海岸带的河口及三角洲、高生产力的海湾与滩涂等区域的海洋环境变迁将继续成为科学家们关注的焦点。全球经济一体化将加大海运的往来，由此海源的污染亦将不可忽视，而且南中国海海底丰富的油气储存也将导致海洋油田的开发与石油泄漏，在目前的条件下，其影响是不可预测和控制的，而频繁的海运事故所造成的海洋污染对海岸带生存环境将是一个严重的挑战。

因此，强化监督管理，严格控制城市和工业污水的排放，加强对农田废水的工程处理，加强新技术、新工艺的开发应用，对资源进行循环利用和加大海上执法力度等措施，都是任何一种海岸带管理体制中所必需的，它们都将从根本上实现对资源的节约和减轻海域的污染。

5.3.5 维持海岸带生态系统的稳定，提高抵御海洋灾害的能力

海岸带生态环境退化与海水侵蚀、海滩的不合理利用有着很大的关系，发展海岸带复合农林业，进行海滩和湿地的合理养殖与保护，都将在资源利用的同时，维持海岸带生态系统的稳定，在此基础上，进行海堤加固达标工程建设，加强沿海防护林体系的建设，完善风暴潮漫滩预报体系，应用卫星遥感实时检测和预报海域的赤潮演变状况等措施，都将提高海岸带对海洋灾害的抵抗能力。

5.3.6 组织以海岸带开发、保护为目标的国内外交流与合作、人员培训和群众性的宣传教育

实现海岸带的可持续发展，必须提高公众的环保意识，进行群众性的宣传教育，强化公众参与对政策制定过程的影响。只有这样，海岸带综合管理体制的各项具体的法律、法规和政策，才会在社区和公众水平上得到真正的贯彻与支持；建立海岸带示范研究区域，融合现代科技和管理经验，进行区域和国际性的海岸带综合管理经验的交流与合作，使海岸带的生态环境在经济发展的同时，从区域和全球意义上得到恢复与保护。

5.4 建造黄河三角洲生态海岸的基本构想

可持续发展已成为全球和国家发展的自然选择，已作为21 世纪“自然—社会—经

济”复杂巨系统的发展原则和目标。可持续发展的核心在于正确规范“人与自然”、“人与人”之间的关系。可持续发展概而言之，即发展、合理、公平、协调的规范性操作。海岸带是自然灾害与社会经济发达区相互重叠的特殊环境地带。我国海岸带环境灾害的基本特征是种类繁多，频次高，破坏性强，环境脆弱性特点突出，与社会经济发展相耦合，易形成复杂灾害链等。

生态海岸资源要合理有限地开发，因地制宜，综合开发。资源开发要区间公平、产业间公平、世代间公平。资源开发与环境保护要协调发展。生态海岸是改革开放、海洋开发和国防建设的前沿，必须加强基础理论的研究，有效地开发河口和海岸带。研究的范围在原有海岸带调查范围基础上，根据具体问题的需要，向陆和海有所拓展。初步意见如下：

（1）鉴于世界典型海岸带防护与建设的经验教训，以及21世纪以来人类对海洋与陆地交汇区域特殊性认识的不断升华和完善，本书明确提出了黄河三角洲生态海岸建设的长期主体目标。

建造黄河三角洲生态海岸的创意倾向是，将人类活动及人居环境纳入到海岸带生态系统之中进行考察、思索与规划，即破除系统内单一或部分因子的畸形发展所导致的失衡性灾变诱因，从而实现系统中生态要素之间的良性循环、生态物质能量的高效转化、人与自然在生态层次上的高度融合与和谐发展。

（2）对于河口海岸研究的复杂性和调查的艰巨性，需要在调查研究的手段和技术上有所突破。世界已经进入信息时代，认识河口海岸就必须充分地取得河口海岸信息。由于河口海岸信息取得的艰巨性，有必要运用多种手段，既要利用空间信息，也要建立监测系统，还需要取得现场的资料，建立起河口海岸信息系统。在这个基础上，建立起数字河口海岸，它是数字地球的重要组成部分。所谓数字地球，陈述彭院士明确地指出:“数字地球就是地球上的信息全部要求数字化”。数字河口海岸的建立是河口海岸飞跃发展的基础。

（3）河口海岸研究需要进一步提高规律性的认识，在规律性认识的基础上，提高机制性的研究（物理、化学、生物和地质）以及综合性的机制性研究。在这个基础上，发展预报技术。另外，还需与国家目标相结合，以理论指导实际，有效地解决实际问题。

如上所述，大河河口、内联流域、外联近海空间和邻近海岸，有点有面，问题集中而且实际，因此建造黄河三角洲生态海岸创新构想的提出，为黄河三角洲海岸带的国土防护和生态修复，乃至对于我国漫长海岸带的开发与管理提供借鉴。

参考文献

[1] 陈吉余，陈沈良. 河口海岸环境变异和资源可持续利用[J]. 海洋地质与第四纪地质，2002(2):1–7.

[2] 段焱，孙永福，袁西龙，等. 黄河三角洲海岸带生态地质环境演化[J]. 海洋环境科学，2008(5):427–431.

[3] 左书华，李九发，陈沈良，等. 河口三角洲海岸侵蚀及防护措施浅析——以黄河三角洲及长江三角洲为例[J]. 中国地质灾害与防治学报，2006(4):97–101，109.

第二课题 黄河三角洲海岸带变迁、国土进蚀状况的研究

第6章 黄河三角洲自然概况

6.1 地理位置

黄河三角洲位于渤海湾南岸和莱州湾西岸，地处117°31′~119°18′ E和36°55′~38°16′ N之间，主要分布于山东省东营市和滨州市境内，是由古代、近代和现代三个三角洲叠成的复合体。古代三角洲以蒲城为顶点，西起套尔河口，南达小清河口，陆上面积约为7 200 km^2。近代三角洲是黄河1855年从铜瓦厢决口夺大清河流路形成的以宁海为顶点的扇面，西起套尔河口，南抵支脉沟口，面积约为6 000 km^2；而现代黄河三角洲是1934年以来至今仍在继续形成的以渔洼为顶点的扇面，西起挑河，南到宋春荣沟，陆上面积约为2 400 km^2。

6.2 黄河三角洲地形特征

黄河三角洲平原地势低平，西南部海拔11 m，最高处利津南宋乡河滩高地高程为13.3 m，老董一垦利一带9~10 m，罗家屋子一带约7 m，东北部最低处小于1 m，自然比降为1/8 000~1/12 000（见图6-1）。区内以黄河河床为骨架，构成地面的主要分水岭。三角洲是由黄河多次改道和决口泛滥而形成的岗、坡、洼相间的微地貌形态，分布着沙、黏土不同的土体结构和盐化程度不一的各类盐渍土。这些微地貌控制着地表物质和能量的分配、地表径流和地下水的活动，形成了以洼地为中心的水、盐汇积区，是造成“岗旱、洼涝、二坡碱”的主要原因。

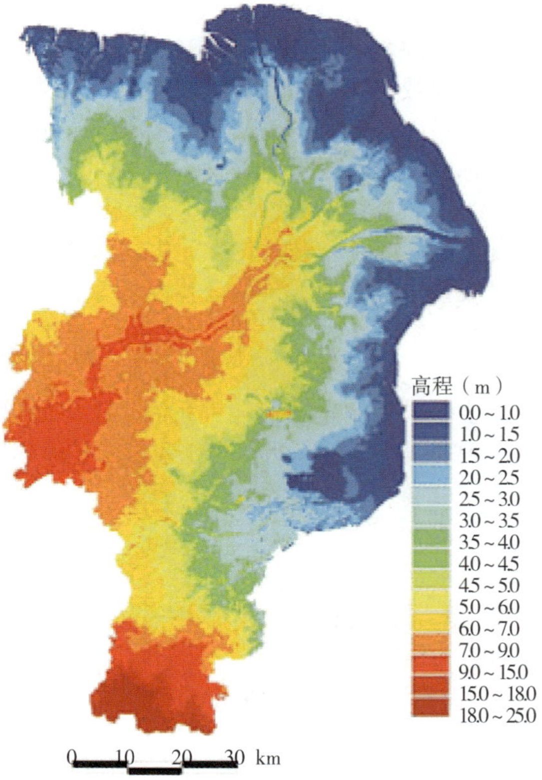

图6-1 黄河三角洲地形特征

6.3 黄河三角洲地貌类型

黄河三角洲是一典型扇形三角洲，属河流冲积物覆盖海相层的二元相结构，由于黄河三角洲新堆积体的形成以及老堆积体不断被反复淤淀，造成三角洲平原大平、小不平，微地貌形态复杂，主要的地貌类型有河滩地(河道)、河滩高地与河流故道、决口扇与淤泛地、平地、河间洼地与背河洼地、滨海低地与湿洼地以及蚀余冲积岛和贝壳堤(岛)等（见图6–2）。其中，河滩高地是黄河尾闾故道摆荡泛淤而成的河流堆积地貌，地势比周围低地相对高2～3 m，物质组成以黄河洪泛相粉沙为主，河流故道为历次尾闾迁徙后的河床遗迹，多构成河滩高地的中轴，并与之紧密连成一体。河间洼地指分布于河滩高地之间的低平洼地，背河洼地是黄河大堤背河侧沿堤成带状分布的洼地，其形成既与人工筑堤取土有关，也与黄河地上河道因侧渗而积水有关。决口扇是黄河洪水决口破堤后，大股水流流向泛滥平原低处所形成的扇状堆积体，扇柄与河道相连；淤泛地指人为控制下黄河摆荡泛淤的堆积或者引黄放淤区的堆积，后者有的外形似决口扇。滨海低地指海、陆交互作用带，即海岸带，呈带状展布；湿洼地泛指沼泽化的生长芦苇等植被的积水洼地。蚀余冲积岛是故道河口沙嘴或三角洲平原受海洋动力作用冲刷后退过程中的蚀余体，残留于潮滩之上；贝壳堤由大量贝壳及其碎屑在波浪作用下成层堆积而成，后经潮流冲刷破坏，成为断续分布的贝壳砂岛，代表古黄河三角洲的海岸线。

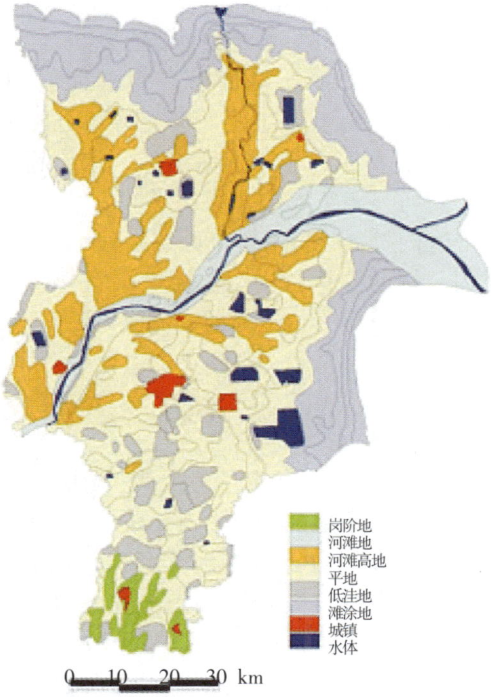

图6–2 黄河三角洲地貌特征

6.4 气象特征

黄河三角洲地处中纬度，位于暖温带，背陆面海，受欧亚大陆和太平洋的共同影响，属于暖温带半湿润大陆性季风气候区。基本气候特征为：冬寒夏热，四季分明。春季干旱多风，早春冷暖无常，常有倒春寒出现，晚春回暖迅速，常发生春旱；夏季，炎热多雨，温高湿大，有时受台风侵袭；秋季，气温下降，雨水骤减，天高气爽；冬季，天气干冷，寒风频吹，雨雪稀少，主要风向为北风和西北风。

黄河三角洲四季温差明显，年平均气温11.7～12.6 ℃，极端最高气温41.9 ℃，极端最低气温–23.3 ℃；年平均日照时数为2 590～2 830 h；无霜期211 d；年平均降水量530～630 mm，70%分布在夏季；平均蒸散量为750～2 400 mm。河口地区四季分明，冷热干湿界线明显。

6.5 黄河三角洲河流水系

按照国家水资源利用分区，黄河三角洲以黄河为分界线，将全区划属两个流域，黄河以北属海河流域，黄河以南属淮河流域。

流经黄河三角洲的客水河道有黄河、小清河和支脉河。后二者均位于黄河以南。

黄河：从东营市境中心穿过，是黄河三角洲流经最长、影响最深刻和最广泛的河流。它在东营市境内河道长139 km（1996年），直接控制影响的面积为5 400 km^2。

小清河：源于济南诸泉。东营市境内河道长34 km，流域面积594 km^2，多年平均入境水量5.823 亿m^3。小清河水质污染比较严重，其支流有淄河、阳河、泥河等。

支脉河：源于淄博市高青县前池沟。东营市境内河长48.2 km，控制流域面积1 129 km^2。由于沿途地下水补给和引黄尾水排入，水量较丰，多年平均入境水量2.862 亿m^3。近年来，由于上游纳污，水质趋于恶化。其控制流域面积在100 km^2以上的支流有广蒲河、武家大沟、小河子。

区内控制面积在100 km^2以上的排涝河道有11条。黄河以北有马新河、沾利河、草桥沟、挑河、草桥沟东干流、褚官河和太平河，前五条独流入海，后两条汇入潮河；黄河南有小岛河、永丰河、溢洪河、广利河，皆独流入海。

6.6 黄河三角洲沉积模式

黄河三角洲的基底是现代沉积层，大致以1855年古海岸线为界，北部为渤海浅海沉积层，该层广泛而稳定，层厚4 ~ 8 m，由灰黑色黏土质粉沙组成，含有大量浅海有孔虫及介形虫。有些地方，在该层的顶部可见一层厚10 ~ 20 cm的粗粉沙—极细沙层，含有大量贝壳碎片，是浅海沉积物经多次风暴潮改造形成的滞留沉积。南部为大清河等短源河流沉积层，沉积比较复杂，1128 ~ 1855年期间，黄河经徐淮入海，短源河流在渤海西岸堆起复杂的河道沉积、河口沉积、三角洲沉积和滨海沉积，沉积层厚4 ~ 8 m，沉积物为黄色粉沙。

黄河三角洲是河流和海洋共同作用的堆积体，沉积过程复杂，由陆向海方向，包括以下三个相组合带。

6.6.1 三角洲平原相

三角洲平原相在近、现代黄河三角洲体系中发育最好，是多种亚环境的复合组。

6.6.2 三角洲前缘相

三角洲前缘是三角洲体系中沉积速度最快、沉积沙最纯、含重矿物最多的浅水环境，是水下三角洲的主要组成部分。强河流作用使海岸线不断向海推进，三角洲前缘沙逐渐超覆在前三角洲粉沙质淤泥相之上，形成沉积物自下而上变粗的海退序列。黄河三角洲前缘沉积物主要是粒径0.125 ~ 0.025 mm的细沙至粗粉沙粒级，黏土和有机质以淤泥形式沉积在河口沙嘴外缘回流区、河间浅海湾河潮间带上部。

6.6.3 前三角洲相

前三角洲相地区位于三角洲前缘的向海方向，从三角洲前缘平缓地向外延展，其边缘在水深17 ~ 20 m处过渡到浅海陆架区。前三角洲相沉积物主要是粒径小于0.015 mm的厚层灰色、深灰色、棕灰色淤泥或粉沙质黏土层夹薄层细粉沙透镜体，有时见有淤积与粉质黏土的互层，有机质含量高，含有少量海生甲壳碎片和许多黑色极细的植物碎末，发育不太清晰的水平层理。

黄河三角洲的沉积模式主要与黄河来水、来沙有关。据研究，黄河入海泥沙，除一部分粒径小于0.015 mm的极细颗粒扩散到外海，大部分粒径0.125 ~ 0.025 mm的极细沙和粗粉沙粒级都沉积在三角洲前缘地带，以河口沙坝、沙嘴形式造陆，使海岸线向前推进。沙嘴不断向外延伸，行水河道纵比降逐渐减小，当沙嘴延伸到一定长度，比降减小到一定临界值，在适当水流条件下尾闾河道就发生决口改道，到三角洲其他部位入海，以后又重复这一过程。由于黄河含沙量高，淤积快，决口改道频繁，因而难以形成伸长型的三角洲指状沙坝，主要发育为河口沙嘴和沙坝，使三角洲前缘朵状沙及其外缘的席状沙体向前延伸，逐渐覆盖前三角洲泥相，形成沉积物向上变粗的层序，这就是黄河三角洲的沉积模式。

6.7 湿 地

黄河三角洲国家级自然保护区1992年10月经国务院批准建立，是以保护新生湿地生态系统和珍稀、濒危鸟类为主体的自然资源保护区，它位于现黄河入海口和1976年之前入海故道附近；目前的总面积为15.3 万hm^2。由于黄河挟带大量泥沙入海，从而使黄河三角洲自然保护区的湿地面积在逐年增大，是世界上面积自然增长最快的自然保护区。

自然保护区共有各种植物393种（含变种）。植物区系以温带成分为主。从植被类型看，本区分成5个植被型组，9个植被型，26个群系、群丛。植被面积为65 319 hm^2，植被覆盖率为53.7%，植被组成以自然植被为主，自然植被面积为50 915 hm^2，占植被面积的77.9%。自然保护区的人工植被主要是人工营造的刺槐林，面积5 603 hm^2，与自然保护区周边地区的人工刺槐林连成一片，面积达11 300 hm^2，还有天然苇荡3.3 万hm^2，广阔的滩地和植被构成新、奇、野、旷的自然景观。

保护区内动物可分成陆生动物生态群和海洋动物生态群，共记录野生动物1 524种：陆生脊推动物300种，陆生无脊椎动物583种，陆生性水生动物223种，海洋性水生动物共418种。保护区的陆生动物在中国陆地动物地理区划上属于古北界、东北亚界、华北区、黄淮平原亚区动物区系成分，动物群带有明显的古北界动物特色，东洋界成分向北渗透，古北界动物向南扩散，是动物南北交融过渡地带。而海洋动物在中国海洋动物地理区划上属于黄、渤海区动物区系成分，是冷暖性水生动物交汇地带。黄河等河流入海处，由于淡水注入，带来大量营养物质，使本海区内自然条件优越，软体、甲壳动物资源丰富，成为重要的鱼类产卵场和索饵场。

大面积的浅海滩涂和沼泽，丰富的湿地植被和水生生物资源，为鸟类繁衍生息、迁徙越冬提供了优良的栖息环境，成为东北亚内陆和环西太平洋鸟类迁徙的重要中转站、越冬栖息地和繁殖地。保护区内统计到各种鸟类268种，其中在《国家重点保护野生动物名录》中，属于国家1级重点保护的有7种；属于国家2级重点保护的有34种；列入《濒危野生动植物种国际贸易公约》中附录Ⅰ的有7种，附录Ⅱ的有26种，附录Ⅲ的有7种。在《中日保护候鸟及其栖息环境协定》中保护鸟共有227种，黄河三角洲自然保护区内有152种，占总种数的67%；在《中澳保护候鸟及其栖息环境协定》中保护鸟有81种，黄河三角洲自然保护区内有51种，占总种数的63%。黄河三角洲自然保护区是执行以上两协定的重要地区之一。鸟类中旅鸟就有200种，是中国乃至世界上鸟类保护的重要基地，是开展鸟类保护、科研，保护全球生物多样性、监测全球环境污染的重要场所。因此，加强对本地区鸟类的保护具有重要的国际意义。

6.8 河道情况

利津水文站以下河道长度112 km，其中利津水文站至王庄8.4 km为黄河“窄胡同”的一部分，两堤宽度在1 km以内，最窄处为460 m；王庄至垦利渔洼河段长30 km，为由窄河道向河口段的过渡段，两堤宽由0.8 km扩展至5 km；渔洼至入海口门段长74 km，为现代扇形三角洲。利津以下有崔家、苇改闸、西河口、护林、八连、十八公里、清3、清4、八连控导工程，对控制河势、保护滩区生产、稳定流路和堤防安全，起到了显著的作用。左岸堤防沿北大堤顺六号路与孤东南围堤相接，大堤桩号为44+631，孤东南围堤长7.1 km，下端至5险工，是黄河北岸防洪有堤防的终点。右岸防洪堤终点桩号27+800。按照黄河口一期治理工程实施方案需下延7 km，根据上级意见暂缓建设。目前右岸比左岸堤防短约10 km。

第7章 黄河三角洲海域海洋动力特征及输沙能力分析

7.1 黄河河口海洋动力特性

黄河入海泥沙的输送是靠海洋动力完成的。因此，为了确定黄河口容沙区范围，就必须掌握黄河口附近海域及渤海区的海洋动力状况，并对海洋动力的输沙能力进行评估。

7.1.1 潮汐

1855年以来黄河口的多次变迁和三角洲的不断发育使海岸和海底地形不断变化。由于近岸的潮波和潮汐的特征值受到海岸形态与海底地形的巨大影响，对于黄河三角洲海区的潮汐和潮流而言，黄河入海流路的不同位置与走向是影响潮汐和潮流的主要因素之一，因此黄河三角洲海区的潮汐、潮流分布及其相应的特征值，就会随着黄河口的变迁而发生变动。

从大环境讲，黄河三角洲地区潮汐比较复杂，这是因为渤海是一半封闭海湾。黄海潮波经渤海海峡进入渤海后，受地转偏向力和地形影响，一支向北绕辽东湾左旋，一支向南绕莱州湾右旋（见图7-1），与到达渤海湾顶受阻折回的潮波相遇，分别在辽东湾西南部和神仙沟口外形成M_2分潮无潮点（见图7-2）。

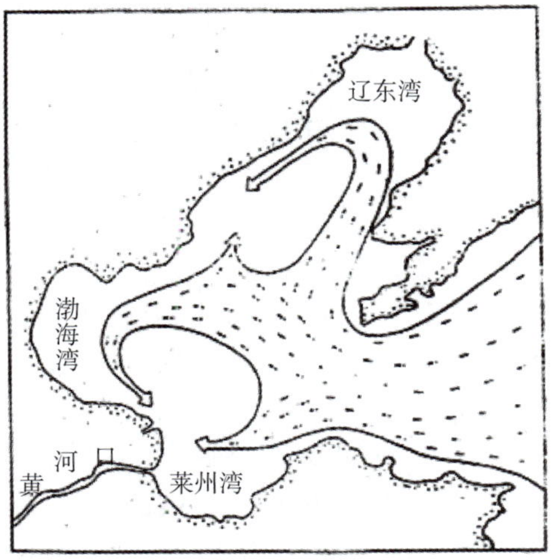

图7-1 渤海潮波示意图

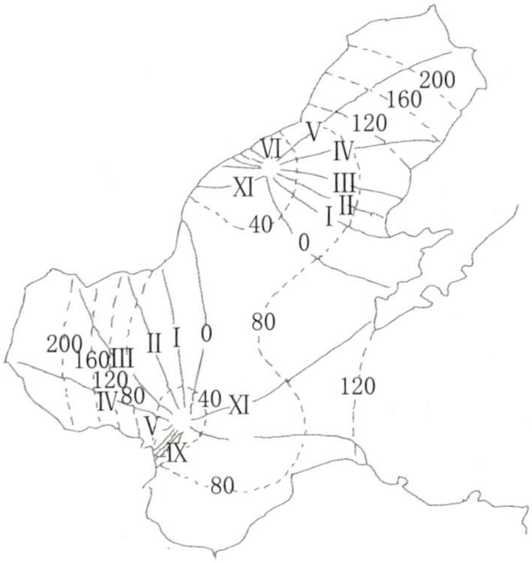

图7-2 渤海M_2分潮潮波图

7.1.1.1 潮汐非调和常数

黄河三角洲沿岸各验潮站的潮汐特征见表7-1。

表7-1 黄河三角洲沿岸各验潮站潮汐特征

站名	$(H_{O_1}+H_{K_1})/H_{M_2}$	平均大潮差（cm）	平均小潮差（cm）	平均高潮间隙（时 分）		半日潮龄（日 时）		全日潮龄（日 时）	
大口河口	0.62	288	160	3	56	2	21	1	13
洼拦沟	0.67	216	120	4	33	2	11	1	21
湾湾沟	0.74	184	96	4	40	2	18	1	20
钓 西	1.11	106	70	4	54	2	4	1	20
嘴西计	1.75	72	40	4	31	2	17	1	19
神仙沟口	3.33	26	22	5	07	2	9	1	21
五号桩	5.25	24	8	10	07	3	13	1	22
甜水沟口	0.97	106	46	10	43	3	3	2	1
清水沟口	0.75	164	72	11	09	3	6	2	1
羊角沟	0.88	130	70	10	17	3	14	1	20

为判定验潮站的潮汐性质，通常利用判据（$H_{K_1}+H_{O_1}$）/H_{M_2}来确定（见表7-2）。

表7-2 潮汐性质判据表

判 据	潮汐性质
$(H_{O_1}+H_{K_1})/H_{M_2}<0.5$	规则半日潮
$0.5\leqslant(H_{O_1}+H_{K_1})/H_{M_2}<2$	不规则半日潮
$2\leqslant(H_{O_1}+H_{K_1})/H_{M_2}<4$	不规则全日潮
$(H_{O_1}+H_{K_1})/H_{M_2}\geqslant4$	规则全日潮

从表中可以看出，除五号桩（东营港）附近海区为全日潮外，其余海区为不规则半日潮，日潮不等现象比较明显，渤海湾与莱州湾沿岸涨落潮时差6个小时，对于半日潮海区来说，恰好渤海湾涨潮，莱州湾落潮。

7.1.1.2 潮差和潮时

从表7-1中可以看出，黄河三角洲沿岸潮差呈“马鞍形”分布，以神仙沟口外M_2分潮“无潮点”区为最小，实测结果表明，在无潮点附近的五号桩站，其最小的平均小潮差仅8 cm、平均大潮差24 cm；平均潮差的量值向渤海湾和莱州湾顶逐步递增，向西至大口河口增大到288 cm，向南到羊角沟增至130 cm。

由渤海M_2分潮的等潮时线和等振幅线图（见图7-2）可见，由于无潮点位于五号桩附近，黄河口区潮波，以M_2分潮“无潮点”为界，渤海湾潮波是由西向东逆时针递增的。潮汐变化的突变点在神仙沟口附近。“无潮点”以西渤海湾沿岸，高潮发生在月中天后4～5 h，无潮点以东的莱州湾沿岸，高潮发生在月中天后10 h，相距20多km，时差5 h左右，对于半日潮来说，即是无潮点西部涨潮，东部落潮；相反，西部落潮，而东部涨潮，此起彼伏。

7.1.2 潮流

潮流是由潮波中水质点在水平方向上的运动形成的。虽然它和潮位的升降是同一种现象中两种不同的表现形式。但是，潮流不仅受到天体运动的影响，而且受海岸轮廓、海底地形等因素的影响，是比潮位更为复杂的水体运动。

7.1.2.1 潮流历时

对比实测资料可知，黄河口不同位置和水深的潮流历时不等现象比较明显。如表7-3所列，口门北侧涨潮流历时大于落潮流历时，口门前方和南侧涨潮流历时则小于

表7-3 黄河口涨落潮流历时 （单位：h）

时间(年-月-日)	测量位置	水深（m）	大潮流期		小潮流期	
			涨潮	落潮	涨潮	落潮
1982-08-06	口门前	16.0	5.0	7.0	6.2	6.5
1988-09-01	口门南	7.0	5.5	7.3	4.0	8.0
1991-06-24	口门北	4.5	7.0	4.5	6.8	6.5
1992-10-05	口门南	7.5	5.5	6.5	5.5	7.5
1993-09-13	口门前	11.0	5.0	7.0	5.0	7.0
1995-08-30	沙嘴北	4.5	6.5	5.5	7.0	5.5
1996-09-05	沙嘴北	9.5	7.0	5.0	8.0	4.0
1997-07-24	口门北	1.7	8.0	5.0	5.0	3.5
1999-07-24	口门前	4.8	6.0	7.5	4.5	7.0
1999-07-24	口门南	2.3	6.0	8.0	4.8	5.2
2004-06-19	口门北	6.0	8.0	6.0	6.0	4.0
2004-06-19	口门南	5.0	5.0	8.0	5.0	6.0

落潮流历时。造成这一现象的主要原因与河口沙嘴突出有关。黄河口潮流具有沿等深线方向流动的特点，涨潮流向南流动的水体在河口北侧产生辐聚，延长历时；落潮流向北流动时同样产生辐聚，延长历时。

7.1.2.2 潮流方向

潮流方向可用水质点流速矢量椭率(即长短轴之比)表达。椭圆长轴取最大流速，短轴取最小流速。根据多年实测资料来看（见图7-3），在渤海湾及莱州湾的中央区(深水区)，短长轴之比为0.3左右，潮流为旋转流。潮流旋转方向用最大流速方向角的时变率$d\theta/dt$判别，渤海湾的$d\theta/dt>0$，为逆时针旋转流；莱州湾的$d\theta/dt<0$，为顺时针旋转流。在黄河口附近，由于三角

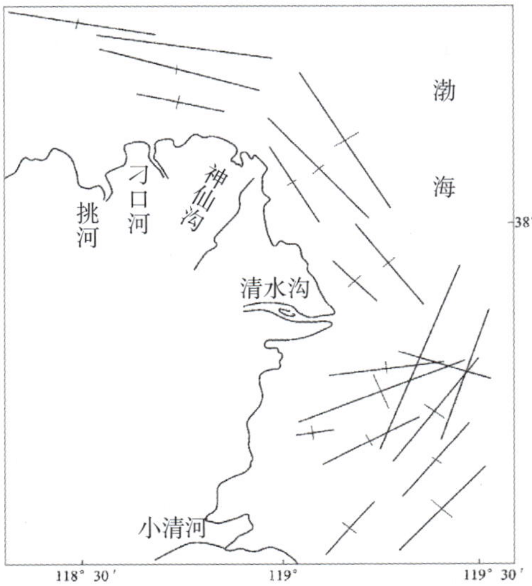

图7-3 黄河口M_2分潮流椭圆长短轴分布图

洲海岸限制了潮流的旋转，潮流的短长轴之比小于0.1，表现为往复流运动，涨落潮流向基本与海岸平行。1999年的流场调查中，在黄河口沙嘴北侧落潮流向北，涨潮流向南；在黄河口沙嘴南侧涨潮流向西南，落潮流向东北，也反映了上述情况。黄河口附近由于涨落潮引起的定场流动，具有相对的周期性和稳定性，有利于黄河入海泥沙向口门两侧输移。

7.1.2.3 流速的平面分布

1976年清水沟行河以来，三角洲海域流速场发生了很大变化。除长期公认的神仙沟口外无潮点地区存在一个范围较大，流速超过1.2 m/s的高流速辐散中心外，1984年山东海岸带调查中又发现清水沟口外也存在一个高流速区。当时测到的流速为1.87 m/s，1990年以来又不止一次测到1.5 m/s以上的流速（见表7–4）。这说明，目前的黄河三角洲海域并存着两个强流区，一个在神仙沟口外，一个在清水沟口外，它们各自构成封闭式辐散中心（见图7–4）。当黄河口沙嘴海岸突出后，河口前沿流场显著增强。当然，这种增强不是无限度的，待沙嘴延伸到一定程度时，流速便趋相对稳定。

表7–4 实测最大流速统计（垂线平均值） （单位：m/s）

时间(年–月–日)	测量位置	水深（m）	大潮流期		小潮流期	
			涨潮	落潮	涨潮	落潮
1982–08–06	口门北	16.0	0.82	1.13	0.80	1.11
1988–09–01	口门南	7.0	0.98	1.18	0.75	0.61
1991–06–24	口门北	4.5	1.01	0.77	0.73	0.72
1992–10–05	口门南	7.5	0.86	0.91	0.92	0.50
1993–09–13	口门前	11.0	0.85	1.42	1.08	1.11
1994–10–01	口门区	1.5	0.99	2.82	0.89	2.06
1995–08–31	口门前	4.5	1.56	1.59	1.94	1.76
1999–07–24	口门前	5.4	1.47	0.98	1.22	1.67
2004–09–05	口门南	5.0	1.05	0.70	0.74	0.75

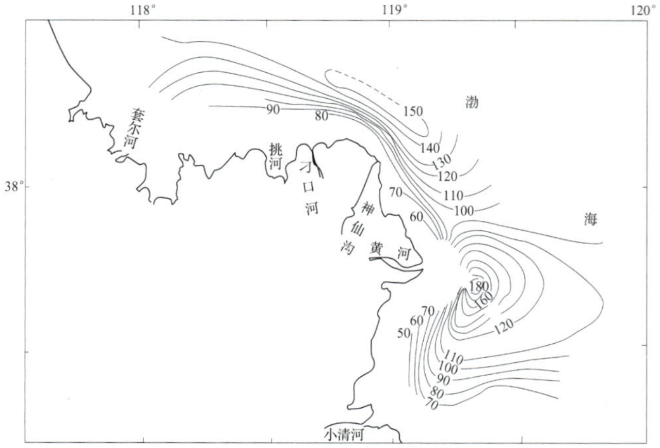

图7–4 河口区合成最大可能潮流速分布图 （单位：cm/s）

7.1.2.4 流速的垂向分布

从近几年测验资料看，潮流速的垂向分布一般为表层大于中、下层（见表7–5）。特别是中、浅水区(8 ~ 2 m水深)，这种现象更加明显。其垂向梯度与径流比降、潮流比降、盐水楔密度比降、水域深浅、离河口远近等因素有关。一般特征为：涨潮期间潮汐的水面比降与盐水楔密度比降一致，一方面起着加大潮流流速特别是底层和深水区流速的作用；另一方面又起着壅高水位，使径流比降变缓，减少表层和浅水区流速的作用，使垂向流速逐渐趋于均匀，流速相差不大。而落潮流期间，径流比降与潮流比降趋向一致，逐步由缓变陡，起到加大落潮流速特别是离口门较近的浅水区流速的作用，但却与盐水楔密度比降方向相反，密度比降仍起着减小落潮流速的作用，特别是底部密度比降大，对底部流速的阻滞作用相应较大，因而出现表层流速大于底层流速，且相差较大。总体上看，落潮期间无论表层还是底层流速均大于涨潮期间流速。

表7–5 实测各层流速值统计 （单位：m/s）

时间(年–月–日)	测量位置	水深（m）	涨潮期			落潮期		
			表层	中层	底层	表层	中层	底层
1992–10–05	口门南	6.5 ~ 8.0	1.24	0.87	0.64	1.30	1.00	0.70
1993–09–13	口门北	10.5 ~ 11.2	0.94	1.04	1.00	1.39	1.39	1.46
1994–10–01	口门门	1.8 ~ 2.1	1.82	0.65	0.37	3.46	2.58	1.50
1995–08–30	口门门	3.8 ~ 4.6	1.82	1.58	1.25	1.83	1.79	1.64
1996–09–05	北烂泥	10.5 ~ 11.0	1.12	1.08	1.08	1.40	1.27	1.30
1999–07–24	口门北	1.3 ~ 2.15	0.30	0.25	0.21	0.08	0.06	0.04
1999–07–24	口门前	4.4 ~ 5.3	1.28	1.22	1.16	1.25	1.24	1.24
2004–09–05	口门北	1.2 ~ 2.2	0.28	0.17	0.13	0.25	0.21	0.16
2004–09–05	口门南	4.6 ~ 5.5	1.05	0.53	0.42	0.75	0.64	0.36

7.1.3 余流

在大海中实际观测的水体流动总称海流。从海流中消去周期性的潮流，剩余下的非周期性流动称之为余流。余流的产生主要是风力、压强梯度力、地形及径流等多种因素影响的结果。渤海水深较浅，海水垂向密度差小，压强梯度力较小。黄河三角洲沿岸余流复杂，河口附近有径流性余流，强潮流区有潮汐残流，影响范围比较大的是风生余流。

尽管黄河口海区余流速度不大，但由于流动方向具有相对的稳定性，基本属于定向流动。因此，余流输送入海泥沙是不可忽略的。特别是黄河径流挟沙到达河口后，大部分粗颗粒泥沙在口门附近沉落后，仍有一部分细颗粒泥沙可由余流输移到离口门较远的海区。

7.1.4 波浪

波浪是海水在风力或压强梯度力作用下产生的一种短周期、小尺度流动。由于波浪在向浅水区传播过程中，当水深为波高的1.28倍时便发生破碎，并产生很大的瞬时流速，对海岸和浅水区泥沙可以起到掀动掏刷作用。在一般情况下，破波流速产生的回流仅能将泥沙带到破波带，作短距离的泥沙搬运。但是，当波流与潮流或其他海洋动力重合时，便可对泥沙作长距离搬运，形成沿岸输沙或离岸输沙。因此，波浪的侵蚀作用也是海洋动力输沙的重要因素。

黄河三角洲外海域，位于半封闭的渤海之中，东部和南部属莱州湾，北部属渤海湾。在渤海海峡附近由于断续分布的长山列岛阻隔，因此外海大浪不易侵入。由此该海域的海浪主要是由渤海上方的局地风生成的风浪。其基本特征是海浪生成得快，消失得也快，且波周期10 s以上的大浪很少出现。此外，由于受渤海风场变化规律所制约，本海域的波浪具有明显的季节变化和年际变化。

7.1.5 风暴潮

渤海是一个半封闭的海区，三角洲地区恰是渤海湾南沿与莱州湾西海岸。该区滩涂广阔，坡度平缓，海区水深较小。因此，在持续较强的东北风作用下，风暴增水明显，尤其是东南大风之后转东北大风，极易形成风暴潮。

黄河口地区是风暴潮频发区之一。气象资料表明，本地区风力大于8级的大风多为东北风，平均每年出现21天，最多年份达32天。一年四季中，春季大风最多，3～5月出现的大风约占全年大风天数的一半。三角洲西部海岸的大风天数又多于东、南部海岸。大风出现后的风速一般在10 m/s以上，最大可达20 m/s。风向的季节性也很明显，冬季多为西北风，夏季多为东南风，春、秋两季风向较复杂。风暴潮的侵蚀动力主要是通过增水现象引发的。强劲大风引起的增水不断使潮位异常升高造成巨大波浪，而且可以导致潮时紊乱，潮差变小，甚至无明显的涨落潮变化，使得风暴潮侵蚀搬运泥沙的范围扩大。

据地方志记载资料统计，明代至1949年，黄河三角洲沿海地区曾出现较重或严重风暴潮多达70次，其中严重或特重风暴潮灾害达20余次。1949年后三角洲地区平均每年发生1.5次轻度以上风暴潮灾害，其中较重或严重风暴潮达10余次（如1949年、1958年、1960年、1964年、1969年、1972年、1980年、1982年、1992年、1997年风暴潮灾害），平均3～4年便出现一次（见表7-6）。近百年来，黄河三角洲海区特重风暴潮灾害的发生频率约10年一次，给沿海地区国民经济和人民生命财产造成了巨大损失。如9216号和9711号台风风暴潮，造成直接经济损失分别达到5亿元和13亿元。

当渤海海区受到风暴潮作用时，风场与潮流场相耦合，能产生强大的风暴激流，虽然出现持续时间较短，但这种动力一方面可对海岸工程带来重大破坏，另一方面又可迅速改变海岸地形面貌，甚至削掉沙嘴，填平沟豁，把沉积已久的泥沙重新起动搬运。由此可见，风暴潮是一种突发性动力因素，时段侵蚀强度较之一般风浪更加剧烈。现有风暴潮资料表明，一次强风暴潮、浪、流对河口沙嘴或拦门沙动态变化产生的作用往往超过数月无风暴潮、浪、流期间的动力作用。所以，风暴潮是黄河入海泥沙输移因素中不可忽略的一种动力。

表7-6 1949年后风暴潮灾害年统计

年份	灾情
1949	广饶县志：7月3日，海潮侵入40 km以上
1958	广饶县志：5月8日，大海潮。参加修防潮堤的民工11人被淹死
1960	垦利县志：4月下旬东北风10级，引起风暴潮，淹死多人
1964	东营市志：4月4日东南风4～5级，持续至5日转东北大风，8时许，风力增至8级以上，持续30小时19分。4月5日晨潮水起涨，6日晨黄河三角洲出现高潮位。淹及范围一般距海岸线22～27 km，浸淹至黄海平均海水面上2.5～3.5 m 广饶县志：5月，大海潮。广饶盐场467 hm^2盐田损失20多万元；广北农场和马头公社北部也受海潮侵袭 垦利县志：4月5～6日，大海潮持续2天1夜，人畜、财产损失严重
1969	东营市志：4月21日，东南风5～6级持续1天多，23日转东北大风5～6级，且降大雨，持续至中午雨停而风力增至9级以上，风速35 m/s。23日晨，潮水起涨，24日2时黄河三角洲出现高潮位。羊角沟潮位在黄海水面上达到3.75 m，羊口镇内大部上水，街上海水至膝，深者齐腰
1972	垦利县志：7月26日，大海潮，在沿海割绵柳的数百人被围困 利津县志：7月26日，大海潮，大风9～11级，潮水持续9小时，刁口海堡被淹，倒房87间，财产损失27.3万元，抢救及时，无人员伤亡
1978	垦利县志：3月27日，在孤岛地区割苇子的人有伤亡
1980	广饶县志：4月5日，大风8～9级，阵风10级，致使海水猛涨，持续达20小时，防潮坝12处决口，盐场损失128万元，渔民损失6.5万元
1982	垦利县志：11月9～10日，大潮持续1天1夜，渔民损失严重，但未死人 利津县志：11月9～10日，大风和暴雨，大海潮，持续21小时，直接经济损失计31万元，抢救及时，无人员伤亡
1992	东营市志：9月1日，东营沿海遭受特大风暴潮袭击，最高潮位3.5 m，沿海阵风10级以上，海水入侵内陆10～20 km，造成13人死亡、500人被海水围困，很多生产、生活设施被毁，地方和油田直接经济损失5亿多元
1997	东营市水利局统计：8月19日，9711号台风风暴潮袭击东营市，沿海被海水淹没面积达1 417 km^2，河口区和利津县61个村庄1.2万农户进水，6 000人被水围困，死亡6人，冲坏防潮堤60 km，损坏房屋32 450间，倒塌房屋9 436间；刮倒通信、供电线杆3 575根，冲坏公路145 km，冲毁桥、涵闸1 259座；农作物受灾面积10.90 hm^2，直接经济损失高达7亿元，其中油田工业损失5.2亿元

7.2 黄河口海洋动力的输沙作用

入海泥沙一般是通过底部异重流或表层异重流的形式向外输送的。黄河口泥沙异重流有三种情形：一是由河口向海排放的高浓度泥沙水体形成的浊流；二是由黄河河口两侧烂泥区及沿岸未固结软泥在风暴海潮情况下受波浪作用发生的再次悬浮所形成的高含沙水体顺水沿斜坡向下流动形成的泥沙异重流；三是由于沉积物块体运动而引起的阵发性泥沙异重流。上述三种泥沙异重流中，由河流直接排放高含沙水体到海域而引发的异重流最为直接，也最为重要。当黄河入海泥沙通过异重流的形式进入滨海区以后，在海洋动力作用下，伴随着水流含沙浓度的冲淡，泥沙或沉积或悬浮，其扩散和运移要受以下诸多因素的综合影响。

7.2.1 潮流

潮流是海洋中永不停息的有规律的海水流动。渤海的海流以潮流为主，一般情况下(5级风以下的天气)渤海的海流中潮流占90%以上。通常所说的海洋动力，在渤海，主要是指潮流而言的。渤海潮流有以下几个主要运动特征：其一，存在强潮流区和弱潮流区；其二，潮流与潮位类型的不一致性；其三，渤海区的潮流运动是一个独立的运动体系；其四，涨潮流与落潮流历时不等；其五，黄河口沙嘴前沿存在一个强潮流带。

潮流的输沙作用主要有以下两个方面：

一是潮流的往返式输沙。莱州湾的潮流属于正规半日潮流，每天为两个周期，每个周期约12 h24 min。黄河口附近海域，涨潮流和落潮流的持续时间均长达4 ~ 5 h，转流时间短（共约3 h）且流速小，因此基本属于往返式运动。大潮期间，涨、落潮流的主流流速可达到102 cm/s左右，因此在一个大潮的周期内，水体在20 km左右的范围作往返式运动。实际中潮流水体运动的轨迹并不是一个闭合的椭圆，而是以螺旋状向前运动。每经过一个周期后，水体都会有一段净位移，即为潮汐余流。潮汐余流远小于潮流本身，但它是水体长距离运动的动力。

自然状态下，粒度较大的入海黄河泥沙大多数在潮流的第一个周期内沉淤。所以，黄河口泥沙的大部分都沉淤在河口大约20 km的范围内。只有粒度较小的泥沙以及其他海洋动力再次掀起的泥沙才有可能进入下一周期中潮流水体的运移中。

在涨潮流期间，黄河口外的泥沙向南运移但最远也只能抵达小清河口；在落潮流期间，黄河泥沙向北和东北方向运移，但最远不超过38°N。黄河口沙嘴两侧潮流场分布的这种不对称特性，有利于泥沙向东南方向输送。粗粒径泥沙一般都沉淤在上述的距河口大约20 km范围内。

二是强潮流带的巨大输沙作用。如前所述，整个莱州湾的潮流场普遍增强，而且在沙嘴前沿还出现了一个强潮流带。该强潮流带的流速总的趋势是逐年增大的。现已测到沙嘴前沿大潮期间的主流流速高达236.4 cm/s，这样的强潮流还可以把颗粒更大、数量更多的黄河入海泥沙输运到沙嘴两侧的深水区，从而成为遏制沙嘴成长发育的主要的海洋动力——失去泥沙的补充源而受到潮流等海洋动力的单方面侵蚀，沙嘴不断后退，促成了在此期间黄河现行入海流路的变短，这样则可以延长该流路的行水年限。

7.2.2 风海流

风海流是由风的作用而引起的海水流动。它的强弱取决于风场的整体作用及所处的地理位置，而不取决于局地的风速和风向。对于一个完全均匀的风场，在渤海的不同海域，所产生的风海流可以完全不同；而在同一地点，当2次观测到的局地风完全相同时，所观测到的风海流也可能完全不同。

风海流具有短期的输沙作用：在渤海和黄河口海域，风海流是仅次于潮流的第二个主要海洋动力，大风风场所产生的风海流有时能改变整个海域的流场分布形势，并且形成强大的风生环流（风暴环流），使水体在短时间内发生大规模的运移和交换，也使泥沙能在短时间内发生大规模的输运。风海流方向多变，延续时间不长，所以风海流输运泥沙到较深海域的持续时间短，尤其是大风情况下的风海流，其输沙过程一般不超过数天。

7.2.3 波浪

渤海中的波浪主要是由风的作用所致，受风场变化规律所控制，具有明显的季节变化。黄河三角洲海域的海浪主要是渤海上的风生成的波浪，因而受渤海风场变化规律的制约，强浪向为NE向，次强浪向为NNW向，常浪向为S向。黄河口海域也是风暴大浪的频发区，风暴大浪四季均有发生，但有明显的季节变化：冬半年的次数明显多于夏半年。一年中以11月出现最多，其次是4月、2月和3月，出现次数最少的月份是6月和9月，该区的风暴大浪主要是由偏北风所致，寒潮大风天气多于台风天气。一定条件下的波浪能使海水发生强烈拌搅和涡动；在水深不足7 m的浅海区近岸处，波浪极易破碎，直接作用于海底。因此，一定条件下的波浪能使沉淤的泥沙再度掀起，使大颗粒的泥沙不易下沉，从而海水中悬沙量大大增加。波碎的同时还伴有波流，可以对泥沙进行短距离的输送，与其他动力相结合，可以大幅度地提高输沙的强度和效率。

风暴大浪则具有强烈的掀沙作用：黄河水一旦入海后，其流速立刻变小，因此大颗粒的泥沙首先沉淤下来。但只要遇到风暴大浪，已沉积的泥沙又会被再次掀起。尤其对浅于3 m的水域，大浪的掀沙作用是十分巨大的。波流的存在，使海水的瞬时流速增大，使那些颗粒较粗的泥沙不易下沉，大大提高了悬浮泥沙的含量，提高了其他动力的输沙强度，所以也是输送泥沙的重要动力之一。

7.2.4 海洋激流

海洋激流是近几年才被人们认识并开始进行研究的海洋异常运动现象，是指在短时间内流速突然增大的海水异常流动。黄河口附近海域由于沙嘴突出伸入海中，极易使海水能量集中；同时该海域又是处在东北风的下风区，因此这一海域是风生激流的频发区。在黄河三角洲北部海域的近底层，已测到流速大于2 m/s的激流，持续时间近2 h，最大流速达317 cm/s，是正常情况下最大流速的10倍。

海洋激流尽管持续的时间很短，发生次数也较少，但它的流速特别大，而且能直达海底，直抵岸边，这种作用力无疑对黄河泥沙的输送是有利的。

7.2.5 余流和环流

余流是相对于周期性潮流而言的，是从实测海流中去掉周期性的潮流后剩余的部分。余流包括风海流、密度流、径流等。在渤海的余流中，潮汐余流占很大成分。渤海的余流特征是：小、弱、方向不稳定，一般为潮流的1/10～1/8，速度在10.6 cm/s以下。

渤海环流的成分比较复杂，有密度环流、潮汐环流、风生环流等，大都微弱且不稳定。

余流、环流十分微弱，不能通过定量计算来确定。但是它们在水量交换、泥沙输送中的作用不可低估，因为这是非周期性的运动，是水体的净输送。如果它长期存在，所产生的累积效应是相当可观的。

需要指出的是，向深海或远离河口的海区扩散的泥沙主要受海洋动力作用，而海洋动力中对泥沙扩散起作用的是余流。因此，余流的分布状况决定着泥沙扩散的趋向。

7.2.6 海洋动力输沙能力综合评估

总之，就海洋动力的输沙能力而言，潮流是主要的、永恒的动力，但它是周期性的，只能进行中、短距离输沙，输送范围在20 km左右；风海流、风暴大浪和海洋激流有时是非常强大的，但其作用是短时间的，方向也是多变的、随机性的；余流、环流作用微弱，但却是持久的、大尺度的动力。海洋动力本身是一个统一体，无法将各种动力分离开来。泥沙的输送运移是各种海洋动力综合作用的结果，实际的输沙效果也绝不等于各种动力单独作用的代数和。

7.2.6.1 海洋动力的联合作用不可低估

实际海洋中，各种海洋动力是同时并存、相互影响、相互叠加的，又都在不停的运动和变化之中。它们之间不同的组合关系对海水的运动及泥沙的输运产生完全不同的效果。

7.2.6.2 莱州湾和黄河口外海洋动力作用明显增强

莱州湾的潮流场与1976年黄河改道前相比已明显增强。在黄河口前沿已出现的强潮流带，已成为渤海的第二大强流区。强潮流带的流速随沙嘴的延伸不断增大，因此潮流挟沙、输沙的能力也随之增大。除转流时间外，大部分时间都具有输沙的能力。

7.2.6.3 在自然状态下，输入能力很有限

由于潮流是往复性运动，对泥沙的输送也是往复性的；大部分泥沙可能在1～2个周期内沉淤下来，故泥沙被输送的范围一般限于河口两侧10～20 km。

第8章 黄河三角洲海岸蚀退区、淤积区和稳定区划分

黄河三角洲前缘的海岸线，按其冲淤性质可以分为五类，如表8-1所示。这些海岸类型的地区分布并不是固定不变的，而是随着出口水道的迁移互相转化的。现行入海流路所在地区总是强烈淤进的海岸，两侧则为强烈蚀退的海岸，再外侧才是相对稳定的岸段。所谓相对稳定的岸段也是指一个时期说的，新河口一旦迁入该地区，岸线就会失去稳定而强烈淤进。从整个三角洲来看，除了现行入海流路外，极大部分岸线都是处于侵蚀后退状态。

表8-1 黄河河口三角洲海岸类型及其特征

海岸类型	岸线			岸滩			水下岸坡		海岸带动力特征
	长度(km)	形式		宽度(m)	坡度(‰)	冲淤动态	剖面形态	坡度(‰)	
		高潮线	低潮线						
1.具有新生沙嘴和烂泥湾的强烈淤进海岸	58	弯曲	弯曲	1.670	2.5	沙嘴平均每年淤进3 km，大潮汛期也会有暂时冲刷	上段凸、下段凹的曲线形剖面	—	河流动力大于海洋动力，而潮流风浪与增减水对沙嘴冲淤也有影响
2.具有残留沙嘴的强烈蚀退海岸	94.5	弯曲	基本平直	467 ~ 947	3.07 ~ 4.71	海岸平均每年蚀退125 ~ 300 m，最大年达500 m	上段微凸、中段微凹、下段平直的曲线形或上段陡、中下段弯折线形剖面	4 ~ 5.3	波浪与潮流对岸滩有冲蚀作用，大风潮可掀起大浪，对岸线破坏作用较强
3.沙嘴被基本切平的中度蚀退海岸	28	基本平直，局部内凹	平直	1 050 ~ 1 180	—	海岸平均每年蚀退100 m	微微下凹的曲线形剖面	—	波浪与潮流对岸滩有冲蚀作用，而与2相比，波浪作用相对减弱，潮流作用相对增强
4.具有沙岛的相对稳定或轻微蚀退的海岸	26	弯曲零乱	平直	1 425	2.53	海岸平均每年蚀退数米	直线形剖面	3.2	海洋动力大于河流动力，潮流对岸滩所起塑造作用显著，而在高潮线地带有激浪作用
5.宽平的相对稳定海岸	17.5	微弯	微弯	低高潮位以下宽约300 m	—	海浪冲淤不明显	直线形剖面	—	海岸动力相对平衡，潮流对岸滩塑造作用较大，而波浪作用微弱

8.1 利用卫星遥感资料分析海岸线演变

由于黄河三角洲海岸线的演变快速而复杂，本章以卫星遥感影像数据和其他相关数据，选用31景不同时相卫星遥感影像（Landsat/MSS，Landsat/TM等），经过处理、合成与分类，对1976年以来黄河三角洲海岸线的淤进蚀退变化进行对比分析，通过RS、GIS技术的集成应用，对黄河三角洲1976～2008年时段海岸线的动态变化进行监测。在海岸线动态监测和水文资料分析的基础上，分析黄河河口沙嘴延伸与来水来沙关系及造陆面积之间的关系。

8.1.1 遥感数据处理

8.1.1.1 遥感影像数据的选择

遥感影像数据是一种非常重要的地学信息源，它的基本属性便是其多源性。而不同类型的遥感影像数据具有不同的物理属性，即不同的空间分辨率、波谱分辨率和时间分辨率，这就是评价遥感影像数据的三个标准。目前常用的遥感影像数据源有Landsat/MSS、Landsat/TM、SPOT、NOAA/AVHRR、中国国土资源卫星、中巴资源1号卫星等，其中尤以Landsat/MSS、TM、NOAA/AVHRR使用最广。

因此，我们可以根据研究目的与需要选择适当的遥感数据源。但是，由于有些数据源成本太高，有些根本无法收集到。根据实际应用的要求和手头现有的遥感数据资料，我们选用了多时相的MSS和TM数据。

8.1.1.2 遥感影像数据的校正

遥感主要通过反映地物电磁波辐射水平的灰度信息处理分析来进行地物识别和专题研究。由于传感器的灵敏度特性、太阳高度、地形、大气等因素影响，遥感影像上实际的图像灰度与地物辐射电磁波能量大小并不一致，其中还包含着上述因素作用的结果。因此，为正确评价地物的发射特性及辐射特性，消除上述因素的影响，必须对其进行校正，主要包括辐射校正和几何校正。前者包括传感器灵敏度引起的校正、太阳高度和地形引起的畸变校正以及大气校正。而几何校正则是指消除遥感影像中的几何畸变的过程，其主要方式有系统校正、非系统校正（利用控制点校正）及复合校正。

遥感影像的辐射校正在我们收集和购置时，影像提供厂商已经校正好了。我们主要对研究区的影像数据进行了几何校正，采用控制点校正方式，以黄河三角洲地区1∶10 000的地形图作为与影像进行几何校正的主控图件。校正时，地图坐标与图像坐标之间的对应关系通常用一个n次多项式来表示，一般采用1次或2次。首先选取若干对控制点按最小二乘法求出多项式系数，然后进行全区坐标变换，即数据重采样。重采样主要有最邻近法、双线性内插法、三次卷积法，考虑到双线性内插法具有较高的空间位置精确性与适当的计算量，所以我们选择双线性内插法。影像的投影变换则采用高斯—克吕格投影（横轴墨卡托投影），其投影参数如下：椭球体为Krasovsky，投影带中央经线为117° 00′ 00″ E，中央纬度为0° 0′ 0″，向东移500 km，向南北为0，缩放比例为1，坐标转换时的精度控制在RMS<0.3个像元（RMS为拟合误差）。主要的校正步骤如下：

（1）把1996年5月31日的遥感影像作为待校正影像。

（2）在地形图和相应的影像上不少于20个地面控制点对GCP（均匀分布在整个影像区域内），并分别做空间变换。

（3）计算对应控制点坐标的拟合误差，清除误差较大的控制点，直至RMS<0.3个像元为止。

（4）在已校正的影像上选取若干个检查点与地形图进行比对，检查校正效果。如果检查出误差比较大的话，循环进行（2）~（4），直至检查结果在误差要求范围内。

（5）其他所有影像均以已校正好的TM影像为准进行图像的配准。

8.1.1.3 遥感影像数据的增强

传感器获得的遥感数据含有大量的地物特征信息，在影像上这些地物特征信息以灰度形式表现出来，当地物特征间表现的灰度差很小时，判读就无法辨认，而图像增强的方法可以凸显这种微小灰度的地物特征，实际就是增强感兴趣地物和周围地物间的反差。我们对研究区的各景影像均作了适当的增强处理，主要包括直方图均衡化、对比度拉伸等。

8.1.2 岸线蚀淤变化遥感监测

8.1.2.1 海岸线提取方法

利用卫星遥感影像研究海岸线的动态变化，存在着海岸线如何确定的问题。海岸线位置的变化受潮汐、海岸地形等因素影响，而在遥感影像上直接获取的海岸线只是海岸线在卫星成像时的瞬时水边线。为了真实反映海岸线的动态变化，必须有一个统一的参照标准。前人采用提取海岸线的方法有同月同潮位法、平均低潮线法、一般高潮线法等。我们通过比较后采用一般高潮线法，这是因为一般高潮线法可以通过对遥感影像的分类处理与目视解译相结合来确定，简单易行，不需要进行校正。

8.1.2.2 黄河三角洲海岸线的演变

1976年5月黄河改道清水沟以后，在两岸大堤的作用下，泥沙集中淤积，河口迅速向海域延伸。因此，1976年以来的这段时间能很好地反映30年来河口海岸的演变。通过提取后的海岸线信息可以清晰地反映出黄河三角洲地区海岸线的演变过程，图8–1和图8–2是对1976 ~ 2008年32年以来的数据分别进行处理后得到的整个黄河三角洲海岸线演变图和清水沟流路地区海岸线演变图（图纵横坐标为北京54坐标系，下同）。

从31个时相一般高潮线的分析可以看出，1976 ~ 1986年，10年内研究区整个海岸线长度、清水沟河口地区岸线长度呈现增长趋势，稍有起伏，但是趋势不变；清水沟河口地区面积出现增长。1986 ~ 1996年，10年内研究区整个海岸线长度、清水沟河口地区岸线长度略有增长；整个三角洲、清水沟河口地区面积的变化与岸线长度变化基本一致。1996 ~ 2008年这12年内，由于1996年7月黄河人为改道北汊入海，迅速淤积出一个新沙嘴，使1997年的清水沟的陆地面积及岸线长度都比1996年有较快的增长。在整个研究时段内，即2008年的数据与1976年的相比较，整个三角洲陆地面积侵蚀了85.30 km^2，清水沟河口地区淤积了271.99 km^2。

8.1.3 淤积造陆及岸线变化规律

根据所得黄河口地区海岸线形状和历年遥感影像综合分析，我们以10年一个周期来分析黄河口海岸线的动态变化，即1976 ~ 1986年、1986 ~ 1996年、1996 ~ 2008年三个阶段。

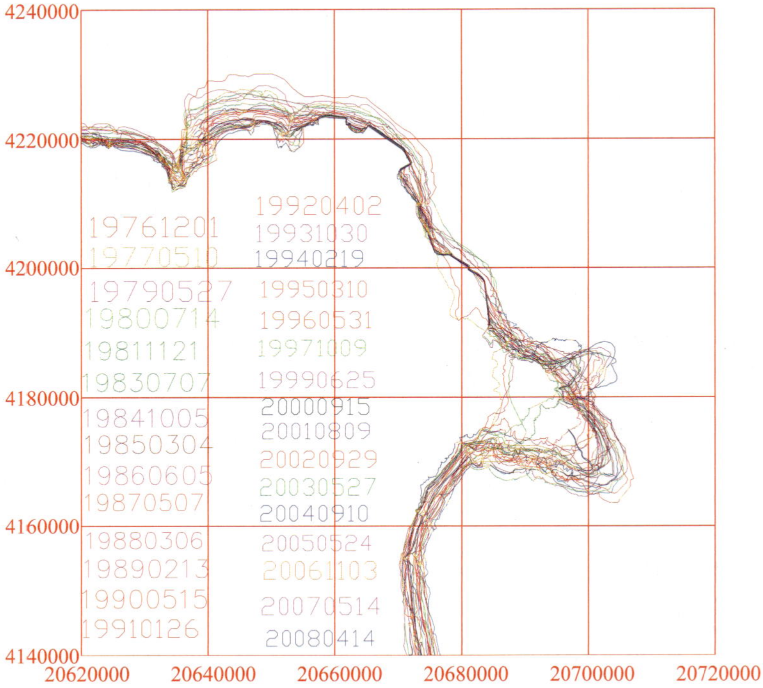

图8-1 黄河三角洲地区海岸线演变过程（1976～2008年）

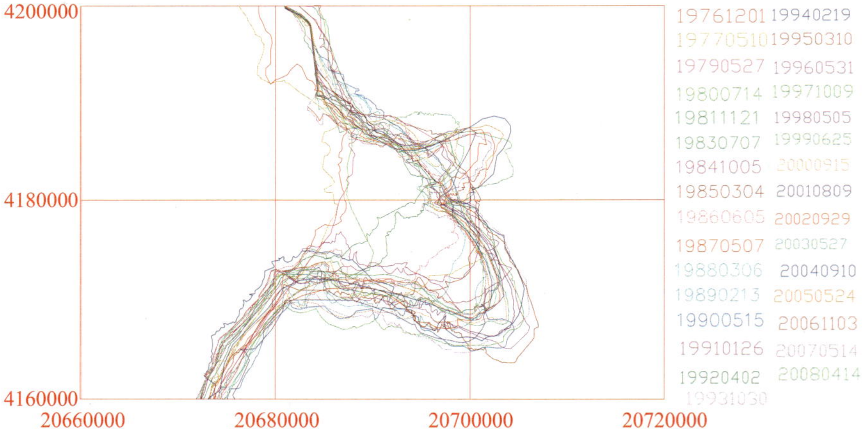

图8-2 清水沟流路海岸线演变（1976～2008年）

8.1.3.1 1976～1986年

从图8-3中可以看出，从1976～1986年，黄河清水沟河口地区海岸线呈独特的“棉絮”状逐年向海中突出延伸。黄河改道清水沟后至1981年，黄河口处于发育初期的填湾阶段，水流散乱，无固定流路，但沙嘴已呈淤进之势。从1976年12月到1981年11月，沙嘴向前延伸约8.58 km，共造陆191.03 km^2。自1981年11月起，沙嘴明显地向东淤积扩张，到1984年10月，沙嘴又向前延伸了9.13 km，造陆面积约77.74 km^2。1984年10月至1985年3月，基本处于冲淤平衡阶段。1985年3月至1986年6月，河口海岸普遍发生蚀退，口门前端蚀退距离为3.07 km，蚀退面积为103.3 km^2。图8-4为1976～1986年清水沟河口地区陆地面积和岸线长度变化趋势图。整体来说，1976～1986年间，清水沟河口地区的海岸线和陆地面积均呈增长趋势，海岸线逐年增长的趋势比较明显，陆地面积的变化在增长的同时间或出现蚀退的年份，尤其是1981年之后这种趋势更加明显。

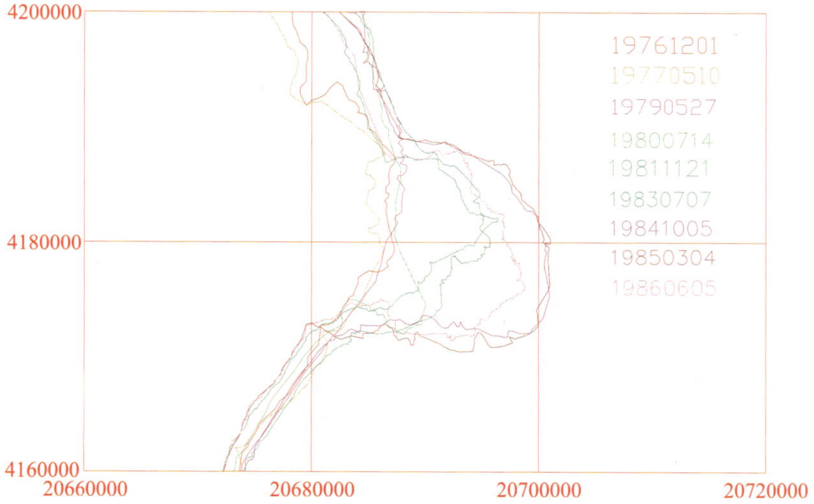

图8-3 清水沟河口地区海岸线演变（1976～1986年）

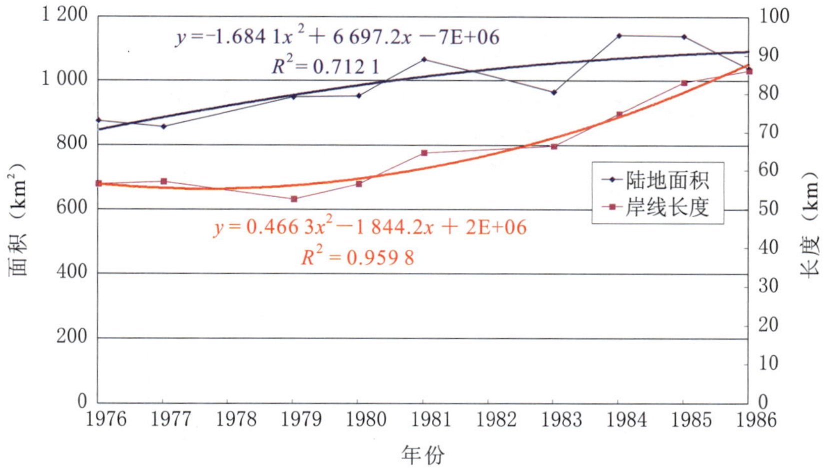

图8-4 清水沟河口地区海岸线及陆地面积变化（1976～1986年）

8.1.3.2 1986～1996年

从图8-5中可以看出，从1986～1992年，黄河口岸线逐渐近似于“楔形”向海中突出，主河道位置稳定在东南方向，沙嘴稳定延伸，但顶部还没有完全盈满。这一阶段黄河尾闾受大堤的影响，河道顺直，一直处于填洼造陆过程中，黄河口门不断向东南方推进。到1992年4月的这段时期内河口沙嘴向前突出延伸了约7.06 km，造陆面积为92.30 km^2。1992年4月至1996年5月，黄河口逐渐形成一个饱满的“楔子”向海中突伸。黄河来水来沙量减少，海岸线除口门前向海中延伸外，横向变幅不大。在这一时期内沙嘴向前淤进了约5.28 km，造陆面积为33.64 km^2。图8-6为1986～1996年清水沟河口地区陆地面积和岸线长度变化趋势图。整体来说，1986～1996年间，清水沟河口地区的海岸线和陆地面积均呈增长趋势，但增长都比较缓慢。陆地面积和岸线长度的变化在增长的同时都有出现负增长的年份。1990年以后，陆地面积蚀退现象比较严重。

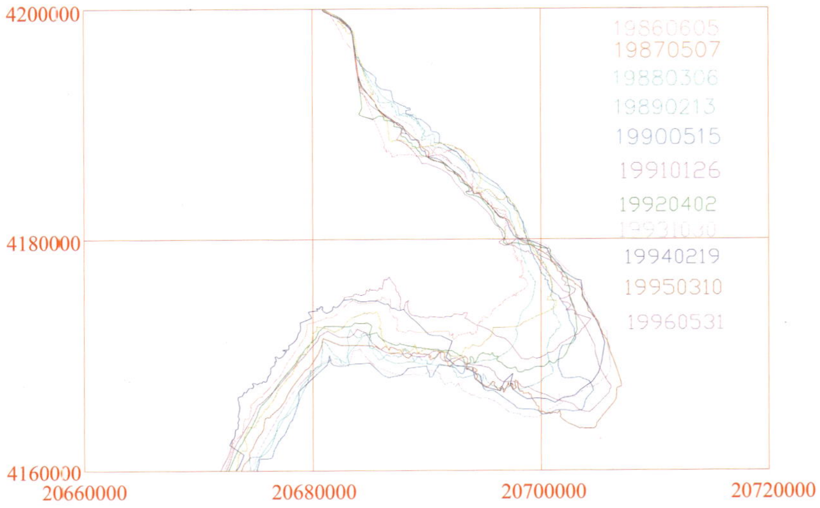

图8-5　清水沟河口地区海岸线演变（1986～1996年）

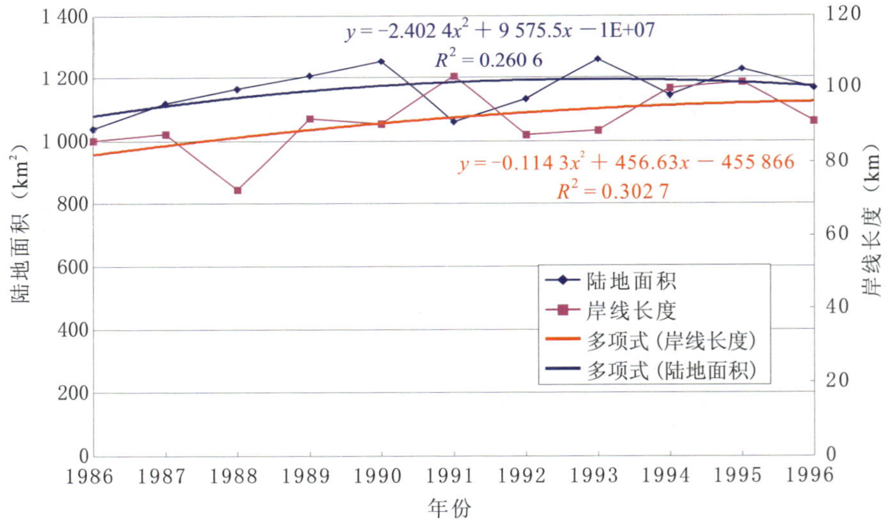

图8-6　清水沟河口地区海岸线及陆地面积变化（1986～1996年）

8.1.3.3　1996～2008年

从图8-7中可以看出，由于1996年汛前黄河人工改北汊入海，改变了泥沙淤积条件，使北汊造陆速率加快，迅速淤出一个小沙嘴，1996～1999年，沙嘴的形态随着黄河入海泥沙的多少有淤有蚀，河口口门走向不断向东偏北方向调整。而1996年改道前的沙嘴由于失去泥沙直接补给，沙嘴顶端发生缓慢侵蚀，到1998年5月沙嘴北侧被冲出一条潮沟，并被不断冲宽。这一阶段北汊沙嘴向海中淤进了5.36 km，造陆面积约为19.13 km^2，而

1996年前入海沙嘴发生侵蚀，使研究区内总体发生侵蚀，侵蚀面积为23.85 km^2。

1999～2003年这一时段，由于来水来沙变化较大，入海沙嘴形态也随着发生淤进、蚀退交替变化。其中由于2002年9月29日至2003年5月27日时间段内来沙量只有0.009亿t，入海沙嘴发生大面积的全面侵蚀，沙嘴最大蚀退距离达3.89 km。

2004年开始进行口门疏浚试验工程，再加上汛期的调水调沙，洪水冲刷改变河道，使口门位置向南偏移，汊3以下入海河道走势也偏向南，北侧沙嘴淤积大于南侧沙嘴。2004年汛后至2006年汛前，入海河道都是单一顺直入海，并向前延伸，沙嘴形态由宽沙嘴逐渐变为“楔形”。

从2006年汛期开始，由于汛期洪水漫滩，在汊3断面以下300 m附近形成汊河从北侧沙嘴散乱入海，淤积成小沙嘴，并在2007年汛期迅速发展，河道宽度增大，主流从此汊河入海，成为黄河入海的主汊道。原入海河道在北岸出汊部位河道宽度变窄，已基本被泥沙淤死，基本不过流。到2008年，随着黄河从汊3附近汊河继续入海，并形成2股汊河，使入海口门前沙嘴迅速淤积，同时由于在1996年改汊前后的新老口门之间修建了垦东12区块进海路，阻挡了入海泥沙垂直于岸线方向的输移，导致大量泥沙在1996年后沙嘴南侧大量淤积。

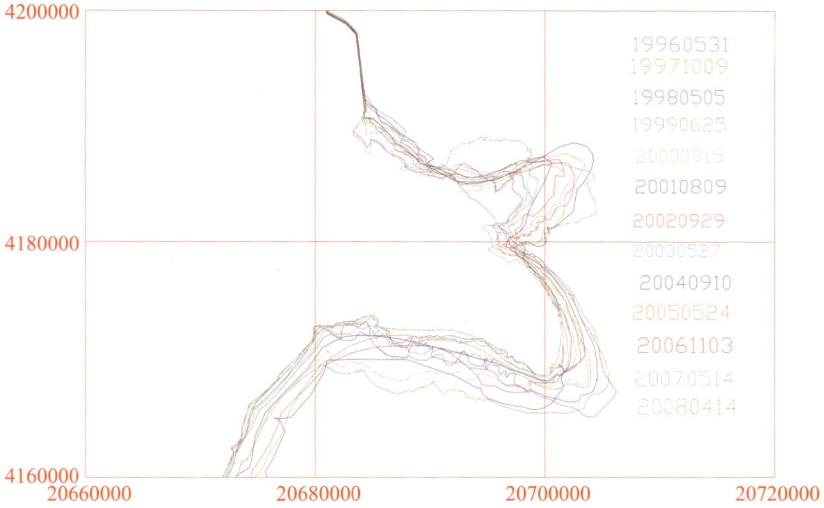

图8-7 清水沟河口地区海岸线演变（1996～2008年）

从图8-8中可知，1996～2008年虽然1996年改走的北汊口门处发生淤积，但是1996年前的老口门沙嘴由于失去泥沙补给，发生侵蚀，二者相互抵消后，使1996～2008年研究区为清水沟河口地区的陆地面积在整体上表现为减小的趋势，而海岸线长度呈增长趋势，且增长很缓慢。

8.1.4 刁口河流路停水后海岸线变化

刁口河流路附近海岸线的演变快速而复杂，通过卫星遥感影像对1976年以来黄河三角洲北侧刁口河流路附近海岸线的淤进蚀退变化进行对比分析。

从图8-9和图8-10中可以看出，刁口河流路附近海岸线自1976年黄河改走清水沟流路以后，由于失去黄河入海泥沙的补给，一直处于不断蚀退过程中，虽然陆地面积的

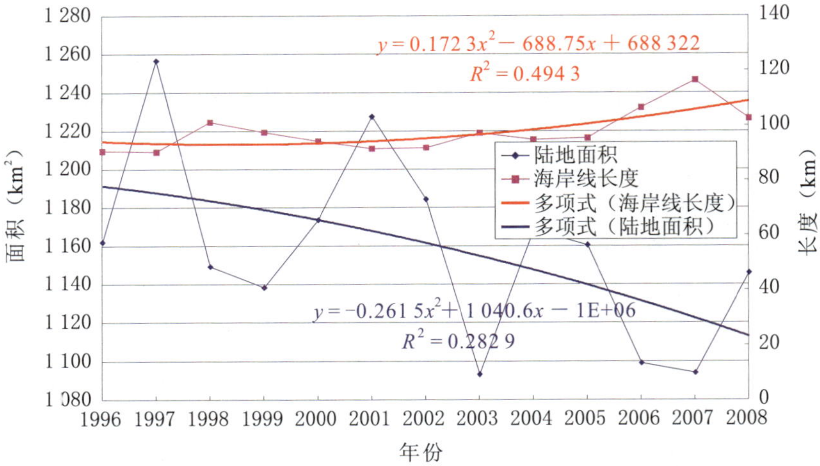

图8-8 清水沟河口地区海岸线及陆地面积变化（1996～2008年）

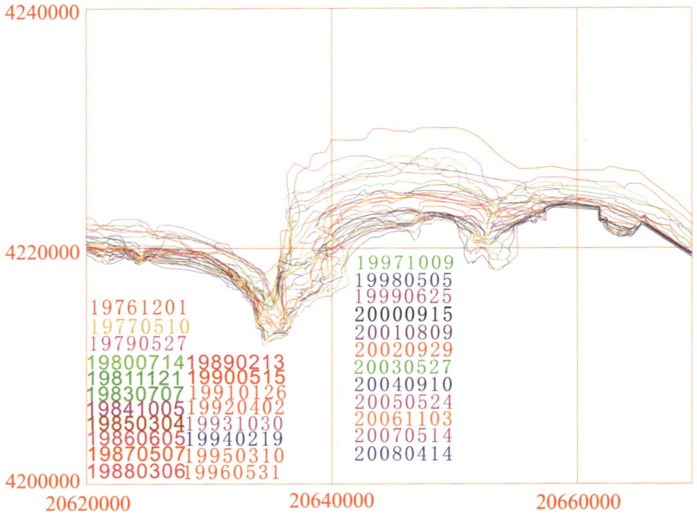

图8-9 刁口河流路海岸线演变（1976～2008年）

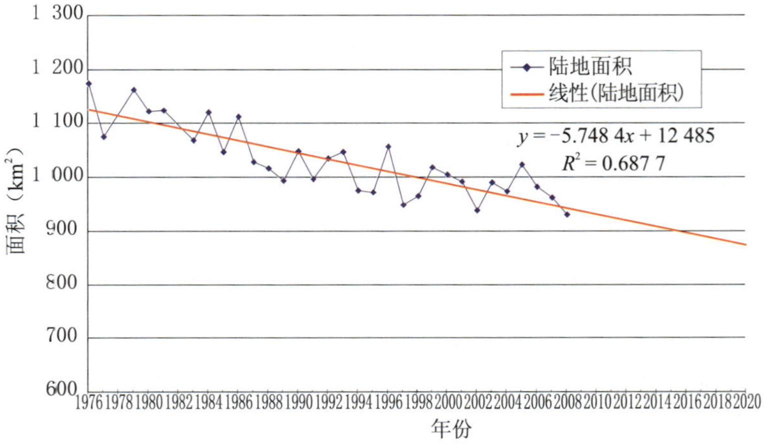

图8-10 刁口河陆地面积变化

变化有所起伏（主要是由于缺乏潮汐资料，在数据处理时未进行潮汐校正），但总的趋势是陆地面积的变化是不断变小的，即刁口河附近海岸线总的变化趋势是处于不断蚀退中的。在32年间（截至2008年），陆地面积共侵蚀近250 km²，变化过程是在停水后的最初几年间侵蚀比较严重，后逐渐趋于平缓，当刁口河流路附近海域海底剖面处于平衡剖面时，将不会发生侵蚀，处于平衡状态，但所需时间比较长。

根据趋势线方程：$y= -5.748\,4x+12\,485$（x为对应的年份），进行推算，到2020年刁口河陆地面积为873.23 km²，与2008年相比侵蚀面积57.36 km²。

8.1.5 黄河三角洲海岸线演变特点

通过上述分析可知，河口三角洲海岸发生淤进、蚀退现象具有普遍性。黄河三角洲由于泥沙来源特别丰富，数量巨大，泥沙组成又比较细（粒径小于0.025 mm的占44.2%），使三角洲岸线变化又快又频繁。根据已有的不同流路、不同时段的三角洲淤进和蚀退、造陆速率及海洋动力因素、输往外海区的泥沙数量和比例关系，可以得出以下几点认识：

（1）行水期三角洲岸线一般以淤进造陆为主，个别年份来沙量少时也出现造陆负增长。

（2）从造陆面积时序变化看，一般是改道初期造陆速率大，改道后期造陆速率有逐年减小的趋势。这与改道后期沙嘴向海中突出、沙嘴前缘地形变陡、海流流速增大、泥沙沉积减少、海洋动力输沙能力增强等因素有关。

（3）清水沟河道长度增长变化，大致与造陆面积变化趋势相一致。改道初期几年增长速度较快，以后逐渐减弱。

（4）三角洲岸段在河口改道完全失去泥沙补给后，岸线的侵蚀会十分强烈。从遥感影像信息可以看出，刁口河流路沙嘴在断流后最初几年蚀退剧烈，随着岸线和海床比降变化，侵蚀会逐渐趋向缓和，长期能达到冲淤平衡。

8.2 黄河三角洲固定测量断面多年变化特征

由于三角洲岸线是黄河冲积而成的淤泥质海岸，因此岸线稳定性较差，受黄河来水来沙、河口流路变化及海洋动力因素等影响较大。在行河的岸段，由于黄河入海泥沙的淤积，岸线不断向海淤进，填海造陆速率较快，每年以几平方千米至几十平方千米的速度呈扇形向海淤进，淤积范围一般在河口两侧25 km范围内；当河口发生改道后，停止行河的故道河口附近岸段，由于缺少泥沙补给，在海洋动力因素作用下，初期几年出现强烈侵蚀后退，以后蚀退速率逐渐缓慢，最后向相对稳定方向发展。

为了监测黄河三角洲海域地形的变化，黄河水文部门在黄河三角洲沿岸海域共布设固定测验断面36个，测验范围为北起沾化县海防乡湾湾沟口，南至寿光市羊口镇小清河口的滨海区；每年至少进行一次测验，一般安排在黄河汛期后实施，测验期间共布设6 ~ 13个短期、临时潮位站，观测潮位以满足测验期间水深改正为目的。

8.2.1 刁口河海域固定测量断面变化特征

由于黄河刁口河流路河口摆动范围达30多km，在末期自西向东形成主河、二河、三河、四河、五河等众多河口，跨越了CS1～CS8个固定断面，致使各断面快速淤进、缓慢淤进、快速蚀退、缓慢蚀退等变化过程交替出现。1976年5月改道清水沟流路后该海域地形演变呈现快速蚀退—然后缓慢蚀退—形成平衡剖面，部分断面后期因修建海堤使自然潮滩转变为陡崖的边界变化影响，使原有的平衡被破坏，最后形成新的平衡剖面的变化过程。

CS1～CS8断面全部为南北方向设置，间距5 km，每条断面监测长度40～45 km，监测深度一般在18～21 m。CS1剖面始端位于湾湾沟河口、CS2剖面起始端位于湾湾沟河口东5 km，距离刁口河主河门10 km，以后各断面依次往东各间隔5 km（具体见图8–11）。

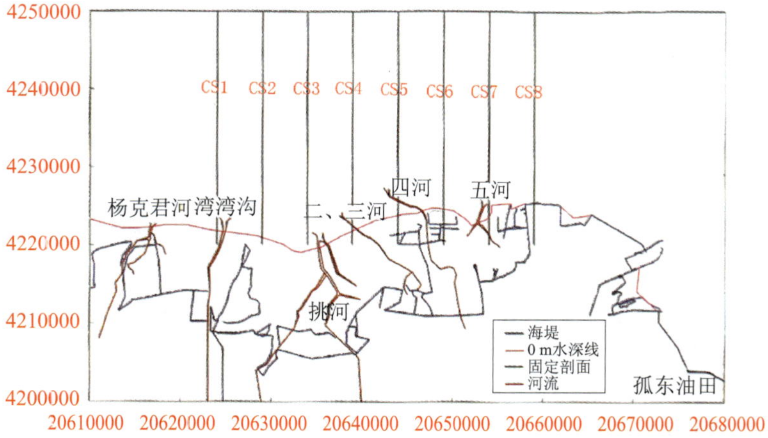

图8–11　刁口河海域固定断面位置

CS1断面、CS2断面图形相似，地理相近，位于湾湾沟河西岸；CS3～CS4断面位于挑河（刁口河主河道）口左右岸，为1964～1976年刁口河流路演进海岸。CS5～CS8断面处于飞雁滩桩西滩海油区，该海岸20世纪80年代后陆续修建防潮海堤，防止海岸蚀退，但是由于此区为刁口河与神仙沟快速淤出的沙嘴海岸，水下底坡非常陡，河口改道后立即失去沙源补充，原有的有充足入海泥沙补充维持的海岸边坡状态立即失衡，在只有海动力作用下必然要塑造新的水下前坡平衡状态，此种机理导致该海区水下前坡不断侵蚀。又因为后来边界条件的改变（主要是修建了海堤），海动力作用到海堤形成反射能量，近堤脚处不断冲刷刷深。

（1）CS1断面（见图8–12）年际间没有剧烈的冲淤变化，仅在刁口河流路行河期间至1977年，断面表现出整体淤积态势，年均淤积速率为0.3 m/a；1977年后断面产生轻微侵蚀；直到1990年，断面达到冲淤平衡状态，其后各年度断面表现出围绕在1990年断面附近上下摆动的特性，摆动幅度在±0.5 m之内。

（2）CS2断面（见图8–13）年际间没有剧烈的冲淤变化，在1977年达到最大值，1977年后断面产生轻微侵蚀；其后各年度断面表现出围绕在1996年断面附近上下摆动的特性，摆动幅度在±0.6 m之内。

（3）CS3断面（见图8–14）潮滩多年位置变化不大，1980年以后断面基本达到平衡。这是因为CS3断面位于挑河口左岸，刁口河流路泥沙对沙嘴弯脚处影响较小，而对深水区扩散影响较大，1980年以后断面不再剧烈侵蚀，而处于稳定状态。刁口河流路停止行水后，即1976年后该区滩岸坍塌侵蚀，泥沙向2～12 m水深的前坡区淤积，2～11 m水深区域最内缘为1965年6月的断面线，2～6 m最外缘为1976年8月的断面线，6～12 m为1998年的断面线，由于泥沙侵蚀滑坡迅速，致使1976年坡降变陡；12 m以上深水区年度变化非常均匀轻微，1971年为最内缘断面，然后上层依次是1968年、1971年等。

（4）CS4断面（见图8-15）位于挑河右岸，该断面特征完全反映了刁口河流路1976年改道前河口快速堆积、改道后快速蚀退、最后轻微蚀退的特征。从图形上表现出了与CS3断面完全不同的变化形态：潮滩界位置变化幅度大，深水区变化幅度小于潮滩，1989年以后断面形态趋于稳定，达到平衡状态。

1965～1976年连续堆积，2 m等深线推进了10.5 km，1976年在断面线最外缘，1971～1975年剧烈延伸堆积；1976～1980～1985～1990年连续蚀退，每四五年蚀退1～2 km；1990～1996～2002年轻微蚀退，每六年蚀退不足0.5 km；2002～2004年断面基本一致。上述现象在0～12 m的浅滩边坡区表现程度明显，14 m以下深水区表现程度减轻。

（5）CS5、CS6断面（见图8-16、图8-17）淤蚀形态变化类似，在1965～1976年处于持续淤积状态，而且淤积主要发生在浅滩水域，随后该断面处于持续冲刷状态，在1988年之后，冲蚀趋势变缓；该海岸20世纪80年代后陆续修建防潮海堤，虽然防止了海岸的蚀退，但近堤脚处不断冲刷刷深；断面深水区域水深年际变化不大，水深维持在18.0～19.0 m。又因为该海域本身是渤海湾的一个强流区，海岸突出与有些海堤工程导致了不利于海堤防护的流场结构，而且该海域没有充足的泥沙补充，因此这两个断面将会处于弱侵蚀状态，侵蚀范围主要集中在0～10 m水深范围内，深水区域则达到动态平衡状态。

（6）CS7、CS8断面（见图8-18、图8-19）0～12 m水深前坡1976年为最外边界，1975年与1976年断面线基本重合，该海区位于刁口河流路五河以东，前几年河口已摆动到西区，1975～1976年度该区已进入缓慢侵蚀区；深水区经历了前期蚀退泥沙在深水区堆积，在前坡趋向平衡稳定后，又侵蚀扩散下降的过程；该海岸20世纪80年代后陆续修建防潮海堤，虽然防止了海岸的蚀退，但近堤脚处不断冲刷刷深；断面30 km深水区域水深年际变化不大，水深维持在18.0～20.0 m。因为该海域本身是渤海湾的一个强流区，海岸突出与海堤工程导致了不利于海堤防护的流场结构，同时又得不到足够的泥沙补充，致使断面10 m水深内处于持续的弱侵蚀状态，但深水区域则处于动态平衡状态。

（7）小结。

1976年5月黄河河口改道清水沟流路前刁口河海域总体处于淤进阶段，由于黄河刁口河流路河口摆动范围达30多km，在末期自西向东形成主河、二河、三河、四河、五河等众多河口，跨越了CS1～CS8个固定断面，致使各断面快速淤进、缓慢淤进、快速蚀退、缓慢蚀退等变化过程交替出现。1976年5月改道清水沟流路后刁口河海域地形演变呈现快速蚀退—然后缓慢蚀退—形成平衡剖面，CS5～CS8部分剖面20世纪80年代后期因修建海堤使自然潮滩转变为陡崖的边界变化影响，使原有的平衡被破坏，最后形成新的平衡剖面的变化过程。

CS1～CS8固定断面水深范围全部小于20 m，30 km剖面长度全部处于大波浪作用范围以内，波浪作用直接影响到从潮滩到20 m深的海底，因此断面最后形成新的平衡剖面各年度并不是稳定不变的，而是每一年度受波浪影响，在一定的幅度内上下波动，但是基本靠近一个中心线附近。

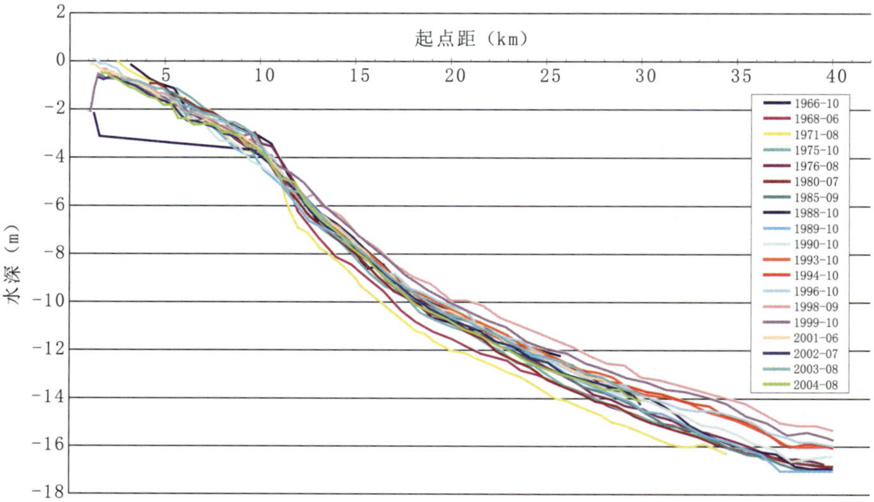

图8-12　滨海区CS1断面蚀进比较

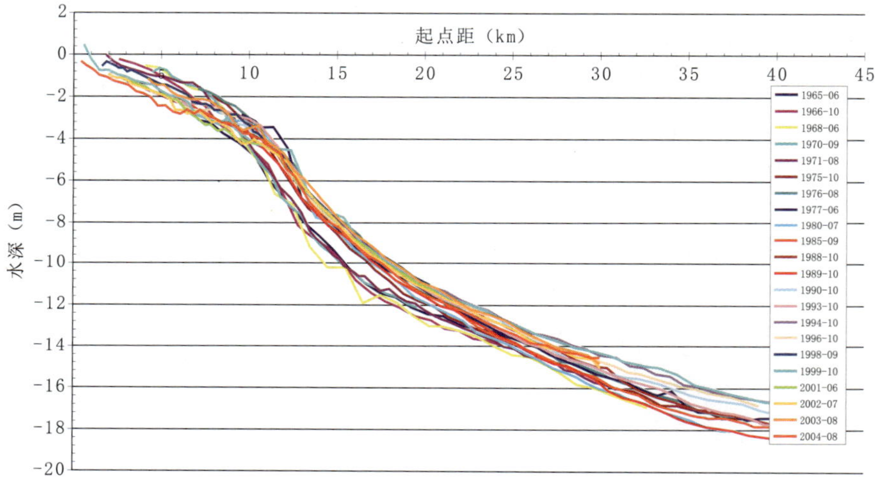

图8-13　滨海区CS2断面蚀进比较

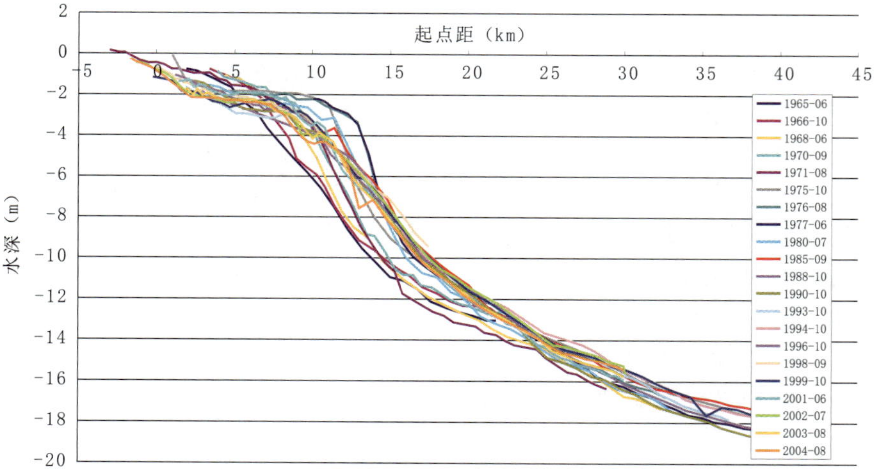

图8-14　滨海区CS3断面蚀进比较

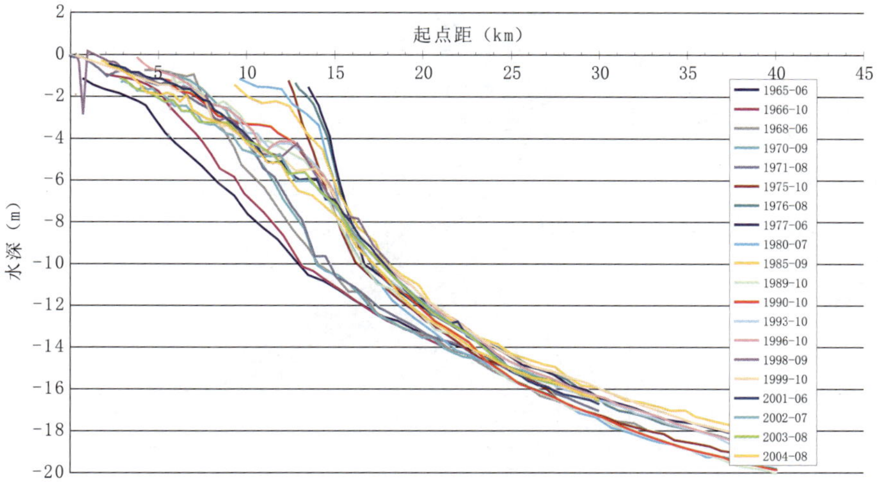

图8-15　滨海区CS4断面蚀进比较

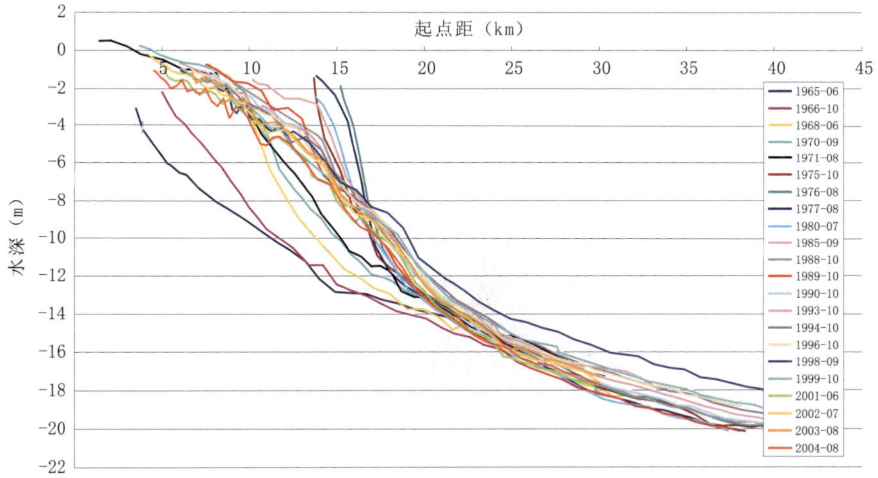

图8-16　滨海区CS5断面蚀进比较

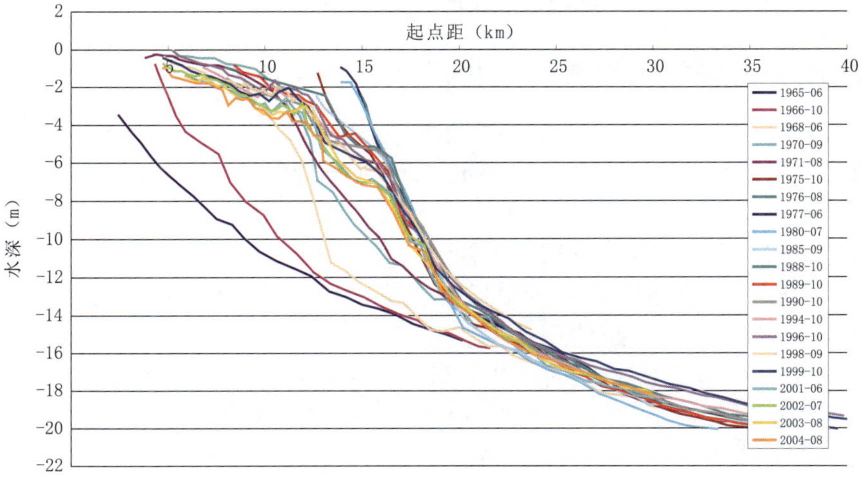

图8-17　滨海区CS6断面蚀进比较

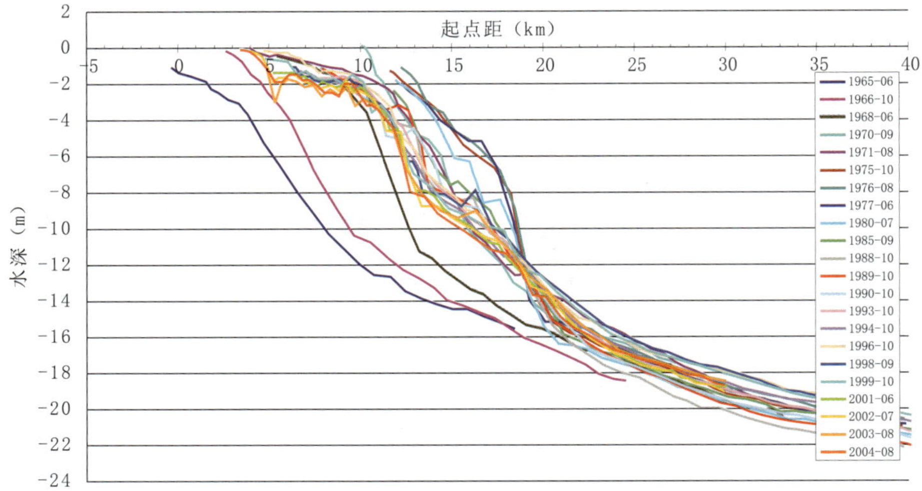

图8-18　滨海区CS7断面蚀进比较

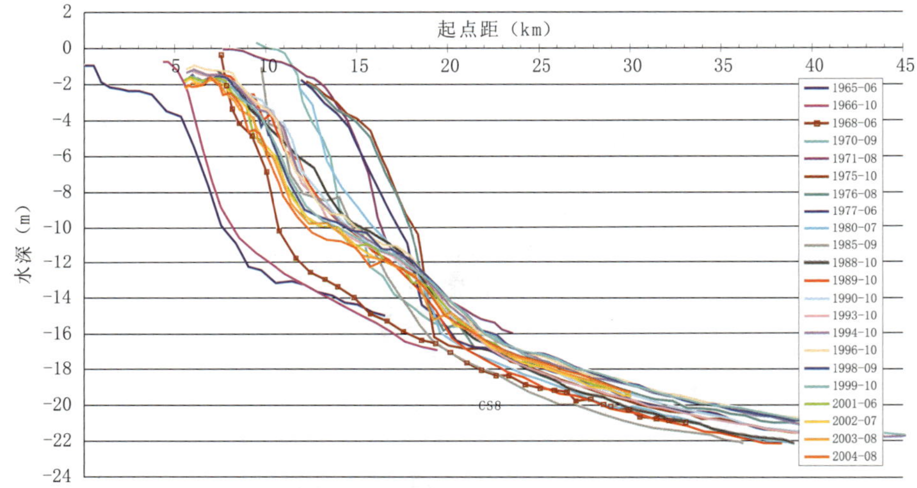

图8-19　滨海区CS8断面蚀进比较

8.2.2　清水沟流路海域固定断面变化特征

根据现有的资料，研究所涉及的测验断面为CS14～CS27断面（油田海港向南到清水沟流路海域），其中CS14～CS19断面间距5 km，CS19～CS27断面间距4 km（见图8-20）。

由于该海域一直受黄河入海影响，海岸侵蚀堆积变化剧烈，平衡剖面的形成在本区还不成熟，仅能在短时期内存在一个各种动力的平衡。

CS14～CS27断面根据各断面所处的地理位置和受黄河入海口门的影响分为4个地段对其剖面的形态演变进行分析，并将其归类：①在黄河三角洲北侧东营港海岸附近的CS14、CS15、CS16、CS17断面；②孤东油田滩海油区所处的CS18、CS19、CS20断面；③黄河现行河口处的CS21、CS22、CS23断面；④1976年以来黄河口清水沟流路始终影响的CS24、CS25、CS26、CS27断面。各固定测深断面1971年以来的海域剖面变化见图8-21～图8-34。

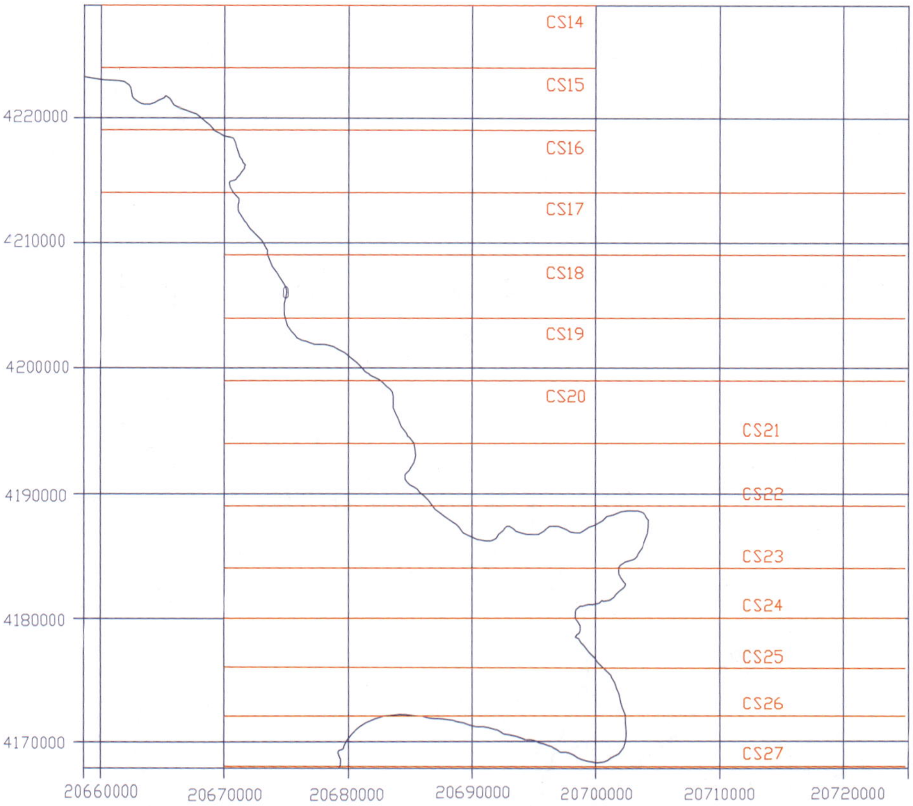

图8-20 黄河清水沟流路固定断面布置图

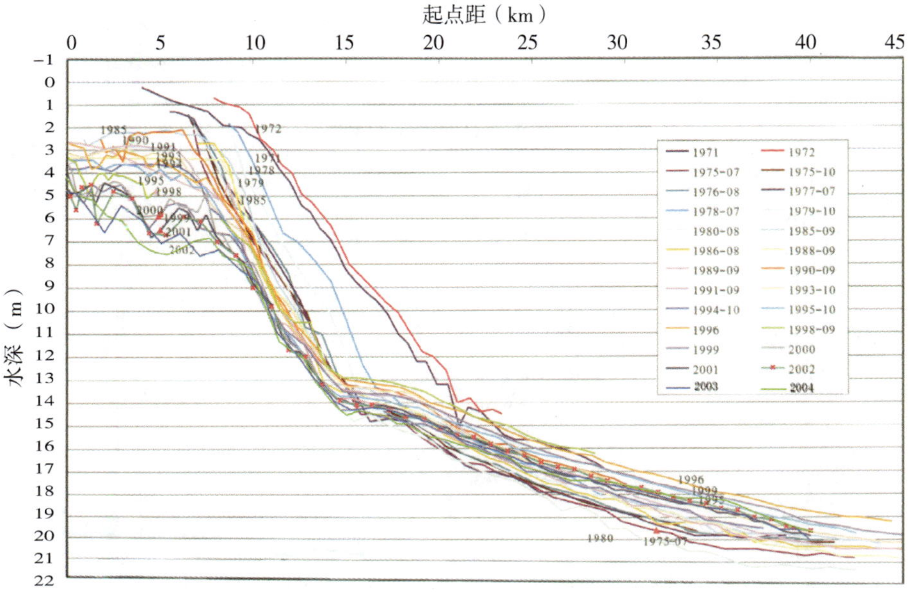

图8-21 滨海区CS14断面蚀进比较

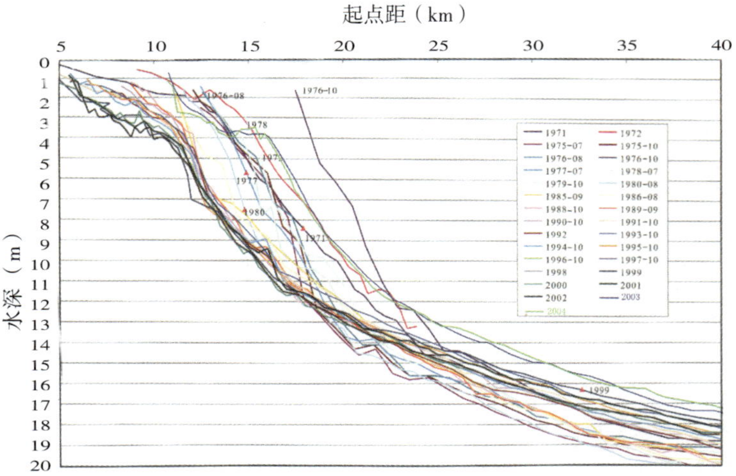

图8-22　滨海区CS15断面蚀进比较

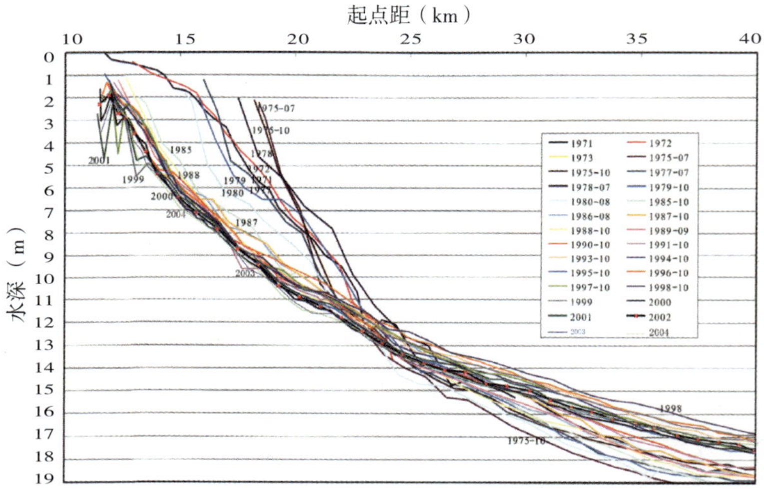

图8-23　滨海区CS16断面蚀进比较

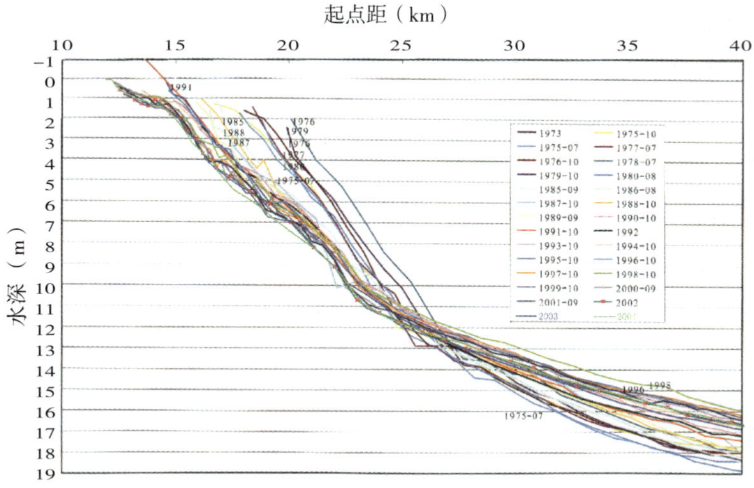

图8-24　滨海区CS17断面蚀进比较

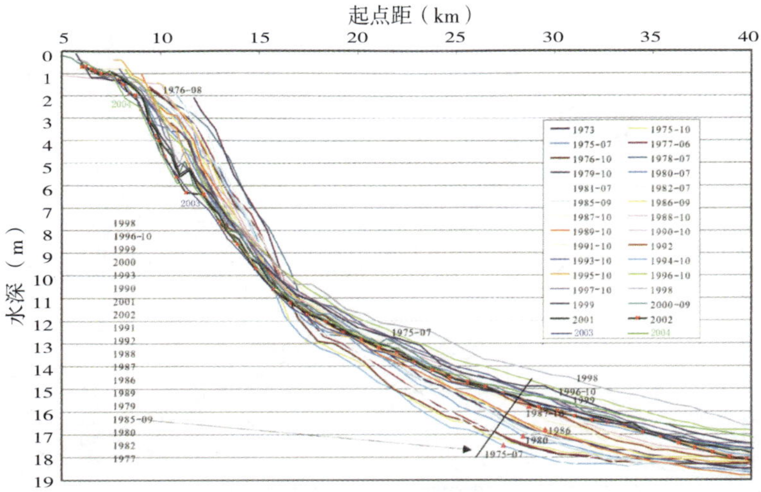

图8-25　滨海区CS18断面蚀进比较

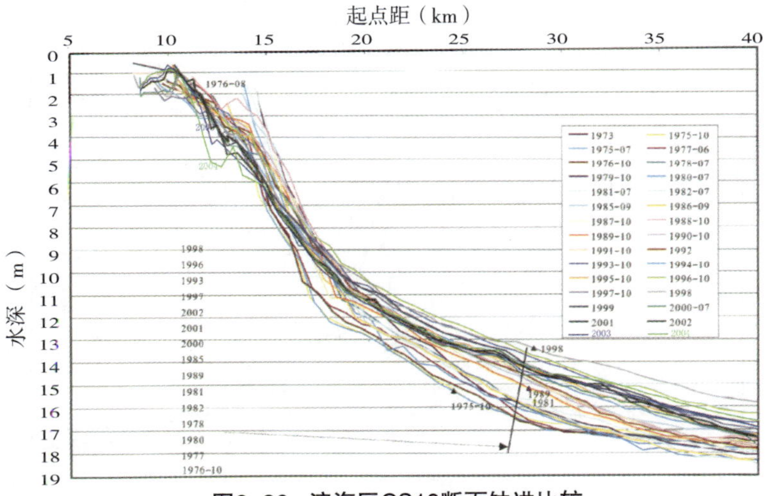

图8-26　滨海区CS19断面蚀进比较

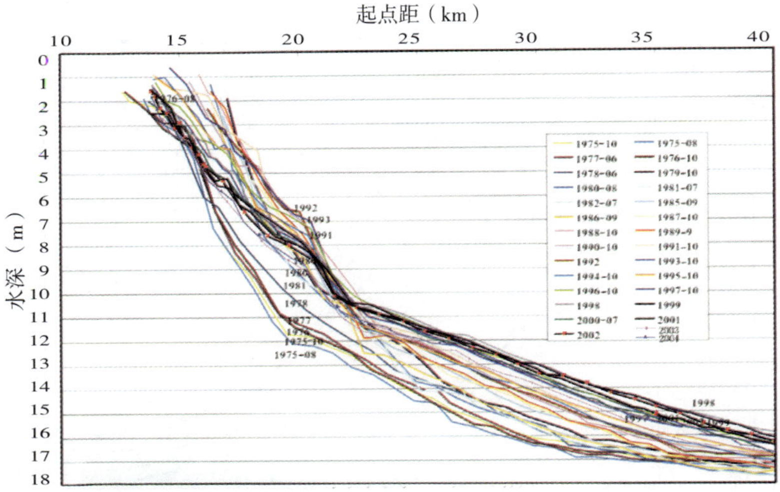

图8-27　滨海区CS20断面蚀进比较

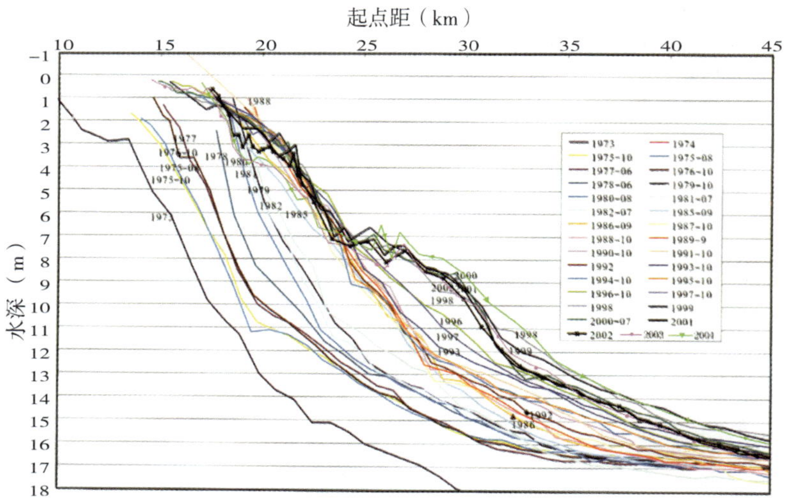

图8-28　滨海区CS21断面蚀进比较

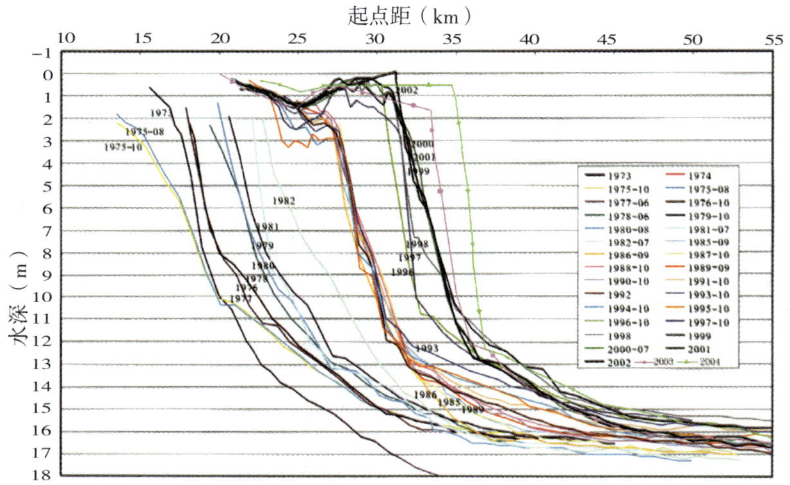

图8-29　滨海区CS22断面蚀进比较

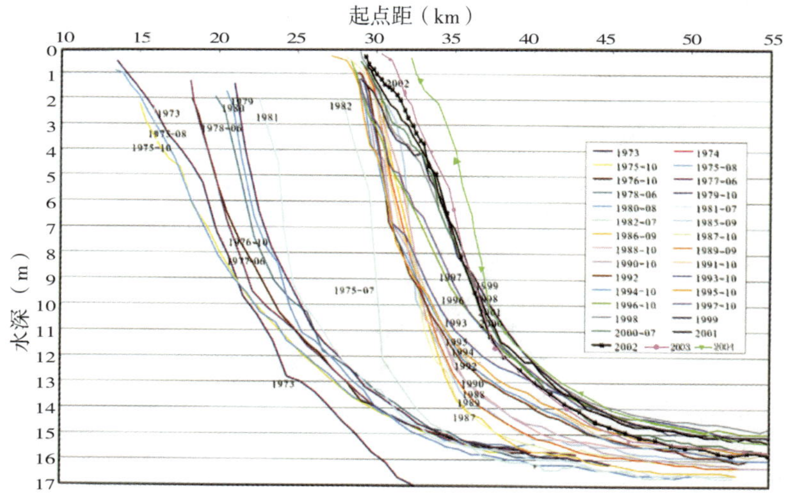

图8-30　滨海区CS23断面蚀进比较

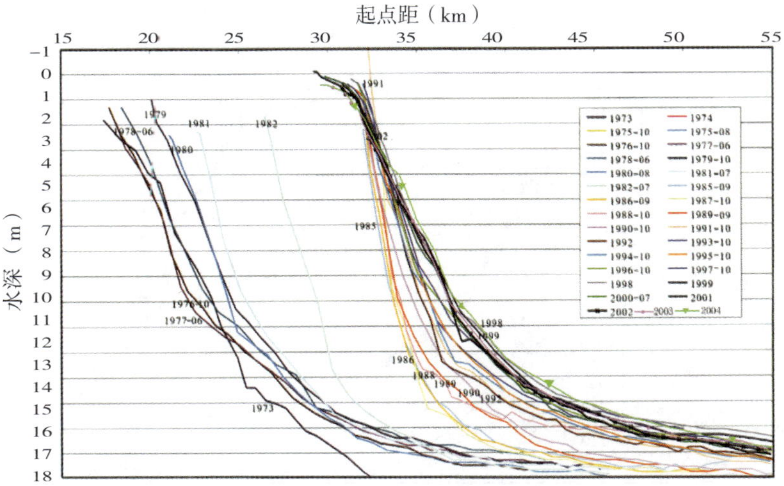

图8-31　滨海区CS24断面蚀进比较

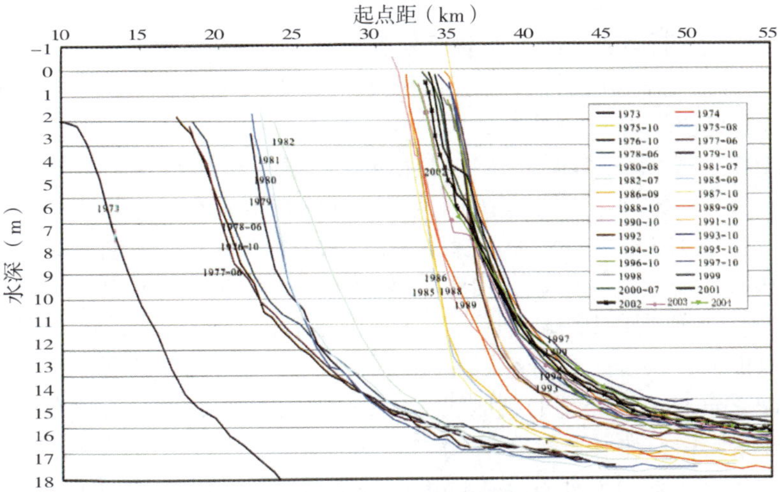

图8-32　滨海区CS25断面蚀进比较

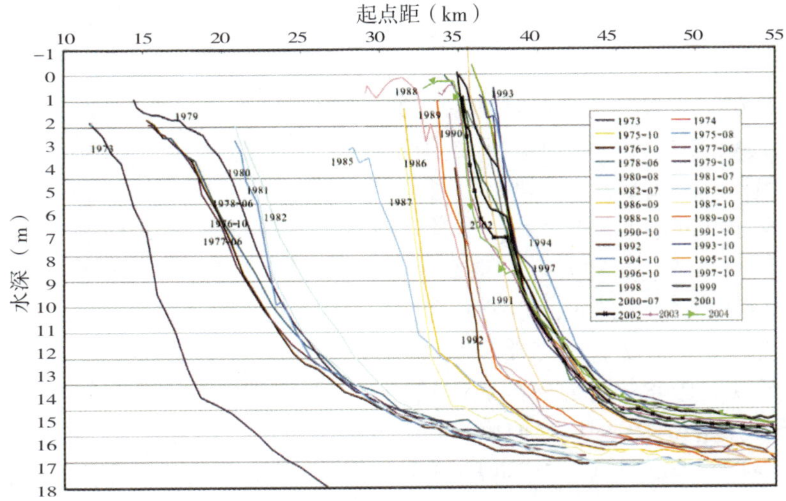

图8-33　滨海区CS26断面蚀进比较

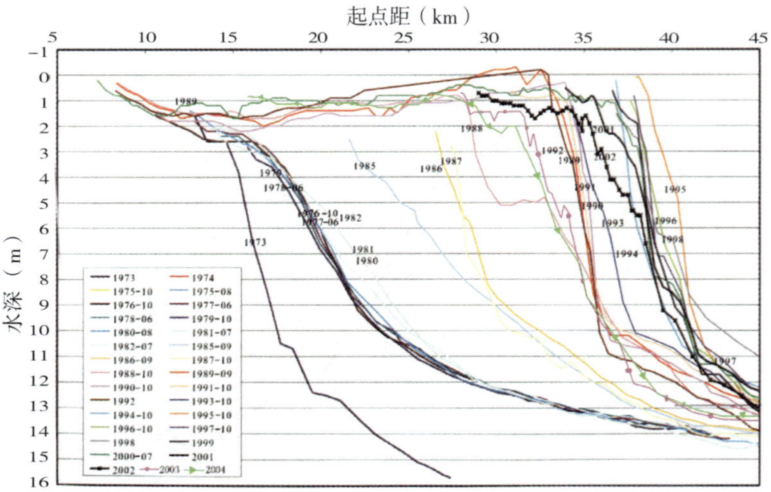

图8-34　滨海区CS27断面蚀进比较

8.2.2.1　CS14～CS17断面的剖面形态演变分析

CS14～CS17断面为东西向断面，CS14断面起点位于大海中，CS16～CS17断面起点都位于桩西与五号桩海堤处。

CS14断面1972年为最外海岸，然后开始逐年蚀退。从1972年的最外海岸开始，到1975年14 m水深以上水区发生水平方向上近5 km的蚀退，在14 m水深以下的深水区发生近2 m的侵蚀。1975～1977年冲淤保持平衡，到1978年又发生全剖面淤进，1980年缓慢蚀退到1975年的剖面线附近。由于从1982年开始桩西和五号桩海堤开始建设，断面的剖面形态受到海堤的影响发生了变化，由于有海堤的阻挡，在海洋动力条件下，海岸线不可能向岸蚀退，只好在近岸不断刷深，冲刷的泥沙被海流挟带至深海。1981～1984年缺乏资料，1985年的剖面线与1980年的相比较，可以看出在浅水区开始刷深，深水区开始淤积，冲淤平衡点在水深12.9 m。1985年以后的剖面形态演变都是属于冲刷型的剖面形态，通过对相邻年际间的剖面进行对比，经统计冲淤平衡点水深一般在12～14 m，冲淤平衡点起点距一般在13～17 km。从以上分析得知，CS14断面的剖面形态演变属于冲刷型剖面形态，只不过在1985年属于全面蚀退型，在1985年后属于上冲下淤型。

CS15断面1976年为最外海岸。从1971年原始剖面开始，至1977年发生几次大的淤进、蚀退过程，从1977～1979年期间开始固定在1975年剖面附近，1980年发生全面蚀退。和CS14断面一样，受到海堤影响，从1985年开始，浅水区开始刷深，深水区开始淤积，逐渐形成冲刷型剖面形态。到2000年后的各年剖面除了浅水区刷深外，其余区域基本一致，说明CS15剖面冲淤已经基本平衡，在现有状态下为基本稳定剖面。经统计，冲淤平衡点水深在10～13 m，冲淤平衡点起点距一般在16～20 km。

CS16断面在5 m水深以上1975年为最外剖面、在5～12 m水深之间1972年为最外剖面、12 m水深以下1998年为最外剖面。从1971年原始剖面开始，水深10 m以上海区淤进到1975年后开始持续蚀退，到1985年开始基本稳定，1985年以后的各年剖面都在1985年剖面附近。1985年后形成冲刷型剖面形态。到2000年后的各年剖面除了浅水区刷深外，其余区域基本一致，说明CS16剖面冲淤已经基本平衡，在现有状态下为基本稳定剖面。经统计，冲淤平衡点水深在11～14 m，冲淤平衡点起点距一般在22～27 km。

CS17断面在12 m水深以上1978年为最外剖面、12 m水深以下1998年为最外剖面。从1975年原始剖面开始，水深13 m以上海区淤进到1978年后开始蚀退，到1980年基本维持在1975年剖面附近，后又开始蚀退，从1985年开始基本稳定，1985年以后的各年剖面都在1985年剖面附近，冲淤平衡点以上浅水区剖面缓慢蚀退，冲淤平衡点以上深水区淤积。1985年后形成冲刷型剖面形态。到2000年后的各年剖面基本一致，说明CS17剖面冲淤已经基本平衡，在现有状态下为基本稳定剖面。经统计，冲淤平衡点水深在10～13 m，冲淤平衡点起点距一般在21～26 km。

该区域水下剖面演变的最大特点是：其顶坡段和前坡段的水深较浅部分冲刷剧烈，前坡段的水深部分和尾坡段淤积明显，并且有较明显的冲淤分界点，冲淤平衡点一般在10～14 m。CS14～CS17断面近岸边有1989年后建成的固定海堤，从以上分析可知，CS14断面仍处于缓慢蚀退并逐渐接近平衡；CS15～CS17断面在2000年后已处于动平衡状态。

8.2.2.2 CS18～CS20断面的剖面形态演变分析

CS18～CS20断面处于孤东油田滩海油区，在1986年前为清水沟流路行河海域，1986年后由于河口向东南延伸，该海域距离口门40多km，河口入海泥沙已不能直接输移扩散至孤东海堤近堤海域，再加上海堤工程的修建，陆上与黄河入海沙源枯竭，该海域处于蚀退区。

CS18断面，在距断面起点3.5 km处为孤东海堤，此为陆海分界线，海堤外侧为淤积形成的潮间浅水带；CS19断面，在CS18断面南侧，断面间距5 km，距断面起点6 km为海堤拐弯处，水流较急，堤跟水深较大；CS20断面，与CS19断面平行，断面间距5 km，距断面起点13.5 km为海堤，该断面位于孤东验潮站南3 km。

CS18断面在10.5 m水深以上1978年为最外剖面、10.5 m水深以下1998年为最外剖面。从1975年原始剖面开始，缓慢淤进到1978年后，至1989年，水深10 m以上浅水海区处于缓慢蚀退，但都是在1975年剖面线与1978年剖面线之间；水深10 m以下深水区，处于淤积状态，冲淤平衡点处于水深9.5～10.5 m，冲淤起点距在15～17 km。1989～1999年，浅水区剖面线越过1975年原始剖面线继续蚀退，深水区继续淤积，冲淤平衡点处于水深9～10 m，冲淤起点距在14.5～16 km。到2000年后的各年剖面在浅水区基本一致，只是在水深15 m以下深水区稍有淤积，说明CS18剖面在现有状态下为基本稳定剖面。综上所述，CS18断面在1978～1999年为冲刷型岸坡，上冲下淤。在2000年后为动态平衡型岸坡。

CS19断面在13 m水深以下1998年为最外剖面、8～13 m水深1996年为最外剖面、4～8 m水深1985年为最外剖面、4 m水深以上1982年为最外剖面。从1975年原始剖面开始，1975～1979年为浅水区缓慢淤进，16.5 m水深以下发生冲刷；1979～1980年发生全面蚀退；1980～1985年发生缓慢全面淤进；1985～1986年发生全面蚀退；1986～1988年发生缓慢淤进，1988～1992年靠近海堤的近岸浅水区顶端发生刷深，10 m水深以上也发生蚀退，而深水区冲淤基本保持平衡；1992～1995年为浅水区发生蚀退，而深水区发生淤积；1995～1996年由于受到黄河改走北汊流路影响而全面发生淤进，而1997年发生全面蚀退，1998年又发生全面淤进；至2000年浅水区变化不大，深水区发生比较大的冲刷；2000年以后6 m以上浅水区发生冲刷蚀退，而13 m以下深水区发生淤积，6～13 m水深部分冲淤基本保持平衡。综上所述，CS19断面由于处于孤东海堤的拐弯处，水流较急，海洋动力强；在清水沟行水初期和1996年后又受黄河入海水沙的影响，在黄河泥沙与海洋动力双重作用下，剖面淤蚀比较频繁，难以形成平衡型剖面。现阶段该断面表现为近岸浅水区冲刷、13 m以下深水区淤积、中间水深区冲淤平衡的剖面形态，属于弱冲刷型岸坡。

CS20断面在10.5 m水深以下1998年为最外剖面、8～10.5 m水深1988年为最外剖面、3.5～8 m水深1991年为最外剖面、3.5 m水深以上1979年为最外剖面。从1975年原始剖面开始，1975～1977年冲淤保持平衡；1977～1978年6 m以上浅水区发生蚀退，6 m水深以下发生淤积；1978～1979年剖面发生全面淤进；1979～1980年发生全面蚀退；1980～1985年发生缓慢全面淤进；1985～1986年发生全面蚀退；1986～1988年发生缓慢淤进；1988～1992年靠近海堤的近岸浅水区顶端发生刷深，11 m水深以下深水区发生淤积；1992～1993年，7 m以上浅水区冲淤平衡，以下区域发生大的淤积；1993～1995年发生全面蚀退；1995～1996年由于受到黄河改走北汊流路影响5 m以上浅水区受到冲刷，而以下区域发生大的淤积；而1997年发生全面蚀退，1998年又发生全面淤进；至2002年浅水区发生冲刷蚀退，深水区冲淤基本平衡；2002～2003年发生全面蚀退；2003～2004年10 m水深以上浅水区冲淤基本平衡，以下区域则发生淤积。综上所述，与CS19断面一样，CS20断面在黄河泥沙与海洋动力双重作用下，剖面淤蚀比较频繁，难以形成平衡型剖面。现阶段该断面表现为近岸浅水区冲淤平衡、10 m以下深水区淤积，属于弱淤积型岸坡。

8.2.2.3 CS21～CS23断面的剖面形态演变分析

CS21断面北端起点位于孤东海堤南部与自然海岸的交点处，深水区与CS22、CS23断面处于1996年清8出汊流路现行河口的行河海域，10多年来一直处于黄河入海泥沙的巨大造陆堆积作用；CS22断面在起点距30 km附近跨越现行河口口门，口门西部至起点都是现行河口延伸形成的凹海湾浅滩，潮流作用较弱，口门东部为开敞性外海，河口口门延伸对断面形态影响最大；CS23断面目前始于现行河口南岸，岸部蚀退，外海泥沙扩散影响断面变化。3个断面都经历了清水沟流路初期造陆延伸、河口东南移蚀退、河口1996年出汊摆回向海淤进的过程。由于3个断面自始至终都与清水沟流路入海泥沙有直接的影响关系，难以形成平衡剖面的条件，只能在一个短期内各种作用力短期动平衡。

CS21断面，1973～1985年剖面推进剧烈；1985～1996年剖面线比较集中，具有短暂的平衡；1996年以后0～7 m水深的10 km浅水区还集中在这个平衡剖面位置附近，但7 m水深以下的深水区已受到1996年清8改汊河口入海泥沙的扩散影响，最大淤积达4 m。现阶段属于强淤型岸坡。

CS22断面，1986年前河口逐步淤进；1986～1995年剖面线出现坡度陡且非常集中的稳定状态，这反映了剧烈侵蚀能力和河口补沙能力平衡的一个状态；1996年后河口又出现一个快速淤进的过程。现阶段属于强淤型岸坡。

CS23断面，1986年前河口快速淤进，其中1981～1982年平面延伸5 km，这与当时处于河口位置有关；1986～1995年0～10 m浅水区剖面稳定，但深水区剖面线变化幅度大，受到河口泥沙扩散影响；1996年后受到1996年清8出汊河口入海泥沙的扩散影响而整体推进。现阶段属于强淤型岸坡。

8.2.2.4 CS24～CS27断面的剖面形态演变分析

CS24～CS27断面，在1976年前为清水沟海湾，1976年清水沟行河后这几个断面经历了黄河行河时快速推进、淤积；1996年黄河改走清8汊河后剧烈蚀退、冲刷过程。CS27断面在1993～1996年被淤进的沙嘴分为两段，1996年后发生剧烈蚀退。

CS24断面，1973～1980年剖面比较集中；1980～1985年海岸推进速度非常快，5年间达10 km；1985年后出现了浅水海岸基本固定，随着水深增加剖面线扩张幅度越大的现象，这说明了现行河口泥沙的扩散作用。

CS25断面，1976年当年河口发生了较大的淤积，比1973年原始海岸推进了7 km；1976～1978年出现一个缓慢淤积期；1978～1979年，海岸推进了3 km；1979～1981年又出现一个缓慢淤进期，年均小于0.5 km；1981～1985年出现第二个快速淤进期，5年内达10 km；1985～1989年水深6 m以上浅水区保持陡峭稳定，剖面年变化主要在深水区；1989～1990年出现第三个3 km的快速淤进期；1990～1995年在浅水区基本保持稳定，5 m以下深水区发生淤积；1995～1996年发生缓慢蚀退；1996～1997年发生全面淤进；1997年后剖面基本稳定，缓慢冲刷、蚀退。

CS26断面，1976年在1973年原始海岸上快速淤进4 km；1976～1978年剖面稳定；1978～1982年出现13 m水深以上区域缓慢的年均小于1 km的淤进期，深水区冲淤基本保持平衡；1982～1985年淤进8 km；1985～1986年淤进2 km；1986～1994年剖面处于淤进大于蚀退的冲淤交叉期；1994～1995年发生1 km的蚀退；1995年后剖面处于8 m以下深水区淤积，8 m以上浅水区蚀退的弱冲刷型岸坡。

CS27断面，位于1976年清水沟流路南缘，1976年近岸淤进较小，但深水区受入海泥沙扩散，5 m等深线推进了3 km，10 m等深线推进了5 km；1976～1980年有一个短暂的稳定期；1980～1982年在6～12 m水深发生淤积；1982～1989年剖面快速淤进，7年间2 m等深线共淤进了20 km；1989～1995年持续淤进；1995年后持续快速蚀退。

8.3 黄河三角洲海岸剖面类型划分

8.3.1 海滩平衡剖面塑造过程

海滩剖面在波浪和水流的作用下，引起泥沙搬运并导致海滩剖面塑造。曾科维奇（1946）根据泥沙运动的中立线理论，首先提出了海滩平衡剖面塑造的模式。他将影响海滩斜坡的几种主要因素加以简化：假设波浪传播方向与岸垂直；波浪在水下岸坡上的作用强度恒定不变，水下岸坡是均一的；整个岸坡是由相同的泥沙颗粒组成的；在海滩剖面塑造过程中，海平面是稳定的，虽然这种假设与自然界海滩剖面的动力过程有着显著的差别，但是从理论上或方法论上阐述平衡剖面的塑造过程，还是有它的科学意义的。

在波场中泥沙颗粒的向岸运动或离岸运动是由波浪作用力和泥沙颗粒本身在斜坡上的重力分量所造成的。然而，对后一种力即重力作用却有着不同的看法。孟奇-彼得森（Mufch-Peterson，1950）认为，无论深度或海底坡度如何，它与波力比较起来，重力的影响小到不起重要作用。而伊彭、伊格尔森等的试验结果都指出重力可能是重要的，虽然其结果不是结论性的。曾科维奇认为在平坦的底部，波浪速度不变的情况下，水质点及水流挟带的泥沙颗粒在每次波动的过程中产生向岸和离岸的来回摆动，不产生位移现象。但是，在倾斜的海底剖面上，在水流曲线不变形的情况下，当波峰通过时，泥沙颗粒向岸移动。这种向岸移动由于受到重力作用，而缩短了泥沙颗粒向岸移动的距离；相反，当波谷通过时，在向海方向水流和重力的作用下，加大了泥沙颗粒向海方向移动的距离。因此，在水下岸坡上水深较大的地点，经过每次波动后，泥沙颗粒都沿着岸坡向下移动一定距离。

随着岸坡深度逐渐变浅，波浪和流速曲线产生不对称。在岸坡上的某一地点，当向岸流的作用力与回流和重力向量的作用力相等时，泥沙颗粒向岸移动一段距离以后，又重新回复到原来的位置。这个地点就是海滩剖面上中立点的位置（见图8-35）。

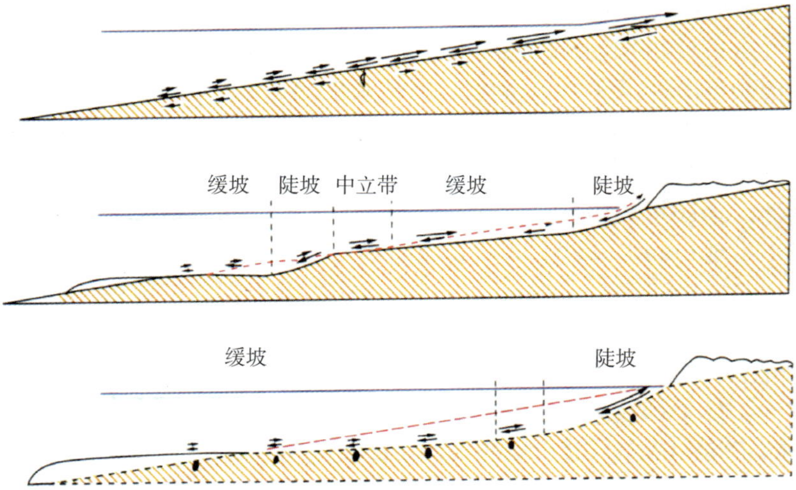

图8-35　平衡剖面的塑造过程

在中立线向岸方向的岸坡地段，深度较小，流速曲线的不对称性更为显著。因此，向岸流的速度超过回流的速度，促使泥沙颗粒向岸移动，而且愈靠近海岸，流速曲线的不对称和泥沙颗粒向岸移动的距离也愈大。而在中立线向海方向的岸坡地段，在回流和重力作用下，泥沙颗粒向海方向移动。结果，在水下岸坡上形成以中立线为分界的泥沙颗粒向岸和向海移动的两个平行地带。在这两个地带之间的中立线，实际上是自然界中动力条件相对平衡的平衡带，随着海水动力条件的变化而产生位置上的变化。

从图8-35可以看出，沿着中立线的向岸和向海两侧，泥沙沿坡向上和沿坡向下的搬移进一步发展，因而在中立线两侧形成两段冲刷凹地。在中立线以上凹地中的大部分泥沙被搬移至岸边堆积，形成堆积海滩。而中立线以下凹地的泥沙颗粒被搬移到水下岸坡的坡脚堆积，即堆积在波浪对海底作用力已失去影响的地带，因而使这一海底地段填高和变得平缓。结果，水下岸坡的剖面改变了原剖面形态。在中立线以下的冲刷地带，剖面变得比原始岸坡平缓，而在中立线以上的冲刷带剖面，从中立线至岸滩的剖面形态由平缓逐渐地变陡。

由于中立线两侧冲刷地带的发展，在中立线以下的冲刷凹地不断地向中立线方向推进，并把冲刷物质向坡脚方向搬运，使堆积地形不断增高和平缓。因此，在波浪每次运动过程中，颗粒下移时所受重力分量的推动作用就愈来愈小，最后使这一岸坡剖面地段上颗粒只产生往复摆动，不产生位移现象，形成与海水动力相平衡的中立带。同样，在中立线以上的冲刷凹地也因冲刷作用的发展不断地向岸方向推移，使这一岸段的剖面增深和变陡。在波浪每次运动过程中，颗粒沿坡上移时受到重力分量的阻力愈来愈大，并逐渐地抵消波浪沿坡向上的推动力，使颗粒产生来回摆动，不再产生净移动现象，终于成为中立带的状态。

在这两个冲刷带发展和达到动力平衡过程中，在原剖面上的中立线位置也随之不断地变化。结果，整个水下岸坡的上、下两个中立带汇合成为均一的平衡剖面。这时，剖面上每点的倾角与波浪作用力都是相适应的。从理论上来说，剖面上泥沙只产生来回摆动，不产生冲刷和净搬移，这种类型的剖面称为平衡剖面。

8.3.2 黄河三角洲海岸剖面类型及影响因素分析

黄河入海泥沙在水动力的作用下搬运、堆积、冲刷、再搬运，处于不断的变化之中，随着泥沙的运移，水深、地形也随之发生变化，因此地形的变化是泥沙运移的重要表征之一。黄河入海泥沙大部分堆积在行水河口附近，使河口快速淤积增长；一旦黄河改道，河口他迁，向海突出的废弃河口沙嘴首当其冲受到冲蚀后退，随着黄河尾闾的摆动、河口变迁，黄河三角洲海岸和近岸浅水区的不同岸段发生绝然不同的冲淤变化，这是黄河三角洲近岸浅水区冲淤变化的基本特点。

通过水下岸坡地形剖面的对比，可以更清楚地了解纵向冲淤变化，根据黄河三角洲各测量断面多年的冲淤变化过程，总结出黄河三角洲水下岸坡冲淤变化基本上有5种：①强淤型（见图8-36），一般位于黄河现行行水河口，黄河挟带巨量泥沙入海，堆积在河口附近，使该处水下岸坡急剧向前淤进，岸坡上部淤积最多，向下渐少，到深水区基本冲淤平衡。②强冲型（见图8-37），一般位于黄河故道口门附近，黄河入海口他迁之后，黄河入海泥沙突然断绝，河口大沙嘴突出海中，由于地形对海洋动力的辐聚作用，海洋动力强，沙嘴遭受冲蚀后退，岸坡最上部冲蚀最强，向坡下逐渐变弱，并过渡为弱淤积，冲淤平衡点一般在水深13～15 m。强冲型特点是：在同一剖面上，上部冲蚀强，下部淤积弱，冲淤面积不对称，说明岸坡上部被冲刷的泥沙小部分离岸向坡

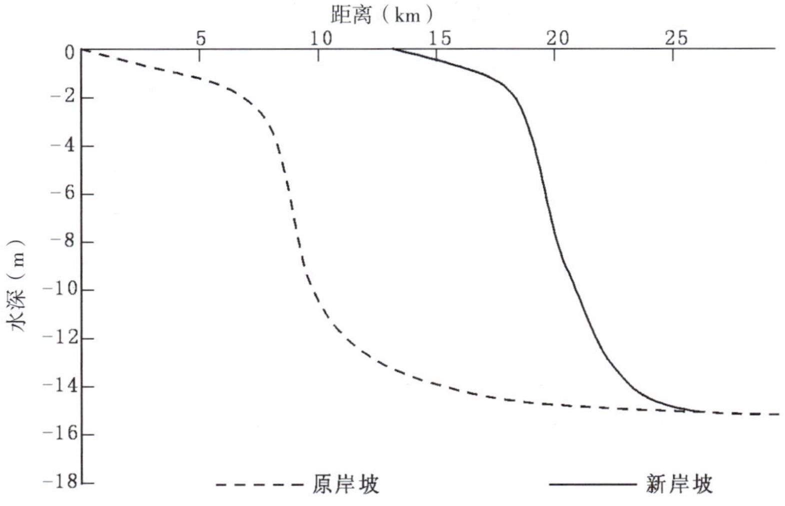

图8-36 黄河三角洲强淤型水下岸坡示意图

下运移，绝大部分沿岸运移。③动态平衡型（见图8-38），一般处于远离黄河现行和故道的测量断面，由于长期没有泥沙来源，加之先前多年的海洋动力作用，使水下岸坡已稳定，冲淤变化不大，基本处于动态平衡状态。④弱冲型（见图8-39），一般处于远离黄河现行河道、与黄河故道比较近的测量断面，黄河泥沙对断面影响不大，是强冲型和动态平衡型断面的中间阶段，属于不稳定断面，岸坡上部冲刷，下部淤积，同一断面上冲淤面积基本相等，冲淤平衡点一般在12～14 m。⑤弱淤型（见图8-40），一般处于与黄河现行河道比较近的区域，黄河入海泥沙对断面有影响，但影响程度不如口门前断面大。属于不稳定断面，岸坡上部淤积，下部冲刷。

波浪作用对海岸的短期冲淤变化有很大的影响，黄河三角洲海岸由于坡度缓，水深较浅，波浪的掀沙作用显得比较突出，更增强了潮流的输沙效应。在大风浪过后，如果没有新的风浪接踵而至，剖面一般都会在不长的时间内基本恢复到风前状态。岸坡剖面的中长期变化是反映潮滩在几年至几十年的时间尺度内的变化趋势，这种变化通常是因泥沙补给量发生重大改变引起的，如河道改道、变汉、沿岸大型拦沙截沙工程等都是导致泥沙补给发生重大变化的自然或人为因素。

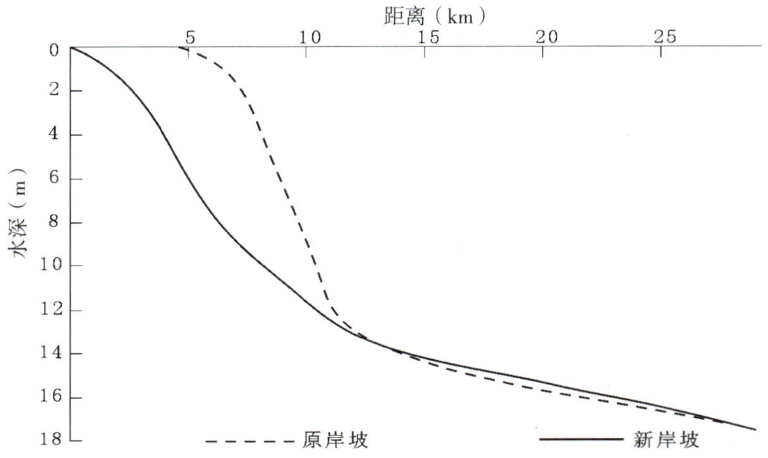

图8-37　黄河三角洲强冲型水下岸坡示意图

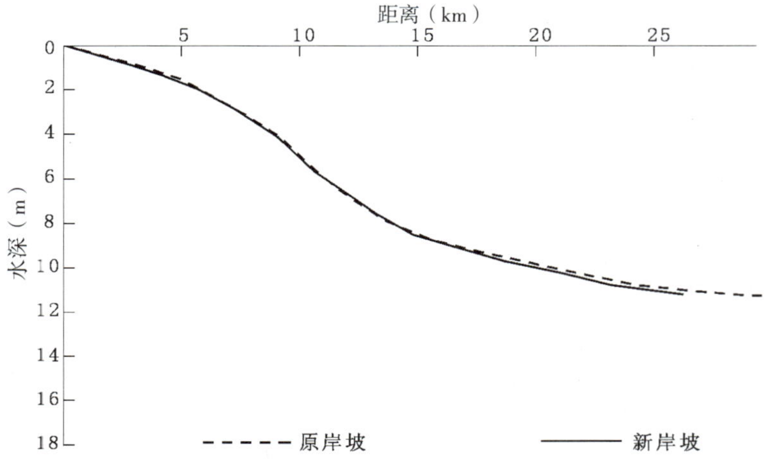

图8-38　黄河三角洲动态平衡型水下岸坡示意图

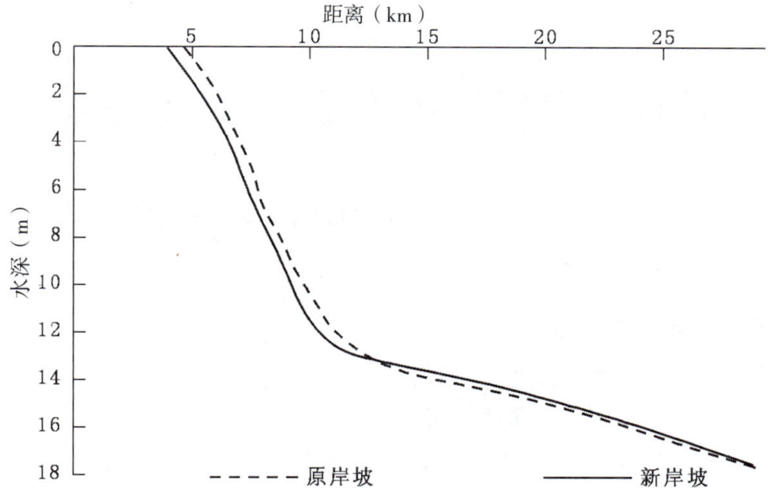

图8-39 黄河三角洲弱冲型水下岸坡示意图

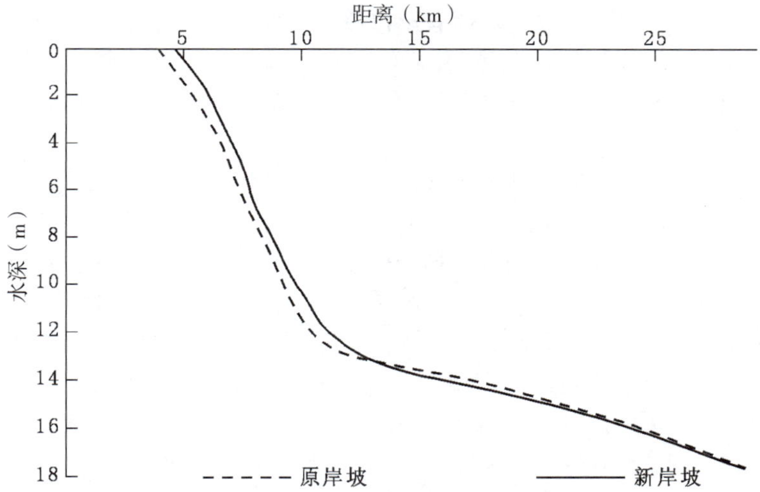

图8-40 黄河三角洲弱淤型水下岸坡示意图

第9章　黄河口刁口河流路的演变及海域冲淤变化

9.1　刁口河流路基本情况

9.1.1　刁口河流路改道背景

1960年，神仙沟流路改走汊河不久河势呈现散乱。1963年汊河又向南生出新汊，主流从新汊河入海，尾闾河段曲折加长，汛后水位明显升高。1963年12月24日，寒流侵袭河口地区，气温骤降，最低气温-13 ℃，河道淌凌密度剧增。因河门泄流不畅，遂于26日在四号桩一带卡塞封河，水位陡涨，漫过防潮坝，淹及小沙村及其以下滩地。29日，冰凌向上排插至同兴农场附近，罗家屋子水位涨至8.40 m。漫滩之水逐步上溯，军马场五营、济宁屋子、垦利县林场一分场、临邑屋子、青年林场、军区畜牧场、保林二队、薄家屋子等地相继被淹。1964年1月1日，罗家屋子水位涨至9.01 m，比1958年大洪水水位高0.30 m。张家圈以下河道全被堵塞，漫水扩展到清水沟以南1 km。大孤岛上15个村庄及林牧场驻地职工群众2 675人被冰水围困，41万亩土地被淹，五营屋子一带水深1～1.5 m，人攀屋顶，处境危险。

1月1日在罗家屋子实施爆破破堤分洪，破堤初泄水约150 m^3/s，罗家屋子水位下降0.6～0.7 m，张家圈水位下降0.2 m。次日口门泄量增至350 m^3/s。3日上午，分水流量仍保持在400 m^3/s左右，罗家屋子口门泄量增至60%以上，同兴一带水势缓和，张家圈附近及老蒋屋子以北水位退落0.3～0.5 m。老蒋屋子以南因张家圈插冰阻水缓慢上涨，但并未构成威胁。右岸漫水地区和左岸分水地区均无人员伤亡，受冰水威胁之处相继解除。

分洪后的水流经洼拉沟进入刁口河归海。3月18日实测新河过水流量802 m^3/s，占大河水量的51.3%。6月11日，过流量2 536 m^3/s，占全河的89.5%。至8月底，神仙沟近乎断流。历时8个月，新河入海通畅，最终由分洪减灾形成尾闾改道。

9.1.2　刁口河流路河道演变

改道之初，入海流程较神仙沟河长缩短 22 km，新河纵比降2.13‱，改道点附近具有较大的水头落差，但河口水位降落幅度不大。主要原因是堤基未能冲开，门槛效应较强；罗家屋子以下地形开阔，地面较高，植被茂密，河面宽阔，水流散漫无力；距改道点9 km处有高坎一处为胶泥土层难以冲刷，两侧为黄河故道高地阻水。故口门以下河无正槽，导致大量泥沙在罗4断面一带迅速形成一个庞大的堆积体（见图9-1）。至 1965年4月，罗4至罗6断面间平均淤高1.6 m。改道前罗家屋子至罗6断面比降为1.6‱，经过一年多的淤积变缓不足1‱。新河道不利的边界条件，抑制了流路的发育。尽管改道缩短流程较大，当年来水来沙条件较好，水量多达973.1亿 m^3，但河口产生的溯源冲刷效果并不明显。7～8月大水时，罗家屋子同流量水位下降0.2 m左右，5 000 m^3/s的水位只降低0.35 m，影响范围仅到一号坝。

1964年大水后，在淤高的滩面上出现数条具备河道雏形的河槽。滩槽高差轮廓分明。水流比较集中的五条主道分别称为大河、二河、三河、四河、五河。后来，水势再趋集中，归并为三股主流。1965年小水时，中股衰竭淤塞。1966年汛后西股萎缩，仅有东股扩大为唯一主流，水力强盛，滩槽轮廓更加分明，河势大体暂趋稳定，刁口河流路的沉积造床阶段基本完成。入海口门平均向外延伸约8 km。

1966年后，三门峡水库改建运用，排泄沙量增多，沿程淤积加大，抵消了因河口改道产生的溯源冲刷影响，河口水位迅速回升。1967年9月15日，利津站洪峰流量6 980 m^3/s，罗家屋子水位高达9.47 m，比1958年10 400 m^3/s的水位高0.76 m。河口一度淤塞，发生一次小摆动。此后，由于连续出现6 000 m^3/s 以上的低含沙量大水冲刷，加之口门外海域条件较好，水沙入海通畅，罗家屋子以下河槽变得单一顺直，水流集中。罗7断面以下河段向东取直摆动，产生影响范围较大的溯源冲刷。上界抵达惠民杨房，距改道点153 km。河口段同流量水位再度下降，3 000 m^3/s流量时，罗家屋子水位下降0.47 m。这次水位下降持续一年多。1969年汛期来水特少（126.5亿 m^3 ），水不漫滩，主槽淤积严重，河道已延伸30多 km，河口段水位又大幅度回升。10月测验资料已接近1967年最高水平（见图9-2）。

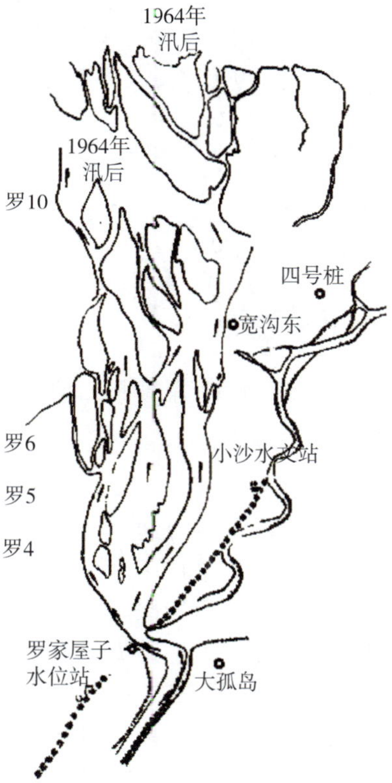

图9-1 1964年刁口河流路

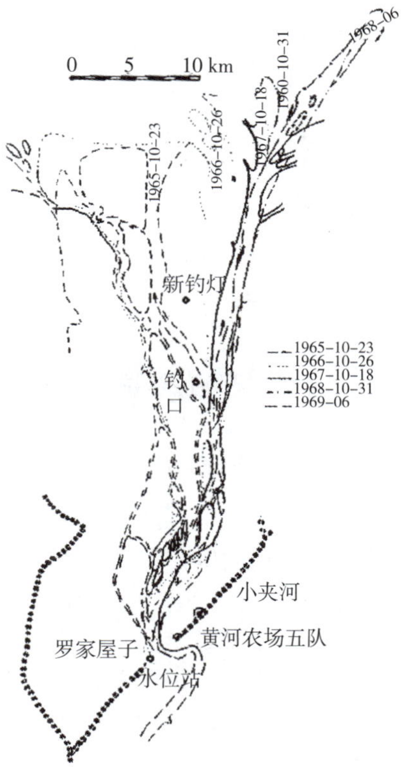

图9-2 1965～1969年刁口河流路

1970年，河道自上而下向弯曲发展。1972年7～9月，先后两次出现向右出汊摆动。边滩、心滩增多，沙嘴延伸突出两侧岸线19 km。出汊点以上河道愈发弯曲，率值达1.1左右，并有陡弯出现。河床淤积抬高，河底平均高程超过滩面1～2 m，横比降加大。串沟机遇增多，河道泄洪排沙能力降低。

1974年8月出现一次小洪峰恰与风暴潮相遇。利津站流量3 360 m³/s，刁口站水位高达6.82 m。罗14断面以下2.5 km处向左出汊，流程缩短8 km。新汊河河形散乱，串沟、心滩多处，泄流不畅，主槽迅速淤积。9月份2 000 m³/s流量，刁口站水位较出汊前升高0.45 m。10月10日出现3 180 m³/s洪峰，罗家屋子水位达8.81 m，超过1958年最高水位0.10 m；刁口站水位达7.01 m，比前次洪峰水位升高0.19 m。洪峰过后，罗10断面以下3 km处向左又出新汊，流程缩短17 km。但出汊后2 000 m³/s流量水位比9月份又升高0.30 m。河口淤积导致水位上升已影响到利津附近。1975年10月，当6 500 m³/s洪峰到达时，一千二分洪口门分流约1 000 m³/s，西河口水位高达9.96 m，东大堤出水仅0.7 m左右，达到了改道的界线，于1976年5月改道清水沟流路（见图9-3和图9-4）。

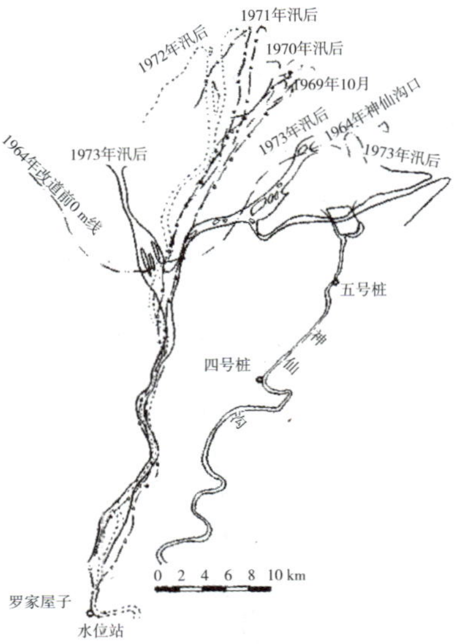

图9-3 1969～1976年刁口河流路

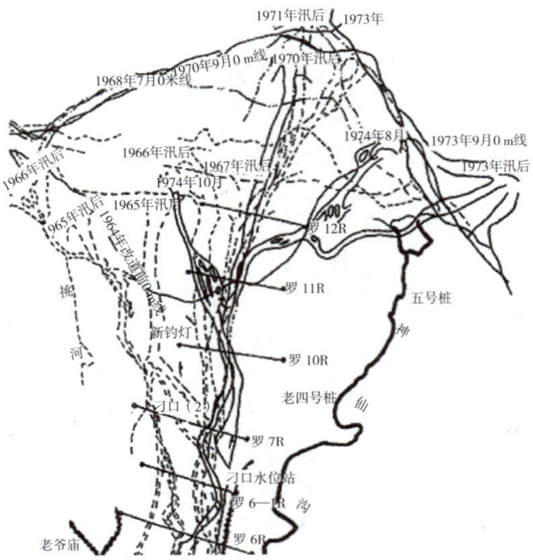

图9-4 刁口河流路尾闾河势变化示意图

9.1.3 现阶段刁口河流路基本情况

刁口河停水停沙以来，由于其区域石油等资源比较丰富，河道管理范围内工农业建设快速发展。胜利油田在该流路范围内先后发现并建立了10多个生产油区，修建了大量油气开发生产设施，电力、通信、交通、水利等生活后勤保障设施。20世纪90年代后期，胜利油田在沿海岸修建了东营海港和海岸潜堤工程；地方政府在其范围内亦进行了大量的开发建设，相继修建了罗镇—孤岛、河口—孤岛、桩西—埕东、东港高速等公路。同时，地方政府的发展规划也把建设开发故道列为议事日程。东营市政府于2005年初组建了“东营市临港工业园”筹建办公室，规划城区120 km²，其中占用河道管理范围约90 km²。由于原河道内土地肥沃，盐碱化程度低，济南军区生产基地和利津、河口两县区都在河道内建立了化工厂、农场、林场，进行土地、林业开发利用，大规模的地下资源开采和农业、林业、盐业开发，加之人为破坏、自然老化，目前流路范围内地形地貌与改道初期相比，发生了较大变化。同时，刁口河流路行水期间的两岸堤防，停止行河以来由于弃守，受人为破坏和自然老化影响，加之失管失修，现已无抗御洪水能力，如任其发展下去，刁口河备用流路将会面临着被堵死的危险。

1992年国务院批准刁口河故道面积4.85万 hm^2的新生湿地为国家级自然保护区，区内有植物300多种，野生动物1 000多种，其中属国家一级、二级重点保护的动物有35种。1976年黄河改道清水沟流路后，刁口河流路失去了水沙补充，口门附近因受海潮入侵和海水倒灌的影响，陆域湿地面积逐渐萎缩，湿地质量不断下降，生态环境进一步恶化，依赖湿地特别是依赖淡水湿地生存的生物物种的种类及数量不断减少。同时海岸的蚀退还直接威胁着沿海油田的正常生产。

因此，为了改善河口地区生态环境，促进胜利油田开发，推进黄河三角洲高效生态经济区建设，高效管理和保护黄河入海备用流路，2009年7月黄委提出了“启用刁口河流路，实施生态调水”的战略，为实现这一战略，河口管理局于2009年8～9月对刁口河河道进行了实地调查（确定调查范围为：纵向自崔家控导工程扬水船至刁口河入海口，长度约54.5 km；横向宽度沿主槽中心线向两侧各470 m），并撰写了调查报告。在2010年黄河调水调沙期间刁口河河道实现了全河过流的目标。

9.1.4 海岸防护情况

随着20世纪80年代初期桩西、老河口、埕东滩涂油田的相继开发和20世纪90年代中期仙河镇城市的建设发展，为抵御海潮袭击，提供安全的生活、生产建设环境，自20世纪90年代后期，胜利油田和地方有关部门对挑河入海口和神仙沟河口之间的海岸防护工程，按照30～50年一遇的标准相继进行了续建和改建。目前，共建各类防潮堤69.5 km，其中挑河右岸至刁口乡以北二河左岸长23.4 km。该海堤为利津县新刁口渔业海堤，是在滨州市(原惠民地区)1973年修筑的河口防潮坝基础上维修、续建而成的。现结构为土堤，堤顶高程4.6 m、宽5.0 m。共分两段：利津北防潮坝一段，自养殖公司扬水站起，至刁口乡政府南柏油路，长14.3 km；利津北防潮坝二段，自老刁口码头起至防潮坝7+000处，长9.1 km。

刁口河河口和神仙沟河口之间为油田防护海堤，共长46.2 km。具体防护情况是：①刁口河口门至桩106井之间，为保证附近老河口、飞雁滩、埕东和义北油田的安全生产，对刁口河（四河）入海口两岸沿线7 km进行了较低标准（大潮可漫）的海岸加固；②桩106井至东营港（孤北水库以北海岸）之间，修建海堤31.67 km。采用复式坡防护结构，海堤迎水面标高3 m以下采用抛石，标高3 m以上采用混凝土蘑菇石。为防止海浪越堤，在桩西海堤顶临海一侧，修建了浆砌石挡浪墙，海堤下坡按抵御50年一遇风暴潮的标准，采用预制混凝土栅栏板防护，并进行抛石护堤脚。以上防潮堤护坡结构一般为：海堤中间设2 m宽左右平台，平台为30 cm厚浆砌石或片石混凝土；平台以上护坡用20 cm厚天龙板，或栅栏板，或混凝土蘑菇石；平台以下表层为30 cm 厚毛石护坡，底层为抛石护脚压扭工字混凝土块或栅栏混凝土板。防潮堤标准多数堤段按50年一遇防潮。堤顶高程3.7～5.0 m，宽6.0～8.0 m，防浪墙顶高程4.3～5.6 m。

此外，随着埕岛油田（位于渤海南部的极浅海水域，与陆上的桩西、埕东、五号桩油田相邻）开发进程的发展，现已基本形成了以陆地设施为依托，以海上采用平台为基点、海底管线为骨架的海上工程，与之相配套在刁口河入海口门两侧修筑了防海浪冲刷的岸海连接工程。具体修建情况为：一是2001～2002年，于刁口河口门附近飞雁滩油田，沿岸修建了1.88 km海岸潜坝工程。该工程下部为3.5～10 m深的矩形插板桩或管桩，上部为浆砌石或乱石结构，外侧为多面体混凝土块体；二是将刁口河口门东侧桩西、老河口油田10号到11号及10-4计量站各站台连接起来，1999年在各站台之间开工建设了3.3 km长的桩石结构海堤（大海潮可漫水），目前该工程仍在陆续加固建设；三是将刁口河口和东营港之间的老301海上开发块的海内三个站台与海堤相连，于2002年开工修建了2.35 km长的桩石结构海堤，目前该工程亦在陆续加固建设。

9.1.5 自然保护区

黄河三角洲自然保护区是中国暖温带最年轻、最广阔、保存最完整、面积最大的以保护黄河口新生湿地生态系统和珍稀濒危鸟类为主体的湿地类型保护区，于1992年10月经中国国务院批准建立，总面积为15.3万 hm^2。区内设有核心区、缓冲区和实验区，其中核心区7.9万 hm^2，占总面积的51.63%；缓冲区1.1万 hm^2，占总面积的7.19%；实验区6.3万 hm^2，占总面积的41.18%。保护区分为南北两个部分，下设3个管理站。南部位于黄河现行流路两侧，面积为11.546 2万 hm^2，下设黄河口管理站和大汶流管理站，其中黄河口管理站管理面积6.05万 hm^2，重点保护新生湿地生态系统；大汶流管理站管理面积5.496 2万 hm^2，以保护新生湿地生态系统为主。北部位于黄河刁口河故道区域，下设一千二管理站，面积为3.753 8万 hm^2，重点保护珍稀濒危鸟类。区内动物物种达到800余种，其中鸟类就达到269种，其中属中国或国际间协议重点保护的鸟类在65%以上。

黄河三角洲自然保护区北区(一千二管理站管理范围)，自1976年黄河改道清水沟流路后，刁口河流路失去了水沙补充，口门附近因受海潮侵入和海水倒灌的影响，陆域湿地面积逐渐萎缩，湿地盐渍化加剧，湿地质量不断下降，生态环境进一步恶化。风暴潮和洪涝灾害加重了区域盐渍化，导致植被覆盖率降低直至成光板地，逆向演替加剧，原有生态系统类型和结构改变；水鸟和其他动物隐蔽物、食物和巢位减少，依赖湿地特别是依赖淡水湿地生存的生物物种的种类及数量不断减少。与20世纪70年代相比，黄河三角洲湿地萎缩将近一半 (保护区面积占黄河三角洲湿地面积的34%)，鱼类减少40%，鸟类减少30%。海岸蚀退是与海滩下蚀相生相伴的，海滩的下蚀严重影响到滩涂生物的繁衍生息，破坏该海区的生态平衡。近20年来渤海的初级生产力和浮游生物数量分别减少了35%和28%左右。

9.2 刁口河流路时期河道及来水来沙情况

9.2.1 改道后来水来沙情况

根据1950～2007年57年间的水文资料统计，黄河利津站的多年年均径流量为344亿 m^3，多年年均输沙量为8.67亿 t。各流路时期利津站水沙量统计见表9-1，历年径流量及水沙量过程绘入图9-5及图9-6。

由表9-1、图9-5及图9-6可知，黄河河口的来水来沙有以下特点：

（1）年际间来水来沙变化大。利津站最大年径流量是1964年的973亿 m^3，最小年径流量是1997年的18.6亿 m^3，水量年际变幅达52倍；最大年沙量是1958年的21.0亿 t，而1997年的年沙量只有0.16亿 t，来沙量的年际变化达131倍。

在刁口河流路期间，平均年来水量424亿 m^3，平均年来沙量10.8亿 t，比多年统计的年平均来水量高23%，比多年统计的年平均来沙量多24.6%。可看出无论来水来沙都

表9-1 利津站水沙量统计

项目	神仙沟流路 (1953-07 ~ 1963-12)	刁口河流路 (1964-01 ~ 1976-05)	清水沟流路 (1976-06 ~ 2007-12)	历年统计 (1950 ~ 2007)
来水总量（亿m^3）	5 050.4	5 180.7	5 492.08	17 194.68
来沙总量(亿t)	130.8	134.96	138.964	433.584
平均年水量(亿m^3)	471	424	234	344
平均年沙量(亿t)	12.4	10.8	5.91	8.67
平均年含沙量(kg/m^3)	26.2	25.6	25.6	25.5
最大年水量(亿m^3)	612（1963）	973（1964）	491（1983）	973（1964）
最大年沙量(亿t)	21.0（1958）	20.9（1976）	11.5（1981）	21.0（1958）
最小年水量(亿m^3)	91.5（1960）	223（1972）	18.6（1997）	18.6（1997）
最小年沙量(亿t)	2.42（1960）	4.08（1972）	0.16（1997）	0.16（1997）

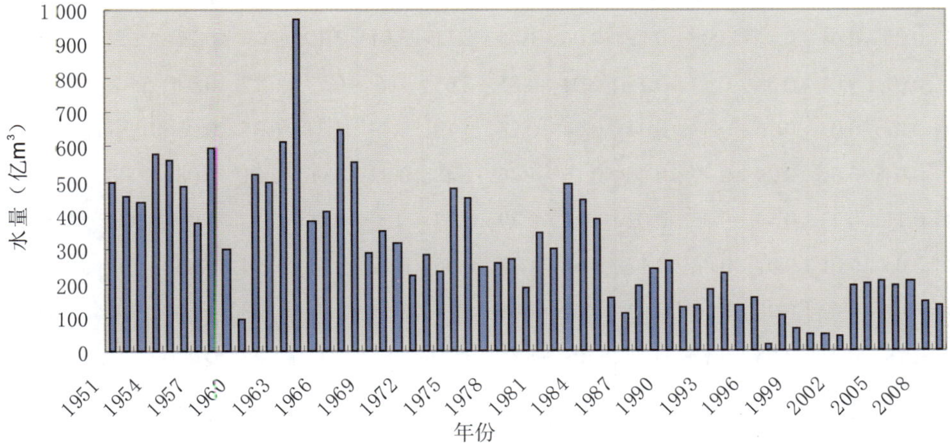

图9-5 利津站逐年径流量过程

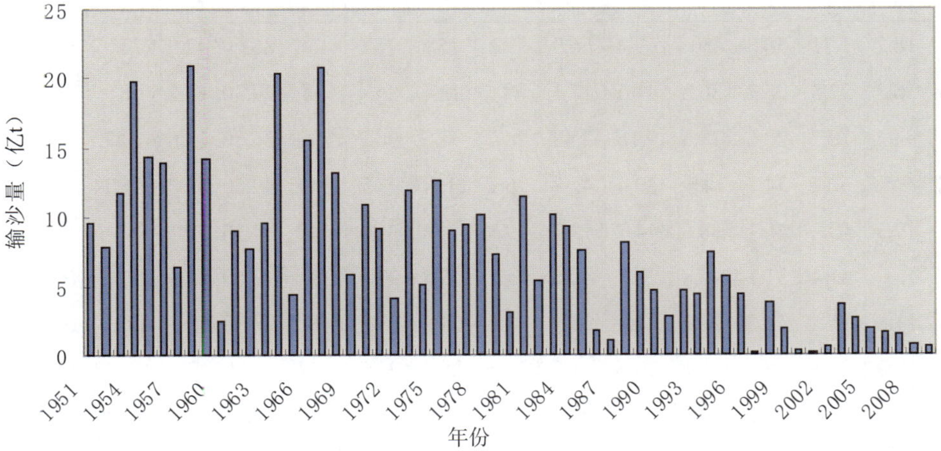

图9-6 利津站逐年输沙量过程

比多年统计偏丰。

（2）来水年内分配不均。从表9-2和表9-3中可看出，水沙量主要集中在汛期，1964年至1976年5月，利津站汛期平均径流量为229.6 亿 m^3，占年均径流量的54%；汛期平均输沙量为8.32亿 t，占年均输沙量的77%。

（3）进入河口的泥沙以细颗粒泥沙为主。由表9-4反映的利津站不同流路时期悬移质泥沙颗粒组成变化可知，进入河口的泥沙以粒径小于0.025 mm的细颗粒为主，由不同时期的小于0.025 mm的沙量所占的比例逐渐减小可得出，随着入海泥沙的减少，泥沙的组成有粗化趋势。

表9-2 刁口河流路行水期间利津站输沙量统计 （单位：亿t）

年份	1月	2月	3月	4月	5月	6月	7月	8月	9月	10月	11月	12月	年	非汛期	汛期
1964	0.04	0.01	0.26	0.51	0.99	0.79	4.34	4.93	4.02	2.64	1.44	0.32	20.29	4.36	15.93
1965	0.1	0.09	0.23	0.39	0.53	0.06	1.69	0.58	0.14	0.27	0.22	0.04	4.34	1.66	2.68
1966	0.01	0.02	0.11	0.12	0.03	0	1.42	7.34	4.22	1.85	0.4	0.04	15.56	0.73	14.83
1967	0	0.01	0.41	0.77	0.66	0.77	2.23	6.03	6.51	2.68	0.66	0.12	20.85	3.4	17.45
1968	0.03	0.01	0.77	0.5	0.63	0.06	1.45	2.11	3.91	3.19	0.3	0.26	13.22	2.56	10.66
1969	0.01	0.01	0.38	0.59	0.25	0.04	0.35	2.65	0.6	0.77	0.12	0.04	5.81	1.44	4.37
1970	0.01	0.03	0.16	0.38	0.44	0.24	0.28	3.19	4.43	1.31	0.35	0.05	10.87	1.66	9.21
1971	0.04	0.02	0.29	0.39	0.46	0.16	1.46	1.48	0.84	1.96	2.01	0.08	9.19	3.45	5.74
1972	0.11	0.23	0.54	0.33	0.02	0	0.79	0.72	1.1	0.09	0.13	0.03	4.09	1.39	2.7
1973	0.03	0.01	0.01	0.03	0.17	0.04	1.78	0.76	6.12	2.02	0.94	0.06	11.97	1.29	10.68
1974	0.01	0.02	0.26	0.18	0.02	0.04	0.08	2	0.54	1.34	0.38	0.17	5.04	1.08	3.96
1975	0.18	0.23	0.05	0.12	0.21	0.02	0.88	3.19	2.83	3.11	1.73	0.09	12.64	2.63	10.01
1976	0.08	0.08	0.24	0.18	0.01	0							0.59	0.59	

表9-3 刁口河流路行水期间利津站径流量统计 （单位：亿m^3）

年份	1	2	3	4	5	6	7	8	9	10	11	12	年	非汛期	汛期
1964	18.2	7.77	30.3	50	69.4	66.9	102	158	183	158	86.60	42.9	973.07	372.07	601
1965	26.8	22.8	28.7	36.8	41.5	17.1	60	43.4	26.4	34	29.30	14.2	381	217.20	163.8
1966	9.94	10.7	20.6	18.5	9.16	2.42	28.7	97.5	90.7	73.1	36.80	12.6	410.72	120.72	290
1967	7.5	6.17	34.3	41	39.4	4.17	76.1	111.0	145	111	49.50	21.8	646.94	203.84	443.1
1968	19.3	12.2	46.1	38.6	44.7	12.3	49.8	53.00	100	112	37.30	32.1	557.4	242.60	314.8
1969	13	8.44	31.1	44.8	28.4	4.56	15.2	45.5	27.5	38.3	19.60	11.3	287.7	161.20	126.5
1970	11.8	11.5	22.3	28.3	27.1	22.4	18.6	54.1	69.7	46.1	28.50	13.3	353.7	165.20	188.5
1971	13.2	8.83	15.8	25.1	25.2	11.5	38.5	26.9	26.8	54.2	60.30	12.1	318.43	172.03	146.4
1972	21.5	22	28.2	13.2	4.61	0.95	25.1	28.9	36.6	13.1	18.10	10.5	222.76	119.06	103.7
1973	11.5	5.26	2.95	6.3	12	6.01	43.3	17.1	66.8	57.3	38.70	14.3	281.52	97.02	184.5
1974	8.52	5.27	21.5	18.3	4.1	5.21	6.6	40.4	23.5	47.4	28.80	22	231.6	113.70	117.9
1975	20.6	20.4	11	10.1	12.6	3.64	28.6	74.5	74.5	126.4	72.30	23.5	478.14	174.14	304
1976	19.2	17.5	25	19.9	3.25	3.24							88.09	88.09	

表9-4 利津站悬移质泥沙颗粒组成变化

流路	年均输沙量(亿t)	<0.025 mm		≥0.025 mm	
		沙量（亿t）	占总量（%）	沙量（亿t）	占总量（%）
神仙沟流路	12.4	8.33	67.2	4.07	32.8
刁口河流路	10.8	6.19	57.3	4.61	42.7
清水沟流路	5.91	3.3	56.1	2.61	43.9
历年统计	8.67	5.21	60.1	3.46	39.9

9.2.2 改道后罗家屋子以下河道的变化

9.2.2.1 1964～1966年汛前

1964年黄河改道刁口河，当时改道点以下20 km的刁口河河床比神仙沟高，比降与神仙沟相近；在横向上，刁口河原始地面宽阔平坦，如图9-7中所示的罗5、罗6断面原始地面。这两个断面位于罗家屋子口门以下9、12 km。因此，河水一出口门，两岸就不受约束，而在宽广的范围内漫流（见图9-8）。河道散乱，加上比降与神仙沟不相上下，而且地面植被茂密，水流迁缓、淤积严重。至1965年4月，在10 km多的宽度内淤高竟达2 m以上，地面在淤高后形成众多沟道，各沟道也都不深，深泓点都在原始地面以上，也就是说，在改道后一年多时间内，该段河道几乎没有发生冲刷，所有沟道都是在原始地面以上“淤”出来的。

1965年汛前到1966年汛前，罗4、罗5、罗6断面滩地进一步淤高；散乱的水流有些归并，但总的变化较小，见图9-9，这可能与1965年来水较小较均匀，漫滩机会不多有关。1966年汛期来水较丰，漫滩机会增加，罗4、罗5、罗6断面的滩唇都有相当多的淤积，水流也有较明显的归并。到汛后，罗4已成了单股河，罗5、罗6也出现了主河，支汊减到只有一条过水。这时，过水地带高耸，两侧低洼，全靠滩唇束水的典型堆积性河流横剖面已经形成。

经过1964年一个汛期，海岸向北推移近10 km，淤出的面积约达250 km^2。到1964年汛后，罗6以上河道比汛前整齐了些，但仍然分成多股，每股都很宽阔（见图9-10）；罗6以下则更散乱，支汊无数。1965年汛前罗10以上形成了主汊，支汊也减少到3、4支。经过1965年汛期，罗10以上主汊继续发展，支汊相应缩窄；但汊数和位置则变化较少，这与汛期来水较小相应。罗10以下，在此期间变化较大，原来散乱多股入海的形势变成了简单的两股入海。1965年汛后与1964年汛后相比，河口外移近2 km，但考虑到河势变得较整齐单一了，实际河长不见得增长，甚至还有所缩短。

1965年汛后到1966年汛后的一年内，罗4以上成了单股河，罗4至罗5间向左分一汊，以下就是一条主流、一条小汊完整的两股河局面，而且主河很顺直，没有心滩。这一年河口向外推移很少，河长因河道变顺直而未显得增加。顺主河量得各年河长见表9-5。从表中可以看出，有两个现象综织在一起：一是海岸线向外淤积推移，河长相应加大；一是河道逐渐归并顺畅，河长相应减小。1965年汛前，前一个现象为主；1965年汛后，后一个现象逐渐明显，到1966年汛后，主河已发展到相当顺直的地步，此后，后一个现象就自然会逐步消失。

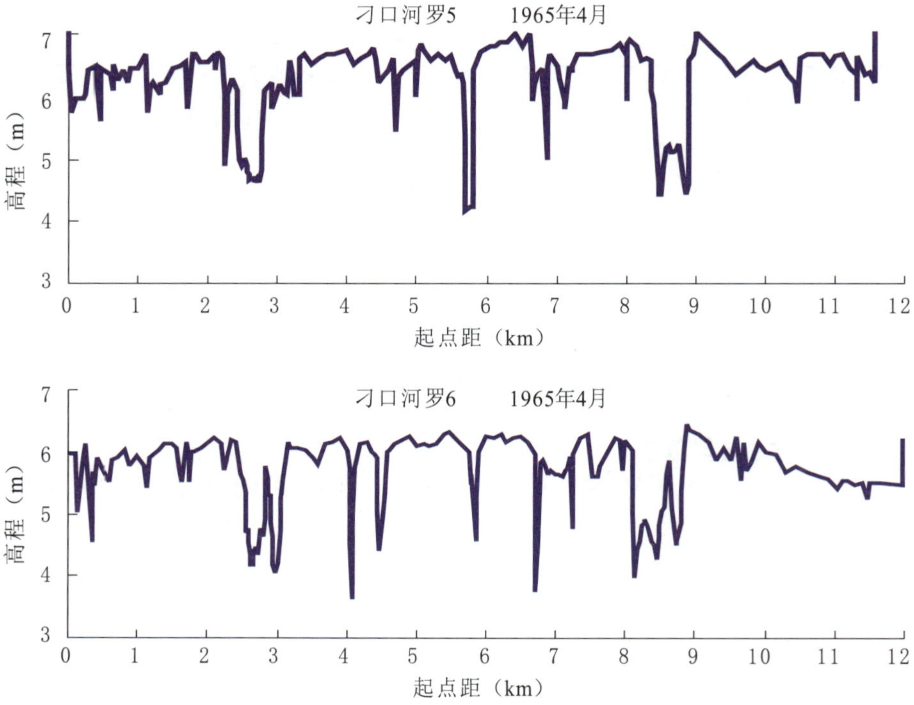

图9-7　黄河口刁口河横断面

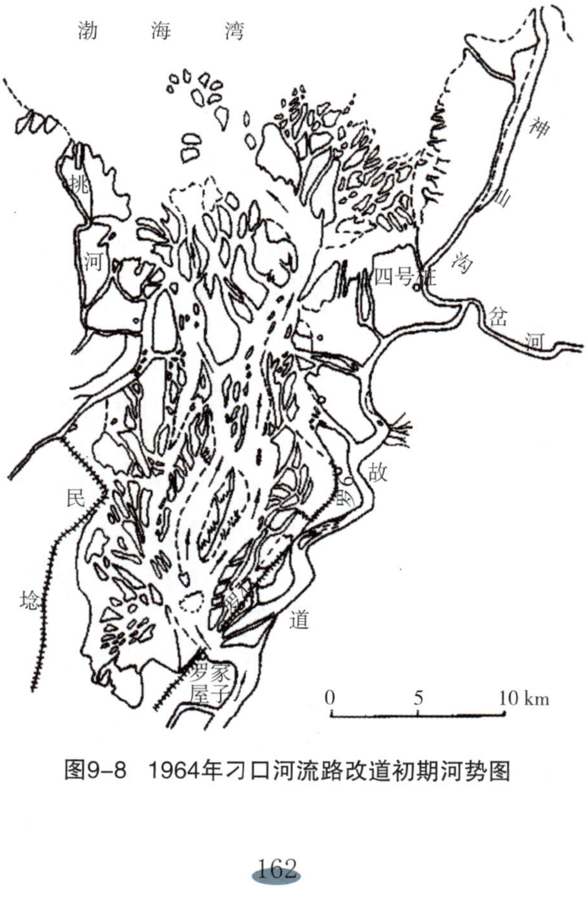

图9-8　1964年刁口河流路改道初期河势图

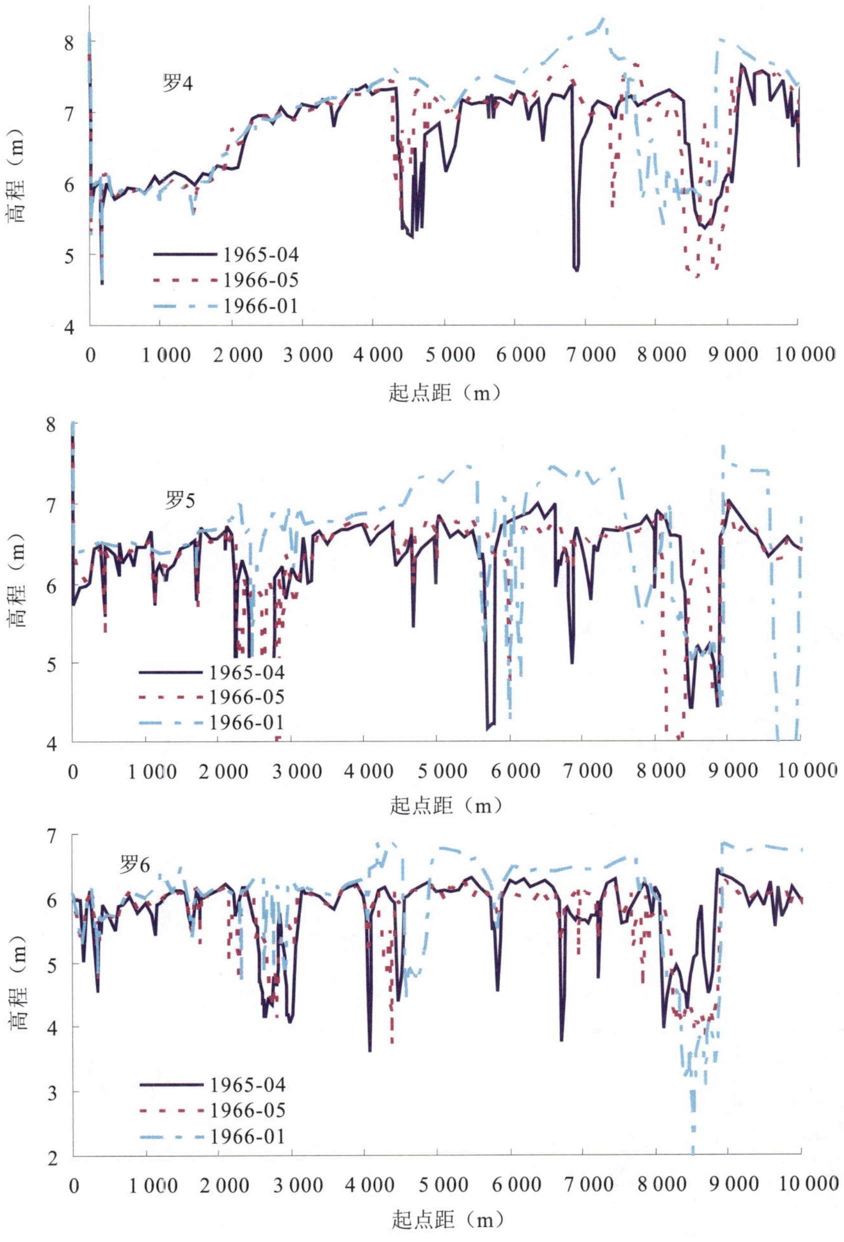

图9-9 罗4～罗6断面1965～1966年变化

总结自1964年年初改道到1966年汛后这3年间，罗家屋子以下刁口河河道已自26 km延长到42 km，尚比改道前岔河(长度58 km)短16 km，水流已由全面漫流逐渐归股，形成了一条相当顺直的主河和一条汊河，并出现了典型堆积性河流横剖面的特征：过水地带高仰、两侧低洼，水流全靠滩唇约束，横比降大，3年内，罗5、罗6地面淤高3～4 m。在这个过程中，深槽河底都比改道前的地面为高，即整个河道断面都是“淤高”形成的；但随着水流集中主流形成、扩大、刷深，再经过1966年大水的作用，罗6断面主槽河底已降低到原来地面以下。

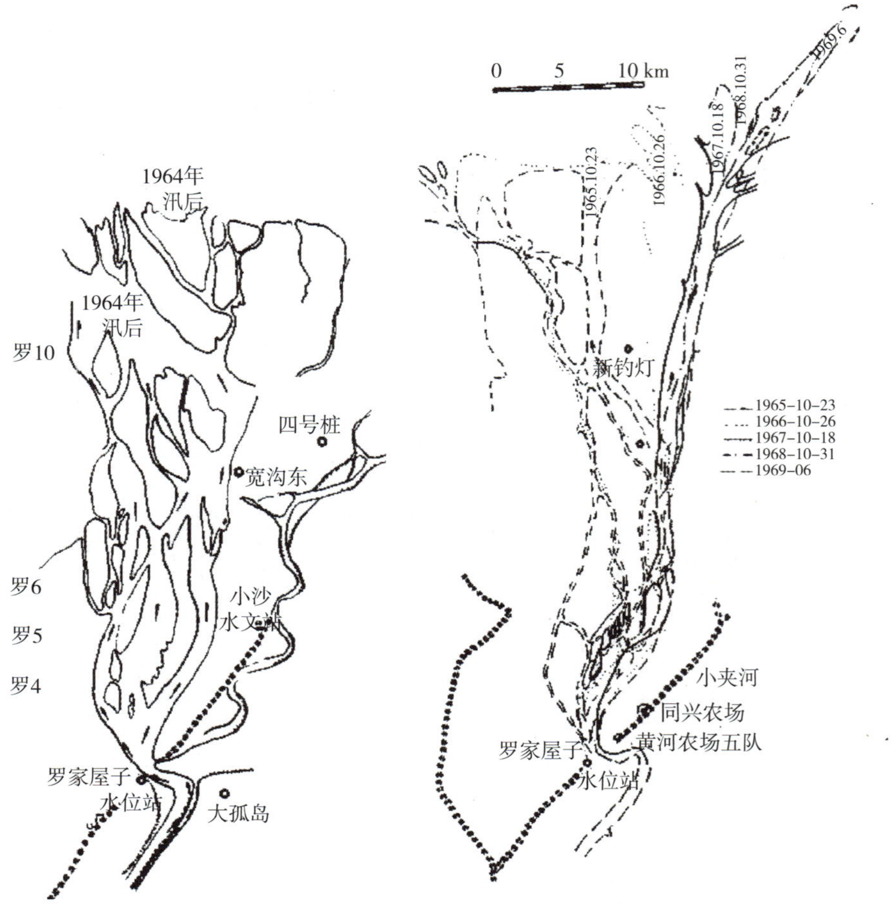

图9-10 1969年以前的刁口河河势

表9-5 刁口河顺主河量得的河长（自罗家屋子算起）

时间	主河长(km)	情　况
1963年底	26	改道前
1964年汛前	34	主河不显，支汊无数
1964年汛后	40	主河不显，支汊无数
1965年汛前	43	出现主河，多股支汊
1965年汛后	42	主河发展，支汊缩减
1965年汛后	42	罗4以上单股，以下主河之外有一小支

9.2.2.2 1967年汛后至1968年汛前

1967年来水较丰，仅次于1964年，在这样大水流的作用下，罗家屋子以下河道的河槽发生冲刷，罗家屋子水位流量关系降低20 cm左右。

1967年10月施测的河势图（见图9-10）上，罗7以下分了许多汊，这是1966年所没有的。从1965年汛后起，罗7以下主流逐渐向右摆动，至1966年汛后摆移约4 km，此后至1967年10月又摆移约2 km。1967年10月施测时，估计可能因流量较大和正处于摆动过程中，新河尚未刷开，老河却已淤高较多，以致显得多汊。罗6断面以上比降为1.14/10 000，罗6至罗10以下7.5 km的比降约为1.25/10 000。

图9–11与图9–9相比，罗4断面的深泓河底高从1966年汛前的4.59 m变到1968年汛前的4.34 m及1969年汛前的4.65 m，变化很小。1968年5月30日、8月31日和10月28日测得该断面的深泓河底高程分别为4.34、5.20 m和4.40 m（见表9–6），变化也不大，由于该处河底是胶泥坎，河口一般变化的影响是跨越不到其上游去的。

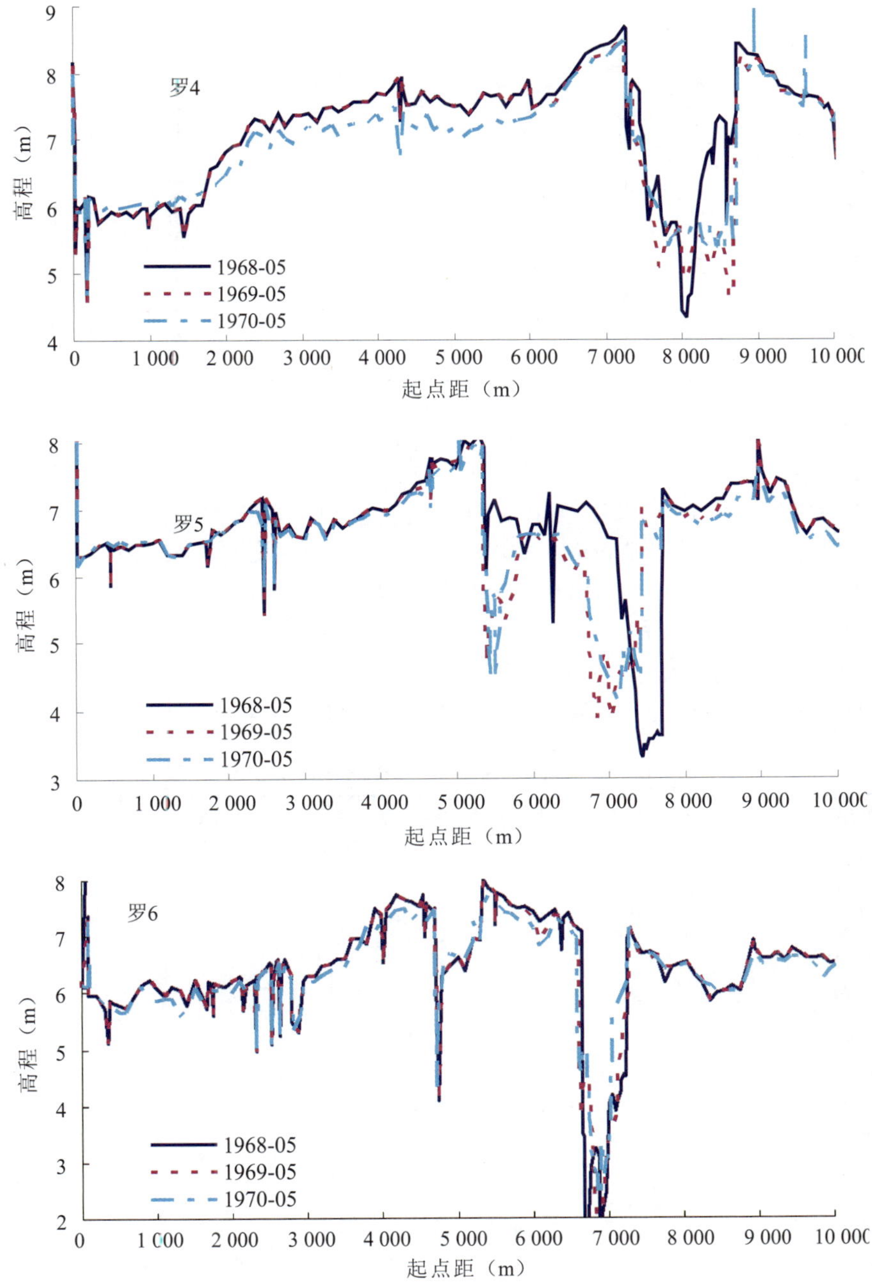

图9–11 1968～1970年罗4～罗6断面变化

表9-6 利津以下和近口河道断面水深（1968年4月） （单位:m）

断面	一般水深	最大水深	断面	一般水深	最大水深
利津	2.5	4	罗家屋子	5	8.2
王家庄	3	4.3	罗4	2	2.9
东张	1.8	2.9	罗5	2.4	3.2
章丘屋子	1.8	2.05	罗6-1	2.5	4.2
一号坝	1.6	2.2	罗7	2	2.1
前左	2.8	4.9	罗7以下3 km	2 m多	随行船探摸
朱家屋子	2.2	2.6	罗10	3	随行船探摸
渔洼	2.3	2.8	罗10—罗11	5	随行船探摸
蒋家屋子	1.7	2.05	罗11—罗12	4 m以上	随行船探摸
7断面	1.5	1.85	罗12	3	随行船探摸
7-1断面	5	8.6	罗12东北主汊	3.1	随行船探摸
8断面	2.0	2.8			

9.2.2.3 1968年汛后至1975年汛前河道变化

1）1968年汛后到1975年汛前河槽的连续强烈淤高

1969年以后，黄河进入连续枯水期，直到1974年，大都远小于平均年的一半。再将各年日平均流量大于2 000、3 000、4 000 m^3/s的天数列于表9-7。可以看出，1969～1974年日平均流量大于2 000 m^3/s的天数特别少，由于1969～1974年的长期枯水，河道河槽发生严重淤积。

从1968年汛后到1975年汛前，利津—罗家屋子河段河槽淤高1.3 m，罗4～罗12河段河槽淤高0.9 m（见图9-12），从图上可以看出，是连续淤积。

表9-7 利津站各级日平均流量的出现天数

年份	>2 000 m^3/s	>3 000 m^3/s	>4 000 m^3/s	最大流量（m^3/s）
1967	144	101	49	6 970
1968	106	58	34	6 900
1969	41**	0	0	3 900*
1970	46	8	5	5 750
1971	39	18	0	3 790
1972	10	3	0	3 760*
1973	50	6	0	3 670*
1974	13	2	0	3 360
1975	110	68	41	6 500
1976	83	46	37	8 020

注：*表示凌汛；**表示凌汛占14天，大汛仅占21天。

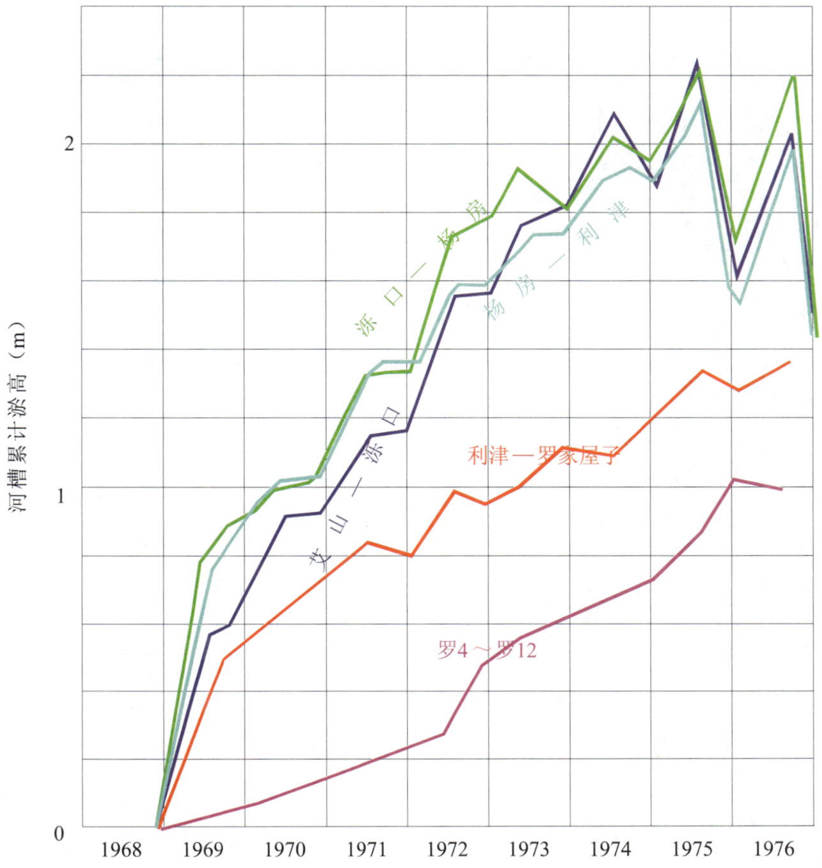

图9–12 艾山以下河槽淤高累计变化图

2）河长变化和河道摆动变迁

表9–8是1966年以后罗家屋子以下河长的变化情况，结合表9–8，可以大致分成四个时段：

第一个时段，罗家屋子改道(1964年元旦)后到当年汛末，不到一年就延伸14 km，是河道迅速延伸时期，此时刁口河处于神仙沟与挑河间的狭窄海湾上，来沙也特别多，淤积延伸迅速。

第二个时段为1964年汛末到1968年汛末，为刁口河从漫流多股逐渐归并、发展的阶段，一方面向外淤积延伸，一方面河道变得顺直，加上河口已延伸至良好海域附近，1967年、1968年来水也较强，泥沙可以大量送入外海，因此这一时段河长变化不大，有时还显得缩短了些。

第三个时段为1968年汛后到1972年汛前，这个时期上游来水特别少，河长增大很快，泥沙大量淤在滨海区，这个时期三门峡枢纽大量排沙，也应是河口延伸快的一个原因。从1968年汛后起，到1969年汛后，河长从44 km猛增6、7 km，以后连续迅速延伸，于1971年、1972年汛前伸长到接近刁口河历史上的最大长度（见图9–9）。这一时段，河道靠到老神仙沟沙嘴上，甚至切过沙嘴(已被蚀退)，也是河长延伸很快的重要原因。

第四时段为1972年到1976年5月，此时的特点是河道连续摆动改道，河长反复伸缩，但河长很少超过1972年汛前的58 km。1972年7月，河口发生一次小改道，河长缩短

表9-8　罗家屋子以下刁口河长度变化

时间	长度(km)	说明
1966年汛后	42	
1967年汛后	42	
1968年汛后	44	
1969年汛后	50	
1972年汛前	58	
1972年7月	55	罗12以下4 km小改道，缩短3 km
1972年9月	58	
1972年9月	50	罗11以下2.3 km小改道，缩短8 km
1974年7月	60	
1974年8月	52	罗14以下2.5 km小改道，缩短8 km
1974年10月	43	罗10以下3 km小改道，比汛期缩短17 km
1976年5月	59	

3 km；9月6日，利津站洪峰流量3 780 m³/s时，又在罗11以下2.3 km处向左发生一次小改道，河长缩短8 km；改道点以下4～6 km范围内流势尚集中，水深一般2～3 m，再往下就分散了。这两次改道后，刁口站（在罗7附近）水位均继续上升。1974年8月洪峰流量3 340 m³/s时，正与风海潮引起的高潮位相遇，遂于罗14以下2.5 km处向左改道，缩短流程8 km。新河支汊、串沟、心滩较多，入海水流不畅，因之改道点以上各断面发生淤积。刁口站9月份水位比改道前升高0.45 m。10月洪峰流量3 160 m³/s过后，于罗10以下3 km处发生小改道，河长比汛前老河道缩短17 km；改道后刁口站水位进一步上升，比9月份2 000 m³/s水位又升高0.3 m。到年底水位仍然保持在9、10月份的状态，其河势变迁如图9-13所示。

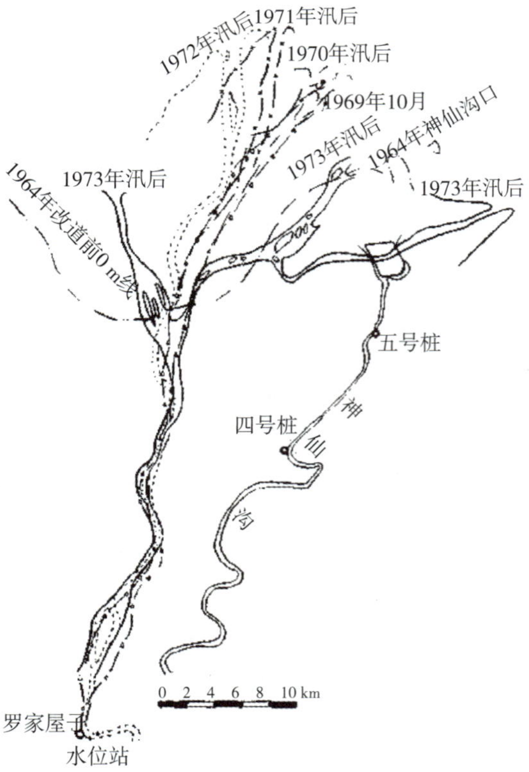

图9-13　1969年以后刁口河河势

改道后罗5、罗6断面先猛烈淤高，然后转而冲深，深泓高程各年变化较大。罗5断面深泓河底几乎全部在改道前地面以上，罗6断面从1966年汛后冲刷到原地面以下。

罗4断面的深泓点高程在1965～1976年的11年内都很稳定，一般都在4.3、4.4 m上下，个别时候到4.6、4.7 m。1973年、1974年汛期低到4.12 m。特别是汛前各测次，高程一般都在4.3、4.4 m上下，变幅不到0.4 m（见图9–14），在这10年中，断面从原来宽浅散乱变得深窄单一的过程很明显；过水部位滩唇逐渐淤高，终于形成靠滩唇约束水流的、典型堆积性河道断面的过程也很明显，但却看不出整个断面有逐渐升高或逐渐降低的趋势，深泓高程是相当稳定的。究其原因，测量人员在1968年汛前到河口查勘时，发现该处底质为胶泥坎构成，在改道后首先漫淤起来，到1965年、1966年才又冲深露出胶泥底槛的，自此以后就再冲不下去了。

罗10断面（见图9–15）从1966年到1976年汛前10年内，断面逐渐变得深窄整齐，滩唇年年淤高也很明显；但整个断面却没有淤积抬高的现象。罗11断面更接近河口，尽管河道摆动很大，但其变化特性和罗10断面的大抵相似，没有较多的淤高趋势。

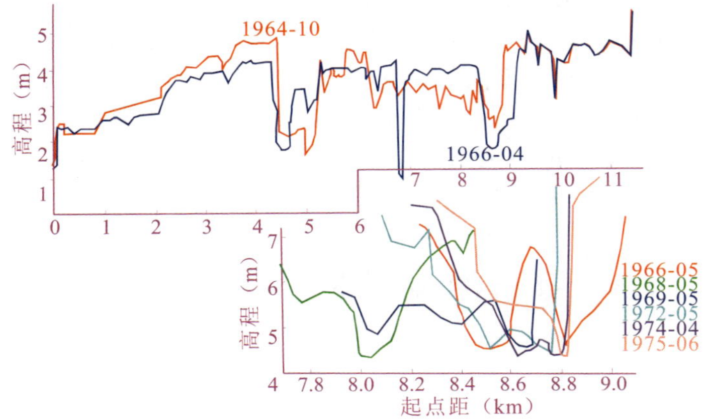

图9–14 罗4断面历年变化

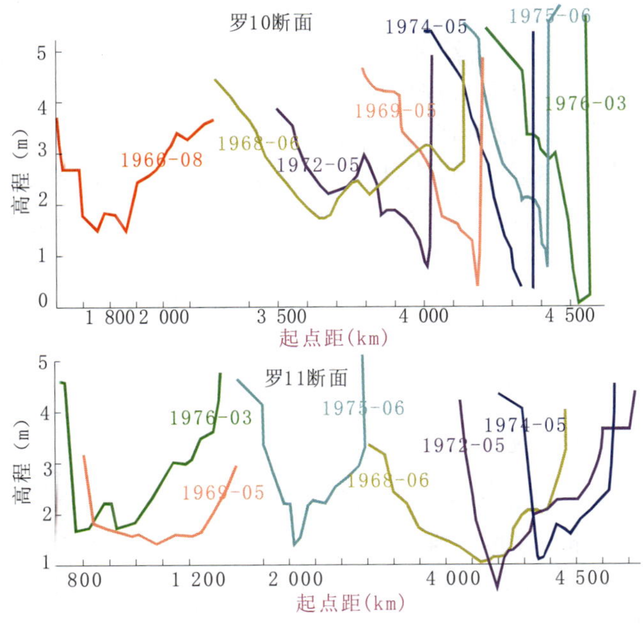

图9–15 1966年至1976年刁口河罗10、罗11断面变化

9.2.3 小结

（1）1964年1月1日神仙沟冰凌壅塞，被迫破堤向刁口河改道，使罗家屋子以下河长从58 km减少为26 km，缩短32 km；远比1953年并汊、1960年改道所缩短的8.2 km和19 km为长。改道后第一年来水特别丰沛，年水量比其他年份大得多。但是，改道前原神仙沟河道条件还很好，断面窄深通畅，而刁口河则比降平缓，断面宽浅，因此刁口河改道后虽赖口门进水畅顺以及神仙沟冰凌壅塞而得以成功，却没能造成河槽冲深及溯源影响。新河则发生严重淤积，

（2）改道后头一年刁口河延伸很快，是处于浅海湾内的缘故；自此到1968年汛后，延伸很少，是海域条件变得较好、河道逐步变得整齐规顺及来水较大造成的。1968年汛后起至1972年，河长再度延伸较快，原因主要是上游来水量太小（来沙量却比较大）及处于老神仙沟沙嘴边。但由于海域条件较好，河长最终也未延伸太多。1972年以后直到1976年，河长反复伸缩，基本没有单向延伸。最大河长与1962年底岔河的相当。

（3）河口河道形成发展具有如下阶段性：改道后一片漫流、支汊无数→归股并汊→单股无汊→重新出汊并发展→改道。还可以从单股无汊阶段将全程分为两大段，前段河道依次变好，后段则依次变坏。

9.3 刁口河流路时期造陆情况

9.3.1 河道主流线变动情况

黄河口是变动性十分剧烈的河口，其主要表现是历史流路经常改道和一条流路河口口门经常摆动。流路的改道变动范围较大，流路的初期河口变动最剧烈，单股河道形成后变动相对减弱，河口口门的变动是经常发生的，一点不动的年份很少见。

图9-16描述了刁口河流路行河期间河道主流线的变动过程，从图中可以看出，在流路初期，河道游荡、散乱，汊沟兴衰，河道摆动影响范围相对较大，一般上段河道达到4 ~ 6 km，河口门变动影响10 km左右；流路河道的发育是从上到下稳定。当河道绝大部分塑造成单股河槽后，高潮线以上河道基本稳定下来，河道进入它的最好时期。由于高潮线以下河道滩槽高差很小，河口门附近的分汊经常存在，当口门的分汊发展到高潮线以上后，出汊点以下河道的变动范围突然增大，并且比流路初期的摆动范围还大，随出汊点向上游移动，河道变动范围增大段不断地加长。黄河河口段河道的稳定程度可分为两段，即分汊点以上河道相对稳定，而河口门附近约20 km的河段始终变动比较剧烈，几乎是一场洪水就变动一次。

9.3.2 刁口河沙嘴变动情况

黄河口正在行河的河口，由于流域来沙量充沛，河口海岸处于持续淤积延伸状态，并能形成突出于平直海岸的沙嘴。沙嘴是黄河口造陆的基本形式，沙嘴的发育过程大体可分为两个阶段，即单股延伸和横向摆动淤积扩散。

9.3.2.1 沙嘴单股延伸

沙嘴的发育是指河口淤积外延，从凹岸到平直，而后形成局部海岸凸出于海中的

变动过程。一条新的流路初期，水流经故道间洼地，河道游荡的范围较大，但总是在喇叭口范围内向海延伸，同时河口门处于凹岸，入海水流受两侧故河口沙嘴海岸的限制，泥沙横向扩散淤积较少，此时纵向淤积发展较快，当河口门延伸到与两侧海岸相对持平时，河口水流受到海洋动力作用增大，泥沙横向扩散增强。河道中期为单股窄深河槽，一般洪水很少漫滩，泥沙更集中地送到河口门，逐渐形成突出于平直海岸的狭长沙嘴。

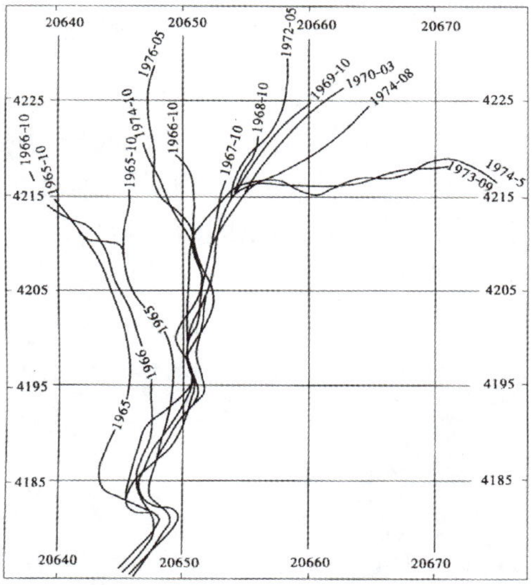

图9-16 刁口河主槽流线变动情况

9.3.2.2 沙嘴的横向发展

在河口沙嘴延伸的同时，河床相应淤积升高，为河道的出汊摆动创造了条件。流路在感潮段末端的出汊，是河口沙嘴横向发展的开始。这是因为，感潮段末端以上的河道，河床比滩地高，河道弯曲率大，出汊后流路的发育即进入后期，出汊点以下的主河道很快淤死，新的汊河必然从河口沙嘴两侧的凹岸入海，河口淤积延伸，填满凹海湾，就使原河口沙嘴淤宽；同样，当汊河口沙嘴有一定的突出时，往往又在大河的另一岸出汊改道。图9-17为刁口河流路行河期间2 m等深线的外延情况，阐明了单股河口沙嘴向北发展，1972年第一次向东出汊，使沙嘴东侧海岸外延，1974年后又向西北出汊，沙嘴又向西边展宽的全过程。

刁口河流路的发育过程比较典型，在1964～1966年为刁口河的初期，河道游荡散乱，在行河淤积过程中，汊股逐渐从上到下归并；1967～1972年为单股行河时期，河床淤高，河道不断向弯曲发展，形成向海中突出的沙嘴；1972～1976年为流路的后期，标志是单股河道在感潮段的上端附近出现汊河，汊河河道散乱、游荡，沙嘴淤宽，横向发展。

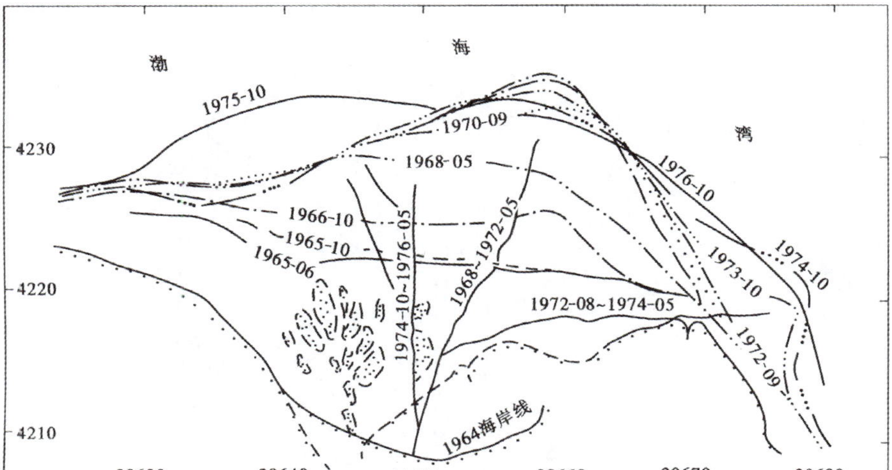

图9-17 刁口河沙嘴的横向发育（1964年1月至1976年10月）

9.3.3 刁口河流路时期造陆情况

在刁口河流路时期（1964年1月至1976年5月）造陆情况由于资料的差别、观测手段和测算方式的不同，有关研究机构估算的造陆面积有很大的出入，见表9–9。从表中可以看出，1964～1976年刁口河流路行河期间，淤积造陆面积约为500 km^2，同时期内，三角洲岸线蚀退面积按照160 km^2计，两者相抵，净造陆面积约340 km^2，年平均造陆约28 km^2。

表9–9　刁口河流路时期造陆面积测算成果比较

资料来源	测算依据	测算时段	造陆面积（km^2）			海陆分界
			淤进面积	蚀退面积	净造陆面积	
黄委设计院(洪尚池等)	地形图(浅海实测断面)	1964～1976	500	166	334	推断“高潮线”
济南水文总站	地形图(浅海实测断面)	1964～1976	500	缺资料		大沽0 m线
黄委水科所	地形图(浅海实测断面)	1964～1973–09	507	缺资料		大沽0 m线
山东河务局	地形图(浅海实测断面)	1965～1971–09	286	缺资料		黄海–2 m线
北海分局	海图	1958～1973	缺资料		188	理论高潮线

图9–18为刁口河沙嘴淤积发育概化模式，1967年前刁口河流路游荡摆动剧烈，基本上是漫流或多股入海，海岸线延伸比较平直；1967年9月大水后，形成单一河槽，至1972年河口形成北偏东方向的突出沙嘴；1972年汛期至1974年汛前，向东出汊，泥沙填充沙嘴右侧凹岸，并淤出了新沙嘴；1974年汛前至1976年5月，又向西出汊，填充了沙嘴左侧凹岸，并开始形成新沙嘴（见图9–16和图9–17）。

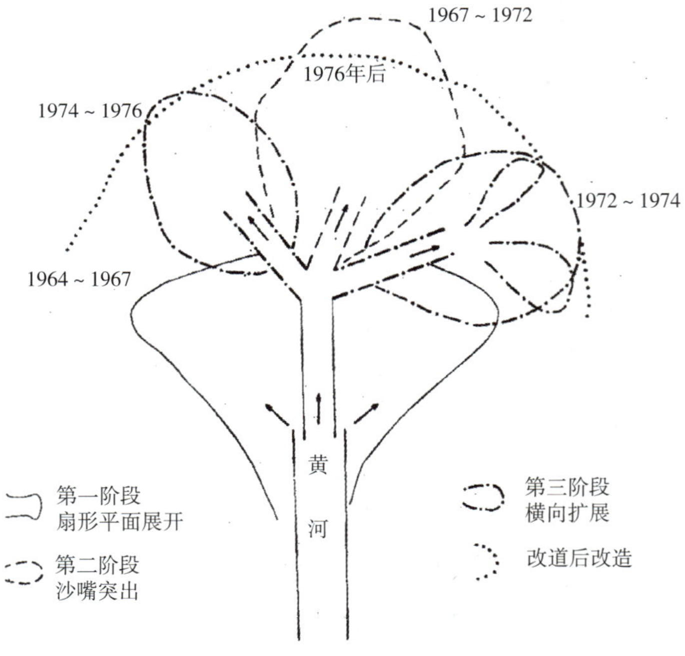

图9–18　刁口河沙嘴淤积发展模式

在刁口河河口延伸速率方面，通过表9-10的统计计算，其中造陆速率与来沙量比值、延伸速率与来沙量比值这两列数字和河道特性关系非常明显：在来沙量相同的情况下，河道单一、沙嘴突出的时候，造陆速率和延伸速率都减小很多；河道散乱、摆动频繁的则大大加快。它们和岸线长度也有关系，因为岸线短的是沙嘴，岸线长的是散乱摆动的。这些现象表明，同一来沙量，若以沙嘴形式淤出，将有大量泥沙能送入外海，造陆和河长延伸速率都可减小，否则，输入外海的沙量就小，而且这两列数字与当时的海域条件、年来水量的大小和分配也有关系。

表9-10 刁口河河口延伸及造陆情况

时段（年-月）	行河年限(a)	平均年来沙量(Mt)	岸线长度(km)	造陆速率(km^2/a)	延伸速率(km/a)	河道特性	造陆速率与来沙量比(km^2/(a·Mt))	延伸速率与来沙量比(km/(a·Mt))
1964-01～1965-10	1.8	1 330	31	98.6	3.18	散乱摆动频繁	7.4	0.23
1965-11～1966-10	1	1 540	32	65.8	2.06	多汊，逐渐归并	4.3	0.13
1966-11～1968-07	1.8	1 410	35	60.5	1.73	逐步归并成单股	4.3	0.12
1968-08～1970-09	2.2	1 150	34	40.3	1.19	单一河道，沙嘴突出	3.5	0.10
1970-10～1971-09	1	660	14	18.3	1.31	单一河道，沙嘴突出	2.8	0.19
1971-10～1973-09	2	870	21	24.5	1.17	开始出汊	2.8	0.13

9.3.4 进入口门泥沙淤积分布情况

进入三角洲后，黄河来沙淤积可分为三部分（见表9-11）：第一部分为三角洲上的淤积，第二部分为滨海淤积，第三部分为外海淤积。第二部分滨海淤积为河口淤积延伸的物质条件；第一部分三角洲淤积则是由于河口淤积延伸和河道条件与来水来沙条件相配合而发生的淤积，是河道水位抬高的物质条件；第三部分输入外海的泥沙，可认为在近期内不参加河口淤积延伸，这部分的泥沙百分数，可以小到0，也可大到60%～70%。在刁口河初期，输入外海的沙量近于0，近口门河道散乱不堪，河口海域也很浅，发生严重淤积，一年半的时间内河长增加17 km，刁口河后期输入外海的沙量大，河道条件良好，河口延伸比较慢。

表9-11 各时段泥沙淤积百分数

时段（年-月）	利津来沙积（Mt）	三角洲淤积（%）	滨海区淤积（%）	外海淤积（%）
1964-01～1965-06	2 170	32.8	67.2	0
1965-07～1968-06	4 140	34.3	21.5	44.2
1968-07～1970-09	2 620	14.1	44.7	41.2
1970-10～1971-09	685	12.0	36.2	51.8
1971-10～1972-09	788	10.8	49.1	34.1
1972-10～1973-10	1 122	3.6	31.8	64.6
1973-11～1974-10	549	4.4	51.3	44.3

影响输沙入外海的因素有入海流量大小，水流集中程度(单宽流量、流速的大小)，来沙量及泥沙组成，海域深浅，潮流、海流、风浪流的强弱和方向等。泥沙首先由河道水流送入海域，然后由海水流动带走更远。因此，河道水流集中强劲是输沙入海的重要因素，在刁口河后期，由于水流集中，输入外海的沙量就较大；相反地，1964年黄河来水虽然很丰沛，但因刁口河水流分散，全部泥沙都堆积在滨海区以内。海域条件也是影响河道淤积延伸的一个重要因素，海域深、容沙能力大，潮流、海流强能把更多泥沙向外输送。黄河三角洲东北角海域条件最为优良，北部海域次之，东南部最差。

9.4 刁口河流路滨海区等深线变化

为了全面了解和掌握黄河三角洲北侧刁口河流路海域水下地形演变，现应用1965～2004年水文部门提供的水下地形测量资料绘制水下地形图，分两个时段即1965～1976年刁口河行水期间和1976～2004年刁口河停水后，再现当时海岸带尤其是黄河河口流路的场景以及当时的水深情势，对处于刁口河流路附近的固定测量断面（CS1～CS8）的2、5、8、10、15、18 m（如果在测量范围内有的话）等深线进行套绘对比，分析等深线涉及的测量断面上的淤蚀变化。

9.4.1 刁口河行水期间（1965～1976年）等深线变化

9.4.1.1 刁口河流路滨海区2 m等深线变化

刁口河流路2 m等深线情况及在测量涉及各断面上的淤蚀情况见图9-19、图9-20。

1965～1976年2 m等深线的淤蚀变化表现为：CS1断面稍有蚀退外，CS2～CS8断面变化趋势都是处于不断淤进的，其中CS6断面淤进距离最大，11年共淤进了12.893 km，蚀退速率为1.172 km/a；CS2断面淤进距离最小，11年共淤进了2.828 km，蚀退速率为257.091 m/a，CS1断面10年间共蚀退191.91 m，蚀退速率只有19.191 m/a。在1965～1970年和1970～1975年间，各断面都表现为淤进；1975～1976年间CS1、CS3、CS8断面发生蚀退，其余各断面都为淤进。

2 m等深线总的变化特点是：在1965～1976年刁口河行水期间，除了CS1断面基本保持平衡还稍有蚀退外，其余各断面都发生淤进；CS2、CS3断面的淤进速率小于其

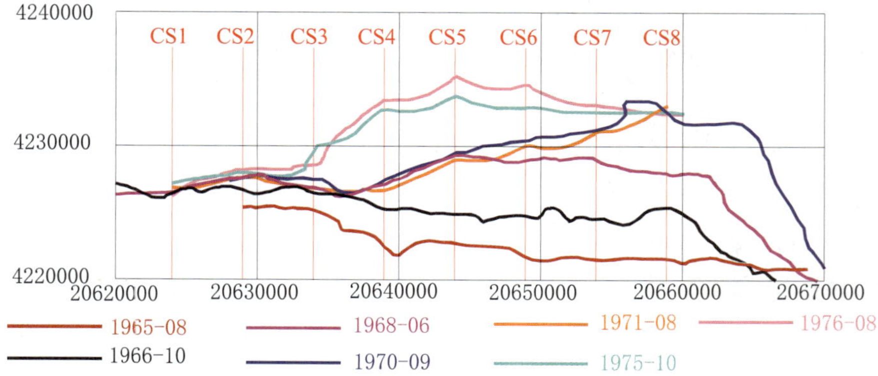

图9-19　1965～1976年刁口河海域2 m等深线对比

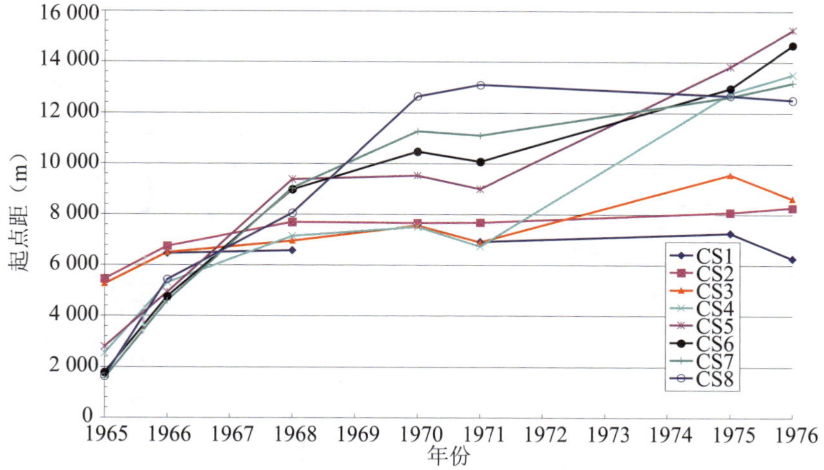

图9-20 刁口河流路2 m等深线不同断面起点距

余各断面；CS2断面1968年后基本保持平衡；CS4断面1971年后淤进速率加快；CS5、CS6、CS7的变化趋势基本一致；CS8断面1971年后变化趋势由淤进变为蚀退。

9.4.1.2 刁口河流路滨海区5 m等深线变化

刁口河流路5 m等深线情况及在测量涉及各断面上的淤蚀情况见图9-21、图9-22。

1965～1976年5 m等深线的淤蚀变化表现为：所有断面变化趋势都是处于不断淤进的，其中CS5断面淤进距离最大，11年共淤进了15.779 km，淤进速率为1.434 km/a；CS1断面淤进距离最小，10年共淤进了106.22 m，蚀退速率只有10.62 m/a。在1965～1970年间，只有CS1断面为蚀退，其余各断面都为淤进，CS7断面淤进距离最大，5年共淤进了9.011 km，淤进速率为1.80 km/a；1970～1975年间，所有断面都表现为淤进，淤进速率最大的为CS5断面，5年共淤进了3.467 km，淤进速率为0.693 km/a；1975～1976年间，除了CS8断面表现为蚀退外，其余各断面都发生淤进。

5 m等深线总的变化特点是：在1965～1976年刁口河行水期间，各断面的变化趋势都是不断淤进的；CS1、CS2、CS3断面这3个断面的淤进速率小于其余各断面；CS5、CS6、CS7这3个断面在1965～1968年和1971～1976年间淤进速率较大，而在1968～1971年间淤进速率就小的多；CS8断面1971年前淤进速率要比1971～1976年间大的多。

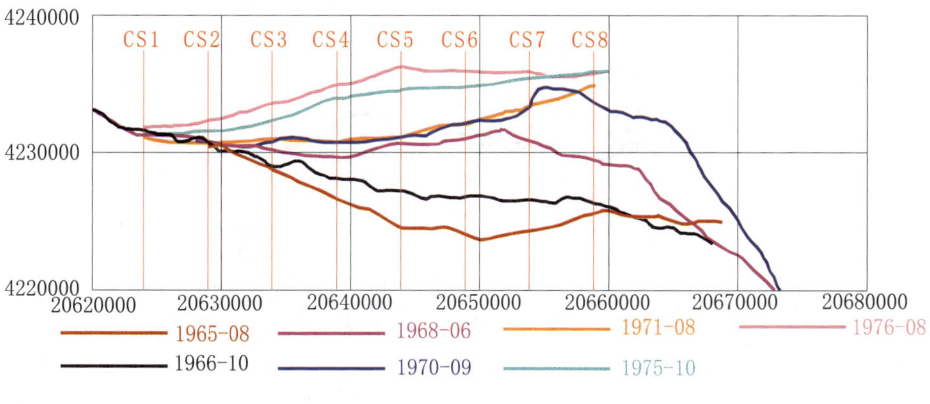

图9-21 1965～1976年刁口河海域5 m等深线对比

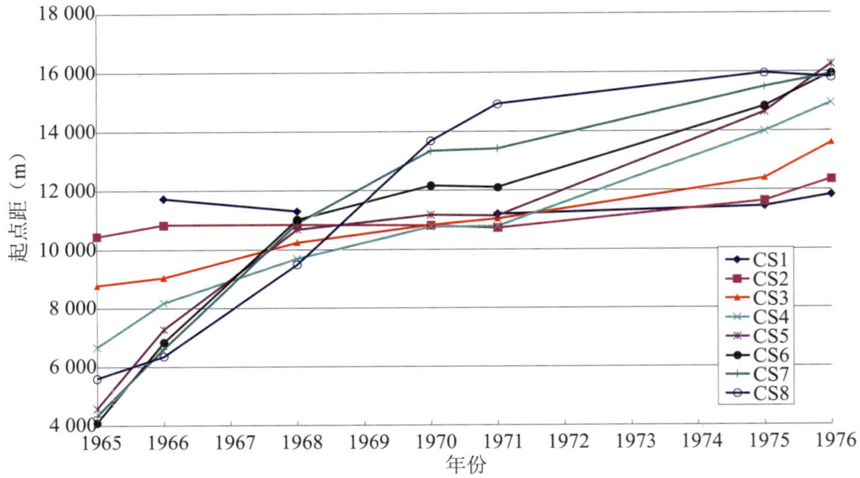

图9-22　刁口河流路5 m等深线不同断面起点距

9.4.1.3　刁口河流路滨海区8 m等深线变化

刁口河流路8 m等深线情况及在测量涉及各断面上的淤蚀情况见图9-23、图9-24。

1965～1976年8 m等深线的淤蚀变化表现为：所有断面变化趋势都是处于不断淤进的，其中CS7断面淤进距离最大，11年共淤进了11.403 km，淤进速率为1.037 km/a；CS1断面淤进距离最小，10年共淤进了818.93m，淤进速率只有81.893 m/a。在1965～1970年间，CS1、CS2断面为蚀退，其余各断面都为淤进，CS7断面淤进距离最大，5年共淤进了8.434 km，淤进速率为1.687 km/a；1970～1975年间，所有断面都表现为淤进，淤进速率最大的为CS6断面，5年共淤进了2.977 km，淤进速率为0.595 km/a；1975～1976年间，除了CS8断面表现为蚀退外，其余各断面都发生淤进。

8 m等深线总的变化特点是：在1965～1976年刁口河行水期间，各断面的变化趋势都是不断淤进的；CS1、CS2、CS3断面这3个断面的淤进速率小于其余各断面；CS5、CS6这2个断面在1965～1968年淤进速率比1968～1976年间淤进速率大；CS8断面1971年前淤进速率要比1971～1976年间大。

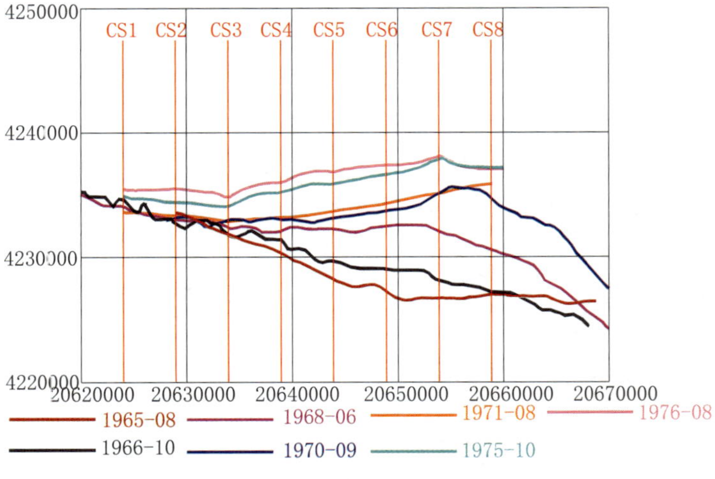

图9-23　1965～1976年刁口河海域8 m等深线对比

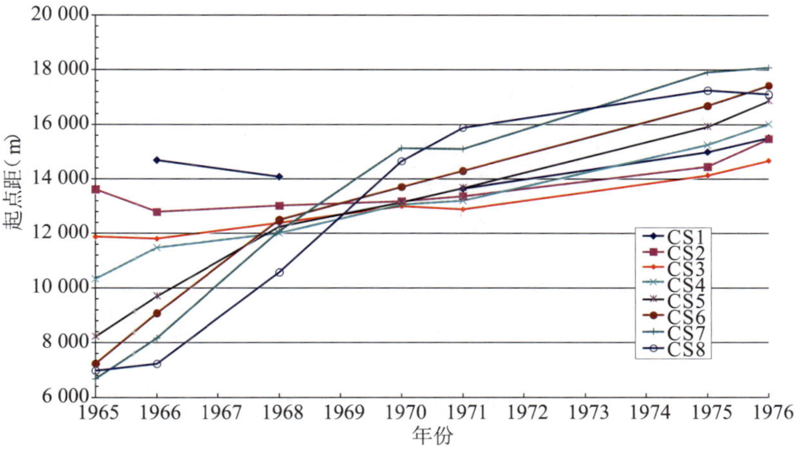

图9-24 刁口河流路8 m等深线不同断面起点距

9.4.1.4 刁口河流路滨海区10 m等深线变化

刁口河流路10 m等深线情况及在测量涉及各断面上的淤蚀情况见图9-25、图9-26。

1965～1976年10 m等深线的淤蚀变化表现为：所有断面变化趋势都是处于淤进状态的，其中CS7断面淤进距离最大，11年共淤进了9.993 km，淤进速率为0.908 km/a；CS1断面淤进距离最小，10年共淤进了1 054.09 m，淤进速率只有105.4 m/a。在1965～1970年间，CS1、CS2断面为蚀退，其余各断面都为淤进，CS8断面淤进距离最大，5年共淤进了7.422 km，淤进速率为1.484 km/a；1970～1975年间，所有断面都表现为淤进，淤进速率最大的为CS8断面，5年共淤进了2.505 km，淤进速率为0.501 km/a；1975～1976年间，除了CS8断面表现为蚀退外，其余各断面都发生淤进。

10 m等深线总的变化特点是：在1965～1976年刁口河行水期间，各断面的变化趋势都是不断淤进的，从CS1至CS8断面即从西至东淤积速率逐渐变大，CS8断面淤进距离为CS1断面淤进距离的9倍多；CS5～CS8这4个断面在1965～1970年淤进速率比1970～1976年间淤进速率大；CS2～CS3这2个断面1965～1971年淤进速率要小于1971～1976年间的淤进速率。

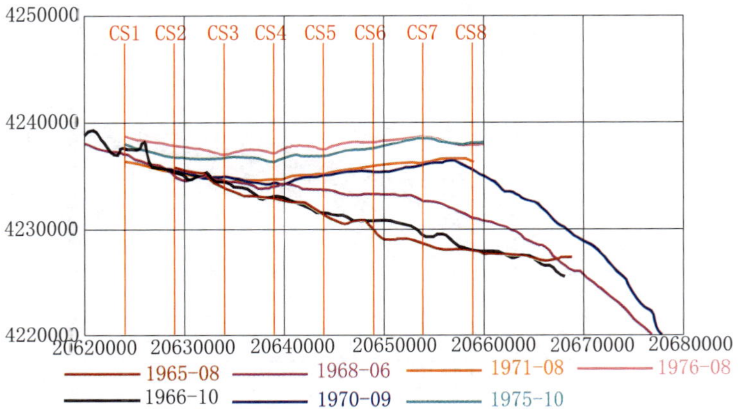

图9-25 1965～1976年刁口河海域10 m等深线对比

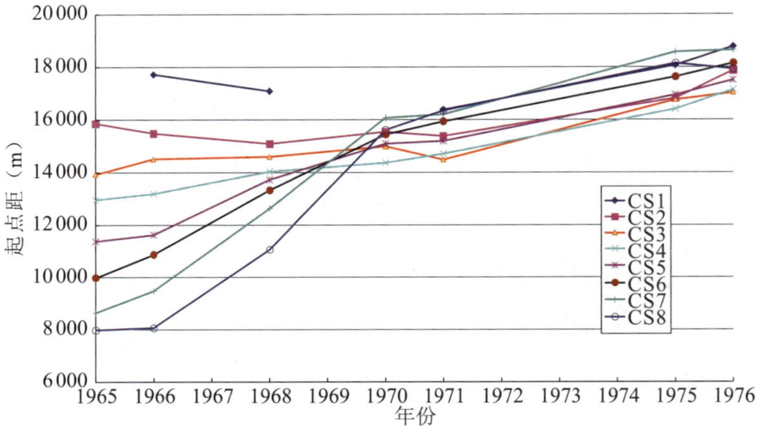

图9-26　刁口河流路10 m等深线不同断面起点距

9.4.1.5　刁口河流路滨海区12 m等深线变化

刁口河流路12 m等深线情况及在测量涉及各断面上的淤蚀情况见图9-27、图9-28。

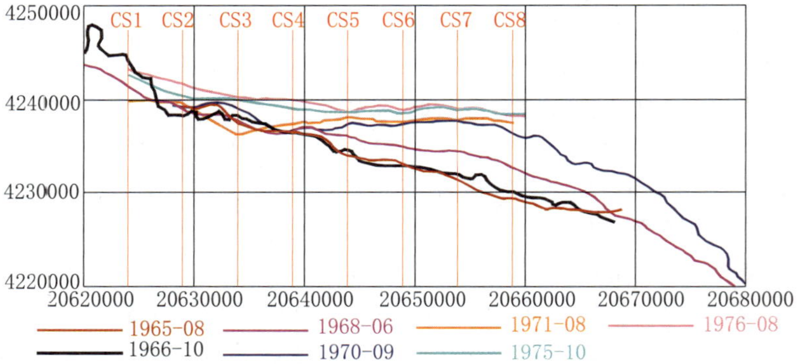

图9-27　1965～1976年刁口河海域12 m等深线对比

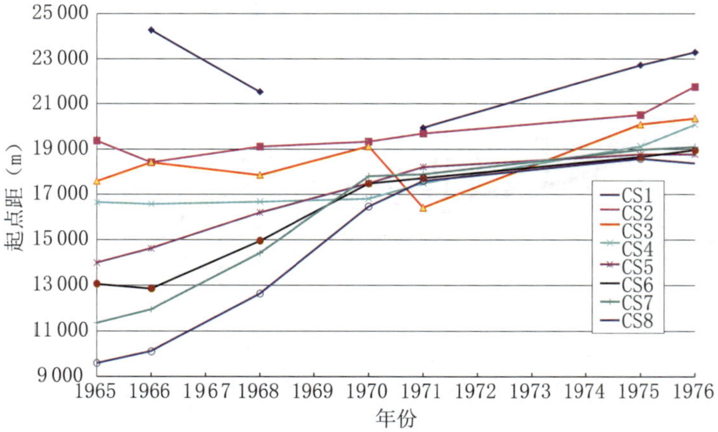

图9-28　刁口河流路12 m等深线不同断面起点距

1965～1976年12 m等深线的淤蚀变化表现为：除了CS1断面处于蚀退外，其余各断面变化趋势都是处于淤进状态的，其中CS8断面淤进距离最大，11年共淤进了8.783 km，淤进速率为0.798 km/a；CS2断面淤进距离最小，11年共淤进了2 397.08 m，淤进速率只有217.916 m/a。在1965～1970年间，CS1、CS2断面为蚀退，其余各断面都为淤进，CS8断面淤进距离最大，5年共淤进了6.881 km，淤进速率为1.376 km/a；1970～1975年间，所有断面都表现为淤进，淤进速率最大的为CS1断面，5年共淤进了2.794 km，淤进速率为0.559 km/a；1975～1976年间，除了CS8断面表现为蚀退外，其余各断面都为淤进。

12 m等深线总的变化特点是：在1965～1976年刁口河行水期间，CS1断面1966～1971年间处于蚀退状态，1971～1976年间是不断淤进的；从CS1至CS8断面即从西至东淤积速率逐渐变大、同一年份的等深线起点距逐渐减小；CS5～CS8这4个断面在1965～1970年淤进速率比1970～1976年间淤进速率大；CS3断面有冲有淤，其中1970～1971年间蚀退了2.716 km。

9.4.1.6 刁口河流路滨海区15 m等深线变化

刁口河流路15 m等深线情况及在测量涉及各断面上的淤蚀情况见图9-29、图9-30。

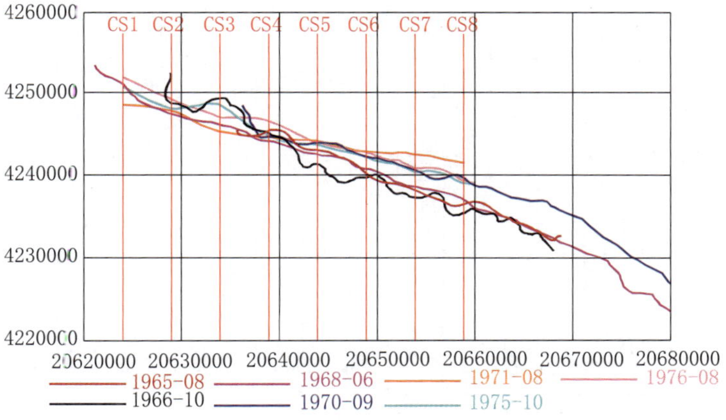

图9-29 1965～1976年刁口河海域15 m等深线对比

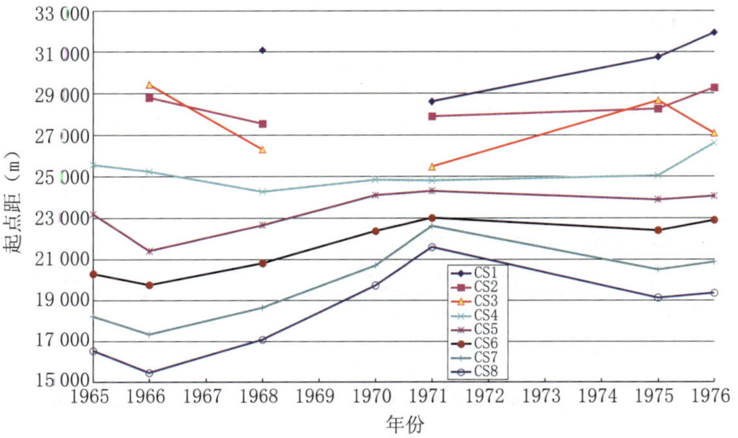

图9-30 刁口河流路15 m等深线不同断面起点距

1965～1976年15 m等深线的淤蚀变化表现为：除了CS3断面处于蚀退外，其余各断面总的变化趋势都是处于淤进状态的，其中CS8断面淤进距离最大，11年共淤进了2.852 km，淤进速率为0.259 km/a；CS2断面淤进距离最小，10年共淤进了469.08 m，淤进速率只有46.91 m/a。在1965～1970年间，CS1～CS4断面为蚀退，CS5～CS8断面为淤进，CS8断面淤进距离最大，5年共淤进了3.251 km，淤进速率为0.65 km/a；1970～1975年间，CS5、CS7、CS8这3个断面发生蚀退，其余断面表现为淤进；1975～1976年间，除了CS3断面表现为蚀退外，其余各断面都发生淤进。

15 m等深线总的变化特点是：在1965～1976年刁口河行水期间，岸线基本为直线，这说明15 m等深线基本与海岸地形无关；从CS1至CS8断面即从西至东同一年份的等深线起点距逐渐减小；从图9-30中可以看出，CS5～CS8这4个断面形态基本一致，都是1971年处于最高点，CS3断面表现比较平缓，说明CS3断面15 m等深线在1965～1976年期间淤蚀基本变化不大；CS1～CS3断面先发生蚀退，1971年后又发生淤进。

9.4.1.7 刁口河流路滨海区18 m等深线变化

刁口河流路18 m等深线情况及在测量涉及各断面上的淤蚀情况见图9-31、图9-32。

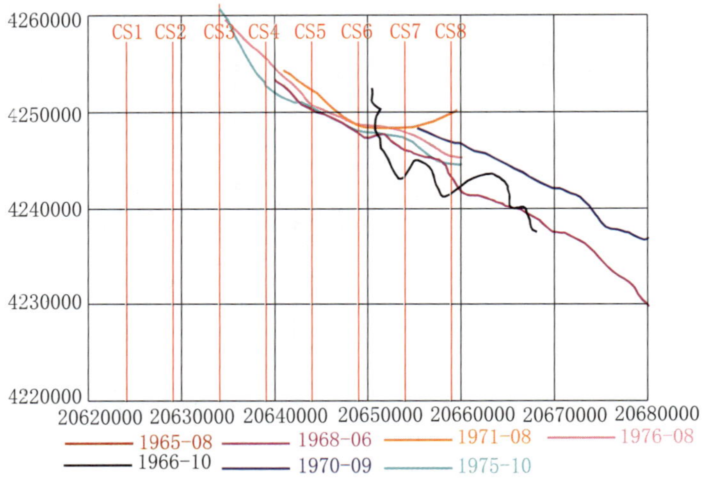

图9-31 1965～1976年刁口河海域18 m等深线对比

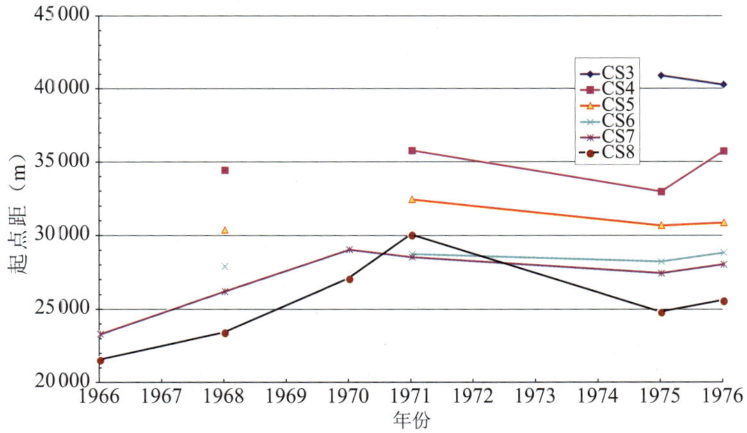

图9-32 刁口河流路18 m等深线不同断面起点距

1965～1976年18 m等深线的淤蚀变化表现为：在测量范围内，CS1、CS2断面水深没有达到18 m水深；除了CS7、CS8这2个断面起点距变化较大外，CS3～CS6这4个断面变化幅度都不大。CS3～CS8断面都是到1970、1971年起点距达到最大，以后逐渐变小。

9.4.1.8 刁口河流路行水期滨海区等深线变化小结

1964～1976年刁口河流路行水期滨海区各等深线变化总体表现为：

（1）从2 m等深线始，随着水深的加深，等深线由浅水区的与岸线变化一致逐渐变得与岸线变化无关，等深线也逐渐平缓呈直线趋势。

（2）2、5、8 m等深线的变化趋势与岸线的变化趋势基本一致，都是刁口河入海流路流经时不断向前淤进，远离口门的断面稍微发生蚀退，但随水深加大，变化趋势减小。

（3）10、12、15 m等深线从CS1至CS8断面即从西至东淤积速率逐渐变大，同一年份的等深线起点距逐渐减小。

（4）18 m等深线的变化与刁口河入海流路的直接输移沉积无直接联系，变化幅度都比其他等深线小。

9.4.2 刁口河流路停水后（1976年以后）

9.4.2.1 刁口河流路滨海区2 m等深线变化

刁口河流路2 m等深线情况及在测量涉及各断面上的淤蚀情况见图9-33、图9-34。

1976～2004年2 m等深线的淤蚀变化表现为：CS1～CS8断面变化趋势都是处于不断蚀退的，其中CS5断面蚀退最为严重，28年共蚀退了8.626 km，蚀退速率为308.07 m/a；CS1蚀退最少，28年共蚀退了821 m，蚀退速率为29.32 m/a。在1976～1985年间，除了CS1淤进外，其余断面都处于蚀退状态，其中CS5断面蚀退最大，9年共蚀退了3.867 km，蚀退速率为429.67 m/a；在1985～1996年间，所有断面都处于蚀退状态，其中CS4断面蚀退最大，11年共蚀退了2.573 km，蚀退速率为233.91 m/a；在1996～2004年间，所有断面都处于蚀退状态，其中CS6断面蚀退最大，8年共蚀退了3.501 km，蚀退速率为437.63 m/a。

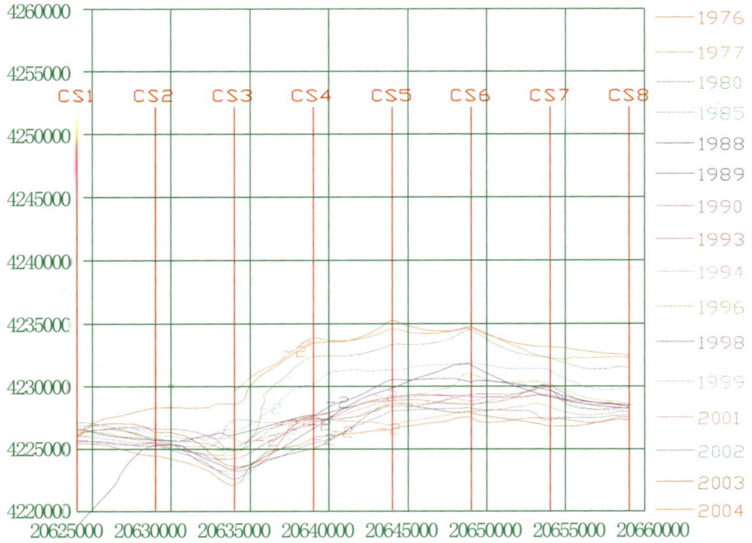

图9-33 刁口河流路海域1976～2004年2 m等深线对比

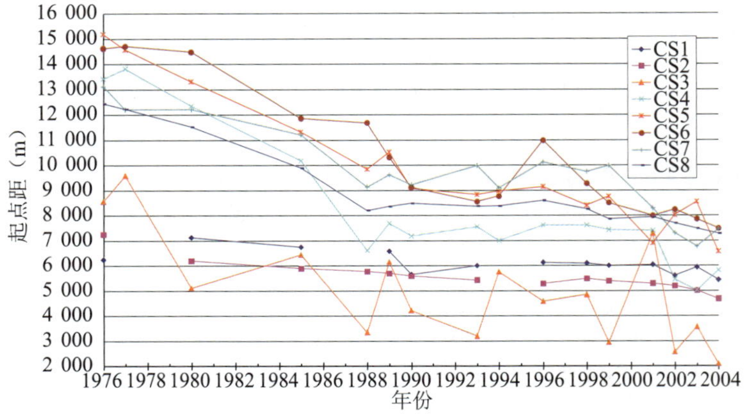

图9-34　刁口河流路2 m等深线不同断面起点距

2 m等深线总的变化特点是：刁口河口门附近的CS4～CS6断面蚀退的距离大，远离刁口河口门的两侧测量断面蚀退距离比较小，但总的发展趋势都是处于蚀退状态；从时间上来说，所有断面都是前期蚀退比较剧烈，1988年以后逐渐趋缓，其中CS1断面现已基本保持稳定。

9.4.2.2　刁口河流路滨海区5 m等深线变化

刁口河流路5 m等深线情况及在测量涉及各断面上的淤蚀情况见图9-35、图9-36。

1976～2004年5 m等深线的淤蚀变化表现为：CS1～CS8断面变化趋势除了CS1、CS2断面基本保持稳定外，其余各断面都是处于不断蚀退的，其中CS8断面蚀退最为严重，28年共蚀退了6.046 km，蚀退速率为215.93 m/a；CS1蚀退最少，28年共蚀退了216 m，蚀退速率只有7.7 m/a。在1976～1985年间，所有断面都处于蚀退状态，其中CS8断面蚀退最大，9年共蚀退了4.773 km，蚀退速率为530.33 m/a；在1985～1996年间，CS1、CS2断面处于淤进状态，其余各断面处于蚀退状态，其中CS5断面蚀退最

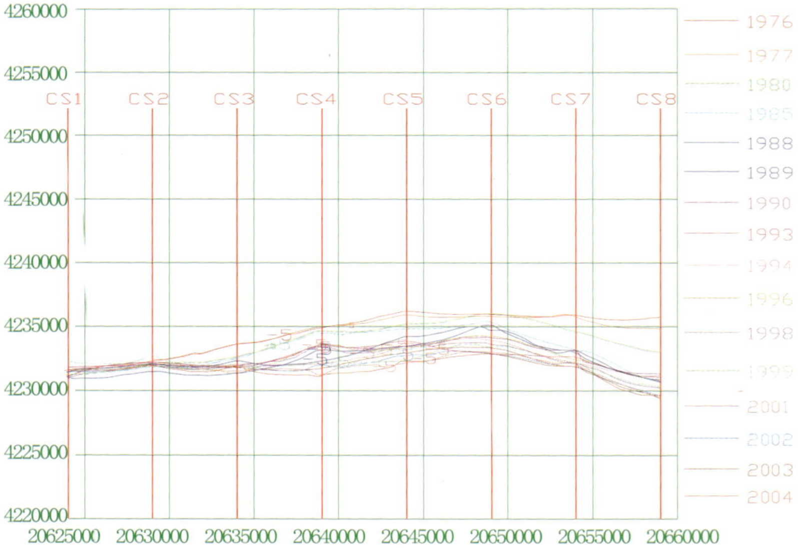

图9-35　刁口河流路海域1976～2004年5 m等深线对比

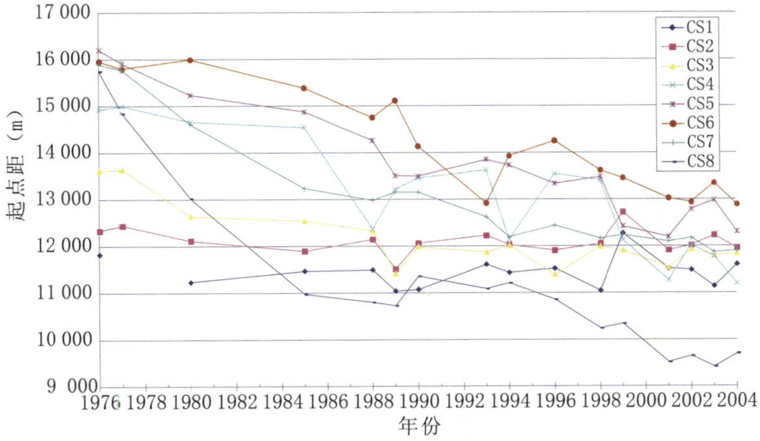

图9-36 刁口河流路5 m等深线不同断面起点距

大，11年共蚀退了1.539 km，蚀退速率为139.91 m/a；在1996～2004年间，CS1～CS3断面处于淤进状态，其中CS3断面共淤进了451 m，淤进速率为56.38 m/a，CS4～CS8断面处于蚀退状态，其中CS4断面蚀退最大，8年共蚀退了2.345 km，蚀退速率为293.13 m/a。

5 m等深线总的变化特点是：刁口河口门附近及以东的CS4～CS8断面蚀退的距离大，而刁口河口门以西的CS1～CS3测量断面蚀退距离比较小，甚至出现淤进状态；从时间上来说，除了CS1、CS2基本处于冲淤平衡外，其余各断面都是前期蚀退比较剧烈的，90年代以后逐渐趋缓，CS3断面现已基本保持稳定。

9.4.2.3 刁口河流路滨海区8 m等深线变化

刁口河流路8 m等深线情况及在测量涉及各断面上的淤蚀情况见图9-37、图9-38。

1976～2004年8 m等深线的淤蚀变化表现为：CS1～CS8断面变化趋势除了CS7、CS8断面蚀退比较严重外，其余各断面虽有蚀退，但蚀退量很小，从图9-37中可以看出，CS1～CS6断面各年的8 m等深线比较集中，28年间有蚀有淤，淤蚀距离都集中在1.5 km范围内，CS8断面蚀退最为严重，28年共蚀退了6.233 km，蚀退速率为222.61 m/a，CS1蚀退最少，28年共蚀退了161 m，蚀退速率只有5.75 m/a。在1976～1985年间，CS1、CS3、CS4处于淤进状态，CS3断面淤进距离最大，为620 m，其余各断面处于蚀退状态，其

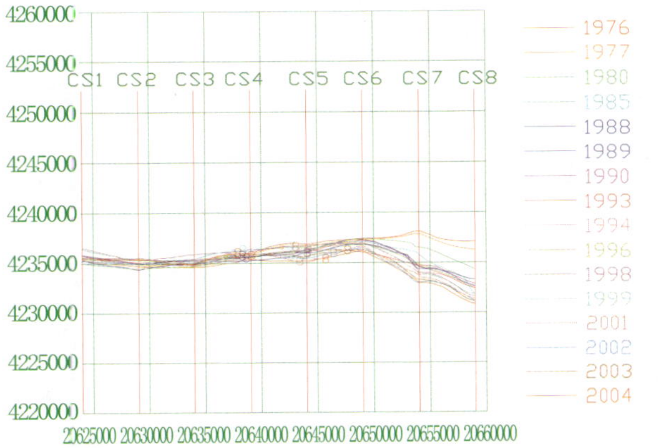

图9-37 刁口河流路海域1976～2004年8 m等深线对比

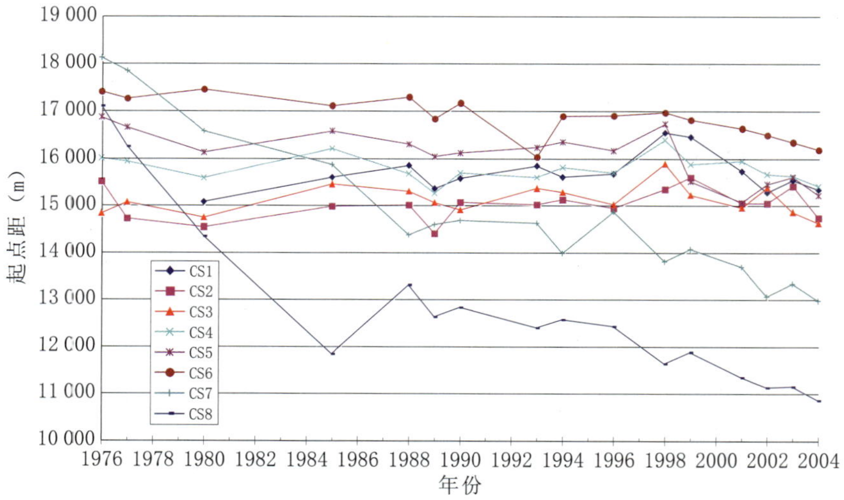

图9-38　刁口河流路8 m等深线不同断面起点距

中CS8断面蚀退最大，9年共蚀退了5.254 km，蚀退速率为583.78 m/a；在1985～1996年间，CS1、CS8断面处于淤进状态，其余各断面处于蚀退状态，其中CS7断面蚀退最大，11年共蚀退了0.998 km，蚀退速率为90.73 m/a；在1996～2004年间，所有断面都处于蚀退状态，其中CS7断面蚀退最大，8年共蚀退了1.890 km。

8 m等深线总的变化特点是：刁口河口门以东的CS7、CS8断面出现比较严重的蚀退，其余各断面淤蚀量都很小，总趋势是由不断蚀退逐渐趋于平衡状态。从时间上来说，CS7、CS8断面一直处于不断蚀退过程中，CS7断面1988年之前蚀退较严重，1988年以后逐渐趋于平缓；CS8断面1985年之前蚀退比较严重，1985年以后逐渐趋于平缓；其余各断面都处于不断蚀退过程中，在1980年之前蚀退比较剧烈，1980～1998年基本处于平衡状态，在1998年以后蚀退又逐渐加剧。

9.4.2.4　刁口河流路滨海区10 m等深线变化

刁口河流路10 m等深线情况及在测量涉及各断面上的淤蚀情况见图9-39、图9-40。

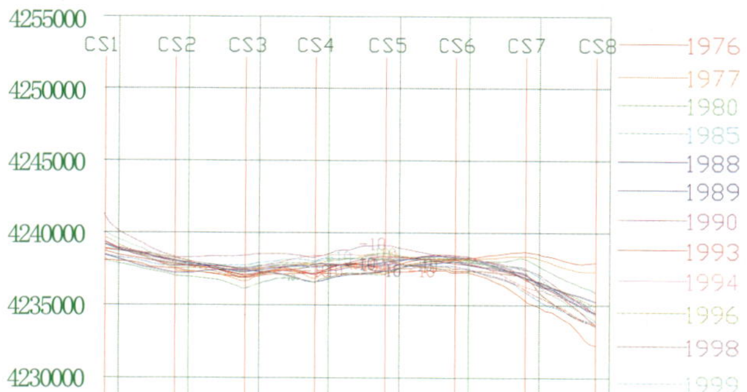

图9-39　刁口河流路海域1976～2004年10 m等深线对比

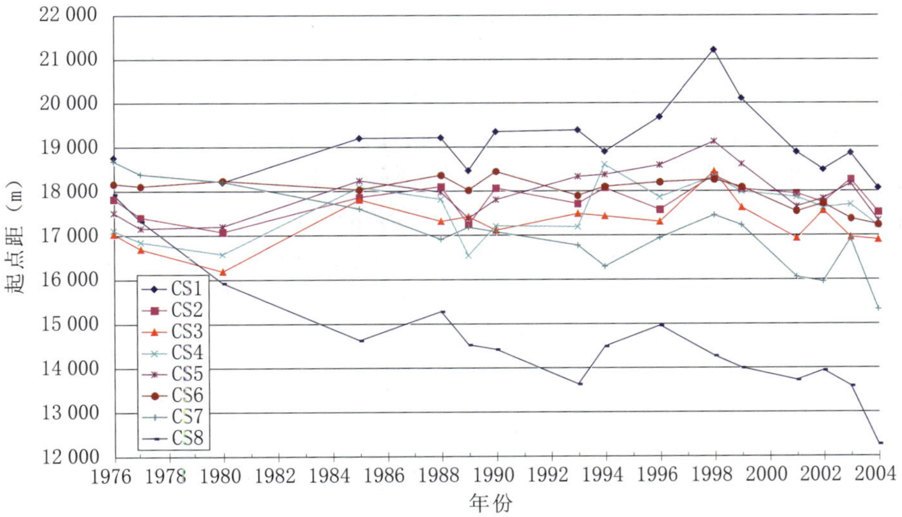

图9-40 刁口河流路10 m等深线不同断面起点距

1976～2004年10 m等深线的淤蚀变化表现为：CS1～CS8断面变化趋势除了CS7、CS8断面蚀退比较严重外，其余各断面虽有蚀退，但蚀退量很小，从图9-39可以看出，CS1～CS6断面各年的10 m等深线比较集中，28年间有蚀有淤，淤蚀距离大都集中在3 km范围内，CS8断面蚀退最为严重，28年共蚀退了5.666 km，蚀退速率为202.36 m/a。在1976～1985年间，CS1～CS5处于淤进状态，CS4断面淤进距离最大，为972 m，CS6～CS8断面处于蚀退状态，其中CS8断面蚀退最大，9年共蚀退了3.305 km，蚀退速率为367.22 m/a；在1985～1996年间，CS2～CS4及CS7断面处于蚀退状态，其余各断面处于淤进状态，其中CS7断面蚀退最大，11年共蚀退了0.661 km，蚀退速率为60.09 m/a；在1996～2004年间，所有断面都处于蚀退状态，其中CS8断面蚀退最大，8年共蚀退了2.685 km，蚀退速率为335.63 m/a。

10 m等深线总的变化特点是：刁口河口门以东的CS7、CS8断面出现比较严重的蚀退，其余各断面淤蚀量都很小，总趋势趋于平衡状态。从时间上来说，CS7、CS8断面除了个别年份外，一直处于不断蚀退过程中。CS1～CS6断面在1980年之前蚀退比较剧烈，1980～1998年基本处于不断淤进状态，在1998年以后又转入快速蚀退状态。

9.4.2.5 刁口河流路滨海区15 m等深线变化

刁口河流路15 m等深线情况及在测量涉及各断面上的淤蚀情况见图9-41、图9-42。

1976～2004年15 m等深线的淤蚀变化表现为：CS1～CS8断面变化趋势除了1998年普遍出现大的淤进外，其余各年份淤蚀量都比较小，从图9-41中可以看出，除1998年出现大的淤进外，其余年份除了CS1～CS3断面的淤蚀量比较大外，其余断面的15 m等深线比较集中，淤蚀距离大都集中在3 km范围内。在1976～1985年间，CS3～CS5处于淤进状态，CS3断面淤进距离最大，为971 m，其余断面处于蚀退状态，其中CS6断面蚀退最大，9年共蚀退了1.613 km，蚀退速率为179.22 m/a；在1985～1996年间，CS3～CS5断面处于蚀退状态，其余各断面处于淤进状态，其中CS4断面蚀退最大，11年共蚀退了1.646 km，蚀退速率为149.64 m/a，CS1断面淤进最大，11年共淤进了4.792 km，蚀退速率为435.64 m/a；在1996～2004年间，除CS3断面外，其余断面都处于蚀退状态，其中

CS5断面蚀退最大，8年共蚀退了1.500 km，蚀退速率为187.5 m/a。

15 m等深线总的变化特点是：所有断面每年等深线的起点距由西到东都呈由大到小分布，从图9-42中可以看出，各条线都没有交叉，也体现了西高东低的格局。CS1～CS7断面在1980年之前处于缓慢蚀退状态，CS8断面在1985年之前处于缓慢蚀退状态；之后至1998年所有断面都处于不断淤进状态，至1998年到达顶峰，起点距按顺序由西向东（从CS1断面到CS8断面）依次减小；1998年以后所有断面都出现比较严重的蚀退，其中CS4～CS8断面从2001年开始基本处于淤蚀平衡状态。

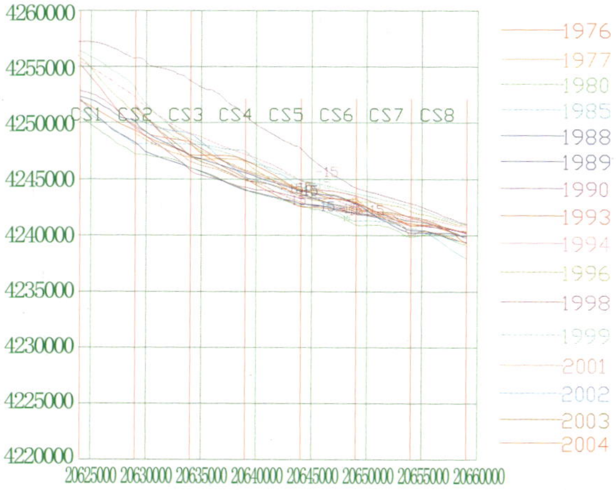

图9-41　刁口河流路海域1976～2004年15 m等深线对比

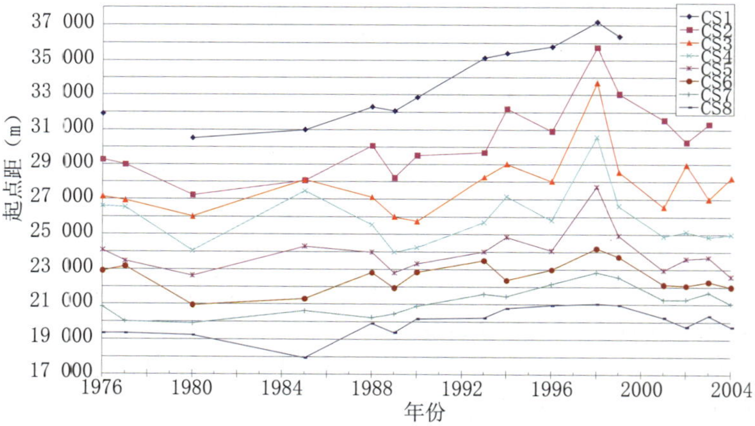

图9-42　刁口河流路15 m等深线不同断面起点距

9.4.2.6　刁口河流路滨海区18 m等深线变化

刁口河流路18 m等深线情况及在测量涉及各断面上的淤蚀情况见图9-43、图9-44。

1976～2004年18 m等深线的淤蚀变化表现为：在测量范围内CS1、CS2断面上几乎没有出现18 m的水深，所以在18 m水深断面上无数据。CS3、CS4数据到1999年、CS5断面上数据到2001年，CS6～CS8断面到2004年数据都比较完整，所以只对CS3～CS8断面18 m等深线的淤蚀情况进行比较。从图9-44中可以看出，在1980年以前，所有断面都发生蚀退，1980～1998年处于不断淤进状态，在1998年到达高峰，1998年之后出现较严重的蚀退，其中CS6～CS8断面在2001年之后基本处于淤蚀平衡状态。

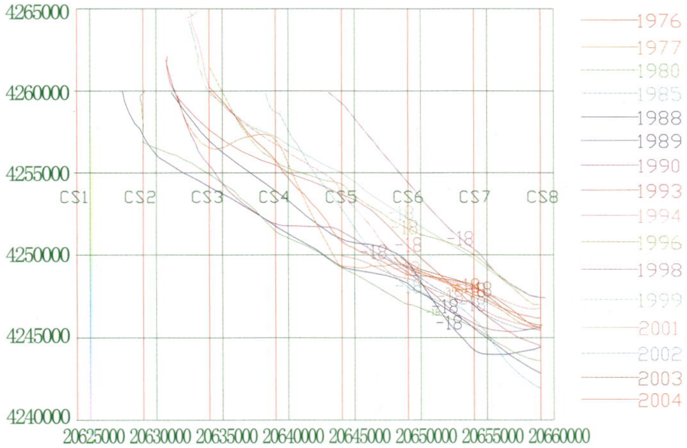

图9-43　刁口河流路海域1976～2004年18 m等深线对比

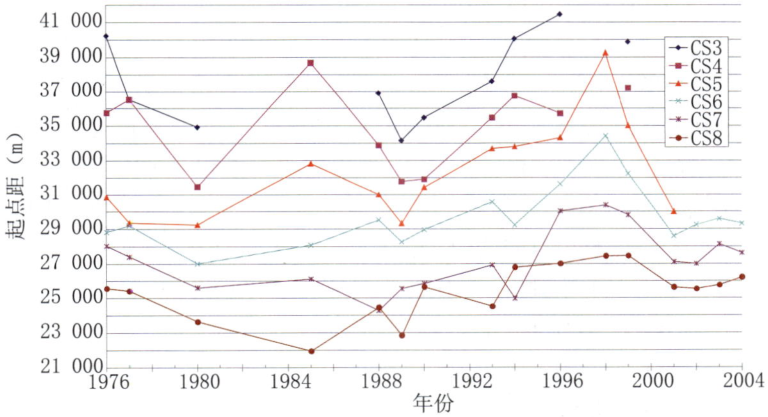

图9-44　刁口河流路18 m等深线不同断面起点距

9.4.2.7 刁口河流路停水后滨海区等深线变化小结

1976～2004年刁口河流路停水后滨海区各等深线变化总体表现为：

（1）由于黄河改走清水沟后，刁口河流路失去泥沙补给，刁口河入海口门在海洋动力的作用下不断蚀退，原先突出的口门由于海洋波浪的辐聚作用，要比远离口门的其他区域蚀退的速率更大，即刁口河口门附近的CS4～CS6断面浅水区的蚀退距离要大于其余各断面，这一点可以从2 m等深线的变化中得以体现。

（2）浅水区2、5 m等深线变化特点是：刁口河口门前的CS4～CS6断面蚀退的距离大，而远离入海口门的其他断面蚀退距离小，但总的趋势都是不断蚀退的，而且是前期蚀退速率大，后期蚀退速率小，远离口门的CS1断面2 m等深线基本稳定，CS1～CS3断面5 m等深线基本稳定。

（3）8、10 m等深线代表的中水区（介于浅水区与深水区之间的区域），总的变化趋势是刁口河口门以东的CS7、CS8断面出现比较严重的蚀退，其余各断面淤蚀量都很小，总趋势是由不断蚀退逐渐趋于平衡状态，前期蚀退速率大，20世纪90年代后逐渐趋缓，并逐渐达到平衡状态；CS1～CS6断面在1980年之前蚀退比较剧烈，1980～1998年基本处于不断淤进状态，在1998年以后又转入快速蚀退状态。

（4）15、18 m等深线代表的深水区的变化特点与浅水区及中水区变化不同：

15 m等深线呈西高东低，所有断面在20世纪80年代中期之前处于缓慢蚀退状态；之后至1998年所有断面都处于不断淤进状态；1998年以后所有断面都出现比较大的蚀退；CS4～CS8断面从2001年开始基本处于淤蚀平衡状态。

18 m等深线在1980年以前都发生蚀退；1980～1998年处于不断淤进状态；1998年之后出现较严重的蚀退，其中CS6～CS8断面在2001年之后基本处于淤蚀平衡状态。

9.5 刁口河海域水下地形冲淤分布变化

9.5.1 刁口河流路行河期间（1964～1976年）

利用1965年6月、1966年10月、1968年6月、1970年9月、1971年8月、1975年10月、1976年8月的刁口河流路附近海域的断面实测资料，进行相邻年份冲淤计算，得出相邻年际间滩海高程差值数据文件，并利用SURFER软件，绘制了相邻年际间滩海冲淤图，并进行了冲淤计算，下面对相邻年际间滩海冲淤分别进行分析（见表9-12）。

从表9-12中可以看出，从1965～1976年这11年间，整个测量范围内的刁口河附近海域冲淤情况发生冲刷的为1970～1971年，冲淤量为-0.051亿m^3。由于上述计算的冲淤量数据不是每年连续的，我们把冲淤量按照每年进行平均，经计算，1965～1976年这11年间，整体发生淤积的相邻年际最大淤积量为1968～1970年。

从1965～1976年各年际间冲淤对比，发生淤积的海域面积占整个计算面积的比例最大的为1975～1976年的92.186 7%，最小的为1970～1971年的51.3186%。最大淤积厚度为1968～1970年的12.148 m；最大冲刷厚度为1965～1966年的4.109 m；最大平均冲淤厚度为1968～1970年的1.544 m。

9.5.1.1 1965年6月至1966年10月冲淤分布

1965年6月至1966年10月期间的冲淤变化见图9-45，冲淤海岸线边界为1965年0 m线。最大淤积厚度为5.726 m，位置在（20650900，4225013）；最大冲刷厚度为4.109 m，位置在（20668284，4224618）。冲淤总体表现为有冲有淤，发生淤积的海域面积为发生冲刷的海域面积的1.254倍。在1966年口门前发生大面积的淤积，最大淤积部位在1966年口门前2 m等深线附近，淤积厚度大于1 m的都发生在1966年12 m等深线以内，呈扁圆锥体，长轴长29.84 km，平行于岸线；短轴长11.37 km，与岸线垂直。整体表现为淤积，总冲淤量为2.483亿m^3，平均冲淤厚度为0.229 m。

在发生淤积的海域，淤积厚度在0～1 m的淤积面积百分比为61.40%、淤积体积百分比为59.63%，即近60%的泥沙都淤积在0～1 m范围内。在发生冲刷的海域，冲刷厚度在0～1 m的冲刷面积百分比达到69.48%、冲刷体积百分比达到69.75%，即发生冲刷范围的70%冲刷厚度都在0～1 m。

表9-12 1965～1976年滩海冲淤成果

冲淤情况	时段			
	1965～1966	1966～1968	1968～1970	1970～1971
淤积面积（km^2）	603.765	959.559	1 373.817	361.298
淤积量（亿m^3）	6.342	13.337	23.449	1.351
冲刷面积（km^2）	481.494	901.851	122.873	342.731
冲刷量（亿m^3）	3.859	6.674	0.34	1.402
冲淤量（亿m^3）	2.483	6.663	23.109	-0.051
总面积（km^2）	1 085.259	1 861.41	1 496.69	704.029
平均冲淤厚度（m）	0.229	0.358	1.544	-0.007
最大淤积厚度（m）	5.726	8.63	12.148	3.594
最大冲刷厚度（m）	-4.109	-2.949	-1.581	-1.594

冲淤情况	时段			
	1971～1975	1975～1976	1965～1976	
淤积面积（km^2）	779.418	1 038.132	403.009	
淤积量（亿m^3）	13.495 5	6.064	23.249	
冲刷面积（km^2）	334.920	87.987	34.924	
冲刷量（亿m^3）	1.842	0.146	0.23	
冲淤量（亿m^3）	11.653 5	5.918	23.019	
总面积（km^2）	1 114.339	1 126.119	437.933	
平均冲淤厚度（m）	1.046	0.526	5.256	
最大淤积厚度（m）	6.522	4.579	12.25	
最大冲刷厚度（m）	-2.604	-1.053	-2.029	

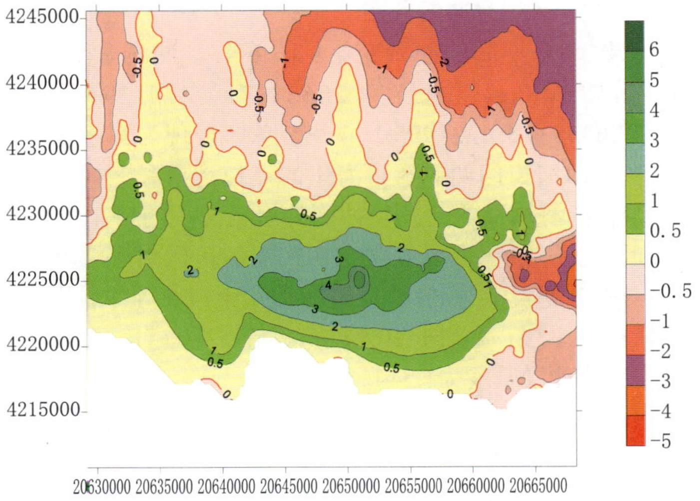

图9-45 1965～1966年海域冲淤变化

9.5.1.2 1966年10月至1968年6月冲淤分布

1966年10月至1968年6月期间的冲淤变化见图9-46，冲淤海岸线边界为1966年0 m线。最大淤积厚度为8.630 m，位置在（20661758，4228306）；最大冲刷厚度为2.949 m，位置在（20668284，4252600）。冲淤总体表现为发生淤积的海域面积和发生冲刷的海域面积基本相等，在1968年口门前发生大面积的淤积，最大淤积部位在1968年口门前3～4 m等深线附近，淤积厚度大于1 m的都发生在1968年13 m等深线以内，呈扁圆锥体，长轴长32.29 km，平行于岸线；短轴长14.59 km，与岸线垂直。整体表现为淤积，总冲淤量为6.663亿m^3，平均冲淤厚度为0.358 m。

在发生淤积的海域，淤积厚度在0～1 m的淤积面积百分比为63.78%、淤积体积百分比为44.41%；在发生冲刷的海域，冲刷厚度在0～1 m的冲刷面积百分比达到72.84%、冲刷体积百分比达到78.64%。

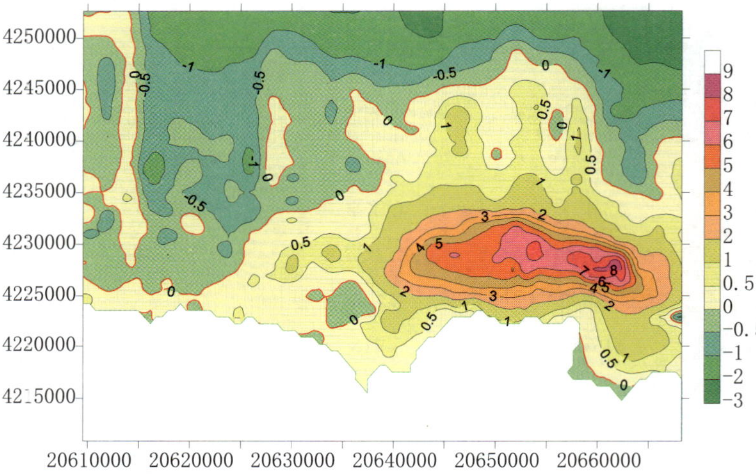

图9-46 1966～1968年海域冲淤变化

9.5.1.3 1968年6月至1970年9月冲淤分布

1968年6月至1970年9月期间的冲淤变化见图9-47，冲淤海岸线边界为1968年0 m线。最大淤积厚度为12.148 m，位置在（20664071，4231191）；最大冲刷厚度为1.581 m，位置在（20635537，4221995）。冲淤总体表现为测量范围内的绝大部分海域都发生淤积，仅在刁口河口门两侧靠近海岸的洼拉沟口和老神仙沟口门附近发生小范围的冲刷，发生淤积的海域面积是发生冲刷的海域面积的11.18倍。1970年刁口河口门比1968年延伸了近4 km，淤积主要发生在1970年的口门附近海域，最大淤积部位在1970年的口门处，淤积厚度大于2 m的都发生在1970年14 m等深线以内，呈扁圆锥体，长轴长34.71 km，平行于岸线，短轴长10.17 km，与岸线垂直。整体表现为淤积，总冲淤量为23.109亿m^3，平均冲淤厚度为1.544 m。

在发生淤积的海域，淤积厚度在0～2 m的淤积面积百分比为77.81%、淤积体积百分比为70.37%；在发生冲刷的海域，冲刷厚度在0～1 m的冲刷面积百分比达到85.27%、冲刷体积百分比达到78.61%。

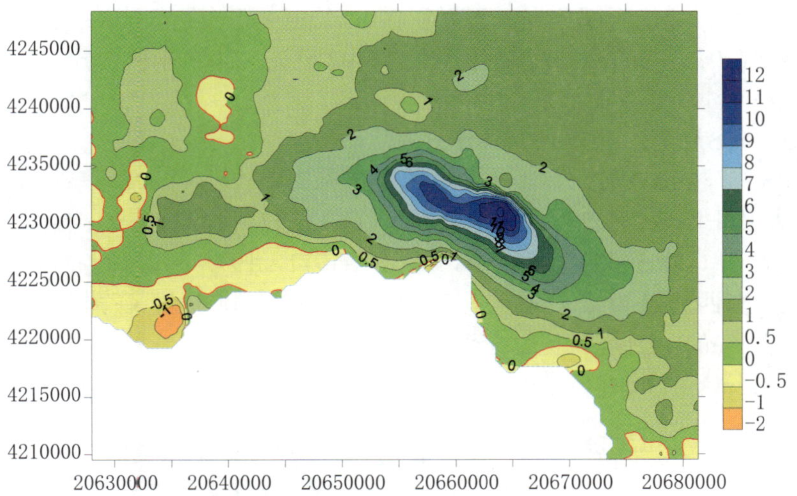

图9-47 1968～1970年海域冲淤变化

9.5.1.4 1970年9月至1971年冲淤分布

1970年9月至1971年期间的冲淤变化见图9-48，冲淤海岸线边界为1970年0 m线。最大淤积厚度为3.594 m，位置在（2065900，4234525）；最大冲刷厚度为1.594 m，位置在（20633897，4248310）。冲淤总体表现为在测量范围内除了1970年口门前发生小范围的超过1 m的淤积外，其余绝大部分海域的冲淤厚度都在0.5 m范围内，未发生大的冲淤，发生淤积的海域面积和发生冲刷的海域面积基本相等。淤积厚度大于1.5 m的都发生在1971年11 m等深线以内，呈近似圆锥体，直径为4.17 km。整体表现为冲刷，总冲淤量为-0.051亿m^3，平均冲淤厚度为-0.007 m。

在发生淤积的海域，淤积厚度在0～1 m的淤积面积百分比为92.25%、淤积体积

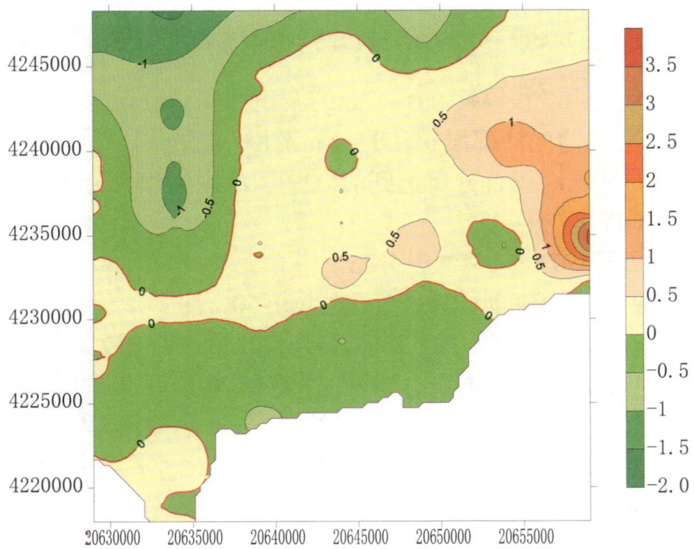

图9-48 1970～1971年海域冲淤变化

百分比为90.72%，即绝大部分泥沙都淤积在0 ~ 1 m淤积厚度范围内；在发生冲刷的海域，冲刷厚度在0 ~ 1 m的冲刷面积百分比达到92.58%、冲刷体积百分比达到96.62%，即绝大部分发生冲刷的范围都是在0 ~ 1 m。

9.5.1.5 1971年8月至1975年10月冲淤分布

1971年8月至1975年10月期间的冲淤变化见图9-49，冲淤海岸线边界为1971年0 m线。最大淤积厚度为6.522 m，位置在（20643797，4233103）；最大冲刷厚度为2.604 m，位置在（20659000，4239498）。由于1971 ~ 1975年10月间刁口河入海口门变动范围很大，东西超过30 km，在坐标20638000 ~ 20675000间，在图9-7中可以看出，淤积厚度大于3 m的范围基本上是这期间入海口门变动的范围。整体表现为淤积，总冲淤量为11.653亿m^3，平均冲淤厚度为1.046 m。

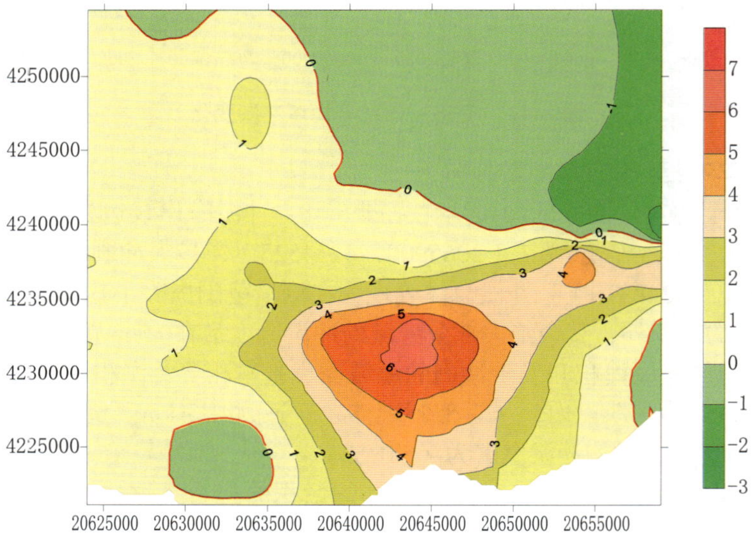

图9-49 1971年8月至1975年10月海域冲淤变化

在发生淤积的海域，淤积厚度在0 ~ 2 m的淤积面积百分比为67.51%、淤积体积百分比为66.82%，即近2/3的泥沙都淤积在0 ~ 2 m淤积厚度范围内；在发生冲刷的海域，冲刷厚度在0 ~ 1 m的冲刷面积百分比达到82.02%、冲刷体积百分比达到85.47%，即大部分发生冲刷的范围都是在0 ~ 1 m。

9.5.1.6 1975年10月至1976年8月冲淤分布

1975年10月至1976年8月期间的冲淤变化见图9-50，冲淤海岸线边界为1976年8月0 m线。最大淤积厚度为4.597 m，位置在（20644151，4235083）；最大冲刷厚度为1.053 m，位置在（20659000，4238251）。冲淤总体表现为在1976年口门前附近海域发生大范围的淤积，淤积厚度超过2 m的都发生在1976年8月测量的8 m等深线以内，呈扁圆锥体，平面面积为56.807 km^2，整体表现为淤积，总冲淤量为5.918亿m^3，平均冲淤厚度为0.526 m。

在发生淤积的海域，淤积厚度在0 ~ 1 m的淤积面积百分比为88.05%、淤积体积百分比为76.36%，即大部分泥沙都淤积在0 ~ 1 m淤积厚度范围内；在发生冲刷的海域，冲刷厚度在0 ~ 0.5 m的冲刷面积百分比达到99.04%、冲刷体积百分比达到99.51%，即绝大部分发生冲刷的范围都是在0 ~ 0.5 m。

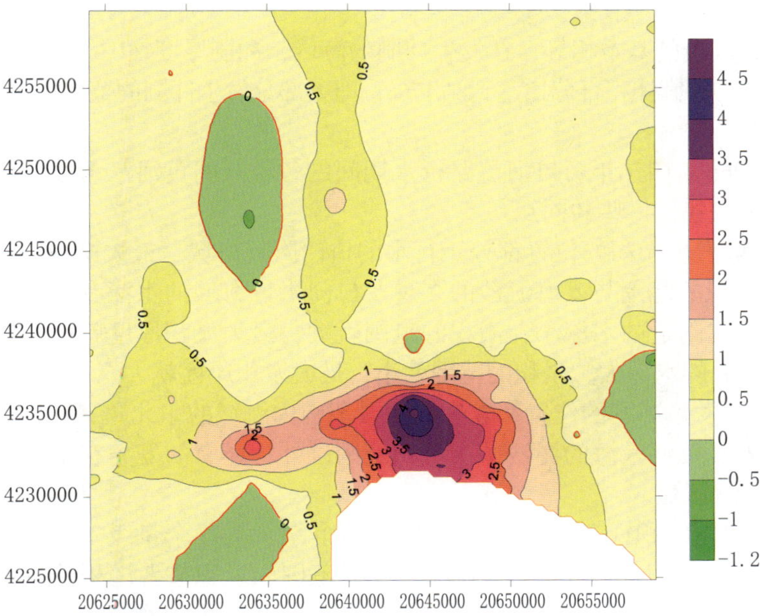

图9-50 1975年10月至1976年8月海域冲淤变化

9.5.1.7 1965年6月至1976年8月冲淤分布

1965年6月至1976年8月期间的冲淤变化见图9-51，冲淤海岸线边界为1976年8月0 m线。最大淤积厚度为12.250 m，位置在（20649909，4230209）；最大冲刷厚度为2.029 m，位置在（20659000，4245452）。冲淤总体表现为除了测量范围内东北角发生少量冲刷外，其余大部分海区都发生淤积，发生淤积的面积是发生冲刷的面积的11.54倍。整体表现为淤积，总冲淤量为23.019亿m^3，平均冲淤厚度为5.256 m。

在发生淤积的海域，以淤积厚度1 m进行分层，每层的面积除了淤积厚度0～1 m这一

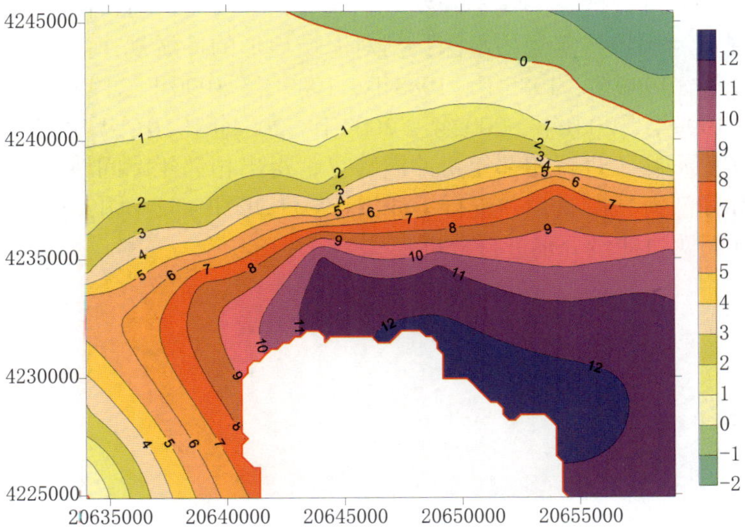

图9-51 1965年6月至1976年8月海域冲淤变化

层比较大外，其余的基本相等；在发生冲刷的海域，冲刷厚度在0～1 m的冲刷面积百分比达到75.60%、冲刷体积百分比达到86.17%，即大部分发生冲刷的范围都是在0～0.5 m。

9.5.1.8 小结

通过对1965～1976年刁口河流路行水期间的各年际间黄河三角洲海域冲淤情况的对比分析，可以找出一些共同点：

（1）一般发生淤积的位置都处于行水的口门附近海域，最大淤积厚度也出现在口门前海域，淤积的范围与入海泥沙的多少及口门附近海域的水深有直接的关系，即入海泥沙多，口门附近的水深小，淤积的范围就大，最大淤积厚度就小；反之，入海泥沙少，口门附近的水深大，淤积的范围就小，最大淤积厚度就大。

（2）一般发生冲刷的位置都发生在测量范围内海域的东北角，即大于15 m水深的深水区域，处于黄河入海的泥沙一次沉积范围以外；还有的发生在早期行河后又远离入海口门的浅水区域。

（3）在发生淤积或者冲刷的各厚度量级间（1 m为一个量级）一般都是0～1 m的范围所占的比例最大，一般都超过60%，在此范围内淤积或者沉积的泥沙所占的比例也超过50%。经分析认为，那些远离黄河入海口门的淤积厚度在0～1 m范围内的泥沙基本上都是发生冲刷范围内的泥沙或者一次海洋动力沉积的泥沙经过海洋动力再次起动，漂移搬运形成的。

（4）在口门前淤积形成的淤积厚度大于2 m的扁圆锥体的长轴不超过35 km，方向与岸线平行；短轴一般在15 km左右，方向与岸线垂直。这表明黄河泥沙进入口门后在平行于岸线的潮流、波浪等海洋动力一次搬运作用下，一般都沉积在口门两侧35 km范围内，口门前沉积的位置不超过当年的15 m等深线。

9.5.2 刁口河流路停水后（1976～2004年）

1976年黄河改走清水沟入海后，刁口河附近海域由于失去黄河泥沙补给，在海洋动力作用下持续受到侵蚀，岸线不断发生蚀退。为弄清刁口河口门附近海域在1976年以后侵蚀情况，利用各年实测的水深数据对海域地形的冲淤规律进行研究，我们利用1976年、1977年、1980年、1985年、1988年、1989年、1990年、1993年、1994年、1996年、1998年、1999年、2001年、2002年、2003年、2004年这16个年份的刁口河流路附近海域的断面实测资料，进行相邻年份冲淤计算，得出相邻年际间滩海高程差值数据，绘制相邻年际间滩海冲淤图，并进行了冲淤计算（见图9-52～图9-69和表9-13），下面对相邻年际间滩海冲淤分别进行分析。

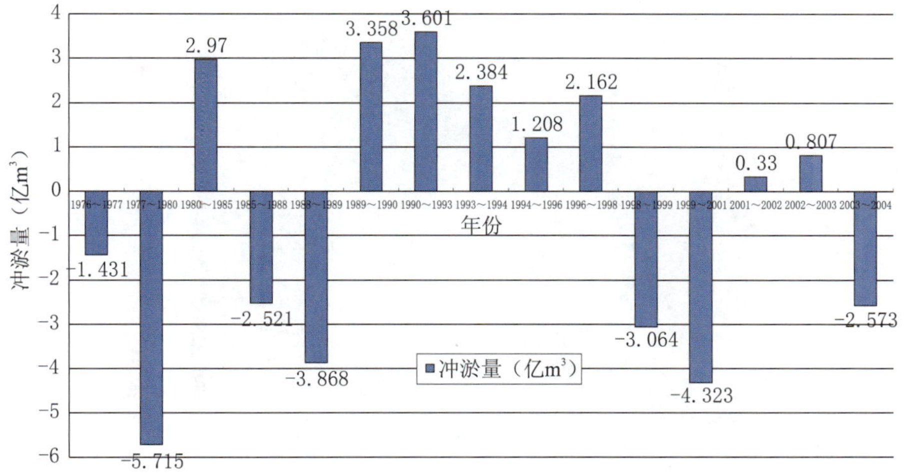

图9-52 1976～2004年刁口河海域冲淤情况

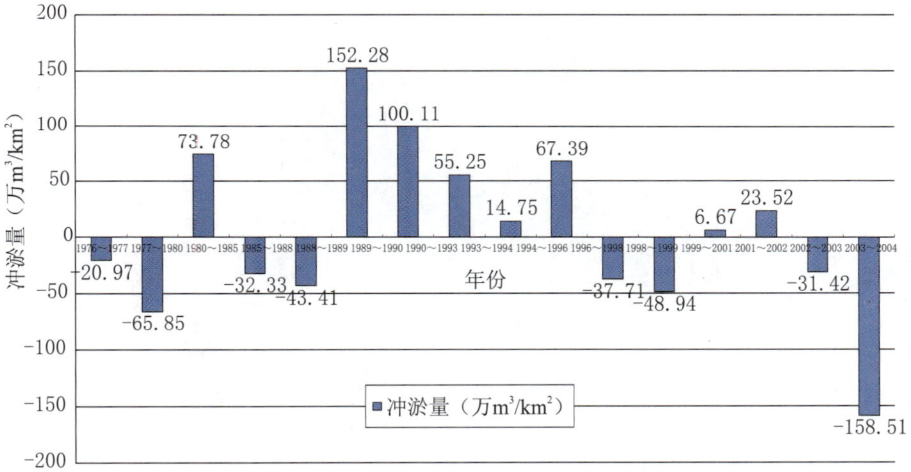

图9-53 1976～2004年刁口河海域平均冲淤量

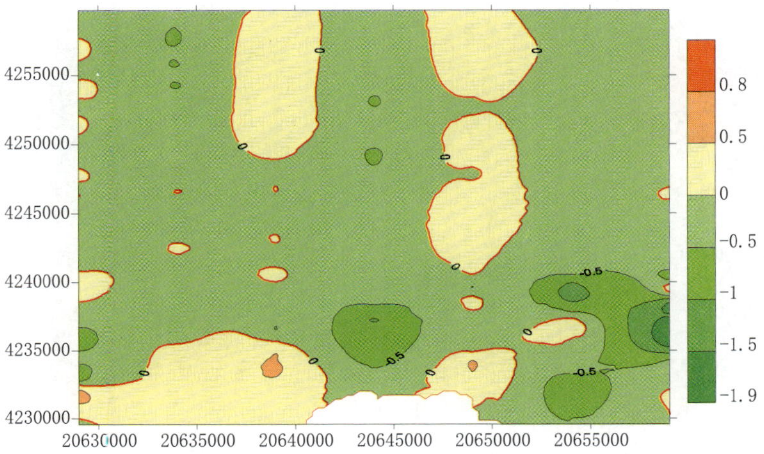

图9-54 1976～1977年海域冲淤变化

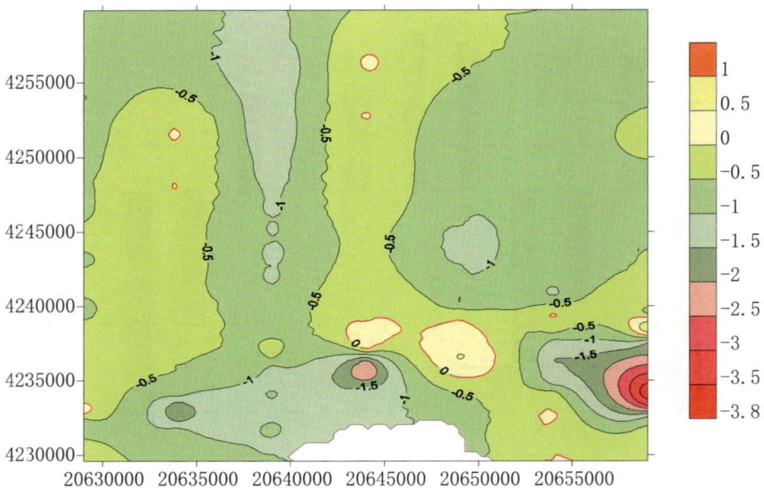

图9-55　1977～1980年海域冲淤变化

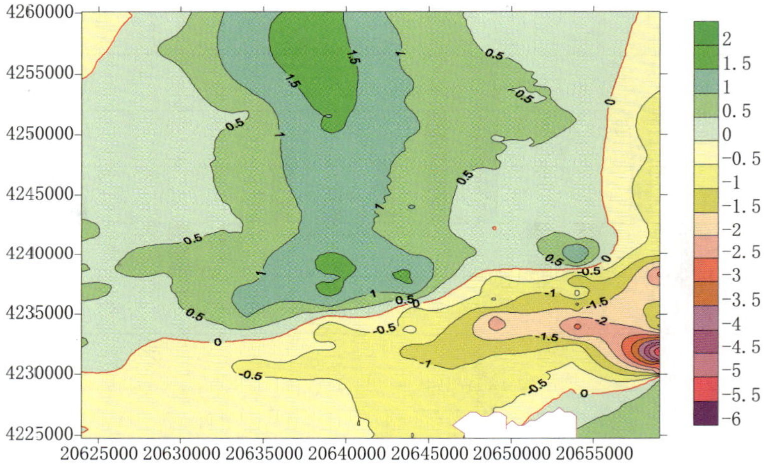

图9-56　1980～1985年海域冲淤变化

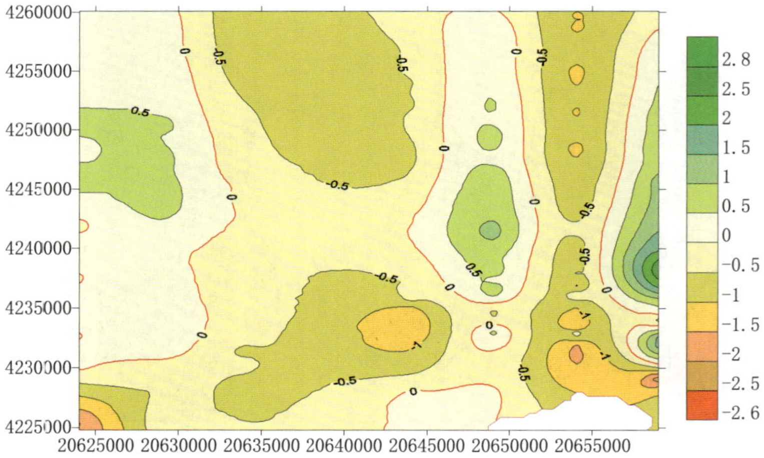

图9-57　1985～1988年海域冲淤变化

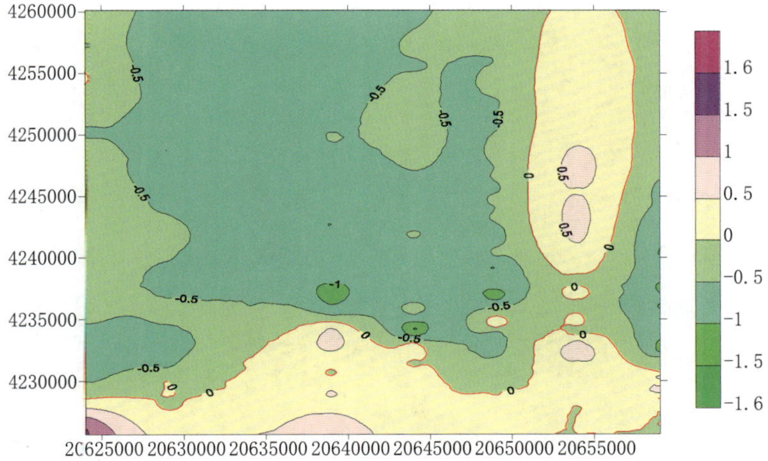

图9-58 1988～1989年海域冲淤变化

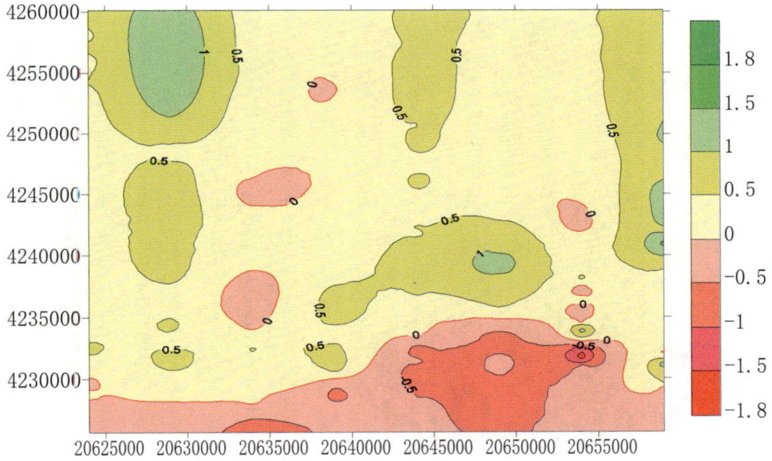

图9-59 1989～1990年海域冲淤变化

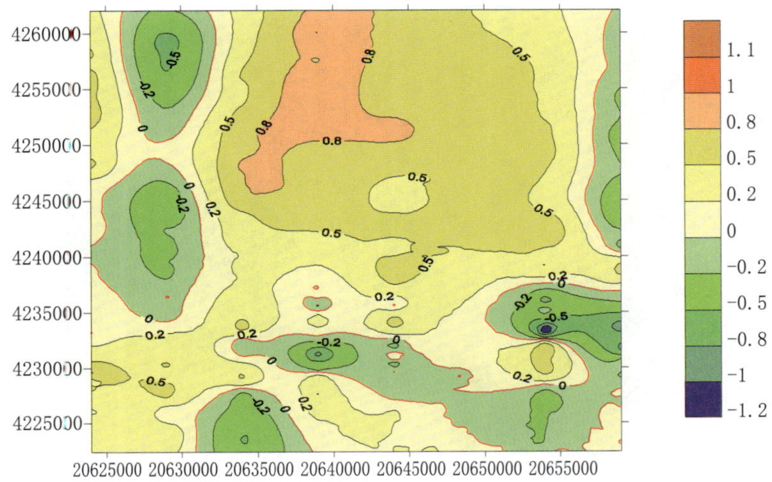

图9-60 1990～1993年海域冲淤变化

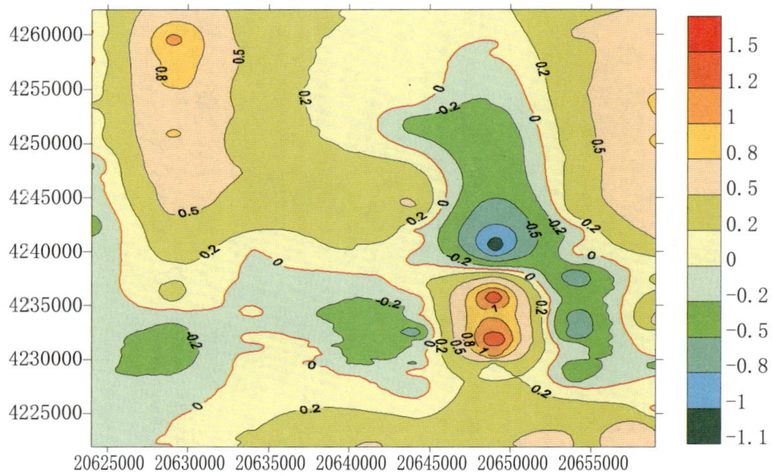

图9-61 1993～1994年海域冲淤变化

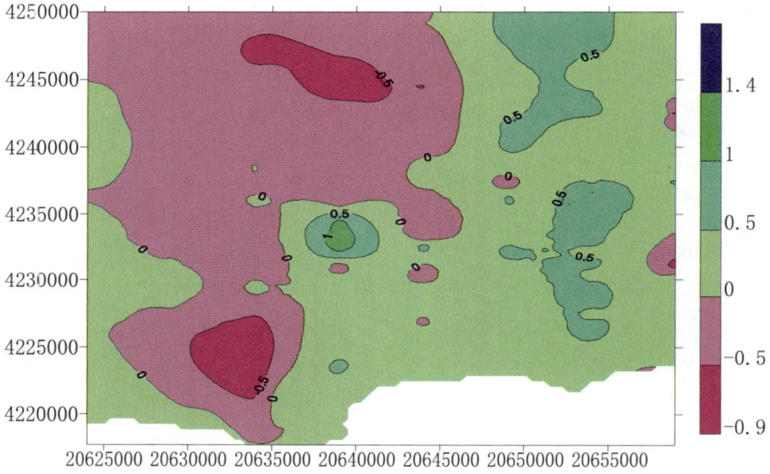

图9-62 1994～1996年海域冲淤变化

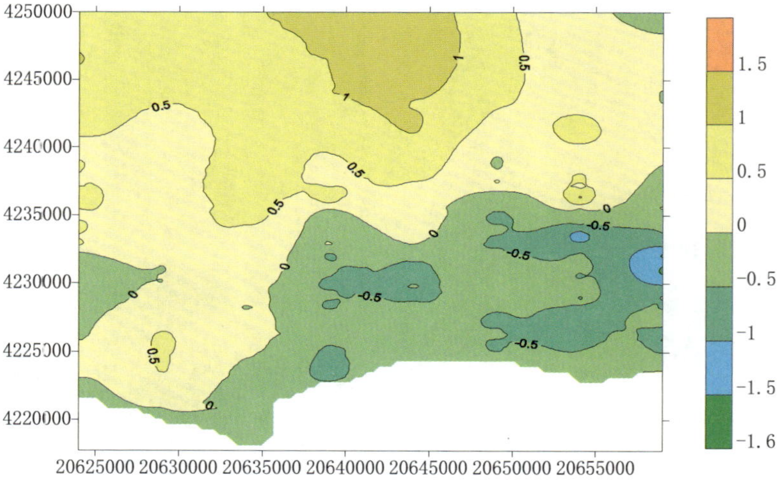

图9-63 1996～1998年海域冲淤变化

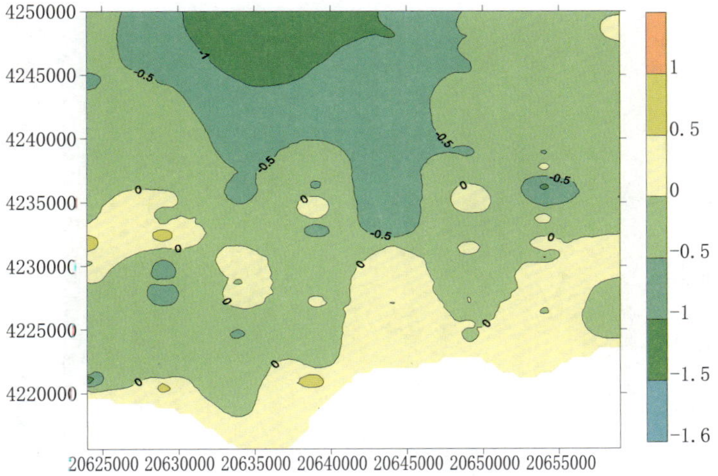

图9-64　1998～1999年海域冲淤变化

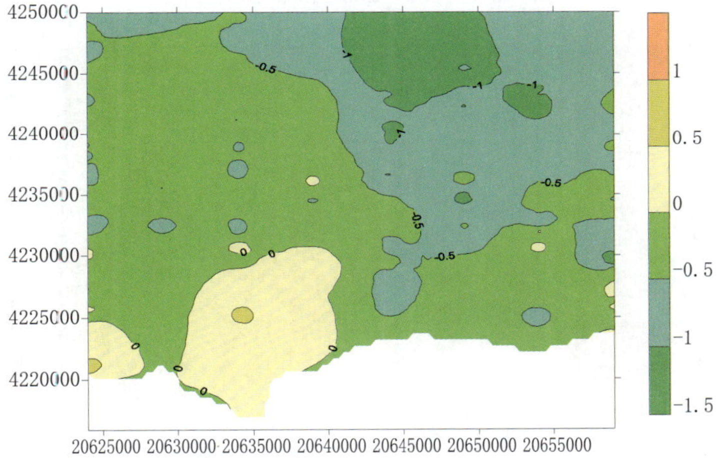

图9-65　1999～2001年海域冲淤变化

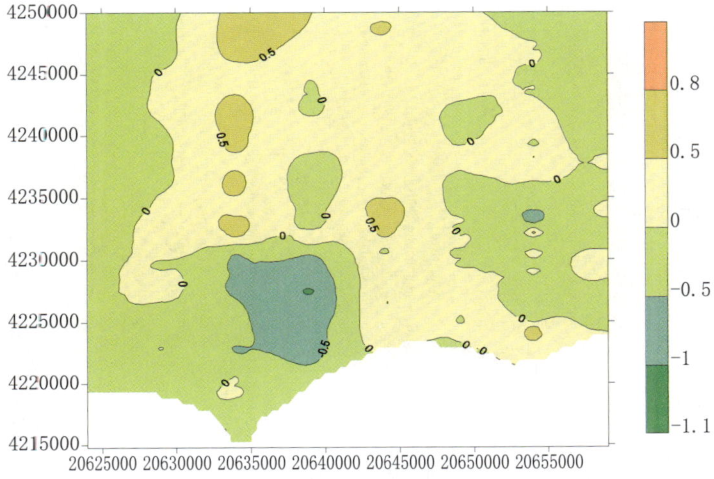

图9-66　2001～2002年海域冲淤变化

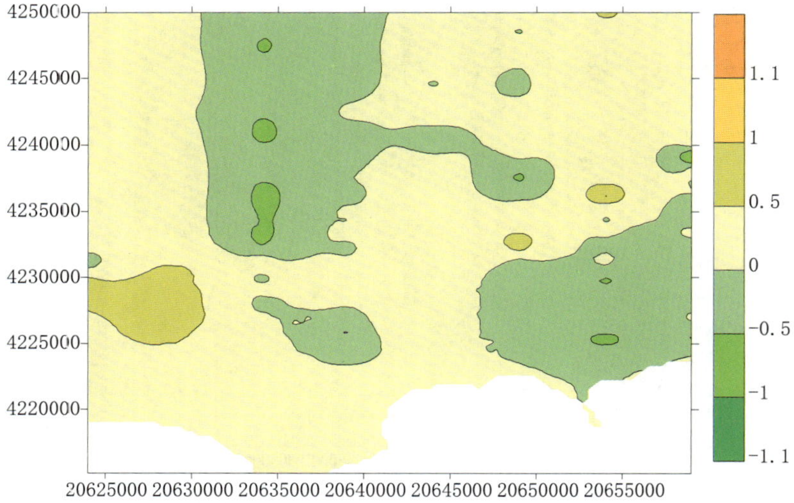

图9-67　2002～2003年海域冲淤变化

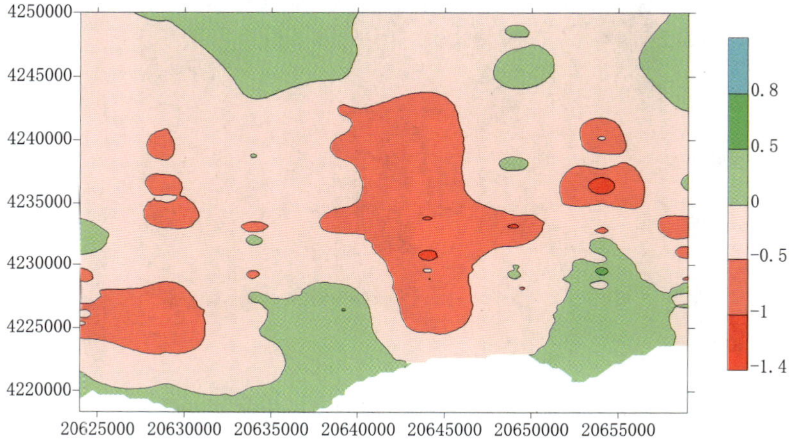

图9-68　2003～2004年海域冲淤变化

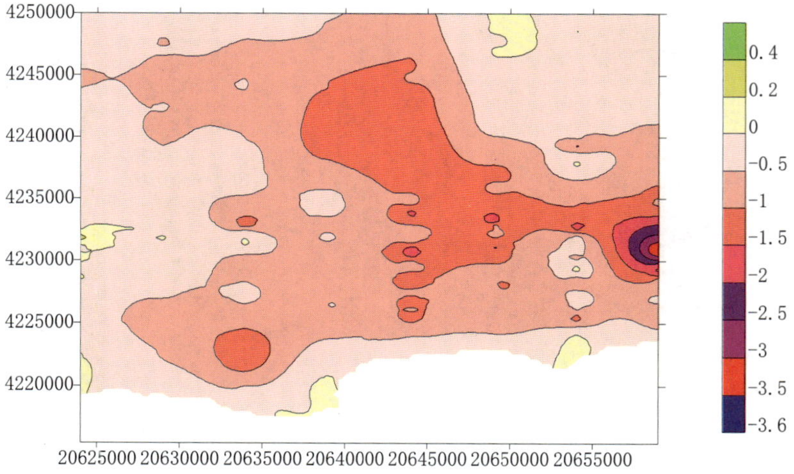

图9-69　1999～2004年海域冲淤变化

表9-13 1976～2004年滩海冲淤成果

冲淤情况	时段							
	1976～1977	1977～1980	1980～1985	1985～1988	1988～1989	1989～1990	1990～1993	1993～1994
淤积面积（km^2）	203.645	18.712	820.465	436.501	31.36	984.182	1030.05	984.465
淤积量（亿m^3）	0.306	0.034	5.649	1.528	0.78	4.124	4.247	3.232
冲刷面积（km^2）	682.48	867.889	402.535	779.828	891.029	220.518	359.694	431.46
冲刷量（亿m^3）	1.737	5.749	2.679	4.049	4.648	0.766	0.646	0.848
冲淤量（亿m^3）	−1.431	−5.715	2.97	−2.521	−3.868	3.358	3.601	2.384
总面积（km^2）	886.125	886.601	1 223	1 216.33	922.389	1 204.7	1 389.75	1 415.93
平均冲淤厚度（m）	−0.161	−0.645	0.243	−0.207	−0.419	0.279	0.259	0.168
最大淤积厚度（m）	0.774	0.987	1.769	2.767	1.538	1.641	1.002	1.434
最大冲刷厚度（m）	−1.877	−3.792	−5.539	−2.428	−1.538	−1.623	−1.085	−1.085

冲淤情况	时段							
	1994～1996	1996～1998	1998～1999	1999～2001	2001～2002	2002～2003	2003～2004	1976～2004
淤积面积（km^2）	1 184.71	648.865	231.722	117.093	530.219	718.167	203.021	127.619
淤积量（亿m^3）	2.963	3.38	0.298	0.243	1.277	1.516	0.282	0.264
冲刷面积（km^2）	819.187	320.815	812.623	883.329	495.107	343.167	818.916	750.817
冲刷量（亿m^3）	1.755	1.218	3.362	4.566	0.947	0.709	2.855	12.165
冲淤量（亿m^3）	1.208	2.162	−3.064	−4.323	0.33	0.807	−2.573	−11.901
总面积（km^2）	2 003.89	969.68	1 044.35	1 000.42	1 025.33	1 061.33	1 021.94	878.436
平均冲淤厚度（m）	0.060	0.223	−0.293	−0.432	0.032	0.076	−0.252	−1.355
最大淤积厚度（m）	1.325	1.411	0.968	0.968	0.788	1.008	0.721	0.719
最大冲刷厚度（m）	−0.816	−1.546	−1.546	−1.077	−1.077	−1.0004	−1.322	−8.109

从表9-13和图9-53中可以看出，刁口河流路停水后的1976～2004年刁口河海域测量范围内的地形冲淤变化情况是有冲有淤，最大冲淤量为1990～1993年的3.601亿 m^3，最小冲淤量为2001～2002年的0.33亿 m^3；最大冲刷为1977～1980年的5.715亿 m^3，最小冲刷为1976～1977年的1.431亿 m^3；最大淤积厚度为1985～1988年的2.767 m，最大冲刷厚度为1980～1985年的5.539 m；淤积面积占总测量面积百分比最大的为1989～1990年的81.7%，冲刷面积占总测量面积百分比最大的为1977～1980年的97.9%；2004年海域地形与1976年的相比，总冲淤量为-11.901亿 m^3，平均冲刷量为158.51万 m^3/km^2。

从图9-54～图9-69中可以看出：各年际间冲淤变化大部分区域冲淤都在1 m范围内，所有图中冲淤变化小于1 m都占总面积的90%以上，即1976年刁口河流路停水后，在海洋动力作用下，测量区域内的海域地形除了个别地区变化幅度较大外，绝大部分区域变化幅度都在1 m以内；冲淤变化极值都发生在5～8 m水深范围内，大部分都在坐标（20659000，4235000）周围5 km范围内，该区域正好处于1968～1974年刁口河行河期间刁口河口门附近，在行河期间产生大量淤积，从1964～1976年淤积厚度超过11 m。

9.6 利用不等时距GM（1，1）模型预测刁口河岸线演变

9.6.1 不等时距GM(1，1) 模型

灰色系统预测的基本思路是：把一个随时间变化的数据列通过累加，生成新的数据列，用适当的曲线逼近，得到的曲线还原后即为灰色系统的预测模型。

9.6.1.1 等时距GM（1，1）模型的一般形式

（1）给定原始数据序列gi

$$x^{(0)}(t)=\{x^{(0)}(1),x^{(0)}(2),\cdots,x^{(0)}(n)\}$$

（2）对 $x^{(0)}(t)$ 作一次累加，求得一次累加生成数列

$$x^{(1)}(k)=\{x^{(1)}(1),x^{(1)}(2),\cdots,x^{(1)}(n)\}$$

（3）构造数据矩阵B，y_n

$$B=\begin{bmatrix} -1/2(x^{(1)}(1)+x^{(1)}(2)) & 1 \\ -1/2(x^{(1)}(2)+x^{(1)}(3)) & 1 \\ \cdots & \\ -1/2(x^{(1)}(n-1)+x^{(1)}(n)) & 1 \end{bmatrix}$$

$$y_n=[x^{(0)}(2),x^{(0)}(3),\cdots,x^{(0)}(n)]^{\mathrm{T}}$$

（4）求解参数向量 $\hat{a}$

$$\hat{a}=[a,u]^{\mathrm{T}}=(B^{\mathrm{T}}B)^{-1}B^{\mathrm{T}}y_n$$

（5）将参数向量 $\hat{a}$ 代入时间响应函数

$$\hat{x}^{(1)}(k+1)=(x^{(0)}(1)-\frac{u}{a})\mathrm{e}^{-ak}+\frac{u}{a}$$

（6）确定还原模型

$$\hat{x}^{(0)}(k+1)=(\hat{x}^{(1)}(k+1)-\hat{x}^{(1)}(k))$$

9.6.1.2 不等时距GM（1，1）模型

在GM（1，1）模型的基本关系式中，要求作一次累加生成：

$$x^{(1)}(k)=\sum_{m-1}^{k-1}x^{(0)}(m)$$

当 k 值是一个不等时距的时间序列时，这种形式的累加就无法实现，而要找出其他方法来生成这种等时距的数据列，就只能通过人为处理。处理后的数据，由于是人为根据先验的趋势估计得出的，因此经过这种处理后，模型看起来会比较符合，可以满足一定的应用需要。但是，这种做法带有较大的偶然性，难免要对原始数据作一些线性处理，弊端较为突出。

我们不妨这么假设，等时距的原始数据是客观存在的，只是由于某些原因使其中的一些数据缺失，因而出现了不等时距的原始数据列。进一步假设，我们已得到了与这些原始数据较为符合的GM（1，1）模型曲线，曲线的离散形式为

$$\hat{x}^{(1)}(k+1)=(x^{(0)}(1)-\frac{u}{a})\mathrm{e}^{-ak}+\frac{u}{a}$$

其中$c=x^{(0)}(1)-\dfrac{u}{a}$，则上式改为

$$\hat{x}^{(1)}(k+1)=c\mathrm{e}^{-ak}+\frac{u}{a}$$

$$\hat{x}^{(0)}(k+1)=(\hat{x}^{(1)}(k+1)-\hat{x}^{(1)}(k)),$$

还原后原始数据估计值

$$c\mathrm{e}^{-ak}+\frac{u}{a}-\left[c\mathrm{e}^{-a(k+1)}+\frac{u}{a}\right]=c(1-\mathrm{e}^{a})\mathrm{e}^{-ak}$$

（k=1，2，⋯，n–1）

录取不等时距序列时，设初始时间序列值为0，时间序列$T^{(0)}(i)=\{0, t_2, t_3, \cdots, t_m\}$，则

$$x^{(0)}(t_i)=c(1-\mathrm{e}^{a})\mathrm{e}^{-at_i} \qquad (1)$$

其中，$t_i=t_2, t_3, \cdots, t_m$（$m$ 为原始数据列个数）。

这里，最终要寻求的是方程（1），也就是要确定 c 和 a 的值。只要找到适当的 c 、a 值，相应的灰色系统模型就可以建立起来。

由于我们期望得到的是比较理想的预测模型，要求估计值 $\hat{x}^{(0)}(t_i)$与原始值 $\hat{x}^{(0)}(t_i)$越接近越好，因此对于所有的原始数据，有近似方程组

$$\left\{\begin{array}{l} x^{(0)}(t_2)\approx\hat{x}^{(0)}(t_2)=c(1-\mathrm{e}^{a})\mathrm{e}^{-at_2} \\ x^{(0)}(t_3)\approx\hat{x}^{(0)}(t_3)=c(1-\mathrm{e}^{a})\mathrm{e}^{-at_3} \\ \cdots \\ x^{(0)}(t_m)\approx\hat{x}^{(0)}(t_m)=c(1-\mathrm{e}^{a})\mathrm{e}^{-at_m} \end{array}\right\} \qquad (2)$$

其中，m 为已知的原始数据列个数。显然方程的个数 $m-1\geqslant 2$，方程的个数比待定参数的个数（ c 和 a 两个） 多。这样，要解决的问题就变为：找出一种适当的方法，由这 $m-1$ 个方程来确定出较为理想的 c 、a 值，进而得出灰色预测方程。

根据最小二乘法理论，偏差平方和 M

$$M=\sum_{i=2}^{m}X^{(0)}(t_i)-x^{(0)}(t_i)=\sum_{i=2}^{m}[c(1-\mathrm{e}^{a})\mathrm{e}^{-at_i}-x(0)(t_i)]^2$$

$$\begin{cases}\dfrac{\partial M}{\partial c}=\sum_{i=2}^{m}2[c(1-\mathrm{e}^{a})\mathrm{e}^{-at_i}-x(0)(t_i)](1-\mathrm{e}^{a})\mathrm{e}^{\ at_i}=0\\ \dfrac{\partial M}{\partial a}=\sum_{i=2}^{m}2[c(1-\mathrm{e}^{a})\mathrm{e}^{-at_i}-x(0)(t_i)][-ct_i(1-\mathrm{e}^{a})\mathrm{e}^{-at_i}-c\mathrm{e}^{a(1-t_i)}]=0\end{cases} \quad (3)$$

理论上，最理想的 c、a 值应该由方程组（3）来求得，但由于实际应用中，求解方程组非常麻烦，甚至不可解，不易得出通用简便的 c、a 值算法，因而在实际中难以采用。

通过反复的比较和验算，采用如下的方法：式（2）中，由任意两个方程构成方程组

$$\begin{cases}x^{(0)}(t_i)=c(1-\mathrm{e}^{a})\mathrm{e}^{-at_i}\\ x^{(0)}(t_j)=c(1-\mathrm{e}^{a})\mathrm{e}^{-at_j}\end{cases} \quad (4)$$

解得

$$a=\frac{1}{t_i-t_j}\ln\frac{x^{(0)}(t_j)}{x^{(0)}(t_i)}$$

记式（4）得出的 a 为 $a_{i,j}$，则由式（2）可得 C_{m-1}^{2} 个 $a_{i,j}$，取其平均值

$$\hat{a}=\bar{a}=\frac{1}{C_{m-1}^{2}}\sum_{j=2}^{m-1}\sum_{i=1}^{m}a_{i,j} \quad (5)$$

将（5）代入式（2）得

$$\begin{cases}x^{(0)}(t_2)=c(1-\mathrm{e}^{a})\mathrm{e}^{-at_2}\\ x^{(0)}(t_3)=c(1-\mathrm{e}^{a})\mathrm{e}^{-at_3}\\ \cdots\\ x^{(0)}(t_m)=c(1-\mathrm{e}^{a})\mathrm{e}^{-at_m}\end{cases} \quad (6)$$

这样，式（6）中只有 c 是未知数，每个方程都可求出一个 c 值（记为 c_i）。方程的个数为 $m-1$，因而有 $m-1$ 个 c 值的解，取其平均值

$$\hat{c}=\bar{c}=\frac{1}{m-1}\sum_{i=2}^{m}c_i \quad (7)$$

最后，将式(5)、式(7)两式中的 $\hat{a}$ 和 $\hat{c}$ 值代入式(1)，便可得到不等时距灰色预测模型

$$x^{(0)}(t_i)=\hat{c}(1-\mathrm{e}^{\hat{a}})\mathrm{e}^{-\hat{a}t_i} \quad (8)$$

9.6.2 黄河三角洲2 m等深线预测分析

9.6.2.1 刁口河附近测量断面2 m等深线起点距量算结果

前面所分析刁口河附近岸线（0 m线）所用的资料为1976年以来的卫星遥感图片资料，由于潮汐资料的缺乏，大部分遥感数据未进行潮汐校正，所提取的岸线数据与校正后统一的岸线数据有很大误差，为了保证刁口河附近岸线预测的准确性，改用1976～2004年黄河水文部门每年的水下地形测量资料(经过潮位校正)，绘制水下地形

图。对CS1～CS8测量的2 m等深线进行套绘，分析淤蚀变化，并进行预测。

9.5.2.2 利用不等时距的GM（1，1）模型预测2 m等深线起点距变化

利用表9–14所列数据，依据上文提出的不等时距的灰色系统GM（1，1）模型，对黄河三角洲2 m等深线起点距进行预测。在此，取1976～2004年2 m等深线CS1～CS8测线的起点距为x（0）进行灰色建模，所得灰色GM（1，1）模型为：

（1）CS1测线，按1976～2004年数列，得生成模型

$$x^{(0)}(t_i)=-663\,287(1-\mathrm{e}^{0.011\,39})\mathrm{e}^{-0.011\,39\,t_i} \tag{9}$$

（2）CS2测线，按1976～2004年数列，得生成模型

$$x^{(0)}(t_i)=-788\,076(1-\mathrm{e}^{0.008\,358})\mathrm{e}^{0.008\,358\,t_i} \tag{10}$$

（3）CS3测线，按1976～2004年数列，得生成模型

$$x^{(0)}(t_i)=-230\,200(1-\mathrm{e}^{0.039\,028})\mathrm{e}^{-0.039\,028\,t_i} \tag{11}$$

（4）CS4测线，按1976～2004年数列，得生成模型

$$x^{(0)}(t_i)=-442\,908(1-\mathrm{e}^{0.027\,679})\mathrm{e}^{-0.027\,679\,t_i} \tag{12}$$

（5）CS5测线，按1976～2004年数列，得生成模型

$$x^{(0)}(t_i)=-603\,048(1-\mathrm{e}^{0.022\,648})\mathrm{e}^{-0.022\,648\,t_i} \tag{13}$$

（6）CS6测线，按1976～2004年数列，得生成模型

$$x^{(0)}(t_i)=-598\,660(1-\mathrm{e}^{0.024\,853})\mathrm{e}^{-0.024\,853\,t_i} \tag{14}$$

（7）CS7测线，按1976～2004年数列，得生成模型

$$x^{(0)}(t_i)=-657\,622(1-\mathrm{e}^{0.020\,03})\mathrm{e}^{-0.020\,03\,t_i} \tag{15}$$

（8）CS8测线，按1976～2004年数列，得生成模型

$$x^{(0)}(t_i)=-770\,839(1-\mathrm{e}^{0.014\,236})\mathrm{e}^{-0.014\,236\,t_i} \tag{16}$$

下面检验一下预测模型的精度，这里采用后验差检验法，为此，首先应计算出各预测值的残差$\mathrm{e}(t_i)=x^{(0)}(t_i)-\hat{x}^{(0)}(t_i)$，其计算结果分别如表9–15～表9–22所示，进而再计算出残差的方差S_1和原始数据列即三角洲2 m等深线的方差S_2，由此可以计算出残差比值$C=S_1/S_2$和小概率误差$P=P\{|\mathrm{e}(i)-\bar{\mathrm{e}}|<0.674\,5\,S_2\}$，然后对照精度检验等级划分（见表9–23）确定模型的精度（见表9–24）。

由表9–24可以发现CS3测线模型预测精度不合格，对原始数据进行优化，剔除异常点后重新预测所得模型：

$$x^{(0)}(t_i)=-219\,880(1-\mathrm{e}^{0.035\,564})\mathrm{e}^{-0.035\,564\,t_i} \tag{17}$$

数据优化后，其C=0.63，P=0.73，精度等级为Ⅲ，勉强合格。

利用模型式（9）、（10）、（12）～（16）、（17）可预测后续年份黄河三角洲2 m等深线，其预测结果分别列于表9–15、表9–16、表9–18～表9–22及表9–25。

依据上述预测值绘制的黄河三角洲2 m等深线CS1～CS8起点距趋势变化如图9–70～图9–77所示。

根据上述分析预测的结果，把1976～2014年刁口河口门附近的测量断面CS1～CS8上的2 m等深线起点距历年的变化绘制成图9–78，其中2005～2014年这10年的起点距数据为根据模型预测的数据，从图9–78中可以看出，2 m等深线是逐年蚀退的，在不考虑海岸修建海堤的情况下，可以认为2 m等深线的变化趋势与海岸线的变化趋势是一致的，由于没有陆源的泥沙补给，在海洋动力作用下，都是逐年蚀退的。

表9-14　三角洲2 m等深线起点距量算结果

年份	CS1	CS2	CS3	CS4	CS5	CS6	CS7	CS8
1976	6 268	7 266	8 574	13 441	15 197	14 635	13 128	12 466
1977			9 599	13 841	14 579	14 719	12 224	12 243
1980	7 148	6 217	5 122	12 366	13 325	14 495	12 226	11 546
1985	6 764	5 915	6 445	10 203	11 330	11 871	11 233	9 906
1988		5 784	3 350	6 631	9 855	11 690	9 152	8 225
1989	6 599	5 705	6 157	7 706	10 529	10 327	9 637	8 382
1990	5 668	5 605	4 213	7 203	9 084	9 131	9 245	8 499
1993	6 017	5 445	3 203	7 574	8 840	8 568	10 000	8 392
1994			5 758	7 021	8 984	8 783	9 113	8 402
1996	6 146	5 302	4 586	7 630	9 154	10 997	10 143	8 617
1998	6 115	5 491	4 854	7 637	8 408	9 288	9 764	8 274
1999	6 019	5 408	2 947	7 447	8 762	8 513	9 996	7 878
2001	6 055	5309	7 292	7 424	6 909	7 999	8 300	7 953
2002	5 623	5 210	2 570	5 466	8 030	8 251	7 319	7 710
2003	5 953	5 022	3 568	5 031	8 549	7 871	6 782	7 502
2004	5 447	4 694	2 092	5 842	6 571	7 496	7 467	7 302

表9-15　CS1线测黄河三角洲2 m等深线估值和预测值

年份	t	x	x_1	e	q	年份	t	x	x_1	e	q
1976	0	6 268				2004	28	5 447	5 523	−76	−1.40
1980	4	7 148	7 259	−111	−1.56	2005	29		5 461		
1985	9	6 764	6 858	−94	−1.38	2006	30		5 399		
1989	13	6 599	6 552	47	0.71	2007	31		5 338		
1990	14	5 668	6 478	−810	−14.29	2008	32		5 277		
1993	17	6 017	6 260	−243	−4.04	2009	33		5 217		
1996	20	6 146	6 050	96	1.56	2010	34		5 158		
1998	22	6 115	5 914	201	3.29	2011	35		5 100		
1999	23	6 019	5 847	172	2.86	2012	36		5 042		
2001	25	6 055	5 715	340	5.61	2013	37		4 985		
2002	26	5 623	5 650	−27	−0.49	2014	38		4 929		
2003	27	5 953	5 586	367	6.16						

表9-16　CS2线黄河三角洲2 m等深线估值和预测值

年份	t	x	x_1	e	q	年份	t	x	x_1	e	q
1976	0	7 266				2003	27	5 022	4 956	66	1.31
1980	4	6 217	6 430	−213	−3.43	2004	28	4 694	4 901	−207	−4.40
1985	9	5 915	6 077	−162	−2.73	2005	29		4 845		
1988	12	5 784	5 874	−90	−1.55	2006	30		4 791		
1989	13	5 705	5 808	−103	−1.80	2007	31		4 737		
1990	14	5 605	5 742	−137	−2.45	2008	32		4 684		
1993	17	5 445	5 550	−105	−1.94	2009	33		4 631		
1996	20	5 302	5 365	−63	−1.19	2010	34		4 579		
1998	22	5 491	5 245	246	4.48	2011	35		4 527		
1999	23	5 408	5 186	222	4.11	2012	36		4 476		
2001	25	5 309	5 070	239	4.50	2013	37		4 426		
2002	26	5 210	5 013	197	3.79	2014	38		4 376		

表9-17　CS3线黄河三角洲2 m等深线估值和预测值

年份	t	x	x_1	e	q	年份	t	x	x_1	e	q
1976	0	8 574				1994	18	5 758	4 538	1 220	21.18
1977	1	9 599	8 811	788	8.21	1996	20	4 586	4 197	389	8.47
1980	4	5 122	7 838	−2 716	−53.02	1998	22	4 854	3 882	972	20.02
1985	9	6 445	6 448	−3	−0.05	1999	23	2 947	3 734	−787	−26.70
1988	12	3 350	5 736	−2 386	−71.21	2001	25	7 292	3 453	3 839	52.64
1989	13	6 157	5 516	641	10.41	2002	26	2 570	3 321	−751	−29.23
1990	14	4 213	5 305	−1 092	−25.92	2003	27	3 568	3 194	374	10.48
1993	17	3 203	4 719	−1 516	−47.33	2004	28	2 092	3 072	−980	−46.84

表9-18　CS4线黄河三角洲2 m等深线估值和预测值

年份	t	x	x_1	e	q	年份	t	x	x_1	e	q
1976	0	13 441				2002	26	5 466	6 053	−587	−10.73
1977	1	13 841	12 091	1 750	12.64	2003	27	5 031	5 887	−856	−17.02
1980	4	12 366	11 128	1 238	10.01	2004	28	5 842	5 727	115	1.97
1985	9	10 203	9 690	513	5.03	2005	29		5 570		
1988	12	6 631	8 917	−2 286	−34.48	2006	30		5 418		
1989	13	7 706	8 674	−968	−12.56	2007	31		5 270		
1990	14	7 203	8 437	−1 234	−17.13	2008	32		5 127		
1993	17	7 574	7 765	−191	−2.52	2009	33		4 987		
1994	18	7 021	7 553	−532	−7.58	2010	34		4 850		
1996	20	7 630	7 146	484	6.34	2011	35		4 718		
1998	22	7 637	6 761	876	11.47	2012	36		4 589		
1999	23	7 447	6 577	870	11.69	2013	37		4 464		
2001	25	7 424	6 223	1 201	16.18	2014	38		4 342		

表9-19　CS5线黄河三角洲2 m等深线估值和预测值

年份	t	x	x_1	e	q	年份	t	x	x_1	e	q
1976	0	15 197				2002	26	8 030	7 666	364	4.53
1977	1	14 579	13 504	1 075	7.37	2003	27	8 549	7 494	1 055	12.34
1980	4	13 325	12 617	708	5.31	2004	28	6 571	7 327	-756	-11.50
1985	9	11 330	11 266	64	0.56	2005	29		7 163		
1988	12	9 855	10 526	-671	-6.81	2006	30		7 002		
1989	13	10 529	10 291	238	2.26	2007	31		6 845		
1990	14	9 084	10 060	-976	-10.75	2008	32		6 692		
1993	17	8 840	9 399	-559	-6.33	2009	33		6 542		
1994	18	8 984	9 189	-205	-2.28	2010	34		6 396		
1996	20	9 154	8 782	372	4.06	2011	35		6 252		
1998	22	8 408	8 393	15	0.18	2012	36		6 112		
1999	23	8 762	8 205	557	6.36	2013	37		5 976		
2001	25	6 909	7 842	-933	-13.50	2014	38		0		

表9-20　CS6线黄河三角洲2 m等深线 估值和预测值

年份	t	x	x_1	e	q	年份	t	x	x_1	e	q
1976	0	14 635				2002	26	8 251	7 895	356	4.32
1977	1	14 719	14 695	24	0.16	2003	27	7 871	7 701	170	2.16
1980	4	14 495	13 639	856	5.90	2004	28	7 496	7 512	-16	-0.21
1985	9	11 871	12 045	-174	-1.47	2005	29		7 327		
1988	12	11 690	11 180	510	4.36	2006	30		7 148		
1989	13	10 327	10 906	-579	-5.60	2007	31		6 972		
1990	14	9 131	10 638	-1507	-16.50	2008	32		6 801		
1993	17	8 568	9 874	-1306	-15.24	2009	33		6 634		
1994	18	8 783	9 631	-848	-9.66	2010	34		6 471		
1996	20	10 997	9 164	1833	16.67	2011	35		6 312		
1998	22	9 288	8 720	568	6.12	2012	36		6 157		
1999	23	8 513	8 506	7	0.08	2013	37		6 006		
2001	25	7 999	8 093	-94	-1.18	2014	38		5 859		

表9-21　CS7线黄河三角洲2 m等深线估值和预测值

年份	t	x	x_1	e	q	年份	t	x	x_1	e	q
1976	0	13 128				2002	26	7 319	7 904	−585	−7.99
1977	1	12 224	13 041	−817	−6.69	2003	27	6 782	7 747	−965	−14.23
1980	4	12 226	12 281	−55	−0.45	2004	28	7 467	7 594	−127	−1.70
1985	9	11 233	11 110	123	1.09	2005	29		7 443		
1988	12	9 152	10 462	−1310	−14.32	2006	30		7 295		
1989	13	9 637	10 255	−618	−6.41	2007	31		7 151		c
1990	14	9 245	10 052	−807	−8.72	2008	32		7 009		
1993	17	10 000	9 465	535	5.35	2009	33		6 870		
1994	18	9 113	9 278	−165	−1.81	2010	34		6 734		
1996	20	10 143	8 913	1 230	12.12	2011	35		6 600		
1998	22	9 764	8 563	1 201	12.30	2012	36		6 469		
1999	23	9 996	8 393	1 603	16.03	2013	37		6 341		
2001	25	8 300	8 064	236	2.84	2014	38		6 215		

表9-22　CS8线黄河三角洲2 m等深线估值和预测值

年份	t	x	x_1	e	q	年份	t	x	x_1	e	q
1976	0	12 466				2002	26	7 710	7 633	77	1.00
1977	1	12 243	10 896	1 347	11.01	2003	27	7 502	7 525	−23	−0.31
1980	4	11 546	10 440	1 106	9.58	2004	28	7 302	7 419	−117	−1.60
1985	9	9 906	9 723	183	1.85	2005	29		7 314		
1988	12	8 225	9 316	−1 091	−13.27	2006	30		7 210		
1989	13	8 382	9 185	−803	−9.58	2007	31		7 109		
1990	14	8 499	9 055	−556	−6.54	2008	32		7 008		
1993	17	8 392	8 676	−284	−3.39	2009	33		6 909		
1994	18	8 402	8 554	−152	−1.80	2010	34		6 811		
1996	20	8 617	8 314	303	3.52	2011	35		6 715		
1998	22	8 274	8 080	194	2.34	2012	36		6 620		
1999	23	7 878	7 966	−88	−1.12	2013	37		6 527		
2001	25	7 953	7 742	211	2.65	2014	38		6 434		

表9-23 模型预测精度划分

预测精度等级		P	C
Ⅰ	好	>0.95	<0.35
Ⅱ	合格	>0.8	<0.40
Ⅲ	勉强	>0.72	<0.45
Ⅳ	不合格	≤0.72	≥0.65

表9-24 CS1～CS8测线2 m等深线预测精度

测线	P	C	预测等级	
CS1	1	0.17	Ⅰ	好
CS2	1	0.45	Ⅱ	合格
CS3	0.67	0.80	Ⅳ	不合格
CS4	0.87	0.46	Ⅱ	合格
CS5	1	0.32	Ⅰ	好
CS6	0.93	0.36	Ⅰ	好
CS7	0.73	0.53	Ⅲ	勉强
CS8	0.8	0.44	Ⅱ	合格

表9-25 CS3线黄河三角洲2 m等深线估值和预测值

年份	t	x	x_1	e	q	年份	t	x	x_1	e	q
1976	0	8 574				2003	27	3 568	3 047	521	14.59
1977	1	9 599	7 682	1 917	19.97	2004	28	2 092	2 941	-849	-40.58
1980	4	5 122	6 905	-1 783	-34.81	2005	29		2 838		
1985	9	6 445	5 780	665	10.32	2006	30		2 739		
1988	12	3 350	5 195	-1 845	-55.08	2007	31		2 643		
1989	13	6 157	5 014	1 143	18.57	2008	32		2 551		
1990	14	4 213	4 838	-625	-14.85	2009	33		2 462		
1993	17	3 203	4 349	-1 146	-35.77	2010	34		2 376		
1994	18	5 758	4 197	1 561	27.11	2011	35		2 293		
1996	20	4 586	3 909	677	14.77	2012	36		2 213		
1998	22	4 854	3 640	1 214	25.00	2013	37		2 135		
1999	23	2 947	3 513	-566	-19.21	2014	38		2 061		
2002	26	2 570	3 158	-588	-22.87						

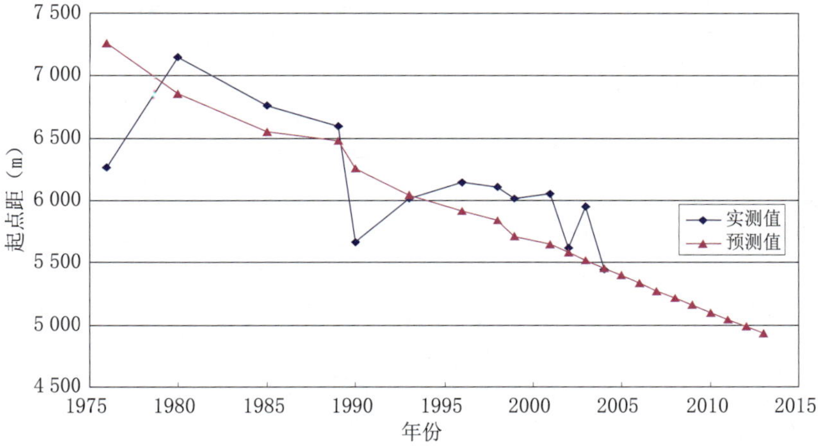

图9-70 CS1测线2 m等深线起点距预测曲线

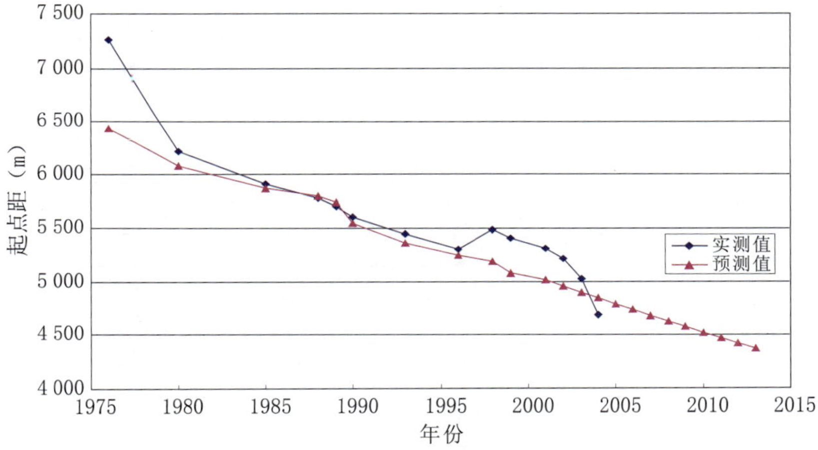

图9-71 CS2测线2 m等深线起点距预测曲线

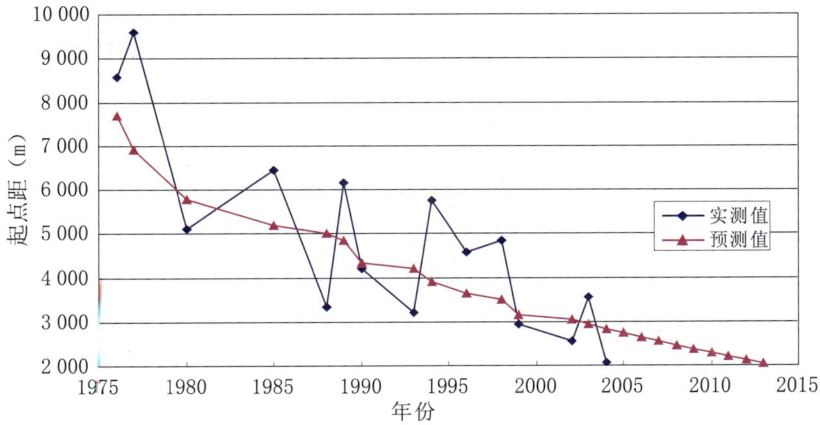

图9-72 CS3测线2 m等深线起点距预测曲线

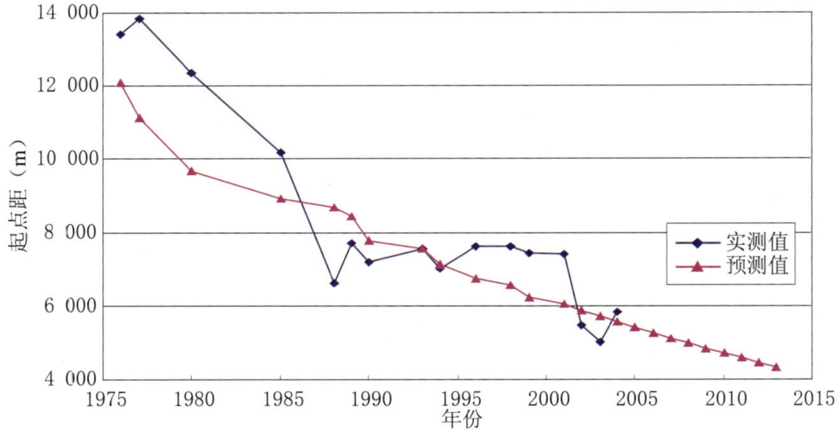

图9-73　CS4测线2 m等深线起点距预测曲线

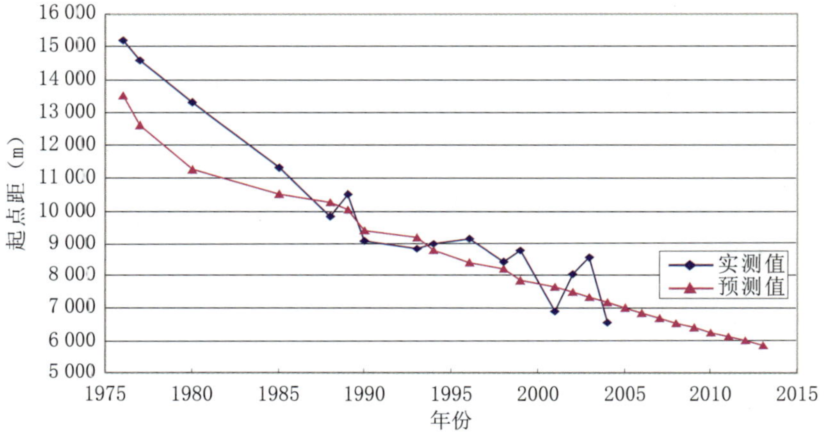

图9-74　CS5测线2 m等深线起点距预测曲线

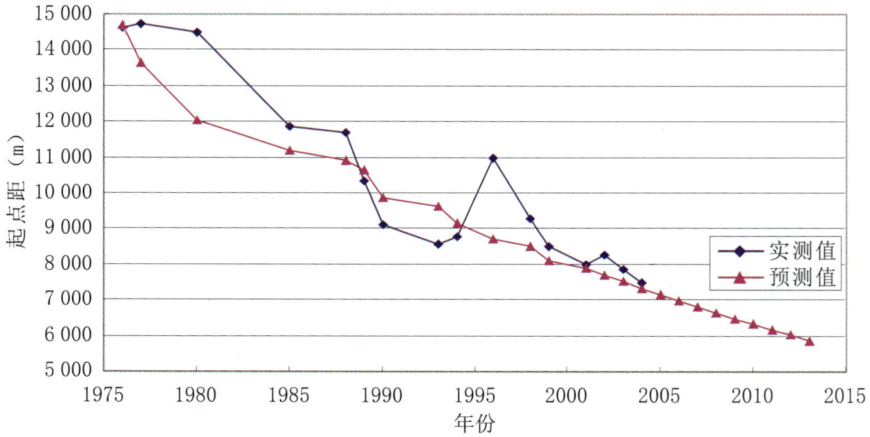

图9-75　CS6测线2 m等深线起点距预测曲线

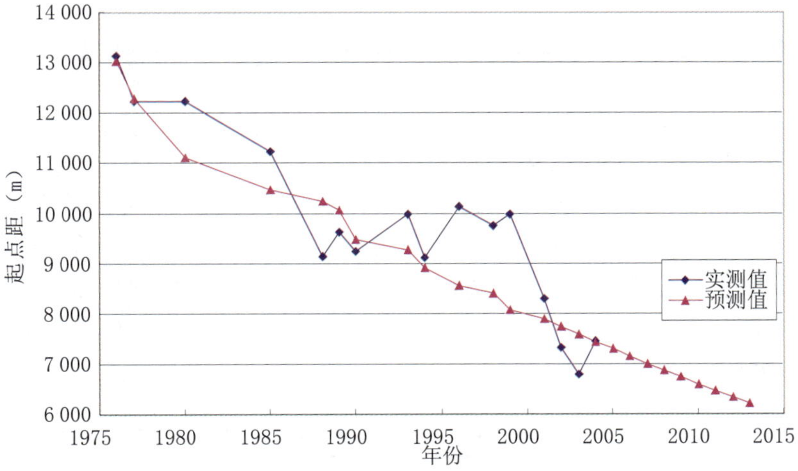

图9-76 CS7测线2 m等深线起点距预测曲线

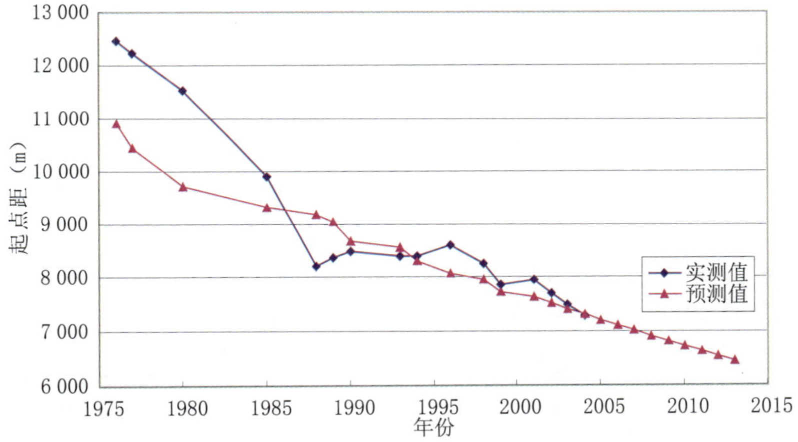

图9-77 CS8测线2 m等深线起点距预测曲线

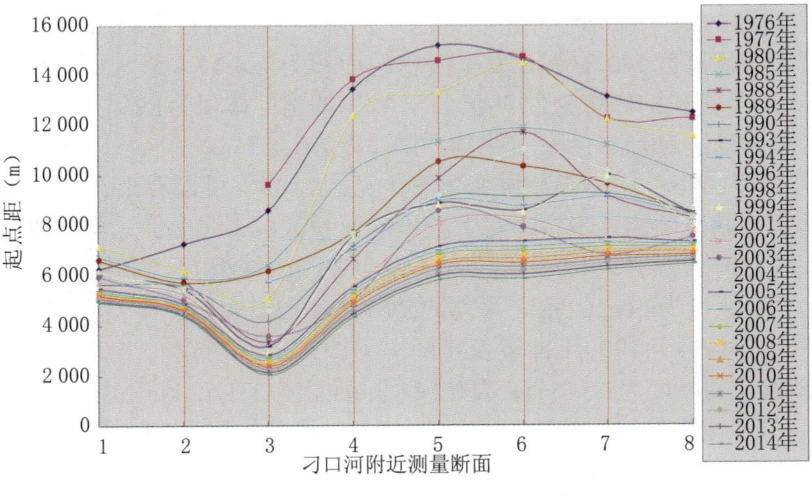

图9-78 1976～2014年CS1～CS8测线2 m等深线

9.7　刁口河流路海岸保持动态平衡所需沙量

我们利用CS1～CS8断面的测量数据，进行相邻年份冲淤计算，得出相邻年际间滩海高程差值数据文件，利用SURFER软件，绘制了相邻年际间滩海冲淤图，并进行了冲淤计算，算出相邻年份刁口河流路附近海域冲刷量，即为刁口河流路海岸保持动态平衡所需的沙量，根据不同年份年际间的冲淤情况都不相同，为了计算在现阶段保持动态平衡所需沙量，我们利用1994～2004年的这10年间的海域地形数据进行对比分析，在这10年中我们选用了1994年、1996年、1998年、1999年、2001年、2002年、2003年、2004年共8年的数据，经计算统计结果见表9-26。

表9-26　1994～2004年刁口河CS1～CS8断面海域冲淤统计结果

冲淤情况	年份						
	1994～1996	1996～1998	1998～1999	1999～2001	2001～2002	2002～2003	2003～2004
最大淤积厚度(m)	1.31	1.41	0.968	0.968	0.788	1.008	0.72
最大冲刷厚度(m)	0.83	1.55	1.546	1.474	1.077	1	1.32
淤积面积（km^2）	584.17	648.86	231.72	117.09	530.22	718.17	203.02
冲刷面积（km^2）	437.25	320.81	812.62	883.33	495.11	343.17	818.92
总面积（km^2）	1 021.42	969.67	1 044.34	1 000.42	1 025.33	1 061.34	1 021.94
淤积体积(亿m^3)	1.749	3.38	0.298	0.243	1.277	1.516	0.28
冲刷体积(亿m^3)	1.19	1.218	3.362	4.566	0.947	0.709	2.85
冲淤量(亿m^3)	0.559	2.162	−3.064	−4.323	0.33	0.807	−2.57
平均冲刷厚度(m)	0.055	0.223	−0.293	−0.432	0.032	0.076	−0.25
年冲淤量(亿m^3)	0.279 5	1.081	−3.064	−2.161 5	0.33	0.806	−2.57

从表9-26和1994～1996年冲淤变化图（见图9-79）可以看出，最大淤积厚度为1.31 m，最大冲刷厚度为0.83 m；发生淤积的面积为584.17 km^2，发生冲刷的面积为437.25 km^2；发生淤积的体积为1.749亿 m^3，发生冲刷的体积为1.19亿 m^3，冲淤总体表现为淤积，总冲淤量为0.559亿 m^3，平均冲淤厚度为0.055 m。

从表9-26和1996～1998年冲淤变化图（见图9-80）可以看出，最大淤积厚度为1.41 m，最大冲刷厚度为1.55 m；发生淤积的面积为648.86 km^2，发生冲刷的面积为320.81 km^2；发生淤积的体积为3.38亿 m^3，发生冲刷的体积为1.218亿 m^3，冲淤总体表现为淤积，总冲淤量为2.162亿 m^3，平均冲淤厚度为0.223 m。

从表9-26和1998～1999年冲淤变化图（见图9-81）可以看出，最大淤积厚度为0.968 m，最大冲刷厚度为1.546 m；发生淤积的面积为231.72 km^2，发生冲刷的面积为812.62 km^2；发生淤积的体积为0.298亿 m^3，发生冲刷的体积为3.362亿 m^3，冲淤总体表现为冲刷，总冲淤量为−3.064亿 m^3，平均冲淤厚度为−0.293 m。

从表9-26和1999～2001年冲淤变化图（见图9-82）可以看出，最大淤积厚度为

0.968 m，最大冲刷厚度为1.474 m；发生淤积的面积为117.09 km²，发生冲刷的面积为883.33 km²；发生淤积的体积为0.243亿 m³，发生冲刷的体积为4.566亿 m³，冲淤总体表现为冲刷，总冲淤量为–4.323亿 m³，平均冲淤厚度为–0.432 m。

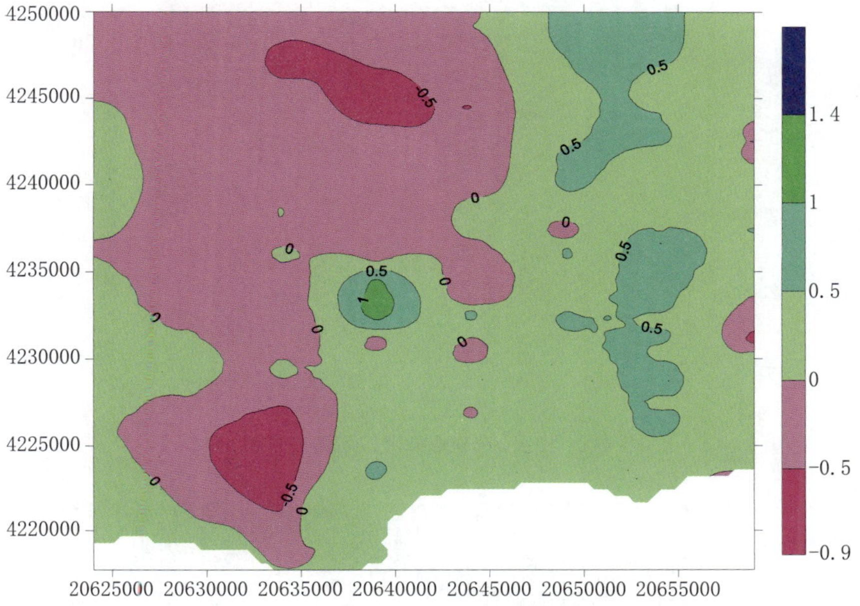

图9–79　1994～1996年刁口河海域冲淤分布

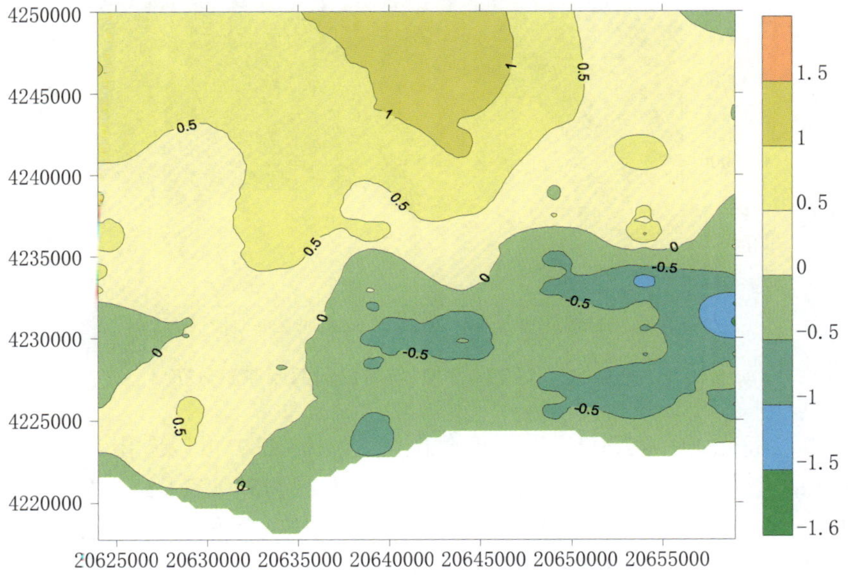

图9–80　1996～1998年刁口河海域冲淤分布

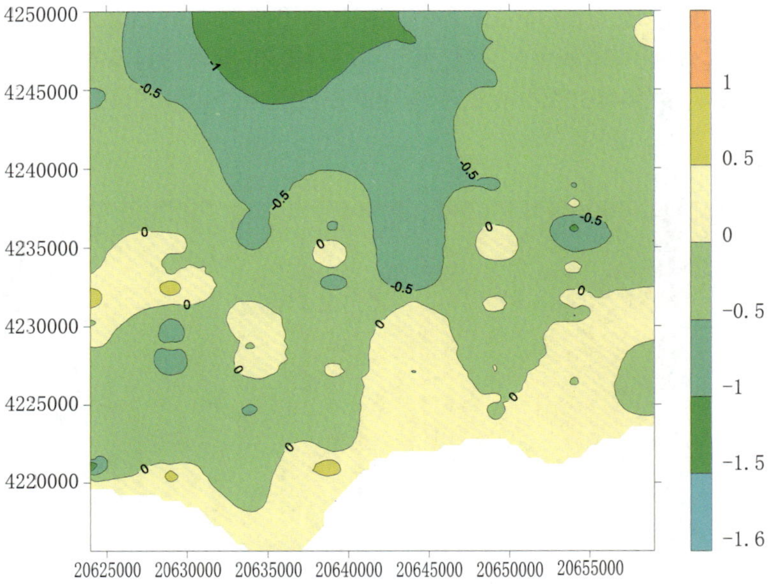

图9-81　1998～1999年刁口河海域冲淤分布

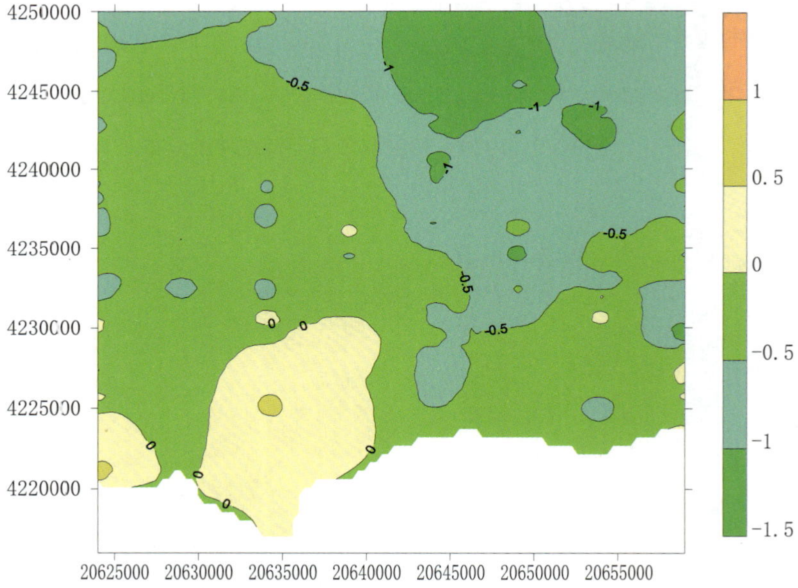

图9-82　1999～2001年刁口河海域冲淤分布

从表9-26和2001～2002年冲淤变化图（见图9-83）可以看出，最大淤积厚度为0.788 m，最大冲刷厚度为1.077 m；发生淤积的面积为530.22 km^2，发生冲刷的面积为495.11 km^2；发生淤积的体积为1.277亿 m^3，发生冲刷的体积为0.947亿 m^3，冲淤总体表现为淤积，总冲淤量为0.33亿 m^3，平均冲淤厚度为0.032 m。

从表9-26和2002～2003年冲淤变化图（见图9-84）可以看出，最大淤积厚度为1.008 m，最大冲刷厚度为1 m；发生淤积的面积为718.17 km^2，发生冲刷的面积为

343.17 km^2；发生淤积的体积为1.516亿 m^3，发生冲刷的体积为0.709亿 m^3，冲淤总体表现为淤积，总冲淤量为0.807亿 m^3，平均冲淤厚度为0.076 m。

从表9-26和2003～2004年冲淤变化图（见图9-85）可以看出，最大淤积厚度为0.72 m，最大冲刷厚度为1.32 m；发生淤积的面积为203.02 km^2，发生冲刷的面积为818.92 km^2；发生淤积的体积为0.28亿 m^3，发生冲刷的体积为2.85亿 m^3，冲淤总体表现为冲刷，总冲淤量为-2.57亿 m^3，平均冲淤厚度为-0.25 m。

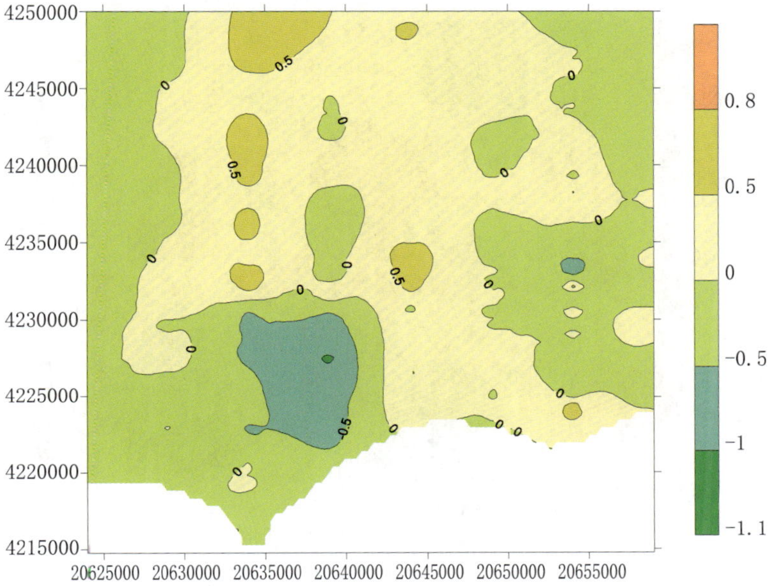

图9-83　2001～2002年刁口河海域冲淤分布

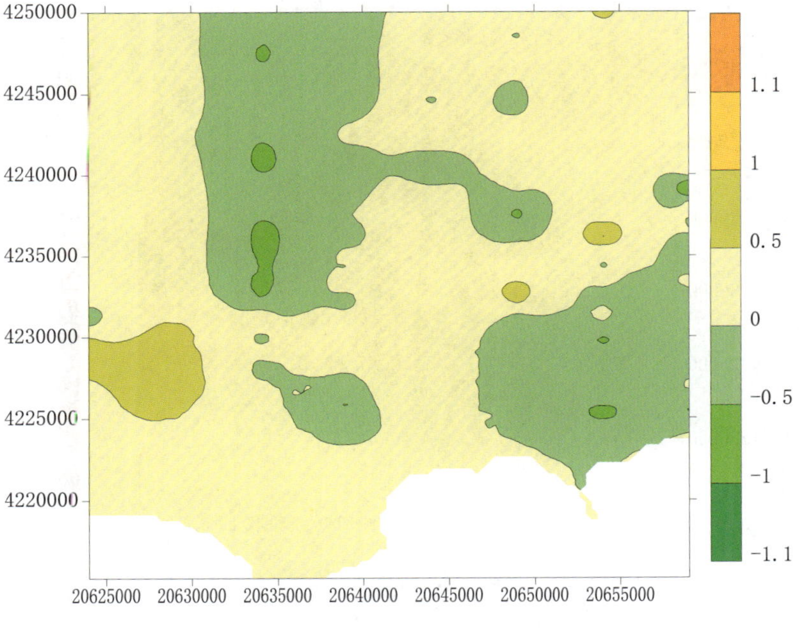

图9-84　2002～2003年刁口河海域冲淤分布

从表9-26中和上述各年际间的刁口河附近海域冲淤情况看，在进行比较的8个年际间，整体发生冲刷的有3个，发生淤积的有5个，但是1994～2004年总的表现为冲刷，1994～2004年共计冲刷了6.1亿 m^3，平均每年冲刷0.61亿 m^3。

按照1994～2004年刁口河流路海域冲淤对比分析结果（见图9-86），把1994～2004年冲淤的平均数作为现阶段该海域每年的冲淤量，即要保持刁口河附近海域的海岸线及浅海海域的动态平衡，每年需要补充0.61亿 m^3的泥沙。

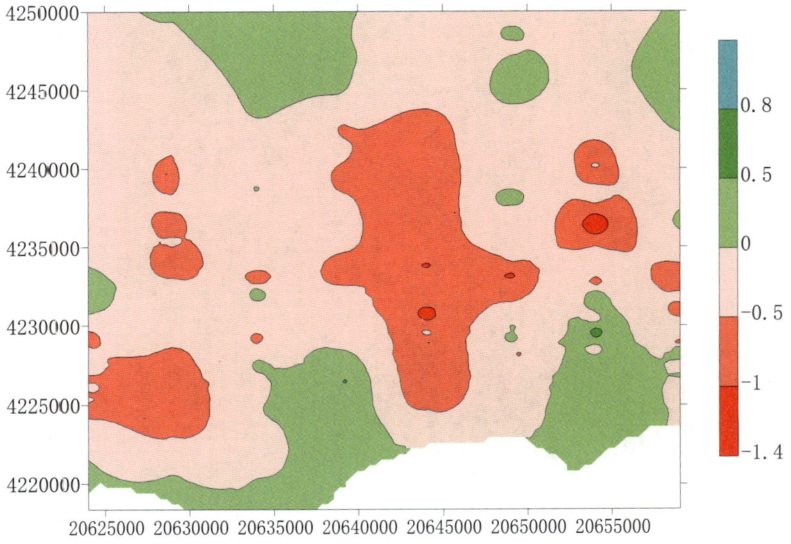

图9-85　2003～2004年刁口河海域冲淤分布

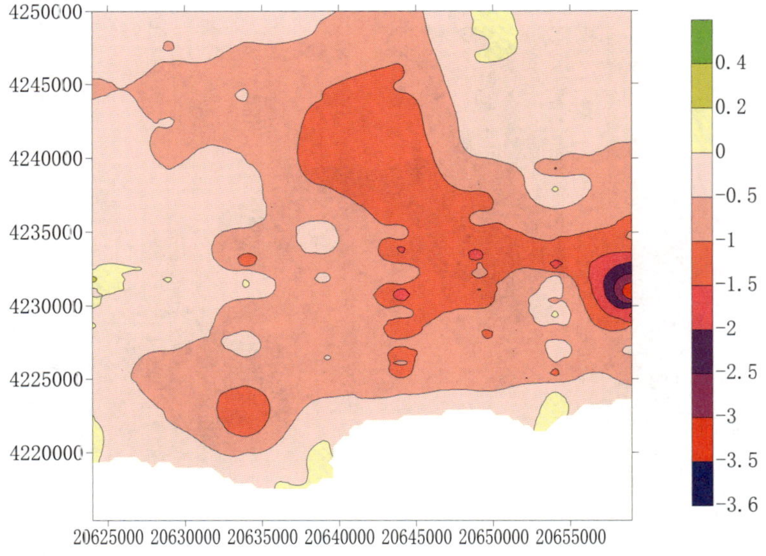

图9-86　1994～2004年刁口河海域冲淤分布

第10章 黄河口清水沟流路演变及海域冲淤变化

10.1 清水沟流路不同等深线演变

为了全面了解和掌握黄河三角洲清水沟流路时期海域水下地形历史的真实面貌，现应用1976～2004年（1983年、1984年无资料）水文部门每年的水下地形测量资料绘制水下地形图，并以1976～1986年、1986～1996年、1996～2004年分为三个阶段分别对每年的2 m、5 m、10 m、15 m、18 m（如果在测量范围内有的话）等深线进行套绘对比，分析每年等深线涉及的测量断面（CS14～CS27断面）上的淤蚀变化。

10.1.1 清水沟流路滨海区2 m等深线变化

10.1.1.1 1976～1986年

1976～1986年阶段的黄河三角洲海域清水沟流路2 m等深线情况及在测量各断面上的淤蚀情况见图10-1。

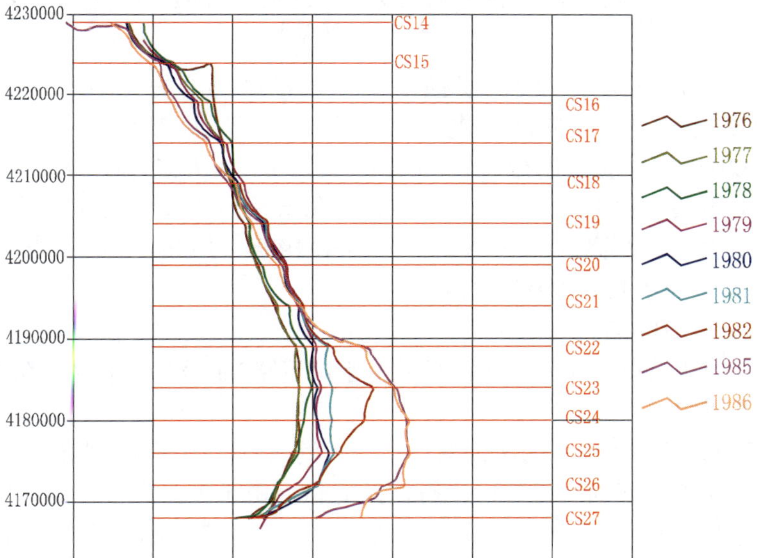

图10-1 黄河三角洲海域清水沟流路时期2 m等深线对比图（1976～1986年）

1976～1986年2 m等深线的淤蚀变化，入海口门前的几个测量断面随着海岸线不断向海中延伸而不断向前淤进。入海口门北侧的几个断面（CS14～CS17断面）由于泥沙向北扩散达不到该区域，2 m等深线有蚀有淤，总表现为蚀退。在进行比较的8个时段内，最大淤进距离发生在口门前为5个，最大蚀退距离发生在北侧（CS14～CS18）为5个。平均每年的各时段间比较，最大淤进距离为5.505 0 km，发生在1985～1986年时段；最大蚀退距离为2.693 9 km，发生在1977～1978年时段。

10.1.1.2 1986～1996年

1986～1996年阶段的黄河三角洲海域清水沟流路2 m等深线情况及在测量各断面上的淤蚀情况见图10-2。

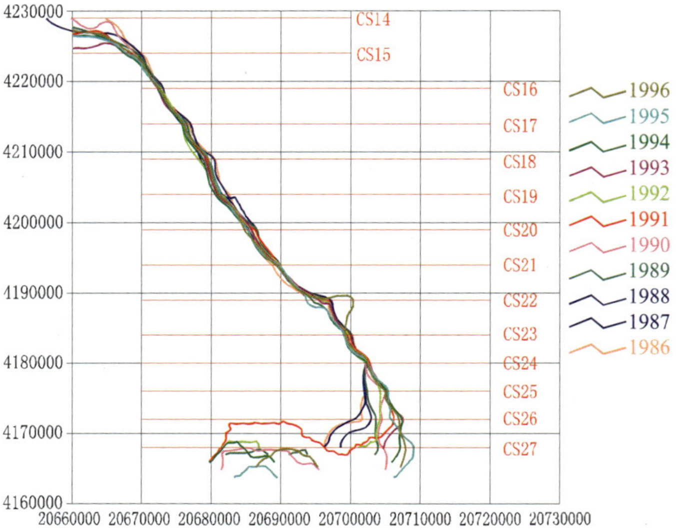

图10-2 黄河三角洲海域清水沟流路时期2 m等深线对比图（1986～1996年）

1986～1996年2 m等深线的淤蚀变化，入海口门前的几个测量断面随着海岸线不断向海中延伸而不断向前淤进，发生蚀退的区域一般都发生在北侧几个断面（CS15～CS20断面）。在进行比较的10个时段内，最大淤进距离发生在口门前为7个，最大蚀退距离位置不固定，来沙量少的年份甚至发生在口门前。平均每年的各时段间比较，最大淤进距离为6.658 5 km，发生在1995～1996年时段；最大蚀退距离为3.983 5 km，发生在1990～1991年时段。

10.1.1.3 1996～2004年

1996～2004年阶段的黄河三角洲海域清水沟流路2 m等深线情况及在测量各断面上的淤蚀情况见图10-3。

1996～2004年2 m等深线的淤蚀变化，行水的入海口门前及两侧的几个测量断面随黄河泥沙入海而不断向前淤进，而不行河的老口门由于失去泥沙补给而发生蚀退。其余区域有蚀有淤，但淤蚀量都不大，基本保持平衡。在进行比较的8个时段内，最大淤进距离发生在行水口门前为5个，最大蚀退距离发生在不行河的老口门前为5个。平均每年的各时段间比较，最大淤进距离为2.302 8 km，发生在1996～1997年时段；最大蚀退距离为3.858 0 km，发生在1997～1998年时段。

10.1.1.4 不同时期2 m等深线的淤蚀变化特点

1986年与1976年2 m等深线相比较，2 m等深线总情况为北部的横坐标4209852以北部分发生蚀退（淤蚀平衡点在CS17断面和CS18断面之间），其余部分全面发生淤进。淤进最大处在1986年口门前的CS26断面，淤进距离15.745 8 km；蚀退最大处在CS16断面，蚀退距离5.231 1 km。

1996年与1986年2 m等深线相比较，2 m等深线总情况为行水口门前（CS24～CS27

断面、CS22断面）发生大的淤进，其余区域有蚀有淤以蚀为主。淤进最大处在CS27断面，淤进距离11.717 2 km；蚀退最大处在CS19断面，蚀退距离1.502 9 km。

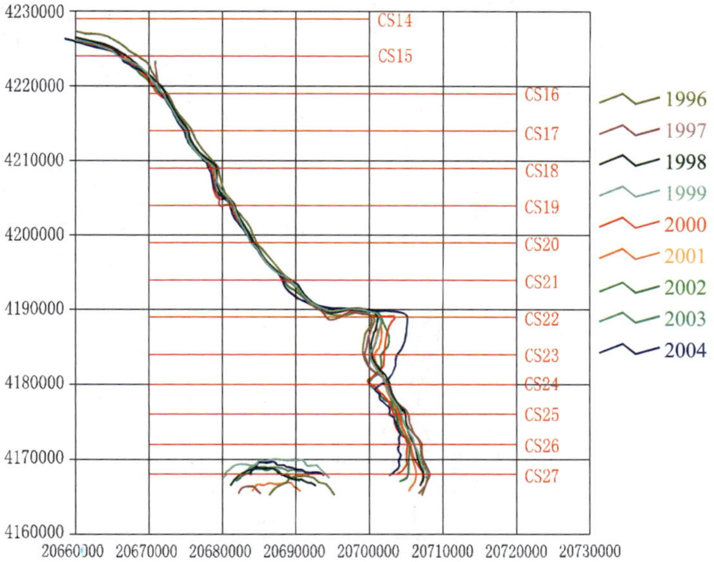

图10–3 黄河三角洲海域清水沟流路时期2 m等深线对比图
（1996～2004年）

2004年与1996年2 m等深线相比较，2 m等深线总情况为口门前（CS22～CS23断面）发生大的淤进，老口门前及两侧海域（CS24～SC27断面）发生大的蚀退，其余区域有蚀有淤，以蚀为主。淤进最大处在CS22断面，淤进距离4.879 6 km；蚀退最大处在CS27断面，蚀退距离4.954 4 km。

2004年与1976年2 m等深线相比较，2 m等深线总情况为口门前（CS22～CS27断面）发生大的淤进，北部区域发生蚀退（CS15～CS18断面）。淤进最大处在CS27断面，淤进距离20.780 1 km；蚀退最大处在CS16断面，蚀退距离6.069 8 km。

综观1976～2004年2 m等深线的淤蚀变化，行水的入海口门前随黄河泥沙入海而不断向前淤进，但黄河改道后原来行河而突出的沙嘴由于失去泥沙补给在海洋动力的作用下不断发生蚀退。清水沟流路入海口门北侧海域（CS14～CS17断面），由于黄河入海泥沙一次沉积一般达不到该区域，故从1976年开始不断发生蚀退，前期蚀退距离大，到后期速率减缓，直至冲淤基本保持平衡。

10.1.2 清水沟流路滨海区5 m等深线变化

10.1.2.1 1976～1986年

1976～1986年阶段的黄河三角洲海域清水沟流路5 m等深线情况及在测量各断面上的淤蚀情况见图10–4。

1976～1986年5 m等深线的淤蚀变化，入海口门前的几个测量断面（CS21～CS27断面）随着黄河泥沙不断入海沉积不断向海中延伸而不断向前淤进；入海口门北侧的几个断面（CS14～CS17断面）由于泥沙向北扩散达不到该区域，5 m等深线有蚀有淤，总表现为蚀退；其余测量断面（CS18～CS20断面）基本保持淤蚀平衡。在进行比较的8个时段内，最大淤进距离发生在口门前为6个，最大蚀退距离发生在北侧（CS14～CS18断面）为4个（1980～1981年、1981～1982年时段为全面淤进，没有发生蚀退的断面，所以比较蚀退的时段为6个）。平均每年的各时段间比较，最大淤进距离为7.713 4 km，发生在1982～1985年时段；最大蚀退距离为4.267 9 km，发生在1976～1977年时段。

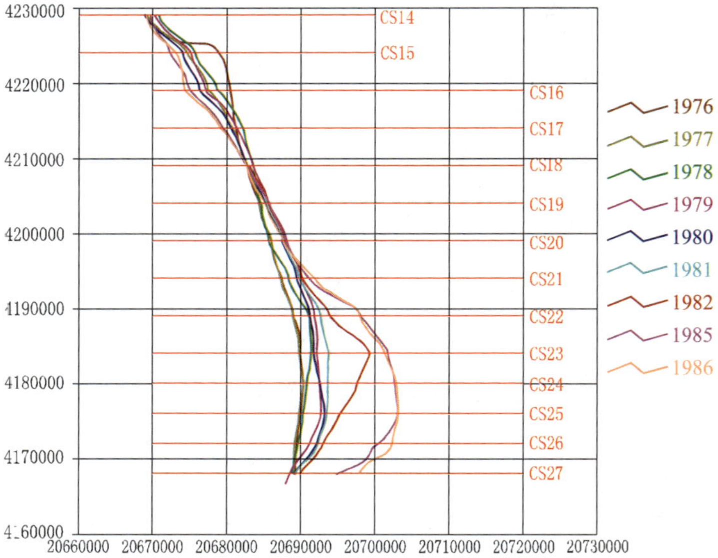

图10-4　黄河三角洲海域清水沟流路时期5 m等深线对比图（1976～1986年）

10.1.2.2　1986～1996年

1986～1996年阶段的黄河三角洲海域清水沟流路5 m等深线情况及在测量各断面上的淤蚀情况见图10-5。

1986～1996年5 m等深线的淤蚀变化，入海口门前的几个测量断面（CS22～CS27断面）随着海岸线不断向海中延伸而不断向前淤进，北侧几个断面（CS14～CS21断面）有蚀有淤，但淤蚀距离都不大，基本保持淤蚀平衡。在进行比较的10个时段内，最大淤进距离发生在口门前为8个，最大蚀退距离发生在北侧几个断面（CS14～CS20断面）为7个。平均每年的各时段间比较，最大淤进距离为4.824 7 km，发生在1987～1988年时段；最大蚀退距离为2.048 6 km，发生在1994～1995年时段。

10.1.2.3　1996～2004年

1996～2004年阶段的黄河三角洲海域清水沟流路5 m等深线情况及在测量各断面上的淤蚀情况见图10-6。

1996～2004年5 m等深线的淤蚀变化，行水的入海口门前及两侧的几个测量断面（CS22～CS24断面）随黄河泥沙入海而不断向前淤进，而不行河的老口门（CS25～CS27断面）由于失去泥沙补给而发生蚀退。其余区域有蚀有淤，以蚀为主，但淤蚀量都不大。在进行比较的8个时段内，最大淤进距离发生在行水口门前为5个，最大蚀退距离发生北侧的几个断面（CS14～CS15断面）为5个。平均每年的各时段间比较，最大淤进距离为1.758 3 km，发生在1997～1998年时段；最大蚀退距离为3.550 5 km，发生在1998～1999年时段。

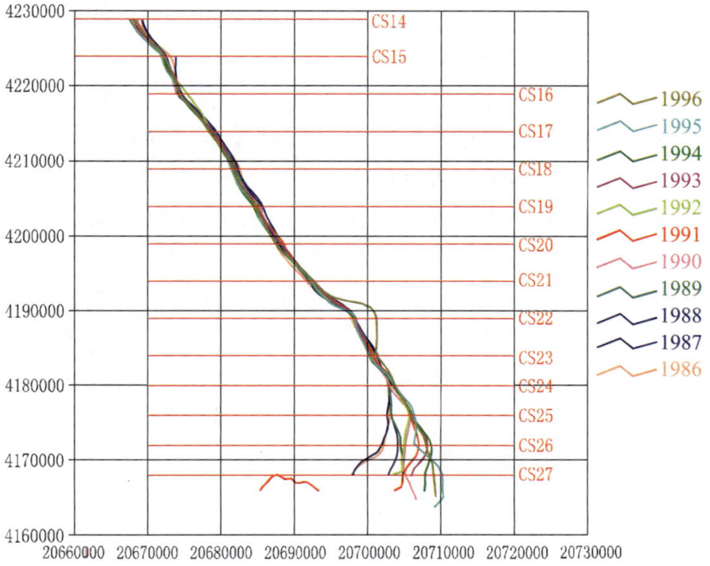

图10-5　黄河三角洲海域清水沟流路时期5 m等深线对比图
（1986～1996年）

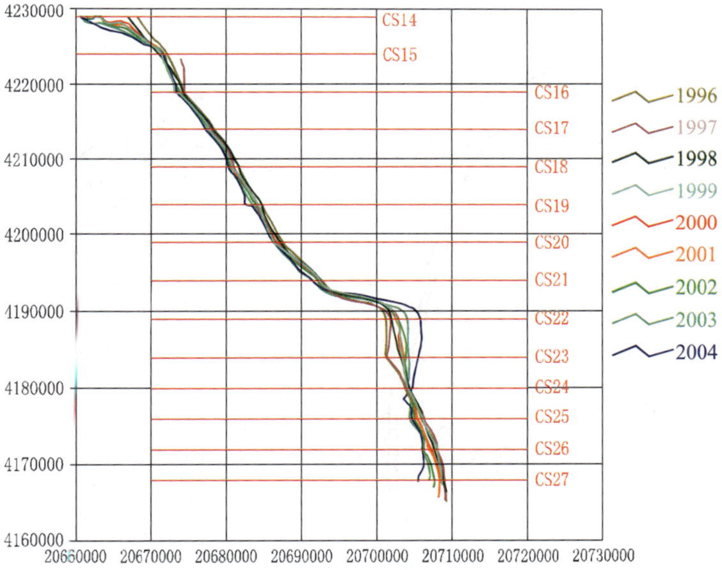

图10-6　黄河三角洲海域清水沟流路时期5 m等深线对比图
（1996～2004年）

10.1.2.4　不同时期5 m等深线的淤蚀变化特点

1986年与1976年5 m等深线相比较，5 m等深线总情况为北部的坐标4208602以北部分发生蚀退（淤蚀平衡点在CS18断面与CS19断面之间），其余部分全面发生淤进。淤进最大处在1986年口门前的CS25断面，淤进距离13.123 1 km；蚀退最大处在CS16断面，蚀退距离6.132 1 km。

1996年与1986年5 m等深线相比较，5 m等深线总情况为坐标4198695（淤蚀平衡点在CS20断面与CS21断面之间）以南区域的行水口门前（CS21～CS27断面）发生淤进，其余区域基本都是以蚀退为主。淤进最大处在CS27断面，淤进距离11.137 2 km；蚀退最大处在CS14断面，蚀退距离0.922 0 km。

2004年与1996年5 m等深线相比较，5 m等深线总情况为新口门前及沙嘴南侧海域（CS22～CS24断面）发生大的淤进外，其余区域都发生了蚀退。淤进最大处在CS22断面，淤进距离4.572 6 km；蚀退最大处在CS14断面，蚀退距离7.549 9 km。

2004年与1976年5 m等深线相比较，5 m等深线总情况为南侧海域（CS22～CS27断面）发生大的淤进，北侧海域（CS14～CS19断面）发生蚀退。淤进最大处在CS22断面，淤进距离16.795 6 km；蚀退最大处在CS14断面，蚀退距离8.236 3 km。

综观1976～2004年5 m等深线的淤蚀变化与2 m等深线的情况基本相同，都是行水的入海口门前随黄河泥沙入海而不断向前淤进。不行河的沙嘴及一次沉积泥沙达不到的区域由于没有泥沙补给不断发生蚀退，蚀退速率是前期蚀退距离大，到后期速率减缓，直至冲淤基本保持平衡。

10.1.3 清水沟流路滨海区10 m等深线变化

10.1.3.1 1976～1986年

1976～1986年阶段的黄河三角洲海域清水沟流路10 m等深线情况及在测量各断面上的淤蚀情况见图10-7。

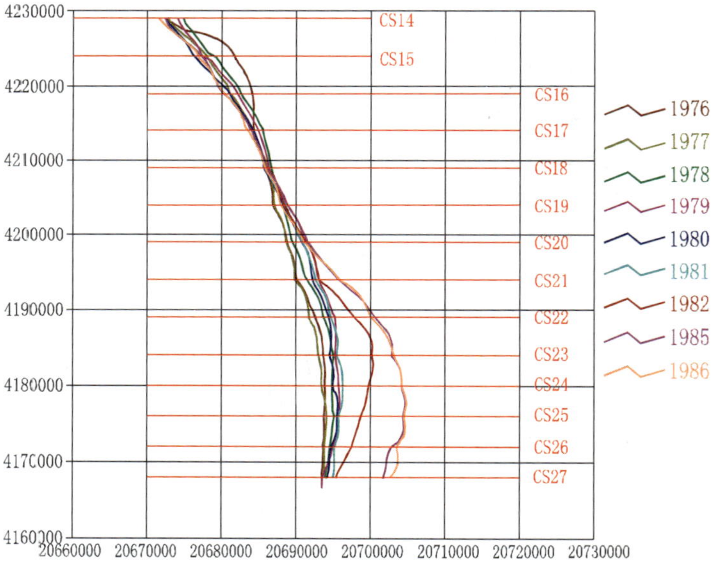

图10-7　黄河三角洲海域清水沟流路时期10 m等深线对比图（1976～1986年）

1976～1986年10 m等深线的淤蚀变化，入海口门前的几个测量断面（CS19～CS27断面）随着黄河泥沙不断入海沉积不断向海中延伸而不断向前淤进；入海口门北侧的几个断面（CS14～CS16断面）由于泥沙向北扩散达不到该区域，10 m等深线逐渐蚀退；其余测量断面（CS17～CS18断面）基本保持淤蚀平衡。在进行比较的8个时段内，最大淤进距离发生在口门前为5个，最大蚀退距离发生在北侧（CS14～CS19断面）为6个（1980～1981年为全面淤进，未有发生蚀退的断面，所以比较蚀退的时段为7个）。

平均每年的各时段间比较，最大淤进距离为6.346 4 km，发生在1982～1985年时段；最大蚀退距离为3.701 7 km，发生在1976～1977年时段。

10.1.3.2 1986～1996年

1986～1996年阶段的黄河三角洲海域清水沟流路10 m等深线情况及在测量各断面上的淤蚀情况见图10–8。

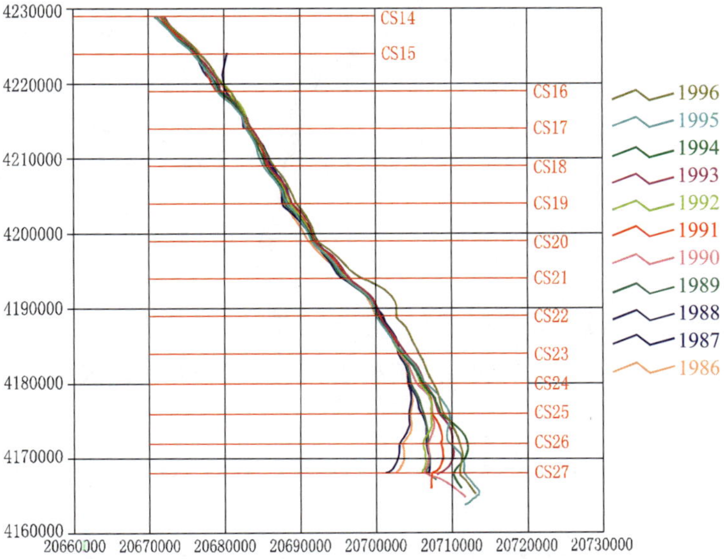

图10–8 黄河三角洲海域清水沟流路时期10 m等深线对比图（1986～1996年）

1986～1996年10 m等深线的淤蚀变化，入海口门前的几个测量断面（CS21～CS27断面）随着海岸线不断向海中延伸而不断向前淤进；其余断面有蚀有淤，但淤蚀距离都不大，其中北侧几个断面（CS14～CS16断面）有蚀有淤，以蚀为主，靠南的几个断面(CS17～CS20断面)有蚀有淤，以淤为主。在进行比较的10个时段内，最大淤进距离发生在口门前为8个，最大蚀退距离发生在北侧几个断面（CS14～CS17断面）为6个。平均每年的各时段间比较，最大淤进距离为5.702 0 km，发生在1987～1988年时段；最大蚀退距离为4.197 2 km，发生在1987～1988年时段。

10.1.3.3 1996～2004年

1996～2004年阶段的黄河三角洲海域清水沟流路10 m等深线情况及在测量各断面上的淤蚀情况见图10–9。

1996～2004年10 m等深线的淤蚀变化，行水的入海口门前及两侧的几个测量断面（CS21～CS24断面）随黄河泥沙入海而不断向前淤进，而不行河的老口门（CS25～CS27断面）由于失去泥沙补给而发生蚀退。其余区域有蚀有淤，以蚀为主，但淤蚀量都不大。平均每年的各时段间比较，最大淤进距离为3.232 4 km，发生在1996～1997年时段；最大蚀退距离为3.497 4 km，发生在1997～1998年时段。

10.1.3.4 不同时期10 m等深线的淤蚀变化特点

1986年与1976年10 m等深线相比较，10 m等深线总情况为北部的坐标4208328以北部分发生蚀退（淤蚀平衡点在CS18断面与CS19断面之间），其余部分全面发生淤进。

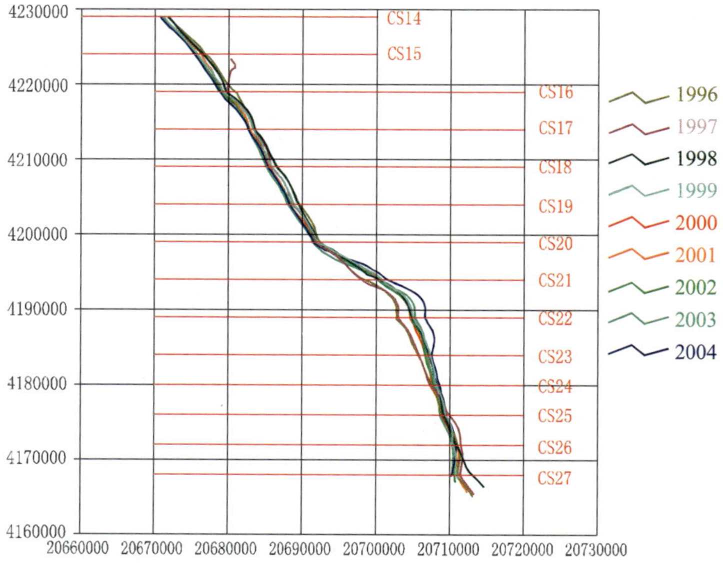

图10-9 黄河三角洲海域清水沟流路时期10 m等深线对比图（1996～2004年）

淤进最大处在1986年口门前的CS25断面，淤进距离10.713 9 km；蚀退最大处在CS15断面，蚀退距离4.828 7 km。

1996年与1986年10 m等深线相比较，10 m等深线总情况为坐标4212611（淤蚀平衡点在CS17断面与CS18断面之间）以南全面发生淤进，特别是行水口门附近海域淤进距离更大；横坐标4212611以北区域都是以蚀退为主。淤进最大处在CS27断面，淤进距离8.512 2 km；蚀退最大处在CS15断面，蚀退距离0.130 8 km。

2004年与1996年10 m等深线相比较，10 m等深线总情况为新口门前及沙嘴两侧海域（CS21～CS25断面）发生大的淤进外，其余区域都发生了蚀退。淤进最大处在CS22断面，淤进距离3.887 0 km；蚀退最大处在CS16断面，蚀退距离2.019 8 km。

2004年与1976年10 m等深线相比较，10 m等深线总情况为南侧海域（CS21～CS27断面）发生大的淤进，北侧海域（CS14～CS18断面）发生蚀退。淤进最大处在CS26断面，淤进距离17.151 9 km；蚀退最大处在CS15断面，蚀退距离6.412 0 km。

综观1976～2004年10 m等深线的淤蚀变化与5 m等深线的情况基本相同，都是行水的入海口门前随黄河泥沙入海而不断向前淤进。不行河的沙嘴及一次沉积泥沙达不到的区域由于没有泥沙补给不断发生蚀退，蚀退速率是前期蚀退距离大，到后期速率减缓，直至冲淤基本保持平衡。

10.1.4 清水沟流路滨海区15 m等深线变化

1976～2004年15 m等深线所对应的黄河三角洲滨海区固定测深断面是CS14～CS26，不同的对比时段由于测量范围及资料的问题所涉及的固定测深断面有所不同，具体每个对比时段涉及的固定测深断面范围见图10-10～图10-12。

10.1.4.1 1976～1986年

1976～1986年阶段的黄河三角洲海域清水沟流路15 m等深线情况及在测量各断面

上的淤蚀情况见图10–10。

1976～1986年15 m等深线的淤蚀变化，行水的入海口门前及两侧的几个测量断面（CS21～CS26断面）随黄河泥沙入海而不断向前淤进；北侧的几个断面（CS14～CS16断面）由于泥沙向北扩散达不到该区域，15 m等深线逐渐蚀退；其余测量断面（CS17～CS20断面）有蚀有淤，并逐渐表现为淤进。在进行比较的8个时段内，最大淤进距离为5.619 3 km，发生在1982～1985年时段；最大蚀退距离为3.466 8 km，发生在1976～1977年时段。

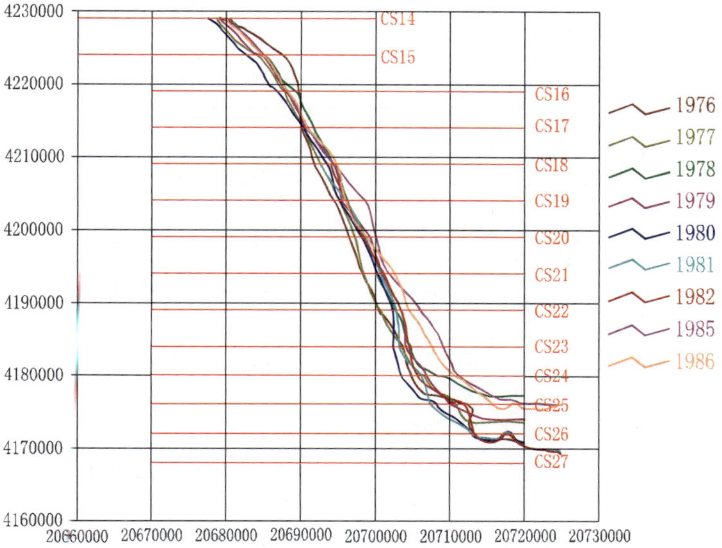

图10–10 黄河三角洲海域清水沟流路时期15 m等深线对比图（1976～1986年）

10.1.4.2 1986～1996年

1986～1996年阶段的黄河三角洲海域清水沟流路15 m等深线情况及在测量各断面上的淤蚀情况见图10–11。

1986～1996年15 m等深线的淤蚀变化，离岸最近的是1986年15 m等深线，离岸最远的是1993年15 m等深线，所涉及的各个断面变化基本一致，都是有蚀有淤，以淤进为主，只不过是行水的入海口门附近海域的断面淤进距离大，不行水的断面淤进距离小。在进行比较的10个时段内，最大淤进距离为8.883 3 km，发生在1995～1996年时段的1996年新口门前；最大蚀退距离为7.848 8 km，发生在1993～1994年时段的CS23断面。

10.1.4.3 1996～2004年

1996～2004年阶段的黄河三角洲海域清水沟流路15 m等深线情况及在测量各断面上的淤蚀情况见图10–12。

1996～2004年15 m等深线的淤蚀变化，北侧的CS14～CS19断面，除了1996～1998年的淤进后，开始发生蚀退，但蚀退距离逐年减小，离岸最远的是1998年15 m等深线。口门前和沙嘴北侧的几个断面（CS20～CS22断面）的淤蚀情况主要是随着黄河入海泥沙的多少而变化，在黄河入海泥沙多的年份向前淤进（如1996～1998年），在黄河入海泥沙少的年份向后蚀退（如1999～2000年），在1996～2004年时段内，有蚀有淤，总表现为淤进。在进行比较的8个时段内，最大淤进距离为6.105 3 km，发生在2003～2004年时段的口门前；最大蚀退距离为5.740 7 km，发生在1996～1997年时段的CS23断面。

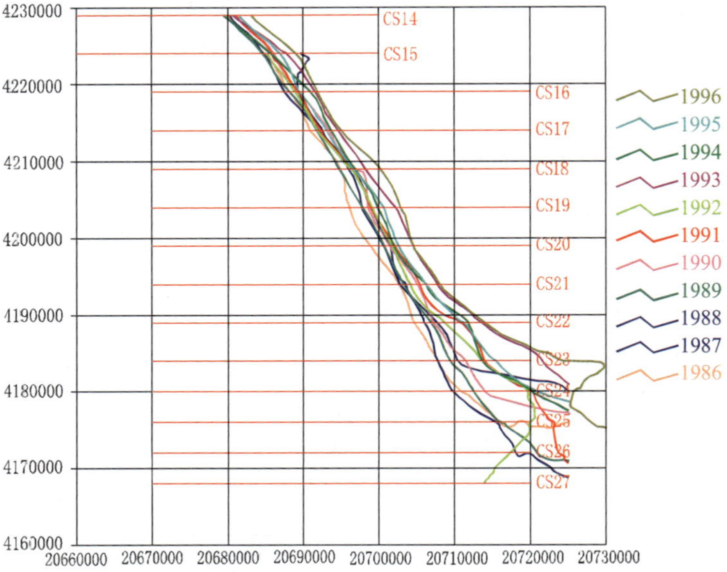

图10-11　黄河三角洲海域清水沟流路时期15 m等深线对比图（1986～1996年）

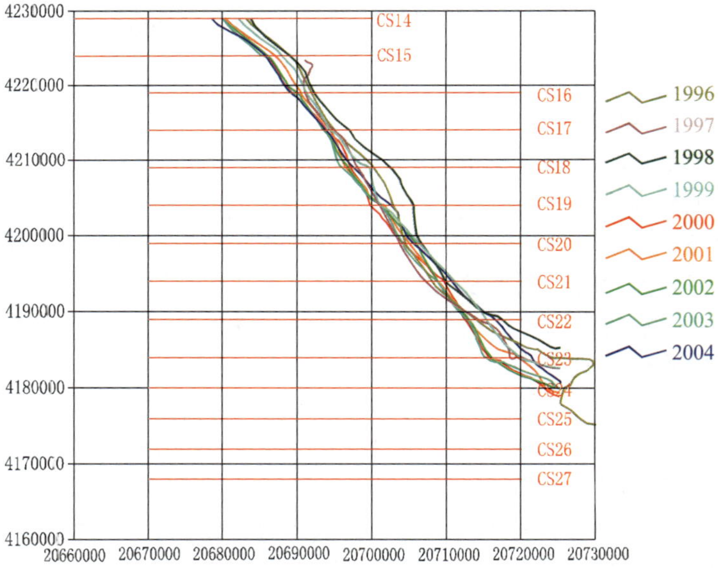

图10-12　黄河三角洲海域清水沟流路时期15 m等深线对比图（1996～2004年）

10.1.4.4　不同时期15 m等深线的淤蚀变化特点

1986年与1976年15 m等深线相比较，15 m等深线总情况为除了北部的CS15～CS16

断面发生蚀退外，其余部分全面发生淤进。淤进最大处在CS24断面，淤进距离5.894 1 km；蚀退最大处在CS15断面，蚀退距离2.743 3 km。

1996年与1986年15 m等深线相比较，15 m等深线总情况为所有断面全面发生淤进。淤进最大处在CS23断面，淤进距离16.545 1 km。

2004年与1996年15 m等深线相比较，15 m等深线总情况为除新口门前海域（CS20～CS22断面）发生淤进外，其余区域都发生了蚀退。淤进最大处在CS21断面，淤进距离2.680 1 km；蚀退最大处在CS14断面，蚀退距离4.583 6 km。

2004年与1976年15 m等深线相比较，15 m等深线总情况为CS17～CS23断面发生淤进，北侧海域（CS14～CS16断面）发生蚀退。淤进最大处在CS23断面，淤进距离17.681 9 km；蚀退最大处在CS15断面，蚀退距离1.829 6 km。

综观1976～2004年15 m等深线的淤蚀变化与浅水区的等深线的情况不一致，受黄河入海口门的地形变化比较小，所有15 m等深线都近似一条直线分布，虽然随着黄河入海口门位置的变化有冲有淤，但都不如浅水区等深线变化明显，变化量比较小。

10.1.5 清水沟流路滨海区18 m等深线变化特点

1976～2004年18 m等深线所对应的黄河三角洲滨海区固定测深断面是CS14～CS18，不同的对比时段由于测量范围及资料的问题所涉及的固定测深断面有所不同，具体每个对比时段（分为1976～1986年、1986～1996年、1996～2004年3个时段进行对比分析）涉及的固定测深断面范围见图10-13～图10-15。

从上面的1976～2004年的18 m等深线在测量范围内所对应的固定测深断面分布，可以看出只涉及CS14～CS18断面，都是在清水沟流路入海口门的北侧，离三角洲海岸线的距离一般都在30 km以上，离口门处距离更远。根据之前章节分析的黄河入海泥沙在海洋动力作用下的第一次输移沉积距离在口门前垂直岸线距离不会超过8 km，说明18 m等深线的变化与黄河入海泥沙的直接输移沉积无直接联系，不同年份所产生的淤蚀变化是由于整个渤海湾的潮流、环流等海洋动力作用使近岸沉积的泥沙再次起动漂移的结果。

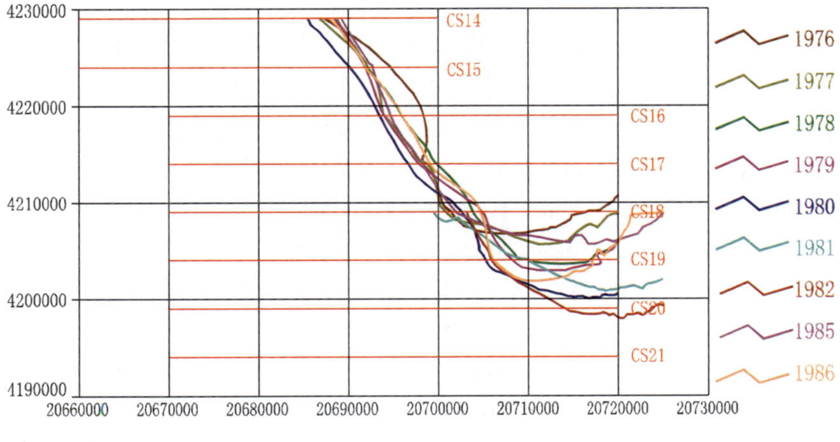

图10-13 黄河三角洲海域清水沟流路时期18 m等深线对比图（1976～1986年）

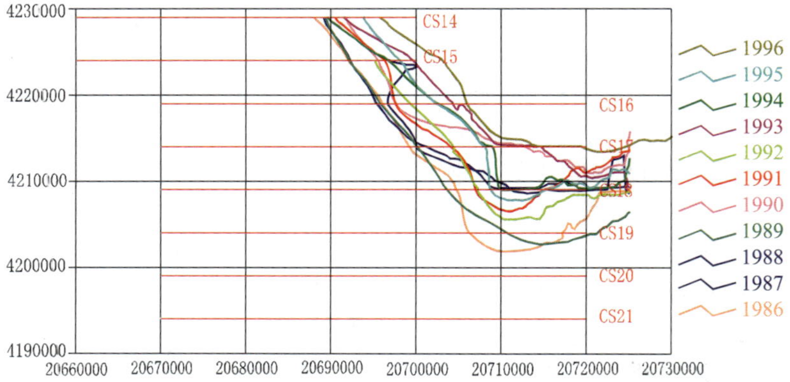

图10-14　黄河三角洲海域清水沟流路时期18 m等深线对比图（1986～1996年）

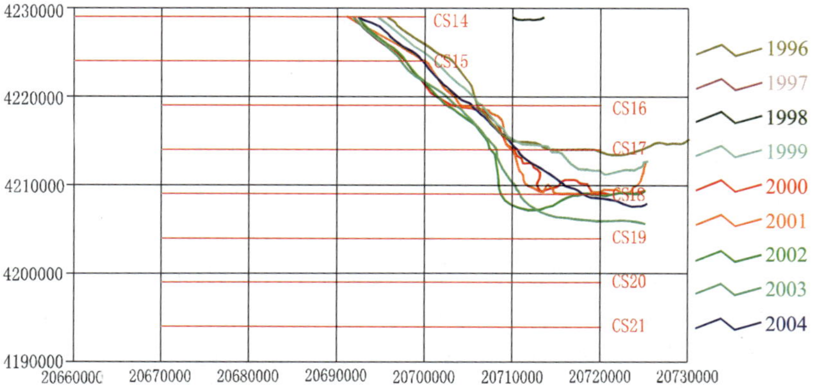

图10-15　黄河三角洲海域清水沟流路时期18 m等深线对比图（1996～2004年）

10.1.6　清水沟流路滨海区不同等深线变化特征

综上所述，黄河三角洲海域清水沟流路时期的等深线变化有下列特征：

（1）等深线的变化与黄河入海泥沙多少及黄河口门的位置有密切的关系：入海泥沙多，等深线就向海中淤进得多；反之，入海泥沙少，等深线就向海中淤进得少，甚至出现平衡或蚀退。口门等深线淤积距离最大，向口门两侧淤进距离逐渐减小。

（2）1976～2004年2 m、5 m、10 m等深线的淤蚀变化基本相同，都是行水的入海口门前随黄河泥沙入海而不断向前淤进，但黄河改道后原来行河而突出的沙嘴由于失去泥沙补给在海洋动力的作用下不断发生蚀退。清水沟流路入海口门北侧海域（CS14～CS17断面），由于黄河入海泥沙一次沉积一般达不到该区域，故从1976年开始不断发生蚀退，前期蚀退距离大，到后期速率减缓，直至冲淤基本保持平衡。

（3）在进行比较的2 m、5 m、10 m、15 m、18 m 这5条等深线中，2 m、5 m和10 m等深线的形状与海岸线的形状变化保持一致；15 m等深线的形状趋于一条直线，与海岸线形状变化关系不是很大；而18 m等深线的变化属于整个渤海湾大环境海域水深的变化，与黄河三角洲海岸线形状变化没有关系。

（4）在相同比较年份同一固定测深断面上的不同等深线对比中，随着等深线深度增加，淤蚀变化程度由剧烈逐渐平缓，特别是口门前的断面表现更加明显，说明黄河入海泥沙的沉积主要集中在浅水区，随着深度增加，影响程度逐渐变小，在某一深度保持冲淤平衡。

10.2 黄河三角洲水下地形冲淤分布

利用1976～2004年的黄河三角洲滨海区断面实测资料，进行相邻年份冲淤计算，得出相邻年际间滩海高程差值数据文件，利用SURFER软件，绘制了相邻年际间滩海冲淤图，并进行了冲淤计算，下面按照1976～1986年、1986～1996年、1996～2004年三个阶段分别进行冲淤分析。

10.2.1 1976～1986年冲淤分布情况

在1976～1986年间，由于1983年、1984年没有数据，所以在进行相邻年份冲淤计算的时候，用了1982年和1985年两年的黄河三角洲滨海区实测资料进行高程插值计算。各相邻年际间冲淤情况见表10-1和图10-16。

表10-1 黄河三角洲滩海冲淤成果

时段	1976～1977年	1977～1978年	1978～1979年	1979～1980年
淤积面积（km^2）	967.698	1 824	985.726	220.134
淤积量(亿m^3)	1.593	15.808	8.798	1.15
冲刷面积（km^2）	1 486.637	681.266	1 411.868	2 176.429
冲刷量（亿m^3）	4.437	1.023	4.762	10.623
冲淤量（亿m^3）	−2.844	14.785	4.036	−9.473
总面积（km^2）	2 454.335	2 505.266	2 397.594	2 396.563
平均冲淤厚度（m）	−0.116	0.590	0.168	−0.395
最大淤积厚度（m）	0.831	4.544	4.902	2.578
最大冲刷厚度（m）	−1.415	−0.809	−2.854	−2.977
时段	1980～1981年	1981～1982年	1982～1985年	1985～1986年
淤积面积（km^2）	1 211.419	788.197	1 450.028	925.164
淤积量(亿m^3)	7.303	11.758	26.995	3.148
冲刷面积（km^2）	207.448	711.787	69.362	1 532.024
冲刷量（亿m^3）	0.295	1.646	0.285	5.457
冲淤量（亿m^3）	7.008	10.112	26.71	−2.309
总面积（km^2）	1 418.867	1 499.984	1 519.39	2 457.188
平均冲淤厚度（m）	0.494	0.674	1.758	−0.094
最大淤积厚度（m）	5.076	10.003	12.695	5.483
最大冲刷厚度（m）	−0.889	−0.566	−1.235	−1.647

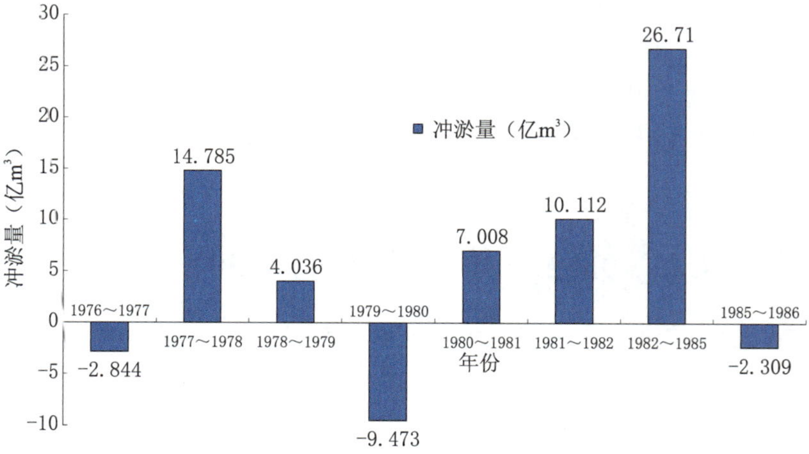

图10-16　1976～1986年黄河三角洲海域冲淤量对比图

从表10-1和图10-16中可以看出，从1976年至1986年这10年间，整个测量范围内的黄河三角洲海域冲淤情况发生冲刷的有3个，分别是1976～1977年、1979～1980年、1985～1986年，冲淤量分别为-2.844亿 m^3、-9.473亿 m^3、-2.309亿 m^3。由于1983年、1984年没有数据，我们把1982～1985年的淤积量26.71亿 m^3分摊到3年，即1982～1983年、1983～1984年、1984～1985年都表现为淤积，淤积量都为8.903亿 m^3。1976～1986年这10年间各相邻年际间对比，整体发生淤积的相邻年际最大淤积量为1977～1978年的14.785亿 m^3；整体发生冲刷的相邻年际最大冲刷量为1979～1980年的9.473亿 m^3。

从表10-1中可以看出，从1976～1986年各年际间冲淤对比，发生淤积的海域面积占整个计算面积的比例最大的为1982～1985年的95.435%，最小的为1979～1980年的9.185%；发生冲刷的海域面积占整个计算面积的比例最大的为1979～1980年的90.815%，最小的为1982～1985年的4.565%。

下面我们将分别就1976～1986年间各年际冲淤对比进行详细的分析。

10.2.1.1　1976～1977年冲淤分布情况

从1976～1977年冲淤变化图（见图10-17）可以看出，两次地形测量的范围对应的*Y*坐标最大为4229000、最小为4168000，冲淤海岸线边界为1976年0 m线。最大淤积厚度为0.831 m，位置在（20672089，4224070）；最大冲刷厚度为1.415 m，位置在（20680120，4220373）。冲淤总体表现为1976年的黄河入海口门前发生冲刷，口门两侧发生了淤积，在4220000断面的东营港海域发生了大面积的冲刷，整个测量海域发生冲刷的面积为967.698 km^2，发生淤积的面积为1 486.637 km^2，整体表现为冲刷，总冲淤量为-2.844亿 m^3，平均冲淤厚度为-0.116 m。

10.2.1.2　1977～1978年冲淤分布情况

从1977～1978年冲淤变化图（见图10-18）可以看出，两次地形测量的范围对应的*Y*坐标最大为4229000、最小为4168000，冲淤海岸线边界为1977年0 m线。最大淤积厚度为4.544 m，位置在（20690221，4188949）；最大冲刷厚度为0.809 m，位置在（20685892，4198808）。冲淤总体表现发生大面积的淤积，特别是1977年的黄河入海口门前和4220000断面的东营港附近海域的淤积厚度都超过3 m，最大淤积点出现在1977

年的黄河入海口门前。整个测量海域发生冲刷的面积为681.266 km²，发生淤积的面积为1 524.601 km²，整体表现为淤积，总冲淤量为14.785亿 m³，平均冲淤厚度为0.590 m。

10.2.1.3 1978～1979年冲淤分布情况

从1978～1979年冲淤变化图（见图10-19）可以看出，两次地形测量的范围对应的*Y*坐标最大为4229000、最小为4168000，冲淤海岸线边界为1978年0 m线。最大淤积厚度为4.902 m，位置在口门前，坐标为（20691527，4176010）；最大冲刷厚度为2.854 m，位置在（20677290，4218525）。冲淤总体表现为1978年的黄河入海口门前和口门南北两侧各15 km范围近海海域都发生了淤积，发生冲刷厚度≥1 m的范围只有75.096 km²，只占整个测量海域面积的3.132%。整个测量海域发生冲刷的面积为1 411.870 km²，发生淤积的面积为985.727 km²，整体表现为淤积，总冲淤量为4.036亿 m³，平均冲淤厚度为0.168 m。

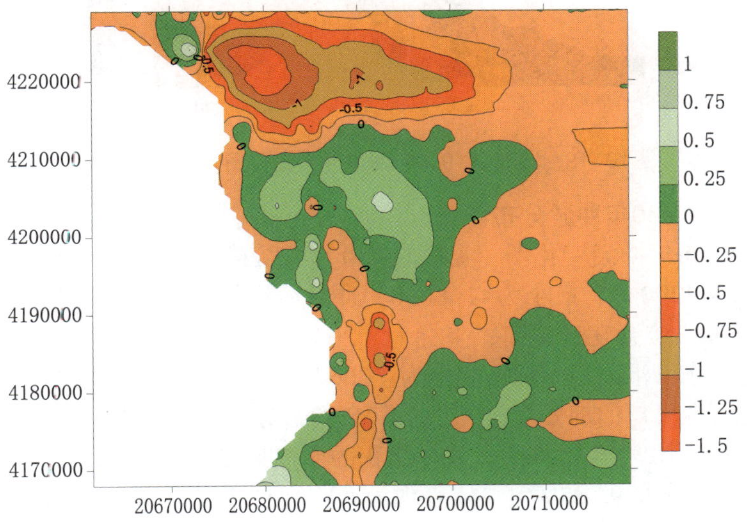

图10-17 1976～1977年海域冲淤变化图（单位：m）

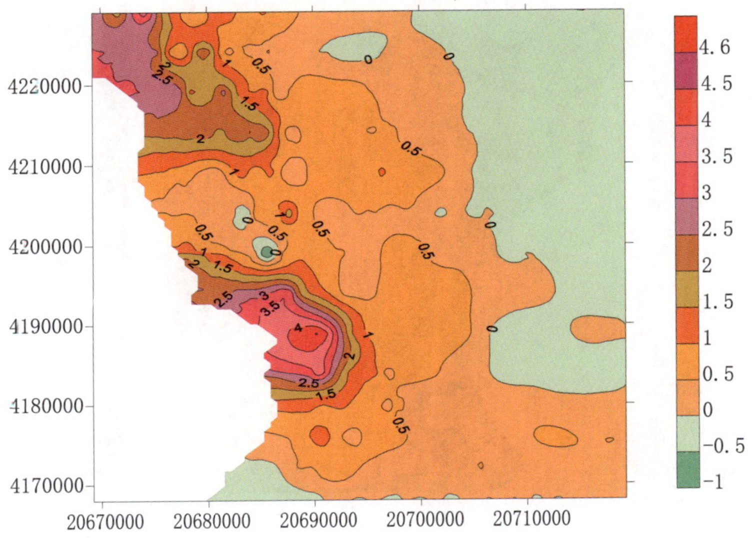

图10-18 1977～1978年海域冲淤变化图（单位：m）

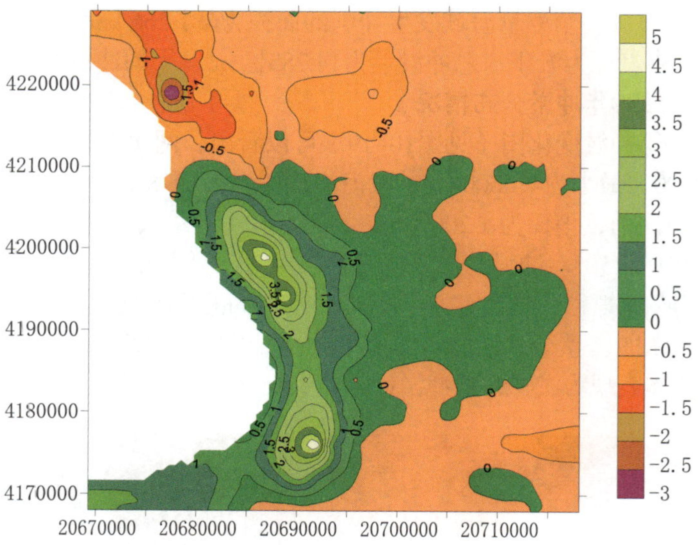

图10-19　1978～1979年海域冲淤变化图（单位：m）

10.2.1.4　1979～1980年冲淤分布情况

从1979～1980年冲淤变化图（见图10-20）可以看出，两次地形测量的范围对应的Y坐标最大为4229000、最小为4168000，冲淤海岸线边界为1979年0 m线。最大淤积厚度为2.578 m，位置在口门前，坐标为（20689952，4172929）；最大冲刷厚度为2.977 m，位置在东营港附近海域，坐标为（20675116，4224070）。冲淤总体表现为除了1979年的黄河入海口门前发生淤积外，其余大部分海域都发生了冲刷。整个测量海域发生冲刷的面积为2 176.429 km^2，发生淤积的面积为220.134 km^2，发生淤积的面积只占整个测量海域面积的9.185%。整体表现为冲刷，总冲淤量为-9.473亿m^3，平均冲淤厚度为-0.395 m。

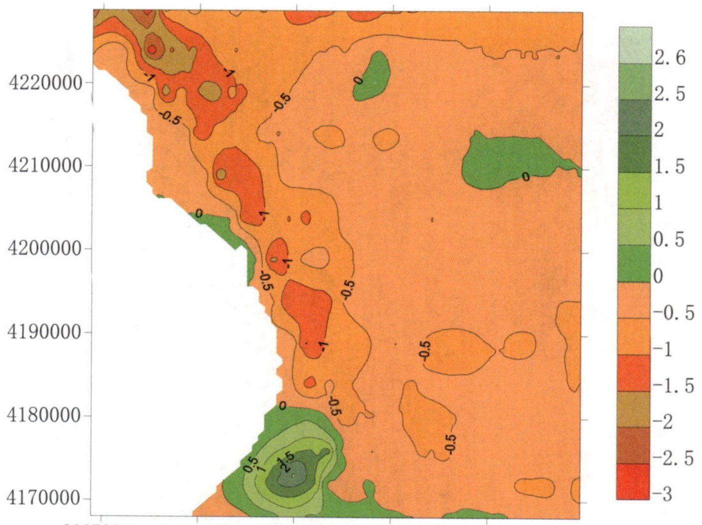

图10-20　1979～1980年海域冲淤变化图（单位：m）

10.2.1.5 1980～1981年冲淤分布情况

从1980～1981年冲淤变化图（见图10-21）可以看出，两次地形测量的范围对应的Y坐标最大为4209000、最小为4168000，冲淤海岸线边界为1980年0 m线。最大淤积厚度为5.076 m，位置在1980年口门北侧、1981年口门处，坐标为（20691435，4188707）；最大冲刷厚度为0.889 m，位置在测量海域的最上端，坐标为（20700540，4209000）。冲淤总体表现为除深海发生冲刷外，其余大部分海域都发生了淤积。在1981年口门附近淤积量较大外，其余发生淤积的海域淤积厚度大多小于0.5 m。整个测量海域发生淤积的面积为1 211.419 km^2，发生冲刷的面积为207.448 km^2，发生冲刷的面积占整个测量海域面积的14.621%。整体表现为淤积，总冲淤量为7.008亿m^3，平均冲淤厚度为0.494 m。

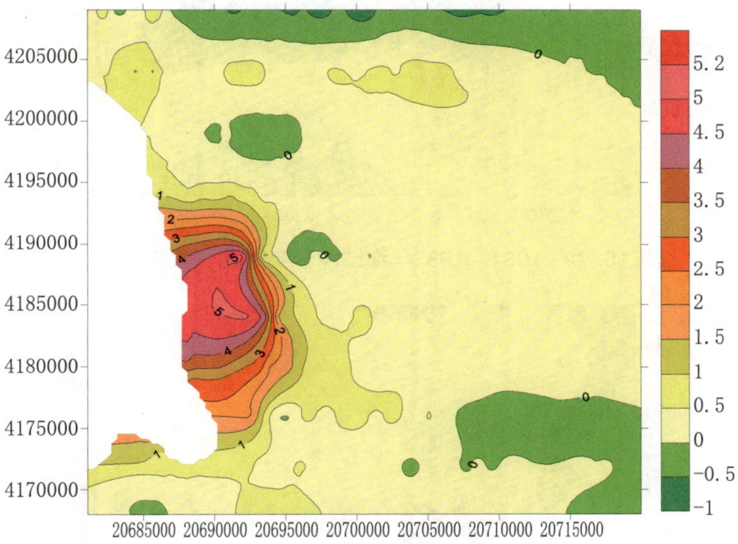

图10-21 1980～1981年海域冲淤变化图（单位：m）

10.2.1.6 1981～1982年冲淤分布情况

从1981～1982年冲淤变化图（见图10-22）可以看出，两次地形测量的范围对应的Y坐标最大为4209000、最小为4168000，冲淤海岸线边界为1981年0 m线。最大淤积厚度为10.003 m，位置在1981年口门前，坐标为（20697798，4184061）；最大冲刷厚度为0.566 m，坐标为（20706239，4203927）。冲淤总体表现为口门前15 km范围内都发生了淤积，口门两侧的深海海域发生了少量冲刷。整个测量海域发生冲刷的面积为711.787 km^2，发生淤积的面积为788.197 km^2，发生淤积的面积只比冲刷的面积多约77 km^2。整体表现为淤积，总冲淤量为10.112亿 m^3，平均冲淤厚度为0.674 m。

10.2.1.7 1982～1985年冲淤分布情况

从1982～1985年冲淤变化图（见图10-23）可以看出，两次地形测量的范围对应的Y坐标最大为4209000、最小为4168000，冲淤海岸线边界为1982年0 m线。最大淤积厚度为12.695 m，位置在1982年口门前海域、1985年口门处，坐标为（20700291，4176631）；最大冲刷厚度为1.235 m，坐标为（20682183，4209000）。冲淤总体表现为除东营港以北海域出现少量冲刷外，测量海域都出现大量淤积。整个测量海域发生冲刷的面积为69.362 km^2，发生淤积的面积为1 450.276 km^2，发生冲刷的面积为淤积的面积的4.78%。整体表现为淤积，总冲淤量为26.71亿 m^3，平均冲淤厚度为1.758 m。

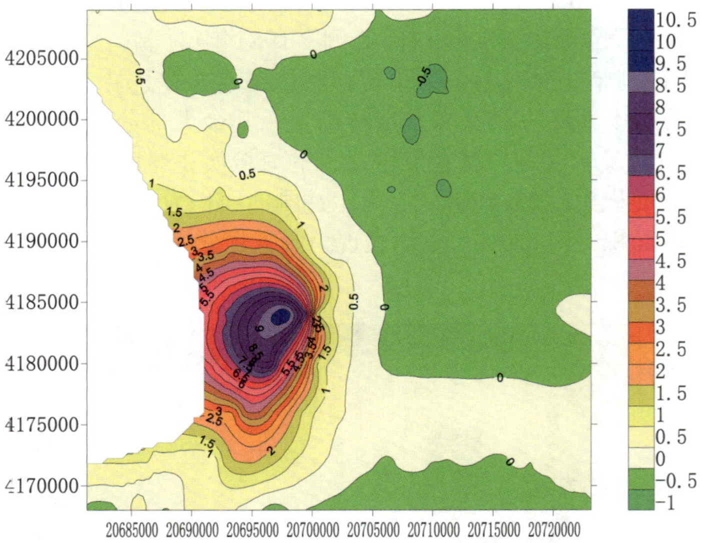

图10-22　1981～1982年海域冲淤变化图（单位：m）

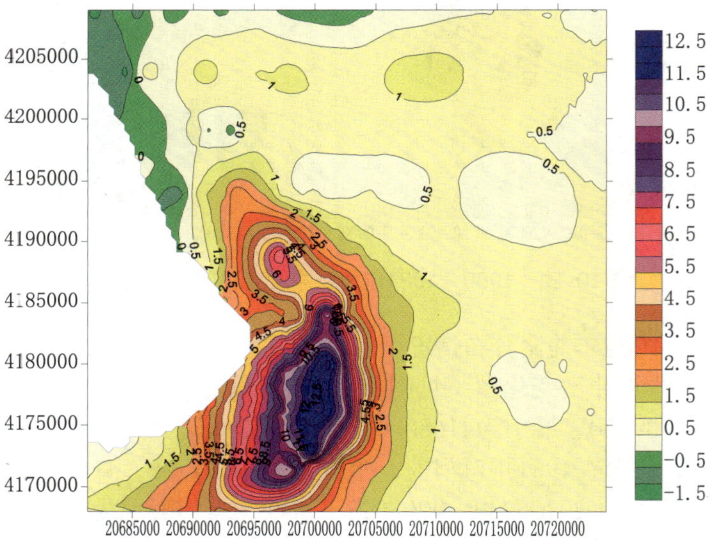

图10-23　1982～1985年海域冲淤变化图（单位：m）

10.2.1.8　1985～1986年冲淤分布情况

从1985～1986年冲淤变化图（见图10-24）可以看出，两次地形测量的范围对应的*Y*坐标最大为4229000、最小为4168000，冲淤海岸线边界为1985年0 m线。最大淤积厚度为5.483 m，位置在1985年口门前海域，坐标为（20701585，4171773）；最大冲刷厚度为1.647 m，位置在沙嘴北侧，坐标为（20700956，4184350）。冲淤总体表现为1985年口门前侧和南侧海域发生淤积，大的淤积主要集中在口门前侧海域；其余海域除部分发生不到1 m的淤积外，大部分海域都发生冲刷。整个测量海域发生冲刷的面积为1 532.024 km^2，发生淤积的面积为925.164 km^2。整体表现为冲刷，总冲淤量为-2.309亿m^3，平均冲淤厚度为-0.094 m。

10.2.1.9 1976～1986年冲淤分布情况小结

从1976～1986年冲淤变化图（见图10-25）可以看出，两次地形测量的范围对应的*Y*坐标最大为4229000、最小为4168000，冲淤海岸线边界为1976年0 m线。最大淤积厚度为13.198 m，位置在1976年口门前海域、1986年口门处，坐标为（20700155，4179707）；最大冲刷厚度为8.042 m，位置在东营海港附近海域，坐标为（20677311，4223454）。冲淤总体表现为清水沟流路行水的口门前海域发生大量淤积，发生淤积厚度在1 m以上的基本上在长轴30 km、短轴15 km的椭圆形范围内。冲刷主要发生在东营港附近海域，冲刷厚度在1 m以上主要在半径10 km的圆形范围内。整体表现为淤积，总冲淤量为32.609亿m^3，平均冲淤厚度为1.296 m。1976～1986年不同冲淤厚度面积体积比较见图10-26、图10-27。

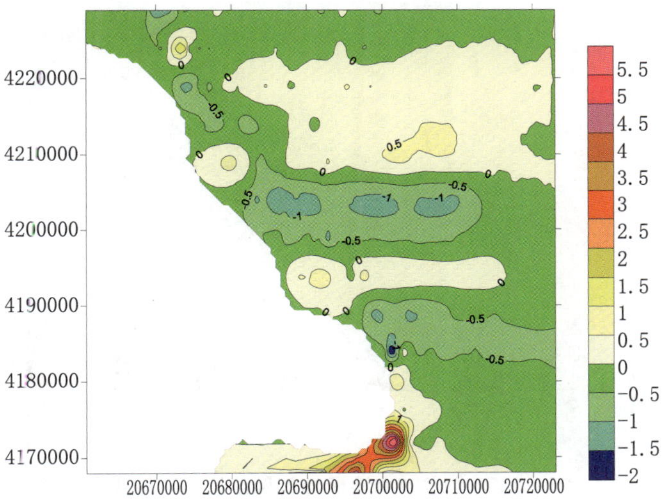

图10-24 1985～1986年海域冲淤变化图（单位：m）

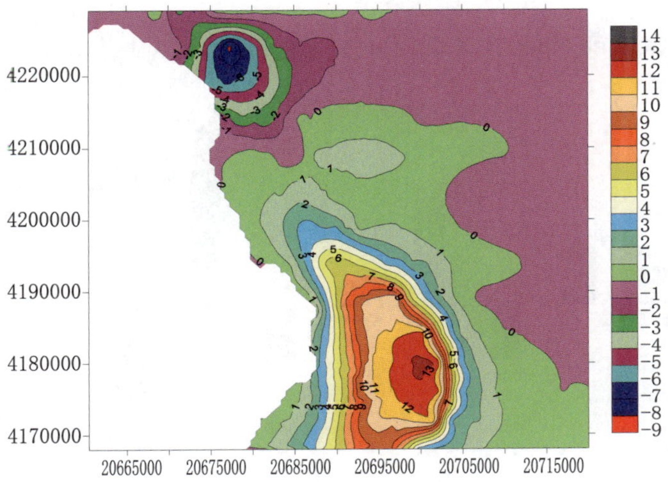

图10-25 1976～1986年海域冲淤变化图（单位：m）

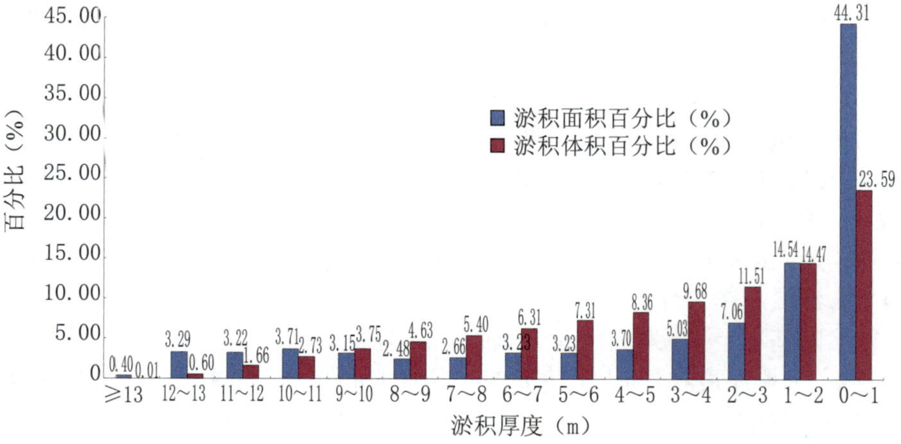

图10-26　1976～1986年不同淤积厚度面积、体积比较图

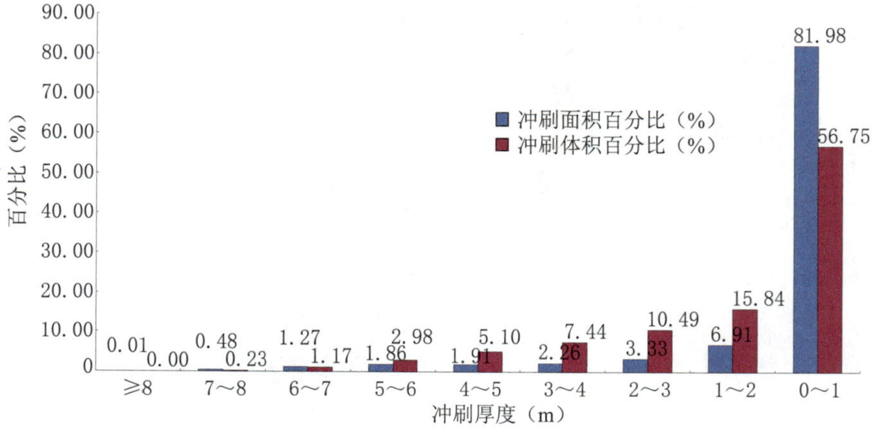

图10-27　1976～1986年不同冲刷厚度面积、体积比较图

10.2.2　1986～1996年冲淤分布情况

在1986～1996年间，各相邻年际间冲淤情况见图10-28和表10-2。

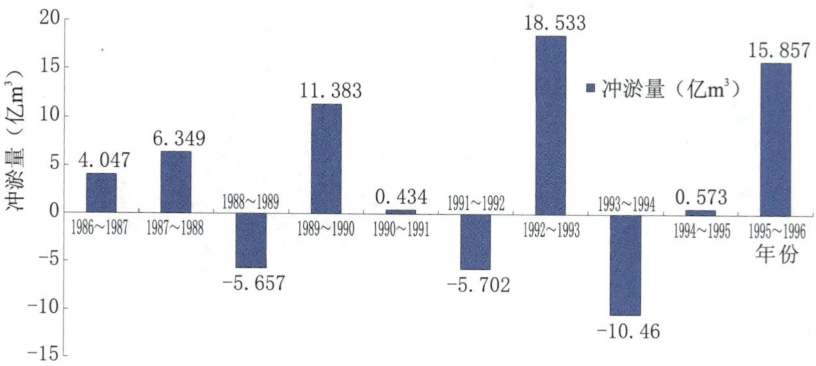

图10-28　1986～1996年黄河三角洲海域冲淤量对比图

表10-2 黄河三角洲滩海冲淤成果

时段	1986～1987年	1987～1988年	1988～1989年	1989～1990年	1990～1991年
淤积面积（km^2）	1 671.114	1 606.95	694.781	2 102.662	1 222.959
淤积量(亿m^3)	5.719	10.738	1.775	12.428	5.288
冲刷面积（km^2）	683.228	679.409	1 906.263	444.727	1 445.751
冲刷量（亿m^3）	1.672	4.389	7.432	1.045	4.854
冲淤量（亿m^3）	4.047	6.349	−5.657	11.383	0.434
总面积（km^2）	2 354.342	2 286.359	2 601.044	2 547.389	2 668.71
平均冲淤厚度（m）	0.172	0.278	−0.217	0.447	0.016
最大淤积厚度（m）	2.588	8.669	5.185	6.311	6.493
最大冲刷厚度（m）	−1.661	−3.674	−2.229	−1.372	−1.636
时段	1991～1992年	1992～1993年	1993～1994年	1994～1995年	1995～1996年
淤积面积（km^2）	448.237	2 166.598	244.141	1 411.295	2 288.169
淤积量(亿m^3)	0.516	18.928	1.9	3.606	17.27
冲刷面积（km^2）	1 834.951	135.022	2 334.033	1 317.4	388.117
冲刷量（亿m^3）	6.218	0.395	12.36	3.033	1.413
冲淤量（亿m^3）	−5.702	18.533	−10.46	0.573	15.857
总面积（km^2）	2 283.188	2 301.62	2 578.174	2 728.695	2 676.286
平均冲淤厚度（m）	−0.250	0.805	−0.406	0.021	0.593
最大淤积厚度（m）	1.021	11.278	6.919	6.057	9.544
最大冲刷厚度（m）	−8.313	−1.252	−3.645	−4.969	−2.971

从表10-2和图10-28中可以看出，1986～1996年这10年间，整个测量范围内的黄河三角洲海域冲淤情况发生冲刷的有3个，分别是1988～1989年、1991～1992年、1993～1994年，冲淤量分别为−5.657亿 m^3、−5.702亿 m^3、−10.46亿 m^3。1986～1996年这10年间各相邻年际间对比，整体发生淤积的相邻年际最大淤积量为1992～1993年的18.553亿 m^3；整体发生冲刷的相邻年际最大冲刷量为1993～1994年的10.46亿 m^3。

从表10-2中可以看出，从1986～1996年各年际间冲淤对比，发生淤积的海域面积占整个计算面积的比例最大的为1992～1993年的94.134%；发生冲刷的海域面积占整个计算面积的比例最大的为1993～1994年的90.53%。

下面我们将分别就1986～1996年间各年际冲淤对比进行详细的分析。

10.2.2.1 1986～1987年冲淤分布情况

从1986～1987年冲淤变化图（见图10-29）可以看出，两次地形测量的范围对应的*Y*坐标最大为4224000、最小为4168000，冲淤海岸线边界为1986年0 m线。最大淤积厚度为2.588 m，位置在1986年口门前海域，坐标为（20702708，4179878）；最大冲刷厚度为1.661 m，位置在口门南侧，坐标为（20703363，4171959）。冲淤总体表现为有冲有淤，但冲淤厚度都不大，冲淤厚度大于1 m的范围所占比例很小，大部分冲淤厚度都在0.5 m内。1985年口门前近岸处为淤积，深海及口门前偏南侧为冲刷，东营港附近海域也表现为冲刷。整个测量海域发生冲刷的面积为683.228 km^2，发生淤积的面积为1 671.14 km^2。整体表现为淤积，总冲淤量为4.047亿 m^3，平均冲淤厚度为0.172 m。

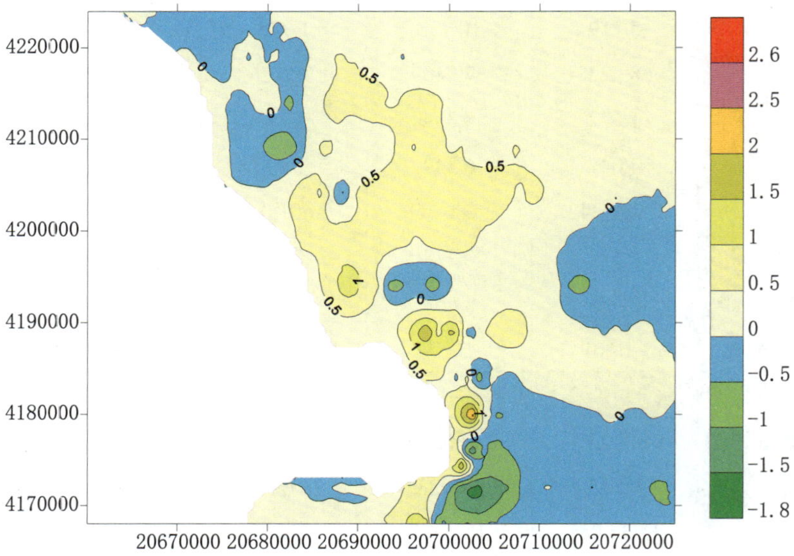

图10-29　1986～1987年海域冲淤变化图（单位：m）

10.2.2.2　1987～1988年冲淤分布情况

从1987～1988年冲淤变化图（见图10-30）可以看出，两次地形测量的范围对应的*Y*坐标最大为4224000、最小为4168000，冲淤海岸线边界为1987年0 m线。最大淤积厚度为8.669 m，位置在1987年口门前海域，坐标为（20703370，4171959）；最大冲刷厚度为3.674 m，位置在测量范围海域的最北侧，坐标为（20677819，4224000）。冲淤总

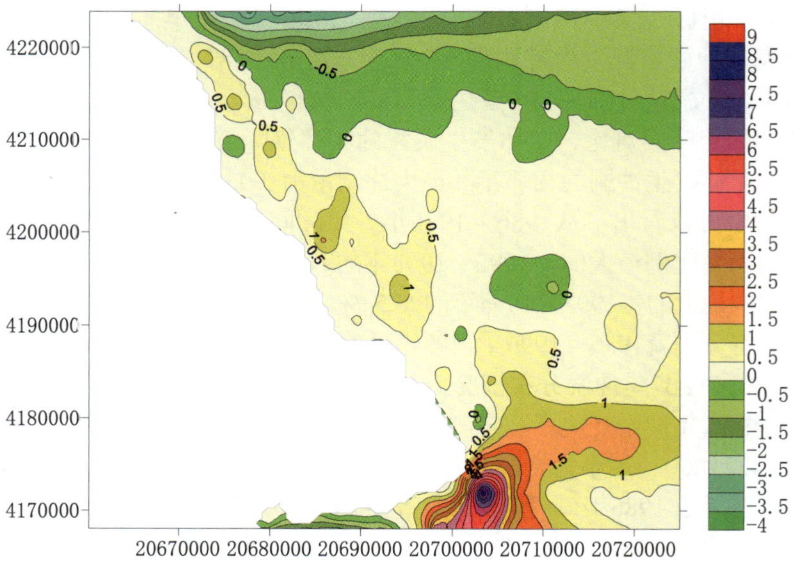

图10-30　1987～1988年海域冲淤变化图（单位：m）

体表现为口门前和口门北侧发生淤积，口门南侧发生冲刷，在测量范围的最北侧海域即东营港附近海域也发生大的冲刷。整个测量海域发生冲刷的面积为679.409 km^2，发生淤积的面积为1 606.95 km^2。整体表现为淤积，总冲淤量为6.349亿 m^3，平均冲淤厚度为0.278 m。

10.2.2.3 1988～1989年冲淤分布情况

从1988～1989年冲淤变化图（见图10-31）可以看出，两次地形测量的范围对应的*Y*坐标最大为4229000、最小为4168000，冲淤海岸线边界为1988年0 m线。最大淤积厚度为5.185 m，位置在1988年口门前海域，坐标为（20700735，4168000）；最大冲刷厚度为2.229 m，位置在测量范围海域的最北侧，坐标为（20669863，4229000）。冲淤总体表现为口门前和口门两侧近岸处发生淤积，深海海域发生冲刷。整个测量海域发生冲刷的面积为1 906.26 km^2，发生淤积的面积为694.781 km^2。整体表现为冲刷，总冲淤量为-5.657亿 m^3，平均冲淤厚度为-0.217 m。

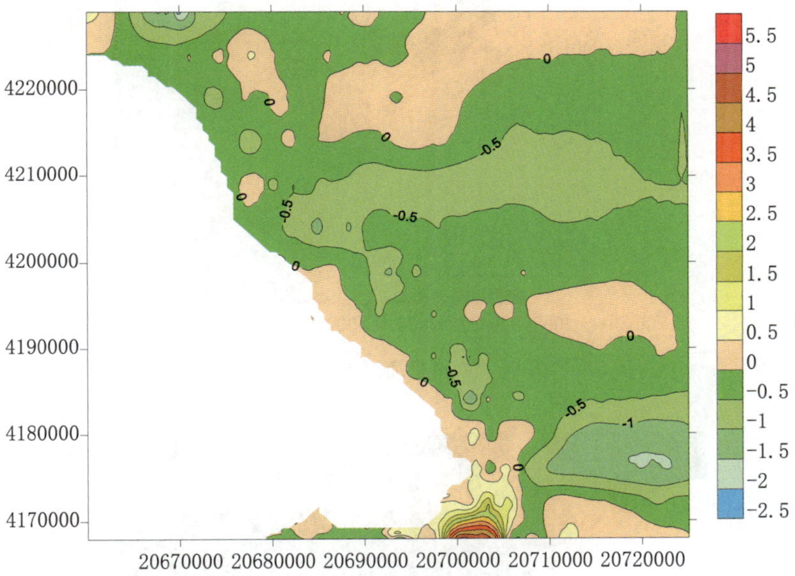

图10-31 1988～1989年海域冲淤变化图（单位：m）

10.2.2.4 1989～1990年冲淤分布情况

从1989～1990年冲淤变化图（见图10-32）可以看出，两次地形测量的范围对应的*Y*坐标最大为4229000、最小为4168000，冲淤海岸线边界为1989年0 m线。最大淤积厚度为6.311 m，位置在1989年口门前海域，坐标为（20705213，4176054）；最大冲刷厚度为1.372 m，位置在沙嘴北侧，坐标为（20700099，4184346）。冲淤总体表现为除口门前和口门南侧深海及口门北侧近岸发生少量冲刷外，其余各海域都发生了淤积。整个测量海域发生冲刷的面积为444.727 km^2，发生淤积的面积为2 102.66 km^2。整体表现为淤积，总冲淤量为11.383亿 m^3，平均冲淤厚度为0.447 m。

10.2.2.5 1990～1991年冲淤分布情况

从1990～1991年冲淤变化图（见图10-33）可以看出，两次地形测量的范围对应的*Y*坐标最大为4229000、最小为4164900，冲淤海岸线边界为1990年0 m线。最大淤积厚

度为6.493 m，位置在1990年口门前海域，坐标为（20705977，4172022）；最大冲刷厚度为1.636 m，位置在沙嘴前南侧，坐标为（20704665，4164900）。冲淤总体表现为口门前和口门北侧近岸发生淤积，其余各海域都发生了冲刷。整个测量海域发生冲刷的面积为1 445.751 km^2，发生淤积的面积为1 222.96 km^2，淤积的面积和冲刷的面积基本相同。整体表现为淤积，总冲淤量为0.434亿 m^3，平均冲淤厚度为0.016 m。

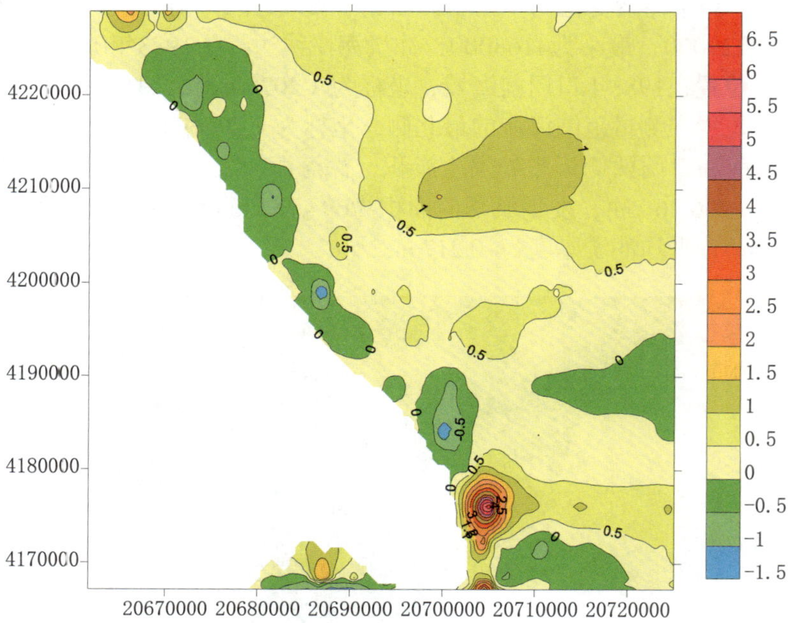

图10-32　1989～1990年海域冲淤变化图（单位：m）

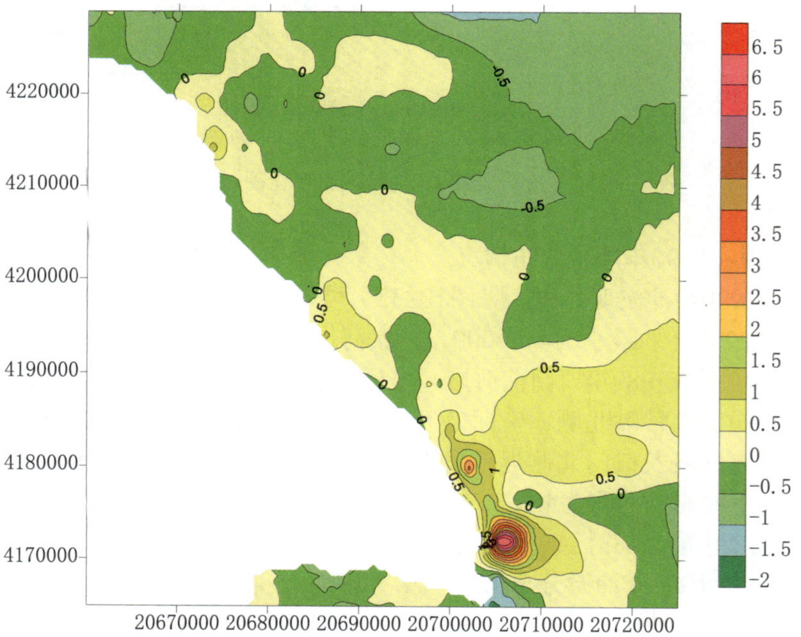

图10-33　1990～1991年海域冲淤变化图（单位：m）

10.2.2.6 1991～1992年冲淤分布情况

从1991～1992年冲淤变化图（见图10-34）可以看出，两次地形测量的范围对应的*Y*坐标最大为4224000、最小为4168000，冲淤海岸线边界为1991年0 m线。最大淤积厚度为1.021 m，位置在1991年口门前深海区，坐标为（20723077，4176272）；最大冲刷厚度为8.313 m，位置在口门前侧，坐标为（20706493，4171818）。冲淤总体表现为除沙嘴南侧近岸和东营港附近海域近岸发生少量淤积外，其余大多数海域都发生了冲刷。整个测量海域发生冲刷的面积为1 834.951 km^2，发生淤积的面积为448.237 km^2，发生冲刷的面积是淤积的面积4倍多。整体表现为冲刷，总冲淤量为-5.702亿 m^3，平均冲淤厚度为-0.250 m。

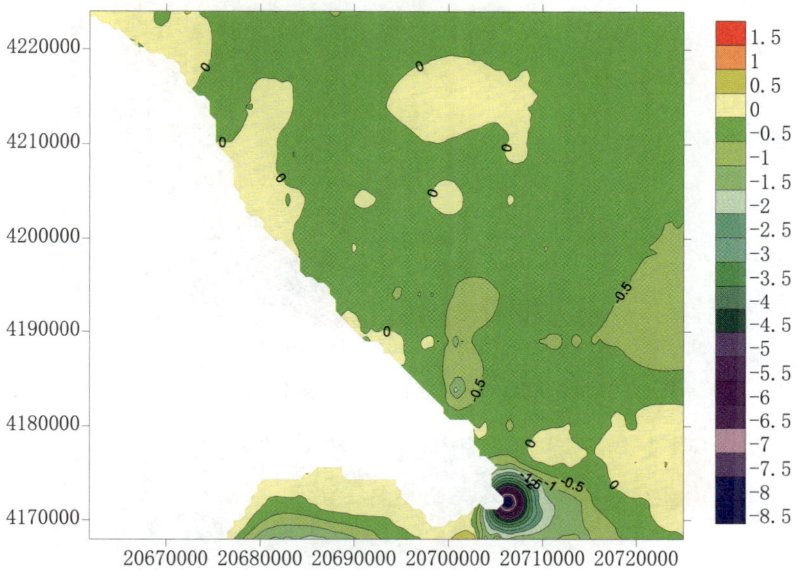

图10-34 1991～1992年海域冲淤变化图（单位：m）

10.2.2.7 1992～1993年冲淤分布情况

从1992～1993年冲淤变化图（见图10-35）可以看出，两次地形测量的范围对应的*Y*坐标最大为4224000、最小为4168000，冲淤海岸线边界为1992年0 m线。最大淤积厚度为11.278 m，位置在1992年口门前，坐标为（20707178，4172126）；最大冲刷厚度为1.252 m，位置在东营港附近海域，坐标为（20674749，4219284）。冲淤总体表现为除了东营港附近海域近岸发生冲刷外，其余大多数海域都发生了淤积。整个测量海域发生冲刷的面积为135.022 km^2，发生淤积的面积为2 166.60 km^2，发生淤积的面积是冲刷的面积16倍多。整体表现为淤积，总冲淤量为18.533亿 m^3，平均冲淤厚度为0.805 m。

10.2.2.8 1993～1994年冲淤分布情况

从1993～1994年冲淤变化图（见图10-36）可以看出，两次地形测量的范围对应的*Y*坐标最大为4229000、最小为4168000，冲淤海岸线边界为1993年0 m线。最大淤积厚度为6.919 m，位置在1993年口门前，坐标为（20706671，4168000）；最大冲刷厚度为3.645 m，位置在沙嘴南侧海域，坐标为（20689002，4169967）。冲淤总体表现为除口门前近岸区和东营港北侧海域近岸发生淤积外，其余大多数海域都发生了冲刷。整个测量海域发生冲刷的面积为2 334.033 km^2，发生淤积的面积为244.142 km^2，发生冲刷的面积是淤积的面积近10倍。整体表现为冲刷，总冲淤量为-10.46亿 m^3，平均冲淤厚度为-0.406 m。

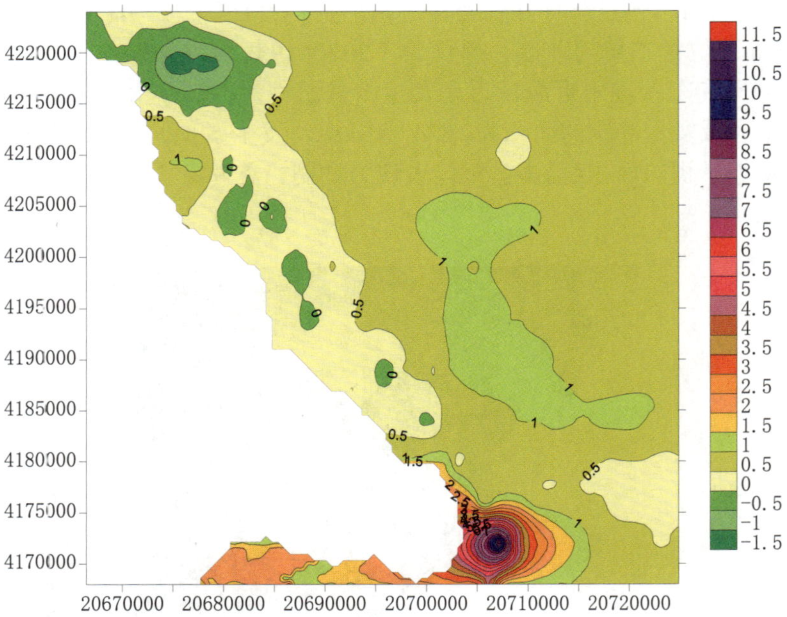

图10-35　1992～1993年海域冲淤变化图（单位：m）

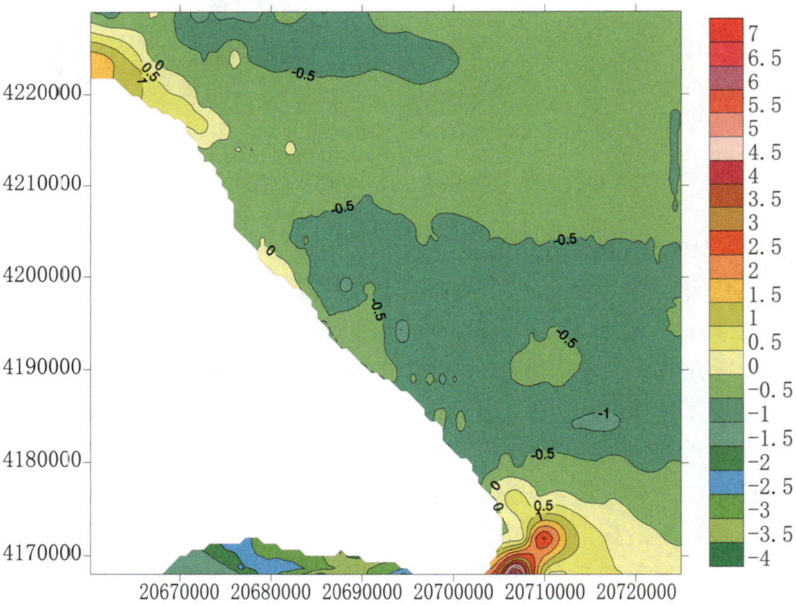

图10-36　1993～1994年海域冲淤变化图（单位：m）

10.2.2.9　1994～1995年冲淤分布情况

从1994～1995年冲淤变化图（见图10-37）可以看出，两次地形测量的范围对应的*Y*坐标最大为4229000、最小为4165967，冲淤海岸线边界为1994年0 m线。最大淤积厚

度为6.057 m，位置在1994年口门前海域，坐标为（20708260，4167896）；最大冲刷厚度为4.969 m，位置在口门前北侧海域，坐标为（20707617，4172398）。冲淤总体表现为1994年口门正前近岸海域和沙嘴北侧近岸海域发生淤积，而1994年沙嘴南侧海域、口门前北侧海域和沙嘴北侧深海区都发生了冲刷，无论发生淤积还是冲刷，冲淤厚度绝大多数都在0～0.5 m范围内。整个测量海域发生冲刷的面积为1 317.40 km²，发生淤积的面积为1 411.30 km²，发生冲刷的面积和发生淤积的面积差不多。整体表现为淤积，总冲淤量为0.573亿 m³，平均冲淤厚度为0.021 m。

图10-37 1994～1995年海域冲淤变化图（单位：m）

10.2.2.10 1995～1996年冲淤分布情况

从1995～1996年冲淤变化图（见图10-38）可以看出，两次地形测量的范围对应的*Y*坐标最大为4229000、最小为4165131，冲淤海岸线边界为1995年0 m线。最大淤积厚度为9.544 m，位置1996年清8改汉后当年新淤出的口门处，坐标为（20700242，4189245）；最大冲刷厚度为2.971 m，位置在1995年口门前海域，坐标为（20709363，4167738）。由于1996年黄河由人工改道改走北汉入海，当年就淤出新的沙嘴，所以在这期间冲淤总体表现为1996年新口门附近海域发生大面积的淤积；1995年口门前和沙嘴南侧发生冲刷，而沙嘴北侧有一小块区域发生淤积。整个测量海域发生冲刷的面积为388.117 km²，发生淤积的面积为2 288.169 km²，发生淤积的面积是发生冲刷的面积近7倍。整体表现为淤积，总冲淤量为15.857亿 m³，平均冲淤厚度为0.593 m。

10.2.2.11 1986～1996年冲淤分布情况小结

从1986～1996年冲淤变化图（见图10-39）可以看出，两次地形测量的范围对应的*Y*坐标最大为4229000、最小为4168000，冲淤海岸线边界为1986年0 m线。最大淤积厚度为12.262 m，位置在1986年口门前海域、1995年口门处，坐标为（20705978，4171696）；最大冲刷厚度为-13.215 m，位置在1986年沙嘴南侧海域，坐标为

（20688937，4168000）。冲淤总体表现为清水沟流路行水的口门前海域发生大量淤积，即1986～1996年清8改汊前的入海口门和清8改汊后的北汊入海口门都发生大量淤积。冲刷主要发生在东营港附近及北侧海域。整体表现为淤积，总冲淤量为38.036亿 m^3，平均冲淤厚度为1.42 m。

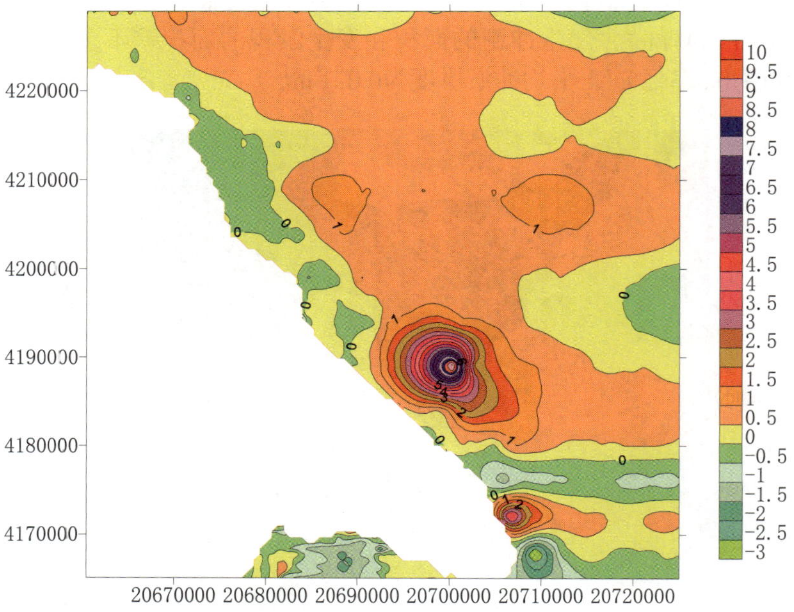

图10-38　1995～1996年海域冲淤变化图（单位：m）

图10-39　1986～1996年三角洲海域冲淤等值线图（单位：m）

从图10-40、图10-41中可以看出，在发生淤积的海域，淤积厚度在0～1 m的淤积面积百分比占32.17%、淤积体积百分比占52.08%，即超过1/2的泥沙淤积在淤积厚度

0～1 m范围内。整个发生淤积的部分在1996年改道前、后两个口门处各形成一个呈扁圆锥体形。在发生冲刷的海域，冲刷厚度在0～1 m的冲刷面积百分比达到82.44%、冲刷体积百分比达到73.70%，即超4/5发生冲刷范围的冲刷厚度都在0～1 m。1986～1996年，整个测量海域发生冲刷的面积为334.062 km^2，发生淤积的面积为2 344.574 km^2，发生淤积的面积是发生冲刷的面积的7倍。

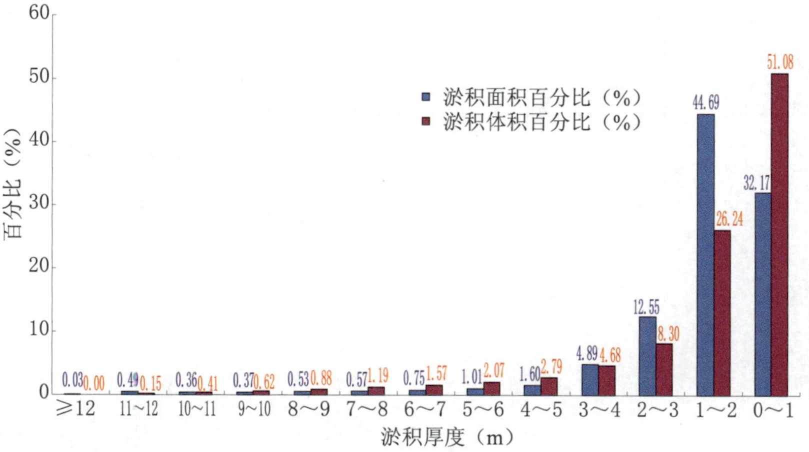

图10-40 1986～1996年不同淤积厚度面积、体积比较图

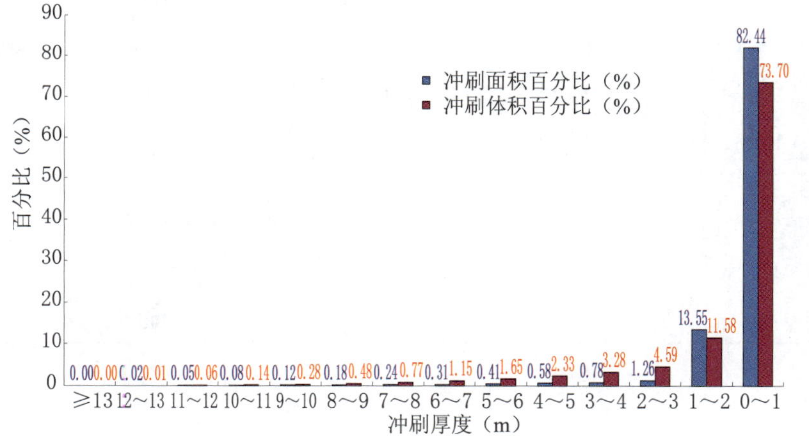

图10-41 1986年～1996年不同冲刷厚度面积、体积比较图

10.2.3 1996～2004年冲淤分布情况

在1996～2004年间，各相邻年际间冲淤情况见表10-3和图10-42。从表10-3和图10-42中可以看出，从1996～2004年这8年间，整个测量范围内的黄河三角洲海域冲淤情况发生淤积的只有3个，分别是1997～1998年、2000～2001年、2003～2004年，冲淤量分别为10.985亿 m^3、1.950亿 m^3、9.059亿 m^3。1996～2004年这8年间各相邻年际间对比，整体发生淤积的相邻年际最大淤积量为1997～1998年的10.985亿 m^3；整体发生冲刷的相邻年际最大冲刷量为1998～1999年的14.148亿 m^3。

从表10-3中可以看出，从1996～2004年各年际间冲淤对比，发生淤积的海域面积占整个计算面积的比例最大的为1997～1998年的88.768%；发生冲刷的海域面积占整个计算面积的比例最大的为1999～2000年的84.584%。

下面我们将分别就1996～2004年间各年际冲淤对比进行详细的分析。

表10-3　1996～2004年黄河三角洲滩海冲淤成果

时段	1996～1997年	1997～1998年	1998～1999年	1999～2000年
淤积面积（km^2）	533.179	1 930.382	404.703	393.777
淤积量(亿m^3)	1.961	11.939	0.912	0.885
冲刷面积（km^2）	1 643.48	244.264	2 154.622	2 160.499
冲刷量（亿m^3）	6.103	0.954	15.06	10.219
冲淤量（亿m^3）	–4.142	10.985	–14.148	–9.334
总面积（km^2）	2 176.659	2 174.646	2 559.325	2 554.276
平均冲淤厚度（m）	–0.190	0.505	–0.553	–0.365
最大淤积厚度（m）	2.564	2.393	2.382	1.463
最大冲刷厚度（m）	–1.338	–1.347	–2.927	–1.818
时段	2000～2001年	2001～2002年	2002～2003年	2003～2004年
淤积面积（km^2）	1 395.863	552.207	659.015	2 103.173
淤积量(亿m^3)	3.212	0.764	1.809	9.896
冲刷面积（km^2）	1 118.431	1 930.339	1 906.826	479.457
冲刷量（亿m^3）	1.262	4.169	5.008	0.837
冲淤量（亿m^3）	1.950	–3.405	–3.199	9.059
总面积（km^2）	2 514.294	2 482.546	2 565.841	2 582.63
平均冲淤厚度（m）	0.078	–0.137	–0.125	0.351
最大淤积厚度（m）	1.390	2.066	5.149	7.722
最大冲刷厚度（m）	–1.349	–1.765	–1.445	–1.263

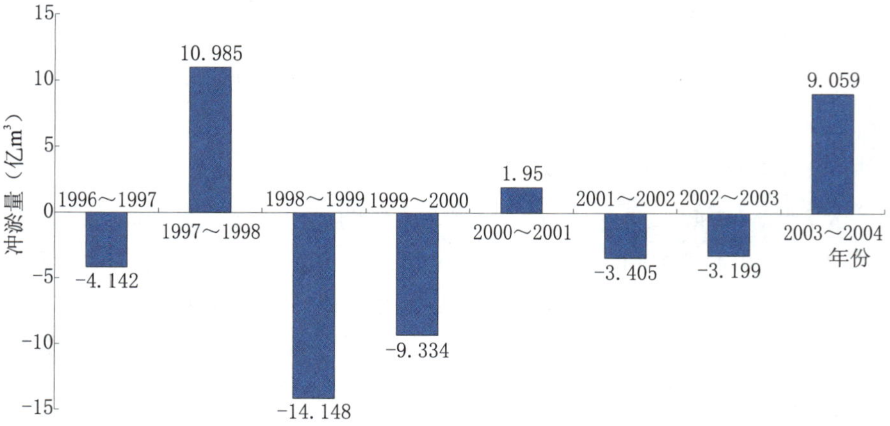

图10-42　1996～2004年黄河三角洲海域冲淤量图

10.2.3.1 1996～1997年冲淤分布情况

从1996～1997年冲淤变化图（见图10-43）可以看出，两次地形测量的范围对应的*Y*坐标最大为4222558、最小为4165540，冲淤海岸线边界为1996年0 m线。最大淤积厚度为2.564 m，位置在1997年口门处海域，坐标为（20701372，4189244）；最大冲刷厚度为1.338 m，位置在1995年口门前海域，坐标为（20709032，4168102）。整个测量海域发生冲刷的面积为1 643.48 km^2，发生淤积的面积为533.179 km^2，发生冲刷的面积是发生淤积的面积3倍多。冲淤总体表现为1996年口门前近岸海域和沙嘴南侧发生淤积，而1995年老口门前和1996年新口门沙嘴北侧大部分海域都发生了冲刷，无论发生淤积还是冲刷，冲淤厚度绝大多数都在0～0.5 m范围内。整体表现为冲刷，总冲淤量为-4.142亿 m^3，平均冲淤厚度为-0.190 m。

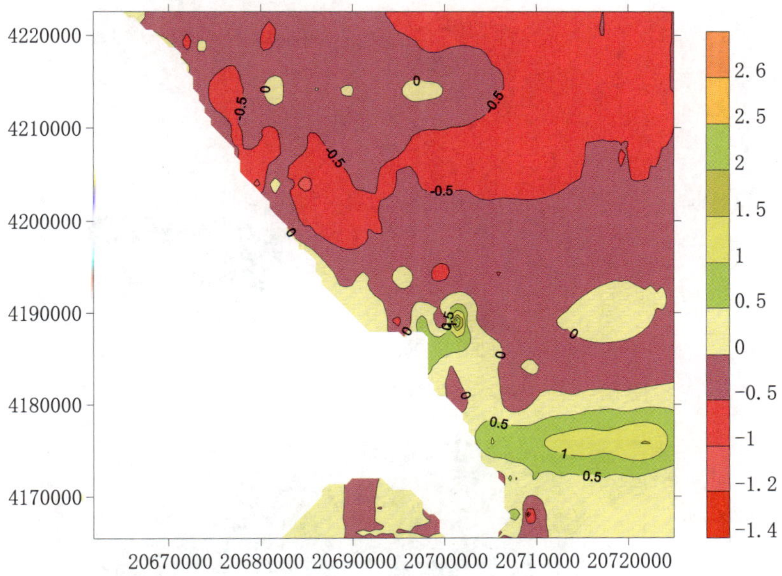

图10-43 1996～1997年海域冲淤变化图（单位：m）

10.2.3.2 1997～1998年冲淤分布情况

从1997～1998年冲淤变化图（见图10-44）可以看出，两次地形测量的范围对应的*Y*坐标最大为4222911、最小为4166407，冲淤海岸线边界为1997年0 m线。最大淤积厚度为2.393 m，位置在1998年口门处海域，坐标为（20703927，4189263）；最大冲刷厚度为1.347 m，位置在1995年口门前北侧海域，坐标为（20706479，4172121）。整个测量海域发生冲刷的面积为244.265 km^2，发生淤积的面积为1 930.382 km^2，发生淤积的面积是发生冲刷的面积近8倍。冲淤总体表现为除1995年沙嘴两侧发生冲刷外，其余各海域都发生淤积，但其冲淤厚度绝大多数都在0～1 m范围内。整体表现为淤积，总冲淤量为10.985亿 m^3，平均冲淤厚度为0.505 m。

10.2.3.3 1998～1999年冲淤分布情况

从1998～1999年冲淤变化图（见图10-45）可以看出，两次地形测量的范围对应的*Y*坐标最大为4229000、最小为4167577，冲淤海岸线边界为1998年0 m线。最大淤积厚度为2.382 m，位置在1999年口门处海域，坐标为（20702156，4189140）；最大冲刷厚度为2.927 m，位置在三角洲东北侧深海海域，坐标为（20705418，4229000）。整个测量海域发生冲刷的面积为2 154.622 km^2，发生淤积的面积为404.703 km^2，发生冲刷的面积是发生淤积的面积近5倍。冲淤总体表现为除了1998年口门前及沙嘴两侧近岸区发生淤积外，其余各海域基本都发生冲刷。整体表现为冲刷，总冲淤量为-14.148亿 m^3，平均冲淤厚度为-0.553 m。

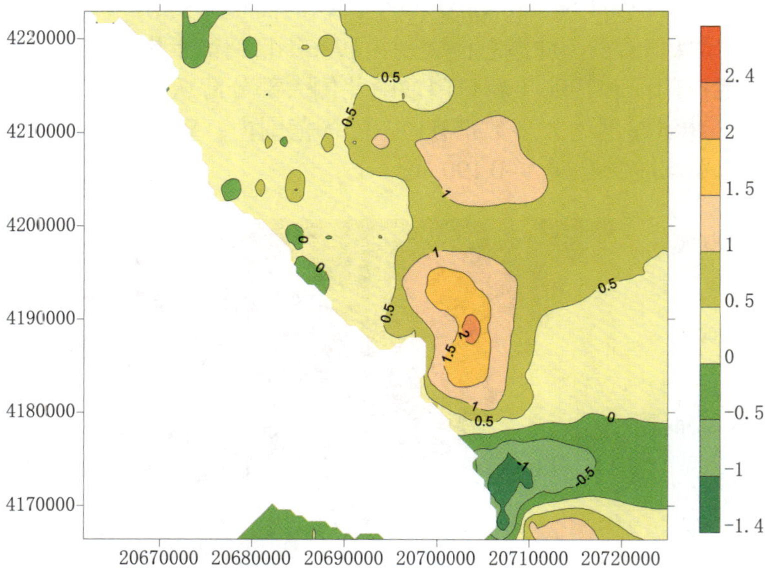

图10-44　1997～1998年海域冲淤变化图（单位：m）

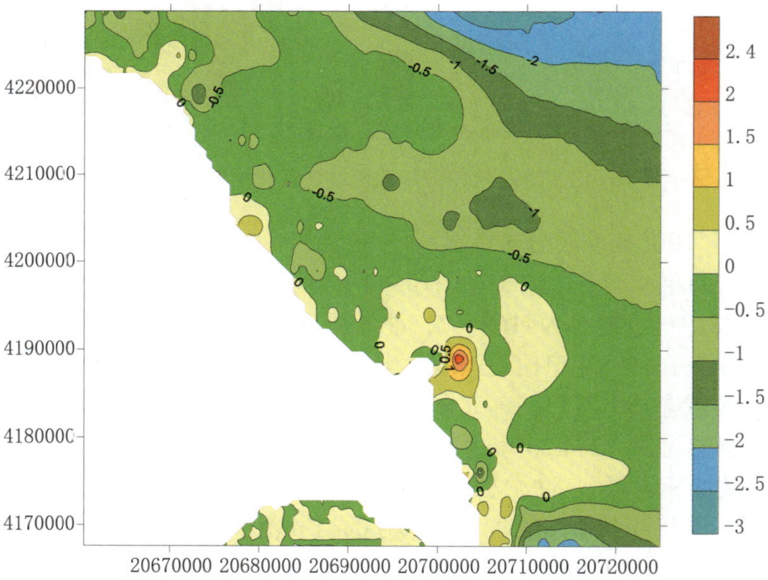

图10-45　1998～1999年海域冲淤变化图（单位：m）

10.2.3.4　1999～2000年冲淤分布情况

从1999～2000年冲淤变化图（见图10-46）可以看出，两次地形测量的范围对应的*Y*坐标最大为4229000、最小为4167769，冲淤海岸线边界为1999年0 m线。最大淤积厚

度为1.463 m，位置在三角洲东北侧海域，坐标为（20667460，4229000）；最大冲刷厚度为1.818 m，位置在1995年口门南侧海域，坐标为（20685104，4167769）。整个测量海域发生冲刷的面积为2 160.499 km^2，发生淤积的面积为393.777 km^2，发生冲刷的面积是发生淤积的面积近6倍。冲淤总体表现为除1999年口门前及三角洲沿岸近岸处发生淤积外，其余各海域基本都发生冲刷。整体表现为冲刷，总冲淤量为-9.334亿 m^3，平均冲淤厚度为-0.365 m。

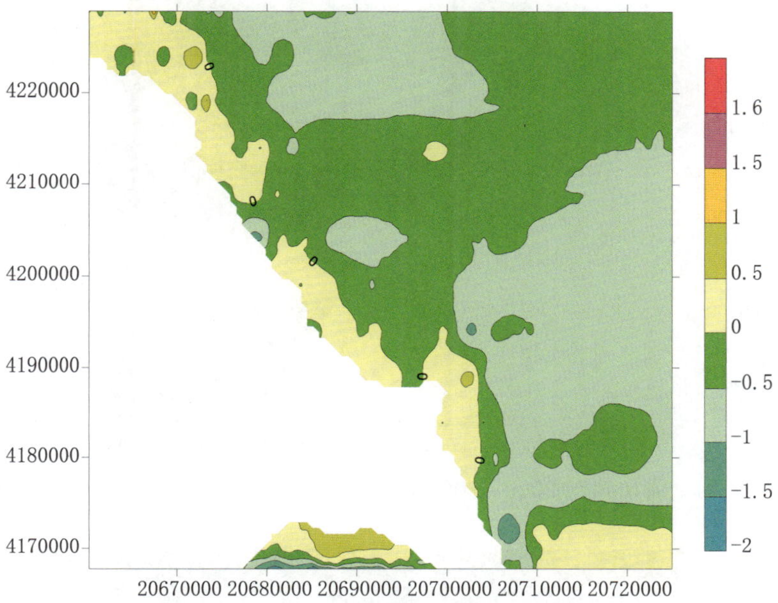

图10-46 1999～2000年海域冲淤变化图（单位：m）

10.2.3.5 2000～2001年冲淤分布情况

从2000～2001年冲淤变化图（见图10-47）可以看出，两次地形测量的范围对应的*Y*坐标最大为4229000、最小为4167680，冲淤海岸线边界为2000年0 m线。最大淤积厚度为1.39 m，位置在2000年口门南侧沙嘴前海域，坐标为（20700730，4186261）；最大冲刷厚度为1.349 m，位置在东营港附近海域，坐标为（20671868，4219089）。整个测量海域发生冲刷的面积为1 118.43 km^2，发生淤积的面积为1 395.86 km^2，发生冲刷的面积和发生淤积的面积基本相同。冲淤总体表现为除2000年口门前及少数海域发生淤积厚度超过0.5 m外，其余淤积海域的淤积厚度都在0.5 m以内。整个海域的冲刷量和淤积量都很小，无论是冲刷还是淤积，超过95%的冲淤厚度都在0.5 m以内。整体表现为淤积，总冲淤量为1.95亿 m^3，平均冲淤厚度为0.078 m。

10.2.3.6 2001～2002年冲淤分布情况

从2001～2002年冲淤变化图（见图10-48）可以看出，两次地形测量的范围对应的*Y*坐标最大为4229000、最小为4167143，冲淤海岸线边界为2001年0 m线。最大淤积厚度为2.066 m，位置在2001年沙嘴南侧海域，坐标为（20702075，4185569）；最大冲刷厚度为1.765 m，位置在1995年口门前海域，坐标为（20706660，4167801）。整个测量海域发生冲刷的面积为1 930.34 km^2，发生淤积的面积为552.207 km^2，发生冲刷的面积是发生淤积的面积近4倍。冲淤总体表现为在2001年口门前、沙嘴两侧及东营港附近海域发生淤积外，其余各海域都发生了冲刷。无论是冲刷还是淤积，近95%的冲淤厚度都在0.5 m以内。整体表现为冲刷，总冲淤量为-3.045亿 m^3，平均冲淤厚度为-0.137 m。

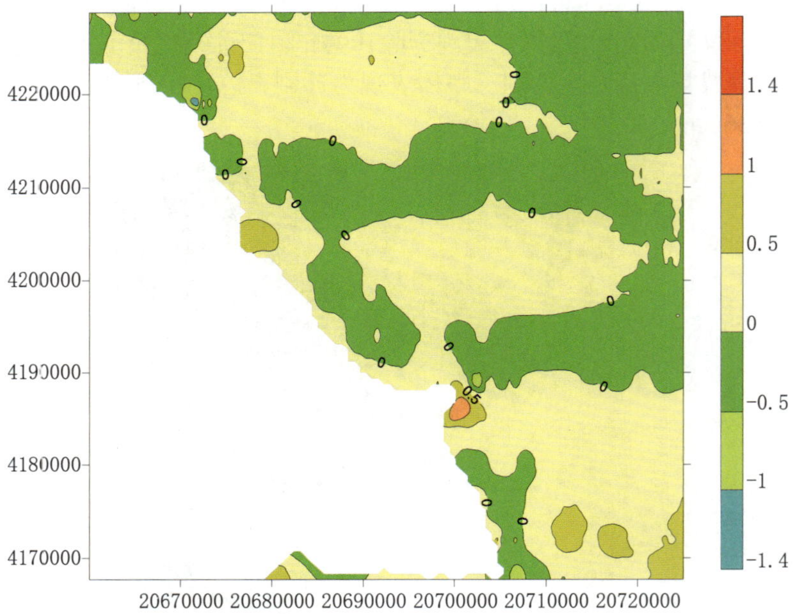

图10-47　2000～2001年海域冲淤变化图（单位：m）

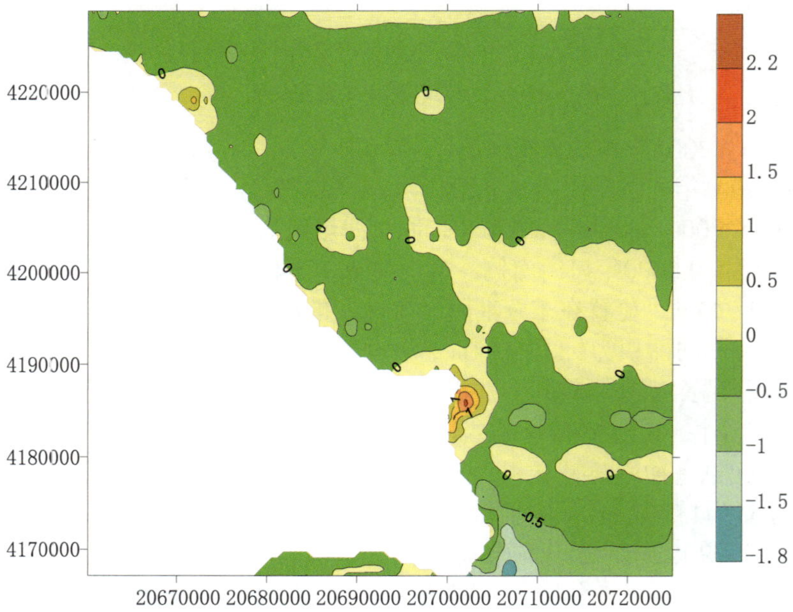

图10-48　2001～2002年海域冲淤变化图（单位：m）

10.2.3.7　2002～2003年冲淤分布情况

从2002～2003年冲淤变化图（见图10-49）可以看出，两次地形测量的范围对应的*Y*坐标最大为4229000、最小为4167990，冲淤海岸线边界为2002年0 m线。最大淤积厚度为5.149 m，位置在2003年口门处海域，坐标为（20703331，4188982）；最大冲刷厚度为1.445 m，位置在测量海域最北侧，坐标为（20667222，4229000）。整个测量海域发生冲刷的面积为1 906.83 km²，发生淤积的面积为659.015 km²，发生冲刷的面积是发生淤积的面积近3倍。冲淤总体表现为在2002年口门前及东营港附近海域发生淤积外，其余各海域都发生了冲刷。整体表现为冲刷，总冲淤量为-3.199亿 m³，平均冲淤厚度为-0.125 m。

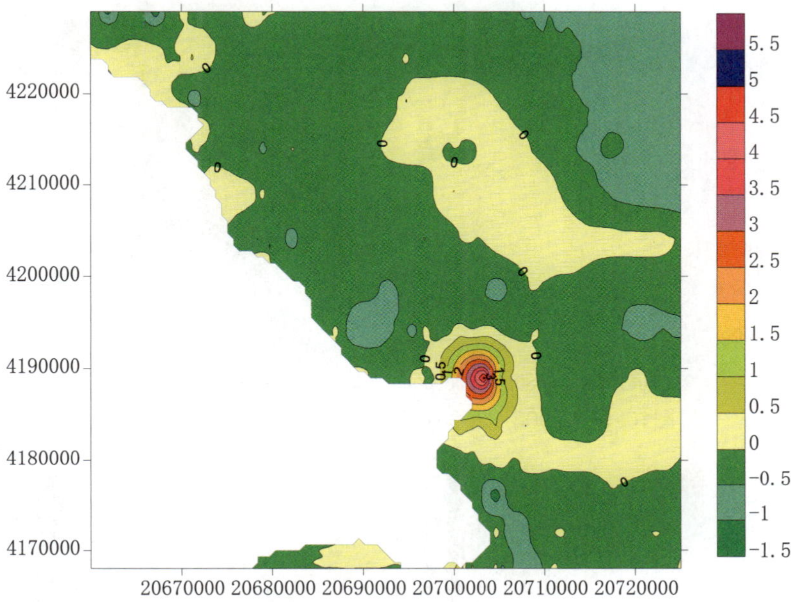

图10-49 2002～2003年海域冲淤变化图（单位：m）

10.2.3.8 2003～2004年冲淤分布情况

从2003～2004年冲淤变化图（见图10-50）可以看出，两次地形测量的范围对应的*Y*坐标最大为4229000、最小为4167990，冲淤海岸线边界为2003年0 m线。最大淤积厚度为7.722 m，位置在2004年口门处海域，坐标为（20705303，4188942）；最大冲刷厚度为1.263 m，位置在1995年入海老口门南侧，坐标为（20691515，4167990）。整个测量海域发生冲刷的面积为479.457 km²，发生淤积的面积为2 103.17 km²，发生淤积的面积是发生冲刷的面积4倍多。冲淤总体表现为淤积厚度超过0.5 m的范围主要集中在2003年口门前海域，其余发生淤积范围的淤积厚度都在0.5 m内；在东营港周围近海海域和1995年入海老口门海域发生冲刷。整体表现为淤积，总冲淤量为9.059亿 m³，平均冲淤厚度为0.351 m。

10.2.3.9 1996～2004年冲淤分布情况小结

从1996～2004年冲淤变化图（见图10-51）可以看出，两次地形测量的范围对应的*Y*坐标最大为4229000、最小为4167852，冲淤海岸线边界为1996年0 m线。最大淤积厚度为11.107 m，位置在1996年口门前海域、2004年口门处，坐标为（20704812，4188852）；最大冲刷厚度为5.366 m，位置在1995年入海老口门前海域，坐标为（20706785，4167852）。冲淤总体表现为清水沟流路行水的口门前海域发生大量淤积。冲刷主要发生在东营港北侧海域及1995年入海老口门周围海域。整体表现为冲刷，总冲淤量为-5.179亿 m³，平均冲淤厚度为-0.205 m。

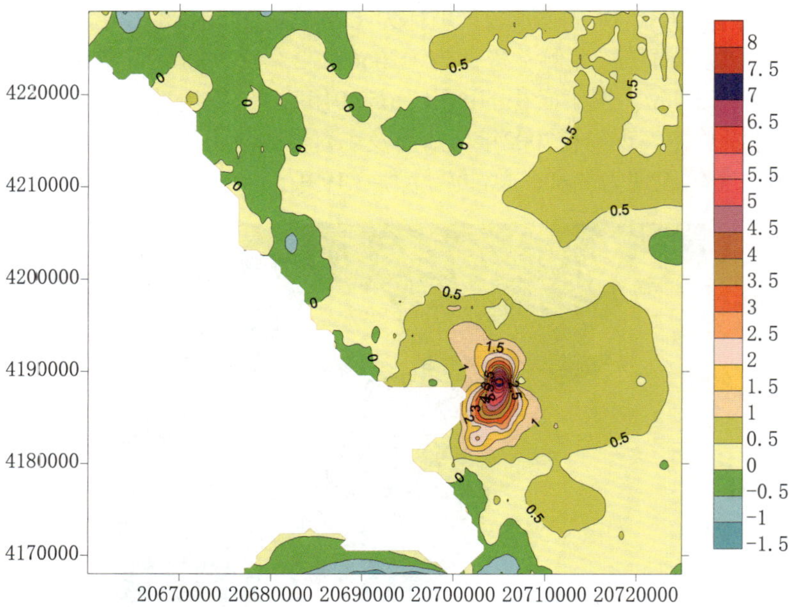

图10-50　2003～2004年海域冲淤变化图（单位：m）

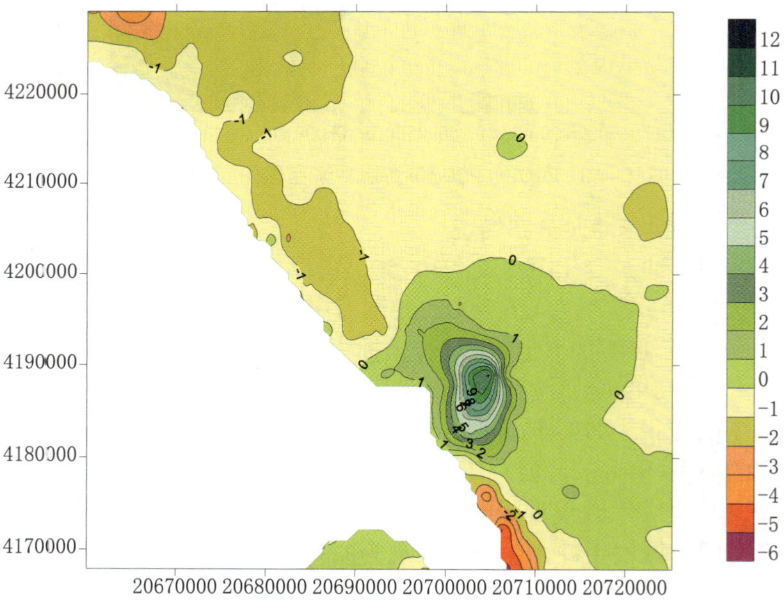

图10-51　1996～2004年三角洲海域冲淤变化图（单位：m）

从图10-52、图10-53中可以看出，在发生淤积的海域，淤积厚度在0～1的淤积面积百分比占76.51%、淤积体积百分比占47.94%，即近1/2的泥沙淤积在淤积厚度0～1 m范围内。整个发生淤积的部分在1996年改道后口门前海域形成一个呈扁圆锥体形。在发生冲刷的海域，冲刷厚度在0～1 m的冲刷面积百分比达到76.13%、冲刷体积百分比达到86.13%，即超过3/4发生冲刷范围的冲刷厚度都在0～1 m。1986～1996年，整个测量海域发生冲刷的面积为1 815.78 km^2，发生淤积的面积为713.599 km^2，发生冲刷的面积是发生淤积的面积2倍多。

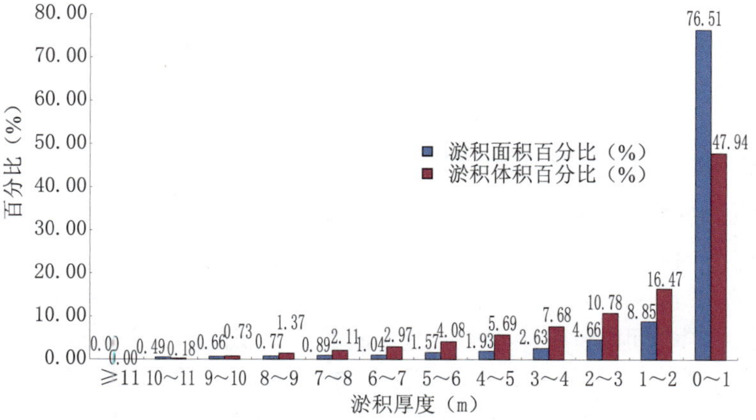

图10-52 1996～2004年不同淤积厚度面积、体积比较图

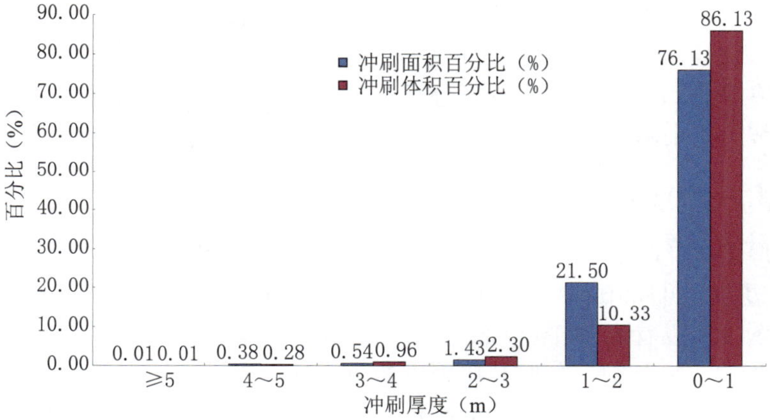

图10-53 1996～2004年不同冲刷厚度面积、体积比较图

10.2.4 1976～2004年冲淤情况总结

通过对1976～2004年各年际间的三角洲海域冲淤情况的对比分析，可以找出一些共同点：

（1）一般发生淤积的位置都在口门附近海域，最大淤积厚度也出现在口门前海域，淤积的范围与入海泥沙的多少及口门附近海域的水深有直接的关系，即入海泥沙多，口门附近的水深小，淤积的范围就大，最大淤积厚度就小；反之，入海泥沙少，口门附近的水深大，淤积的范围就小，最大淤积厚度就大。

（2）一般发生冲刷的位置都发生在远离黄河行河口门或者海岸线凸出的浅水海域。

（3）在发生淤积或者冲刷的各厚度量级间（0.5 m为一个量级）一般都是0～0.5 m的范围所占的比例最大，一般都超过50%，在此范围内淤积或者沉积的泥沙所占的比例也不少。经分析那些远离黄河入海口门的淤积厚度在0～0.5 m的泥沙来源基本都是发生冲刷范围内的泥沙经过海洋动力作用起动，漂移搬运形成的。

（4）在口门前淤积形成淤积厚度超过0.5 m的扁圆锥体的长轴不超过30 km，短轴不超过15 km，我们认为黄河泥沙在入海后经过海洋动力一次搬运（不包括泥沙沉积后经海洋动力作用起动再次搬运）一般都沉积在口门前两侧各15 km、口门前8 km的范围内。

10.3 黄河三角洲入海泥沙扩散动边界的确定

10.3.1 黄河入海泥沙扩散动边界的涵义及确定方法

入海泥沙扩散动边界的涵义：通常黄河泥沙入海后，在入海径流和海洋动力的综合作用下，泥沙向海域扩散，扩散水域的含沙量S向远离入海口方向逐渐降低并趋于S=0，泥沙扩散水域S=0的连线即构成入海泥沙扩散的动边界。入海泥沙扩散的动边界在不同时刻、不同时间段、不同水深层是不同的，其变化是一个动态的过程。

入海泥沙扩散动边界的确定，最直接的方法是含沙量测定法，即测出泥沙扩散水域S=0边界。但黄河口海域这种测验资料极其匮乏且测验成本极高，显然行不通。

入海泥沙扩散的最终地方是沉积于海底，因此用滨海区水下地形资料来间接确定其扩散动边界是非常实用而有效的方法。根据滨海区水下地形资料，通过分析计算不同时间的淤积厚度0 m线来确定泥沙扩散动边界，即所谓的淤积厚度0 m线方法。但这种方法应用在黄河口，经过实测资料分析出现了无法克服的缺陷，进一步分析探索发现，用中立线理论来确定黄河入海泥沙扩散动边界是一个实用且有效的方法。

10.3.2 淤积厚度0 m线方法的缺陷

以冲淤厚度0 m线来确定入海泥沙扩散动边界，如要求2003～2004年期间黄河入海泥沙扩散动边界（见图10-54），通过计算冲淤厚度0 m线范围来确定。虽然理论上是这样，但从图中可以看出，冲淤0 m线范围非常散，不连贯，不能实际反映黄河入海泥沙一次性沉积的实际范围，分析其原因主要由泥沙的二次搬运沉积和测量误差等方面造成。但也可以通过在冲淤分布图上确定淤积厚度在某一数值以上的范围为入海泥沙扩散动边界的范围来解决，但是这一数值如何确定的依据不充分。因此，淤积厚度0 m线方法出现了无法克服的缺陷。

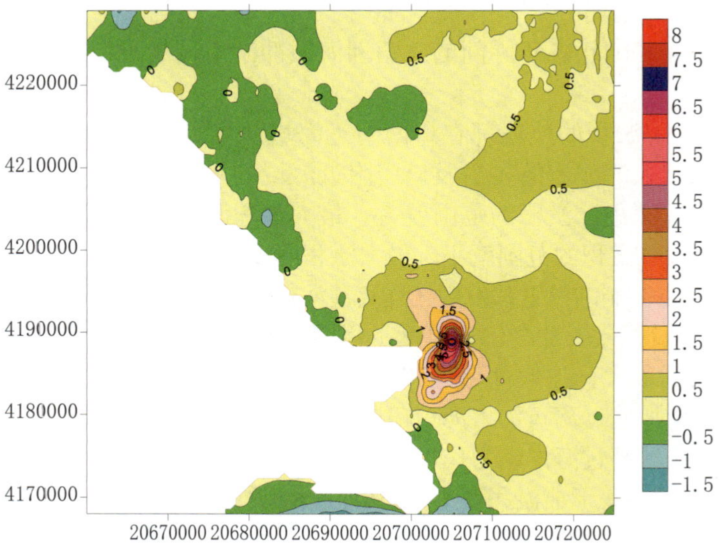

图10-54 2003～2004年海域冲淤变化图（单位：m）

10.3.3 中立线理论提出

在浅水中，波浪的波峰变得窄尖，波谷变得宽平，孤立的波峰逐渐为宽的波谷所分离。波峰处水质点向岸运动，波谷处相反。波峰窄则历时短而流速大，波谷处则历时长而流速小。对于来回都能被波浪搬运的较细颗粒（如沙和粉沙），来回搬运的距离相等，但对于粗于某一粒径的颗粒，只有在波峰出现时向岸的水质点运动能将其移动一段距离，波谷出现时水质点将无力使其回到原来的位置（Cornish，1898）。

Comaglia（1898）研究浅水区波浪的不对称性和变形及其对海底泥沙运动的作用，并提出海滩泥沙运动的中立线理论。他认为，存在一个使一定粒径的颗粒运动所必需的最小流速U_c（即通常所说的临界起动流速），并证实了颗粒是否处于运动或者静止主要取决于图10-55中的$b-c-d$和$f-g-h$的面积（阴影部分）是否相等。在某一特殊深度，波作用和重力（促使泥沙颗粒产生向岸和离岸运动的力）达成平衡，这时颗粒只是做简单的向前或向后运动，即泥沙颗粒向岸和离岸的距离相等，只产生来回摆动，并不产生净位移，也即不存在净输移。这种动力平衡的位置就是所谓的“中立点”，每一条海岸剖面都有一个中立点，它们的连接线称为中立线或平衡线。在中立线的向海侧，泥沙颗粒运动是离岸的，而在中立线的向陆侧，颗粒的运动是向岸的。当波浪条件一定时，不同粒径的颗粒，其中立点的位置不同，颗粒越粗，中立点位置就越浅。就一定的粒度而言，波浪越大，其中立点就越深。如果在某一给定的位置存在许多不同粒度的颗粒，那么该位置只可能成为其中一种粒度的颗粒的中立点，较之粗的颗粒，将在该点做离岸运动，而较之细的颗粒，将在该点做向岸运动。总之，中立线的深度取决于波浪的强度、海底坡度以及颗粒的大小和密度。

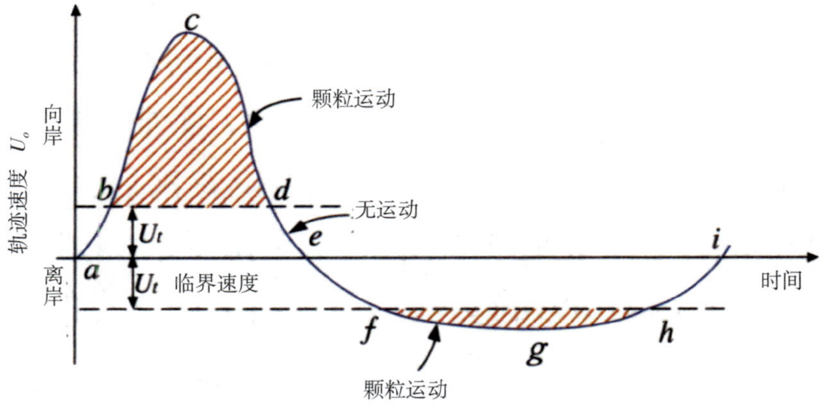

图10-55 波浪作用下水质点运动轨迹的不对称图

10.3.4 中立线理论确定泥沙扩散动边界方法

根据海滩平衡剖面塑造理论中的中立点和中立线所反映的物理意义，剖面的中立点涵义反映了剖面的冲淤平衡点。剖面冲淤平衡点即为中立点，各剖面中立点的连线构成中立线，中立线就是泥沙在滨海底部的扩散动边界。相应而言，各剖面中立点垂直向上与海平面交点的连线（即中立线在海平面的投影）就是泥沙在海域表面扩散的动边界。

结合黄河三角洲岸坡冲淤变化自身的特点，以及黄河三角洲水下岸坡分类，滨海剖面中立点的确定方法是：

（1）对于强冲型、弱冲型、弱淤型岸坡，中立点为剖面冲淤平衡点。

（2）在强淤型岸坡中，中立点为剖面远离岸坡的深海处冲淤平衡点。

（3）动态平衡型岸坡中，在动态平衡的时期无中立点。

黄河三角洲强淤型水下岸坡中立点的具体确定见图10-56。从概化图中可以看出，当剖面发生淤进时，大部分淤进表现在浅水区域，随着水深的加大，淤进的程度逐渐减小，从某一水深（*h*）开始冲淤将保持基本平衡，该冲淤平衡点（*B*点）就是该剖面的中立点。

以下将根据清水沟流路海域水下地形变化的分析，用上述中立线理论确定泥沙扩散动边界方法，确定目前黄河入海泥沙在清水沟流路海域扩散的动边界。

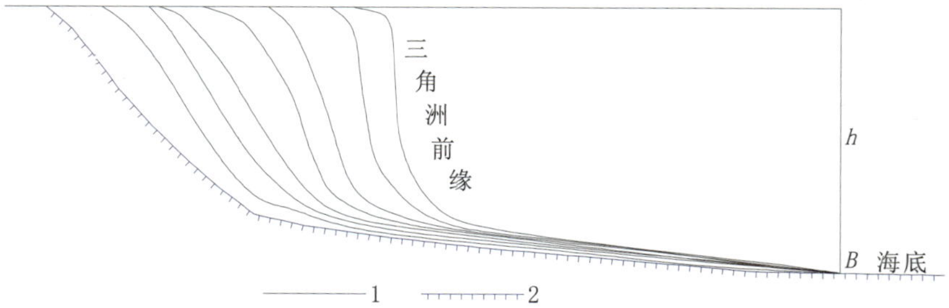

1.地形线；2.原始海域地形

B—冲淤平衡点；*h*—冲淤平衡水深

图10-56 黄河三角洲口门附近剖面不同年份淤进概化图

10.3.5 黄河入海泥沙扩散动边界确定

通过对CS14～CS27断面的1971年以来的剖面线进行对比分析，不同时期由于黄河入海口门位置的不同及修建海堤等人为因素影响，不同断面的剖面形态演变不尽一致。一般规律为黄河行河口门附近的测深断面快速淤进；黄河故道附近的测深断面强烈侵蚀；远离黄河行河的测深断面冲淤比较缓慢，并正逐渐处于动平衡。就现阶段（2000年以后）而言，CS14断面、CS19断面、CS25断面、CS26断面属于弱冲型岸坡；CS15断面、CS16断面、CS17断面、CS18断面属于动态平衡型岸坡；CS20断面、CS24断面属于弱淤型岸坡；CS21断面、CS22断面、CS23断面属于强淤型岸坡；CS27断面属于强冲型岸坡。根据中立线理论及黄河三角洲特定断面中立线定义，中立点在强冲型、弱冲型、弱淤型岸坡中为冲淤分界点；在强淤型岸坡中为远离岸坡的深海处冲淤平衡点；在动态平衡型岸坡中，在动态平衡的时期无中立点，各中立点的连线为中立线。在现阶段黄河三角洲清水沟流路受黄河入海泥沙影响，存在中立点的测量断面是CS19～CS27断面。根据中立线理论确定泥沙扩散动边界方法，具体确定了现阶段CS19～CS27断面中立线的水深和起点距，见表10-4和图10-57。

现阶段黄河入海泥沙扩散的动边界范围：图10-57中所确定的中立线就是泥沙在滨海底部的扩散动边界。相应而言，中立线在海平面的投影就是泥沙在海域表面扩散的动边界。

表10-4 CS19～CS27断面中立线位置

断面	中立线位置起点距（km）	中立线位置水深（m）
CS19	18.8	10.6
CS20	23.7	10.9
CS21	44.4	15.5
CS22	52.5	16
CS23	50.8	14.7
CS24	49.8	14
CS25	49.9	14
CS26	49.3	13.5
CS27	47.9	13.2

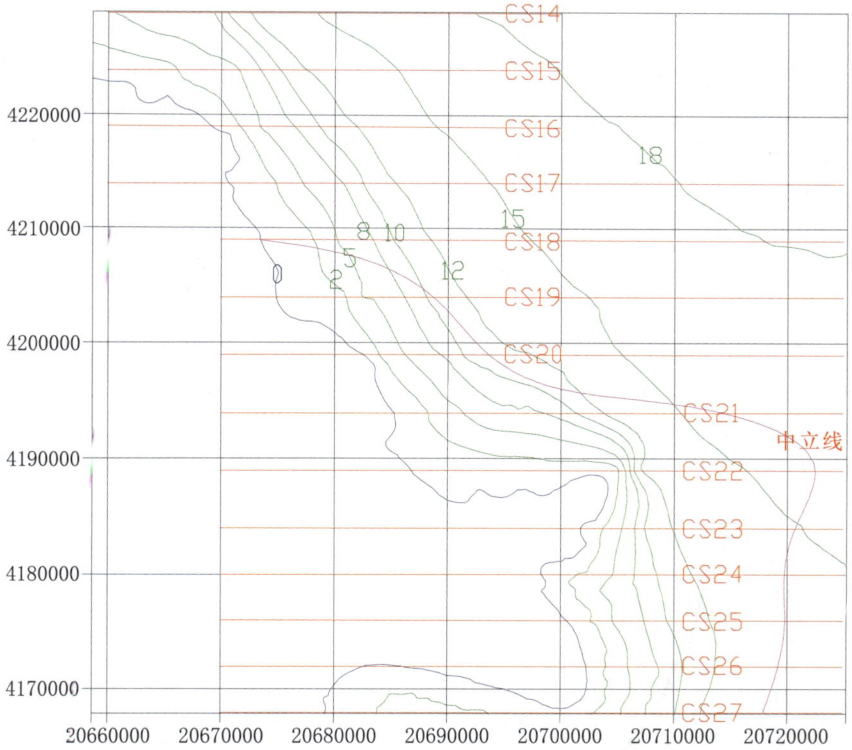

图10-57 黄河清水沟海域各测量断面中立线位置
（底图为2004年水深）

第11章　莱州湾海域冲淤变化

11.1　来沙情况分析

莱州湾海岸的演化与黄河口地形、物质来源变化有关。泥沙的主要来源有两个方面：一是广利河和溢洪河径流挟带的陆相泥沙，二是从涨潮流挟带而来的海相泥沙。1968～1976年黄河改道清水沟流路以前，黄河来沙对莱州湾地区的影响不大。1976～1990年黄河快速生长阶段，黄河口附近快速淤积，岸线快速淤进。黄河口以南海岸显著冲刷，莱州湾略有淤积。1990～1999年黄河来水来沙迅速减小期间，特别是1996年改走北汊后，黄河入海泥沙对南部的影响降低。1990～1996年期间，莱州湾地区显著淤积，特别是1993年期间淤积特别严重。1996～1999年莱州湾及广利河口出现微淤积状态。

在广利河口拦门沙表面沉积物以广利河口为界分为南北两部分，北部沉积物分布比较有规律，从岸到海逐渐变粗再逐渐变细，依次为黏土质粉砂、砂质粉砂、粉砂质砂、粗粉砂、黏土质粉砂；南部沉积物从岸到海总体来看依次为粗粉砂、粉砂质砂、砂质粉砂；拦门沙地区以粗粉砂和粉砂质细砂为主。沉积物中值粒径为4～6 μm。

11.2　莱州湾海域冲淤演变

为研究莱州湾海域冲淤变化，我们选择靠近莱州湾海域的水文部门布设的黄河三角洲海域36个大断面中的CS32和CS33断面，用1976年、1988年、1993年、1996年、2000年、2003年的断面测量数据进行比较分析。

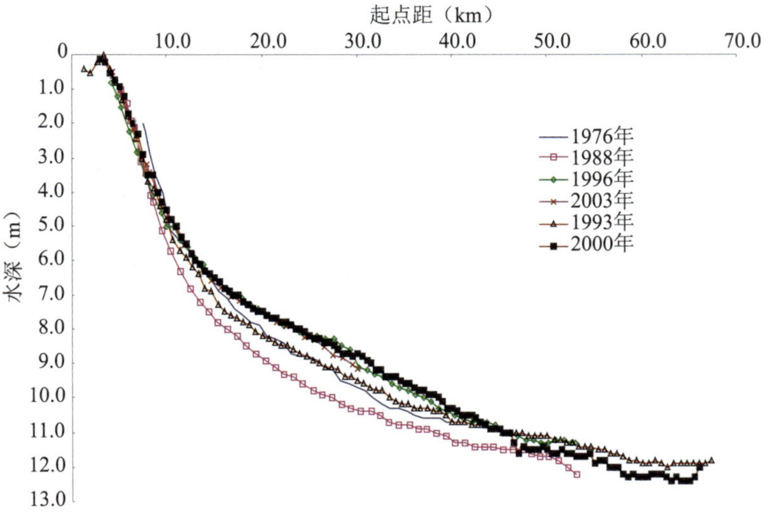

图11-1　CS32断面冲淤断面图（1976～2003年）

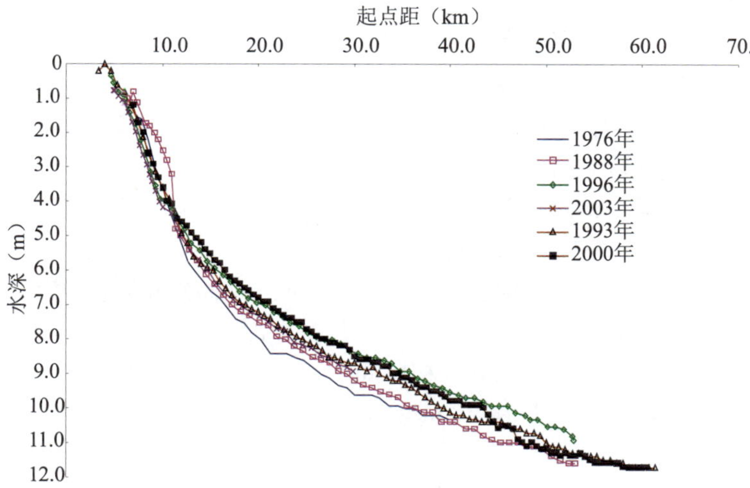

图11-2 CS33断面冲淤断面图（1976～2003年）

11.2.1 两个断面不同水深的淤进、蚀退对比分析

对1976年、1988年、1993年、1996年、2000年、2003年水深图的2 m、5 m、8 m、10 m水深淤进、蚀退对比分析可得出以下结论。

11.2.1.1 CS32断面

2 m水深先发生蚀退，后发生淤进，总的表现为蚀退，27年共蚀退了1.876 km，年均为69 m/a；5 m水深先蚀退，1988年后开始淤进，总的表现为淤进，27年共淤进0.525 km，年均为19 m/a；8 m水深先蚀退后淤进，再表现为蚀退，总体为淤进，27年共淤进3.376 km，年均为125 m/a；10 m水深表现与8 m一致，27年共淤进3.188 km，年均为118 m/a。

特别是1996年黄河改走清8汉后，2 m水深先表现为淤进，后表现为蚀退，总体为淤进，7年共淤进0.375 km，淤进速率为53.57 m/a；5 m水深先表现为淤进，后表现为蚀退，总体为淤进，7年共淤进0.75 km，淤进速率为107.14 m/a；8 m水深发生微弱蚀退，7年共蚀退0.187 km，蚀退速率为26.7 m/a；10 m水深先发生淤进，后发生蚀退，总体表现为蚀退，7年共蚀退2.156 km，蚀退速率为308 m/a。

11.2.1.2 CS33断面

2 m水深先发生淤进，后发生蚀退，总的表现为蚀退，27年共蚀退了1.13 km，年均为42 m/a；5 m水深先淤进，2000年后发生蚀退，总的表现为淤进，27年共淤进0.556 km，年均为20.6 m/a；8 m先淤进后蚀退，总体为淤进，27年共淤进1.986 km，年均为73.6 m/a；10 m水深表现与8 m一致，先淤进，1996年后表现为蚀退，总体为淤进，27年共淤进1.852 km，年均为68.6 m/a。

1996年后，2 m水深先表现为淤进，后表现为蚀退，总体为蚀退，7年共蚀退0.204 km，蚀退速率为29.14 m/a；5 m水深先表现为淤进，后表现为蚀退，总体为蚀退，7年共蚀退0.37 km，蚀退速率为52.857 m/a；8 m水深发生蚀退，7年共蚀退3.333 km，蚀退速率为476.19 m/a；10 m水深发生蚀退，7年共蚀退8.333 km，蚀退速率为1 190.43 m/a。

11.2.2 两个断面不同水深的淤积、侵蚀对比分析

11.2.2.1 CS32断面侵蚀、淤积情况

1976～1988年，CS32断面不同水深都发生了侵蚀，其中2 m水深侵蚀厚度最大，为1.379 m，侵蚀速率为0.115 m/a。

1988～1993年，除2 m水深发生了侵蚀外，5 m、8 m、10 m水深都发生淤积，10 m水深淤积厚度最大，为0.921 m，淤积速率为0.184 m/a。

1993～1996年，2 m、5 m水深发生了侵蚀，8 m、10 m水深发生淤积。

1996～2000年，除8 m水深冲淤平衡外，其余水深都发生淤积，其中2 m水深淤积最为严重，4年淤积了0.4 m，淤积速率为0.1 m/a。

2000～2003年2 m、5 m、8 m、10 m水深都发生侵蚀，10 m水深侵蚀了0.7 m，侵蚀速率为0.233 3 m/a。

1976～2003年，除2 m水深发生侵蚀外，其他都发生淤积，总的趋势是从起点开始，随着水深加大，淤积厚度不断加大。

特别是黄河改走清8汊后，1996～2003年，2 m水深发生了淤积，8年淤积0.276 m，淤积速率为0.035 m/a；5 m、8 m水深基本上处于冲淤平衡状态，10 m水深发生侵蚀，侵蚀厚度为0.414 m，侵蚀速率为0.051 m/a。

11.2.2.2 CS33断面侵蚀、淤积情况

1976～1988年，CS33断面不同水深都发生了侵蚀，其中8 m水深侵蚀厚度最大，为0.458 m，侵蚀速率为0.04 m/a，10 m为冲淤平衡。

1988～1993年，除2 m水深发生了侵蚀外，5 m、8 m、10 m水深都发生淤积，其中10 m水深淤积最大，为0.522 m/a，淤积速率为0.104 4 m/a。

1993～1996年，除2 m水深发生了侵蚀外，5 m、8 m、10 m水深都发生淤积，其中10 m水深淤积最大，为0.588 m/a，淤积速率为0.196 m/a。

1996～2000年，除8 m水深冲淤平衡外，2 m、5 m水深发生淤积，10 m水深发生了侵蚀。

2000～2003年不同水深均发生了侵蚀，其中10 m水深侵蚀厚度最大，为0.965 m，侵蚀速率为0.322 m/a。

1976～2003年，除2 m发生侵蚀外，其他都发生淤积，总的趋势是从起点开始，随着水深加大，淤积厚度不断加大。

1996年黄河改走清8汊后，至2003年，2 m、5 m、8 m、10 m水深都发生了侵蚀，其中5 m水深处侵蚀最小，在5 m水深以下，随着深度加大，侵蚀厚度也不断加大。

11.2.3 莱州湾海域0 m等深线变化

用1980年、1993年、1996年、2000年卫星遥感图片，经过潮位校正后，把0 m海岸线解析出来，进行套绘、对比分析，选取了4140000至4150000之间，每隔2 000 m一个断面，对不同断面上不同年份的0 m线的演变情况进行了分析（见图11-3），可以看出，除1980～1993年0 m线是向海中淤进外，其余的年段都是蚀退的，这是因为清水沟流路在1996年改走北汊前的入海口门是向东南向的，黄河入海泥沙的扩散对莱州湾沿岸是有影响的；而1996年后0 m线是不断蚀退的，说明莱州湾沿岸由于失去黄河入海

泥沙补给而发生蚀退。莱州湾沿岸不同断面蚀退的距离不等，从4140000至4150000断面，越向北蚀退的距离越少。

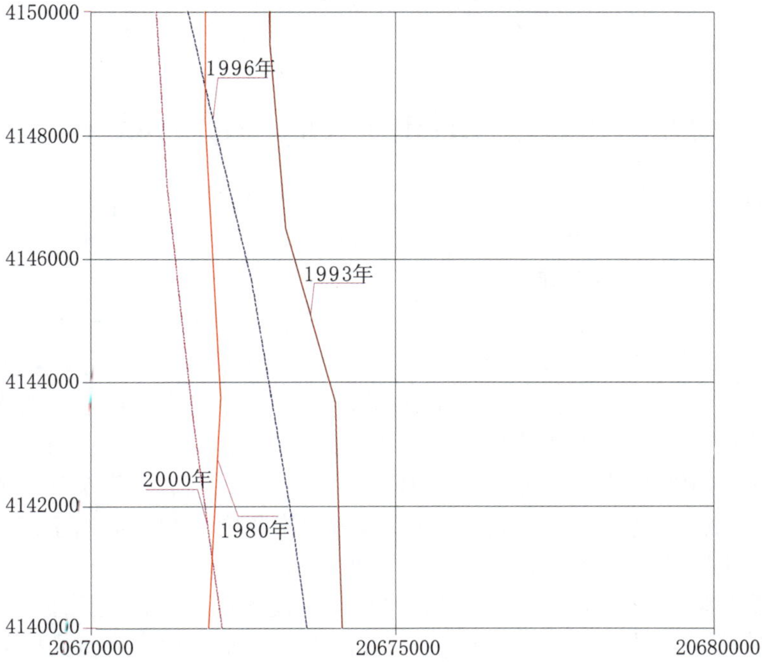

图11-3 莱州湾海岸0 m等深线演变图

第12章 结 论

12.1 黄河三角洲海区海洋动力特征

（1）黄河三角洲海区潮汐类型除5号桩、东营港附近海区为全日潮外，其余都为不正规半日潮，日潮不等现象比较明显，渤海湾与莱州湾沿岸涨落潮时差6 h，对于半日潮海区来说，恰好渤海湾涨潮，莱州湾落潮。

（2）潮流在渤海湾及莱州湾的深水区为旋转流；在浅水区由于三角洲海岸限制了潮流的旋转，表现为往复流运动，涨落潮流向基本与海岸平行。深水区的潮流旋转方向渤海湾为逆时针旋转流；莱州湾为顺时针旋转流。黄河口附近由于涨落潮引起的定场流动，具有相对的周期性和稳定性，有利于黄河入海泥沙向口门两侧输移。

（3）黄河三角洲沿岸余流复杂，河口附近有径流性余流，强潮流区有潮汐残流，影响范围比较大的是风生余流。尽管黄河口海区余流速度不大，但由于流动方向具有相对的稳定性，因此余流输送入海泥沙是不可忽略的。

（4）当渤海海区受到风暴潮作用时，风场与潮流场相耦合，能产生强大的风暴激流，出现一种持续时间虽短，但这种动力一方面可对海岸工程带来重大破坏，另一方面又可迅速改变海岸地形面貌，甚至削掉沙嘴，填平沟壑，把沉积已久的泥沙重新起动搬运。

12.2 海洋动力输沙作用

潮流是主要的、永恒的动力，但它是周期性的，只能进行中、短距离输沙，输送范围在20 km左右；风海流、风暴大浪和海洋激流有时是非常强大的，但其作用是短时间的，方向也是多变的、随机性的；余流、环流作用微弱，但却是持久的、大尺度的动力。海洋动力本身是一个统一体，无法将各种动力分离开来。泥沙的输送运移是各种海洋动力综合作用的结果。实际的输沙效果也绝不等于各种动力单独作用的代数和。

12.3 黄河三角洲海岸线演变特点

河口三角洲海岸发生淤进、蚀退现象具有普遍性。黄河三角洲由于泥沙来源特别丰富，数量巨大，泥沙组成又比较细（粒径小于0.025 mm的占44.2%），使三角洲岸线变化又快又频繁。根据不同流路、不同时段的三角洲淤进和蚀退、造陆速率及海洋动力因素、输往外海区的泥沙数量和比例关系，可以得出以下几点认识。

（1）行水期三角洲岸线一般以淤进造陆为主，个别年份来沙量少时也出现造陆负增长。

（2）从造陆面积时序变化看，一般是改道初期造陆速率大，改道后期造陆速率有逐年减小的趋势。这与改道后期沙嘴向海中突出、沙嘴前缘地形变陡、海流流速增大、泥沙沉积减少、海洋动力输沙能力增强等因素有关。

（3）清水沟河道长度增长变化，大致与造陆面积变化趋势相一致。改道初期几年增长速度较快，以后逐渐减弱。

（4）三角洲岸段在河口改道完全失去泥沙补给后，岸线的侵蚀会十分强烈。从遥感影像信息可以看出，刁口河流路沙嘴在断流后最初几年蚀退剧烈，随着岸线和海床北降变化，侵蚀会逐渐趋向缓和，长期能达到冲淤平衡。

12.4　黄河三角洲海岸剖面类型划分

利用海滩剖面在波浪和水流的作用下，引起泥沙搬运并导致海滩剖面塑造的中立线理论来确定黄河入海泥沙扩散的动边界，克服了以往用冲淤厚度0 m线来确定入海泥沙扩散动边界的缺陷。通过对清水沟流路CS14～CS27断面水下岸坡地形剖面的变化对比，总结出黄河三角洲水下岸坡冲淤变化基本有强淤型、强冲型、动态平衡型、弱冲型和弱淤型5种形态。就现阶段而言，CS14断面、CS19断面、CS25断面、CS26断面属于弱冲型岸坡；CS15断面、CS16断面、CS17断面、CS18断面属于动态平衡型岸坡；CS20断面、CS24断面属于弱淤型岸坡；CS21断面、CS22断面、CS23断面属于强淤型岸坡；CS27断面属于强冲型岸坡。

12.5　刁口河流路河口及海域冲淤变化

（1）刁口河流路行河期间，淤积造陆面积约为500 km^2，同期黄河三角洲岸线蚀退面积160 km^2，净造陆面积约340 km^2，平均造陆速率约28 km^2/a。1976年刁口河流路附近海岸线由于失去黄河入海泥沙的补给，一直处于不断蚀退过程中，在截至2008年的32年间，陆地面积共侵蚀近250 km^2，变化过程是在停水后的最初几年间侵蚀比较严重，后逐渐趋于平缓，当刁口河流路附近海域海底剖面处于平衡剖面时，将不会发生侵蚀，处于平衡状态，但所需时间比较长。

（2）行水期滨海区各等深线变化总体表现为：从2 m等深线始，随着水深的加深，等深线由浅水区的与岸线变化一致逐渐变得与岸线变化无关，等深线也逐渐平缓，呈直线趋势；2 m、5 m、8 m等深线的变化趋势与岸线的变化趋势基本一致，都是刁口河入海流路流经时不断向前淤进，远离口门的断面稍微发生蚀退，但随水深加大，变化趋势减小；10 m、12 m、15 m等深线从CS1至CS8断面即从西至东淤积速率逐渐变大，同一年份的等深线起点距逐渐减小；18 m等深线的变化与刁口河入海流路的直接输移沉积无直接联系，变化幅度都比其他等深线小。

（3）1976～2004年刁口河流路停水后滨海区各等深线变化总体表现为：浅水区的2 m、5 m等深线在口门前蚀退距离大，远离入海口门蚀退距离小，前期蚀退速率大，后期蚀退速率小，现阶段CS1断面2 m等深线基本稳定，CS1～CS3断面5 m等深线基本稳定。中水区的8 m、10 m等深线在CS7、CS8断面蚀退严重，其余各断面淤蚀量都很小；CS1～CS6断面在1980年之前蚀退比较剧烈，1980年后处于不断淤进状态，在1998年以后又转入快速蚀退状态。15 m等深线呈西高东低，在20世纪80年代中期之前都处于缓慢蚀退状态，之后至1998年所有断面都处于不断淤进状态，1998年以后所有断面都出现比较大的蚀退，CS4～CS8断面从2001年开始基本处于淤蚀平衡状态；18 m等深线在1980年以前都发生蚀退，1980～1998年处于不断淤进状态，1998年之后出现较严重的蚀退，其中CS6～CS8断面在2001年之后基本处于淤蚀平衡状态。

（4）用1976～2004年CS1～CS8断面测量的2 m等深线进行套绘，并根据不等时距的灰色系统GM（1，1）模型，对2 m等深线起点距进行建模，对2005～2014年10年的起点距数据进行预测，预测的结果是：在不考虑海岸修建海堤的情况下，由于没有陆源的泥沙补给，在海洋动力作用下，都是逐年蚀退的。

12.6　清水沟流路沿岸各断面演变特点

12.6.1　清水沟流路海域冲淤特征

一般发生淤积的位置都在口门附近海域，最大淤积厚度也出现在口门前海域，淤积的范围与入海泥沙的多少及口门附近海域的水深有直接的关系，即入海泥沙多，口门附近的水深小，淤积的范围就大，最大淤积厚度就小；反之，入海泥沙少，口门附近的水深大，淤积的范围就小，最大淤积厚度就大。一般发生冲刷的位置都发生在远离黄河行河口门或者海岸线凸出的浅水海域。

在口门前淤积形成淤积厚度超过0.5 m的扁圆锥体的长轴不超过30 km，短轴不超过15 km，我们认为黄河泥沙在入海后经过海洋动力一次搬运（不包括泥沙沉积后经海洋动力作用起动再次搬运）一般都沉积在口门前两侧各15 km、口门前8 km的范围内。

12.6.2　清水沟流路等深线变化特征

入海泥沙多，等深线就向海中淤进得多；反之，入海泥沙少，等深线就向海中淤进得少，甚至出现平衡或蚀退。口门等深线淤积距离最大，向口门两侧淤进距离逐渐减小。

在进行比较的2 m、5 m、10 m、15 m、18 m等5条等深线中，2 m、5 m和10 m等深线的形状与海岸线的形状变化保持一致；15 m等深线的形状趋于一条直线，与海岸线形状变化关系不是很大；而18 m等深线的变化属于整个渤海湾大环境海域水深的变化，与黄河三角洲海岸线形状变化没有关系。

在相同比较年份同一固定测深断面上的不同等深线对比中，随着等深线深度增加，淤蚀变化程度由剧烈逐渐平缓，特别是口门前的断面表现更加明显，说明黄河入海泥沙的沉积主要集中在浅水区，随着深度增加，影响程度逐渐变小，在某一深度保持冲淤平衡。

12.7　莱州湾海域冲淤变化特点

1968～1976年黄河改道清水沟流路以前，黄河来沙对莱州湾地区的影响不大。1976～1990年黄河快速生长阶段，黄河口附近快速淤积，岸线快速淤进，莱州湾略有淤积。1990～1999年黄河来水来沙迅速减小期间，特别是1996年改走北汊后，黄河入海泥沙对南部的影响降低。1990～1996年期间，莱州湾地区显著淤积，特别是1993年其间淤积特别严重。1996～1999年莱州湾及广利河口出现微淤积状态。

12.8 1855年以来黄河三角洲演变特征

（1）1855～1976年黄河改走清水沟流路前，淤海造陆约2 300 km^2，平均每年约20 km^2。1938年以前，在百余千米宽度内，海岸线向外推移约20 km，1938年以后又在七八十千米宽度内向外推移约10 km。总共已发生约10次改道。

（2）以宁海作为顶点，将黄河口三角洲分成东北向、东及东南向、北向三个扇面，在1929年以前，东北扇面行水38年，东及东南扇面行水仅6年，而且仅覆盖扇面的很小一部分，然后在北向扇面行水21年，并几乎填满了该扇面。由于人工扒堤，1929年河道再次改到东及东南扇面来。接着，东北扇面，东及东南扇面同时行水。1953年以后就集中在东北扇面上。计到1976年，东北向扇面共行水71年，东及东南扇面行水15年，北向扇面行水21年。

（3）1889年河道已延伸到目前4号桩东南，河长大致与1953年神仙沟长相当。1889年以后，一直到1950年的河长都比它短。1950年以后，河道摆动改道限制在渔洼以下，1953年后只限制到罗家屋子以下，此后河长才突破1889年的河长水平。黄河在改道清水沟后，河长不断加长，在1996年达到最长（西河口以下65 km），除1996年清8改汊和2007年汊3断面改汊当年河长缩短外，此后各年都是逐渐变长的，目前河长在西河口以下54 km左右。

参 考 文 献

[1] 黄河河口管理局. 东营市黄河志[M]. 济南:齐鲁书社，1995.
[2] 李殿魁，杨玉珍，程义吉，等. 延长黄河口清水沟行水年限的研究[M]. 郑州：黄河水利出版社，2002.
[3] 程义吉，杨晓阳. 黄河三角洲及现行河口海岸蚀退观测研究[R]. 2003.
[4] 李士国，刘金友，王春华. 刁口河流路情况调查及过洪能力分析[R]. 2004.
[5] 程义吉，王宗波，杨晓阳. 刁口河流路停水后海岸冲淤变化研究[R]. 2000.
[6] 周丹，邢华. 九十年代黄河口河道水沙特性与河道冲淤演变分析[R]. 2001.
[7] 管春城，薛儒生，乔富荣. 黄河河口对下游河道反馈影响研究[R]. 2006.
[8] 李士国，王春华，邢华. 清水沟流路与刁口河流路轮换使用行水年限研究[R]. 2006.
[9] 杨玉珍，刘高焕，刘庆生，等. 黄河三角洲生态与资源数字化集成研究[M]. 郑州：黄河水利出版社，2004.
[10] 黄河研究会. 黄河河口研究概况[R]. 黄河水利科学研究院，2003.
[11] 黄海军，李凡，庞家珍，等. 黄河三角洲与渤、黄海陆海相互作用研究[M].郑州：黄河水利出版社，2004.
[12] 曾庆华，张世奇，胡春宏，等. 黄河口演变规律及整治[M]. 郑州：黄河水利出版社， 1997.
[13] 黄河水利委员会. 黄河入海流路规划报告[R]. 1989.

[14] 王开荣，茹玉英，等. 黄河河口演变与治理研究报告[R]. 黄河水利科学研究院，2002.

[15] 谷源泽，等. 黄河口复循环流路沙嘴延伸机制特性与行水年限分析[R]. 黄委会山东水文水资源局，2001.

[16] 河口治理与水资源专家组.黄河口治理与水资源利用(CPR/91/144) [R]. 联合国开发计划署，1997.

[17] 燕峒胜，蒲高军，张建华，等. 黄河三角洲胜利滩海油区海岸蚀退与防护研究[R]. 胜利油田生产管理处，黄河口水文水资源勘测局，2005.

[18] 尹学良，黄河口的河床演变[M]. 北京: 中国铁道出版社，1997.

[19] 乐肯堂，周参武.黄河口的变迁对滨海大陆架流场变化的影响[J]. 海洋科学集刊，1995（36）：93-109.

[20] 乐肯堂，刘兴泉，史久新.黄河口的变迁对邻近海区潮波运动影响的数值研究[J]. 海洋科学集刊，1995（36）：33-46.

[21] 李泽刚. 黄河近代河口演变基本规律与稳定入海流路治理[M]. 郑州: 黄河水利出版社，2006.

[22] 陈沈良，张国安，陈小英，等.黄河三角洲飞雁滩海岸的侵蚀及机理[J]. 海洋地质与第四纪地质，2005(3).

第三课题 巧用海动力输沙、建造新型海岸带工程技术研究

第13章 前 言

13.1 概 述

黄河为我国第二大河，是世界闻名的高含沙量河流，以其水少沙多、水沙异源、时空分布不均匀等特征而著称。黄河多年平均入海泥沙量高达10亿 t以上，在过去历史时期，其下游河道不断摆动变迁，注入黄海或渤海，发育了大型陆上三角洲和水下三角洲，其进入海洋的细颗粒泥沙是陆架海泥质沉积区的重要物源供应。自全新世中期以来，受气候变化和黄河流域人类活动的影响，黄河泥沙由1.5亿 t/a快速升高至10亿 t/a，并且在过去的千年时间尺度上维持高泥沙通量。1855年黄河由黄海重新注入渤海，在过去150多年的时间里形成了目前的现代黄河三角洲。

黄河三角洲蕴藏着极其丰富的油气、盐卤、淡水、地热以及海洋生物、土地资源。其中石油、天然气、卤水已探明储量居全国海岸带之首，土地资源是我国东部沿海土地后备资源最多、农业开发潜力最大的地区之一，均具有较高的开采和利用价值。三角洲的地理位置优越，处于环渤海经济圈和东北亚经济区内，具有一定的综合开发和可持续发展潜力。近10年来，黄河三角洲未来经济发展问题受到国家和地方政府的高度重视。在《中国21世纪议程优先项目计划》中，“黄河三角洲地区的资源开发与环境保护”被列为优先发展项目。该项目的总目标是将黄河三角洲地区建设成为能源、化工及农业可持续发展的开放型经济区。在《山东省“九五”计划及2010年规划纲要》中，更明确地提出了加快实施黄河三角洲开发和“上山东”建设两大跨世纪工程战略。2009年国务院通过了《黄河三角洲高效生态经济区发展规划》，表明黄河三角洲的开发已经上升为国家战略，黄河三角洲也必将成为山东省未来国民经济和社会发展的重要增长极。

黄河三角洲开发与治理的重要前提是维持黄河三角洲的稳定。1976年黄河入海流路由刁口流路改为清水沟流路后，刁口三角洲叶瓣区域由于缺乏泥沙供应而呈现快速的海岸侵蚀，岸线不断后退。1976～1999年期间，刁口河流路不再引水，刁口三角洲叶瓣前缘的侵蚀深度达5～8 m，平均冲刷深度为20～30 cm/a (见图13–1)。海岸侵蚀对沿岸的海岸防护工程和胜利油田的生产设施安全提出了严峻的挑战。在此期间清水沟流路所及区域，淤进幅度大，不同季节或不同区域虽有蚀退，但总体上被大规模淤进所覆盖（见图13–2）。

最近10年来，受流域大型水库和水土保持工程的影响，黄河入海泥沙持续减

少。2000年以来黄河入海泥沙量平均为1.5亿 t/a，仅为20世纪50～60年代的10%（见图13-3），低于维持黄河三角洲整体冲淤平衡的临界值，入海泥沙通量严重不足，导致三角洲呈现整体蚀退状态。

为应对目前三角洲面临的严峻形势，急需开展相关的海岸防护研究，以维持三角洲的稳定，为黄河三角洲的治理和开发提供保障。本课题在前期针对黄河口海岸水文条件和海动力作用下的泥沙沉积、海岸带演变、水下底坡稳定性等工作基础上，研究海动力作用下沉积物输送过程以及海岸演变的数值模拟；采用三维数值模型研究在刁口河河口建设海岸防护工程对局地海动力和沉积物输送过程的影响，为黄河三角洲的海岸防护提供科学依据。

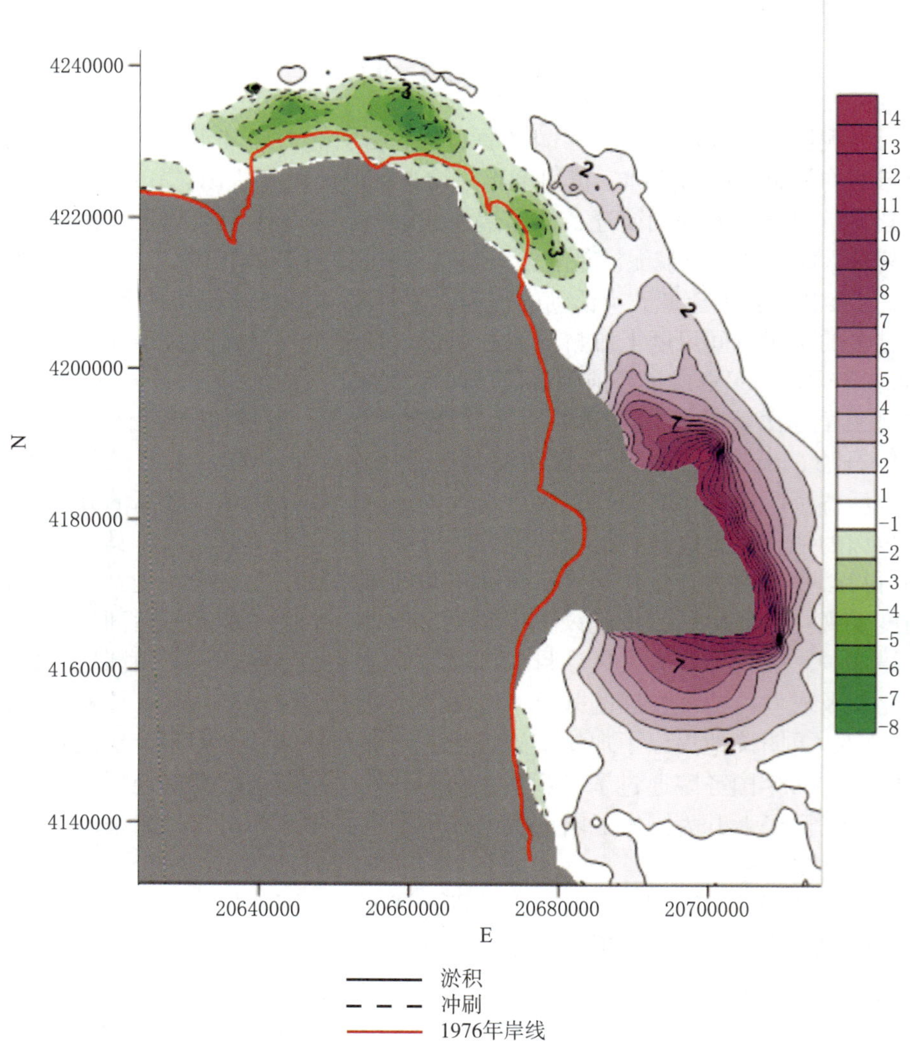

图13-1　黄河三角洲1976～1999年冲淤分布图（单位：m）

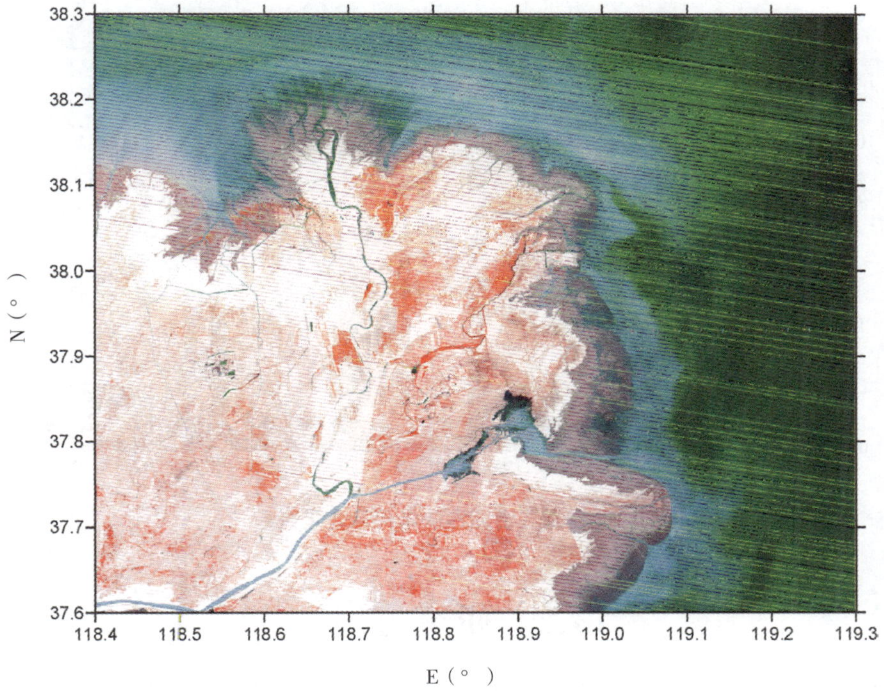

（a）1976年6月2日

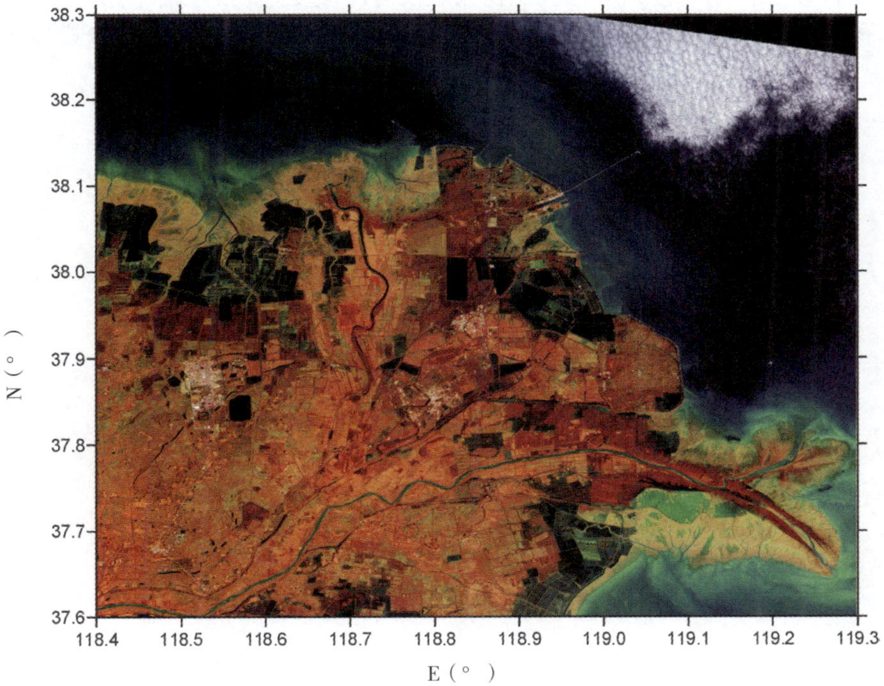

（b）2009年6月20日

图13-2 1976年6月2日和2009年6月20日Landsat卫星遥感图像对比

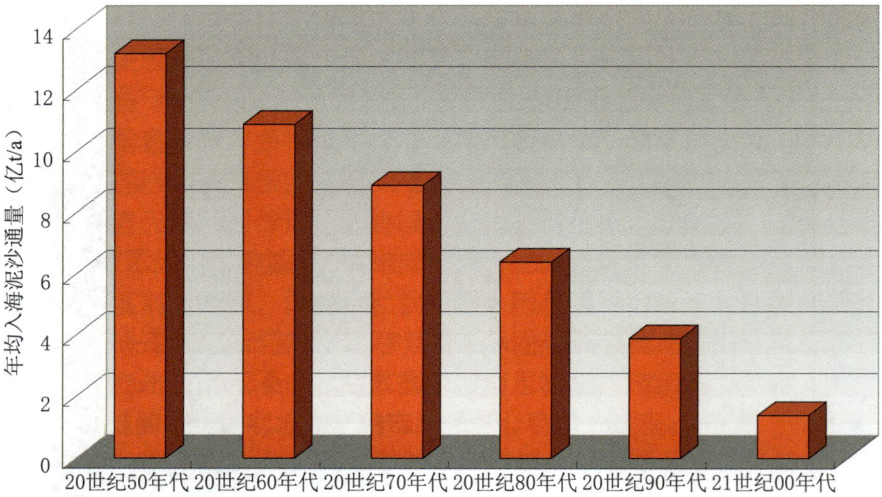

图13-3　黄河入海泥沙的年代际变化过程

13.2　研究方案

（1）黄河河口入海水沙和海洋动力共同作用下的三角洲海域泥沙沉积动力过程和海岸淤进与蚀退机制。

（2）海洋动力作用下侵蚀岸段沉积物输送及海岸演变过程的数学模型。

（3）不同工程设计方案影响下局地海岸动力过程和沉积物输送的数值模拟研究及其对比。

第14章 黄河三角洲泥沙动力过程

14.1 现行河口区域泥沙动力过程

黄河口是典型的高浊度河口，其沉积动力过程有显著的特色。在河口区域，河海相互作用强烈，由于地形变化的影响，潮流导致的河口切变锋对河口泥沙具有捕集作用，使得入海泥沙在河口附近区域快速淤积；在洪季，高浓度泥沙输入，在河口发育典型的河口异重流，大量入海泥沙通过底层的异重流向海输送。最近几十年来，黄河入海径流泥沙均大幅度减少，2002年以来黄河水利委员会实施调水调沙计划，在6～7月的短期内（20 d左右）集中向海排放径流、泥沙，导致河口沉积动力过程发生转变。同时受季风作用影响，黄河三角洲海域冬夏季的沉积动力过程有显著的差异和明显的地貌响应。

14.1.1 黄河口切变锋

黄河口切变锋是指由于潮波变形导致黄河口区域浅水区域和深水区域的潮汐相位存在较大的相位差，因而形成浅水区和深水区潮流存在流速切变产生的低流速锋带。切变锋的两侧水体性质（盐度和悬浮泥沙浓度）存在显著的差异，盐度和悬浮泥沙浓度的水平梯度较大。

黄河口切变锋是一种小尺度的河口锋，多出现在涨落潮流转换的时刻，存在时间为2～3 h，取决于锋带两侧的潮汐相位差。切变锋有两种类型：①内落外涨型；②内涨外落型。两种形态的切变锋分别出现在潮周期的不同时刻，每次历时2～3 h，在一个周期内占据1/3～1/2的时间（见图14-1），对河口泥沙输送和淡水扩散有重要的控制作用。

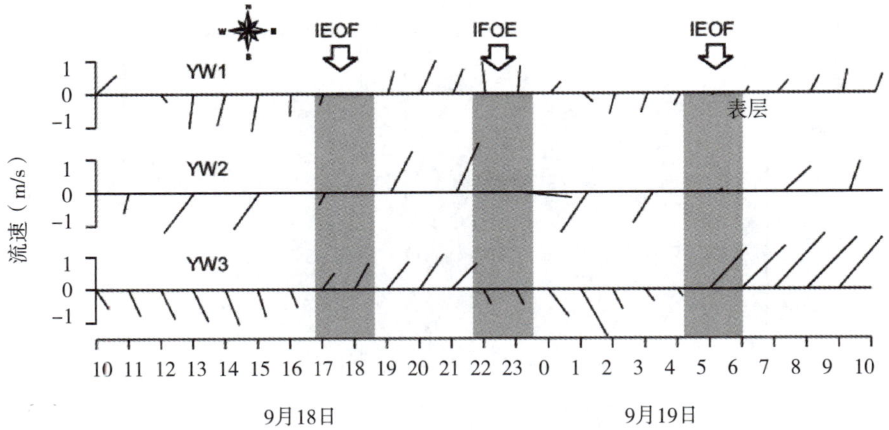

IEOF—内落外涨型切变锋；IFOE—内涨外落型切变锋

图14-1 黄河口海流观测数据显示的河口切变锋 （据Wang et al., 2007）

黄河口切变锋是一个辐聚带，河流入海的植物碎屑通常被捕获在切变带附近。切变锋的存在，导致锋带两侧的悬浮泥沙浓度和盐度有显著的差异。受锋带的阻隔作用，锋带外侧的悬浮泥沙浓度低，水体盐度高；当锋带消失后，悬浮泥沙浓度快速增加，伴随着水体盐度降低（见图14-2），显示高浓度和低盐度的河流水体难以跨越切变锋传输。

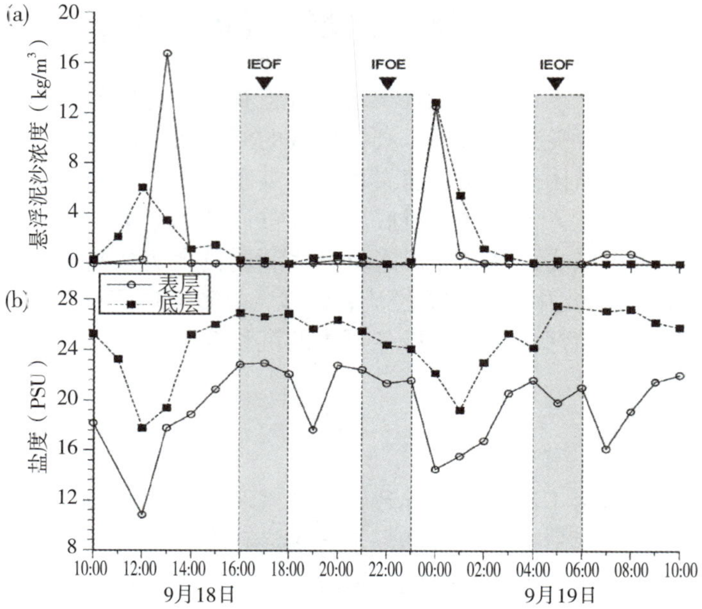

IEOF—内落外涨型切变锋；IFOE—内涨外落型切变锋

图14-2 黄河口悬浮泥沙浓度和水体盐度变化

由于黄河口切变锋的阻隔，黄河入海泥沙难以跨越切变锋传输，导致泥沙主要集中在切变锋的内侧（浅水区域）传输并沉积。在长时间尺度上，浅水区域形成快速淤积，切变锋的外侧（深水区域）产生侵蚀或弱冲淤平衡（见图14-3）。切变锋的时空过程从动力机制上解释了黄河入海泥沙在河口口门附近的浅水区区域快速沉积的地貌现象。

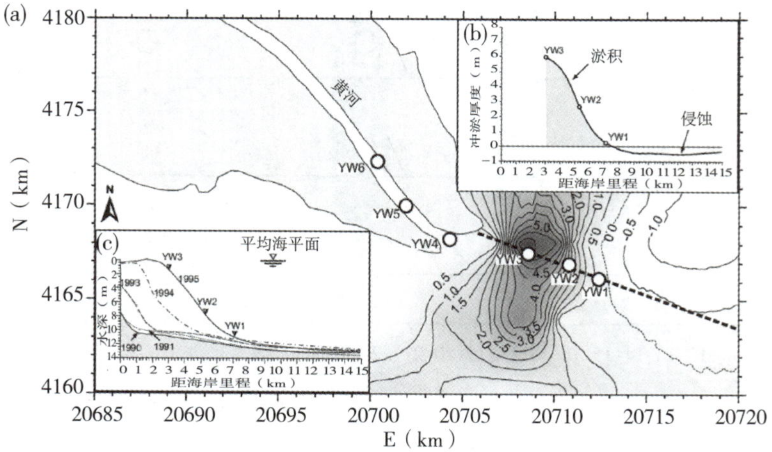

图14-3 黄河口1994～1995年局部水深对比，显示切变锋内侧产生显著的淤积，淤积中心厚度超过5.0 m；切变锋外侧，存在冲刷 （据Wang et al.，2007）

14.1.2 黄河口异重流

河口异重流是指在高浑浊（泥沙浓度超过30 kg/m^3）的河口，河流入海水体由于其密度大于周围海域环境流体密度而下潜，形成在河口底部沿水下斜坡流动的高泥沙浓度和低盐度的水流。由于河口异重流产生需要的临界泥沙浓度较高，因此在大多数河口难以观测到。黄河口是能够产生河口异重流的为数不多的河口之一，早在20世纪80年代中美联合调查研究中有过报道。近年来，研究者在台湾小型山地河流的河口监测到台风和地震等极端事件影响下的河口异重流过程，但是观测资料年限较短。

黄河口异重流主要发生在洪水季节，河流入海泥沙浓度高。由于河流水体密度超过高盐的海水密度，黄河口异重流通常在河口拦门沙附近区域下潜，形成底层高含沙浓度和低盐度并沿水下斜坡向海扩展的水体（见图14-4、图14-5）。

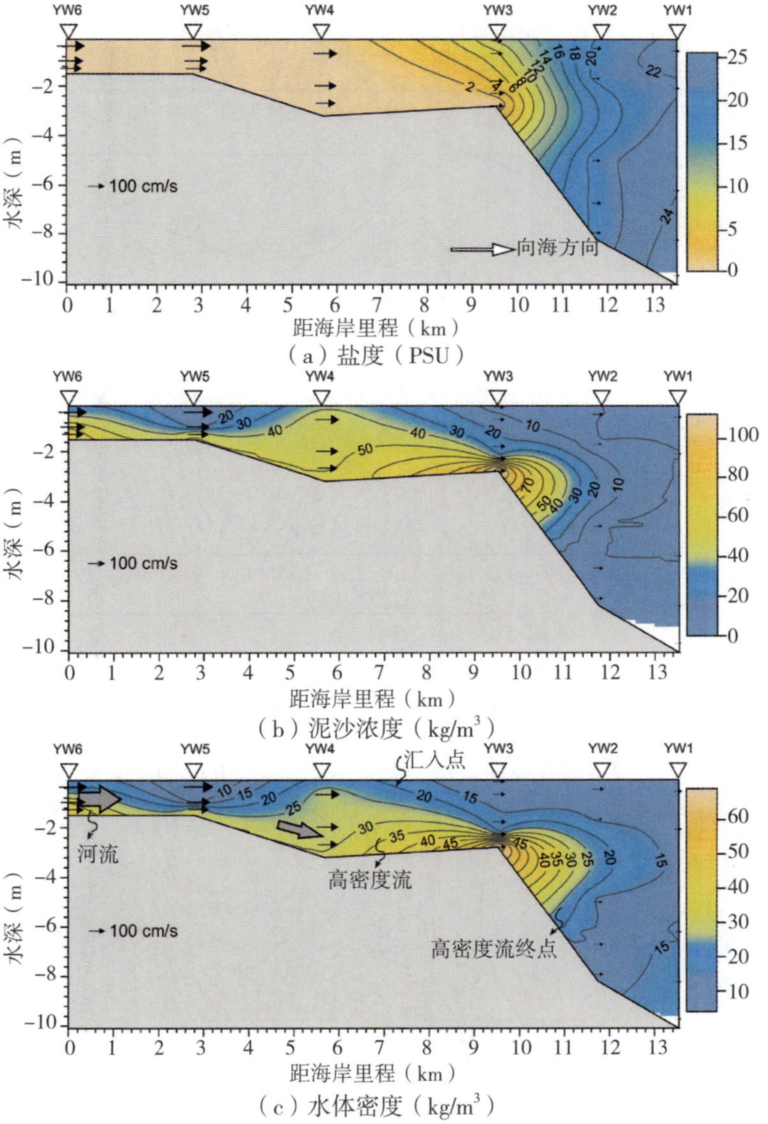

（a）盐度（PSU）

（b）泥沙浓度（kg/m^3）

（c）水体密度（kg/m^3）

图14-4 黄河口1995年观测断面显示的河口异重流形态

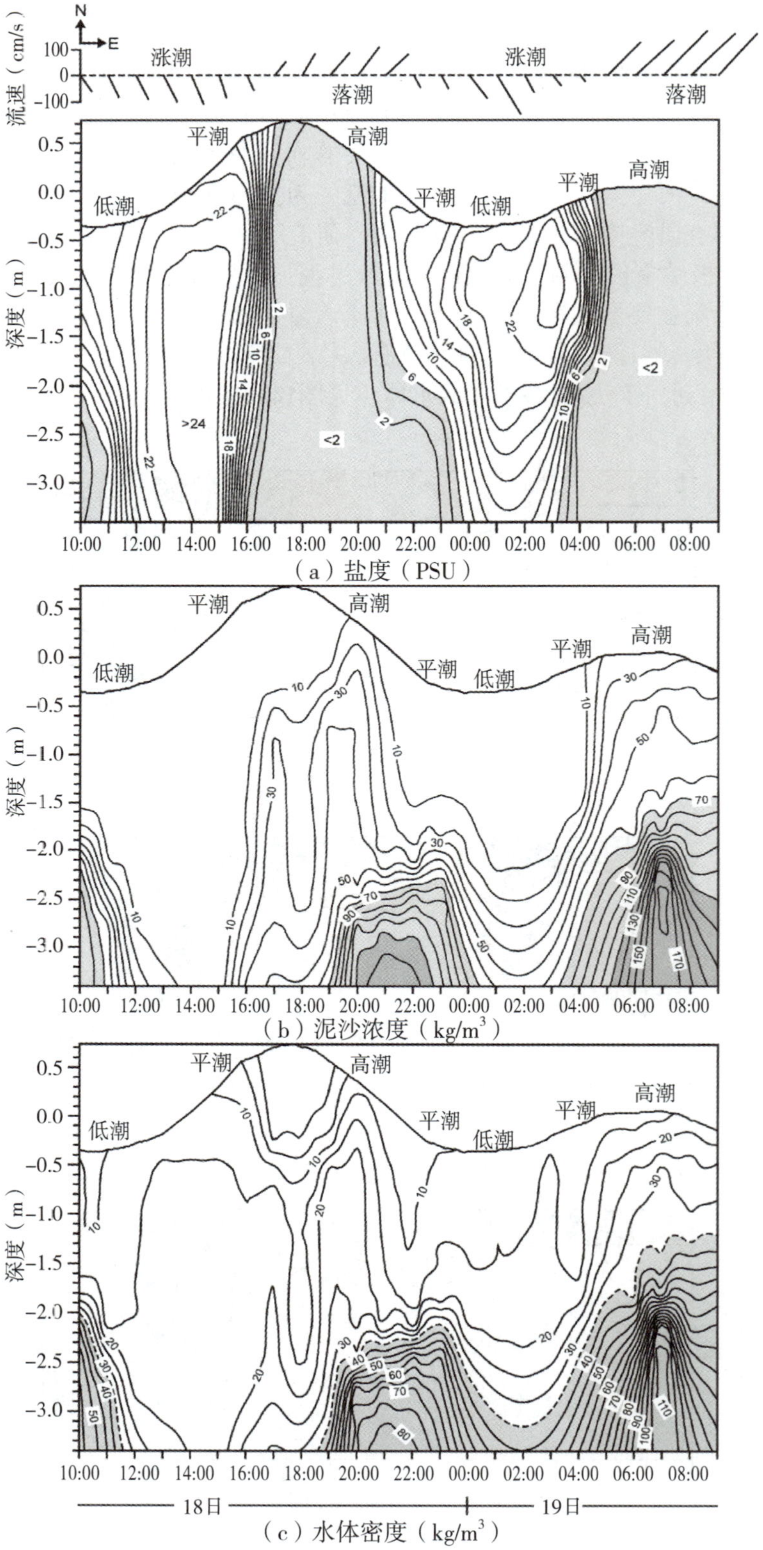

图14-5　黄河口1995年9月18、19日异重流潮周期内的变化过程

黄河口异重流受潮汐调制作用显著，随潮相有明显的变化。由于异重流的发育和维持需要水体存在显著的垂向层化结构，因而潮汐混合效应对异重流变化有相当的控制作用。从潮周期内的变化过程看，异重流在落潮时段发生，表现为水体的倒盐水楔（Inverse Salt Wedge）结构，底层盐度高于中层和表层；底层泥沙浓度远高于表层和中层。异重流在落平时段减弱或消失，伴随水体垂向混合增强。在下一个潮周期又重复出现。

河口异重流对河流入海泥沙的传输有重要的控制作用，是黄河口泥沙沿水下斜坡跨越等深线传输的关键动力机制（见图14-6）。

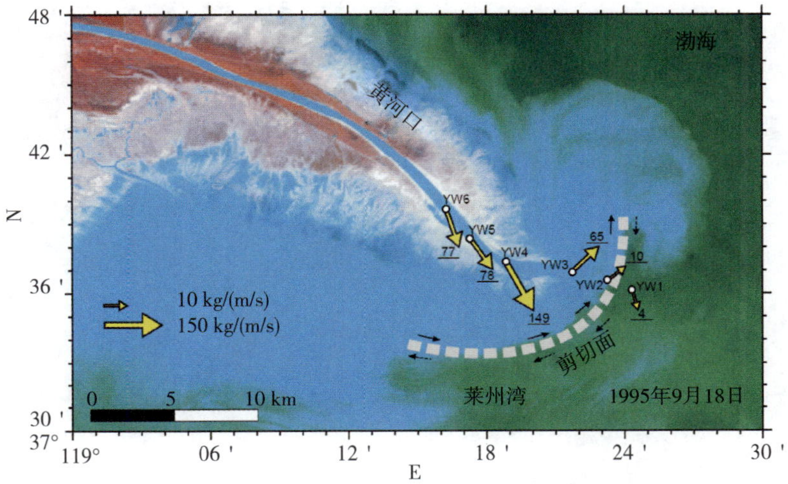

图14-6 黄河口观测站位的泥沙输送通量，显示河口异重流的泥沙输送效应（据Wang et al., 2010）

14.1.3 调水调沙对河口沉积动力过程的影响

黄河多年平均入海沙量约为10.8亿 t，然而最近50年来黄河入海径流量和输沙量急剧减少，导致河流断流频仍，下游河床抬高，行洪能力降低。2002年7月黄河水利委员会开始利用黄河干流大型水库实施调水调沙，以人造洪峰冲刷黄河下游悬河河槽，将黄河泥沙输送入海，并确定黄河下游冲淤变化的临界流量。黄河调水调沙时期成为水沙入海的主要时段(见图14-7)。因此，黄河调水调沙期间大量径流和泥沙快速入海对于河口地形、地貌以及河口演化具有极为重要的意义，这期间也是研究黄河口高浓度泥沙传输过程的“黄金”时段。

2005年6～7月在黄河调水调沙的初始阶段(6月15日)、中间阶段(6月21～23日)和后期(7月3～5日)进行了三次黄河口沉积动力过程现场观测。发现河口入海主流在短短的20余天内发生大幅度的快速摆动(见图14-8)。入海主流快速摆动的根本原因是调水调沙期间黄河入海泥沙量大，泥沙颗粒粗，导致入海泥沙在河口口门附近快速落淤，形成显著的河口拦门沙群（见图14-9）。拦门沙群的产生阻碍了入海主流的通畅入海，使得入海主流路径不稳定。

调水调沙期间黄河入海泥沙在河口口门的快速淤积及其形成的河口拦门沙群，导致河流入海不畅，引发河口的分汊和摆动。2002年和2009年河口口门区域的Landsat卫星遥感影像对比显示了这一动力过程引发的地貌环境变化（见图14-10）。

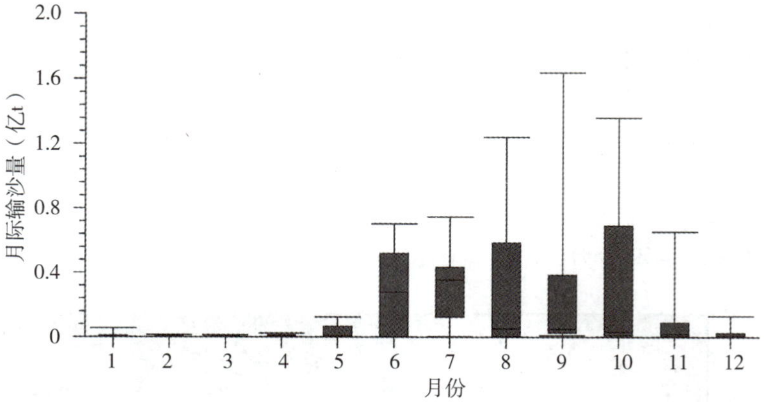

图14-7　2002～2009年黄河利津站月平均输沙量变化，显示调水调沙成为目前黄河泥沙入海的主要时段

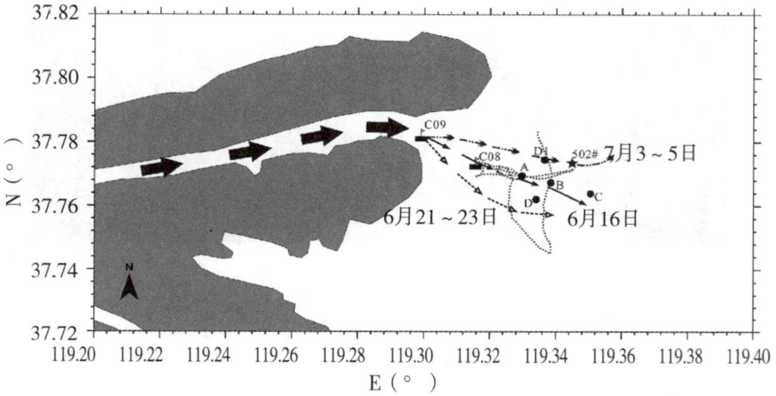

图14-8　2005年黄河调水调沙期间海上观测显示黄河入海主流在短期内发生多次较大幅度的快速摆动，主流的路径具有很高的不稳定性（据王厚杰等，2005）

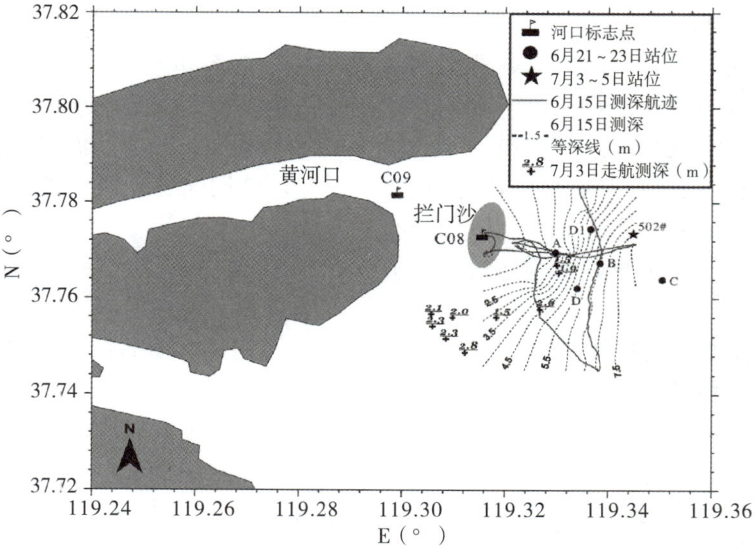

图14-9　2005年黄河调水调沙期间海上水深观测数据显示的河口拦门沙群（据王厚杰等，2005）

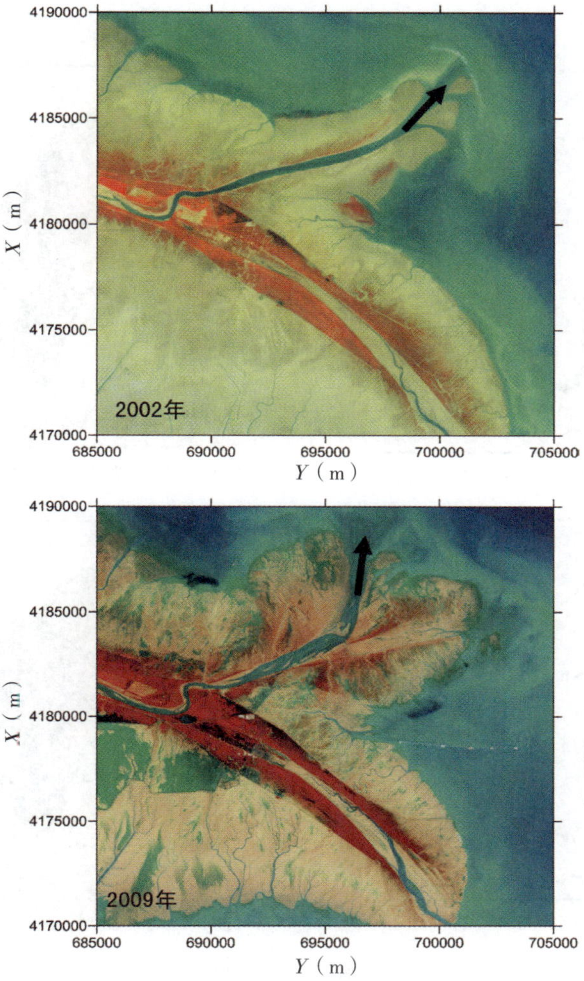

图14-10 2002年、2009年河口形态的Landsat卫星遥感影像对比

14.1.4 黄河三角洲沉积动力过程的季节性变化

在显著的人工调控作用之前，黄河入海水沙具有典型的季节性变化特征。同时，受季风活动影响，黄河三角洲海域的沉积动力过程也有明显的季节性变化。夏季，风浪作用较弱，入海泥沙量高，导致入海泥沙主要在三角洲沿岸的浅水区域沉积；冬季，风浪作用导致的海洋环境动力显著增强，三角洲沿岸的海底侵蚀和泥沙再悬浮作用强烈，因而产生显著的季节性差异。

2006年11月（冬季）和2007年6月（夏季）黄河三角洲区域悬浮泥沙观测结果显示，冬季受强风浪作用控制，海域悬浮泥沙远远高于夏季，高浓度悬浮泥沙分布在整个三角洲的沿岸区域；而在夏季，高悬浮泥沙浓度主要集中在现行河口的口门附近，分布范围相当有限（见图14-11）。尤其需要指出的是，冬季刁口三角洲区域的底层悬浮泥沙浓度极高，主要是区域东北向强风浪的控制而产生强烈的泥沙再悬浮导致。由MODIS卫星遥感数据反演的三角洲近海悬浮泥沙浓度的详细季节性变化也印证了季节性动力过程对海域泥沙输运的控制作用（见图14-12）。

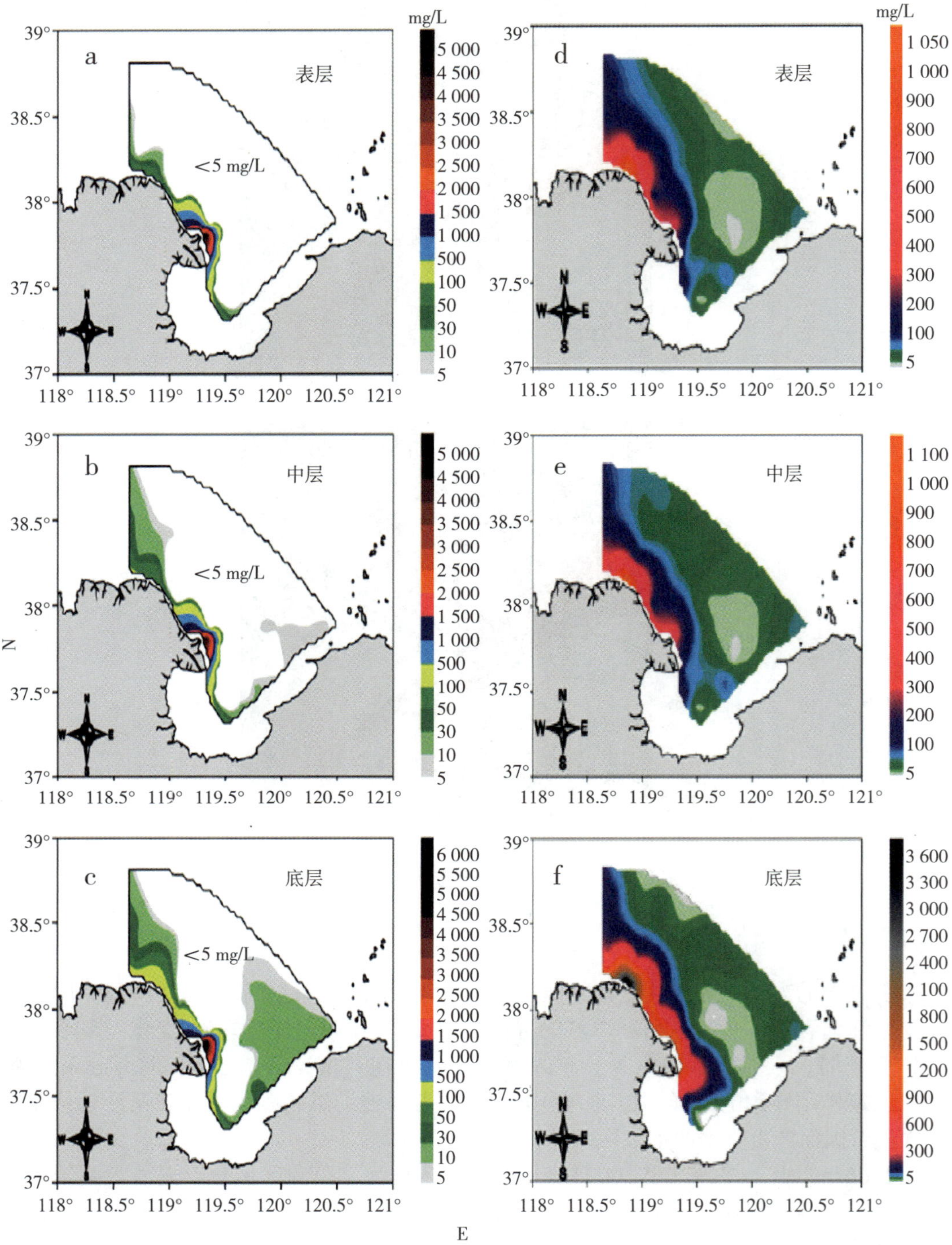

图14-11　2007年6月（a～c）、2006年11月（d～f）黄河三角洲区域表中底层悬浮泥沙浓度分布　（据Yang et al.，2011）

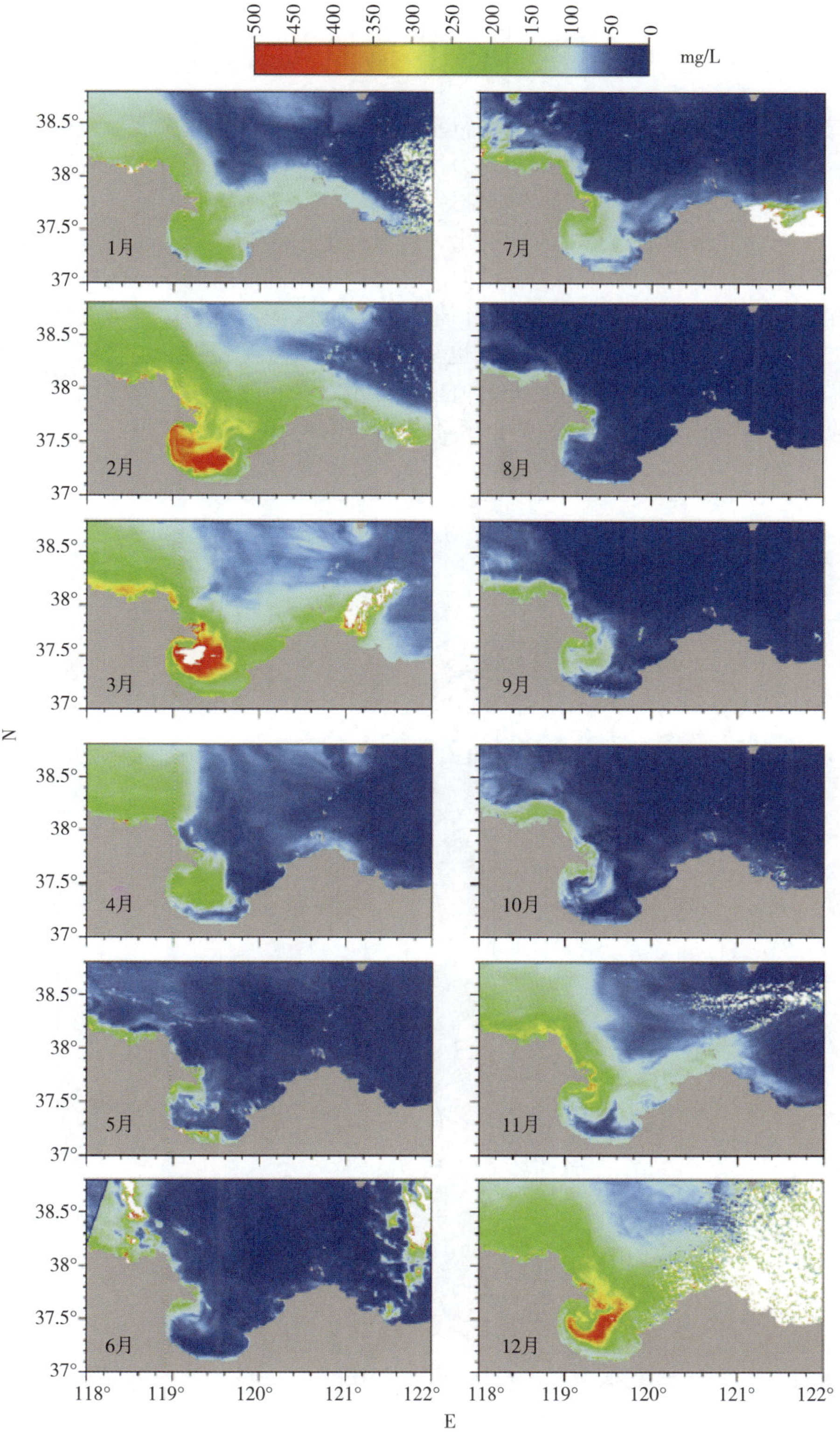

图14-12 MODIS卫星遥感数据反演的黄河三角洲近海季节性表层悬浮泥沙浓度分布显示了该区域悬浮泥沙浓度的强烈季节性变化特征 （据Bi et al., 2011）

14.2　刁口三角洲区域泥沙动力过程

刁口三角洲区域在1976年之前黄河行水期间，主要受河流入海泥沙扩散沉积等过程影响，经历与现行河口相似的沉积动力过程。1976年黄河改道清水沟流路后，该区域的陆源泥沙供应断绝，三角洲海岸向陆蚀退。

刁口三角洲叶瓣地形向东北方向突出，同时受地形影响，渤海东北方向的风区最长，因此风浪成长充分，东北向为强浪向。在刁口三角洲叶瓣区域，向东北突出的地形与东北向强风浪存在强烈的相互作用，极易产生海底泥沙再悬浮，形成高泥沙浓度中心（如图14-11、图14-12所示），这也是刁口三角洲叶瓣侵蚀后退强烈的主要动力因子。采用缓坡方程波浪模型进行的数值模拟显示，在刁口三角洲叶瓣区域存在高波致剪切应力区，与刁口叶瓣的侵蚀中心相对应（见图14-13）。

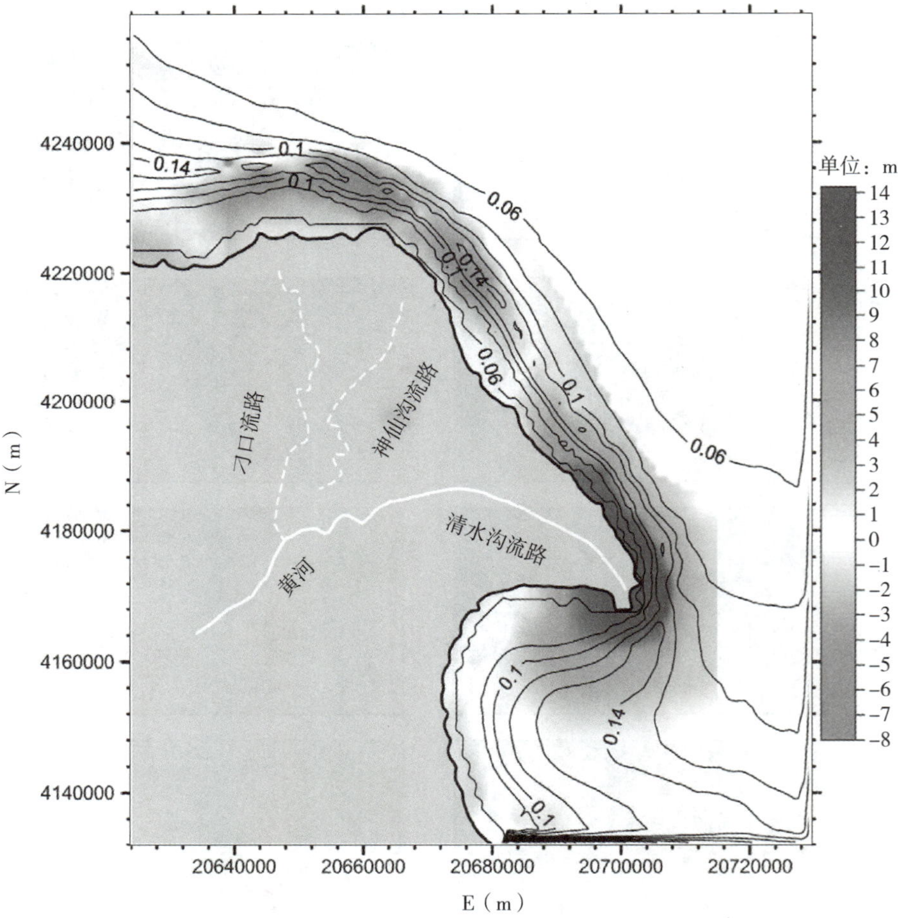

图14-13　黄河三角洲区域波浪模拟计算的海底切应力（等值线）与海底冲淤变化（灰度图）的对比，显示刁口三角洲叶瓣区域的侵蚀中心与高波致剪切应力对应

（据Wang et al.，2006）

刁口三角洲叶瓣区域的历年水深断面对比（见图14-14）显示，自1976年改道以后，该区域形成了浅水区域侵蚀、深水区域淤积的地貌调整过程。至1996年的20年间整个水下斜坡坡度变缓，浅水区水深增大，深水区存在弱淤积。其主要的动力机制为：浅水波浪作用强烈，产生强烈再悬浮，海岸发生侵蚀；再悬浮的泥沙在海流和斜坡重力作用下向深水区域输送，并在深水区的弱动力环境下沉积。

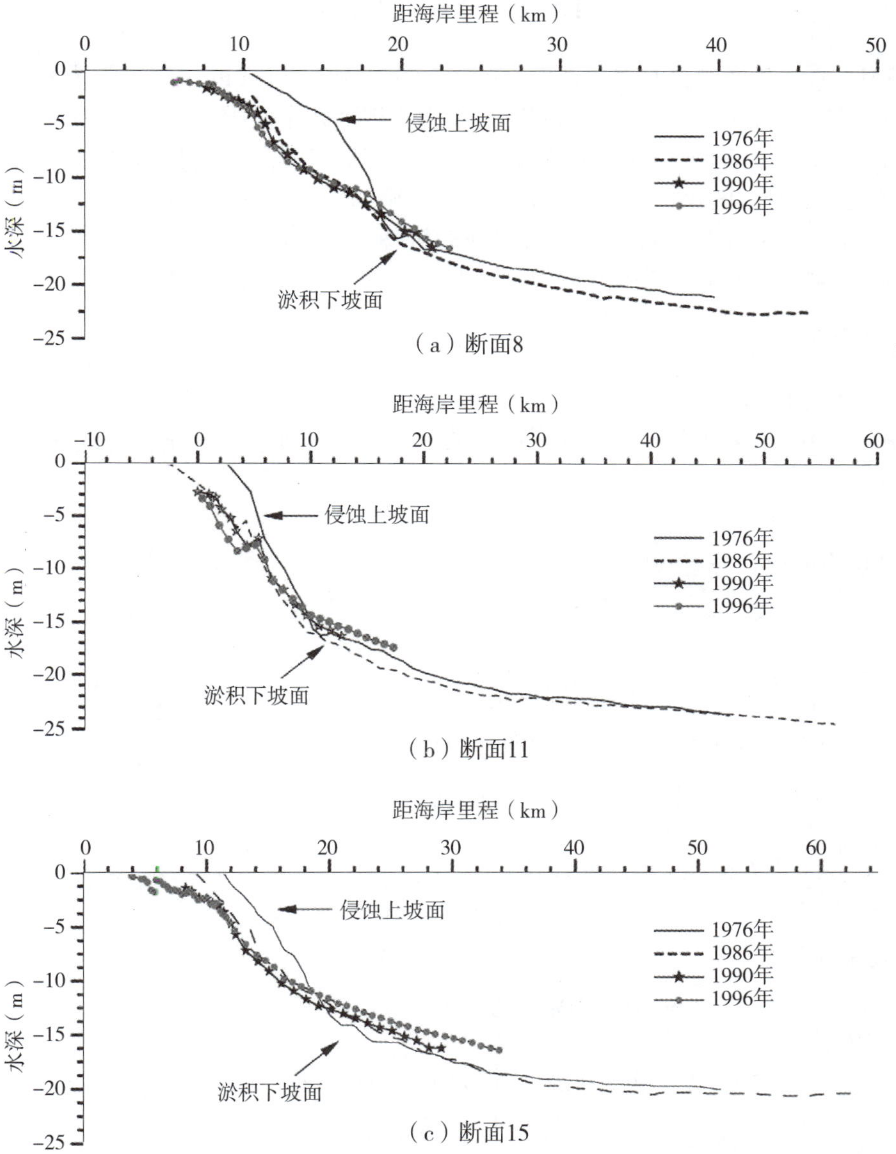

图14-14 刁口三角洲叶瓣区域历年测深断面对比

（据Wang et al., 2006）

第15章 三角洲泥沙输运三维数值模型

15.1 模型简介

HEM-3D模型是美国弗吉尼亚海洋研究所（VIMS）开发的三维数学模型包，用于模拟河口海岸区域的水动力场、物质输运和生物地球化学过程，已经在Chesapeake湾、James河、Indian潟湖、Puget海峡等研究项目中得到了应用和检验。该模型在结构上可以分解为水动力模块、泥沙输运模块、毒质污染物输运模块和波浪导致的近岸泥沙输运模块。泥沙输运在海底边界上考虑泥沙的沉降和再悬浮过程、絮凝及悬沙浓度对泥沙沉速的影响，在水平边界上考虑随时间变化的物质输入和输出过程。

15.1.1 模型方程

15.1.1.1 潮流模型

HEM-3D模型控制方程是基于平面上曲线—正交坐标变换和垂向上Sigma坐标变换而导出的。

动量守恒方程：

$$\begin{aligned}&\partial_t(mHu)+\partial_x(m_yHuu)+\partial_y(m_xHvu)+\partial_z(mwu)-(mf_e+v\partial_xm_y-u\partial_ym_x)Hv\\&=-m_yH\partial_x(g\zeta+p)-m_y(\partial_xh-z\partial_xH)\partial_zp+\partial_z(mH^{-1}A_v\partial_zu)+\\&\partial_x\left(\frac{m_y}{m_x}HA_H\partial_xu\right)+\partial_y\left(\frac{m_x}{m_y}HA_H\partial_yu\right)+Q_u\end{aligned} \tag{15-1}$$

$$\begin{aligned}&\partial_t(mHv)+\partial_x(m_yHuv)+\partial_y(m_xHvv)+\partial_z(mwv)-(mf_e+v\partial_xm_y-u\partial_ym_x)Hu\\&=-m_xH\partial_y(g\zeta+p)-m_x(\partial_yh-z\partial_yH)\partial_zp+\partial_z(mH^{-1}A_v\partial_zv)+\\&\partial_x\left(\frac{m_y}{m_x}HA_H\partial_xv\right)+\partial_y\left(\frac{m_x}{m_y}HA_H\partial_yv\right)+Q_v\end{aligned} \tag{15-2}$$

静压方程：

$$\partial_zp=-gH(\rho-\rho_0)\rho_0^{-1}=-gHb \tag{15-3}$$

连续方程：

$$\partial_t(m\zeta)+\partial_x(m_yHu)+\partial_y(m_xHv)+\partial_z(mw)=Q_H \tag{15-4}$$

$$\partial_t(m\zeta)+\partial_x(m_yH\int_0^1u\mathrm{d}z)+\partial_y(m_xH\int_0^1v\mathrm{d}z)=\overline{Q}_H \tag{15-5}$$

对连续方程（15-4）在垂向区间（0~1）内积分，并考虑运动学边界条件（在自由表面处和海底边界上的垂向速度分量为0），有

$$\partial_x\left[m_yH(u-\int_0^1u\mathrm{d}z)\right]+\partial_y\left[m_xH(v-\int_0^1v\mathrm{d}z)\right]+\partial_z(mw)=Q_H-\overline{Q}_H \tag{15-6}$$

经过坐标变换后的垂直方向的速度分量w与坐标变换前的流速分量w^*存在如下关系：

$$w = w^* - z(\partial_t \zeta + u m_x^{-1} \partial_x \zeta + v m_y^{-1} \partial_y \zeta) + (1-z)(u m_x^{-1} \partial_x h + v m_y^{-1} \partial_y h) \quad (15\text{-}7)$$

盐度方程：

$$\partial_t (mHS) + \partial_x (m_y HuS) + \partial_y (m_x HvS) + \partial_z (mwS) = \partial_x \left(\frac{m_y}{m_x} HK_H \partial_x S \right) + \partial_y \left(\frac{m_x}{m_y} HK_H \partial_y S \right) + \partial_z (mH^{-1} A_b \partial_z S) + Q_S \quad (15\text{-}8)$$

上述方程中，u、v 分别为曲线—正交坐标 x、y 方向上的水平流速分量；m_x 和 m_y 分别为 x、y 方向上的尺度变换因子，$m=m_x m_y$；全水深定义为水下深度 h 与自由表面位移 ζ 的代数和，即$H=h+\zeta$；g为重力加速度；p为余压力项。A_v为垂直方向上的湍流黏性系数；A_H为水平湍流黏性系数；Q_u、Q_v 为动量的源汇项；Q_H为体积的源汇项，包括降雨、蒸发以及边界的入流和出流等物理过程；$\overline{Q}_H$为体积的源汇项沿水深的积分平均。f_e（$=f-\frac{u}{m}\partial_y m_x + \frac{v}{m}\partial_x m_y$）为有效柯氏力系数，$\rho$ 和 ρ_0 为水体的实际密度和参考密度，b（$=\frac{\rho-\rho_0}{\rho_0}$）为浮力项。

在垂向湍流黏性系数A_v和扩散系数 A_b(采用Mellor & Yamada提出的湍流封闭模型)以及源汇项确定的情况下，上述方程构成了一个求解变量u，v，w，p，ζ，ρ，S和T的封闭方程组。

15.1.1.2 泥沙输运模型

HEM-3D模型对输运方程的对流项的求解采用了高阶迎风差分格式，尽管对数值耗散问题进行了考虑，但是水平耗散仍然存在。因此，在泥沙输运方程中忽略了水平扩散项：

$$\partial_t (mHC) + \partial_x (m_y HuC) + \partial_y (m_x HvC) + \partial_z (mwC) - \partial_z (mW_s C) = \partial_z \left(m \frac{A_b}{H} \partial_z C\right) + Q_s^E + Q_s^I \quad (15\text{-}9)$$

其中，C为悬沙浓度，泥沙的源汇项分为两个部分，外部源汇项 Q_s^E（包括点源或非点源的泥沙源汇）和内部源汇项 Q_s^I（主要包括有机悬浮物的分解、絮凝或解絮过程），W_s为泥沙的沉降速度。

垂直边界条件：

在自由表面$z=0$处

$$-\frac{A_b}{H} \partial_z C - W_s C = J_o \quad (15\text{-}10)$$

在海底边界$z=1$处

$$-\frac{A_b}{H} \partial_z C - W_s C = 0 \quad (15\text{-}11)$$

15.1.2 模型求解

模型求解采用了模态分离方法（Mode-splitting procedure），将含自由面的三维流动问题分成表面波的传播问题（外模态）和内波的传播问题（内模态），外模态求解采用半隐式差分格式，而内模态求解采用隐式格式，提高了计算效率。具体的差分格式和计算方法可以参见Hamrick（1992）。模型的边界条件设置如下：

（1）外海开边界条件。在开边界上采用 M_2、S_2、K_1、O_1 四个主要分潮的调和常数来确定水位变化，开边界四个主要分潮的调和常数由渤海潮汐模型预测结果插值给出。

（2）海面边界条件（$z=1$ ）。

运动学边界条件：$w|_{z=1} = 0$

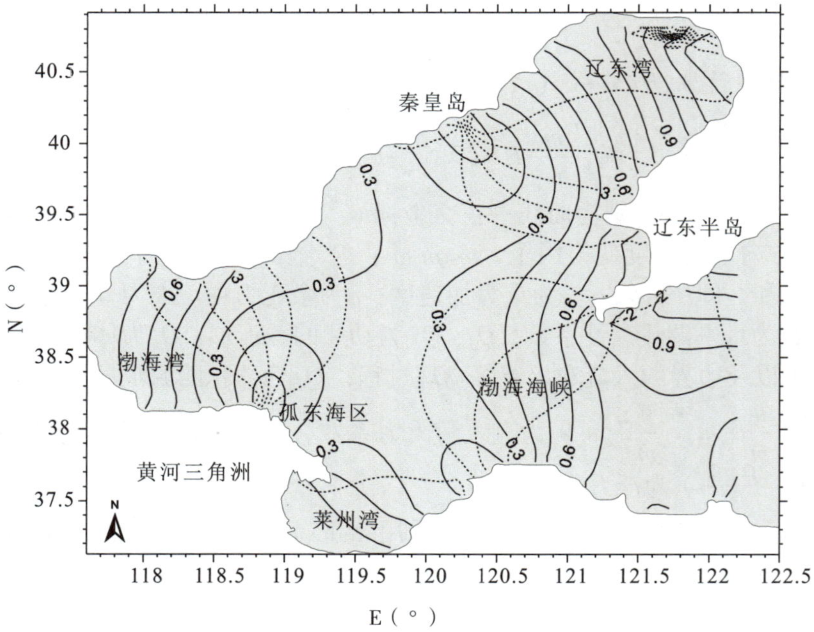

图15-1 渤海海域M2分潮同潮图

动力学边界条件：$\rho\frac{A_v}{H}\partial_z u\Big|_{z=1}=\tau_{sx}$，$\rho\frac{A_v}{H}\partial_z v\Big|_{z=1}=\tau_{sy}$

其中海面风应力项τ_{sx}和τ_{sy}由下式确定：

$$\tau_{xz}=\tau_{sx}=c_s\sqrt{U_w^2+V_w^2}U_w$$

$$\tau_{yz}=\tau_{sy}=c_s\sqrt{U_w^2+V_w^2}V_w$$

U_w 和 V_w 分别为海面10 m高度上的风速在曲线—正交坐标x、y方向上的分量，风应力系数由下式确定：

$$c_s=0.001\frac{\rho_a}{\rho_w}\left(0.8+0.065\sqrt{U_w^2+V_w^2}\right)$$

ρ_a 和 ρ_w 分别为空气和水体的密度。

（3）海底边界条件（z=0）。

运动学边界条件：$w\big|_{z=0}=0$

动力学边界条件：$\rho\frac{A_v}{H}\partial_z u\Big|_{z=0}=\tau_{bx}$，$\rho\frac{A_v}{H}\partial_z v\Big|_{z=0}=\tau_{by}$

（4）海岸边界条件。采用滑动边界条件，边界处的法向流速为零，盐度、泥沙不存在通量，即

$$\vec{V}\cdot\vec{n}=0;\quad \frac{\partial S}{\partial n}=0;\quad \frac{\partial C}{\partial n}=0$$

$\vec{n}$为在海岸边界处的外法线方向单位矢量。

15.1.3 模型设置

模型网格采用了曲线—正交计算网格，共计8 754个计算网格单元，最小网格尺寸为420 m × 260 m（见图15-2）。在垂直方向采用Sigma坐标变换，共分8个Sigma层。

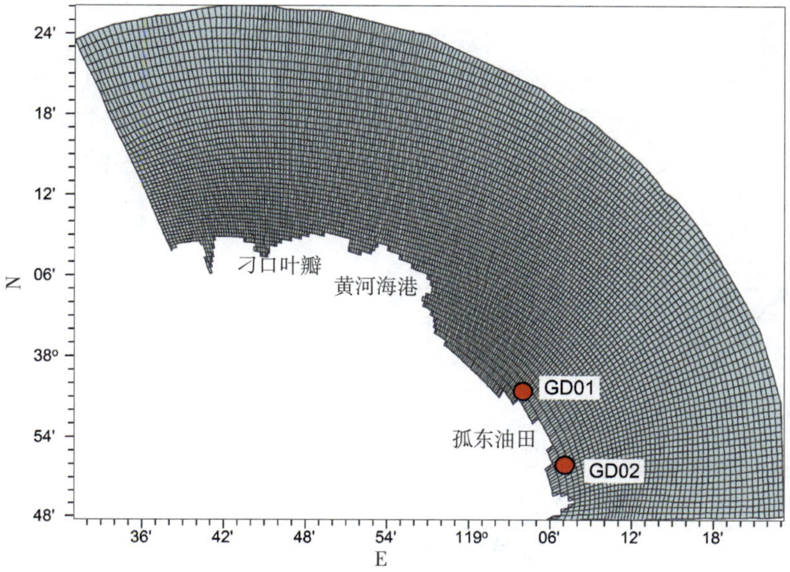

图15-2 数值模型计算网格

泥沙沉降速度的确定采用了Shrestha et al.（1996）的经验关系：

$$W_s = C^{\alpha}\exp(-4.21 + 0.147G)$$

式中，C为悬沙浓度，参数 $\alpha = 0.11 + 0.039G$，$G = \sqrt{(\partial_z u)^2 + (\partial_z v)^2}$，$\partial_z u$和$\partial_z v$分别为水平速度的垂向剪切梯度。

根据黄河口区域的实测资料分析结果和相关研究文献，黄河入海悬浮泥沙的平均粒径大致为 $D_{50} = 0.02\,\text{mm}$（庞重光等，2001），临界冲刷速度和临界淤积速度分别取 $u_{*e} = 0.026$ m/s，$u_{*d} = 0.01$ m/s（Wang et al.，2001）。

15.2 模型验证

15.2.1 水流验证

根据孤东区域的有关观测数据，选取2个点位（GD01和GD02，站位如图15-3、图15-4所示）的潮流观测资料与模型结果进行对比。

15.2.2 泥沙浓度验证

选取1999年河口观测站位（N1、N2、N3，如图15-5所示）的悬浮泥沙浓度数据对数值模型进行检验（见图15-6）。

15.2.3 潮流场分布与悬浮泥沙浓度分布

研究区的潮流场基本以沿岸的往复流为主，在刁口河—黄河海港区域形成高流速区。该区域修建的沿岸人工海堤，导致海岸线走向多变，形成潮流场与海岸相互作用强烈，海底剪切应力加强。

研究区的泥沙分布在空间上存在多源控制的特征。在孤东海域以南，受黄河入海泥沙输运过程的影响，导致悬浮泥沙浓度较高，河口口门区域的浓度甚至大于1 kg/m^3，由河口向北，泥沙浓度逐渐降低；黄河海港以北和以西的区域，泥沙主要来自于海底的再悬浮，泥沙浓度较河口区域偏低（0.3 ~ 0.5 kg/m^3），形成明显的沿岸浑浊带，这与卫星遥感显示的结果相符合（见图15-7 ~ 图15-11）。

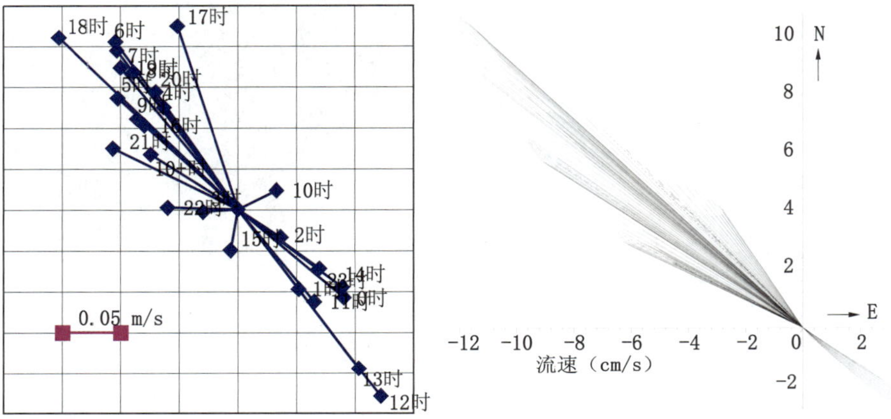

图15-3 实测潮流与模型结果对比（GD01）

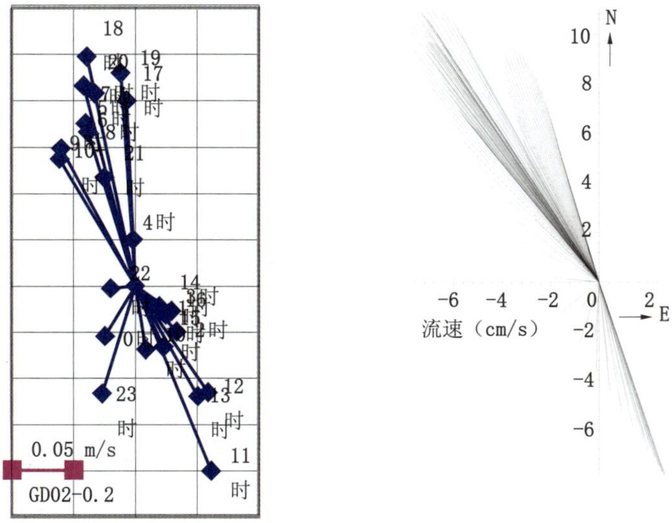

图15-4 实测潮流与模型结果对比（GD02）

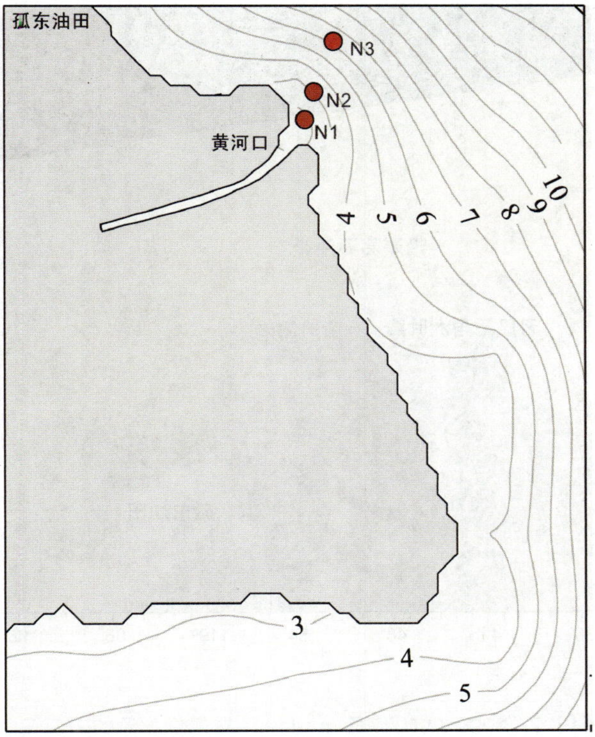

图15-5 1999年黄河口悬浮泥沙观测站位

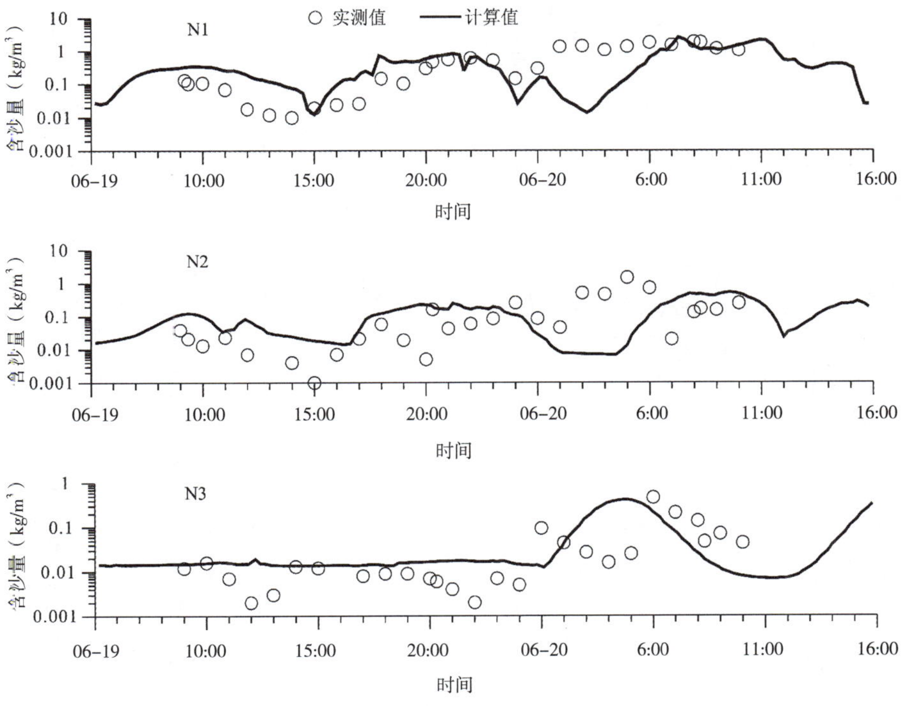

图15-6 悬浮泥沙浓度变化过程验证

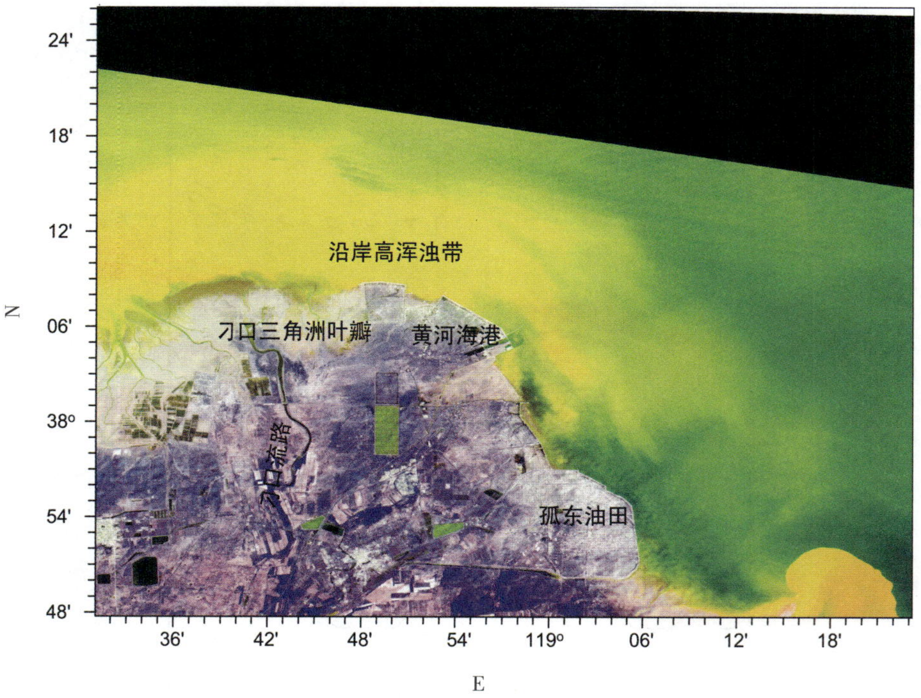

图15-7　1999年10月7日Landsat卫星影像显示的刁口三角洲叶瓣区的沿岸高浑浊带

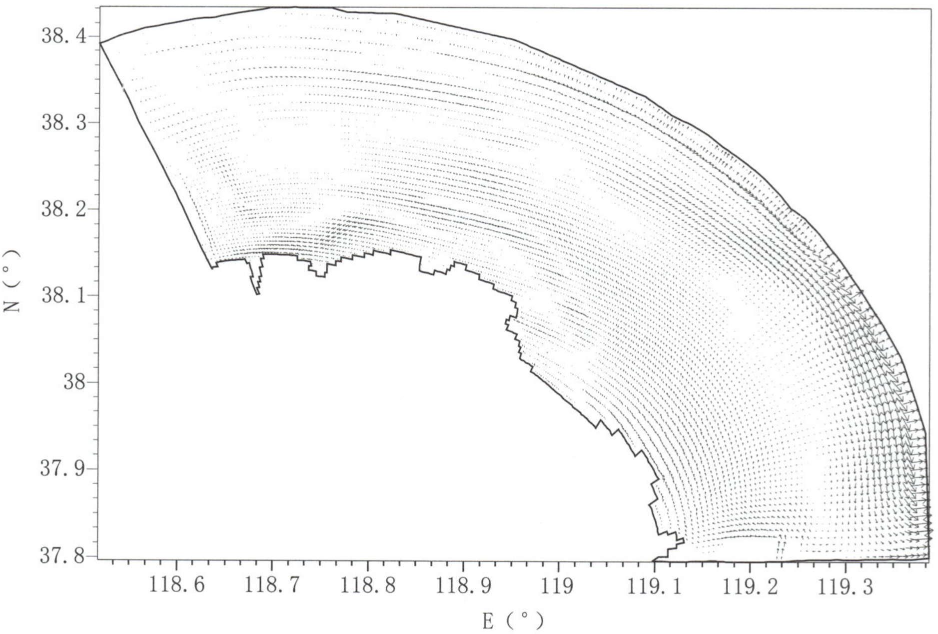

图15-8　涨潮流场图

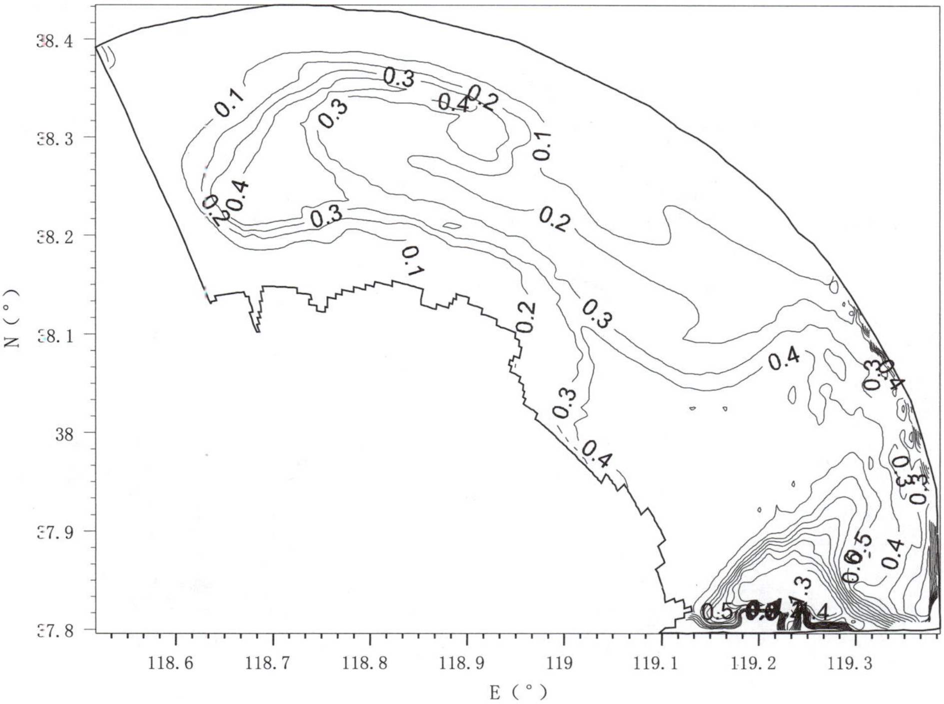

图15-9 涨潮泥沙浓度分布（单位：kg/m³）

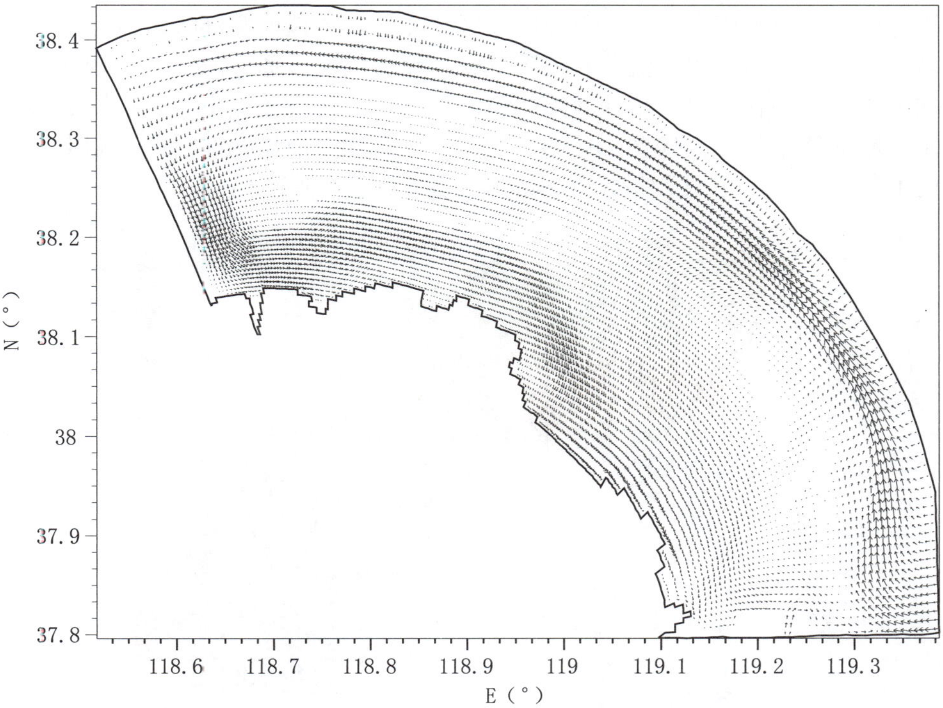

图15-10 落潮流场图

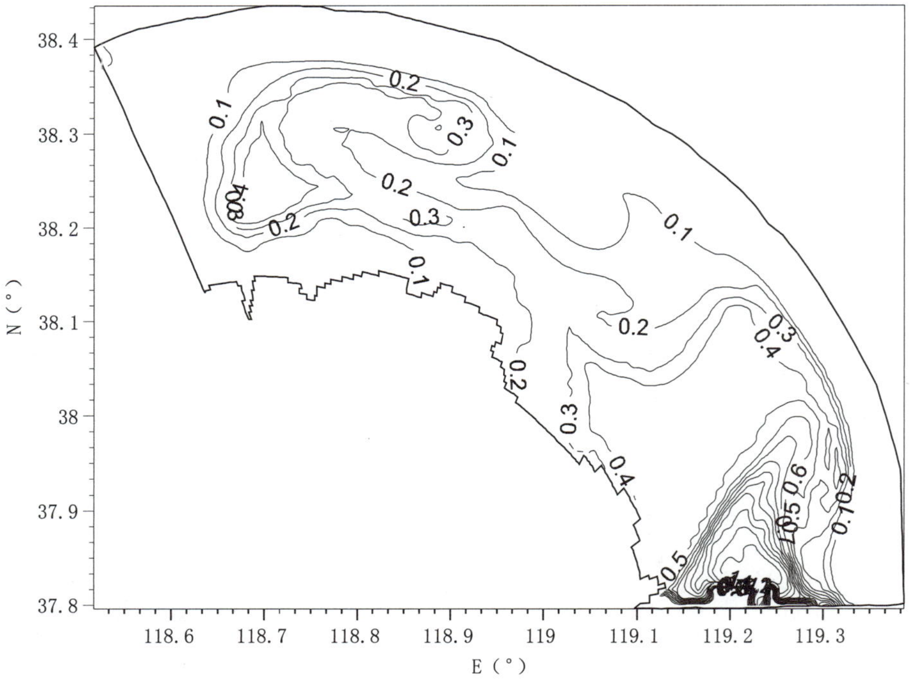

图15-11　落潮泥沙浓度分布　（单位：kg/m^3）

15.2.4 海底冲淤分布形态验证

数值模拟区域为废弃刁口三角洲叶瓣区，在1976年以前黄河入海泥沙在此快速堆积。1976年黄河改道清水沟流路，该区域缺少泥沙供应，加之海洋动力较强，形成快速的向陆蚀退，并在刁口三角洲叶瓣前缘产生明显的沿岸侵蚀中心。根据黄河三角洲沿岸水深断面测量数据，1976～1999年期间，刁口叶瓣前缘存在沿岸冲刷带，最大侵蚀厚度可达8 m左右，在冲刷带之外，则形成弱淤积区（见图15-12）。

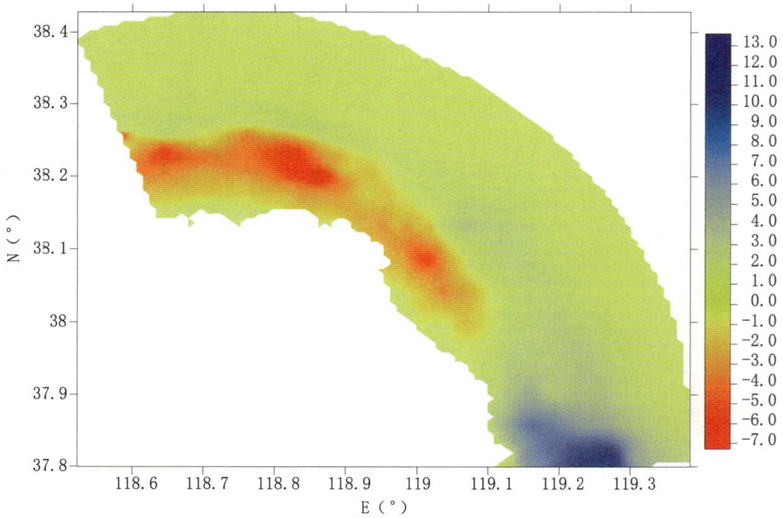

图15-12　1976～1999年实测水深数据显示的冲淤分布　（+淤积；—冲刷，单位：m）

数值模拟的结果也显示在该区域内存在由黄河海港向西延伸的沿岸冲刷区，主要集中在近岸的浅水区域，呈带状分布（见图15-13），这与该区域的强潮流场以及强风浪作用相对应。1999年10月7日Landsat卫星影响也显示在由黄河海港至刁口三角洲叶瓣前缘存在呈带状分布的近岸高浊度中心（见图15-7），其泥沙源自局地再悬浮，并非黄河现行河口入海泥沙扩散所导致。动力下的局地再悬浮导致海底冲淤变化，并在刁口三角洲叶瓣前缘形成明显的沿岸冲刷带（见图15-12和图15-13）。

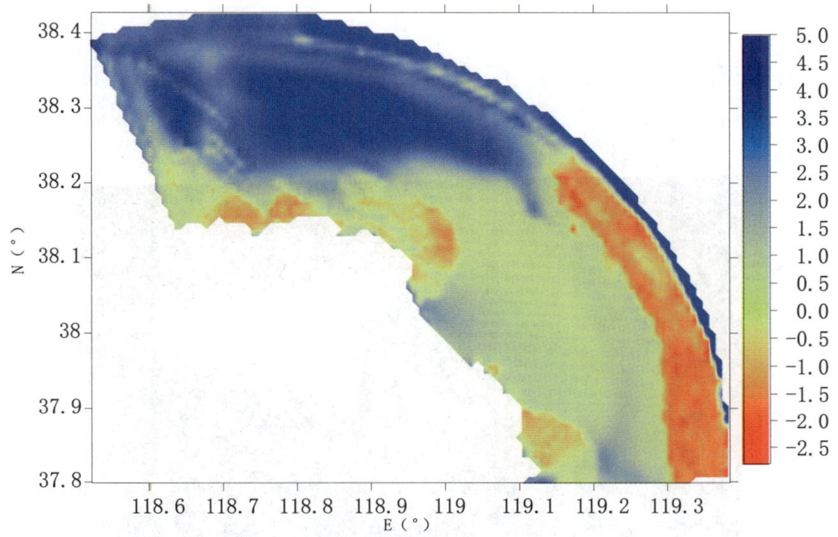

图15-13 模式计算的冲淤分布结果（＋淤积；—冲刷，单位：m）

第16章 数值模拟试验及工程效果对比

16.1 工程方案设计

考虑以下工程方案：

方案1：在刁口河外设置离岸丁坝，离岸长度7.5 km，丁坝坝头长2.7 km（见图16–1）；

方案2：在刁口河外设置离岸丁坝，离岸长度3.0 km，丁坝坝头长4.1 km（见图16–2）。

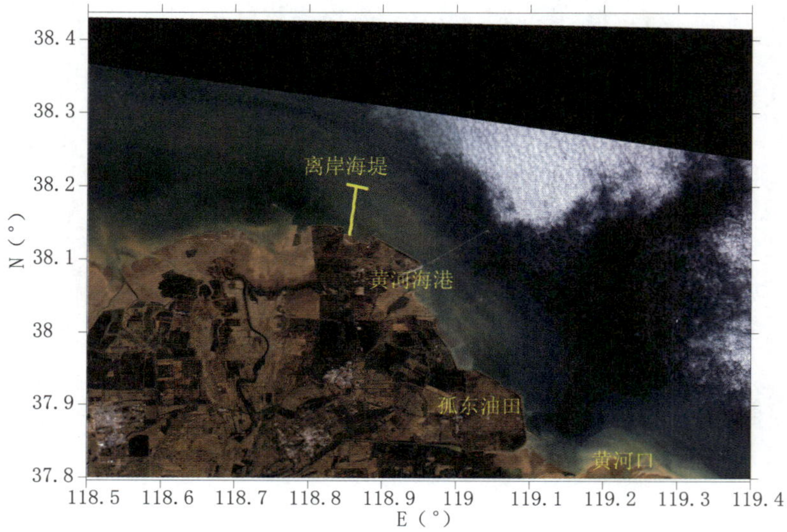

图16–1 方案1离岸导堤布设示意图

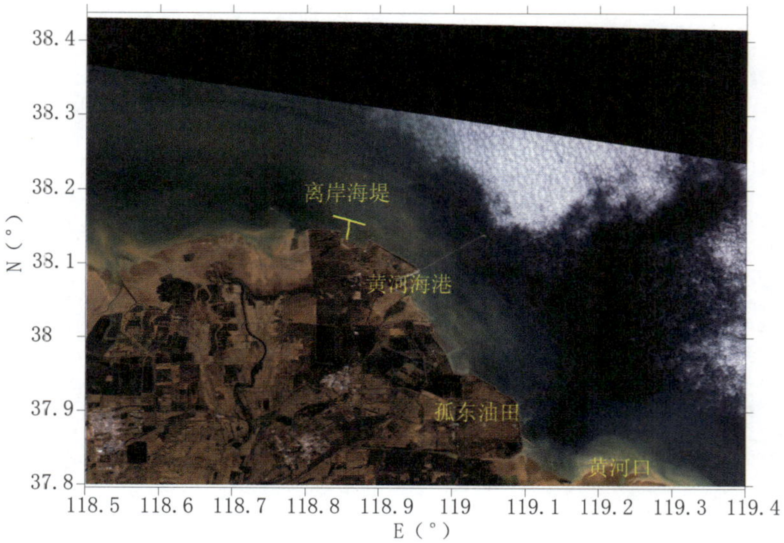

图16–2 方案2离岸导堤布设示意图

16.2 方案1模拟结果

16.2.1 潮流场变化

丁坝设置后，局部流场有明显的改变。丁坝的坝头附近，流速增强，在丁坝的迎流面水流变化显著，在其另一侧，水流减弱，形成向外扩展的低流速区（见图16-3、图16-4），有利于泥沙的落淤沉降。

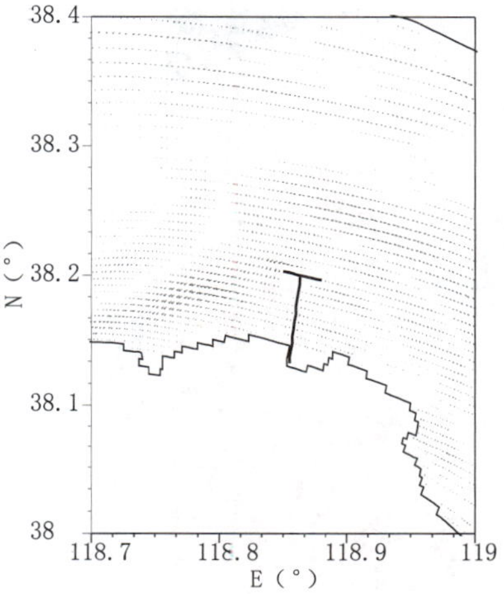

图16-3 丁坝建设后涨潮流场图

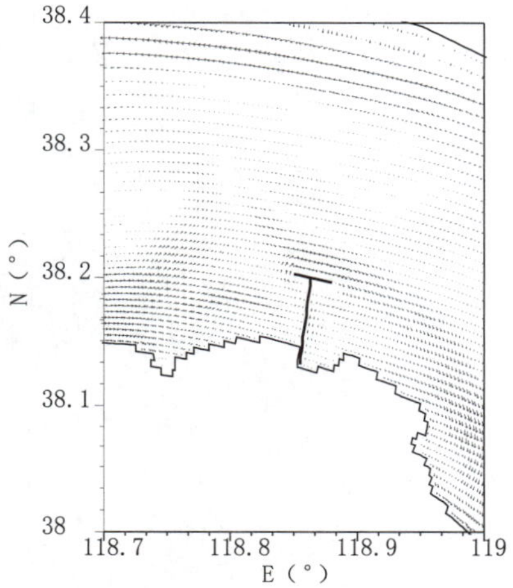

图16-4 丁坝建设后落潮流场图

16.2.2 泥沙浓度分布变化

丁坝设置后，由于丁坝附近局部流场的改变，悬浮泥沙浓度也随之发生变化。丁坝附近区域的泥沙浓度有降低的变化趋势（见图16-5、图16-6），尤其是丁坝的坝头

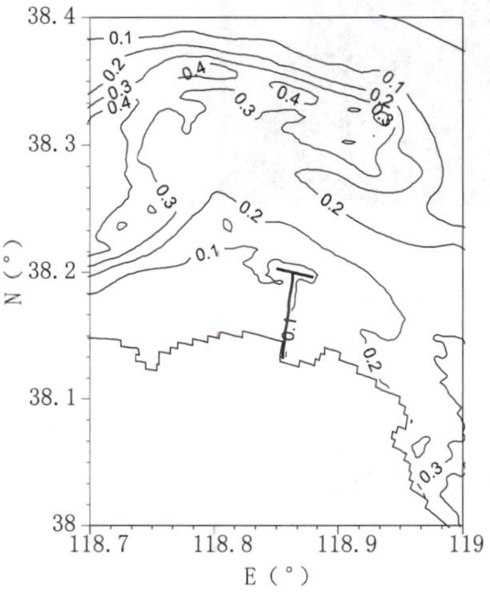

图16-5 丁坝建设后涨潮泥沙浓度分布（单位：kg/m³）

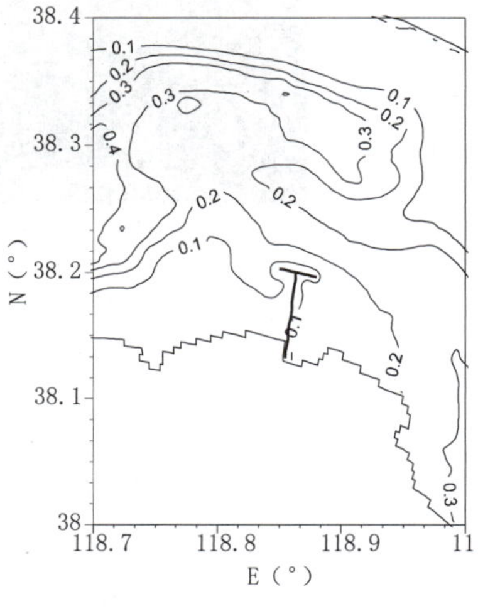

图16-6 丁坝建设后落潮泥沙浓度分布（单位：kg/m³）

附近，泥沙浓度由原来的0.2～0.3 kg/m^{3}降低至0.1 kg/m^{3}左右，主要是由于丁坝区域的流场减弱所致。

16.2.3 海底冲淤形态变化

12个潮周期后，在丁坝的西侧，由于水流增强，海底冲刷明显，冲刷厚度为5～6 cm（见图16-7）；在丁坝的遮蔽区域，水流较弱，冲刷明显减弱（2 cm左右），尤其在丁坝坝头的内侧，甚至出现淤积。这表明，丁坝的设置改变局部的流场环境，导致局部的冲刷减弱。

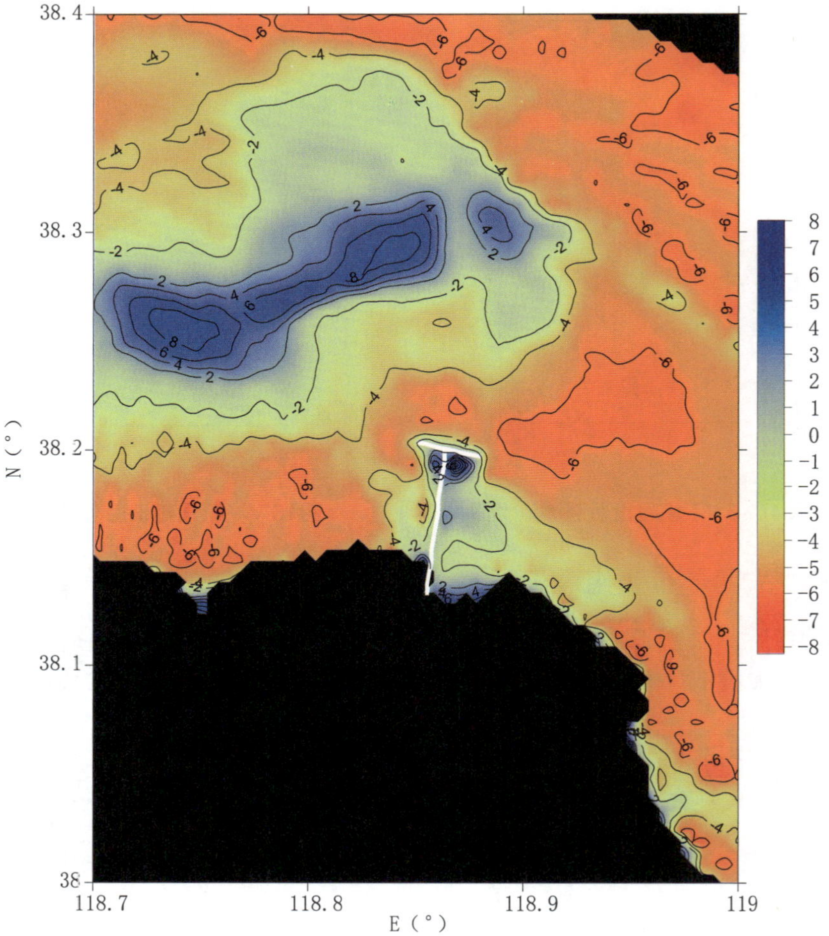

图16-7 丁坝建设后12个潮周期后冲淤分布图 （单位：cm）

16.3 方案2模拟结果

16.3.1 潮流场分布变化

方案2的丁坝设置后，丁坝遮蔽的近岸浅水区域的流速减弱。丁坝的坝头外侧，流速较强（见图16-8、图16-9）。泥沙在低流速区内容易落淤沉降，形成有效淤积。

15.3.2 泥沙浓度分布变化

方案2的丁坝建设后，丁坝外围区域的泥沙浓度分布并无明显的变化，泥沙高浓度中心分布在38° 18'附近的位置，浓度约为0.3 kg/m^3，在丁坝附近的局部浅水区域，泥沙浓度快速减少至0.1 kg/m^3，显示丁坝的存在对近岸浅水区域的泥沙再悬浮和海底侵蚀有一定的控制作用（见图16-10、图16-11）。

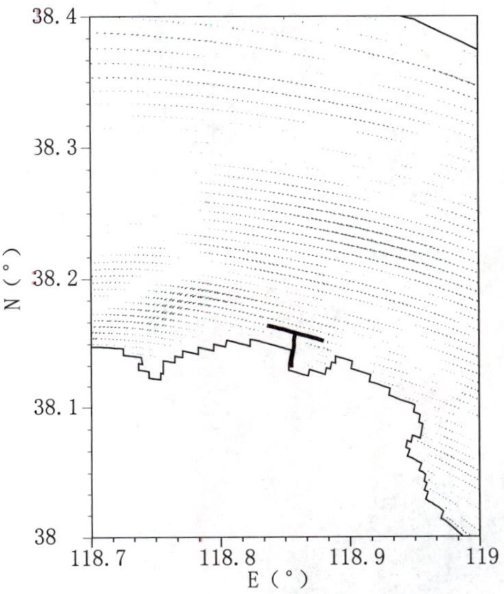

图16-8 丁坝建设后涨潮流场图

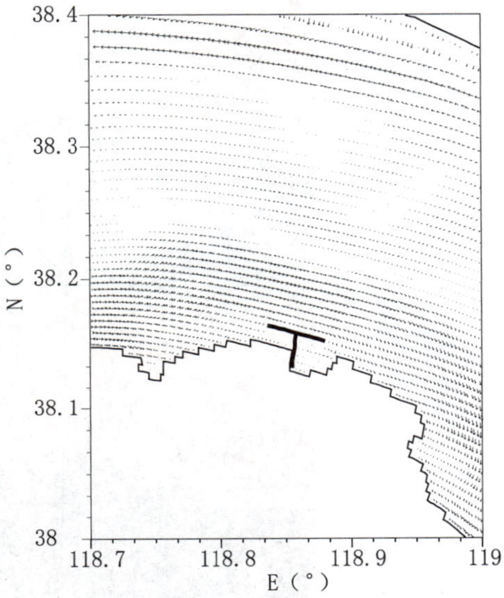

图16-9 丁坝建设后落潮流场图

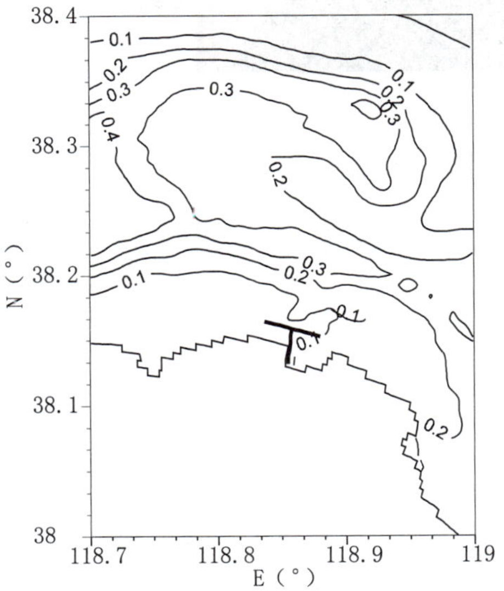

图16-10 丁坝建设后涨潮泥沙浓度分布图
（单位：kg/m^3）

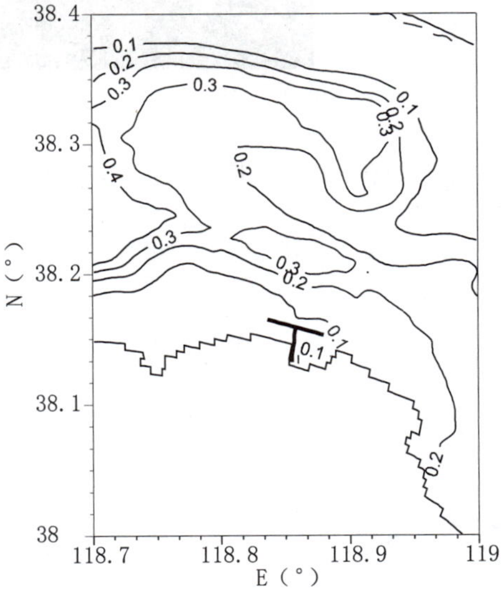

图16-11 丁坝建设后落潮泥沙浓度分布图
（单位：kg/m^3）

16.3.3 海底冲淤形态变化

12个潮周期后，在丁坝内侧的浅水区域，由于水动力作用减弱，形成了明显的淤积，淤积厚度为2 ~ 6 cm；而在丁坝的外侧，水流较强，海底冲刷明显，冲刷厚度为5 ~ 6 cm（见图16-12）；显示丁坝对其内侧的浅水区域有较好的侵蚀防护作用。

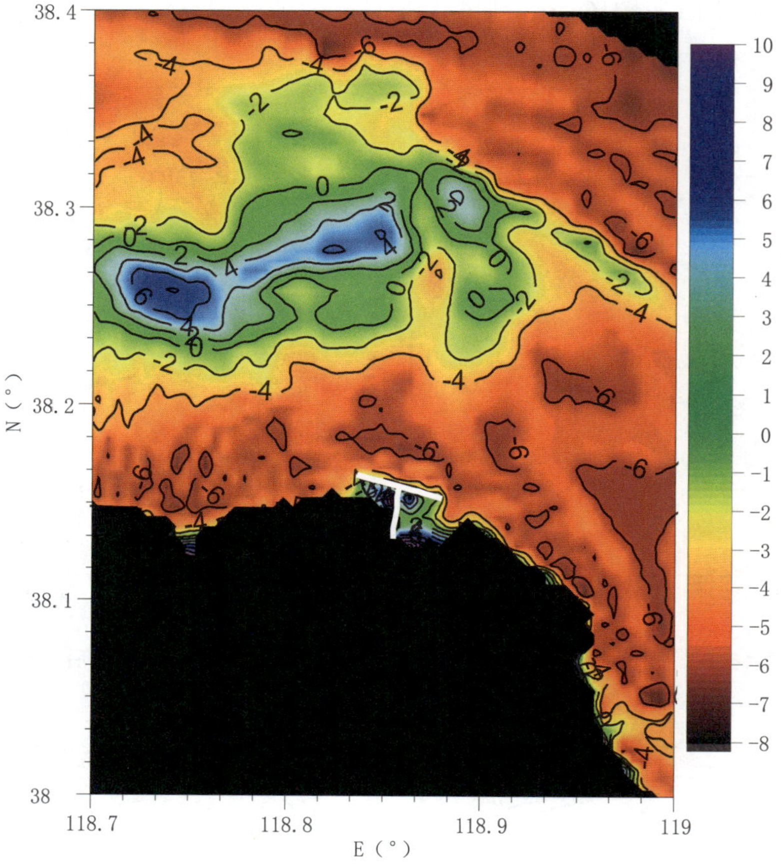

图16-12　丁坝建设后12个潮周期的冲淤厚度分布图　（单位：cm）

第17章 莱州湾与渤海湾潮流系统的输沙效应

现行黄河口的沙嘴位置在5号桩以南，已由清8改汊断面向东北方向延伸大约10 km，黄河入海泥沙在此快速淤积形成“岬角”，潮流流过岬角时，在两边形成两个旋涡。“岬角”北侧为渤海湾潮流，呈逆时针方向旋转；南侧为莱州湾潮流，呈顺时针方向旋转。两潮流交汇，因这一岬角的存在或延伸而使黄河口外发生独特的潮流场状态。

17.1 潮流系统输沙状况

5号桩与清8改汊前原黄河口之间的海域实测资料显示该区域存在着一个强潮流区，其落潮流速大于涨潮流速，有利于向海输送黄河泥沙。

17.1.1 5号桩与清8改汊前原黄河口海域的流速特征

5号桩附近海区属于渤海湾M2分潮无潮点区域，水位涨潮（潮差）小，海水流速大，使这个海区成为一个强流区，这是山东沿岸流速较大的地区之一，见表17-1。

表17-1 山东沿岸地区15 m等深线处流速值

地区	岚山头	石臼所	贡口湾	琅琊湾	灵山湾	青岛外	丁字湾	威海外	成山头	莱州湾	5号桩
流速(cm/s)	70	60	60	70	70 ~ 90	70 ~ 90	30 ~ 50	50	200	30 ~ 50	90 ~ 120

由表17-1中可以看出5号桩附近海区流速为山东海岸第二个高值区。但是5号桩海区强流区范围更广，并且小潮期间流速也很强。这些特征为其他区域所不及。

由于1996年改汊前的原黄河口沙嘴向南偏转并延伸，泥沙多沉积于莱州湾近海，5号桩海域强大的流速冲刷着海底，使得这里的海底很少有厚的淤泥，据潜水员在海底直接观测结果，在水深10 m左右，海底浮泥有10 cm厚，在水深15 m地方，海底浮泥只有5 cm厚，这层浮泥下面则是坚硬的“铁板沙”，而且由于强流作用使海底仍在不断冲刷加深。根据20世纪70年代和80年代的海底地形图比较，5号桩地区10 m等深线，10年中几乎向岸边移动近1 km，表示冲蚀现象严重。这一海区极有利于黄河输沙并形成长期稳定行河的输沙通道。但由于5号桩附近建港，此处不再安排黄河流路。1996年清8改汊后，黄河入海方向朝东北，加上工程导流的作用，15年来已形成潮流牵动和人工导流相结合的入海通道，挟持黄河逐渐靠近原神仙沟流路（5号桩）行河方向的延伸线，输沙强度日趋提升。

17.1.2 此海区的落潮流速大于涨潮流速有利于输送黄河泥沙

一般的海区潮流运动规律都是涨潮潮流大于落潮潮流，这是由于海底摩擦所致，但是这个地区却是相反，表现为落潮潮流大于涨潮潮流，有利于将黄河泥沙输送得更远。

17.2 强潮流带对黄河泥沙向东北方向输移的作用

根据莱州湾潮流系统和渤海湾潮流系统及其交汇海域多年来的站位实测数据和其他观测资料显示，两大潮流水体融汇处海域已形成黄河口外流场中的最强输沙带。推其形成原因，主要是黄河沙嘴向东北方向的延伸已超出现黄河口以北5号桩原神仙沟流路造陆前伸的位置，新的岬角的束水作用，导致现黄河口门以外形成新的强流区，使5号桩最强输沙带逐渐南移，输沙带前锋所指仍趋向辽东湾方向。但是，由于课题完成时间所限，尚未对这一强输沙带布置站位予以测量验证。这里采用多年已有的站位资料，可以旁证这一最强输沙带的形成机制及流场状态。

17.2.1 莱州湾顺时针方向环流系统

这一环流系统（见图17–1）东西相跨约20′，南北相跨约21′，从黄河口南岸起，南到羊角沟小清河口附近止，最大余流速度25 cm/s左右。黄河淡水及泥沙从河口入海后，到119° 20′ E以东海域一部分继续向东及东南方向运动（h_7），一部分则逐渐转向南运动（S_{13}，S_{12}）,到小清河口正东方转而向西北、北方向运动。到黄河口，与河口流动方向趋于一致，从而构成一个顺时针方向的闭合循环，这是该环流系统的一个概略的特点。

17.2.2 渤海湾逆时针方向环流系统

图17–2为表层盐度分布图，有一个低盐舌从黄河口伸向北偏东方向。15站为这个低

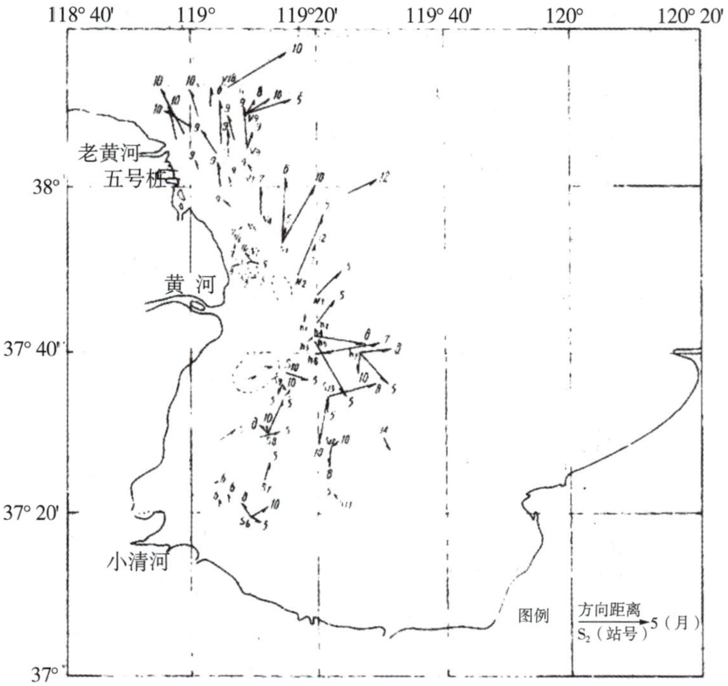

图17–1 余流图（表层）

盐舌的影响中心，它的表层盐度为29.474，显著地低于更靠近岸边的16站（s=30.073）和外海的14站（s=30.051）。然而图17-3中恰恰相反，15站底层盐度为30.704，比16站（s=30.015）高出0.689，比14站（s=30.056）高出0.648。因此，底层盐度分布图中有一个高盐舌从北偏东方向逐渐向西南方向的河口区推进，和表层正好相反。

黄河口北面这个环流很特殊，表层不明显，到了底层才清晰起来，但这里水平环流和垂直环流相嵌合，形成复杂的流动状态。

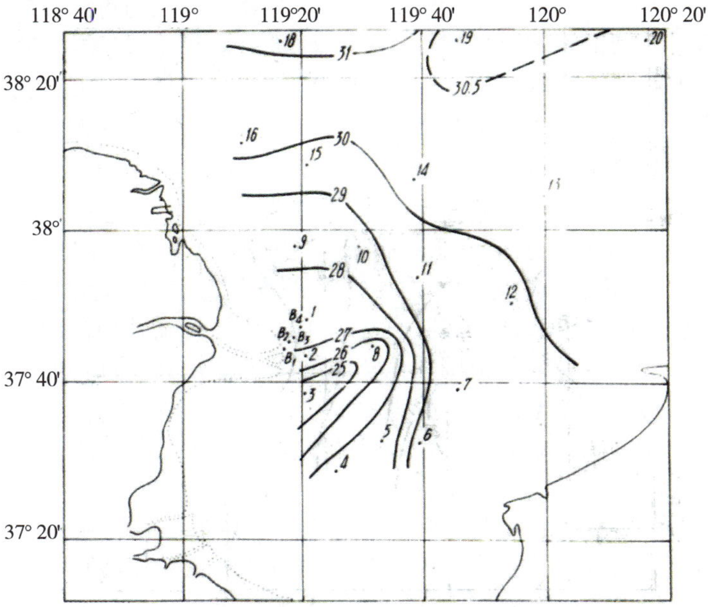

图17-2　盐度大面积分布图（表层）（1985年8月）

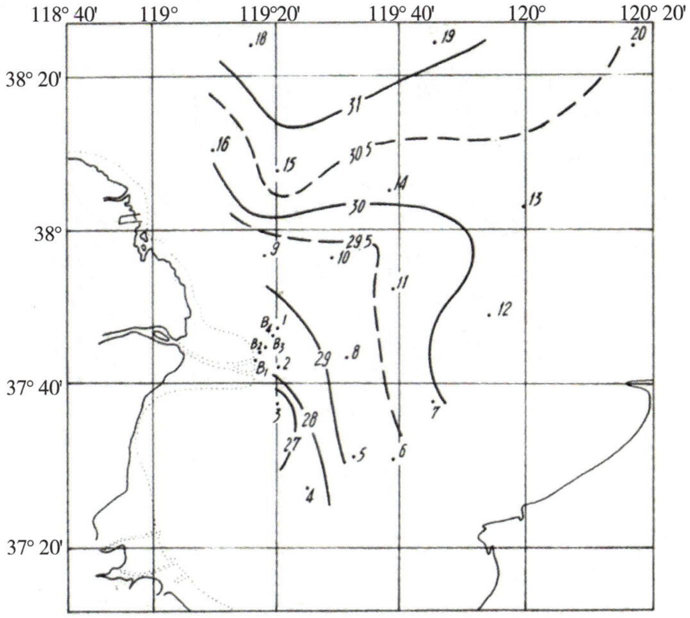

图17-3　盐度大面积分布图（底层）（1985年8月）

从图17-2和图17-3中可以看到，由于外海水从北偏东方向向岸侵入，因而把岸边向外运动的水流向南挤压，呈一种为ENE向盐舌的分布，泥沙传输也大体沿着这个方向进行。

两大潮流系统在黄河口沙嘴前形成同方向融合，挟持黄河泥沙向东北方向输移。

17.2.3 遥感影像验证

研究大范围的黄河泥沙扩散（径流直接带入海或者沉积物再悬浮的扩散）仅用一般的调查船手段是不够的。因为所需的调查船数量太多和这些船同步观测的要求，都给实践者带来很大困难。所以，多年来利用卫星遥感图片分析黄河三角洲泥沙向外海的运移扩散受到很大重视。由于卫星遥感技术有大面积覆盖，周期性重复观测，多波段一次成像以及太阳同步运行等特点，均为研究黄河泥沙的空间分布和动态变化提供了极为有利的条件。

验证使用的卫片资料，本来有多年代的遥感数据可供选择，但由于渤海沉积泥沙在大风波浪作用下多悬浮于海面，整个渤海西海区均呈现为浑黄色，从而使遥感解译的分辨率降低。因此，需选择在数日无风浪的晴好天气下拍摄的卫星图像才能更清晰地验证黄河泥沙输移方向与范围。由于目前尚未检索到更近期的图像，这里仅筛选到一幅1984年7月27日NOAA-7Ch_1波段的卫星资料予以解释验证。该图像来自北京气象卫星地面接收站，其中通道1（Ch_1）波长为0.58~0.68 nm，通道4（Ch_4）波长为10.3~11.3 nm，分别能探测海水浊度和海面温度。

卫星图片等密度分割图上表现出很好的规律性。远离现在黄河口的5号桩海区和整个渤海湾在20 m等深线以内的水域，等密度分割线几乎与等深线平行，表现出很好的一致性。它说明在无风的天气下，水体中悬移质泥沙含量多少与海水深浅有关。在浅海中由于潮流作用，海底物质很容易再悬浮，并以较高浓度保持动态平衡。

从老黄河口5号桩附近向东北方向延伸一条高泥沙带（A）一直到辽东半岛，与辽

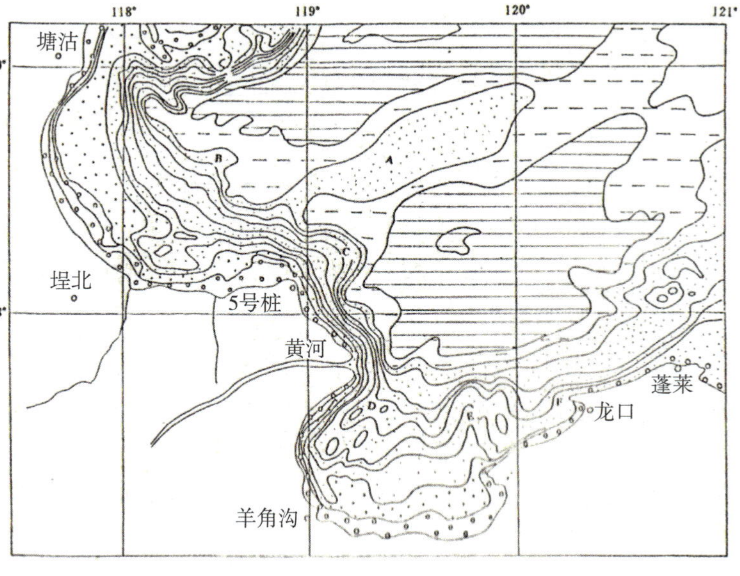

图17-4　1984年7月27日NOAA-7Ch_1波段分片密度分割

东半岛向西南方向延伸的高泥沙带相连接，这条带中心浓度为12 mg/L，长约123 km，呈棒槌形向东北延伸，水域面积约2 390 km^2,而在这个高泥沙带两边出现两个含沙量极低的清水中心（<5 mg/L），南面一个面积约6 600 km^2，北面的一个面积更大。这一悬浮泥沙输送带的路径与渤海中部泥质沉积区的位置基本吻合。

从图17-4可以看出，环流系统与卫片有很好的对应关系。夏季渤海南部存在5个主要漩涡系统，三山岛附近2个，黄河口南北2个，黄河口东面开阔水域1个，这是莱州湾中最重要的一个，向辽东半岛延伸的高泥沙带由它引起，它从渤海海峡流来，到黄河口前面转向北，将口门前高浓度泥沙带向5号桩海区，到5号桩附近与渤海东向余流相遇，然后继续向东北向流去，形成带走高浓度泥沙的水体。由于这些悬移质的颗粒极细，在向东北方向运动过程中不易沉入海底，因此在卫片上很难看出浓度的显著变化，根据余流观测资料，如果泥沙从5号桩海区向东北方向运动，经历100 km的路程，需要15~20 d。在这15~20 d中要在没有大风的影响下，才可清楚地看到泥沙的运动踪迹。

总的来看，本课题对黄河口外海域形成最强潮流带的研究成果，将为黄河入海泥沙找到一条稳定的运移通道。这对于真正实现黄河口的长期稳定具有非常重大的意义。但这一成果仅是初步的，尚需布局大量的实地数据采集和试验观察工作予以进一步验证。至于莱州湾与渤海湾之间的强流带同过去专家论证的5号桩以外的无潮区和强流带属何种关系，是否因现黄河口沙嘴向东北方向的延伸越来越超过5号桩前突的位置，从而引起渤海湾、莱州湾两大潮流系统相交汇的挟沙区亦从5号桩以东向现黄河口以外海域转移，这一形势变化是否亦导致无潮点位置的南移，这些均需通过更深入的试验与研究予以确认。

第18章　主要结论

通过现场观测资料、卫星遥感分析，综合考虑黄河三角洲刁口三角洲叶瓣区的海洋沉积动力过程、海岸演变趋势，利用三维水动力、泥沙输运数值模型研究刁口三角洲叶瓣区域的泥沙运移过程。在此基础上，对比了不同工程防护方案影响下的流场变化、泥沙运动特征以及局部海域冲淤变化特征，对海岸防护工程的效应进行评估，得出以下初步结论：

（1）受黄河入海泥沙快速减少的影响，黄河三角洲呈现整体性的蚀退。刁口三角洲叶瓣区自1976年黄河改道以来，由于陆源泥沙供应断绝，遭受严重的海岸侵蚀。

（2）现行河口的沉积动力过程与废弃刁口三角洲叶瓣的沉积动力过程不同。潮流导致的河口切变锋对河口入海泥沙的扩散有重要的控制作用，导致入海泥沙在浅水区域快速沉积；高浓度泥沙入海形成的河口异重流是洪季黄河口泥沙传输的重要通道。受黄河入海泥沙快速减少的影响，河口异重流输沙效应减弱。2002年调水调沙以来，入海泥沙在河口口门的局部区域快速沉积而形成拦门沙群，引发入海主流的快速摆动，导致河口出现分汊和摆动。

（3）刁口三角洲叶瓣区在强潮流和强风浪的控制下，海底泥沙再悬浮运动活跃，浅水区区域发生显著的侵蚀，再悬浮泥沙在海流和斜坡重力作用下向深水区运移，导致海底斜坡形成上部侵蚀下部淤积的变化，斜坡坡度变缓，是动力控制下的地貌调整过程。

（4）三维数值模型的计算结果显示，刁口三角洲叶瓣区域的潮流流速较高，形成明显的高浊度区，与卫星遥感资料显示的高浊度中心对应，同时与高区域海岸侵蚀中心相对应。

（5）针对刁口三角洲叶瓣区域不同形态的丁坝防护工程的模拟结果表明，不同长度和宽度的丁坝形态对区域的冲淤变化有显著的不同。丁坝设置后能够改变局部的流场，并引起悬浮泥沙浓度的变化，在丁坝的防护区形成淤积并减弱海岸侵蚀。当丁坝的长度缩短、宽度增加后，丁坝对海岸侵蚀的防护效应增强，丁坝防护区的淤积厚度加大，防护效果较为明显。

（6）根据刁口三角洲叶瓣区域的沉积动力过程特征，结合三角洲海岸防护需求，需要进一步优化设计相关的工程防护措施和方案，并对不同方案的防护效果进行评估，综合考虑防护效果和工程造价，以进行方案比对和优选。

（7）选取现行河口以外海域为模拟区，模拟渤海湾和莱州湾两大水体及其边界海区的海动力状况、泥沙输移特征和海底冲淤形态，认为两大水体动边界范围存在着一个最强冲沙带。随着黄河口延伸至这一强流区，黄河泥沙向外海的输移作用将会持续增强，这对于坚持沿黄河口东北方向实施工程导流、实现黄河入海流路的长期稳定将具有重大的意义。

参考文献

[1] Wang H, Yang Z, Li Y, et al. Dispersal pattern of suspended sediment in the shear frontal zone off the Huanghe (Yellow River) mouth[J]. Continental Shelf Research, 2007, 27(6):854–871

[2] Wang H, Bi N, Wang Y, et al. Tide-modulated Hyperpycnal flows off the Huanghe (Yellow River) Mouth, China[J]. Earth Surface Processes and Landforms, 2010,35(11): 1315 – 1329.

[3] 王厚杰，杨作升，毕乃双，等. 2005年黄河调水调沙期间河口入海主流的快速摆动[J]. 科学通报,2005,50(23): 2656–2662.

[4] Yang Z S, Ji Y, Bi N,et al. Sediment transport off the Huanghe (Yellow River) delta and in the adjacent Bohai Sea in winter and seasonal comparison[J]. Estuarine and Coastal Shelf Science, 2011,93(3): 173–182.

[5] Bi N, Yang Z, Wang H, et al. Seasonal sediment flux through the Bohai Strait: An estimate from satellite remote sensing[J]. Estuarine and Coastal Shelf Science, 2011,93(3): 239–247.

[6] Wang Houjie, Yang Zuosheng, Li Guangxue, et al. Wave climate modeling on the abandoned Huanghe (Yellow River) delta lobe and related deltaic erosion[J]. Journal of Coastal Research, 2006,22(4): 906–918.

[7] Hamrick J M. A three-dimensional environmental fluid dynamics computer code: theoretical and computational aspects [R]. Special Report No.317 in Applied Marine Science and Ocean Engineering, Department of Physical Science School of Marine Science, VIMS, 1992.

[8] Mellor G L, Yamada T. A hierarchy of turbulence closure models for planetary boundary layers [J]. Journal of Atmosphere Science, 1974,31: 1791–1806.

[9] Shrestha P A, Orlob G T. Multiphase distribution of cohesive sediments and heavy metals in estuarine system [J]. Journal of Environment Engineering, 1996 (122): 730–740.

[10] 庞重光，杨作升，张军. 黄河口汛期泥沙分布特征及其对水流结构的影响[J]. 泥沙研究, 2001(4): 47–52.

[11] 侯国本，侍茂崇，王涛. 东营港[M]. 北京: 海洋出版社, 1993: 80–101.

[12] Wang H, Yang Z, Li R, et al. Numerical modeling of the seabed morphology of the subaqueous Yellow River Delta [J]. International Journal of Sediment Research, 2001,16(4): 486–498.

第四课题　海岸防护工程对黄河三角洲海岸带生态系统演变的影响

第19章　现代黄河三角洲海岸带景观生态格局

景观格局一般是指空间格局，它表示景观元素斑块和其他结构成分的类型、数量以及空间分布与配置模式。景观格局主要是指大小和形状不一的景观斑块在空间上的排列，它是景观异质性的重要表现,同时又是各种生态过程在不同尺度上作用的结果。广义上包括景观的各个组成单元及其空间配置。景观格局与景观的功能和动态变化（如种群动态、生物多样性、生态系统变迁等）密切相关，通过对景观格局的研究，从纵横斑块镶嵌形成的景观中分析其空间结构特征，可以揭示景观格局形成的原因，把握景观格局与景观功能、变化的有机联系，为景观格局的优化、景观生态的合理规划以及景观生态的监测和评价提供理论依据与实践操作。

人们对事物的认识总是遵循一个由表及里、由浅入深的过程，对景观的认识通常总是从格局分析入手，然后再到景观的功能、动态变化，以及它们之间的相互作用。景观格局有时又称景观结构，是由自然或人为形成的、一系列大小不等、形状各异、排列不同的景观元素相互作用的结果，是各种复杂的物理、生物和社会因子相互作用的结果；反过来，景观格局也深深地影响并决定着各种生态过程。斑块的大小、形状和连接度会影响到景观内物种的丰度、分布及种群的生存能力及抗干扰能力。因此，理解与把握景观格局变化的生态学原理即建立景观格局与过程之间的相互联系对于景观生态学研究是至关重要的。长期以来，景观格局研究一直是景观生态学研究的核心内容之一，在景观生态学中是一个重要的解释性参数，对于理解一个区域的景观背景和过程具有重要的价值。同时，研究这种关系对自然资源的管理、生态环境的优化、生物多样性的保护等都具有十分重要的意义。特别是在人类活动频繁的三角洲平原地区，研究人类干扰的区域差异对景观格局的影响，可以定量地探讨人类活动对区域资源与环境的改造程度，进而为黄河三角洲的规划和管理者提供决策支持的科学依据。

19.1　黄河三角洲海岸带景观分类系统

景观分类是研究景观格局与过程的前提。景观分类通常在两个层次上进行：一是按照组成景观的要素划分为各种景观要素图，包括各种类型，不同尺度的景观要素图；二是由各种景观要素组成的综合景观类型图的分类。黄河三角洲海岸带主要为湿地景观，该分类系统主要为湿地分类系统。湿地分类作为海岸带景观研究的基础,分类系统合理与否直接影响到湿地资源调查、湿地管理与保护和湿地评价等多方面的研究工作。

最早的湿地分类开始于1900年左右对欧洲和北美泥炭地的分类。从20世纪初到现在,不同国家和地区根据他们的研究实际提出了各自不同的湿地分类系统。20世纪50年代初，美国鱼和野生动物管理局对湿地进行了一次调查和分类，结果发表于《39号通告》上，该分类把湿地划分为四大类：内陆淡水湿地、内陆咸水湿地、海岸淡水湿地、海岸咸水湿地。在每一类中，按水深和淹水频率增加的顺序，再划分为20个湿地类型。这个湿地分类系统在1979年之前，在美国得到广泛应用。此后 Cowardin提出了成因分类体系，Brinson提出了水文地貌分类法。而 Mitsch和 Tiner采用系统、亚系统、类、亚类、主体型、特殊体等六级体系将美国湿地分为5个系统（滨海湿地—marine,河口湿地—estuerine，河流湿地—riverine，湖泊湿地—lacustrine，沼泽湿地—palustrine）、10个亚系统和55个类。目前美国是对湿地分类体系研究最深也最为完整的国家。

加拿大国家湿地工作组1987年召开了湿地分类专题会议，提出了加拿大类、型、体三级分类系统,首先根据湿地生态系统的成因分为五类（藓类沼泽—bog，草本泥炭沼泽—fen，河、湖滨湿地或腐泥沼泽—marsh，森林泥炭沼泽或湿地—swamp，浅水湿地—shallow water),再根据湿地地表形态、模式、水源补给类型和土壤性状又分为70个湿地型，然后根据植被外貌再细分为更多的基本类型(体)。澳大利亚对湿地分类也进行了较多的研究，主要有北部的湿地植物和地理学分类系统、南部的湿地植被分类系统,另外还有 Mills、Norman的假分级及Kirlpatrick湿地分类系统等。

近年，随着我国湿地研究的深入，我国学者亦开始研究湿地分类，湿地分类思想也呈现出多元化的趋势。季中淳(1991)对海岸带滩涂湿地根据水源补给、地貌类型、水动力条件和优势生物种群的不同类型，划分为潮上带湿地、潮间带湿地、潮下带湿地三类和12个湿地自然与人工综合体。陆健健在《中国湿地》中按照《湿地公约》确定的湿地定义，将中国湿地分为22种类型，并在《中国滨海湿地分类》一文中，将海平面6 m至大潮高潮位之上与外流江河流域相连的微咸水和淡咸水湖泊、沼泽以及相应的河段间的区域，分为潮上带淡水湿地、潮间带滩涂湿地、潮下带近海湿地、河口沙洲离岛湿地四个子系统及若干型，并对各个子系统和型进行了界定。黄进良等在开展江汉—洞庭湖平原湖泊调查中就曾进行了湿地分类和制图工作，分类原则主要有两条：一是分类系统必须反映湿地的本质特征，二是分类系统要保证分类单元能从遥感图像上分辨出来。陈焕伟提出针对实施湿地调查工作的六种湿地类型，分别是沼泽湿地、河流草丛湿地、湖边浅水水生植物湿地、红树林湿地、盐碱滩涂湿地、浅海滩涂湿地。2000年国家林业局颁布的《中国湿地保护行动计划》中，将湿地分为五种类型，即人工湿地、沼泽湿地、河流湿地、湖泊湿地、浅海滩涂湿地，它与陈焕伟提出的湿地分类较为近似。刘红玉等在研究湿地景观生态制图分类原则的基础上，对三江平原湿地建立了一套完整的景观生态制图分类系统：第一级按人类活动影响程度划分为自然湿地景观、半自然湿地景观、人工湿地景观；第二级按地貌划分为河漫滩、阶地、湖滨、洼地、谷地；第三级对沼泽湿地植被25种类型进行模糊聚类归并，得出不同比例尺的地图制图景观类型。另外，还有黄桂林等对辽河三角洲湿地所作的四级分类系统、刘红玉等对辽河三角洲所作的三级分类系统、陈建伟的中国湿地分类系统等。总的来说，目前还没有形成既能与《湿地公约》接轨，又符合我国国情的湿地分类系统。

本研究制定的黄河三角洲海岸带景观分类系统所遵循的分类原则是：

（1）湿地分类的结构是分级式的，由大到小，一些主要层次应符合《湿地公约》建议采用的湿地分类系统，并与现有全国湿地调查与监测中采用的湿地分类体系相结合。

（2）要包括所有主要湿地类型，适合各湿地类型的实际情况。

（3）要具有方法上的可操作性和实用性，各类型可以通过人工判读法和专家判断法。

（4）由于是大尺度范围内的湿地分类，各类型可以进行粗放分类，但不宜偏离过大。

（5）着重整合湿地所在区域的地形地貌、湿度带、水分带、土壤以及植被等属性数据。

本课题在国内外前人研究的基础上，同时考虑到黄河三角洲海岸带地势起伏不大，地貌的景观作用较小，采用以人类活动对自然的干扰情况为分类指标，其他景观要素如土地利用/覆被为参照辅助指标进行景观分类的方法建立黄河三角洲海岸带景观分类系统。该系统共分为3级。第一级根据成因的自然属性将湿地分为天然湿地和人工湿地两大类。第二级根据土地覆被的不同分为水库、坑塘水面、人工水渠、养殖水面、盐田、上农下渔、裸滩涂、河流、草甸湿地、沼泽湿地和灌草丛湿地11类。第三级根据典型湿地植被类型分为12类。黄河三角洲海岸带景观分类系统如表19-1所示。

表19-1　黄河三角洲海岸带景观分类系统

一级分类	二级分类	三级分类
人工湿地	水库	
	坑塘水面	
	人工水渠	
	养殖水面	
	盐田	
	上农下渔	
	裸滩涂	
天然湿地	河流	
	草甸湿地	芦苇草甸
		翅碱蓬草甸
	沼泽湿地	芦苇沼泽
	灌草丛湿地	柽柳灌草丛
非湿地	农田	
	林地	
	居民点	
	公路	
	未利用地	

在制定黄河三角洲海岸带景观分类体系时，要根据黄河三角洲形成特点和变化规律，并能充分反映海岸带景观的本质特征，还要便于湿地资源的调查和管理。目前海岸带遥感调查手段已经得到广泛应用，制定的海岸带景观分类系统也要保证基本分类单元能从遥感图像上分辨出来，也可以说，从遥感照片上能分辨出的最小景观单元原则上就可以作为一个类型。

19.2 景观遥感信息提取

19.2.1 海岸线信息提取

海岸线的提取对陆上海岸带的确定至关重要。通常情况下，海岸线的提取也就是海陆水边线的提取，采用阈值法即可实现，但其前提条件是水陆边界线位置受潮汐、海岸地形等因素的影响变化很小，岸线相对稳定。而黄河口地区地势非常平坦，岸线随潮位变化较大，由此直接获取的水陆边界线只是卫星成像时的瞬时水边线，分析结果偏差较大。为了真实反映海岸线的动态变化，必须有一个统一的参照标准。研究表明，平均高潮线法是一种切实可行的方法，能够满足宏观分析所需的精度。

平均高潮线是指海洋潮流发生一般高潮时，海水所淹没的平均界线。而且在不是很长的时间系列内，这个平均值受潮汐及海平面的影响较小，可以看作一个常值。一般来讲，平均高潮线介于高潮滩与中潮滩之间，由于潮滩物质成分的差异以及暴露于水上时间的长短而导致含水量的不同，必然在光谱特征上有所变化，在遥感影像上表现出不同的灰阶和彩色特征信息，可以通过对遥感影像的分类处理来确定，因此简单易行。

海岸线提取在ERDAS图像处理软件中完成，其主要步骤包括：①非监督分类。用非监督分类方法（ISODATA）对裁取的子区影像进行预分类，将地物分为20类。②监督分类。以预分类结果为基础，选取训练样区，运用最大似然法对影像进行监督分类。③分类后处理。主要是去除小斑，并进行类别合并。④矢量图的生成。以处理后的分类结果图为基础，运用栅格转矢量功能，自动提取平均高潮线并作平滑等处理。

潮滩地貌特征和植被的发育程度是重要的解译标志。高潮滩由于多数时间露于水面之上，在影像上呈浅灰色调，生长在滩面上的耐盐植物呈红—红褐色调，其上部往往盐渍化程度较高，多为灰白、白色调；中潮滩由于波浪频繁作用，表现为较多的潮蚀沟和潮蚀坑，对阳光有较强的反射力，影像呈浅灰或灰褐色调。图19–1、图19–2为1999年6月25日刁口河段与河口段TM751的分类结果，分类结果图中深红色与黄色、绿色之间的界线即为所求之高潮线。

19.2.2 陆上湿地景观信息提取

19.2.2.1 遥感解译标志建立

根据19.1节提出的黄河三角洲海岸带景观分类系统（见表19–1），结合黄河三角洲湿地景观的自身特点及其在遥感影像上的形态、色彩和纹理表征（见图19–3），建立黄河三角洲湿地景观解译标志（见表19–2）。

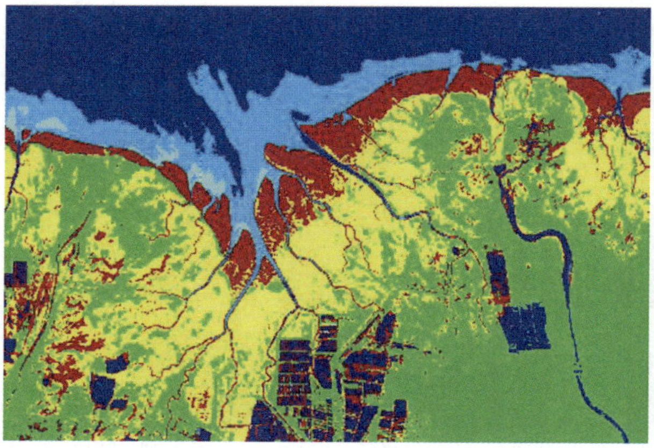

图19-1　刁口河段分类结果

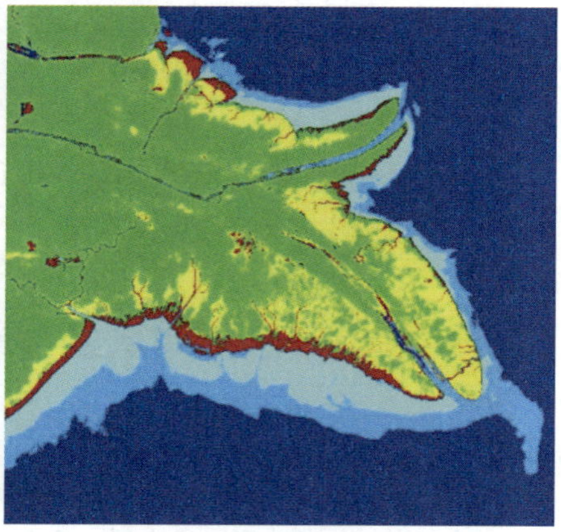

图19-2　河口段分类结果

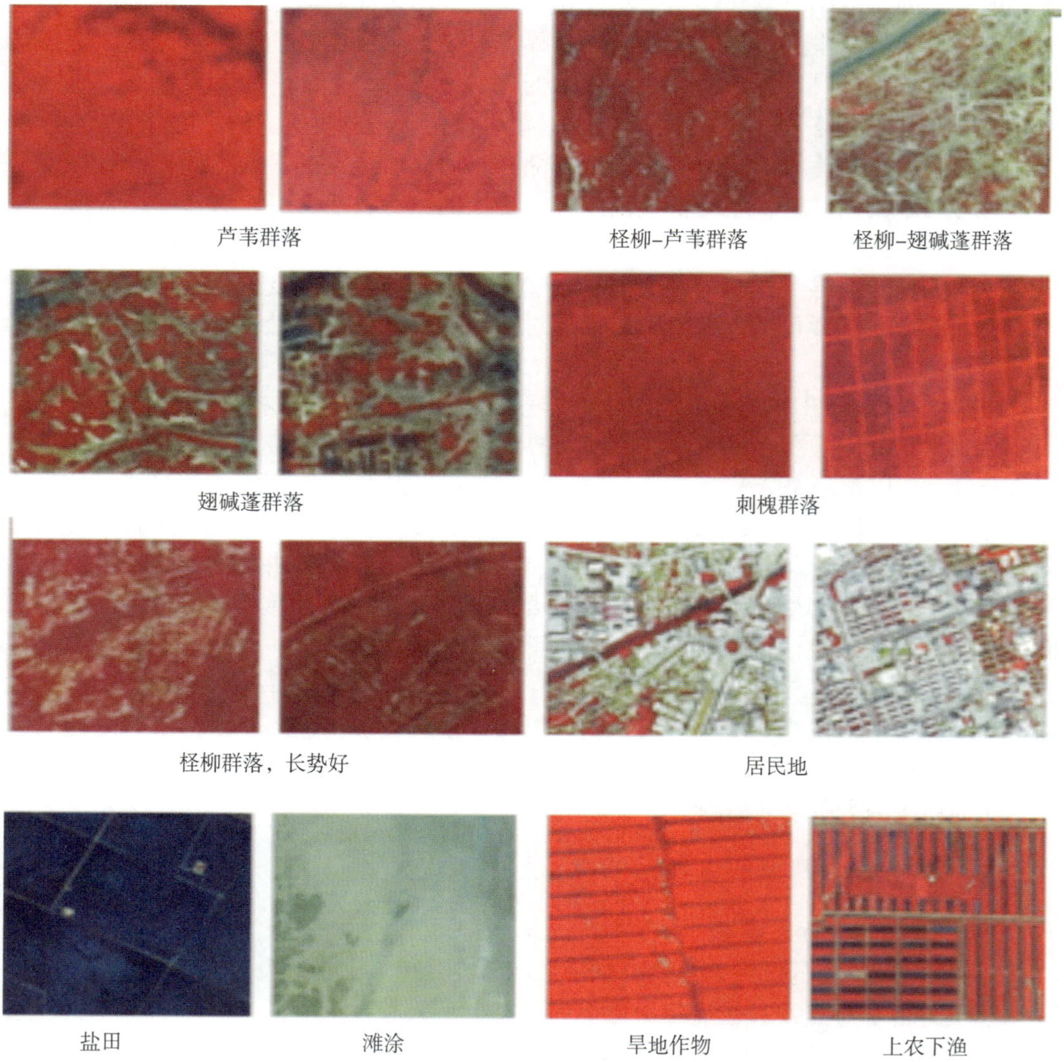

图19-3　不同地物类型在影像上的反映

表19-2 黄河三角洲湿地类型解译标志

类型	含义
水库	几何特征明显，有人工塑造痕迹。深蓝或浅蓝色，色调均匀
坑塘水面	人工拦截汇集而成的总库容小于10万m^3的坑塘水位岸线所围成的水面
人工水渠	几何特征明显，自然弯曲或局部明显平直，边界清晰
养殖水面	水产养殖(主要为虾类)用地。几何特征明显，呈规则小方格状或细长条状
盐田	盐业生产用地。形状大体为方形或长方形。充满卤水的盐池呈深蓝色，结晶池呈白色。未充卤水的盐池呈浅灰色
上农下渔	几何特征比较明显，农田和养殖水面相互间隔
裸滩涂	指沿海大潮高潮位与低潮位之间的潮浸地带，河流湖泊低水位至常水位之间的滩地，地表裸露，无植被分布
河流	自然弯曲条带状，深蓝色，色调均匀，影像结构统一
芦苇草甸	群落中优势种为芦苇的中生草甸
翅碱蓬草甸	群落中优势种为翅碱蓬，且大片分布在潮间地带中
芦苇沼泽	群落中优势种为芦苇的水生沼泽
柽柳灌草丛	群落中优势种为柽柳，且有少量芦苇，白茅等其他植物混生
农田	包括旱地、水浇地、水田、园地等
林地	主要指乔木林，在黄河三角洲主要是刺槐林与杞柳林
居民点	指城镇或农村用于生活居住的各类房屋用地及其附属设施用地
公路	几何特征明显
未利用地	指未利用和难利用土地，如盐碱地等

19.2.2.2 湿地信息遥感提取

由于农作物随着生长季节的不同，地表覆被状态也随着发生巨大变化，同时由于同一地块内不同作物混作，耕作与休闲并存，导致混合像元出现。另外，在某些区域，有些作物刚刚收割，而有些作物却长势旺盛，农田之间的光谱差异很大，因此对于某一影像，仅凭其光谱特征来进行分类，显然很难把所有农田划分出来，然而值得注意的是，农田的田块分割明显，人工耕作痕迹明显，在影像上的分布一目了然，相对于计算机自动分类法而言，传统的目视解译方法更适于农田信息的提取。另外，盐田、虾池在影像上特征明显，盐田形状大体为方形或长方形，充满卤水的盐池呈深蓝色，结晶池呈白色，未充卤水的盐池呈浅灰色；废弃盐田色调不一，但几何形状能清晰可辨。此外，以卤水晒盐为主的盐池无进水和排水沟渠。虾池呈长条状的网状结构。池内多数因有海水而为深蓝色，池与池之间仅以坝相隔，坝的色调为白色，并有阴影，这是因为虾池的堤坝比盐田的堤坝要高而宽。一般虾池分布在高潮滩上，至少有两个深水沟或河流与虾池相连，一个为进水沟，一个为排水沟。因此，基于以上的影像特征，我们采用先目视解译，后计算机自动分类的原则，逐步完成影像分类工作。具体操作如下：首先通过人工目视解译，采取人机交互方式，提取农田、盐田、虾池等土地利用类型，并利用已提取的信息，对原始影像进行掩膜处理，然后对掩膜处理后的影像先进行非监督分类，形成初始分类模板；在此基础上，结合野外考察资料，对训练样区进行修正、改善及调整，直到分类精度满意为止。

人工目视解译流程如下：

（1）应用监督分类和非监督分类对影像进行预分类，其分类结果可以用于辅助目视解译。

（2）整理课题组多年的黄河三角洲野外考察数据、照片和相关矢量图层，用于辅助目视解译。

（3）根据统一数学基础在ArcGIS中建立Geodatabase数据库，并在数据库中添加植被类型数据集（Feature dataset）。在数据集中加入2个地物类(Feature classes)，分别为植被类型的线状地物层、面状地物层的Label点层。

（4）在ArcGIS平台上，利用不同植被类型在遥感影像上的光谱特征、形态特征、纹理特征和色调差异，并参照监督分类结果、野外考察数据及照片，利用人机交互方法识别植被类型。

（5）野外验证植被图的分类精度，尤其是影像中不能确定的植被类型。

19.2.2.3 精度评价

采用分层随机采样方法，结合已有的土地利用现状图、野外调查数据等，对影像的分类结果进行评价。在研究区域内随机选择500个点，并确保落在每一类型的点不少于40个，进行野外调绘核实（见图19-4），得到遥感解译整体的精度在85%左右，可以满足分析所要达到的要求。

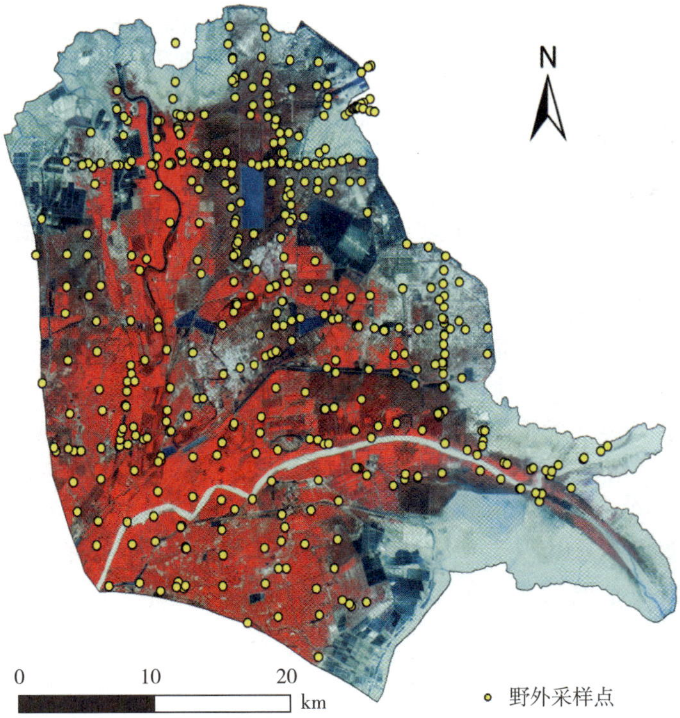

图19-4 野外采样点分布

19.3 黄河三角洲海岸带景观格局分析

19.3.1 景观格局分析方法及其指标的选择

景观格局分析的方法可分为格局指数方法和空间统计学方法。景观格局指数是指能够高度浓缩景观空间格局信息，反映其结构组成和空间配置等方面特征的简单定量指标，可划分为斑块水平指数（patch-level index）、斑块类型水平指数（class-level index）和景观水平指数（landscape-level index）。在实际运用中，单个斑块的特征指数没有多大的意义，多数的分析工作是在类型水平和景观水平上进行的。通过比较景观指数在时间维上的变化，反映景观格局演变的趋势，进而寻找产生这种演变的内在机制。景观格局指数的计算不是很复杂，国际上有专门的软件包，比如Fragstas，是由Forest Science Department，Oregon State University,U.S.A 开发的，可以计算上百个景观指数。常用的景观指数包括斑块形状指数、景观多样性指数、景观优势度指数等。通过对景观指数的定量计算,可以了解景观格局的基本空间结构特征,如景观组成单元的数量、大小、形状、景观多样性、优势度、均匀度等,并为进一步的景观格局空间统计学分析提供基础和参考数据。

本课题选取了具有代表性的19个指标进行了计算。其中斑块水平指数（patch-level index）有9个: 斑块面积（*CA*）、斑块占景观总面积的比例（*PLAND*）、斑块个数（*NP*）、斑块密度（*PD*）、最大斑块指数（*LPI*）、景观形状指数（*LSI*）、平均斑块面积（*AREA_MN*）、斑块分维数（*PAFRAC*）、景观破碎化指数（*SPLIT*）。景观水平指数（landscape-level index）有10个:斑块个数（*NP*）、斑块密度（*PD*）、最大斑块指数（*LPI*）、景观形状指数（*LSI*）、平均斑块面积（*AREA_MN*）、斑块分维数（*PAFRAC*）、景观聚集度指数（*CONT*）、景观破碎化指数（*SPLIT*）、景观多样性指数（*SHDI*）、景观均匀度指数（*SHEI*）。

（1）斑块面积（*CA*），单位：hm^2，范围：$CA>0$。

$$CA=\sum_{j=1}^{n}a_{ij}(\frac{1}{10\ 000}) \tag{19-1}$$

公式描述：*CA*等于某一斑块类型中所有斑块的面积之和（hm^2），即某斑块类型的总面积。

生态意义：*CA*度量的是景观的组分，也是计算其他指标的基础。它有很重要的生态意义，其值的大小制约着以此类型斑块作为聚居地（Habitation）的物种的丰度、数量、食物链及其次生种的繁殖等，如许多生物对其聚居地最小面积的需求是其生存的条件之一；不同类型面积的大小能够反映出其间物种、能量和养分等信息流的差异，一般来说，一个斑块中能量和矿物养分的总量与其面积成正比；为了理解和管理景观，我们往往需要了解斑块的面积大小，如所需要的斑块最小面积和最佳面积是极其重要的两个数据。

（2）斑块占景观总面积的比例（*PLAND*），单位：%，范围：$0<PLAND\leq 1$。

$$PLAND=\frac{\sum_{j=1}^{n}a_{ij}}{A} \tag{19-2}$$

公式描述：*PLAND*等于某一斑块类型的总面积占整个景观面积的百分比。其值趋于0时，说明景观中此斑块类型变得十分稀少；其值等于100时，说明整个景观只由一类斑块组成。

生态意义：*PLAND*度量的是景观的组分，其在斑块级别上与斑块相似度指标（*LSIM*）的意义相同。由于它计算的是某一斑块类型占整个景观的面积的相对比例，因而是帮助我们确定景观中基质或优势景观元素的依据之一，也是决定景观中的生物多样性、优势种和数量等生态系统指标的重要因素。

（3）斑块个数（*NP*），单位：个，范围：*NP*≥1。

$$NP=n \tag{19-3}$$

公式描述：*NP*在类型级别上等于景观中某一斑块类型的斑块总个数；在景观级别上等于景观中所有的斑块总数。

生态意义：*NP*反映景观的空间格局，经常被用来描述整个景观的异质性，其值的大小与景观的破碎度也有很好的正相关性，一般规律是：*NP*大，破碎度高；*NP*小，破碎度低。*NP*对许多生态过程都有影响，如可以决定景观中各种物种及其次生种的空间分布特征；改变物种间相互作用和协同共生的稳定性。

（4）斑块密度（*PD*），单位：个/hm^2。

$$PD=\frac{n_i}{A} \tag{19-4}$$

$$PD=\frac{N}{A} \tag{19-5}$$

生态意义：景观密度包括景观斑块密度和景观单元斑块密度。景观斑块密度是指景观中包括全部异质景观单元斑块的单位面积斑块数。景观单元斑块密度是指景观中某类景观要素的单位面积斑块数。它们可以用来反映景观被分割的破碎程度，反映景观空间结构的复杂性，在一定程度上反映人为对景观的干扰程度，破碎程度越大，景观对干扰的抵抗能力越弱，景观脆弱性强。

（5）最大斑块指数（*LPI*），单位：无，范围：0≤*LPI*≤100。

$$LPI=\frac{\max(a_{ij})}{A} \tag{19-6}$$

生态意义：有助于确定景观的基质或优势类型等。其值的大小决定着景观中优势种、内部种的丰度等生态特征；其值的变化可以改变干扰的强度和频率，反映人类活动的方向和强弱。

（6）景观形状指数（*LSI*），单位：无，范围：*LSI*≥0。

$$LSI=\frac{0.25E}{\sqrt{A}} \tag{19-7}$$

生态意义：形状指数从景观的形状来判定其复杂性，与斑块形状指数相似，只是将计算尺度从单个斑块上升到整个景观而已。

（7）景观多样性指数（*SHDI*），单位：无，范围：*SHDI*≥0。

$$SHDI = -\sum_{i=1}^{m}(P_i \ln p_i) \quad (19\text{–}8)$$

公式描述：*SHDI*在景观级别上等于各斑块类型的面积比乘以其值的自然对数之后的和的负值。*SHDI*=0表明整个景观仅由一个斑块组成；*SHDI*增大，说明斑块类型增加或各斑块类型在景观中呈均衡化趋势分布。

生态意义：*SHDI*是一种基于信息理论的测量指数，在生态学中应用很广泛。该指标能反映景观异质性，特别对景观中各斑块类型非均衡分布状况较为敏感，即强调稀有斑块类型对信息的贡献，这也是与其他多样性指数不同之处。在比较和分析不同景观或同一景观不同时期的多样性与异质性变化时，*SHDI*也是一个敏感指标。如在一个景观系统中，土地利用越丰富，破碎化程度越高，其不定性的信息含量也越大，计算出的*SHDI*值也就越高。景观生态学中的多样性与生态学中的物种多样性有紧密的联系，但并不是简单的正比关系，研究发现在同一景观中二者的关系一般呈正态分布。

（8）景观均匀度指数（*SHEI*），单位：无，范围：0≤*SHEI*≤1。

$$SHEI = \frac{-\sum_{i=1}^{m}(P_i \ln P_i)}{\ln m} \quad (19\text{–}9)$$

公式描述：*SHEI*等于景观多样性指数除以给定景观丰度下的最大可能多样性（各斑块类型均等分布）。*SHEI*=0表明景观仅由一种斑块组成，无多样性；*SHEI*=1表明各斑块类型均匀分布，有最大多样性。

生态意义：*SHEI*与*SHDI*指数一样也是我们比较不同景观或同一景观不同时期多样性变化的一个有力手段。而且*SHEI*与优势度指标（Dominance）之间可以相互转换（即evenness=1-dominance），即*SHEI*值较小时优势度一般较高，可以反映出景观受到一种或少数几种优势斑块类型所支配；*SHEI*趋近1时优势度低，说明景观中没有明显的优势类型且各斑块类型在景观中均匀分布。

（9）斑块分维数（*PAFRAC*），单位：无，范围：1≤*PAFRAC*≤2。

$$PAFRAC = \frac{\dfrac{2}{n_i\sum_{j=1}^{n}(\ln p_{ij}\cdot \ln a_{ij}) - (\sum_{j=1}^{n}\ln p_{ij})(\sum_{j=1}^{n}\ln a_{ij})}}{(n_i\sum_{j=1}^{n}\ln p_{ij}^2) - (\sum_{j=1}^{n}\ln p_{ij})^2} \quad (19\text{–}10)$$

生态意义：主要揭示斑块组成的景观形状和面积大小之间的关系，反映了在一定观测尺度上景观类型的复杂程度。其实际意义有两方面：其一，分维数越趋近1，斑块的自相似性越强，斑块形状越有规律；其二，分维数值越趋近于2，斑块的几何形状越趋近于简单，表明受干扰的程度越大，这是因为，人类的干扰所形成的斑块一般几何形状较为规则，因而易于出现相似的斑块形，特别是在自然条件均一的地区。一般情况下，人类活动对景观的干扰越大，景观趋于规则，分维数越小，分维数值在一定程度上反映了人类活动干扰的强弱。

（10）景观聚集度指数（*CONT*），单位：无；取值范围：1≤*CONT*≤100。

景观聚集度指数描述不同景观类型的团聚程度。反映景观中不同斑块类型的聚集程度和延展趋势，还能够反映景观组分的空间配置特征。由于这一指数包含空间信息多，因而广泛地被应用于景观生态学领域，它是描述景观格局的最重要的指数之一。其计算公式为：

$$CONT=\left[1+\sum_{i=1}^{m}\sum_{j=1}^{m}\frac{P_{ij}\ln(P_{ij})}{2\ln(m)}\right]\times 100 \qquad (19\text{-}11)$$

式中：m 为缀块类型总数；P_{ij}为随机选择的两相邻栅格细胞属于类型i与j 的概率。

（11）平均斑块面积（*AREA_MN*），单位：hm^2，取值范围：≥0。

整个景观的平均斑块面积=斑块总面积/斑块总数　（19-12）

单一景观类型的平均斑块面积=类型的斑块总面积/类型的斑块总数　（19-13）

用于描述景观粒度，在一定意义上揭示景观破碎化程度。

（12）景观破碎化指数（*SPLIT*），单位：无，取值范围：≥1。

$$SPLIT=\frac{A^2}{\sum_{j=1}^{n}a_{ij}^2} \qquad (19\text{-}14)$$

当景观只由一种斑块组成的时候，*SPLIT*=1。

19.3.2 黄河三角洲海岸带景观格局分析

景观格局空间特征需要用表征静态分布特征值的指数模型进行分析。从湿地景观格局研究的尺度与内容看,关于景观空间分布特征的探讨大多在斑块水平上进行。

根据上面的景观格局分析方法，以2006年TM图像为数据源，利用Fragstas3.3 软件对上述指数进行了计算。结果如表19-3所示。

在整个近代黄河三角洲内，其中湿地为主要景观，面积为279 434.25 hm^2，占总面积的56.79%。其中，天然湿地面积大于人工湿地面积。天然湿地面积为总面积的35.36%，而人工湿地面积占21.43%。非湿地面积为212 630.73 hm^2，占总面积的43.21%。见表19-4和图19-5。

根据图19-6可知，2006年，在湿地的景观类型中，处于前5大优势类型的是滩涂、盐田、芦苇沼泽、芦苇草甸和柽柳灌草丛，它们的总面积占湿地的73.84%，构成了湿地景观格局的主体。从平均斑块面积指数看（见图19-7），从大到小依次为盐田、养殖水面、柽柳灌草丛、芦苇沼泽，滩涂的平均斑块面积最大，表明滩涂湿地在研究区域内有较大的规模，这也符合河口海岸湿地的生境特征。

最大斑块指数反映各类湿地景观中面积最大的斑块，由于大型斑块能够容纳更多的物种，有利于物种的多样性，并在一定程度上允许干扰的发生，因此在景观生态学上具有重要的意义。黄河三角洲各类湿地景观的最大斑块指数大小依次为盐田、滩涂、养殖水面、芦苇沼泽和河流（见图19-8）。湿地内有成片连通的水体，形成较大的斑块，有利于湿地整体环境的重塑和水生生物多样性的保护。景观生态学表明，系统和谐的生态区内至少要有两个大型的自然植被斑块，对于湿地而言，作为沟通水系网络的绿色通道的大型植被斑块更加不可或缺，因此就这一方面而言，黄河三角洲湿地属于系统和谐的生态区范畴。

景观形状指数描述景观斑块的规则和复杂程度，它与斑块的复杂程度成正比。从表19-3的计算结果来看，景观形状指数的排序依次是河流、人工水渠、芦苇沼泽、芦苇草甸、柽柳灌草丛（见图19-9）。从上述排序结果分析，研究区域内河流景观的形态最为复杂和不规则，主要是由于湿地水域多呈现连续性带状和不规则状，形态差异较大。

从表19-3来看，坑塘水面的斑块数目最多。结合实际调查情况，了解到坑塘水面景观斑块分布多而杂乱。斑块密度最大的是坑塘水面，芦苇草甸、芦苇沼泽、上农下渔的斑块密度依次递减（见图19-9）。这和各类景观斑块数相一致。

表19-3 2006年黄河三角洲湿地基于类型水平指数结果

类型	*CA*	*PLAND*	*NP*	*PD*	*LPI*	*LSI*	*AREA_MN*	*PAFRAC*	*SPLIT*
水库	8 454.69	3.03	66	0.024	0.55	9.94	128.10	1.25	12 851.72
坑塘水面	6 455.79	2.31	200	0.072	1.11	17.14	32.28	1.43	7 906.98
人工水渠	1 139.31	0.41	28	0.010	0.05	24.73	40.69	2.06	911 834.80
养殖水面	21 548.16	7.71	49	0.018	3.25	8.42	439.76	1.18	762.37
盐田	54 403.56	19.47	28	0.010	8.43	7.97	1 942.98	1.27	120.69
上农下渔	13 429.80	4.81	80	0.029	0.48	14.38	167.87	1.35	12 319.78
滩涂	58 154.94	20.81	18	0.006	4.17	12.21	3 230.83	1.28	173.59
河流	8 475.21	3.03	46	0.017	1.58	37.46	184.24	1.67	3 774.76
芦苇草甸	32 171.31	11.51	99	0.035	1.36	17.72	324.96	1.32	1 415.86
翅碱蓬草甸	13 606.20	4.87	45	0.016	0.80	12.34	302.36	1.43	6 166.08
芦苇沼泽	33 941.25	12.15	92	0.033	1.73	19.87	368.93	1.36	990.43
柽柳灌草丛	27 654.03	9.90	64	0.023	1.41	17.24	432.09	1.46	1 598.72

表19-4 黄河三角洲人工湿地及天然湿地面积及所占比例

类型	面积（hm^2）	所占百分比（%）	斑块数
人工湿地	105 431.31	21.43	451
天然湿地	174 002.94	35.36	364
非湿地	212 630.73	43.21	538
总计	492 065	100	1 353

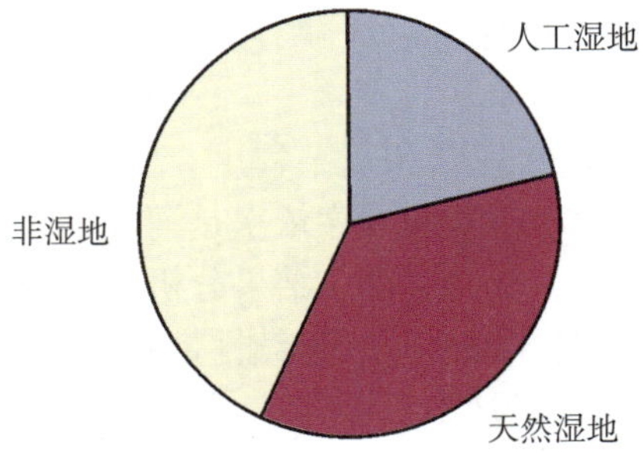

图19-5 2006年各类景观面积所占百分比

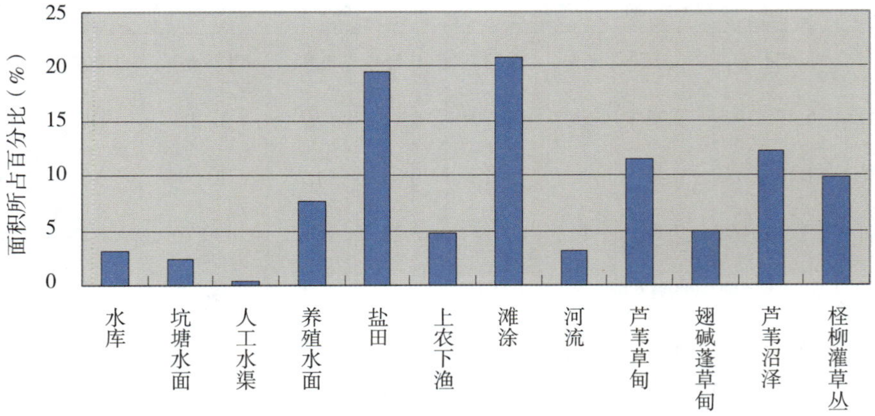

图19-6 2006年湿地各类型面积所占百分比

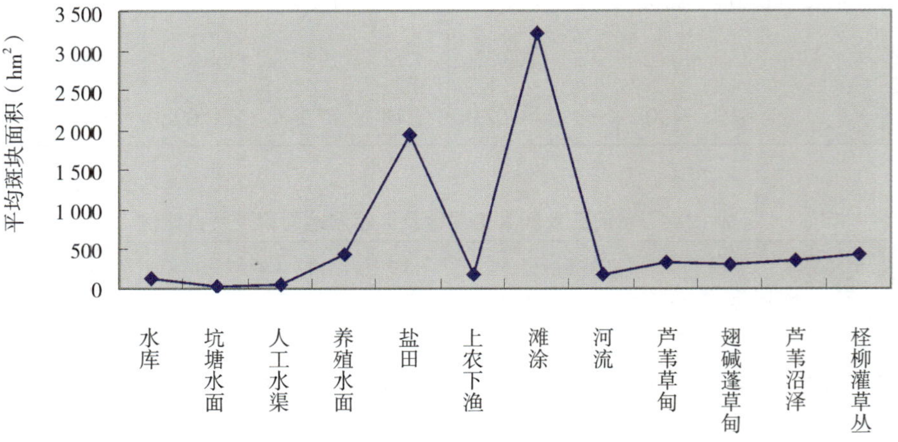

图19-7 2006年湿地各类型平均斑块面积

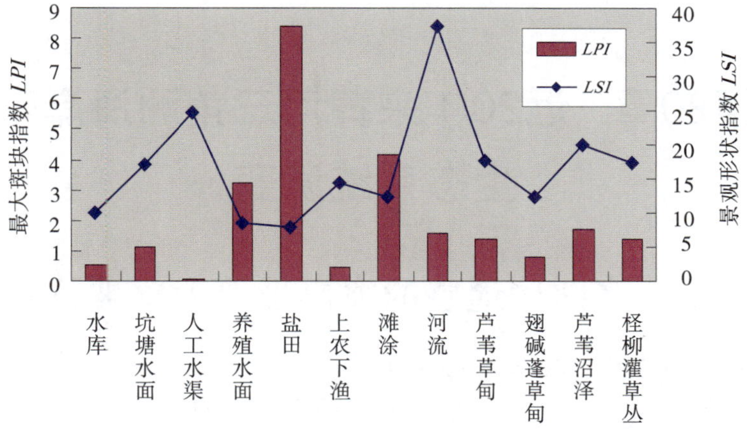

图19-8 2006年湿地景观最大斑块指数和景观形状指数

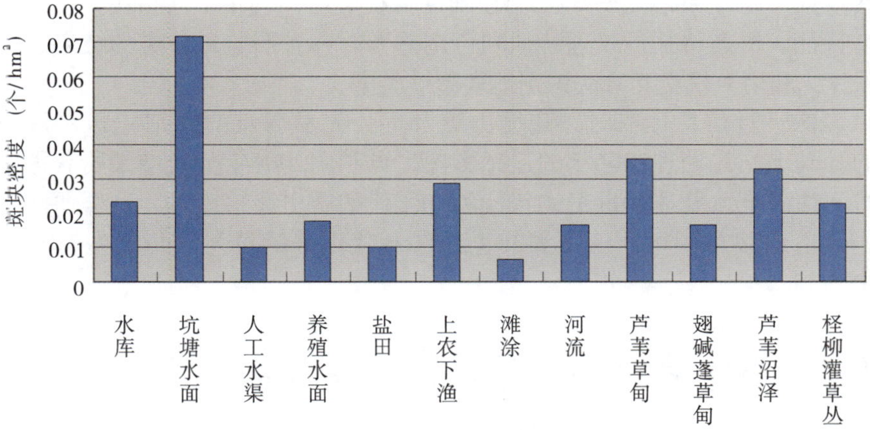

图19-9 2006年湿地景观斑块密度

第20章　近20年来黄河三角洲海岸带生态系统演变

20.1　基于多时序遥感的海岸带地表覆被信息提取

利用黄河三角洲20世纪80年代以来的TM遥感数据，参考1996年1:1万东营市土地利用图1:1万航片测绘图，以及多次野外湿地考察的数据和收集的有关黄河三角洲与国内外湿地的研究资料，提取20世纪80年代以来的黄河三角洲海岸带生态演化数据。

所选TM影像时相均处于植被生长期，影像上各植被类型光谱特征明显，易于区别和分类。应用ArcGIS软件平台，以TM影像作为基础进行目视解译。根据课题组多年的野外考察数据、照片和相关矢量层,用于辅助目视解译。利用不同植被类型在遥感影像上的光谱特征、形态特征、纹理特征和色调差异，并参照监督分类的结果、野外考察数据及照片，利用人机交互方法识别地表覆被类型。

在对影像进行信息提取时，遵循由近及远、先易后难的原则，即在野外实地考察成果的基础上，先处理2006年的遥感影像，再利用2006年分类结果所获得的先验知识，把时间往前推，处理20世纪90年代和80年代的历史遥感影像，这样便能有效地提高分类精度。最终得到黄河三角洲20世纪80年代以来的黄河三角洲生态演化系列图（见图20–1）。

20.2　近年来黄河三角洲海岸带景观生态过程分析

任何空间尺度上的景观及其结构都会随着时间的推移而不断地发生变化。变化的原因在于外界的干扰作用，这些干扰作用往往是综合性的，它包括自然环境、各种生物以及人类社会之间复杂的相互作用，其结果是景观系统内个别元素的稳定性和景观的空间结构发生变化。景观格局的显著变化具有3种典型类型：①某一新景观元素变成基质，取代了原来的基质；②几种景观元素的比例发生了变化；③一种新型的景观元素在景观系统中出现，或原有的景观元素消失。

为了分析黄河三角洲海岸带景观的生态过程，探索其演化规律，选取1986年、1996年和2006年三个不同时期的TM遥感影像作为数据源。本节采用两种不同的景观结构变化分析方法来研究近代黄河三角洲地区近年来景观格局演变过程：方法一是利用三个时期的景观图和景观结构指标计算结果来分析景观变化；方法二是运用交叉分析方法建立斑块类型间的转移矩阵，从而定量、定位地分析景观中各类元素间相互转换的方向、强度及其空间位置。其中，景观结构指标计算结果分成两个部分分析：一是基于斑块水平的湿地景观格局变化分析，二是基于景观水平的湿地景观格局动态变化分析。

在Fragstas3.3软件的支持下，对1986年、1996年和2006年这三个时期的影像进行处理分析以及相关的景观格局计算，得到表19–3、表20–1~表20–3作为景观格局变化研究的依据。

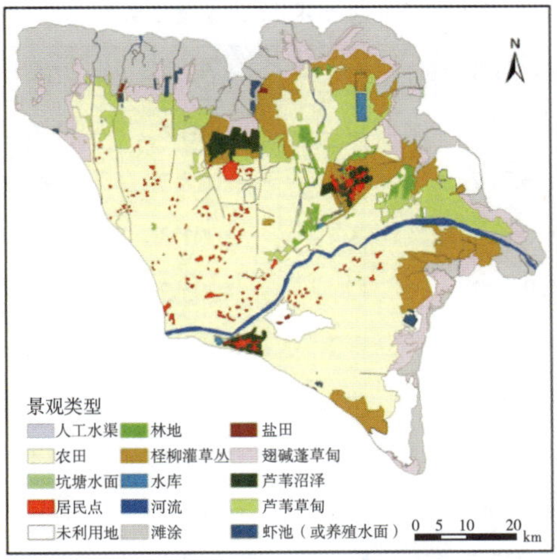

（a）1986年黄河三角洲遥感影像分类图

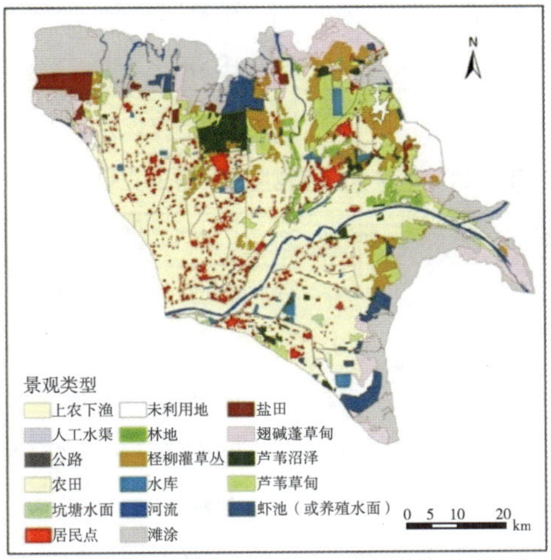

（b）1996年黄河三角洲遥感影像分类图

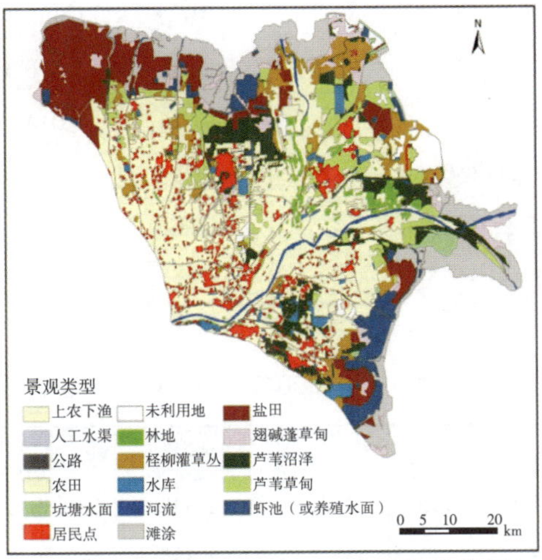

（c）2006年黄河三角洲遥感影像分类图

图20-1 黄河三角洲遥感影像分类系列图

表20-1　1986年黄河三角洲湿地基于类型水平指数结果

类型	CA	PLAND	NP	PD	LPI	LSI	AREA_MN
水库	1 770.21	0.777 7	11	0.004 8	0.509 4	4.793 6	160.928 2
坑塘水面	743.58	0.326 7	42	0.018 5	0.047 3	14.456	17.704 3
人工水渠	137.70	0.060 5	3	0.001 3	0.022 3	8.607 6	45.900 0
养殖水面	2 176.38	0.956 2	12	0.005 3	0.216 4	4.891	181.365 0
盐田	331.11	0.145 5	3	0.001 3	0.070 5	2.286 9	110.3700
滩涂	98 660.34	43.345 1	19	0.008 3	10.509 5	10.552 3	5 192.650 0
河流	9 305.82	4.088 4	32	0.014 1	2.906 1	31.031 1	290.806 9
芦苇草甸	30 944.79	13.595 2	21	0.009 2	3.859 7	7.963 3	1 473.561 0
翅碱蓬草甸	31 222.80	13.717 3	24	0.010 5	2.614 5	11.377 8	1 300.950 0
芦苇沼泽	7 928.55	3.483 3	7	0.003 1	1.836 9	5.974 7	1 132.650 0
柽柳灌草丛	44 394.57	19.504 2	12	0.005 3	5.338 5	9.243 4	3 699.548 0

表20-2　1996年黄河三角洲湿地基于类型水平指数结果

类型	CA	PLAND	NP	PD	LPI	LSI	AREA_MN
水库	6 823.17	2.979 1	46	0.020 1	0.549 8	8.052 6	148.329 8
坑塘水面	4 854.87	2.119 7	120	0.052 4	0.155 6	23.911 8	40.457 2
人工水渠	639.27	0.279 1	6	0.002 6	0.170 3	10.254 4	106.545
养殖水面	14 510.43	6.335 5	38	0.016 6	1.551 8	7.588 3	381.853 4
盐田	8 081.10	3.528 4	12	0.005 2	2.359 1	3.746 7	673.425
上农下渔	835.11	0.364 6	13	0.005 7	0.074 2	4.373 1	64.239 2
滩涂	82 559.79	36.047 2	37	0.016 2	6.130 4	11.025 1	2 231.346
河流	11 213.01	4.895 8	29	0.012 7	2.516 3	36.477 3	386.655 5
芦苇草甸	32 149.08	14.036 9	69	0.030 1	4.014 9	16.200 7	465.928 7
翅碱蓬草甸	28 340.37	12.373 9	41	0.017 9	4.177 5	11.234 2	691.228 5
芦苇沼泽	13 349.70	5.828 7	44	0.019 2	3.035 2	10.617 4	303.402 3
柽柳灌草丛	25 676.73	11.210 9	47	0.020 5	1.776	14.812	546.313 4

表20-3　1986年、1996年和2006年黄河三角洲湿地基于景观水平指数

年份	NP	PD	LPI	LSI	AREA_MN	PAFRAC	CONT	SPLIT	SHDI	SHEI
1986	186	0.081 7	10.509 5	18.998 6	1 223.741 0	1.340 8	65.388 2	26.097 6	1.587 5	0.662 0
1996	502	0.219 2	6.130 4	29.672 2	456.240 3	1.385 4	58.340 6	50.122 2	1.976 7	0.795 5
2006	815	0.291 7	8.430 5	33.890 8	342.864 1	1.368 6	53.622 2	54.307 8	2.191 1	0.881 8

20.2.1 基于类型水平的景观格局演化特征

通过上述各表，制作图20-2和表20-4。从中可以看出，近年来，人工湿地中的水库、坑塘水面、人工水渠、养殖水面、盐田、上农下渔等的面积逐年增加，而自然湿地中的滩涂与柽柳灌草丛的面积大幅度减少。其中演化最活跃的人工湿地是盐田和上农下渔，自然湿地为滩涂。1986年，还没有上农下渔这种湿地类型，到1996年已经增加到了835.11 hm^2，而到2006年，增至13 429.80 hm^2，比1986年增加了12 594.69 hm^2。20年来，滩涂明显下降。滩涂面积由1986年的98 660.34 hm^2减少到1996年的82 559.79 hm^2，到2006年继续在减少。此外，芦苇草甸的面积有了小幅度的增加。沼泽面积大幅度增加。沼泽湿地由1986年的7 928.55 hm^2增至2006年的33 941.25 hm^2。柽柳灌草丛大幅度减少，由1986年的44 394.57 hm^2减至2006年的25 676.73 hm^2。

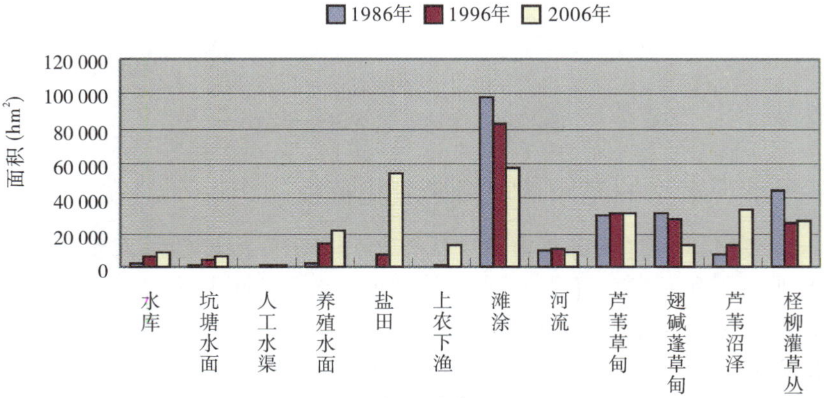

图20-2 各湿地类型面积

表20-4 黄河三角洲各湿地类型面积及所占比例

类型	1986年		1996年		2006年	
	面积(hm^2)	所占百分比(%)	面积(hm^2)	所占百分比(%)	面积(hm^2)	所占百分比(%)
水库	1 770.21	0.78	6 823.17	2.98	8 454.69	3.03
坑塘水面	743.58	0.33	4 854.87	2.12	6 455.79	2.31
人工水渠	137.70	0.06	639.27	0.28	1 139.31	0.41
养殖水面	2 176.38	0.96	14 510.43	6.34	21 548.16	7.71
盐田	331.11	0.15	8 081.10	3.53	54 403.56	19.47
上农下渔	0	0	835.11	0.36	13 429.80	4.81
滩涂	98 660.34	43.35	82 559.79	36.05	58 154.94	20.81
河流	9 305.82	4.09	11 213.01	4.90	8 475.21	3.03
芦苇草甸	30 944.79	13.60	32 149.08	14.04	32 171.31	11.51
翅碱蓬草甸	31 222.80	13.72	28 340.37	12.37	13 606.2	4.87
芦苇沼泽	7 928.55	3.48	13 349.70	5.83	33 941.25	12.15
柽柳灌草丛	44 394.57	19.50	25 676.73	11.21	27 654.03	9.90

随着经济的发展，黄河三角洲内人为活动逐渐增加，湿地的破碎化程度也在加大。这些年来，几乎所有湿地类型的斑块个数都一直在增加（见图20-3）。

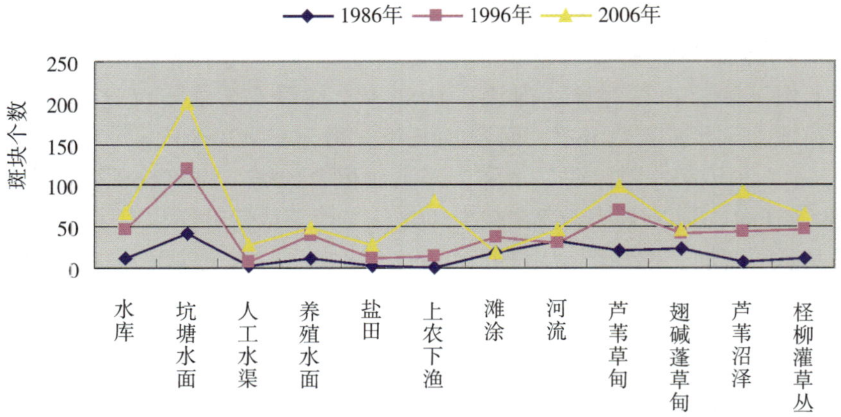

图20-3 湿地各景观斑块个数

20.2.2 基于景观水平的湿地景观格局演化特征

根据上述表格，我们得到表20-5。从表20-5得出，湿地的总面积一直在增加，其中，人工湿地面积和所占总面积的百分比一直在增加，而天然湿地的面积和所占百分比一直在减少。1986年湿地的总面积为227 615.9 hm^2，其中天然湿地几乎占全部，人工湿地仅占2.27%。1996年湿地的总面积略有增加，比1986年增加了1 416.78 hm^2，其中人工湿地占15.61%，比1986年增加了13%。到2006年，湿地的总面积继续有所增加，比1996年增加了50 401.62 hm^2。而天然湿地面积减少了19 285.76 hm^2，但是人工湿地却有了大幅度的增加，增加了69 687.38 hm^2。其中人工湿地占的比重也大幅度的加大，占湿地总面积的37.73%。

表20-5 黄河三角洲人工湿地及天然湿地面积及所占比例

年份	人工湿地		天然湿地		总面积（hm^2）
	面积（hm^2）	百分比（%）	面积（hm^2）	百分比（%）	
1986	5 158.98	2.27	222 456.87	97.73	227 615.85
1996	35 743.93	15.61	193 288.70	84.39	229 032.63
2006	105 431.31	37.73	174 002.94	62.27	279 434.25

从图20-4可知，黄河三角洲湿地景观的斑块个数一直在大幅度的增加。1986年斑块个数为186个，1996年为502个，增加了316个。到2006年，斑块个数继续在增加，为815个，比1996年增加了313个。斑块个数反映景观的破碎化程度，表明黄河三角洲湿地的景观破碎化程度日益严重。同时，斑块密度与斑块个数一致（见图20-5），也是逐渐在增加。

平均斑块面积从1986年逐年递减(见图20-6)，由于景观破碎化程度加大,斑块个数也在增加,使原来的大块景观遭到破碎,所以黄河三角洲湿地的平均斑块面积一直在减小。

从图20–7得知，景观形状指数一直在增加，1986年黄河三角洲湿地的景观形状指数为18.998 6，1996年为29.672 2，到2006年继续增加，为33.890 8。景观形状指数是描述景观斑块的规则和复杂程度，它与斑块的复杂程度成正比。从中可以知道黄河三角洲湿地景观的形态越来越复杂和不规则。最大斑块指数反映各类湿地景观中面积最大的斑块，由于大型斑块能够容纳更多物种，有利于物种的多样性，并在一定程度上允许干扰的发生，因此在景观生态学上具有重要的意义。黄河三角洲湿地景观的最大斑块指数1996年比1986年降低了（见图20–7），但是到了2006年又开始增加。

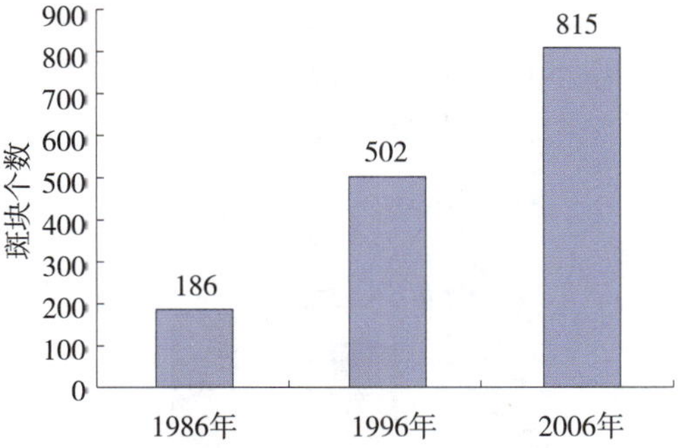

图20–4 湿地景观斑块个数

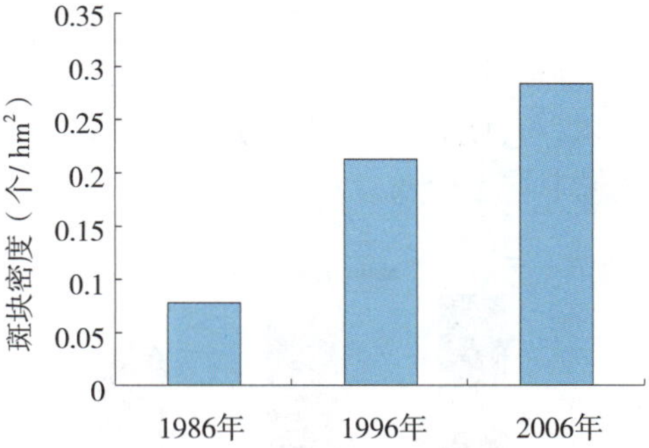

图20–5 湿地景观斑块密度

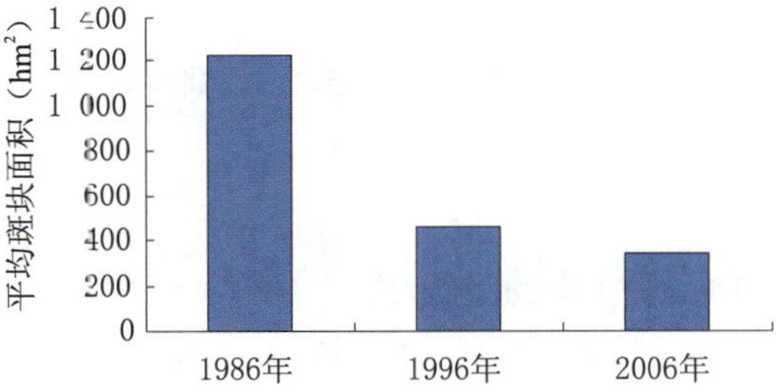

图20–6 湿地景观平均斑块面积

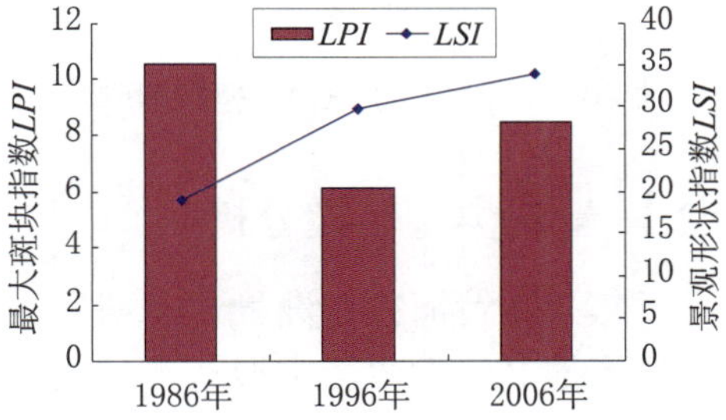

图20–7 最大斑块指数和景观形状指数

从图20–8知道，黄河三角洲湿地的斑块分维数并没有太大的变化，1986年为1.340 8，1996年为1.385 4，到了2006年为1.368 6。景观斑块分维数主要揭示斑块组成的景观形状和面积大小之间的关系，反映了在一定观测尺度上景观类型的复杂程度。分维数越趋近1，斑块的自相似性越强，斑块形状越有规律；分维数值越趋近于2，斑块的几何形状越趋近于简单，表明受干扰的程度越大。这20年来，黄河三角洲湿地的斑块分维数基本都在1.5附近，基本属于中间水平，也就是受到了人为的干扰，但是程度不是很大。

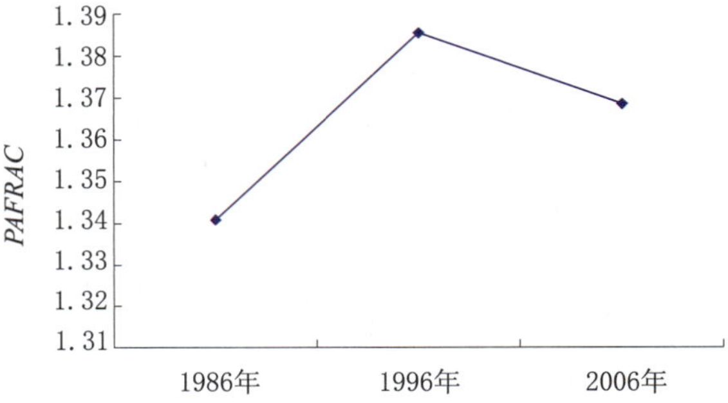

图20–8 湿地景观斑块分维数

从图20–9可以看出，黄河三角洲湿地景观的聚集度指数在下降，而斑块的破碎化指数在增加。其中，1986年聚集度指数为65.388 2，到2006年减少到53.622 2。聚集度指数下降表明该研究区域内，组成景观各类型的聚集程度不断减小。景观的破碎化指数反映景观被分割的破碎化程度，同样，在过去的20年，破碎化指数由1986年的26.097 6增加到2006年的54.307 8，表明在一定程度上黄河三角洲湿地受到强度越来越大的人为干扰，使其破碎化程度一直在加剧。

黄河三角洲湿地的景观多样性指数和景观均匀度指数一直在增加（见图20–10）。1986年景观多样性指数为1.587 5，1996年为1.976 7，增加了0.389 2。到了2006年继续增加，为2.191 1。说明黄河三角洲湿地各斑块类型在景观中的分布呈均衡化分布趋势加强。同时由图20–10可知，景观均匀度指数由1986年的0.662 0上升到2006年的0.881 8。表明各斑块类型更加多样化，湿地景观中没有明显的优势类型且各斑块类型在景观中均匀分布。

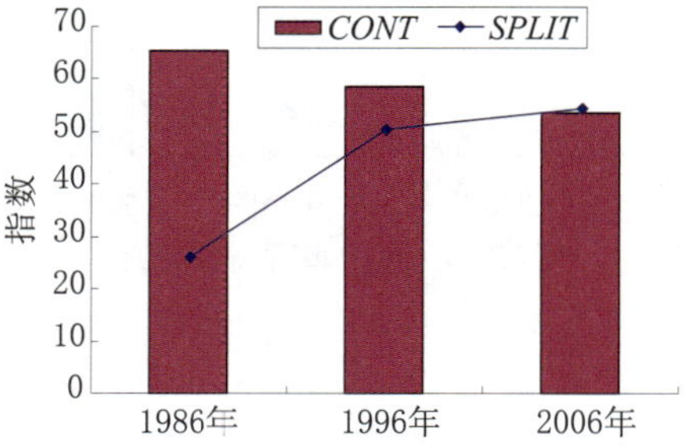

图20–9　湿地景观聚集度指数和破碎化指数

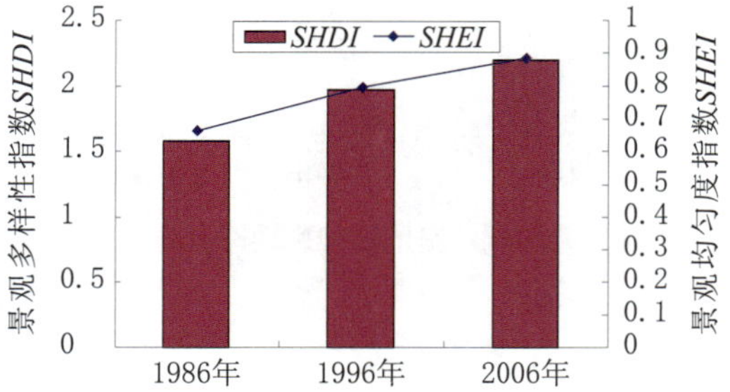

图20–10　湿地景观多样性指数和均匀度指数

20.2.3　景观类型转换分析

近年来，黄河三角洲景观类型处在一个不断变化的过程中。湿地与湿地之间、湿地与非湿地之间发生着类型转换。根据1986年和2006年数据求出湿地类型的转移矩阵（见表20–6）。其公式为：

$$p_{ij}=\frac{n_{ij}}{\sum_{j=1}^{m} n_{ij}}\times 100\%$$

式中：n_{ij}为前期湿地类型i转化为湿地类型j的面积；$\sum_{j=1}^{m} n_{ij}$为前期湿地类型未转化前的总面积；p_{ij}为湿地类型i转化为湿地类型j的转化概率。

从表20–6可以看出，有大量的天然湿地转化为农田。其中，31.9%的河流面积转化为农田，18.1%的芦苇草甸转化为农田，15.1%的芦苇沼泽转化为农田，10.9%的柽柳灌草丛转化为农田。天然湿地与人工湿地之间也发生着相互转化，其中，33.9%的滩涂转化为盐田，13.9%的翅碱蓬草甸转化为养殖水面，26.6%的翅碱蓬草甸转化为盐田。天然湿地之间也发生着大量的转化，其中，22.4%的翅碱蓬草甸转化为滩涂，11.9%的芦苇沼泽转化为芦苇草甸。

表20-6 1986~2006年湿地类型转移矩阵 （%）

1986年＼2006年	水库	坑塘	水渠	养殖	盐田	上下	滩涂	河流	农田	林地	居点	公路	未利	芦草	翅草	芦沼	柽柳
水库	89.5	0.3	1.9	0	0	0	0	0	2.3	1.1	0.4	0	0	1.9	0	1.0	1.5
坑塘	2.0	15.6	0.3	8.3	0	6.1	3.4	8.4	37	5.8	5.1	0	0	3.6	0	4.2	1.0
水渠	8.0	0.3	0	2.2	0.5	0	22.9	0	17.5	0	0	0	0	9.3	4.6	2.5	32.2
养殖	2.8	0.3	0	69.9	1.9	0	14.7	0	0.2	0	0.2	0	0	0.1	5.7	4.2	0
盐田	0	0	0	46.6	46.6	0	4.7	0	0	0	2.1	0	0	0	0	0	0
上下	0	0	0	0	0	0	0	0	0	0	0	0	0	0	0	0	0
滩涂	0.1	0.7	0.3	4.2	33.9	0	44.0	1.2	0.3	0	0.2	0.1	3.3	2.0	5.0	1.7	3.2
河流	0	1.3	0.3	0.1	1.2	0	6.8	42.7	31.9	4.7	0.4	0	0.1	5.0	0.4	4.6	0.4
农田	1.7	0.7	0.2	1.7	2.6	4.5	0	0.8	62.5	1.6	8.3	0.3	0.9	4.4	0.7	5.0	4.1
林地	0.2	0.4	0.1	0	0	0	0.5	1.0	45.7	30.9	0.7	0.2	0.2	1.9	0.8	12.0	5.4
居点	0.1	0.6	0	0.1	0	1.5	0	0.1	8.0	0	84.5	0	0	4.2	0	0.4	0.6
公路	0	0	0	0	0	0	0	0	0	0	0	0	0	0	0	0	0
未利	3.5	0.3	0.2	20.0	8.8	0.6	18.2	0.3	10.2	0.6	1.9	0.5	17.6	2.8	0.2	9.1	5.2
芦草	0.6	0.3	0.2	0.8	2.1	4.3	4.1	1.2	18.1	4.5	2.1	0.3	2.0	25.5	2.6	23.6	7.6
翅草	0	0.8	0.3	13.9	26.6	0.9	22.4	1.1	7.1	0	0.1	0.1	0.4	5.2	10.0	4.0	7.1
芦沼	0	0.8	0	0	2.5	4.7	0	0.3	15.1	0	19.8	0.4	0	11.9	0	44.2	0.1
柽柳	4.0	6.9	0.2	5.9	7.5	2.5	4.1	0.5	10.9	0.6	3.2	0.2	0.2	17.8	4.1	11.8	19.6

注：坑塘—坑塘水面；水渠—人工水渠；养殖—养殖水面；上下—上农下渔；居点—居民点；未利—未利用地；芦草—芦苇草甸；翅草—翅碱蓬草甸；芦沼—芦苇沼泽；柽柳—柽柳灌草丛。

20.3 黄河三角洲海岸带景观生态演变的驱动因素

自然驱动力和人为驱动力是海岸带生态系统演变的主要驱动因素。自然驱动因子常常是在较大的时空尺度上作用于景观格局，引起大面积的景观发生变化。主要包括地质、气候、水文、大气、植被、土壤等自然因素，这些因素综合作用形成了景观的结构。经常变化的人文驱动因子则是景观格局变化的直接驱动力。人为驱动因子包括人口、政治、经济和文化等。

自20世纪50年代以来，黄河三角洲大的流路变动共有3次，即1954年的神仙沟流路三股并汊，1964年的刁口河流路和1976年的人工改道清水沟流路。所以，自从1976年黄河流路稳定以后，黄河河道变迁已经不能成为三角洲湿地演化的主要影响因素。从1985年至2004年黄河三角洲湿地在结构和功能上都发生了多方面的演化，湿地动态消长及演化趋势的影响因素相当复杂，涉及自然和人为等诸多方面。

20.3.1 水文因子

湿地的水文条件是湿地属性的决定性因子，当湿地的水文条件发生改变时，湿地的属性可能也随之改变。例如当芦苇沼泽的积水越来越少时，则其有向芦苇草甸转化的趋势。黄河是黄河三角洲地区人民生产、生活的主要淡水来源，也是河口湿地生态系统结构和功能得以维持的基础，黄河来水量的多少不仅决定着本区的水文状况，而且影响着整个湿地景观格局及其动态演变，黄河是我国西北、华北地区的主要水源，由于黄河流域周边地区经济的迅速发展，人们也以前所未有的速度和规模消耗着有限的黄河水资源，导致黄河长期断流。

自1972年黄河首次出现断流现象到1999年的28年中，有22年出现断流，尤其20世纪90年代以来，黄河持续发生断流，断流时间不断延长，断流时间最长的一次是在1997年，利津水文站断流天数长达226 d。从图20-11可以看出，自1993年以来，黄河断流逐年加重，尤其从1995年到1998年，黄河断流天数都在100 d以上。黄河断流对黄河三角洲海岸带生态系统的影响是十分巨大的，湿地的反应有些是迅速而显著的，但有些是长期的。断流从根本上影响并改变着黄河三角洲的水动力和水环境条件，促使滨海湿地的景观格局、生态结构发生变化。随着黄河断流的发生、发展，使三角洲失去了维系本区水系和湿地平衡的主导因素，来沙量减少导致海岸蚀退，滨海滩涂面积缩小；黄河淡水输入量的逐年减少，导致该区域水分盐度增加，湿地植被向中生、盐生植被退化。

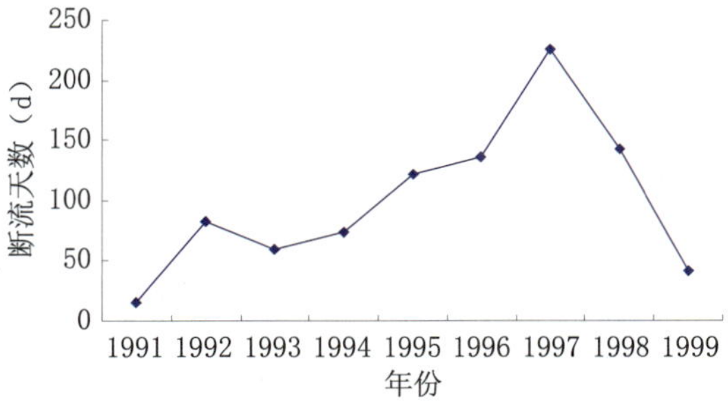

图20-11 20世纪90年代利津水文站黄河断流天数统计

黄河断流使黄河入海流量不断减少，从根本上影响并改变着黄河三角洲湿地的水动力和水境条件，促使黄河三角洲湿地的景观格局发生了变化。1996年湿地面积比1986年的湿地面积减少了9 615.97 hm^2。滩涂湿地范围也在缩小。

20.3.2 风暴潮

滨海湿地相当多的部分时常会处于潮水作用下，风暴潮是一种突发的、高强度的增水现象。当风暴潮发生时，在很短的时间里，滨海湿地的形态特征、物质组成、生态结构、环境状况等都将发生显著变化，其所引发的一系列结果在之后相当长的时间里都会存在并将产生深刻的影响。黄河三角洲的风暴潮主要是受寒潮、台风和温带气旋的影响而形成的。据有关资料文献统计，新中国成立后东营市平均每年发生1.5次轻度以上风暴潮灾害，其中较重或严重风暴潮灾害达10余次，平均3~4年出现一次。每次风暴潮，特别是特大风暴潮，都发生较大的风暴潮灾害（张晓龙等，2006）（见表20-7）。从表20-7可知，1992年、1997年和2003年内黄河三角洲内均出现了特大的风暴潮灾害，其中以1997年最为严重，海水淹没面积达141 700 hm^2。风暴潮发生不仅会加速海岸蚀退及海水入侵，恶化湿地水环境，而且将使滨海湿地生态系统结构与功能遭受极度破坏，天然植被因高盐度海水浸渍而遭到破坏，成为光板地或退化为盐生植被，湿地生态系统发生了逆向演替。

表20-7 东营市风暴潮灾害海水入侵距离与淹没面积

项目	年份				
	1980	1982	1992	1997	2003
海水入侵距离（km）	50	10	20	—	—
海水淹没面积（hm^2）	2 300	9 030	96 000	141 700	41 000

20.3.3 自身演替动力

黄河三角洲海岸带生态系统自身演替主要体现在其湿地植被方面。肖笃宁等利用1975年、1984年、1997年的卫片和20世纪60年代的航测地形图研究了最近30多年黄河三角洲湿地植被的演化过程。研究表明，在没有外界干扰的情况下，黄河三角洲湿地以如下模式演化:裸露滩涂湿地→盐地碱蓬滩涂湿地→柽柳—盐地碱蓬滩涂湿地→潮上带盐地碱蓬湿地→潮上带盐地碱蓬→柽柳湿地、潮上带碱蓬湿地→芦苇沼泽湿地→草甸湿地→陆上农田。但在自然和人为的干扰下，湿地类型之间、湿地和非湿地之间发生着转变。

裸滩涂、翅碱蓬草甸的变化原因主要为自然演替，其中翅碱蓬草甸的逆向演替和顺向演替趋势大致相同，裸滩涂随黄河口向前淤伸而向海域推进，部分裸滩涂由于地面抬高，盐分降低演替为翅碱蓬草甸。黄河三角洲自然保护区海岸线附近的裸滩涂由于海水侵蚀作用而蚀退，一种为南部保护区西南端的翅碱蓬草甸大面积退化为裸滩涂；另一种是大面积的裸滩涂被开发为盐田虾池，而大汶流管理站南部的大面积柽柳灌丛则被转为人工芦苇沼泽。

20.3.4 人类开发利用

20.3.4.1 农业开发

长期以来，在黄河三角洲，人们对农田开发采取的是一种“不投入，只索取”掠夺式经营方式，进行大面积毁林开荒，乱垦滥牧，不仅导致土壤肥力下降，土壤盐渍化加剧，而且对黄河三角洲的生态环境造成极大破坏。

20.3.4.2 滩涂的开发与围垦

在我国，滩涂长期以来都被作为土地的后备资源而被积极开发。滩涂被大量的盐田、养殖水面所代替。黄河三角洲的滩涂面积由1986年的131 295.96 hm^2减少到了2006年的80 056.08 hm^2，其退化速率很快，而此期间养殖水面和盐田的面积迅速增加。

20.3.4.3 油田开发

黄河三角洲的石油开发始于20世纪60年代，80年代进入高速发展时期，是中国重要的石油工业生产基地，是胜利油田所在地。油田的用地面积在飞速增加。油田的开发造成了黄河三角洲湿地景观的破碎化程度在加大，而且油田污染导致湿地环境恶化。

20.3.4.4 工程建设

在上述人类开发利用黄河三角洲的过程中，修建大量的道路设施、住房工矿、沿岸大堤等。这些设施占用并切割了湿地，破坏了湿地的完整性，对海岸带生态系统带来深远影响。

第21章　道路网络对黄河三角洲海岸带生态的影响

近年来，随着黄河三角洲开发速度不断加快，人类活动（修建黄河大堤、垦殖、城建、高速公路、海堤、石油开采等）剧烈地改变着该地区的微地貌形态和生态环境特征。海岸防护工程的建设，一方面，对海陆自然交互作用构成了干扰；另一方面，海堤工程作为道路的一种，其具有的通行功能也会对海岸带生态系统结构和功能造成显著的影响。汪小钦等（2002）的研究表明，胜利油田孤东产油区的专用公路（包括海堤）建设初期，芦苇等湿生植被几乎遭到毁灭性的破坏。曹铭昌（2008）的研究也显示了黄河三角洲越冬丹顶鹤在栖息地选择中的道路回避效应。本研究从海堤的道路功能出发，将海岸防护工程纳入道路网络整体，研究其对黄河三角洲海岸带生态的影响。前人研究表明，道路已经造成了黄河三角洲野生动物栖息地破碎、稀有物种灭失和湿地水生生态系统的退化，而这些恰恰是黄河三角洲维持其独特湿地景观的关键因素。与其他地区相比，黄河三角洲景观较为单调，生物多样性较差，生态脆弱，是典型的生态敏感区。在受到道路系统的干扰后，更容易使生态逆向发展。围绕人为干扰与黄河三角洲生态环境变化的关系，许多学者已经开展了相关的研究（陈利顶和傅伯杰，1996；肖笃宁，2001a），但对道路廊道系统的研究却是一个薄弱点。在该典型区域对道路廊道系统的生态环境效应进行研究，能够较好地探明道路网络对生态环境干扰的机制，全面理解海堤工程的生态效应，对黄河三角洲地区的国土资源整治和合理利用以及区域可持续发展具有重要意义。

21.1　基于模型约束的多时相道路网络提取

准确识别与提取研究区历年道路网络是道路特征分析的基础，也是后续道路生态影响评价的必要条件。由于本研究涉及的区域面积较大，遥感影像时相密集，累计道路数较多，采用常用的目视解译和人工手动数字化的道路提取方法工作量大、主观随意性较强，故采用基于模型约束的半自动方法提取多时相道路网络。基本思想为：根据遥感影像的光谱特征，在一定的模式判定条件限定下，由计算机自动识别和筛选出概率较大道路片段，在先期解译出的相邻年份的道路矢量图和适当的人工种子点的引导下进行片段的编组，对于无法自动确定是否为道路的线形痕迹预警，由人工进行干预和修正，最终形成研究区多时相的矢量道路网络图。半自动道路提取模型框架如图21-1所示。

21.1.1　道路信息增强与边缘检测

道路是典型的线状体，具有明显的边缘特征，即沿边缘走向的道路像元灰度变幅较小，而垂直于边缘的道路像元与其周边像元存在明显的灰度梯度。从遥感影像中检测道路，首先要对所有存在上述边缘特征的像元进行检出。遥感影像的边缘检测算法

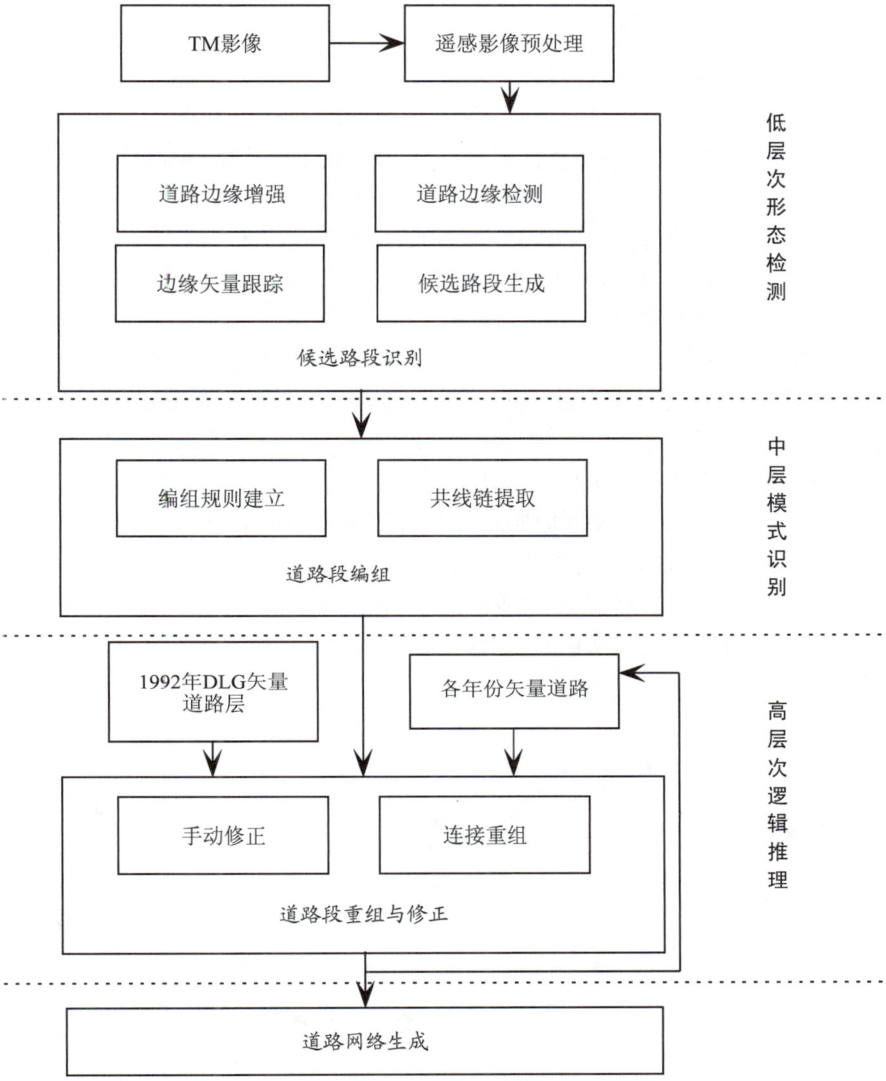

图21-1 半自动道路提取模型框架图

很多，其中，Canny算子是应用变分原理推导出一种用高斯模板导数逼近的最优算子，在许多研究中广泛应用。本研究采用Canny算子作为边缘检测的算法。

21.1.2 道路边缘的矢量跟踪与候选路段生成

边缘检测后的道路边缘是栅格像元，要形成道路矢量线，需要经过二值化、细化和矢量跟踪。二值化是将检出的边缘和非边缘像元分别用255和0进行区分。矢量跟踪又称为边缘点跟踪，是通过一定的算法，将满足条件的边缘像素的中心坐标按一定次序连接，形成矢量线的过程。研究中用Hilditch方法对二值图像进行线条细化，采用边缘光栅扫描法进行矢量跟踪。在进行跟踪时需记录或计算出道路段必要的属性值，如线的序号、序列坐标、长度、首末端的方向、曲率等，为后续的道路编组提供判别参数。

21.1.3 道路片段的自动编组

由于遥感影像的噪声、路旁景观的遮挡以及成像质量等多种因素的干扰，经过边缘矢量跟踪后得到的是道路的矢量线片段。这些片段之间有的存在一定的连接关系，需要通过编组过程连接成一条完整的道路，有的片段属于其他非道路的线状地物的边缘，需要将其滤除。

能够编组成为同一条道路的矢量线段片段之间存在以下的基本约束条件：两线段相邻，两线段共线，两线段不能重叠太多及两线段有相似的对比度。根据这组约束条件定义了两线段编组基本原则。

（1）端点距离原则：以线段P_1P_2的端点为圆心，以r为半径画圆，若线段Q_1Q_2的端点落在圆形区域内，则认为两线段共线，满足端点距离原则（见图21-2(a)）。

（2）共线方向差原则：方向差定义为P_1P_2和Q_1Q_2的斜率差值。如果该差值小于给定阈值，则认为两线段共线（见图21-2(b)）。

（3）共线侧向距离与重叠度原则：侧向距离为线段Q_1Q_2的中点与线段P_1P_2的垂向距离。重叠度反映了两线段重叠的度量，是线段Q_1Q_2的端点Q_2在P_1P_2上的投影到P_1P_2的端点P_1的距离。共线侧向距离和重叠度小于阈值的，两线段共线（见图21-2(c)）。

（4）灰度相似性原则：编组为一条道路的两线段的平均灰度值或光谱域的空间距离不能相距太远。

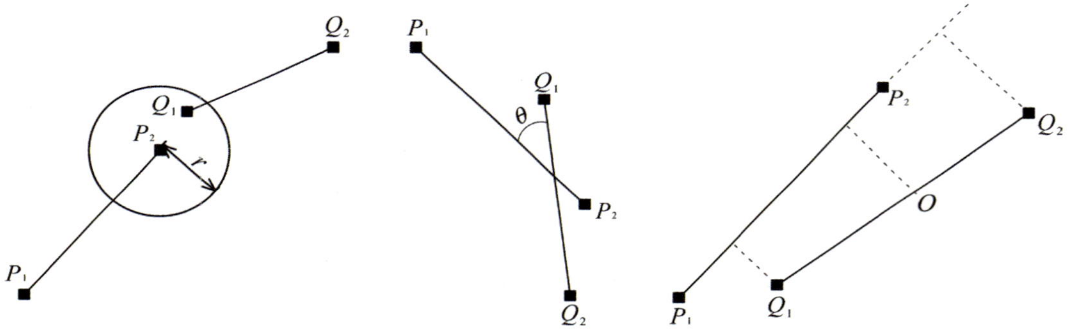

（a）端点距离　（b）共线方向差　（c）共线侧向距离与重叠度

图21-2 道路片段自动编组原则示意图

编组完成后的线段中有些是遥感影像中的非道路的线形痕迹，需要将其识别并滤除。对一些形态学特征明显，容易判别的非道路矢量线可以通过一系列约束条件进行判别。研究采用的道路判别约束条件主要包括下列规则：较短但曲率较大的线段；长度较短的孤立线段；与长道路段平行且接近的较短线段；长道路段的局部方向突变段。

将这些规则描述用数学方法表达成约束条件，对所有的编组后的线段进行遍历判断，若符合条件则将该段从段集合中删除。对于与道路形态特征相似的矢量线，通过后续的人工判断方法进行手动修正。

21.1.4 道路网络的手动修改与分级

道路网络的形成与发展有其自身的基本规律。道路的变动主要包括延长、翻修、新建等。除大型工程占地外，一般情况下，较少发生道路的灭失。道路的发展一般是正向的发展，即新建道路会逐渐延长，并与其他道路连通，道路缩短的情况较少发生。道路的端点一般延伸至居民点或工矿企业。本研究以1992年山东省测绘局1:25万数字线划地图（DLG）中道路图层为参照，结合上述规律，进行道路网络的手动修正（见图21-3）。

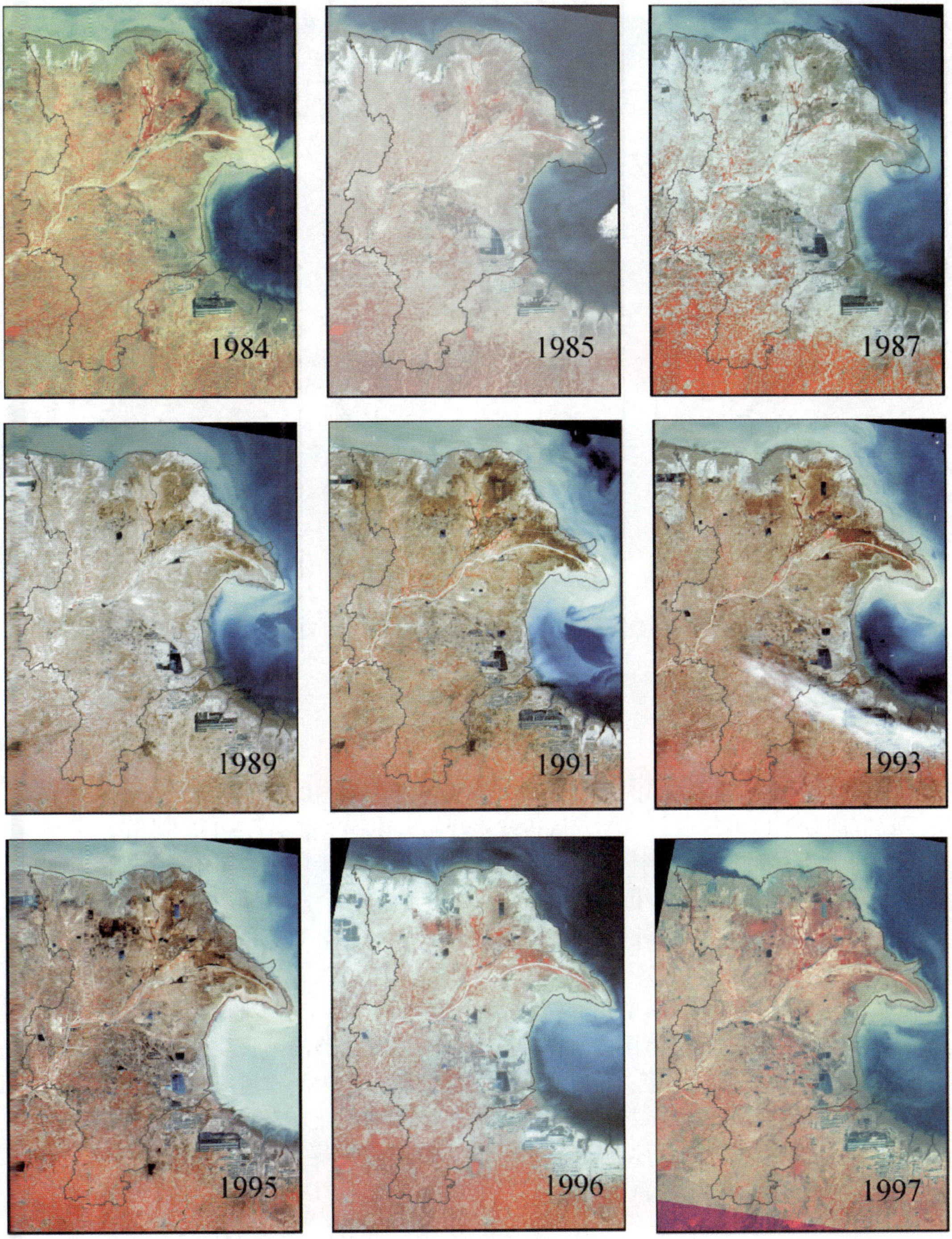

图21-3 道路提取所用遥感影像（部分）

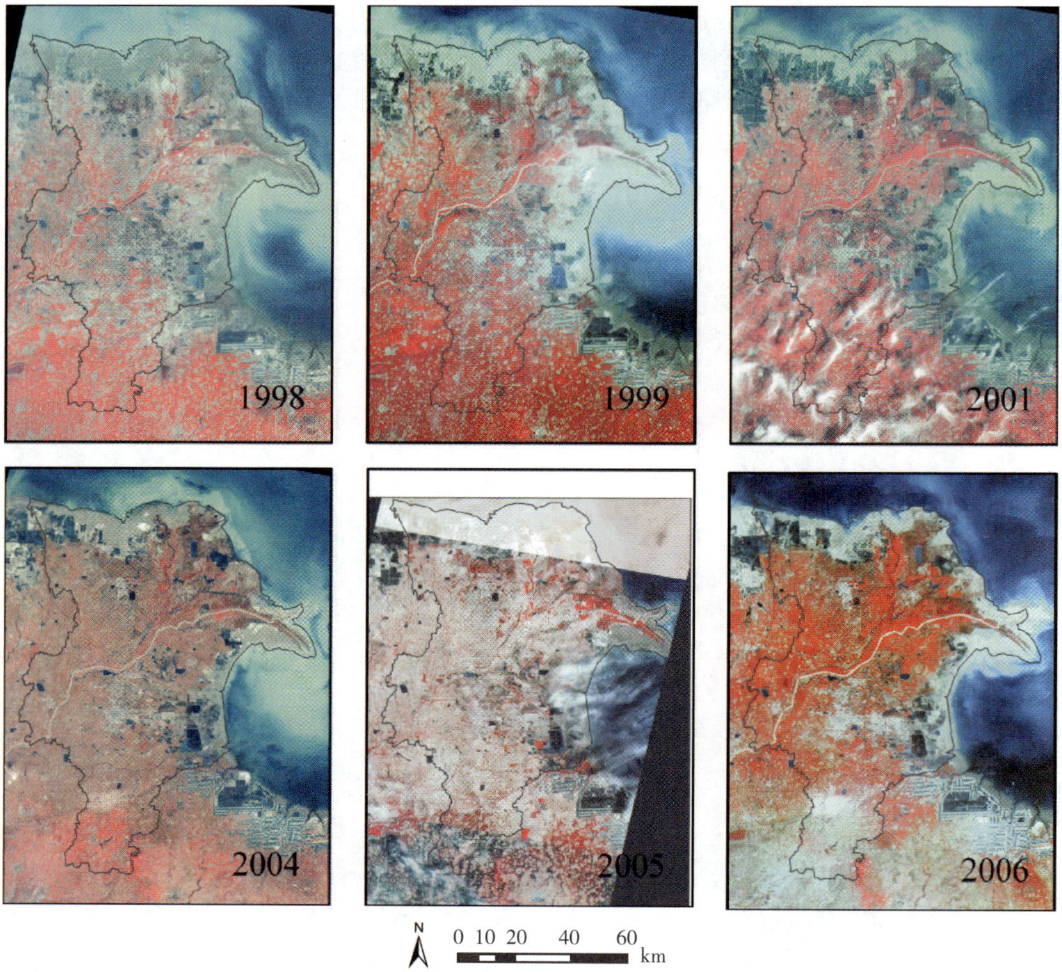

续图21-3

考虑到遥感影像校正的误差，在1992年矢量道路数据的周围建立15 m的缓冲区。对于提取的1992以前的道路线段，从1992年开始，逐步倒推。若*i*–1年的候选路段出现在第*i*年的道路缓冲区内，则标记为道路，若在缓冲区外，则表明可能存在原有道路灭失的情况，根据周边景观分析和历史记录资料，决定取舍。对标记为道路的道路片段进行连接，生成的*i*–1年道路网络建立缓冲区后，作为*i*–2年道路网络判断的参考依据。以此类推。

对于提取的1992年以后的道路线段，从1992年开始，逐步顺推。对于*i*+1年的道路线段，若在第*i*年的道路范围内且同向，表明为原有道路的延长线，去除重叠部分后直接与*i*年的道路矢量线连接。若在缓冲区外，表明可能为新建道路。结合相关证据判断。若有文字资料记载（干线公路），则为道路无疑；若无记载，则可能为县乡公路，或者渠道、水系等其他线状地物。进一步查阅DLG水系图层和渠道资料，若符合记载，舍弃该线段；若无记载，则新道路的可能性很大，结合后几年影像中该片段的发展，其余周边道路的连通关系，综合判断。对标记为道路的道路片段进行连接，生成的第*i*+1年道路网络建立缓冲区后，作为第*i*+2年道路网络判断的参考依据。以此类推。

历年道路网络经过手动修正和错误修改后，进行道路的分级标示（见图21-4）。根据研究区道路的类型，将所有道路区分为以下4大类：

（1）高速公路（R_g）：包括东港高速和东青高速，均为省道S227的组成部分。由于与其他省道的修建等级、车流量、生态干扰强度均有较大差异，单独列为一类。

（2）干线公路(R_s)：包括国道和除S227外的所有省道。由于研究区国道仅有50余km长，故与省道合为一类，不单独列出。

（3）油田专用公路(R_y)：包括油田集中采油区内道路、连接油井与普通道路的连接线，连接采油区之间或采油区与油田其他厂房的连通道路等。主要从遥感影像解译结果上判别，与东营统计年鉴和市志中所指的油田专用公路（由胜利油田出资修建的道路）概念有所差异。由于这些公路的修建等级和车流量与县乡公路类似，在后续的部分生态影响研究中未将二者严格区分。

（4）县乡公路（R_x）：除以上三类道路外的其他公路。由于缺少详细的档案记载以供校核，该类道路实际上包括了大部分县乡公路，部分修建等级较高的村级公路。同时，由于遥感影像分辨率的限制，不排除部分县乡公路未能正确从遥感影像识别。

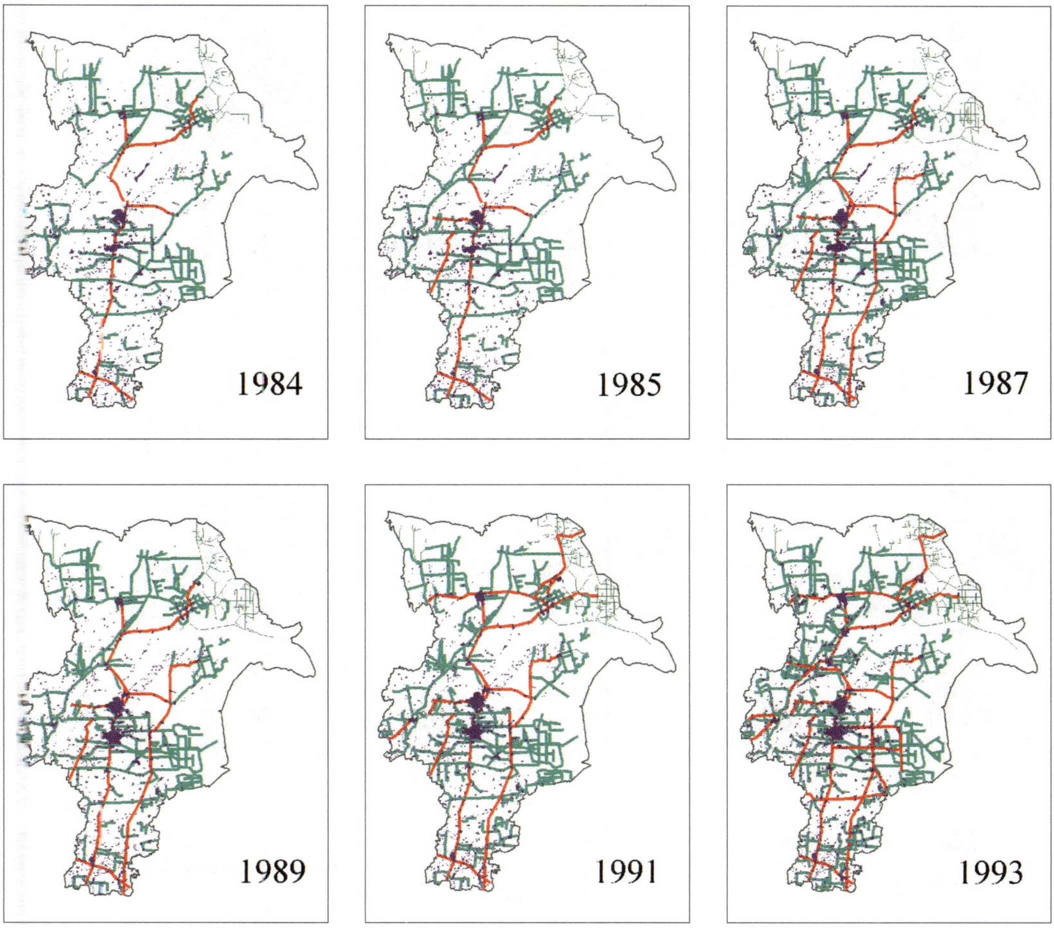

图21-4 黄河三角洲历年道路提取结果

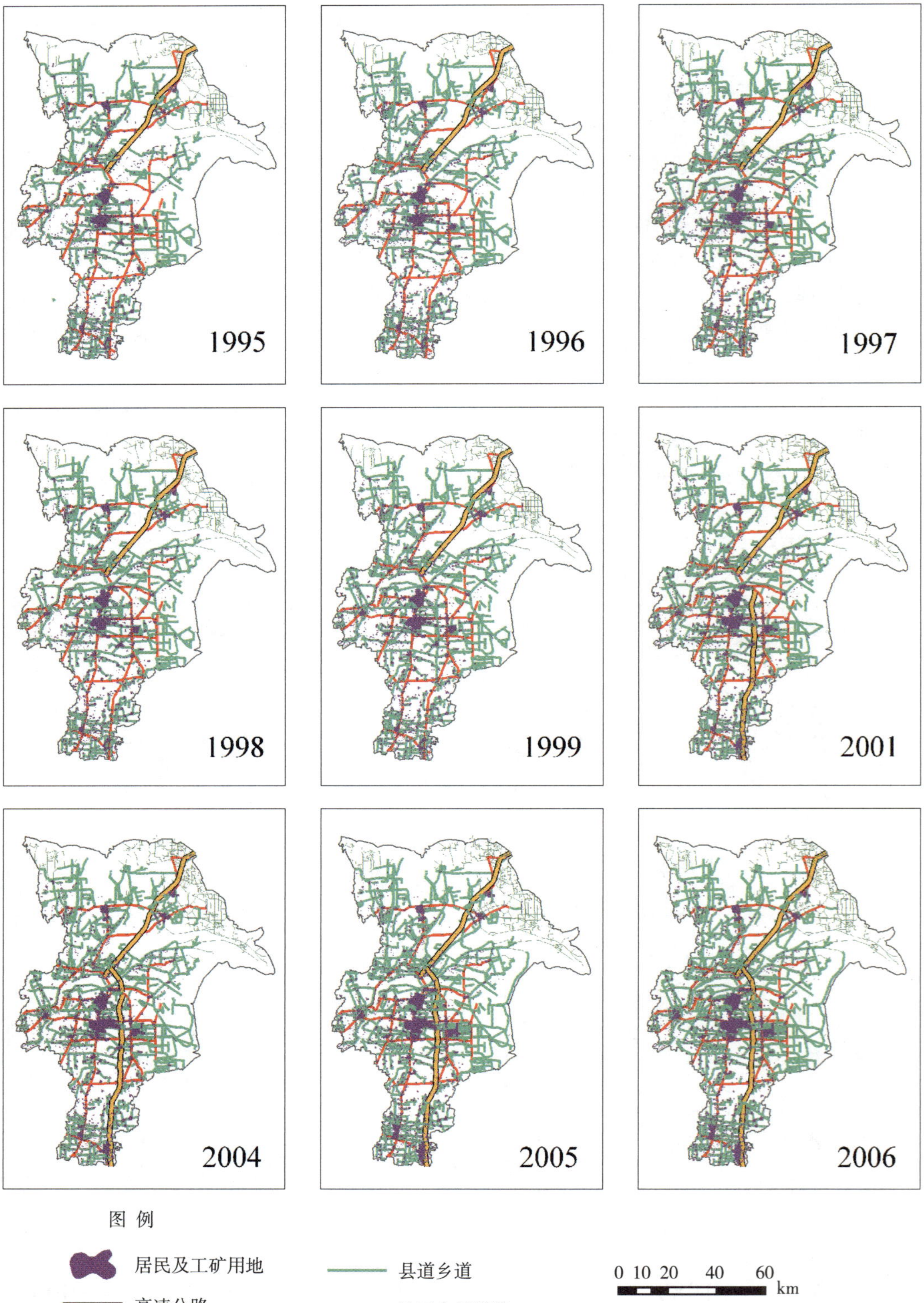
1995
1996
1997
1998
1999
2001
2004
2005
2006
图 例
居民及工矿用地
高速公路
国道省道
县道乡道
油田专用道路
0 10 20 40 60
km

续图21-4

21.2 道路边际景观格局变化及其生态过程分析

21.2.1 道路边际景观特征及其动态演变过程

黄河三角洲从荒芜的新淤滩涂到当前丰富的自然人文景观，深受油田开发、农业垦殖和城市化过程的影响。道路的发展在这些深刻的变革当中所起的作用不可忽视。本章通过对各等级道路1 km缓冲区内景观的动态演变特征的分析，揭示道路边际景观的演变过程，分析其相关的生态过程的关系。

21.2.1.1 道路边际景观特征总体分析

黄河三角洲道路两侧边际1 km范围缓冲区的景观格局特征及其变化如图21-5所示。总体上看，分维数，油田公路>高速公路>省道>县乡公路；景观多样性指数，油田公路和高速公路>省道>县乡公路；景观破碎化指数，县乡公路>省道>高速公路>油田公路；景观聚集度和结合度指数，油田公路>县乡公路>省道>高速公路。

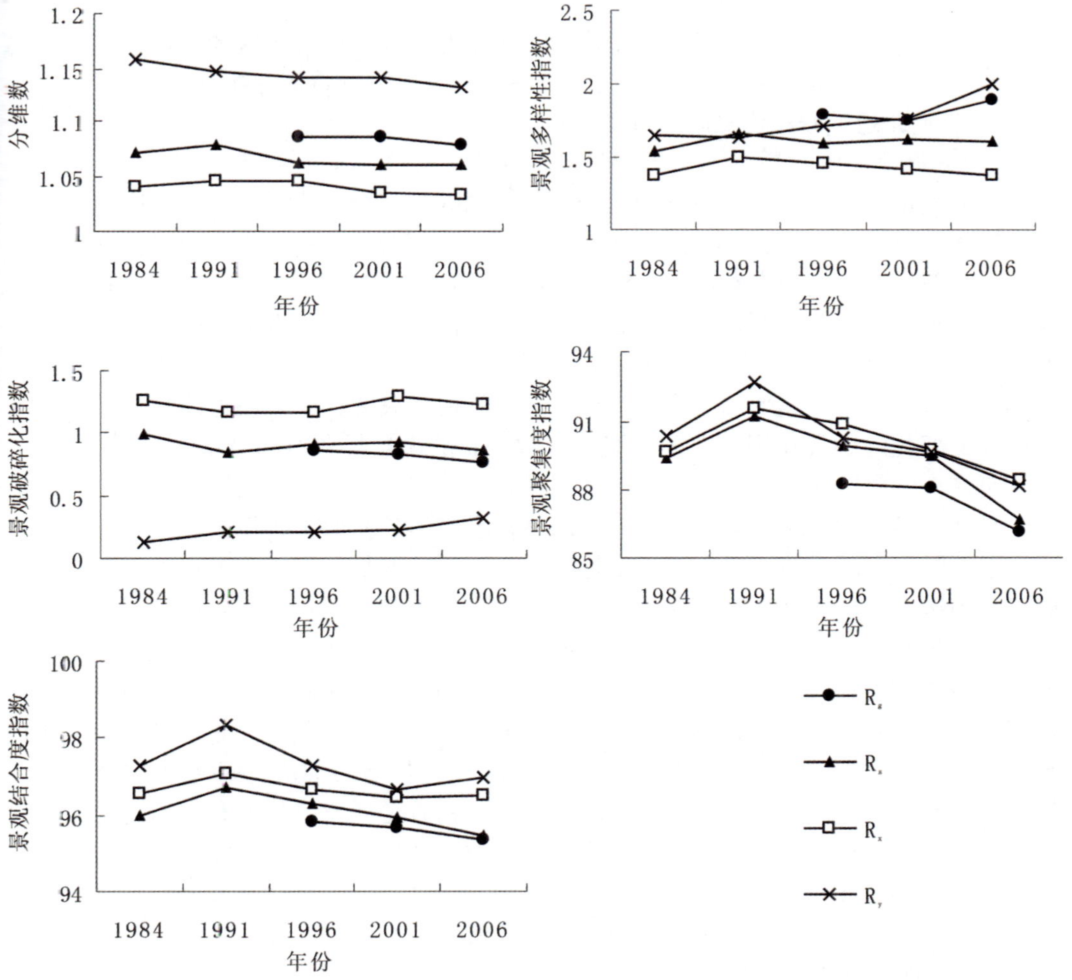

图21-5 不同道路边际景观指数的动态变化

分维数反映了斑块形状的边界复杂程度。一般来说，自然景观斑块的分维数较大，受人类影响的人工景观斑块边界较规整，分维数较小。景观多样性指数反映了景观的组成结构。景观破碎化指数反映了景观被分割的程度。景观聚集度指数和结合度指数反映了斑块的空间分布状况。油田公路主要分布在研究区北部和东北部的濒海区。该区域景观以湿地自然景观为主，广布着大面积的滩涂以及碱蓬、芦苇、白茅等草本群落和柽柳等灌丛群落，斑块分维数较高，景观的多样性也最大，斑块相互之间连接性较强，趋向于集中分布。县乡公路和省道在居民点密集区道路密度较高，其边际分布的景观以农田、居民区等农业和人工景观为主，景观较为单调，多样性较低。农田和居民区的斑块形状较为规则，且斑块被水渠等人工景观分割，因而分维数较低，破碎化较为严重，斑块趋向于均匀分布。高速公路呈南北向穿越整个研究区，跨越多个不同的景观区域，斑块分维数、景观多样性和破碎化程度均处于中间水平。普通公路多是在历史形成的道路上改、扩建形成，而高速公路选址多是先规划，后修建。规划布线时往往选择地质比较稳定、地貌破碎化程度不高、景观比较连续的区域，因而建成高速公路的边际景观聚集度指数和结合度指数较高，斑块趋向于集中分布。

由此可见，不同道路边际景观特征的差异主要由其集中分布区的区域景观背景决定，不同道路由于穿越的主要景观类型区不同，其边际景观特征存在较大差异。

21.2.1.2 道路边际景观格局动态演变分析

1）省道和县乡公路

黄河三角洲省道边际景观格局的变化可以划分为三个阶段：道路扩张影响期、景观快速演替期、景观稳定演替期。1984~1991年，省道增加了270.9 km，除省道S227(旧)外，其余新增省道周边未利用地和灌草、芦苇等自然植被景观较多。由于这些湿地景观斑块形态复杂，斑块面积较大，破碎化程度较低，这一阶段省道边际破碎化指数从0.98快速下降到0.84，分维数从1.07上升到1.08，景观多样性从1.53上升到1.65，景观的聚集度和结合度也迅速增加，形成一个明显的峰值。表明这一阶段道路网络扩张对景观格局的变化起主导作用，大于道路本身对景观的影响。1991~1996年，新增省道主要分布在东营市市区周边，从市区向周边地区放射状发展。这些区域居民地和农田密集，景观类型单调，斑块破碎。同时，前期建设省道的交通干线作用逐渐发挥，受便捷交通的吸引，其沿线工矿企业逐渐增多，人类活动增加，周边居民点也逐渐发展。居民点周边的区域逐渐开发为农田，分维数下降比较迅速，景观多样性也逐渐单调，原有湿地自然景观逐渐消失。紧邻道路的农业景观被居民地、工矿用地和灌排渠道所分割，破碎化增加，趋向均匀分布的格局。这一阶段，省道边际景观分维数从1.08下降到1.06，破碎化指数从0.84增加到0.91，多样性指数下降了4.3%，聚集度和结合度指数分别下降了0.74%和0.46%。表明这一阶段为省道边际景观的快速演替期。1996~2006年，省道基本骨架构建完成，尤其是2000年以后，省道通车里程没有大的变化，景观变化几乎不受道路网络扩张的影响。道路边际农田灌排体系进一步完善，湿地景观进一步消亡，分维数变化不大。景观多样性变化不明显，破碎化略有增加。道路沿线居民点和工矿企业持续增多，分割农田景观，使聚集度和结合度继续降低，但降速比前一阶段有所减缓，边际景观进入稳定演替期。

县乡公路边际景观与省道变化规律类似，但二者道路网络的发展规律不同，景观变化过程有所差异。县乡公路是各等级道路中长度最长、道路网络最为复杂、影响面积最大、逐年变化最多的一级，同时大多数县乡公路的通车历史都比省道悠久。在县乡公路网络快速扩张时（1992~1997年），一方面斑块形态复杂，斑块面积较大，破碎化程度较低的湿地景观在县乡公路边际景观中的比重不断增大，但同时众多存在历史较长的县乡公路因为人为活动频繁，促使这些道路边际景观破碎化不断加剧，景观多样性逐渐减少。1984~1996年间，景观多样性指数增加了6.57%，破碎化指数下降了6.7%，说明这一阶段，道路扩张带来的影响大于道路本身对景观的影响。1996~2006年间，景观的多样性减少，破碎化指数增加，破碎度和结合度下降，景观斑块形状趋于规则，说明这一阶段，道路本身对景观的影响大于道路扩张带来的影响。由于两种影响过程对景观格局的作用正好相反，相互牵制，因此省道景观指数的拐点峰值没有省道明显。同时，从道路功能上看，县乡公路功能以满足日常人居出行和农田耕作为主要目的，居民区点多且分散，道路两侧农业景观占主体。与省道相比，景观更单调，分维数更低，破碎度更高。

2）高速公路

研究区高速公路较少，且建设时间较晚。1995年年底东营港至胜利黄河大桥段60 km高速公路通车，至2000年，方延伸至青州市北丁家庄东，与济青高速公路交叉，增加73 km。1996~2001年，高速公路两侧景观指数变化不大，多样性指数和聚集度指数略有下降。可能是2000年年底，新通车的东青高速主要穿越景观较为单一、居民较密集的农耕区所致。2001~2006年，随高速公路通车时间的增加，其对边际景观的影响逐渐显现，景观斑块的分维数和破碎化指数略有下降，降幅不明显。多样性指数和聚集度指数变动幅度较大，多样性指数增加了8.7%，聚集度指数减少了2.2%。表明高速公路主要影响景观类别的增减和空间分布。由于高速公路的主要功能是长距离、大跨度的客货运输，加之建成通车时间较短，对居民点的聚集效应和伴随的农田大规模开垦不明显，周边景观的破碎化并不严重。

3）油田专用道路

油田公路的主要功能是连接油井及油田相关工矿企业，其周边居民区发展较为缓慢。1984 ~ 1991年间，是胜利油田生产快速发展阶段。尤其是1986年开展的孤东油田开发建设会战，1987 ~ 1989年间组织开展的滨海地区勘探开发会战，使石油产量翻了近一番，油田专用公路的建设里程也大大增加。这些油田勘探与开发建设过程，改变了原始滨海湿地生境。工程占用地的原生湿地植被受到毁灭性的破坏，部分道路边际区域变为裸土，失去了原有生境的异质性，使景观斑块的分维数下降，多样性减少，景观破碎化增加（见图21–6）。

1991年至今，胜利油田处于持续稳定发展阶段。油田公路里程虽有所增加，且1997年以后增速还有所加快，但新增道路多为油井与县乡公路的连通路，对生态环境的影响有限。这一阶段，道路边际景观的变化更多的受到黄河三角洲滨海地带开发的影响。孤岛林场和河口柽柳林场的发展使道路边际林地与灌草地的面积增加，水产示范乡镇建设和淡水养殖业的发展增加了鱼塘、虾池与贝类养殖场的面积，同时还兴建了广南、孤北、广北、孤东、孤河等一批库容1 000万m^3以上的大型水库。滨海开发的力度加大，使滨海区域的湿地景观破碎化和多样性增加，人为干扰日益显著，在这种大背景下，道路沿线盐田、虾池、水库等景观的斑块数量大大增加。景观多样性增加

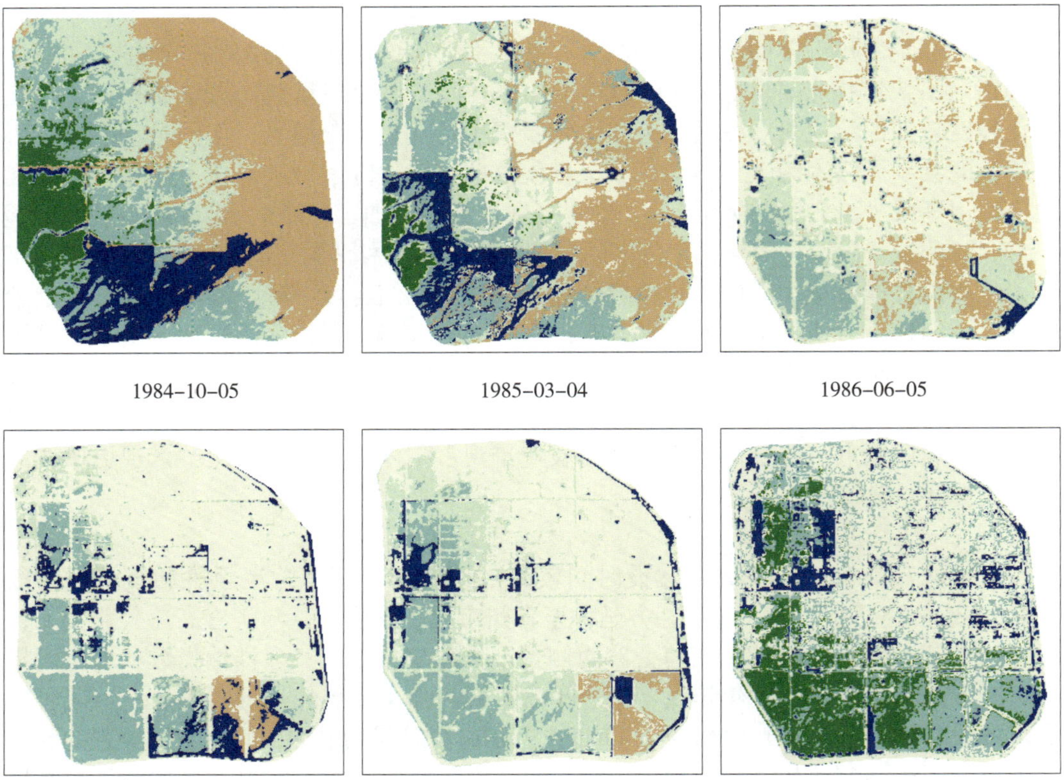

图21-6 孤东油田道路建设过程及其边际景观变化

较快，原有聚合原始湿地景观被分割，聚集度、结合度均下降。由于盐田、虾池、水库等人工景观都较为规整，因此总体景观斑块分维数下降。

21.2.2 道路边际景观格局的空间过程

为分析不同道路类型对景观格局影响的空间变异和影响域范围，以2006年景观分类结果为例，将道路两侧边际按0~200 m、200~500 m、500~1 000 m分成3个区域，分析景观格局指数的变化（见图21-7）。

整体上看，距道路越远，分维数越高，边界形状越复杂，说明人为影响下，景观边界向规则化变化。除高速公路外，距道路越远，多样性指数越高，表明人为干扰降低了景观的多样性（农田、居民区）。0~200 m与200~500 m这两个缓冲区之间的分维数、景观破碎化和景观多样性的变幅最大，说明距道路越近，道路对景观的干扰作用越强。高速公路修建时间较短，对边际多样性和破碎化的变化不明显。表明高速公路对景观的主要影响不是人为耕作和居民区的增加。距道路越远，破碎化指数越低，表明人为干扰使景观变得更破碎。距道路越远，聚集度指数和结合度指数均增高，表明远处景观趋向于大块化，集中分布，近处均匀分布。

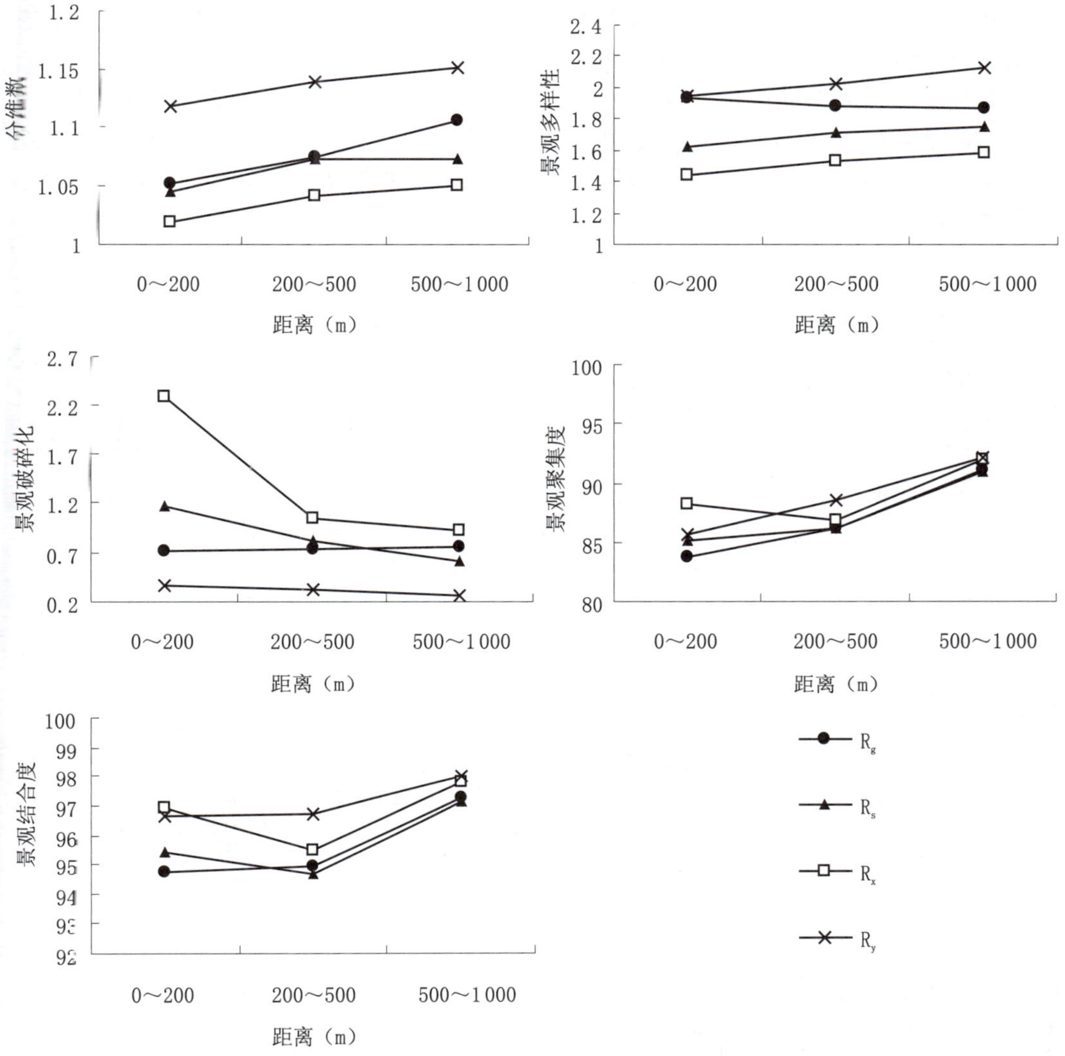

图21-7 道路边际不同缓冲区范围的景观格局指数变化

21.2.3 主要景观类型的格局指数变化

通过对2006年道路边际10种主要景观的斑块平均面积、斑块个数、分维数和聚集度指数的计算，分析不同景观类型在道路边际的分布规律，结果如图21-8所示。总体上看，滩涂、灌草地、苇地、盐田平均斑块面积最大。旱地、居民及工矿用地斑块数最多，湿地景观的分维数大于农业景观和人工景观，滩涂、苇地聚集度最高。

21.2.3.1 自然湿地景观

研究区道路边际的自然湿地景观主要包括滩涂、未利用地、灌草地、苇地等。

滩涂主要存在于滨海地区新增道路边际，通车时间较长的道路边际的滩涂大多已被开发利用。随距离变远，滩涂斑块平均面积增加，斑块个数增加，形状趋于复杂（分维数变大），接近滩涂的自然状态。

未利用地主要是盐碱地，包括天然盐碱地和人工垦殖后发生次生盐碱化的弃耕农田。随距离增加，平均斑块面积和分维数无明显变化。由于接近道路区域主要是次生盐碱化的农田，斑块个数较多，聚集度较低，呈均匀分布。

灌草地包括天然柽柳林，以碱蓬、白茅等为主要建群种的天然草本群落。苇地包括天然芦苇纯群丛、以芦苇为主要建群种的群落和人工粗放管理的芦苇地。二者景观空间变化规律类似，随距离增加，平均面积增加，斑块数增加，分维数无明显变化，聚集度增加。

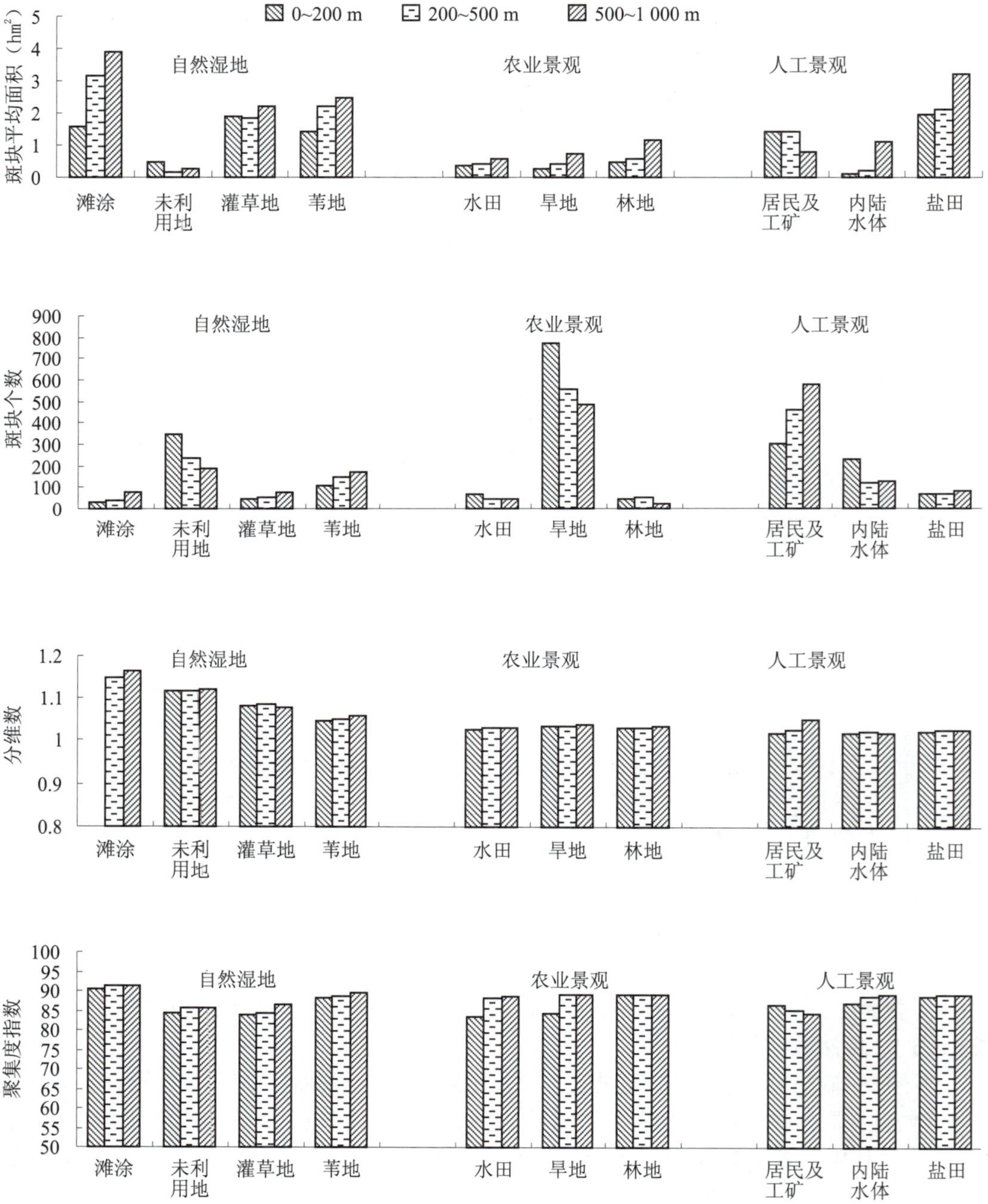

图21-8　主要景观类型的格局指数

21.2.3.2 农业景观

研究区道路边际的农业景观主要是农耕地和林地，个别路段边际有果园分布。农耕地包括大面积的旱地及小面积水稻田，是道路边际总面积最大的景观类型，受人为影响最大。水田斑块面积和斑块数量均较少，不是道路农业景观的主要类型。旱地在道路边际农田景观中斑块数量最多，总面积最大。研究区地势平坦，极适合机械化作业，小麦的机播和机收面积均在95%以上（东营统计年鉴，2006），因此农田多被整治为适合机械化耕作的规整形状，分维数较低。距道路较近的农田多被道路沿线居民区和工矿用地分割，斑块较为破碎，平均面积较小。随距离增加，平均面积增加，斑块数减少，分维数增加，聚集度增加。

林地以人工林为主，刺槐林面积较大，也存在小面积杞柳、旱柳和毛白杨。林地随距离增加，斑块平均面积增加，斑块数增加，分维数增加，聚集度无明显变化。

21.2.3.3 人工景观

研究区道路边际的人工景观主要包括居民及工矿用地、内陆人工水体和盐田等。其中工矿用地以油田及其附属企业为主，内陆人工水体指除天然河流外的其他水体，主要包括水库、沟渠、鱼塘、虾池等。

居民及工矿用地随距离增加，平均斑块面积减小，斑块数增加，且趋势较为明显。野外调查结果显示，研究区道路边际居民区多连片发展，面积较大，距道路较远处居民区自然聚集散布。连片发展的居民区几何结构简单，散落居民点受自然景观的限制，形状复杂，可能是距道路较远处的居民区斑块分维数较高的原因。

内陆水体随距离增加，平均面积增加，斑块数减少。道路近处多是与道路相伴沟渠，数量较多，面积较小。距道路较远处以水库、鱼塘虾池为主，平均斑块面积较大。分维数随距道路距离的改变无明显变化。

盐田是沿海地区的特殊人工景观，盐田主要分布在北部、东北部和东部的沿海地区，其空间分布格局与道路关系不密切。随距道路距离的增加，景观指数无明显变化，但平均斑块面积有增大的趋势，可能是由于盐田面积较大，边长通常在1 km以上，边长大于缓冲区距离。当分析缓冲区范围较小时，景观被人文分割，平均斑块面积指数不是真实斑块大小的反映。随缓冲距离的增加，斑块面积自然逐渐增大。

21.3 道路边际景观稳定性研究

21.3.1 道路边际景观稳定内涵的探讨

一般认为，生态系统的稳定性是生态系统具有的保持或恢复自身结构和功能相对稳定的能力。它包括抵抗力稳定性和恢复力稳定性等方面。生态系统的成分越单纯，营养结构越简单，自动调节能力就越小，抵抗力稳定性就越低；生态系统中各个营养级的生物种类越多，营养结构越复杂，自动调节能力就越大，抵抗力稳定性就越高。但生态系统的自动调节能力总有一定的限度，如果外来干扰超过了这个限度，生态系统的相对稳定状态就会遭到破坏。

道路边际生态系统是受人为影响强烈的非自然状态下的生态系统，其稳定性的内涵与自然条件下生态系统的内涵存在相当大的差异。比如道路边际存在的农业景观，虽然生物多样性较低，但在人工管理之下，尤其是随着科技的发展，现代化耕作方式的普及和杀虫剂、农药的广泛使用，往往具有比自然生态系统更高的稳定性。这种现象可以用DeAngelis 和Waterhouse （1987）提出的源于波尔兹曼热力学理论的兼容机制和复合稳定性来描述。兼容是指低层次非平衡过程被整合到高层次稳定过程的现象，而系统的这种高层次上表现出的“准”平衡态特性称为复合稳定性。复合稳定性反映了一种“有序来自无序”的情形（邬建国，2002；傅伯杰，2001）。道路建设之初，原始自然湿地景观处于低层次非平衡稳定状态，此时景观的多样性越强，其对于外部干扰的阻抗和恢复能力越强，即稳定性就越强。随着道路的通车和区域交通条件的改善，道路边际土地逐渐被人们开发利用，其边际主要景观类型也逐渐由自然景观向农业景观过渡，进而出现人工景观，呈现非平衡高层次准稳定状态。这种人类干扰道路边际的过程就是道路边际兼容机制现象产生和复合稳定的过程。

这种准稳定状态首先是远离平衡状态的稳定，它的维持，需要依靠人类不断的物质和能量的输入，即负熵的输入。一旦人为停止管理和负熵输入，其熵值就会增加，农业景观和人工景观重新向自然湿地景观转变。其次，这种非平衡稳定状态的稳定程度与人类的负熵输入大小有关。人类投入的人力、物力越大，景观多样性越单一，其稳定程度越高，在景观格局上呈现稳定的有序化规则结构。如农田的规整边界，渠系的井字状分布格局，居民区形成的以城市为中心、城镇为次中心、村庄均匀包围的格局等。

因此，道路边际非自然景观（人工景观和农业景观）的稳定性可以用景观多样性和斑块分维数来衡量，多样性和分维数越低，稳定性越强。而自然景观的稳定性则截然不同，适合用景观多样性指数来评价，多样性越高，稳定性越强。这与罗格平、周成虎等（2002，2004）在三工河流域人工绿洲景观的稳定性评价中得出的结论类似。

21.3.2 道路边际景观稳定分析

根据前述分析，将道路边际区域分为自然景观区和非自然景观区。其稳定性分别用P_Z和P_{NZ}表示。

非自然景观区的稳定性 $P_{NZ-i} = 1 - (N_{SHDI}+N_{Fd})/2$

式中：i为不同的道路类型；N_{SHDI}为标准化后的道路i边际非农业景观区景观多样性指数；N_{Fd}为标准化后的平均斑块形状分维数。

标准化过程采用$V' = (V- V_{min})/(V_{max}- V_{min})$计算。式中$V'$为标准化后的计算值；$V$为多样性指数或平均分维数的原始值；$V_{max}$和$V_{min}$分别为所有道路中多样性指数或分维数的最大值和最小值。

自然景观区的稳定性$P_{Z-i} = N_{SHDI}$，式中各符号意义同上。

应用上述公式对研究区不同道路类型边际的景观稳定性进行分析，结果如表21-1所示。

表21-1 各类道路边际的景观稳定性

道路类型	R_g	R_s	R_x	R_y
P_Z	68.2	35.4	41.7	87.4
P_{NZ}	51.6	88.6	73.1	32.2

从表21-1可以看出，道路边际自然景观的景观稳定性$R_y>R_g>R_x>R_s$，农业景观和人工景观的稳定度$R_x>R_s>R_g>R_y$。景观稳定性的影响主要由道路的主要功能以及由此产生的人类负熵输入的强度决定。R_s和R_g通车时间最长，人类对其周边土地的开发历史也最悠久，人类负熵输入强度最大。根据景观统计的结果，其边际主要以旱地和居民区为主，呈现以人工渠系为纽带，农田块状镶嵌，居民区沿道路片状分布的规律性景观格局。景观多样性较低，斑块多呈规则矩形，人工景观和农业景观的稳定性较高。但同时该区域自然景观的稳定性较低，反映了人为强烈干扰下，原生湿地景观的严重退化，已经对自然景观的稳定存在和生态安全产生严重影响。R_y是胜利油田的主要运输道路，由于道路功能的专一性较强，开发程度较低，人类负熵输入较少。其边际主要以自然湿地景观为主，自然景观的稳定性最高。R_y边际的主要人工景观包括油井、工矿企业以及油田工人聚居区，也存在部分盐田和虾池等人工景观与少量的农田分布，多样性较高，因而非自然景观稳定性最低。R_g主要由于开通时间较短，其边际大多保留的是其修建以前的景观，作为交通干道对边际道路开发的拉动作用尚未完全显现，人类负熵的输入值不如R_s和R_x。同时由于其穿过区域既包括人为影响较大的山前冲积平原，也包括受人为影响较小的滨海新生湿地，因而其自然景观和非自然景观的稳定性均处于中等水平。

综上所述，人类对道路边际持续的负熵输入是决定非自然景观稳定性的主要原因，负熵输入的强度主要受道路功能和分布区域的影响，而自然景观平衡或非平衡状态的稳定性是自然选择的结果。

21.4 道路边际景观分布格局与动态的主要生态过程

本研究分析了道路边际的景观格局和景观稳定性的现状与动态演变过程。这种景观分布规律和变化过程是自然选择与人为干扰综合作用的结果。下面对景观水平上，黄河三角洲道路边际区域格局与动态的影响过程加以探讨。

21.4.1 水盐生态过程

黄河三角洲是陆进海退地理过程长期作用的结果，形成了从滨海到内陆的明显水盐梯度。东营市南部山前平原区，小清河以南为地下淡水系统，从地下水位至最大勘探深度（300~400 m）均为淡水，向北变为咸淡水双层结构，进而过渡到单一咸水结构。咸水层厚度从南向北逐渐增厚，至广饶县卧佛庄—丁屋—广北农场一线以北，深度200 m以上已无地下淡水分布。从盐碱地的成因上看，地形高低决定土壤盐碱化的盐分来源。海拔低于2 m的滨海低地，海水是土壤盐分的主要来源，土壤通体高盐，道路边际景观为滩涂、光板地、耐盐植物。海拔2~4 m的滨海缓冲区，受到特大潮和风暴潮的间歇影响，地下水和海水是土壤盐分的共同来源。海拔高于4 m的内陆地区，脱离了海水的影响，地下水成为土壤盐分的主要来源。微地貌条件的差异是土壤盐碱化空间分异的主要控制因子，当地下水位抬升或利用不当时，便会有盐碱化发生。

随着土壤盐分的变化，从滨海到内陆，道路边际景观逐渐由滩涂、盐生植被过渡为农耕地。以南北贯通的东港—东青高速为例，以东营港口为0 km起点，每20 km分段统计两侧边际1 km范围内的景观类别（见图21-9），可以明显看出，随着道路从海边港口向内陆延伸，自然湿地景观逐渐减少，农业景观逐渐增加。作为区域景观的组成部分，道路边际的景观格局无法脱离这种大尺度海陆空间位置变化带来的深刻影响，这是决定黄河三角洲道路边际景观分部空间分布格局的最主要因素。

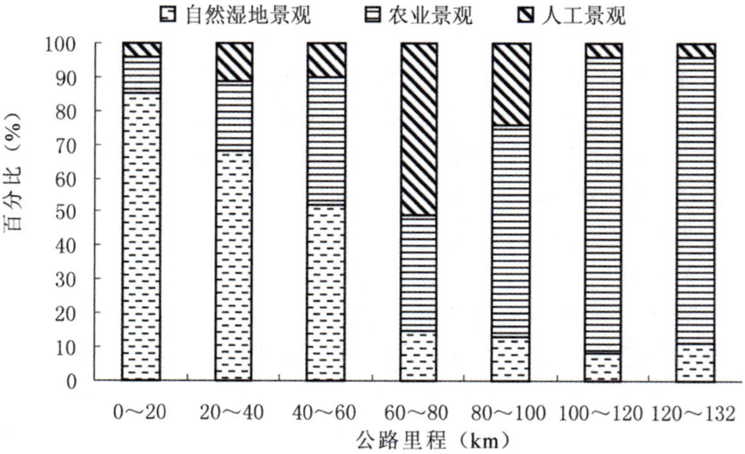

图 21-9 高速公路边际景观分段统计图

21.4.2 流通过程与接近效应

道路促进了景观间的物质和能量交换，使系统更为开放，起着通道作用(章家恩等，1995)。道路的通道作用最明显地表现在道路的运输功能上。道路运输的主要特点是距离远、速度快、运量大。道路运输可以跨越一个或几个生态系统或自然地带，而且可在数小时或数天内完成，大大地增加了生态系统之间物质和能量交换的范围与频率，人为改变了资源及环境要素的自然分布格局。这种物质与能量的时空位移对大尺度生态系统的发展演变及生态平衡的影响是极其巨大的。

公路的流通功能扩大了人类活动的范围，使许多原先人类难以到达的滨海滩涂和原生湿地变得易于进入，并对那里的资源加以利用，即增强了人类接近景观斑块的能力，从而大大增加了人类对景观斑块的干扰概率。这对黄河三角洲自然湿地景观的保护，尤其是脆弱生态区和珍稀资源的保护构成巨大威胁。如据景观分析的结果，1984年道路网络边际分布的原生自然湿地景观到1996年只剩下原来的32.4%，而到2006年更进一步下降到10%以下。可见道路产生的流通过程和伴随的接近能力增加是原生自然湿地景观演变的重要动力。

21.4.3 效益梯度场

道路路面的组成物质往往与周围的景观基质性质迥异，道路上行驶的交通工具会对其周边区域产生较强的噪声干扰和环境污染，道路对地表径流的拦截与汇流作用会造成邻近区域土壤的水分梯度变化，从而在道路周边形成以道路为轴线的近似对称的噪声、温度、水势等的梯度场。这种独特的区域小气候对影响区域内动植物的分布和行为产生干扰。但据前文的研究结果，道路对边际植被种群的主要影响范围为两侧10 m的带状区域，重金属污染也在30 m以内达到峰值，可见上述这些场效应的存在对黄河三角洲道旁生态环境产生了较为严重的影响，但并不足以导致景观尺度上的格局改变。

道路是区域间物质能量的主要交流通道，除对边际生态环境的直接干扰外，还通过道路周围存在以其为中心的效益梯度场（实际地价梯度场），促使人们的文化观念、生活方式发生改变，从而间接地影响区域景观格局。效益梯度场可以近似看作距道路距离的指数衰减函数（见图21-10）（宗跃光，1996）。

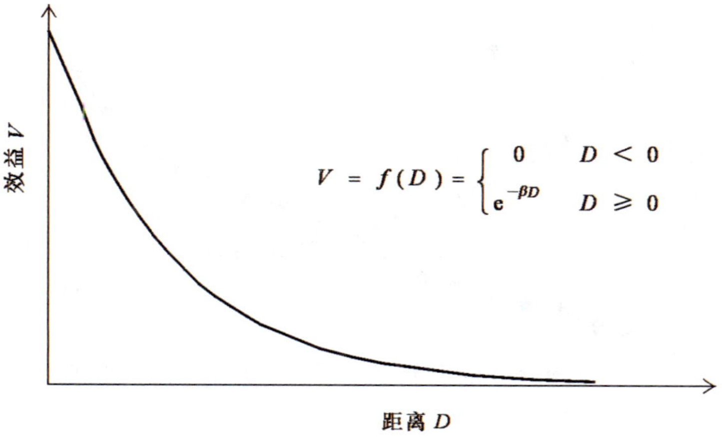

图21-10 效益梯度场的指数衰减曲线（引自宗跃光，1996）

在效益梯度场的作用下，交通干线附近的居民区往往比交通闭塞的居民区拥有更快的经济发展速度，道路沿线原有的一些小乡镇可能会逐渐扩展为城镇或城市。受便捷交通的吸引，工矿企业也常常沿道路聚集发展。景观统计的结果显示，道路边际1 km范围内，居民与工矿用地占全部缓冲区面积的11.52%，明显超过整个黄河三角洲地区7.80%的比例。随着居民区和工矿用地的增长，以及居民区扩大后对周边土地的利用强度增加，使得农业景观代替自然湿地景观、城市景观代替农村景观，是造成道路边际景观动态变化的重要因素。

21.4.4 破碎化过程

道路不同于其他廊道的特殊性在于道路往往不是孤立存在的，众多不同等级、不同用途的道路连接成一张四通八达的网络。道路网络将均质的景观单元分割成众多的岛状斑块（道路网眼），在一定程度上影响景观的连通性，阻碍生态系统间物质和能量的交换，导致物质和能量的时空分异。通过对黄河三角洲1984~2006年的道路图分析显示，该区域道路网络封闭回路构成的网眼平均大小从1984年的26.46 km^2下降到2006年的6.14 km^2，而网眼个数则相应地由51个增加到862个（见图21-11）。网眼面积的减小会造成生态系统的结构和功能趋于简化，稳定性下降，进而导致物种数目的减少，景观斑块的环境容量和自我恢复能力变小，岛状斑块抗抵外界干扰的能力减弱。

人类对道路边际土地的利用也会带来景观的破碎化加剧。农民在将道路边际自然景观改造为农业景观的过程中，往往会把均一的景观基质切割为条块分割的农田，田块之间还往往由水渠分隔。如果再对农田管理不善（如研究区经常出现的不合理灌溉导致的农田次生盐碱化），这些被分割的斑块内部还会出现分离或连片的荒地单元，使破碎化进一步加剧。道路边际的居民区发展到一定规模后，其内部会出现城市道路，将聚集发展的居民区斑块分成一个个相对独立的聚居单元，也会使道路边际景观破碎化。如据2006年的景观分析结果，研究区R_x边际的景观破碎化指数从距道路500~1 000 m处的0.91增加到距道路0~200 m处的2.27。R_s边际景观对应的从0.62增加到1.17（见图21-7）。这种由人为利用方式影响的景观破碎化比由道路网络分隔产生的破碎斑块更小，破碎化过程更强烈。

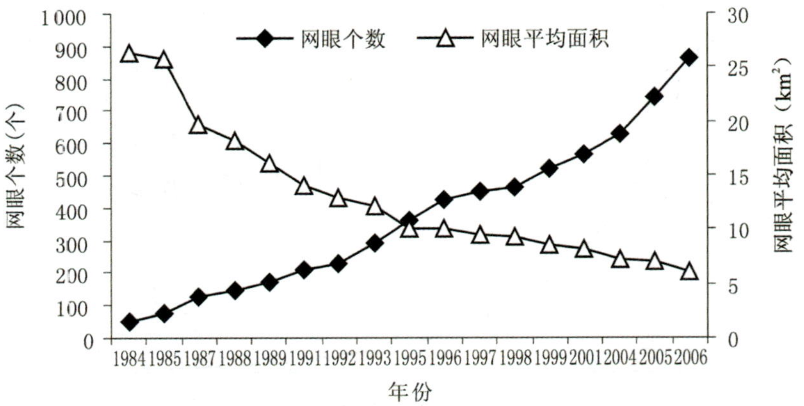

图21-11　道路网络网眼变化（1984~2006年）

第22章 黄河三角洲海岸防护工程的生态效应

现代黄河三角洲沉积物以粉土、粉沙为主,孔隙度较高,稳定性较差,极易受到海洋动力侵蚀造成海岸蚀退。自20世纪90年代以来，黄河来水量急剧减少，黄河三角洲海岸因缺少泥沙补充，加上海洋灾害及海动力作用而不断蚀退。海岸蚀退后，海潮淹没或浸润过的土地迅速盐渍化，变成寸草不生的光板地，生态环境也随之迅速恶化，植被普遍呈现逆向演替状态，淡水湿地大幅度萎缩。海岸蚀退不仅造成大量土地资源流失，而且极大地威胁着油田生产和黄河三角洲区域经济开发。为防止土地资源进一步流失，保障胜利油田的开发以及人类多种利用活动，从20世纪80年代中期，在黄河三角洲沿岸修建了大量的堤防工程。这些堤防工程的建设，一方面，对抵御洪水泛滥、挡潮防浪、保护堤内居民和工农业生产安全起到了巨大作用；另一方面，堤防工程的修建也对不同景观单元的自然交互构成了干扰，在一定程度上影响着海岸带景观生态演化过程。本研究将遥感宏观监测与地面采样调查相结合，对海岸防护工程的生态影响进行了研究。

22.1 数据获取

22.1.1 遥感数据

本研究的遥感数据包括1976年至今的Landsat MSS/TM系列影像，2005年9月7日的SPOT5影像，HJ-1A/1B系列影像。系列遥感数据用于地理要素海岸线和不同时间修建的堤坝信息的提取以及湿地景观分类。

22.1.2 野外调查

野外调查的目的就是通过野外采样和实地调查获取一手资料，同时加强对研究区的自然和人文环境的整体认识，也为影像的解译提供验证。野外采样设计及野外调查是本书获取资料的主要研究方法之一。

2010年6月、10月和2011年6月，先后到黄河三角洲进行了3次野外调查（见图22-1）。

野外调查主要完成三方面的工作：①无堤区和有堤区的样线布设，完成植被样方和土壤样品的采集。②堤坝具体经纬度、质地、宽度等信息的收集。③景观点的定位，用于遥感解译及验证。野外调查设计遵循由海向陆、垂直堤坝、景观类型和植被长势出现差异以及样地可达性的原则布设样线,主要样线包括8条,其中有堤区4条样线（a,b,g,h）,无堤区4条样线（c,d,e,f）(见图22-2)。

22.1.2.1 植被调查

共采集56个样地,植被调查记录包括样地信息、生境描述、植被群落特征、样方大小等。

图22-1　野外采样照片

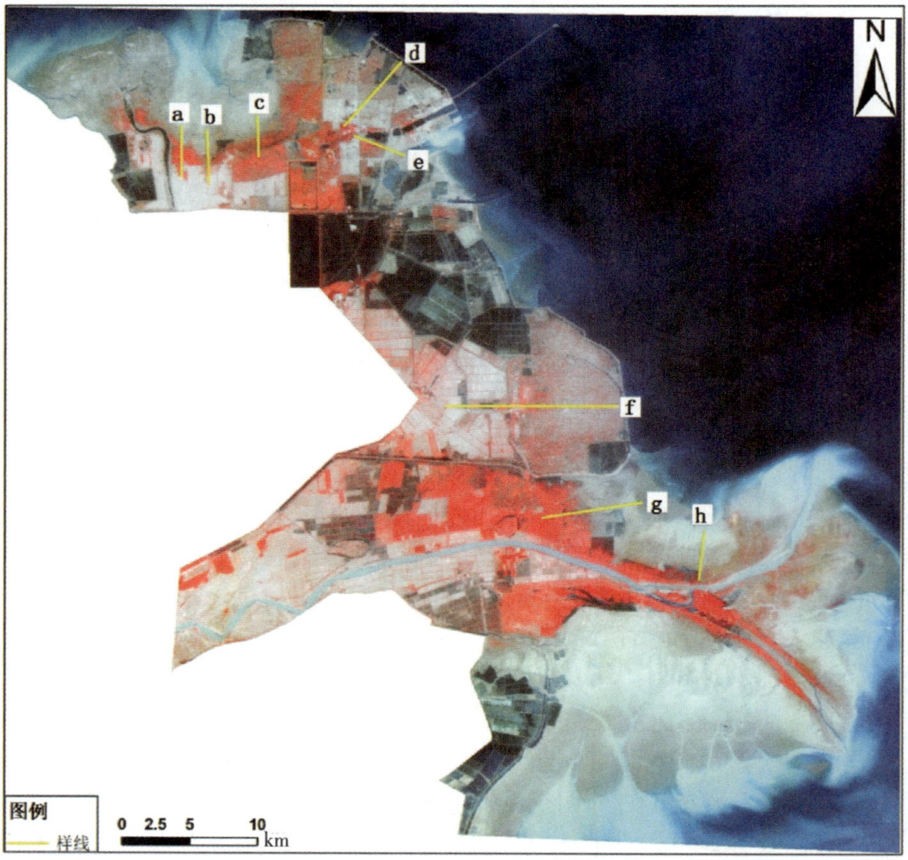

图22-2　研究区样线设计分布图

样地信息：经纬度、样地号、调查日期、样地主要植被类型、地形特征等。
生境描述：样地及周围景观描述。

植被群落特征：草本植物的物种组成、物种数量、生活型、多度、盖度，灌木的基径、冠幅、株数以及下层植物群落物种组成特征。

样方大小：草本为1 m×1 m，灌丛为10 m×10 m，样方布设如图22-3所示。

（a）草本样方　　　　（b）灌丛样方

图22-3　样方布设

22.1.2.2　土壤采样

植被样方调查的同时，进行土壤采样，样点分布如图22-4所示。每个样地中做三个土壤剖面，分别取0~30 cm的表层土样和90~100 cm的底层土样，并将各层土样分别混合均匀。同时，在各样地取一表层土样放在铝盒内，用于土壤水分的测定。

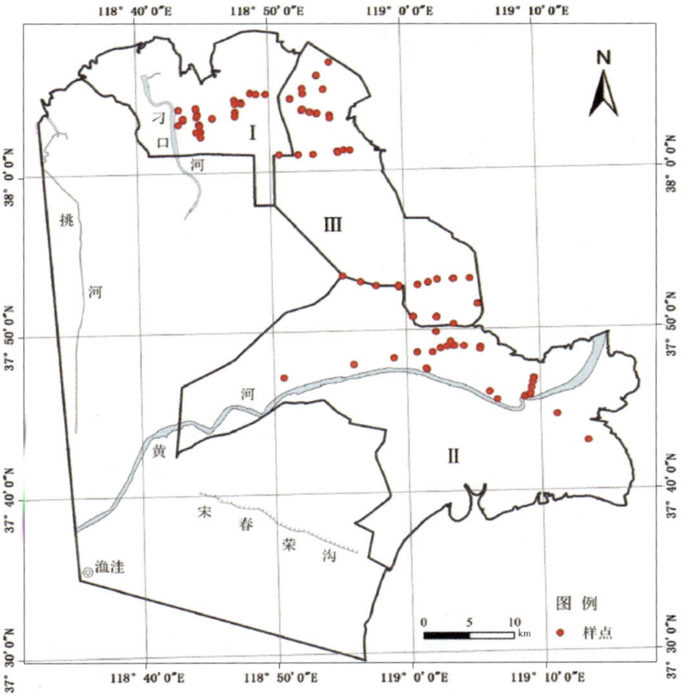

图22-4　样点分布图

土样风干后过1 mm的筛，研磨后用100目分子筛过筛。土样测定项目包括全氮(Total Nitrogen, TN)、速效磷（Available Phosphorus, AP）、速效钾（Available Potassium）、土壤有机质(Soil Organic Matter, SOM)、土壤溶液酸碱度（pH）和全盐（Total Salt,TS）。全氮用凯氏定氮法测定，速效磷采用0.5 mol/L碳酸氢钠浸提—钼锑抗比色法测定，速效钾采用醋酸铵浸提—火焰光度法测定，土壤有机质采用重铬酸钾氧化外加热法测定，全盐采用残渣烘干—质量法 (鲍士旦，2005)。用烘干法测量土壤含水量，在105 ℃下将土样放在烘箱烘干约8 h后，取出称重，然后重复上述步骤2~3次，每次2 h，直至土样成恒重。

22.2　数据处理

22.2.1　堤坝数据提取

根据1976年至今的系列Landsat TM/ETM影像数据和2005年9月的SPOT影像数据，参考行政区划图及地形图，解译提取堤坝信息及堤坝建造的大致时间（见图22-5）。东北部的堤坝分布较为密集,且多为封闭性路堤。研究中把由堤坝作为人工海岸的区域称为封闭型海岸，自然海岸线所在的区域称为开放型海岸。在刁口河和黄河北范围之间存在3个开放型区域。

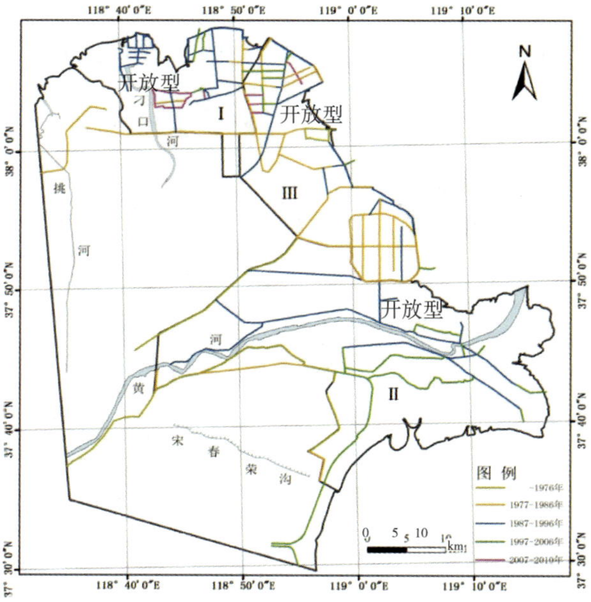

图22-5　现代黄河三角洲堤坝分布情况

基于系列遥感影像信息提取的不同时间修建的堤坝统计分析可知，现代黄河三角洲范围内现有堤坝总长约为695.7 km，其中研究区内堤坝总长为 662.9 km，占95.3%（见图22-6），堤坝主要分布在沿海地区。20世纪80年代，堤坝的增加量最多，为335.5 km。

由图22-7可以看出，20世纪80年代修建的邻海堤坝作为人工海岸,主要为防止所在区域的陆地蚀退，便于油田开发。20世纪90年代的堤坝主要集中在东北部，2000年后的新修堤坝主要集中在北部和南部地区，北部的封闭路堤多，南部地区的堤坝主要由于湿地修复区和养殖区而修建。研究区1976年以来各年堤坝总长度见图22-8。

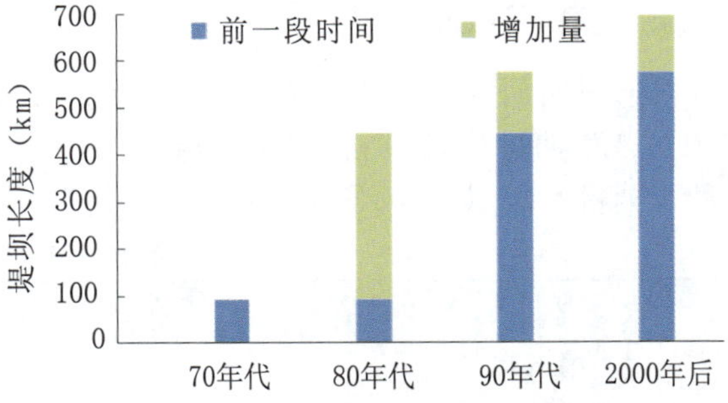

图22-6　研究区内不同时期的堤坝长度

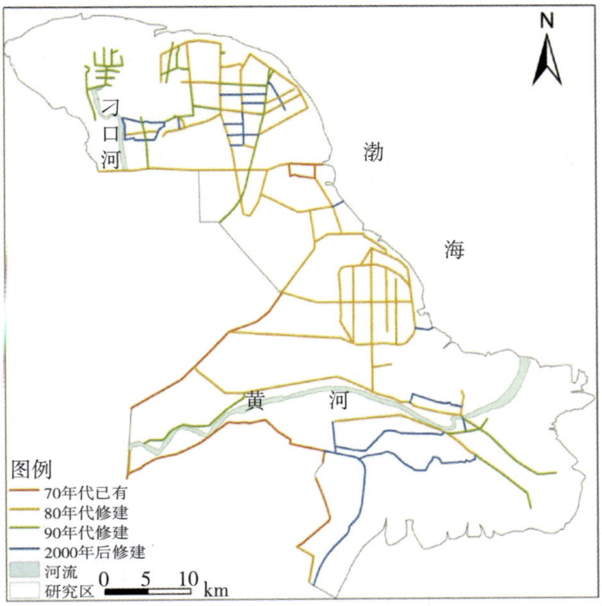

图22-7　研究区内不同年代修建堤坝的分布情况

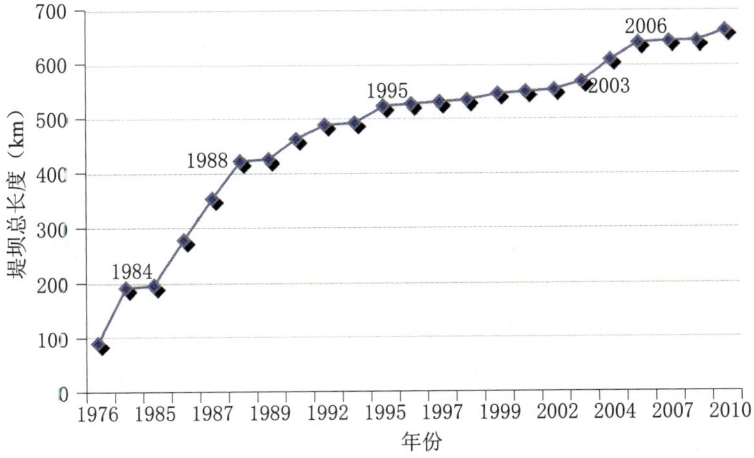

图22-8　各年已有堤坝的总长度

22.2.2 植被数量分类

通过对研究区植被样方进行样带调查，选取调查样方47个，样方在灌丛是10 m×10 m，草甸是1 m×1 m，调查得到自然植物16种，分属于11科。其中，禾本科包括5种，菊科2种，其他都各属一科，详细情况见表22-1。

表22-1 研究区植被调查情况

种名	科名	拉丁名
狗牙根	禾本科	*Cynodondactylon(* Linn.*)*Pers
芦苇		*Phragmites australis*
獐茅		*Aeluropus sinensis*
狗尾草		*Setaria viridis* (L.) Beauv
白茅		*Imperata cylindrica* (Linn.) Beauv
苣荬菜	菊科	*Sonchus oleraceus*
猪毛蒿		*Artemisia scoparia* Waldst. et Kit
翅碱蓬	藜科	*Suaeda heteroptera* Kitagawa
萝藦	萝藦科	*Metaplexis japonica* (Thunb.)Makino
柽柳	柽柳科	*Tamarix chinensis*
野大豆	豆科	*Glycine soja* Sieb. et Zucc
葎草	大麻科	*Humulus japonicus*
罗布麻	夹竹桃科	*Apocynum* L.
车前草	车前科	*Plantago asiatica* Linn.
杞柳苗	杨柳科	*Salix integra* Thunb.
二色补血草	白花丹科	*Limonium bicolor* (Bunge) Kuntze

为准确反映它的生长和分布状况，本节按如下方法表征物种的重要值：

相对多度=某个种的多度/所有种的多度

相对高度=某个种的平均高度/所有种的平均高度

相对盖度=某个种的盖度/所有种的盖度

灌木的重要值=（相对多度+相对盖度+相对高度）×100/3

草本的重要值=（相对盖度+相对高度）×100/2

植被数量分类是植被分类的分支学科，它是用数学的方法来完成分类过程的。双向指示种分析（Two-way indicator species analysis，TWINSPAN）（Hill, 1979）在植被数量分类中运用较为广泛，能够同时完成样方和物种的分类。TWINSPAN首先对数据进行对应分析（Correspondence Analysis，CA）或者相互平均方法（Reciprocal Averaging，RA）排序，得到第一排序轴，再以排序轴为基础进行分类。TWINPSAN可以同时进行样方和种类的分类，它的结果是把种类和样方类型排成一个矩阵，该矩阵可以反映种类和样方之间的关系，并能反映出重要的环境梯度。

基于各样方物种的重要值，采用双向指示种分析（Two-way indicator species analysis,TWINSPAN）将样方进行等级分类。分类结果如图22-9所示。

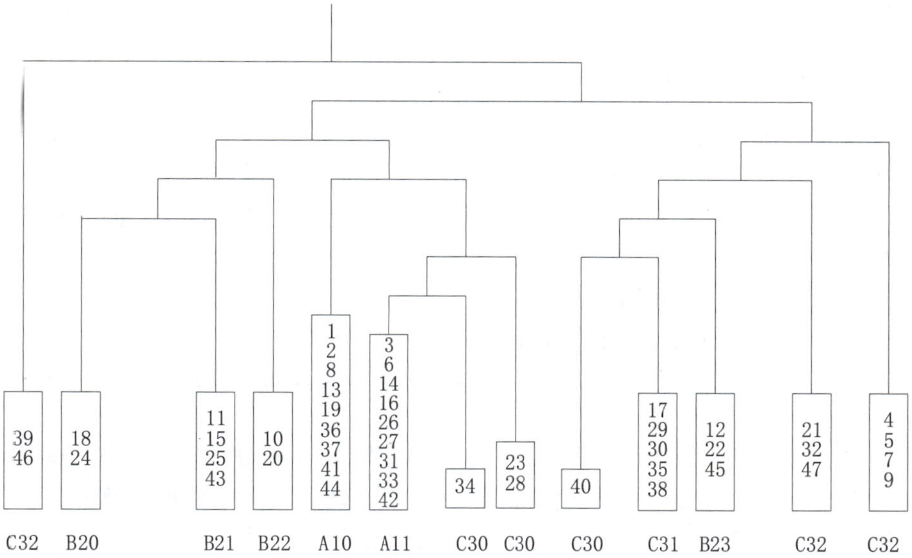

图22-9 研究区植被数量分类结果

对现代黄河三角洲典型区植被的47个样方进行TWINSPAN等级分类。将TWINSPAN分类结果和实际生态意义相结合，最终划分为三个大类：①翅碱蓬占主要地位的群落；②柽柳占主要地位的群落；③芦苇为优势种的草本群落。进一步划分为9个小类。这三个大的群落模式构成了3个演替阶段：以翅碱蓬为优势种的群落阶段、以柽柳为优势种的群落阶段、草本群落阶段，反映了植被群落与环境梯度的关系。

（1）翅碱蓬为优势种的群落阶段。

翅碱蓬为优势种，分布在地势低洼，具有较高土壤盐分含量，靠近海岸线的地方。这也是现代黄河三角洲处在初级阶段的先锋种群。先锋种群是一个开放的种群阶段，随着较多的翅碱蓬出现，土壤的物理、化学和土壤结构明显得到改善，这时有的耐盐物种开始出现，种群开始分化，形成以翅碱蓬为优势种的群落结构。这个阶段可以分为两种类型：纯翅碱蓬群落（A10），翅碱蓬+芦苇群落（A11），以翅碱蓬和芦苇为主，其他物种较少。

（2） 柽柳为优势种的群落阶段。

翅碱蓬种群发展到一定阶段，随着地表高程的增加和地下水水位的降低，柽柳为优势种的种群开始出现，土壤在这个阶段进一步脱盐。该阶段出现的群落类型分为四种：柽柳群落（B20），柽柳+翅碱蓬群落（B21），柽柳+芦苇+翅碱蓬群落（B22），柽柳+芦苇群落（B23）。

（3）草本群落阶段。

草本群落阶段由两种路径演替而来。其一是来自翅碱蓬种群的演替。随着翅碱蓬的生长，土壤脱盐，氮地下水位变化不大，地表全年或者大部分时间被水淹没。由于翅碱蓬无法常年经受水涝，被芦苇种群取代。芦苇的生长产生大量的凋谢物，它加快地势上升和土壤脱盐，土壤条件得到改善，导致一些物种开始出现，使群落演替到草本群落阶段。其二，来自柽柳群落。随着柽柳的生长，土壤脱盐加快，土壤盐分明显降低，于是一些物种开始出现，进入草本群落阶段。该阶段出现的群落类型分为三种：芦苇+翅碱蓬群落（C30），纯芦苇群落（C31），芦苇+杂草群落（C32）。

22.2.3 植被与土壤属性间的关系

黄河三角洲海岸带自然植被主要包括翅碱蓬、柽柳、芦苇及伴生物种等。参照自然植被群落类型与样点的野外植被调查信息，进而确定样带上47个样点植被群落类型。黄河三角洲的土壤形成于海、河冲积母质，绝大部分是近百年新淤积形成，成土年幼。本节中考虑的土壤属性包括表层和底层土壤的全盐含量及全氮、速效磷、速效钾、有机质、碳氮比、pH值等土壤养分。

根据土壤样点和所对应的自然植被群落类型，构建样点—植被群落矩阵，根据土壤属性构建样点—土壤属性矩阵，建立DCCA排序（见图22-10），得到自然植被群落类型与土壤属性的相关关系。

图22-10中箭头表示环境因子，箭头连线的长短表示植物群落的分布与该环境因子相关性的大小，箭头连线与排序轴的斜率表示环境因子与排序轴相关性的大小，箭头所处的象限表示环境因子与排序轴之间相关性的正负，数量型环境因子之间的夹角代表环境因子之间的相关性。从图中可以看出，表层和底层的全盐含量、表层的有机质含量及表层的速效钾含量对自然植被群落的分布有着重要的影响。表层速效钾K_1和表层全盐含量TS_1与第一排序轴（水平轴）的相关性较大，分别为0.734 4、0.734。表层有机质含量OM_1与第二轴（垂直轴）的相关性最大，为0.646。

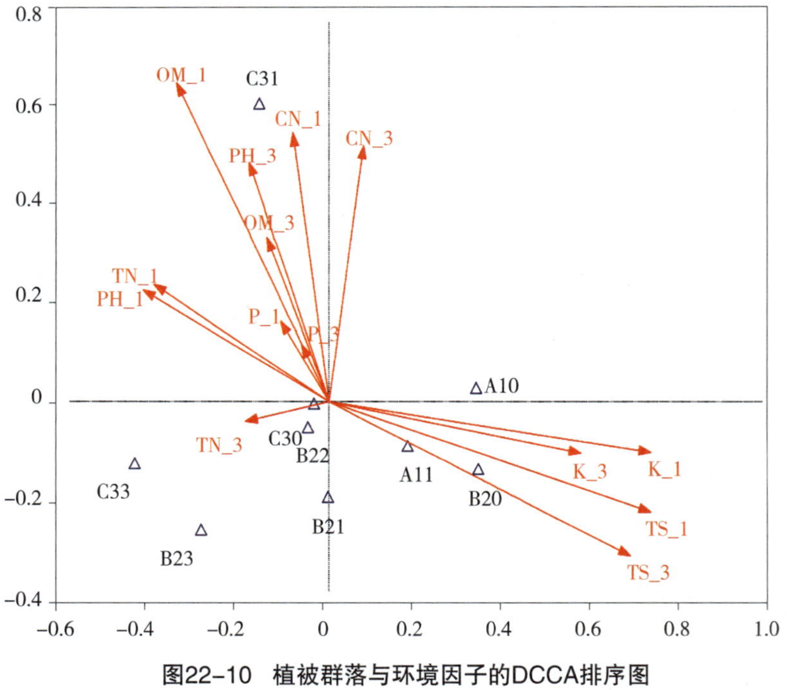

图22-10　植被群落与环境因子的DCCA排序图

22.3 人工堤坝对土壤环境的影响

22.3.1 黄河三角洲海岸带土壤属性的统计特征

整个研究区土壤质地多为粉沙土或粉沙壤土，对研究区采集土样的土壤属性进行描述性统计分析可知（见表22-2）：全盐含量的表聚现象显著，底层全盐含量均值为6 862.729 mg/kg，表层全盐含量均值为18 355.118 mg/kg，是底层含量的2.7倍。表层土壤有机质均值为1.191%，按第二次全国土壤普查有基质分级标准（< 0.6 %，极缺乏；0.6 % ~ 1 %,缺乏;1 % ~ 2 % ,好），土壤有机质含量较高。全氮、土壤有机质、速效钾、速效磷等土壤养分的表层含量均高于底层含量。pH值表层和底层相差不多，底层土壤碱性趋势相对较强。按照变异系数的划分等级（范晓梅，2010）有：弱变异性，变异系数小于10%;；中等变异性，变异系数介于10%至100%之间；强变异性，变异系数大于100%。除pH值属于弱变异外，其他土壤属性均属于中等变异。

表22-2 研究区土壤属性描述性统计特征

土壤属性	单位	极小值	极大值	均值	标准差	变异系数(%)
TN_1	%	0.016	0.135	0.058	0.026	44.2
SOM_1	%	0.338	2.689	1.191	0.565	47.4
CN_1	—	7.013	20.224	12.005	2.823	23.5
AK_1	mg/kg	129.270	1 740.600	677.471	380.464	56.2
AP_1	mg/kg	0.910	9.298	3.496	1.963	56.2
pH_1	—	7.031	8.438	7.677	0.351	4.6
TS_1	mg/kg	750.000	63 100.000	18 355.118	15 508.587	84.5
TN_2	%	0.015	0.069	0.029	0.012	41.5
SOM_2	%	0.171	1.475	0.471	0.280	59.4
CN_2	—	4.220	14.168	9.127	2.393	26.2
AK_2	mg/kg	107.910	1 122.900	348.154	257.571	74.0
AP_2	mg/kg	0.088	5.619	1.297	1.139	87.8
pH_2	—	6.802	8.836	7.929	0.377	4.8
TS_2	mg/kg	750.000	19 450.000	6 862.729	4 444.774	64.8

注：_1 代表土壤表层0~10 cm，_2代表土壤底层90~100 cm。

通过对开放型区域和封闭型区域土壤属性均值进行对比分析可知（见表22-3），除了pH值外，封闭型区域的土壤盐分和土壤养分含量的均值都低于开放型区域,且封闭型区域速效磷、速效钾和表层全盐含量与开放型区域对比的变化率较大，均大于20%。

开放型区域显著性水平小于0.01的土壤属性进行相关性分析，TN_1与OM_1以及AK_1与TS_1呈显著正相关，相关系数分别为0.78、0.69，TN_2与SOM_2呈显著正相

表22-3 开放型区域和封闭型区域土壤属性均值的比较

土壤属性	TN_1	OM_1	K_1	P_1	pH_1	TS_1	TN_2	OM_2	K_2	P_2	pH_2	TS_2
封闭型	0.056	1.260	625.36	2.87	7.74	18 218.33	0.027	0.45	316.21	1.06	8.00	7 081.25
开放型	0.060	1.264	906.26	4.54	7.44	23 467.22	0.030	0.47	445.27	1.54	7.69	8 086.79
变化率(%)	-6.67	-0.46	-31.00	-36.73	4.05	-22.37	-10.77	-5.05	-28.98	-31.53	4.06	-12.43

关，为0.83,而OM_2与AP_2具有更高的相关性，为0.86。封闭型区域显著性水平小于0.01的土壤属性相关性分析中，TN_1与OM_1、AP_1呈显著正相关，相关系数分别为0.78、0.63，TN_2与OM_2、AP_2呈显著正相关，分别为0.95、0.89；OM_2与AK_2、AP_2呈显著正相关，分别为0.80、0.86；AK_2与AP_2还具有显著正相关，为0.73。通过统计分析对比开放型区域和封闭型区域土壤属性的相关性，全氮与有机质以及底层有机质和底层速效磷在两个区域都具有显著的相关性，但封闭型区域全氮与速效磷以及底层有机质与底层速效钾还具有显著相关性。开放型区域表层土壤速效钾和全盐含量具有显著正相关，而封闭型区域表层土壤速效钾与全盐含量无显著相关性。开放型区域底层速效钾与速效磷无相关性，而封闭型区域的底层速效钾与速效磷显著相关。可见，两个不同景观区域土壤属性存在明显的差异。

22.3.2 土壤属性与堤坝干扰因子的相关性分析

黄河三角洲地区区位的独特性使其土壤属性受到局地地理环境的影响较大。为了揭示土壤属性与人工堤坝干扰因子之间的相关关系，本节选取到海岸线距离、高程、海向堤坝数、最近海向堤坝距离、最近堤坝距离和最近孤东圈围堤的距离6个地理环境因子，分析堤坝干扰下典型样带c、d和f上样点的土壤属性与地理环境因子之间的相关性，其中最近孤东圈围堤的距离只对位于孤东圈的L6的样点作相关分析。由表21-4可知，经双侧显著性检验，显著性在0.05水平上，表层土壤养分和盐分至少与一个堤坝干扰因子显著相关，这说明了表层土壤养分和全盐含量均与堤坝的干扰呈显著相关性。底层土壤属性只有pH值和全盐含量与堤坝干扰呈显著相关，且底层全盐含量与最近海向堤坝的距离、最近堤坝距离和180 m缓冲区内堤坝长度3个堤坝因子均呈显著相关。可见，表层土壤养分和底层土壤全盐含量受堤坝的干扰更明显。

22.3.3 堤坝干扰下土壤属性的时空特征差异

22.3.3.1 有堤区和无堤区土壤属性差异

为了揭示堤坝等工程措施对土壤属性空间梯度的影响，土壤属性特征到底发生了什么样的变化，本节主要对比分析无堤区和有堤区的土壤属性分别在垂直海岸线方向和垂直堤坝方向上的土壤属性的梯度变化特征。为了排除周边河流及养殖区对无堤区土壤属性的影响，该部分分析在无堤区选择了2条样线，有堤区选择了4条样线，样线分布如图22-11所示。

在相似的气候和地形条件下，土壤属性的空间差异决定了植被分布的空间差异（张江英，2007）。堤坝干扰对植被景观产生影响的内在原因也就是土壤属性特征的

表22-4 土壤属性与地理环境因子的相关分析

地理环境因子	TN_1	OM_1	K_1	P_1	pH_1	TS_1	TN_2	OM_2	K_2	P_2	pH_2	TS_2
到海岸线距离	0.447	0.400	−0.615**	−0.152	0.615**	−0.406	0.354	0.409	−0.115	0.042	0.535*	−0.461
	0.072	0.112	0.009	0.561	0.009	0.106	0.164	0.103	0.661	0.873	0.027	0.062
	17	17	17	17	17	17	17	17	17	17	17	17
高程	0.564*	0.443	−0.449	0.168	0.319	−0.020	0.471	0.467	−0.234	0.080	0.270	−0.185
	0.018	0.075	0.070	0.520	0.212	0.940	0.057	0.059	0.367	0.761	0.294	0.478
	17	17	17	17	17	17	17	17	17	17	17	17
海向堤坝数	0.506*	0.499*	−0.684**	−0.060	0.441	−0.378	0.379	0.330	−0.226	0.054	0.339	−0.417
	0.038	0.041	0.002	0.818	0.077	0.135	0.133	0.196	0.384	0.836	0.183	0.095
	17	17	17	17	17	17	17	17	17	17	17	17
最近海向堤坝距离	0.490*	0.214	−0.427	0.043	0.665**	−0.398	0.081	0.221	−0.148	−0.206	0.680**	−0.566*
	0.046	0.410	0.087	0.871	0.004	0.114	0.757	0.394	0.572	0.427	0.003	0.018
	17	17	17	17	17	17	17	17	17	17	17	17
最近堤坝距离	−0.559*	−0.463	0.082	−0.441	0.070	0.115	−0.121	0.032	0.398	0.287	−0.102	0.485*
	0.020	0.061	0.755	0.076	0.788	0.662	0.645	0.902	0.114	0.264	0.697	0.048
	17	17	17	17	17	17	17	17	17	17	17	17
最近孤东圈围堤的距离	0.852**	0.852**	−0.463	0.559	0.729*	−0.723*	−0.343	−0.468	−0.378	−0.471	0.661	−0.501
	0.007	0.007	0.248	0.150	0.040	0.043	0.406	0.242	0.356	0.239	0.074	0.206
	8	8	8	8	8	8	8	8	8	8	8	8
180 m缓冲区内堤坝长度	0.699**	0.560*	−0.167	0.486*	0.099	−0.036	0.228	0.136	−0.424	−0.253	0.408	−0.537*
	0.002	0.019	0.522	0.048	0.706	0.891	0.378	0.604	0.090	0.326	0.104	0.026
	17	17	17	17	17	17	17	17	17	17	17	17

注：**在 0.01 水平（双侧）上显著相关,*在 0.05 水平（双侧）上显著相关。

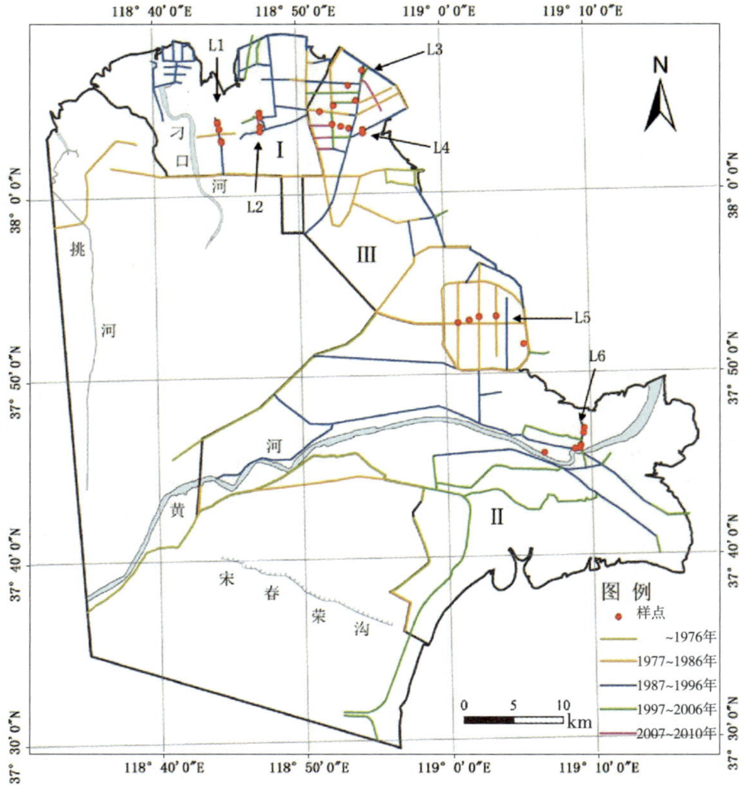

图22-11　无堤区和有堤区的样线分布图
（L1和L6为无堤区样线，L2、L3、L4和L5为有堤区样线）

变化。相关研究表明，黄河三角洲地区影响植被分布格局的土壤属性主要包括土壤养分和全盐含量（宋创业，2008，2010）。由于研究区内全氮和有机质呈显著正相关(相关系数为0.78，$p<0.01$)，研究中选择表层全氮、速效钾和全盐来探讨堤坝对土壤属性是否产生影响。

从土壤养分的角度看，对比分析有无堤坝干扰下土壤养分在距海远近梯度上的变化。图22-12表明，全氮的变化趋势在无堤区表现为北部的L1呈线性递增，南部的L6呈非线性变化，先减后增，这主要是南部无堤区使得海水中的营养物质富集于潮水能到达的区域，致使全氮含量起初较高；在有堤区均表现为线性递增，但是北部L2的递增率大于L1，南部L5的递增率比L6小。图22-13表明，速效钾的变化趋势均呈线性递减，无堤区的速效钾含量较高，递减率较高，而有堤区的速效钾含量相对偏低，递减趋势较缓。堤坝干扰下全氮和速效钾的梯度变化表现出的趋势与变化率的差异表明了堤坝对土壤养分的梯度变化规律有一定的影响，并且堤坝干扰下北部和南部的变化趋势与变化率存在明显的差异。

全盐含量是影响盐生植被的主要环境因子。从图22-14中可以看出，有无堤坝干扰，表层全盐含量的梯度变化规律均呈线性递减，北部无堤和有堤的两条样线L1和L2对比，L1的表层盐分高于L2，递减率是L2的2倍多；南部的有堤和无堤的两条样线L5和L6对比，有堤的样线L5的土壤盐分高于无堤的样线L6，这是由于L6处于黄河口附近，黄河淡水的补给导致土壤盐分偏低，但是无堤区的样线L6的递减率依然是L5的2倍多。与无堤区相比，堤坝干扰下土壤盐分的梯度变化趋势并未改变，但是递减率是无堤区的2倍多。

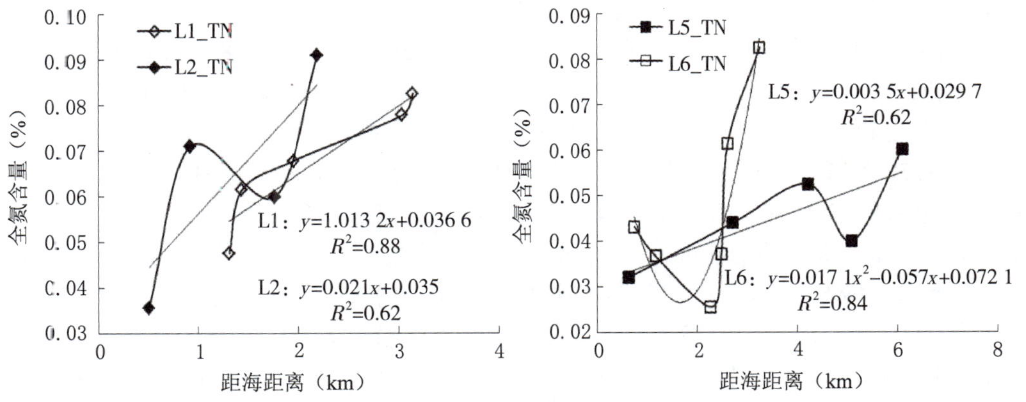

图22-12 无堤区和有堤区土壤养分梯度变化的对比: 全氮(TN)

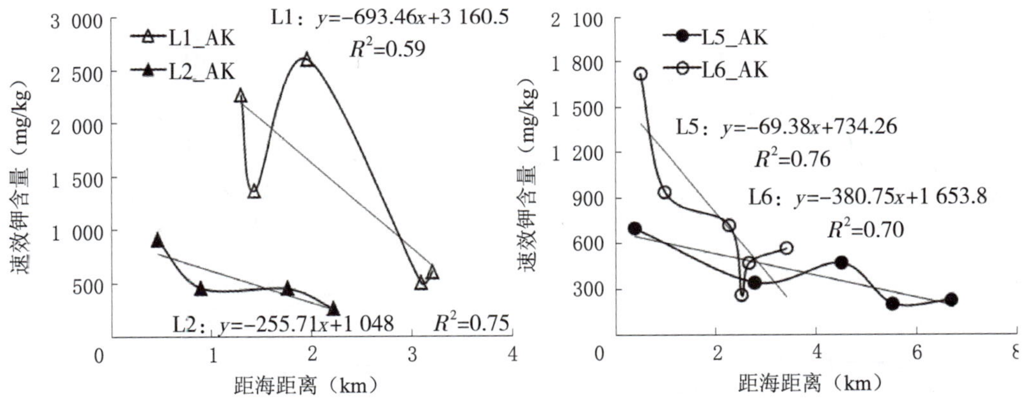

图22-13 无堤区和有堤区土壤养分梯度变化的对比:速效钾(AK)

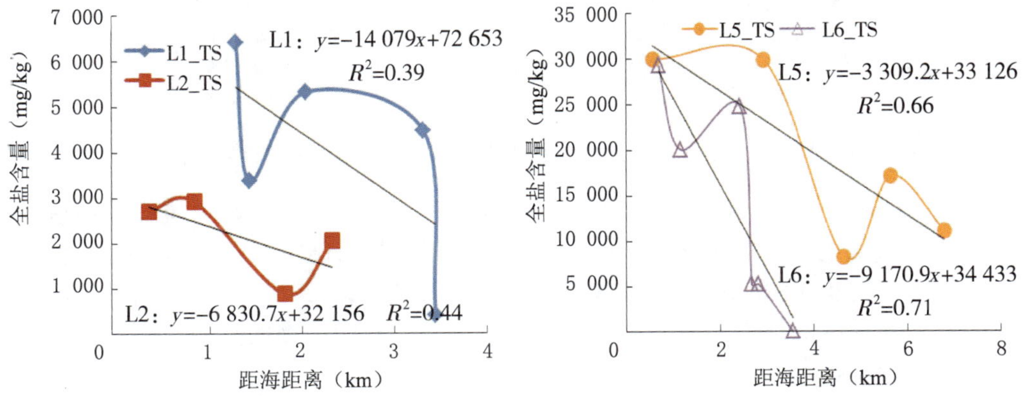

图22-14 无堤区和有堤区土壤全盐含量的梯度变化对比

通过土壤养分和土壤盐分的对比分析可知，堤坝干扰确实对土壤属性的梯度变化产生一定的影响。在堤坝干扰下，土壤养分的梯度变化均呈线性变化，变化率的大小受堤坝所在区域差异的影响。土壤盐分的梯度变化趋势未受堤坝的影响，但是变化率是无堤区的2倍多。

22.3.3.2 不同建成时间堤坝对土壤属性的影响

为了研究人为修建堤坝对当地植被景观及土壤环境产生影响的内在机制，有必要分析堤坝干扰下土壤属性的时空变化规律。因此，本节选择堤坝所在的封闭海岸带的4条样线L2、L3、L4和L5，探讨堤坝干扰下土壤属性的时空特征。

由图22-15可知，堤坝干扰下，全氮随梯度的变化趋势均呈线性递增。从空间上看，北部保护区内有堤区的样线L2全氮含量高于位于南部孤东圈的样线L5，且变化率也高于南部的L5。从堤坝的建成时间来看，对比分析典型样线L4(所在区的防潮堤坝建成于1995年)以及L3和L5(所在区的防潮堤坝建成于1986年)探讨堤坝的建成时间对土壤属性梯度变化的影响。堤坝建成25年后，全氮的线性递增趋于缓慢，且变化趋势趋于稳定。堤坝建成约15年的有堤区的样线L4的线性递增率是前者的2倍，且全氮含量值高于前者。随着堤坝建成时间的增长，虽然全氮的梯度变化依然是线性递增，但是全氮含量会降低，线性递增趋缓。堤坝建成25年左右，全氮含量的梯度变化几乎达到稳定。

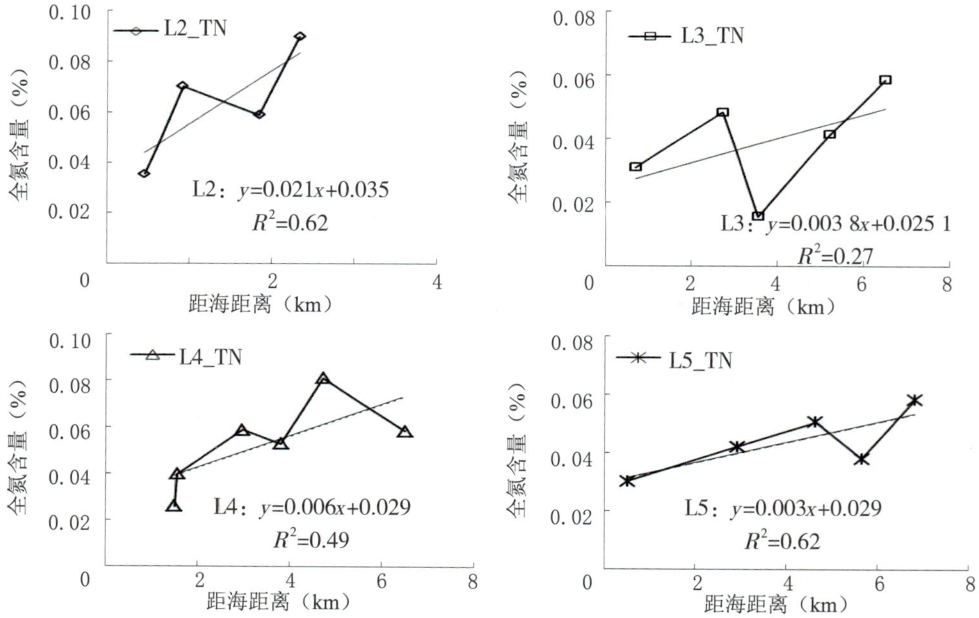

图 22-15 堤坝干扰下土壤全氮含量（TN）随距海远近的梯度变化

图22-16显示了速效钾的变化规律。除L3趋于平稳外，有堤区内其他样线均呈线性递减。北部的L2线性递减率最高，南部孤东圈最低。从时间上对比分析典型样线L4和L5，速效钾含量及线性递减率均是L4>L5，这说明了随着堤坝干扰时间的增长，速效钾含量降低，随梯度的线性递减趋缓。L3由于受到多条封闭堤坝的影响，速效钾的梯度变化不存在线性规律。

图22-17表明了堤坝干扰下全盐含量随梯度的变化规律。除L3受多条封闭堤坝的影

响，变化规律趋于平稳外，有堤区内其他三条样线的全盐含量随距海远近梯度的变化趋势均是线性递减，北部L2的线性递减率大于南部的L5，是南部的2倍多。从有堤区内的四条样线看，北部的全盐含量低于南部。从时间上对比典型样线L4和L5，堤坝建成25年后的表层全盐含量随梯度的递减率远低于堤坝建成15年后的，约为15年后全盐递减率的1/2。

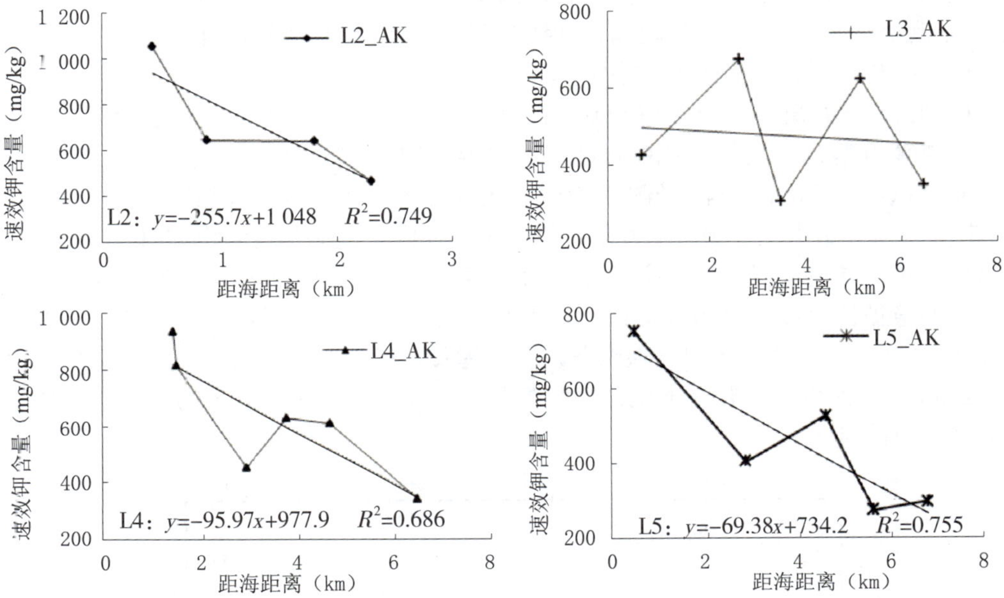

图 22-16　堤坝干扰下土壤速效钾随距海远近的梯度变化

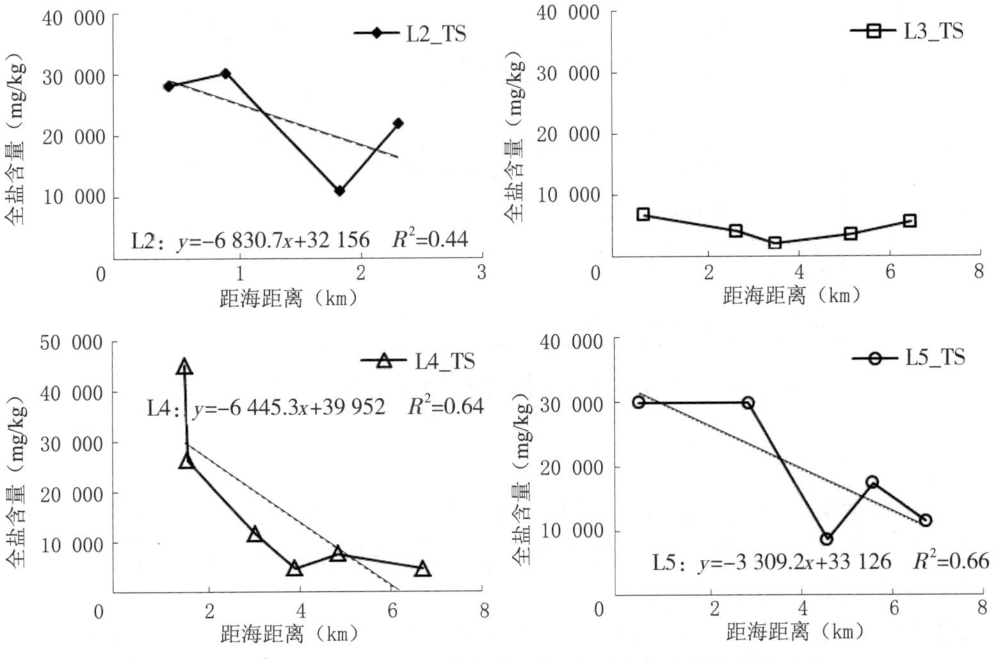

图 22-17　堤坝干扰下土壤全盐（TS）随距海远近的梯度变化

22.4 开放海岸与封闭海岸带区域景观生态效应

22.4.1 植被群落梯度

根据野外植被群落的梯度调查资料，以位于北部保护区内的两条野外调查样线1和2上的景观类型（样线1无堤坝阻隔，样线2有两条堤坝的阻隔）为例，在群路尺度上分析开放海岸与封闭海岸植被演替差异。

由图22-18可知，在距海约2 500 m的范围内，样线1出现的景观类型依次为裸滩涂—翅碱蓬群落，受堤坝干扰的样线2出现的植被群落类型依次为裸滩涂—翅碱蓬群落—翅碱蓬-柽柳群落—柽柳群落—芦苇-柽柳群落。有堤区的样线2上，距离海岸线248.52 m处，开始出现了翅碱蓬群落，第一条堤坝内，也就是距海距离814.12 m处，开始出现柽柳，景观类型为翅碱蓬-柽柳群落。第二条堤坝距离海岸线2 305.2 m，该堤坝内出现的植被群落以芦苇为优势种，群落类型为芦苇-柽柳群落。而样线1上，距离海岸线1 388.30 m处，才开始出现翅碱蓬，并且翅碱蓬群落的面积较大。离海岸线的距离大于2 500 m的区域，才开始出现柽柳和芦苇。上述对比说明，堤坝的阻隔作用加速了植被群落的正向演替过程。

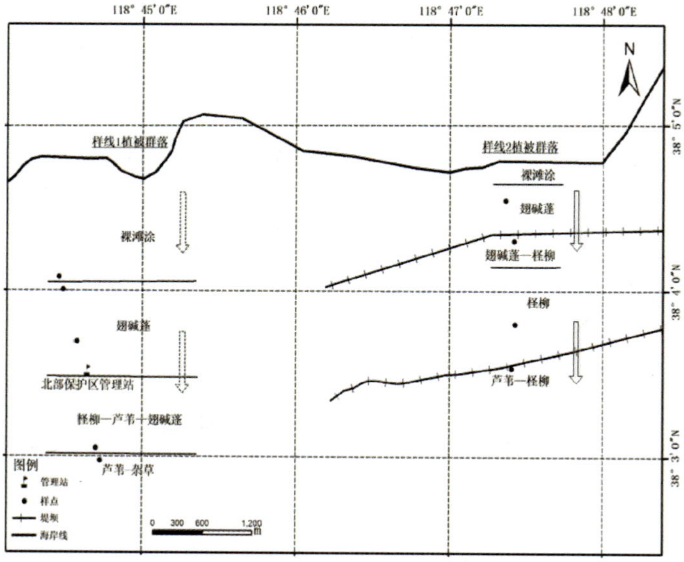

图22-18 两类样线上的样点位置及植被群落景观类型

22.4.2 湿地景观类型演化

人工堤坝阻隔海陆之间的相互作用，进而影响了该区域的景观生态特征。景观尺度上的生态效应主要表现在滩涂景观的蚀退、芦苇和灌草丛等自然湿地景观的演化，以及养殖水面等人工湿地的变化。

根据堤坝的修建历史，选取1984年、1996年和2006年三个时期的Landsat TM影像，提取代表不同海岸类型区域的景观格局信息。根据研究区的景观特征及研究需求，将湿地景观划分为自然水面、滩涂、芦苇湿地、柽柳灌草丛、翅碱蓬草甸、坑塘水库及养殖水面等7类。各时期的景观格局如图22-19所示。

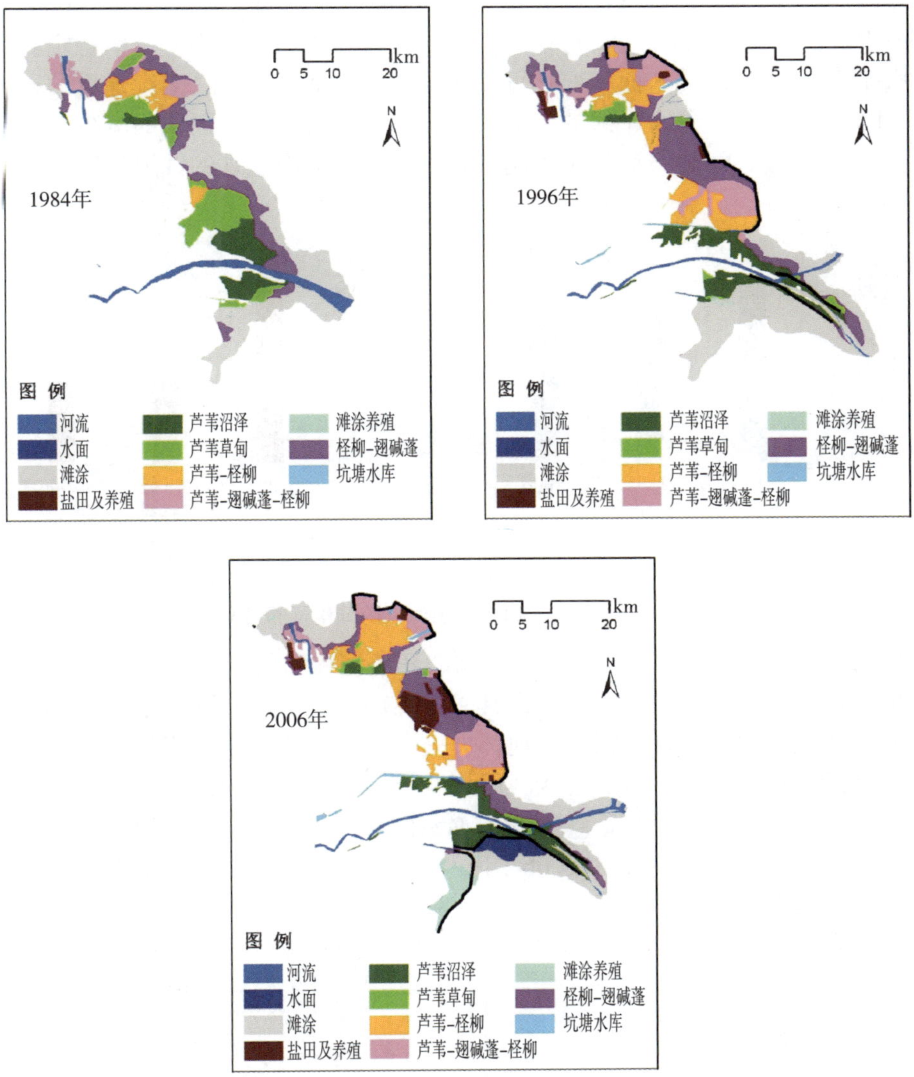

图22-19 不同时期的黄河三角洲海岸带景观格局

封闭海岸和开放海岸景观演化的最直接特征是海岸蚀退的差异。通过对几个时期的研究区景观格局的空间叠加分析和距离量算可知，自1976年以来的三个时间段内，开放河口海岸线后退的平均距离依次约为1 643 m、1 388 m和1 887 m，可见开放河口的海岸一直处于蚀退状态。1976～1984年间，封闭河口的海岸线后退约734.92 m。1984～1996年间，海岸线后退约571.43 m，比前一时间的后退距离小，这是由于1986～1988年内，陆续建成的人工堤坝阻挡了海岸的蚀退。而1996～2006年，由于人工堤坝的防护，封闭河口的海岸基本稳定。海岸蚀退最直接的后果是造成大面积陆地国土流失。图22-20显示了1984年以来，黄河三角洲北部的陆地面积变化情况。从图22-20 (a)中可以看出，开放海岸区的陆地面积持续减少，2006年陆地面积为

13 566.40 hm^2，比1976年减少了5 771.19 hm^2。而图22-20 (b)显示了封闭河口的陆地面积变化，1976年陆地面积为14 840.72 hm^2，而1984年陆地面积减为13 685.32 hm^2，减少了1 155.40 hm^2。1996年，陆地面积为12 891.49 hm^2，比1984年减少了793.83 hm^2，减少量比前一时段少。并且2006年与1996年的陆地面积相当，陆地面积基本稳定。通过海岸的蚀退情况和相应的陆地面积变化可以看出，自1986年以来，陆续建成的人工堤坝阻挡了海水入侵，阻止了海岸线的后退，防止了封闭河口陆地面积的减少。而开放河口，由于海水入侵，海岸线后退距离越来越远，造成滩涂景观的蚀退加剧，陆地面积明显减少。

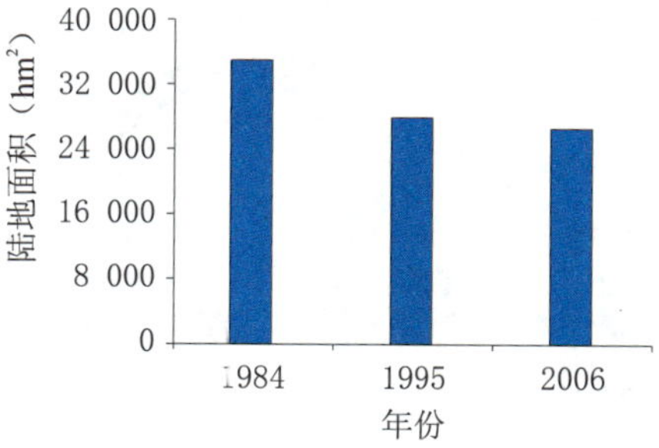

（a）开放河口

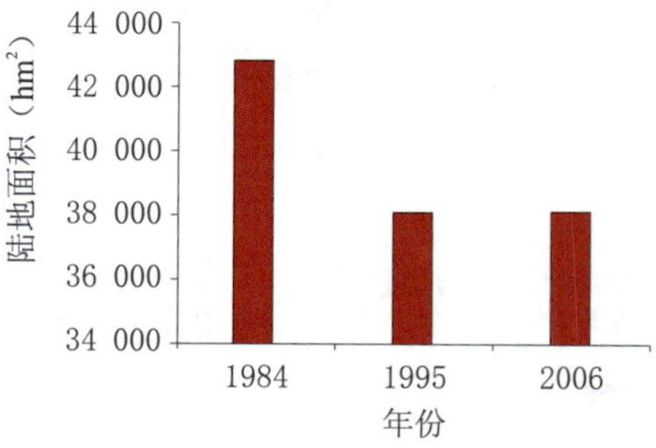

（b）封闭河口

图22-20　开放河口和封闭河口的陆地面积变化

由图22-21可以看出，1984年以来，北部开放河口和封闭河口的芦苇湿地在景观结构中的比例都呈相似的递减趋势，究其原因，1976年刁口河流路停止行水后，无论是开放海岸还是封闭海岸，其沼泽湿地都失去了淡水资源补给，芦苇沼泽湿地的生境条件难以维持，退化是其主要的趋势。而从灌丛湿地的变化看，1984年以来，开放海岸的灌丛湿地比例基本维持不变，约7%，而封闭海岸灌丛湿地比例增加显著，从1984年的14%增加到1996年的34%，到2006年仍占整个景观面积的29%。这表明，堤坝修建后，对海岸生态系统的正常演替构成干扰，湿地干旱化趋势明显，翅碱蓬滩涂逐渐演化为柽柳灌草丛。这在一定程度上降低了景观和生境的多样性。

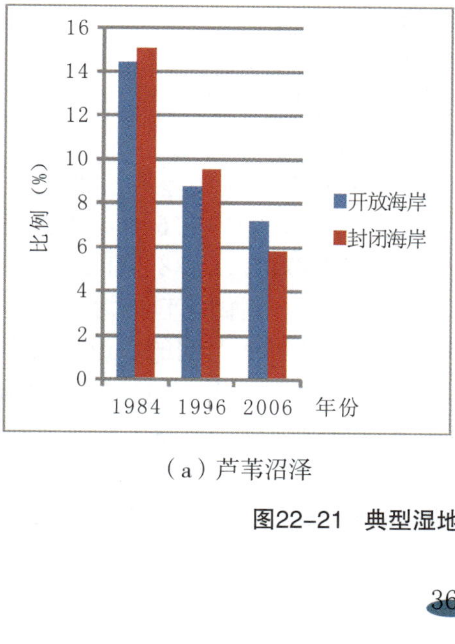

（a）芦苇沼泽

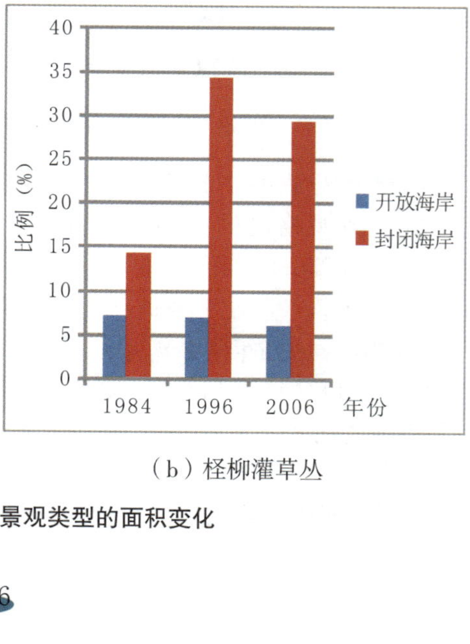

（b）柽柳灌草丛

图22-21　典型湿地景观类型的面积变化

22.4.3 景观格局指数变化

景观格局指数能浓缩景观格局信息，反映其结构组成和空间配置。通过计算景观格局指数，可以定量描述和监测景观空间结构随时间的变化。尽管很多指数并不具备相互独立的统计特征，但是可以从不同角度反映相似的景观空间格局信息。鉴于此，本节选择5个景观指数，即镶嵌度（*PD*）、平均斑块面积(*AREA_MN*)、分维数（*PAFRAC*）、景观破碎度指数(*SPLIT*)和景观多样性指数（*SHDI*），从景观水平上分析开放型区域和封闭型区域的景观格局指数的变化。

自1984～2010年，两个区域的镶嵌度均呈递增趋势（见图22-22（a）），自1995

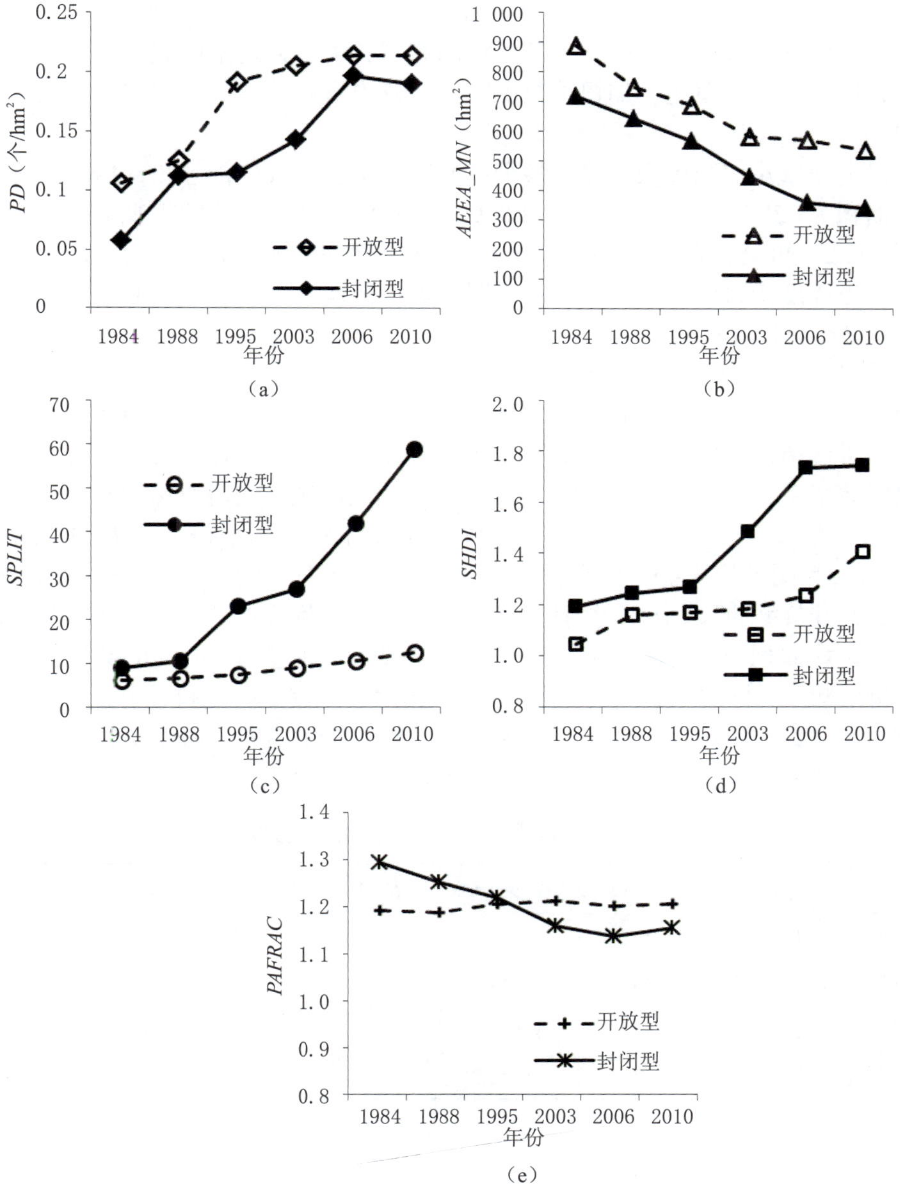

图 22-22 开放型和封闭型区域的景观格局指数对比

年起，开放型区域的镶嵌度递增趋势减缓，这是由于1992年国家级自然保护区成立以来，开放型区域的人为干扰相对减少，镶嵌度增加较缓。平均斑块面积均呈递减趋势（见图22-22（b）），且封闭型区域减少较快，至2010年，*AREA_MN*为341.89 hm^2。*SPLIT*指数（见图22-22（c））在两个区域都呈递增趋势，但是开放型区域的*SPLIT*远低于封闭型区域，且封闭型区域该指数线性递增趋势线的变化率为9.99，开放型区域的为1.30。*SHDI*指数在两个区域均呈递增趋势，但是在封闭型区域高于开放型区域（见图22-22（d））。*PAFRAC*的变化趋势在封闭型区域呈递减趋势，开放型区域变化趋势不明显，几乎稳定（见图22-22（e））。这表明，封闭型区域斑块形状越来越简单化。

综合上述5个指数的变化情况可知，开放型区域虽然破碎化程度也有显现，但是远小于封闭型区域的破碎化程度。人工堤坝的修建，使得封闭型区域景观的平均斑块面积减少，斑块形状简单化，加快了封闭型区域景观格局的变化，加剧了研究区景观的破碎化。

针对堤坝修建前和堤坝修建后整个研究区的景观指数分析可知，1984年研究区平均斑块面积为1 395.15 m^2,2006年为628.19 m^2。1984年和2006年的景观破碎化指数分别为17.4和42.2。可见，在堤坝干扰作用下，大的景观斑块破碎化，使得平均斑块面积减小。景观破碎度指数的变化也进一步说明了堤坝修建之后，研究区的景观结构变化较大，景观破碎化程度加剧。

基于景观水平上计算堤坝修建前和修建后开放型与封闭型区域的景观指数。由表22-5可知，堤坝修建前后各指数对比分析，开放型区域的景观结构变化较小，封闭型区域的景观结构变化较大。开放型区域斑块数（*NP*）的变化不大，而封闭型区域的斑块数明显增多，1984年为32,2006年为72。封闭型区域平均斑块面积和景观破碎度指数的变化率都高于开放型的变化率，开放型区域的平均斑块面积（*AREA_MN*）变化率为-0.37，封闭型的为-0.79。景观破碎度指数（*SPLIT*）的变化率也是封闭型的大于开放型的，开放型的为1.16，封闭型的为6.98。可见，堤坝修建后，导致景观斑块数增多，平均斑块面积减小，景观破碎化程度明显增强。通过同一时期的两种类型区域的对比分析可知（见图22-22），堤坝修建前，1984年开放型区域和封闭型区域的景观格局指数如斑块数、平均斑块面积、景观破碎度指数变化不大。而堤坝修建后，2006年的开放型区域和封闭型区域的各景观格局指数的变化幅度较大。

表22-5　堤坝修建前后景观格局指数变化

类型	年份	*NP*	*AREA_MN*	*AREA_MN*变化率	*SPLIT*	*SPLIT*变化率
开放型	1984	26	1 112.74	-0.37	5.61	1.16
开放型	2006	35	704.06		12.09	
封闭型	1984	32	1 567.72	-0.79	7.74	6.98
封闭型	2006	72	337.28		61.79	

第23章 结 论

本研究以景观生态学原理为基础，将遥感对地观测与野外实地考察相结合，对黄河三角洲海岸带近几十年的生态系统演化进行了研究，特别是对以道路网络和海岸堤坝防护工程等人类活动对海岸带生态系统的干扰进行了重点研究，主要得到以下几个结论：

（1）黄河三角洲景观格局现状及近20年来湿地景观格局动态变化特征：

现代黄河三角洲湿地的景观格局中，湿地面积为279 434.25 hm^2，占总面积的56.79%。其中，天然湿地面积大于人工湿地面积。天然湿地为总面积的35.36%，而人工湿地面积占21.43%。在湿地的景观类型中，处于前5类的湿地景观类型分别是滩涂、盐田、芦苇沼泽、芦苇草甸和柽柳灌草丛。这5种湿地景观占湿地总面积的73.84%，构成了湿地景观格局的主体。

近20年来，而天然湿地的比重在降低，人工湿地面积有了大幅度的增加。其中，滩涂和柽柳灌草丛景观明显萎缩。黄河三角洲湿地景观的破碎化程度在加剧，斑块个数和斑块密度一直在增加，而斑块面积却逐渐减小。在气候变化和人类活动的影响下，湿地与湿地、湿地与非湿地之间发生着类型转化。其中，18.1%的芦苇草甸转化为农田，26.6%的翅碱蓬草甸转化为盐田，11.9%的芦苇沼泽转化为芦苇草甸。

（2）应用多时相遥感影像，完成了主要道路两侧边际1 km范围内的景观分类。应用多种景观格局指数，进行了不同道路类型、不同缓冲区范围和不同景观类别的动态演变特征分析。结果表明，道路边际景观的演变规律受道路发展过程、道路功能差异和区域发展背景的影响。距道路越近，受人为干扰影响越严重。人类对道路边际景观的开发利用降低了景观的多样性，增加了景观的破碎化，造成了自然湿地景观的减少，使景观边界形状趋于规则化发展。构建了基于波尔兹曼热力学的道路边际景观稳定性评价方法，结果表明，人类对道路边际持续的负熵输入是决定非自然景观稳定性的主要原因，负熵输入的强度主要受道路功能和分布区域的影响。结合前述微观生态过程研究的结果，可以认为，道路对其边际植被、土壤的微观生态影响不足以导致景观尺度上的格局改变，水盐生态过程、流通过程、破碎化过程，以及接近效应和效益梯度场的存在，是影响道路边际景观分布格局和演变的主要原因。

（3）针对不同建成时间和区位的海堤工程，在微观尺度和景观尺度两个水平上对黄河三角洲海岸带防护工程的生态效应进行了深入研究。

通过土壤属性与海向堤坝数、最近海向堤坝距离、最近堤坝距离等几个堤坝因子的相关性分析得知，表层土壤属性中，全氮含量、土壤有机质、速效磷、速效钾以及全盐含量至少与一个堤坝干扰因子显著相关。底层土壤属性中，养分含量受堤坝干扰因子影响较小，但是全盐含量与最近海向堤坝的距离、最近堤坝距离和180 m缓冲区内堤坝长度三个堤坝因子均呈显著相关。可见，堤坝工程对土壤盐分以及表层土壤养分具有显著影响。

通过对有堤区和无堤区土壤养分的对比分析发现，随着距海岸线距离的增加，全氮含量在三角洲北部封闭河口显著高于开放河口；在东部现行河口附近，开放河口则高于封闭的孤东圈。这表明现行河口由于大量泥沙和营养物的供给，其开放的河口湿地养分要优于封闭海岸区。速效钾的含量在封闭河口和开放河口都呈递减趋势，但开放河口变化波动较大，递减速度较快，而封闭河口则递减较慢，变化平缓。全盐含量的变化在北部和东部海岸也表现出一定的差异。北部封闭河口区，由于经历了较长时间的植被发育演替，在一定程度上降低了土壤盐分，其土壤含盐量要低于开放河口区；而东部海岸，由于现行流路大量黄河淡水资源的补给，开放河口区的土壤经过淡水洗盐，其土壤全盐含量显著低于封闭海岸区。

通过对封闭海岸的景观生态演化研究表明，堤坝修建后，海岸线蚀退得到了遏制，一方面，堤内近岸生态系统的演替过程加快，翅碱蓬滩涂和草甸比例减小，而柽柳-芦苇-翅碱蓬灌草丛在景观中的比例大大提高。另一方面，堤坝修建后，为人类的开发利用活动创造了便利条件，农业耕种、水产养殖、工业晒盐等以及由此伴随的各种道路修建，封闭性海岸区土地利用活动远高于开放型河口，不仅造成景观破碎化程度加剧，而且自然景观的多样性和湿地适宜生境进一步降低。

后 记

《黄河三角洲国土防护与生态修复技术研究》是山东省“十一五”科技攻关计划课题，是1993年李殿魁同志在东营市任市委书记时规划创意的“根治黄河口的理论研究与工程实践”系列研究项目中的最后一个课题。前两个课题分别为《延长黄河口清水沟流路行水年限的研究》、《巧用海动力输沙建设黄河口双导堤工程技术研究》。今借课题成果编辑出版之机，将黄河口系列研究与黄河三角洲开发进入国家决策的进程记事如下：

1988年3月，东营市市长李殿魁在出席全国人民代表大会期间，向副委员长费孝通汇报了黄河口治理与黄河三角洲开发的构想，初议在东营市召开专家研讨会共商推进开发大计。

1988年6月，山东省委、省政府和民盟中央在东营市共同召开“黄河三角洲经济技术和社会发展战略研讨会”。与会院士、专家认为，黄河入海流路可以通过综合治理实现长期稳定。会议提出将黄河口治理与黄河海港（今东营港）建设列为黄河三角洲开发的两大基础性工程。

同年，由东营市政府出政策、胜利油田出资金、黄河管理部门出方案，综合实施了“截支强干，工程导流，疏浚破门，巧用潮汐，定向入海”的黄河口综合治理试验工程，取得了“河口畅、下游顺、全局稳”的治理效果。发现当黄河主流垂直于潮流运动方向入海时，可大大增强河口疏沙能力，提出了黄河口治理必须充分利用海动力输沙的科学命题。

1991年11月，时任国务院总理的李鹏同志到黄河口视察，肯定了东营市的治河经验，赞扬“山东解决了黄河口稳定问题是了不起的”。

1992年10月，国务院批准建立黄河三角洲国家级自然保护区。

1992年10月，国家计委[1992]1842号《关于黄河入海流路规划的复函》肯定了黄河口治理试验工程取得的成效，批准近期对清7断面以上河道进行整治。

1993年3月31日，国务院对山东省政府《关于加速黄河三角洲开发的请示》作出批复，同意把黄河入海流路治理纳入黄河治理整体规划。至此，黄河口治理终于列入国家规划。

1993年4月，东营市确定开展“根治黄河口的理论研究与工程实践”系列课题研究，并由市编委批复成立东营市黄河口泥沙研究所，负责申报、论证和组织实施黄河口治理的科学研究项目。

1993年6月，为推动黄河口的治理研究工作，黄河河口管理局成立黄河口治理研究所。

1993年10月，国家科委副主任邓楠到东营市视察，听取了李殿魁同志关于开展黄河口科学研究的设想，同意协调水利部将黄河口治理的研究增列为“八五”国家重点科技攻关项目“黄河治理与水资源开发利用”系列专题之一。

1993年11月，省六次党代会把黄河三角洲开发列为全省跨世纪工程。

1994年6月，国家科委、水利部召开专家论证会，东营市黄河口泥沙研究所编制的《延长黄河口清水沟流路行水年限可行性研究报告》通过立项评审。

同年，“黄河三角洲资源开发与环境保护”列入《中国21世纪议程优先项目计划》。

1994年9月，联合国开发计划署（UNDP）驻华代表处代表亚瑟·贺尔康在中国经济技术交流中心主任张广惠陪同下到东营市及黄河口考察、访问。李殿魁会见贺尔康、张广惠并达成UNDP援助黄河三角洲项目的意向。

1994年11月22日，中国政府、荷兰政府与联合国开发计划署联合签署《支持黄河三角洲可持续发展项目文件》，这是1992年世界环境与发展大会召开后，UNDP支持中国政府实施“21世纪议程”的第一个无偿援助项目。

1995年4月，东营市政府同意UNDP援助建立“黄河三角洲保护与发展研究中心”。UNDP项目文件确定：“这个机构与现在的经济研究中心和新组建的黄河口泥沙研究所合并，将成为UNDP项目的实施机构”。项目援助内容还包括：开展“黄河口治理与水资源”、“黄河三角洲经济可持续发展”、“黄河三角洲环境评价与信息系统”三大课题和12个专题的研究。

1995年6月，黄河口治理课题组成员赴加拿大、美国，分别对弗雷赛河河口、圣劳伦斯河河口、密西西比河河口及美国海军工程兵团河道科研站等进行科学考察。

1995年9月，“八五”攻关专题与UNDP项目共同在黄河口部署了洪季8船同步观测活动，主要观测口门河道及主泓的水文泥沙分布时空变化特征、最大浑浊带的沉积动力过程等，由海洋大学杨作升教授主持。

1995年11月13～17日，《大众日报》用5版篇幅发表连载通讯文章《一条大河与一条大河口的归宿》，系统报道了李殿魁治理黄河口、组织开展稳定黄河入海流路的科学研究、推进黄河三角洲开发的开创性业绩。

1996年6月，UNDP项目专家根据相关研究成果向治河部门提出黄河改行北汊的“口门调整”建议，该工程经治河部门论证决策后于夏季施工并在伏汛期实现改汊过流，黄河由清8断面向东北方向入海。

1999年5月，中国工程院等7家单位在东营市召开“黄河三角洲高效生态农业发展研讨会”，对黄河三角洲保护与发展研究中心编制的高效生态农业发展规划进行评审、研讨，会后，40多位院士、专家联合向国务院提出“关于建立黄河三角洲国家高效生态经济区的建议”。

1999年6月，江泽民总书记到黄河三角洲视察并作重要指示：努力把黄河三角洲建设成为环境优美、经济繁荣的新经济区。

1999年8月，东营市经济研究中心根据多项重要课题成果和专家建议起草的《关于建立黄河三角洲国家高效生态经济区的请示》经由山东省人民政府上报国务院。

2001年3月，“发展黄河三角洲高效生态经济”列入国家“十五”计划纲要。

2001年10月至2004年12月，实施了不同阶段的挖河固堤试验工程，上起纪冯险工，下至清3断面，涉及河道长度53.5 km，

2001年12月，山东省科技厅召开“八五”国家科技攻关计划项目增列专题《延长黄河口清水沟流路行水年限的研究》成果鉴定会。以韩其为、胡敦欣两院士为首的专家鉴定委员会认为：在给定的水沙条件下，综合分析和数据计算表明，通过工程综合治理，清水沟流路可行河100年以上。该成果总体上达到国际领先水平。

2002年，由东营市黄河口泥沙研究所申报的《巧用海动力输沙建设黄河口双导堤工程技术研究》列入省“十五”科技攻关计划，李殿魁召开项目研究启动会。组织专家到非洲尼罗河河口、南美洲亚马孙河口进行科学考察活动。

2003年12月22日黄委会以黄规计[2003]248号文确定黄河口物理模型在东营市建设。

2006年3月，“发展黄河三角洲高效生态经济”列入国家“十一五”规划纲要。

2006年10月，《巧用海动力输沙建设黄河口双导堤工程技术研究》通过由两院院士主持的成果鉴定，专家认为，成果可用于黄河口治理开发，同时为东营市建设、油田勘探开发、防灾减灾等方面的工程决策提供重要技术支撑，对全面推动黄河三角洲经济区的发展和维持黄河健康生命都具有重要的应用价值。研究成果总体上达到国际领先水平。

2006年11月4日，黄河口物理模型试验厅开工建设，于2011年6月1日完成主体工程。

2006年10月16日，《大众日报》发表通讯文章《海动力可止“龙摇尾”》，对“建设黄河口双导堤工程，把入海射流引向东北方向，将海流、潮汐、风暴潮浪等超强自然力耦合为冲刷黄河口泥沙的有效动力，可实现黄河流路长期稳定”进行了报道。

2008年9月，由东营市黄河口泥沙研究所编制的《黄河三角洲国土防护与生态修复技术研究》列入山东省2008年科学技术发展计划。李殿魁于济南召集各课题组研究人员，研讨和细化研究任务，提出要求达到的经济技术指标。

2009年3月24～31日，国家部委联合调研组专题调研黄河三角洲高效生态经济区发展规划的完善提升问题。国家发改委副主任杜鹰再次提出黄河入海流路能否长期稳定的问题，为更进一步加深稳定河口的研究提出了目标要求。

2009年10月16～19日，胡锦涛总书记先后到东营、滨州视察，对黄河三角洲高效生态经济区建设作出重要指示。

2009年11月23日，国务院批复《黄河三角洲高效生态经济区发展规划》；12月2日，国家发改委下发《关于印发黄河三角洲高效生态经济区发展规划的通知》，黄河三角洲高效生态经济区正式列为“国家战略”。

2011年1月4日，国务院批复《山东半岛蓝色经济区发展规划》。山东省获得了“黄”、“蓝”两项国家战略的部署，东营市成为“两大战略”重合部的唯一地级市。

2011年12月，《黄河三角洲国土防护与生态修复技术研究》通过省科技厅组织的专家鉴定，山东省副省长贾万志出席鉴定会并讲话，肯定了李殿魁同志与各专题组持续20年开展稳定黄河入海流路的研究，为黄蓝两大战略进入国家决策和山东经济的发

展做出了积极贡献。专家鉴定意见认为，该成果对胜利油田稳定发展，加快科技治黄进程，黄河三角洲高效生态经济区及河口生态旅游建设都具有重大作用，已获得很大的经济社会效益。成果达到了国际领先水平。

杨玉珍

2012年12月